黑龙江大学中俄全面战略协作协同创新中心文库

俄汉汉俄电信词汇

主 编 沈庆鉴
编 者 白文昌 黄东晶 李 芳
时映梅 王 玲 杨志欣

黑龍江大學出版社
HEILONGJIANG UNIVERSITY PRESS

图书在版编目(CIP)数据

俄汉汉俄电信词汇 / 沈庆鉴主编. -- 哈尔滨 : 黑龙江大学出版社, 2016.3
ISBN 978-7-81129-978-6

Ⅰ. ①俄… Ⅱ. ①沈… Ⅲ. ①电信-词汇-俄、汉 Ⅳ. ①TN91-61

中国版本图书馆 CIP 数据核字(2016)第 025133 号

俄汉汉俄电信词汇
E HAN HAN E DIANXIN CIHUI
沈庆鉴 主编
白文昌 黄东晶 李 芳 时映梅 王 玲 杨志欣 编

责任编辑 侯天姣 张春珠 杨琳琳
出版发行 黑龙江大学出版社
地　　址 哈尔滨市南岗区学府三道街 36 号
印　　刷 哈尔滨市石桥印务有限公司
开　　本 880×1230 1/32
印　　张 20.375
字　　数 1033 千
版　　次 2016 年 3 月第 1 版
印　　次 2016 年 3 月第 1 次印刷
书　　号 ISBN 978-7-81129-978-6
定　　价 68.00 元

使用说明

本词汇包括俄汉电信词汇、汉俄电信词汇、英语电信缩略语汉俄译语、俄汉电信缩略语词汇以及电话新业务和特服业务名称汉俄对照表。俄汉电信词汇、汉俄电信词汇划分成两部分的目的是便于读者双向查找词汇。这两个部分不仅表述电信领域专业词汇的全称，有简称时也标注出简称，用〈略〉表示；后三部分英语电信缩略语汉俄译语、俄汉电信缩略语词汇、电话新业务和特服业务名称汉俄对照表则以附录形式出现。五部分分别从各角度全面、细致地收录了电信领域的最新词汇。

本词汇可供在电信领域从事科研、生产、运行、维护、管理方面工作的人员以及有关大专院校的师生参考使用。

目　录

俄汉电信词汇

A

абонент 用户
абонент занят по причине сети 网络确定用户忙 〈略〉NDUB
абонент карточного телефона 卡号用户
абонент мультимедия 多媒体用户
абонент подвижной связи 移动通信用户
абонент подстанции почты и телеграфии 邮电支局用户
абонент с немедленным счетчиком 立即跳表用户
абонент сетевого элемента 网元用户
абонент цифрового телефона 数字用户
абонентская высокочастотная установка 用户高频装置 〈略〉АВУ
абонентская емкость 用户容量
абонентская линия 用户线 〈略〉SL,АЛ
абонентская линия, имеющая большую релятивность 强相关用户线
абонентская плата 用户板,终端板
абонентская плотность 用户密度
абонентская сеть 用户网
абонентская станция 用户局
абонентский блок 用户单元
абонентский вызов типа «немедленный счетчик» 立即跳表用户呼叫
абонентский индикатор 用户指示灯
абонентский интерфейс, интерфейс пользавателя 用户接口(界面) 〈略〉UI
абонентский интерфейсный блок SM 交换模块用户接口单元 〈略〉SLB
абонентский коммутационный модуль, модуль коммутации абонентских линий, коммутационный модуль АЛ 用户交换模块 〈略〉USM
абонентский комплект 用户电路 〈略〉АК
абонентский концентратор 用户集线器
абонентский мультиплексор выносной 外置式用户多路复用设备 〈略〉АМВ
абонентский номер 用户号 〈略〉SN
абонентский оптоволоконный канал 用户光纤电路 〈略〉АОК
абонентский порт 用户端口 〈略〉UNI
абонентский регистр с батарейным датчиком 带电池传感器的用户寄存器〈略〉АРБ
абонентский сервер 用户服务器〈略〉SS
абонентский терминал 用户终端 〈略〉АТ
абонентский удлинитель 用户延伸线 〈略〉АУ
абонентский цифровой концентратор 用户数字集线器 〈略〉АЦК
абонентское искание 用户选择 〈略〉АИ
абонентское оборудование 用户设备 〈略〉UE,АО
абонентское оконечное устройство 用户终端设备 〈略〉АОУ
абонентское цифровое окончание 用户数字终端 〈略〉ФЦО
абоненты внешней станции обмена информацией 对外信息交换站用户 〈略〉FXS
абсолютная групповая задержка 绝对群延迟
абсолютный 绝对的 〈略〉абс.
абсолютный путь 绝对路径
абсолютный номер радиочастотного канала 绝对射频信道号 〈略〉ARFCN
абстрактные сервисные примитивы 抽象业务原语 〈略〉ASN·1
аварийная сигнализация 告警、告警(事故)信号装置

аварийная сигнализация（сигнал）о восстановлении 恢复告警(信号)

аварийная сигнализация（сигнал）о неисправности 故障告警(信号)

аварийная сигнализация（сигнал）о событии 事件告警(信号)

аварийная сигнализация выхода параметров характеристик мультиплексной секции за установленные пределы 复用端性能参数越限告警〈略〉MS-CROSSTR

аварийная сигнализация выхода параметров характеристик тракта низкого порядка за установленные пределы 低阶通道性能参数越限告警〈略〉LP-CROSSTR

аварийная сигнализация выхода параметров характеристики адаптации мультиплексной секции за установленные пределы 复用段适配性能参数越限告警〈略〉MSADCROSSTR

аварийная сигнализация выхода параметров характеристики регенераторной секции за установленные пределы 再生段性能参数越限告警〈略〉RSCROSSTR

аварийная сигнализация выхода параметров характеристики тракта высокого порядка за установленные пределы 高阶通道性能参数越限告警〈略〉HPCROSSTR

аварийная сигнализация на инфракрасных лучах 红外告警

аварийная сигнализация недоступного времени мультиплексной секции 复用段不可用时间告警〈略〉MS-UATEVENT

аварийная сигнализация недоступного времени регенераторной секции 再生段不可用时间告警〈略〉RSUA-TEVENT

аварийная сигнализация недоступного времени тракта высокого порядка 高阶通道不可用时间告警〈略〉HP-UATEVENT

аварийная сигнализация недоступного времени тракта низкого порядка 低阶通道不可用时间告警〈略〉LP-UATEVENT

аварийная сигнализация о выходном напряжении модуля 模块输出负荷告警

аварийная сигнализация о задымлении 烟雾告警

аварийная сигнализация о необходимости немедленного техобслуживания 急需维护告警〈略〉PMA

аварийная сигнализация о переменном токе 交流告警

аварийная сигнализация о постоянном токе 直流告警

аварийная сигнализация о проникновении（утечке）воды 漏水告警

аварийная сигнализация отсутствия платы сетевого элемента в гнезде, аварийный сигнал «плата сетевого элемента отсутствует» 网元单板不在位告警〈略〉BDSTATUS

аварийная сигнализация противоположного конца 对端告警、对告

аварийная сигнализация температуры и влажности 温湿度告警

аварийная система 告警系统,事故系统

аварийное освещение 事故照明

аварийное состояние 告警状态,事故状态

аварийно-поврежденный комплект 事故故障电路〈略〉АПК

аварийные секунды 告警秒〈略〉ALS

аварийный выключатель 紧急开关,应急开关〈略〉AB

аварийный индикатор ряда и столбца 行列告警灯

аварийный отчет 告警报告

аварийный переключатель для защиты от отказа 失效保护告警开关

аварийный сигнал 告警信号，事故信号

аварийный сигнал окружающей среды, аварийная сигнализация об окружающей среде 环境告警

аварийный сигнал тестирования платы центрального блока управления сетевым элементом 网元主控板检测告警 〈略〉SCCALM

аварийный сигнал, сигнал аварии 故障信号

аварийные индикаторы ряда и столбца статива 机架行列告警灯

авария лазерного передатчика 激光发射器事故

авария приема байтов К1, К2 K1、K2字节接收失败 〈略〉RAPS

авария связи интерфейса F, Авария связи F-интерфейса F接口通信失败 〈略〉F-FAIL, FIFAIL

авария, неисправность, сбой 事故，故障

автоблокировка 自动联锁装置 〈略〉АБ

автозал, машинный зал 机房

автоинформатор 答录机

автомат времени 自动定时器 〈略〉АВ

автоматизация офиса 办公自动化

автоматизированная дизельная электростанция 自动化柴油机发电站 〈略〉АДЭС

автоматизированная информационно-измерительная система 自动化信息测量系统 〈略〉АИИС

автоматизированная информационно-поисковая система 自动化信息检索系统 〈略〉АИПС

автоматизированная рабочая станция 自动工作站

автоматизированная система управления 自动控制系统，自动化管理系统 〈略〉АСУ

автоматизированная система управления перевозками грузов 货物运输自动化管理系统 〈略〉АСУ-ПГ

автоматизированная система центров управления перевозками 运输管理中心自动化系统 〈略〉АС ЦУП

автоматизированный 自动化的

автоматизированный информационный центр 自动化信息中心，自动化情报中心 〈略〉АИЦ

автоматическая «побудка» 闹钟服务

автоматическая блокировка 自动闭塞

автоматическая внутренняя связь 内线直拨 〈略〉АВС

автоматическая входящая связь 自动(直接)拨入 〈略〉АВС

автоматическая замена квитанций 自动更换记帐 〈略〉ААВ

автоматическая междугородная телефонная станция 长途自动电话局 〈略〉АТТЕ, АМТС

автоматическая международная телефонная станция 国际长途自动电话局 〈略〉АМНТС

автоматическая обработка процесса 流程自动处理

автоматическая передача соединения 接续自动转移 〈略〉ПАС

автоматическая подстройка частоты 频率自动微调 〈略〉AFC

автоматическая проверочная аппаратура 自动化检验设备 〈略〉АПА

автоматическая регулировка выхода 输出自动控制 〈略〉АОС

автоматическая регулировка усиления 自动增益控制 〈略〉АРУ, AGC

автоматическая регулировка усиления сигнала цветности 色度信号自动增益控制

автоматическая регулировка частоты 自动调频 〈略〉АРЧ

автоматическая система коммутации 自动交换系统 〈略〉АСК

автоматическая справочно-информа-

ционная служба 自动声讯台

автоматическая стабилизация 自动稳压

автоматическая телефонная станция 自动电话局,电话交换机 〈略〉АТС

автоматическая электронная междугородная станция 电子长途自动电话局 〈略〉АМТСЭ

автоматический 自动的

автоматичекий волюмконтроль 自动音量控制 〈略〉АВК

автоматический выбор сообщения аварийной сигнализации 自动上报告警选择

автоматический вызов в определенное время 定时自动呼叫

автоматический заградитель шума 自动噪声抑制器 〈略〉АЗШ

автоматический запрос повторения, автоматический запрос на повторную передачу 自动重发请求,自动重复请求 〈略〉ARQ

автоматический контроль мощности передачи 传输功率自动控制 〈略〉ATPC

автоматический обратный вызов 自动回叫 〈略〉ACB

автоматический ответ 自动应答 〈略〉AA

автоматический пейджинг 自动寻呼 〈略〉AP

автоматический режим 自动方式 〈略〉AUTO

автоматический роуминг 自动漫游

автоматический фидерный трансформатор 自动馈线变压器 〈略〉АФТ

автоматическое блокирующее устройство 自动闭锁装置 〈略〉АБУ

автоматическое включение резерва 备用电源自动合闸 〈略〉АВР

автоматическое вызывное устройство 自动呼叫设备 〈略〉АВУ

автоматическое защитное переключение (на резервный блок) 自动保护切换 〈略〉APS

автоматическое межсекторное переключение 自动越区切换

автоматическое напоминание об уравнительном заряде 自动提示均充

автоматическое определение номера 来电显示,自动号码识别 〈略〉АОН,ANI

автоматическое отключение лазера 激光器自动断开

автоматическое распознание 自动识别

автоматическое распределение вызовов 自动呼叫分配 〈略〉ACD

автоматическое сканирование 自动扫描

автоматическое соединение подвижной абонентской радиостанции с абонентом стационарной АТС через базовую станцию ССПС 移动用户无线电台通过蜂窝移动通信系统基站与固定自动电话局用户的自动连接 〈略〉OACSU

автоматическое сообщение о счете 自动计数消息 〈略〉AMA

автоматическое транзитное соединение 自动转接

автонастройка контуры 回路自动调谐 〈略〉АНК

автономное распределение нагрузки 自动均流

автономное распределение нагрузки с низкой разницей напряжений 低差自主均流技术

автономные функции коммутации 独立交换功能

автономный 脱机的,独立的

автономный биллинг, тарификация в автономном режиме 脱机计费

автономный выделенный канал управления 单机专用控制信道 〈略〉SDCCH

автономный дуплексный модуль фильтра 双向滤波器独立模块

〈略〉STDM

автономный источник питания 自备电源

автономный модуль усилителя мощности 功率放大器独立模块 〈略〉SPAM

автономный режим работы, режим оффлайн 脱机状态

автономный режим разреженной многоадресной передачи 密集多址传输的脱机状态 〈略〉PIM-DM

автономный режим разреженной многоадресной передачи 稀疏模式多址传输的脱机状态 〈略〉PIM-SM

автономный транзисторный инвертор 独立晶体管逆变器 〈略〉ИАТ

автонумерация 自动编号

автоответчик 自动应答器,答录机 〈略〉AO

автоответчик АТС 自动电话局(交换机),自动识别装置 〈略〉AO-ATC

автораспределитель вызовов, система автораспределения вызовов 自动呼叫排队机,自动呼叫分配系统

автофокус 自动定焦 〈略〉AF

автоформат 自定格式

агент 代理,代理人,代理商

агент функции управления абонентами 用户管理功能代理人 〈略〉SMFAgent

агент эксплуатации, администрирования и технического обслуживания 操作、管理和维护代理商 〈略〉OAM-Agent

агрегат 联动装置,机组,附件

агрегат защиты сети 网络保护装置 〈略〉A3C

агрегат питания 供电机组

агрегатный 联动的,组合的

адаптация на уровне мультиплексной секции 复用段适配 〈略〉MSA

адаптация основных скоростей 基本速率适配 〈略〉BLR

адаптация по скорости передачи 传输速率适配 〈略〉Rax

адаптация скорости 速率适配 〈略〉RA

адаптация тракта высокого порядка 高阶通道适配 〈略〉HPA

адаптация тракта низкого порядка 低阶通道适配 〈略〉LPA

адаптация «человек-машина», человеко-машинная адаптация 人机适配 〈略〉HMA

адаптер 适配器

адаптер «графический видеомассив» 图形视频适配器 〈略〉VGA

адаптер пожарной и охранной сигнализации 火灾报警信号适配器

адаптер пользователя 用户适配器

адаптер пользователя SCCP SCCP 用户适配器 〈略〉SUA

адаптер терминала, терминальный адаптер 终端适配器 〈略〉TA

адаптивная дельта-модуляция 自适应增量调制 〈略〉АДМ

адаптивная динамическая пороговая величина 自适应动态阈值 〈略〉ADT

адаптивная дифференциальная (разностная) импульсно-кодовая модуляция 自适应差分脉码调制 〈略〉ADPCM

адаптивная дифференциальная ИКМ 自适应脉码调制 〈略〉АДИКМ

адаптивная карта, карта речевой обработки, карта адаптера 适配卡,语音处理卡 〈略〉ADP

адаптивная модуляция 自适应调制 〈略〉AM

адаптивное преобразование алгоритма маршрутизации 选路算法的自适应性调整

адаптивное устройство 适配单元 〈略〉AU

адаптивный многоскоростной режим 自适应多速率方法 〈略〉AMR

адаптируемость 适应能力

административная единица 管理单元 〈略〉AU
административная единица уровня 3 3级管理单元 〈略〉AU-3
административная единица уровня 4 4级管理单元 〈略〉AU-4
административная единица уровня n n级管理单元 〈略〉AU-n
административный модуль, модуль управления 管理模块 〈略〉AM
администратор, менеджер 管理程序,管理者
администратор базы данных 数据库管理程序 〈略〉DBA, АБД
администратор ресурсов, экаплорер 资源管理器 〈略〉RM
адрес 地址
адрес записи-чтения 录放地址
адрес команды 指令地址 〈略〉АК
адрес ответа 响应地址 〈略〉RA
адрес смещения ключевого поля 关键域偏移地址
адрес старших битов информации тональных сигналов 高位语音信息地址
адресат 目的用户
адресная магистральная шина 地址主干总线 〈略〉АШмаг
адресная память временного коммутатора передачи 发送时间转换器地址存储器
адресная память временного коммутатора приема 接收时间转换器地址存储器
адресная шина 地址总线 〈略〉AB, АШ
адресное поле 地址段,地址字段
адресное сообщение в прямом направлении 前向地址消息 〈略〉FAM
адресуемое пространство 寻址空间
аккумулятор 蓄电池 〈略〉A
аккумулятор с регулируемым клапаном 带调节阀蓄电池
аккумуляторная батарея 蓄电池组
аккумуляторное зажигание 蓄电池点火
акселератор 加速器
акт о повреждении груза 损坏件清单
активация 激活,启动,激发
активация корректирования частоты 频率校正突发 〈略〉FCB
активация платы тестирования 启动测试板
активизация звеньев сигнализации 启用信令链路
активизация префиксов 前缀激活
активизировать оборудование таймирования 启动定时
активизирующий номер 启动号
активирование блокированной задачи системой 闭塞任务被系统唤醒
активная / резервная плата 主备板
активная/резервная группа плат 单板主备组
активное сопротивление 纯电阻,有效电阻
активное состояние 接通状态(回应状态)
активный путь 活动路由
акустическая система 音响系统 〈略〉AC
акустический сигнал 音响信号,声信号
акустический эффект 音响效果
акустооптический процессор 声光处理器 〈略〉АОП
алгебраическая операция с отношениями 关系代数操作
алгоритм «двойное дырявое ведро» 双漏斗算法
алгоритм BCH, кодовый алгоритм с исправлением ошибок BCH算法
алгоритм Rivest-shamir-Adleman 公钥加密算法,李维斯特–沙米尔–阿德莱曼算法 〈略〉RSA
алгоритм аутентификации 鉴权算法 〈略〉AUC

алгоритм витерби Viterbi 算法 〈略〉VA
алгоритм декодирования 译码算法
алгоритм демодуляции 解调算法
алгоритм поточного шифрования 流密码算法 〈略〉A5
алгоритм управления нагрузкой 负荷控制算法
алгоритм формирования ключа шифрования 密码关键字形成算法 〈略〉A8
Американская компания телефонии и телеграфии 美国电话电报公司 〈略〉AT & T
Американский национальный институт стандартов 美国国家标准学会 〈略〉ANSI
американский стандартный код для обмена информацией 美国信息交换标准码 〈略〉ASCII
ампер 安(培) 〈略〉A
ампер-час 安时,安培小时 〈略〉Ah, А·ч
амплитуда 幅度
амплитуда волны 波幅 〈略〉AB
амплитуда колебания 振幅
амплитуда модуляции 调制幅度
амплитуда сигнала 信号量(幅度)
амплитудная модуляция 调幅,幅度调制 〈略〉AM
амплитудно-импульсная модуляция 脉冲幅度调制,脉幅调制 〈略〉PAM, АИМ
амплитудно-фазовая конверсия 幅度相位转换 〈略〉АФК
амплитудно-фазовая модуляция 调幅调相 〈略〉АФМ
амплитудно-частотная модуляция 幅频调制、振幅频率调制 〈略〉АЧМ
АМТС квазиэлектронного типа 准电子长途自动电话局 〈略〉АМТСКЭ
анализ префикса 字冠分析
анализ характера и последствий отказов 故障性质和后果分析 〈略〉FMEA
анализатор импульса 脉冲分析器 〈略〉АИ
анализатор ключевых слов 关键词分析中心 〈略〉АКС
анализатор кода станции 交换机代码分析器,交换机代码分析程序 〈略〉АКС
анализатор кодов направлений 方向代码分析器,方向代码分析程序 〈略〉АКН
аналоговая абонентская линия 模拟用户线 〈略〉ASL
аналоговая абонентская плата, плата аналоговых абонентских линий 模拟用户板
аналоговая вычислительная машина 模拟计算机 〈略〉АВМ
аналоговая система передачи 模拟传输系统 〈略〉АСП
аналоговая соединительная линия 模拟中继 〈略〉АТ
аналоговое звено передачи данных 模拟数据链路
аналоговый блок 模拟单元
аналоговый лазер 模拟激光器
аналоговый речевой сигнал 模拟语音信号
аналого-цифровая вычислительная машина 混合计算机
аналого-цифровая квазиэлектронная система 模数准电子系统
аналого-цифровое оборудование 模数设备 〈略〉АЦО
аналого-цифровое печатающее устройство 模数打印机 〈略〉АЦПУ
аналого-цифровой преобразователь 模数变换器、模数转换器 〈略〉ADC, АЦП
анод 阳极 〈略〉A
аномалия 异常
антенна GSM и модуль управления TMA GSM 天线和 TMA 控制模块 〈略〉GATM

антенная опора 天线杆

антенно-фидерная система 天线馈线系统、天馈系统 〈略〉АФС

антенно-фидерная часть 天馈部分

антенно-фидерный тракт 天线馈线系统

антивирус 杀毒软件、病毒防治

аппарат для сбора счетов 话单采集机 〈略〉BGW

аппаратная платформа 硬件平台

аппаратная среда 硬件环境

аппаратное обеспечение, аппаратные средства, железо 硬件 〈略〉HW

аппаратно-независимая среда исполнения 与硬件无关的执行环境

аппаратный отказ 硬件故障

аппаратный счетчик 计次硬表

аппаратура автоматической зональной телефонной связи 区自动电话通信设备 〈略〉АЗТС

аппаратура высокочастотного уплотнения абонентских линий 用户线路高频复用设备 〈略〉АВУ

аппаратура окончания канала данных 数据通道设备 〈略〉АКД

аппаратура передачи данных 数据通信设备 〈略〉DCE, АПД

аппаратура передачи данных ПД ВР 机数据传输设备 〈略〉PAMC

аппаратура переприема 转接设备

аппаратура полуавтоматической междугородной телефонной связи, одночастотная, упрощенная 单频简易半自动长途电话通信设备 〈略〉АМСОУ

аппаратура предоставления канала по требованию 按请求提供通道设备 〈略〉АПКТ

аппаратура связи, средства связи, устройство связи 通信设备

аппаратура системы передачи 传输系统设备 〈略〉АСП

аппаратура уплотнения частотной модуляции и ИКМ 频率和脉码调制复用设备

аппаратура уплотнения, мультиплексор 复用设备

аппаратура учёта стоимости 计费器

арбитратор, схема принятия решения 判优电路

арендная линия 租用线

арендованная (арендуемая) сеть 租用网

арендованный канал 租用信道

арендуемая соединительная линия EI EI 租用线

арифметико-логический блок 运算逻辑部件、运算部件 〈略〉АЛБ

арифметико-логическое устройство 算术逻辑单元 〈略〉ALU, АЛУ

арифметический расширитель 运算扩展器, 运算器扩展部件 〈略〉АР

арифметическое устройство 运算器 〈略〉АУ

армированное оптическое волокно 增强光纤, 加固光纤 〈略〉АОВ

армирующий слой 加固层

архив 档案库

архив входящих звонков 来电档案库

архитектура Intel 英特尔架构 〈略〉IA

архитектура для голоса, видео и интегральных данных 语音、视频和综合数据架构

архитектура местной сети 本地网架构

архитектура на базе открытых интерфейсов 开放式接口架构 〈略〉OSTA

архитектура связи на базе открытых стандартов 开放标准通信架构 〈略〉OSTA

архитектура сети, сетевая архитектура 网络架构

архитектура транспортных сетей на базе SDH 基于 SDH 的传送网架构 〈略〉G. 903(03/93)

асимметрическая цифровая абонентская линия 非对称数字用户线 〈略〉ADSL

асимметрия тока при параллельном включении 并机均流不平衡度

асинхронная ассоциация 异步关联性

асинхронная упаковка 异步映射

асинхронное временное разделение 异步时分 〈略〉ATD

асинхронное переключение 异步切换

асинхронный интерфейс 异步接口

асинхронный канал без установления соединения 异步无接续信道 〈略〉ACL

асинхронный режим отображения 异步显示方式 〈略〉AMM

асинхронный режим передачи, режим асинхронной передачи 异步传输模式 〈略〉ATM

ассемблерный язык 汇编(程序)语言

ассоциативная память, ассоциативное запоминающее устройство 关联存储器 〈略〉AM, АЗУ

ассоциативно регулируемое окружение 联调环境

ассоциативность 关联性,相关性

Ассоциация индустрии телекоммуникаций (США) 电信工业协会(美国) 〈略〉TIA

Ассоциация операторов связи по стандартам 载波标准通信运营商协会 〈略〉ECSA

Ассоциация по видеоэлектронной стандартизации 视频电子标准协会 〈略〉VESA

Ассоциация производителей оборудования связи 通信设备生产厂家联合会 〈略〉АПОС

Ассоциация электронной промышленности (США) 电子工业协会(美国) 〈略〉EIA

атрибут вызова 呼叫属性

атрибут вызывающего абонента 主叫方属性

атрибут оператора 话务员属性、操作员属性

атрибут, свойство 属性

атрибут сетевого элемента 网元属性

АТС координатная узловая 纵横制汇接自动电话局 〈略〉АТСКУ

АТС на 10 тысяч номеров 万门机

АТС, станция, коммутатор 交换机

аттестация 鉴定、评级

аудиовизуальная аварийная сигнализация, звуковой и визуальный аварийный сигнал 声光报警,声光告警

аудиовизуальная индикация аварии 声像告警显示

аудиокодек 音频编解码器

аудиосигнал 声频信号,声响信号

аутентификация, верификация 鉴权、验证 〈略〉AUTC

аутентификация входящего вызова 呼入鉴权

аутентификация вызываемым номером 由被叫号码进行的鉴别 〈略〉CAN

аутентификация и соглашение о ключе 认证和密钥协商 〈略〉AKA

аутентификация исходящего вызова 呼出鉴权

аутентификация услуг 业务鉴权

аутентификация, полномочия и тарификация 认证、授权和计费 〈略〉AAA

Б

база абонентских данных 用户数据库

база аварийных данных 告警库

база данных 数据库 〈略〉DB, БД

база данных HLR HLR 数据库 〈略〉HDB

база данных VLR VLR数据库 〈略〉VDB

база данных записей жалоб на неисправности и отчетов тестирования неисправных ТА 用户申告纪录与故障话机测试报告数据库 〈略〉D1

база данных записей операций 操作纪录数据库

база данных квитанций спецслужб 特服话单数据库 〈略〉D2

база данных оборудования 设备数据库

база данных по конфигурации платы 单板配置数据库

база данных состояния звеньев 链路状态数据库 〈略〉LSDB

база данных типа реляционной таблицы 关系表数据库

база данных формирования трафика 话务量生成数据库 〈略〉TEDB

база данных характеристик 性能数据库

база информации переадресации 变址信息库

база информации управления 管理信息库 〈略〉MIB

база исторических данных аварийной сигнализации 历史告警数据库

база опорных частот 标准频率单元 〈略〉БОЧ

база сетевых данных 网络库

база текущих данных аварийной сигнализации 当前告警库,当前告警数据库

базовая единица емкости 基本容量单元 〈略〉BIOS

базовая конфигурация 基本配置

базовая несущая конструкция четвертой модификации 第四次修改的基本负载结构 〈略〉БНК-4

базовая приемопередающая（трансиверная）станция 基站收发台 〈略〉BTS

базовая радиостанция 无线基站

базовая сеть 核心网 〈略〉CN

базовая сеть — домен с коммутацией каналов 核心网－信道交换域 〈略〉CN-PS

базовая система ввода-вывода 基本输入输出系统 〈略〉BIOS

базовая станция 基站 〈略〉BS

базовая станция UMTS 通用移动通信系统基站 〈略〉Node B

базовая станция с одним приемопередатчиком 单收发信机基站

базовые услуги, неориентированные на соединение 基本无连接服务

базовые услуги, основные услуги 基本业务 〈略〉BSG

базовый абонентский блок 基本用户单元

базовый блок 基准单元

базовый блок управления мультимедийными ресурсами 多媒体资源管理基准单元

базовый вызов 基本呼叫 〈略〉BCP

базовый доступ к ЦСИО ISDN网基本接入 〈略〉БД ЦСИО

базовый интерфейс 基本接口

базовый режим исправления ошибок 基本误差纠正方法

базовый элемент информации, базовый информационный элемент 基本信息单元 〈略〉BS

байт 字节,(二进)位组

байт синхронизации 同步字节

байт-синхронный режим отображения 字节同步映射方式 〈略〉BSMM

байты заголовка 开销字节

баланс белого 白平衡

баллон, напорная бутылка 压力瓶

банк информации о сертифицированном телекоммуникационном оборудовании и лицензиях на предоставление услуг 入网电信设备和服务许可证信息库 〈略〉СОТСБИ

барабанная перепонка 耳鼓

батарейный передатчик 电池发送器

〈略〉БПер
батарея, ячейка 电池
без возврата к нулю 不归零
без заземления 不接地，对地浮空
без ограничений 未作限制的
без поднятия трубки, при положенной трубке 免提
без увеличения затрат на аппаратное обеспечение 不必增加硬件投资
безблокировочная одноуровневая структура с совместным использованием буферной памяти 单级无阻塞共享存储结构
безблокировочное коммутационное поле, реализованное с помощью памяти совместного использования 无阻塞共享存储交换网络
безблокировочное кросс-соединение сигналов 信号无阻塞全交叉
безблокировочный, неблокирующий 无阻塞的
безбумажная технология 无纸技术
бездокументальная форма 无单证格式
безопасная оболочка, защищенная оболочка 安全外壳，受保护外壳〈略〉SSH
безопасное закрытие содержания 内容的安全封装 〈略〉ESP
безопасность протокола Internet Internet 协议安全 〈略〉IPSec
безопасность транспортного уровня (уровня передачи) 传输层安全〈略〉TLS
безопасность уровня беспроводной передачи 无线传输层安全 〈略〉WTLS
безотбойное состояние 未挂机状态
безтандемная операция 无级联操作〈略〉TFO
безусловная обработка 无条件处理
безусловная переадресация вызова 无条件呼叫前转 〈略〉CFU
безусловная переадресация вызовов на речевой почтовый ящик 无条件转语音邮箱
беловик 清稿，清样
белый список 白色号码单
беспаечный 压接的，无焊料的
беспаечный контакт 压合接头，无焊料触点
бесперебойный 不间断的 〈略〉ИБП
бесплатный вызов, бесплатная связь типа Freephone 免费电话 〈略〉FPH
беспотенциальные переключающие контакты реле 继电器无电位转换接点
беспроводная интеллектуальная сеть 无线智能网 〈略〉WIN
беспроводная петля доступа 无线接入环路
беспроводная плата горячей замены и управления 热插拔和控制无线板〈略〉WHSC
беспроводная плата интерфейсов системы 系统无线接口板 〈略〉MSIU
беспроводной блок контроля вызовов и обработки сигнализации 呼叫控制和信令处理无线单元 〈略〉WCSU
беспроводная плата управления системой 系统管理无线板 〈略〉WSMU
беспроводная сеть 无线网络 〈略〉WiFi
беспроводная система абонентской коммутации 无线用户交换系统
беспроводная УПАТС 无线用户小交换机 〈略〉WPBX
беспроводной блок пула интерфейсов E1 E1 接口存储区无线单元 〈略〉WEPI
беспроводной блок управления вызовами 呼叫控制无线单元 〈略〉WCCU
беспроводной доступ в Интернет 无线上网 〈略〉WiFi
беспроводной доступ к услугам 无线业务接入 〈略〉WSA
беспроводной интерфейс 空间接口

беспроводной интерфейсный блок синхронизации 时钟无线接口单元〈略〉WCKI

беспроводной интерфейсный модуль FE, устанавливаемый сзади 后置式无线接口模块 〈略〉WBFI

беспроводной местный шлейф 无线本地环路 〈略〉WLL

беспроводной модуль IP-передачи IP 传输无线模块 〈略〉WIFM

беспроводной модуль передачи ATM E1 EI ATM 无线传输模块 〈略〉WEAM

беспроводной сеансовый протокол 无线会话协议 〈略〉WSP

беспроводной телефон 1, бесшнуровой телефон первого поколения 第一代无绳电话(大哥大) 〈略〉CT1

беспроводной телефон 2, бесшнуровой телефон второго поколения 第二代无绳电话(二哥大) 〈略〉CT2

беспроводной язык разметки 无线标记语言 〈略〉WML

беспроводные приемопередающие каналы, радиоканалы приема и передачи 无线收发信道

бесступенчатое наращивание емкости 无级扩容

бесшнуровая УПАТС 无线用户小交换机

бесшнуровая электроотвертка 无绳电动螺丝刀

бесшнуровой телефон, радиотелефон 无绳电话

«бесшовное» подключение 无缝接入

«бесшовный» режим 无缝隙方式

библиотека динамических связей 动态链接库 〈略〉DLL

библиотека стилей 样式库

библиотечная функция 库函数

бизнес-абонент 商业用户

бизнес-центр 商务中心

биллинг двунаправленного соединительной линии 中继双向收费

биллинг и квитанция 计费与话单

биллинг хоста 主机计费

биллинговая информация, информация об учете стоимости 计费信息

биллинговые данные 计费数据

биллинговые данные, телефонный счет, счет за разговор, телефонная квитанция, квитанция за телефонные услуги (разговор) 话单

биллинговый пакет 计费分组

биллинговый центр, центр биллинга 计费中心 〈略〉BC

биполярный транзистор 双极性晶体管 〈略〉БТ

бирка «качественная» 合格标志

бирка «противопожарная, непромокаемая, водонепроницаемая» 三防(防火防潮防水)标志

бит 比特、位

бит возможного выравнивания 可调比特 〈略〉JOB

бит индикации обратного направления 后向指示比特 〈略〉BIB

бит индикации прямого направления 前向指示比特 〈略〉FIB

бит маркера, бит признака 标志位

бит расширения адреса 地址扩展比特

бит управления выравниванием 调整控制比特 〈略〉JCB

бит/сек 比特/秒 〈略〉bps

битовая комбинация 位组合，二进制位组合

битовое сообщение о статусе синхронизации 同步状态二进制消息 〈略〉SSMB

битовый интервал 位间隔

бланк приемки 验收表格

блог, блоггер 博客

блок (модуль) первичного электропитания, электропитание AC/DC 一次电源模块

блок (плата) эксплуатации и техобслуживания 操作与维护单元(板)

〈略〉SIP

блок（полка）главного управления 主控单元,主控框 〈略〉MCU

блок абонентского интерфейса 用户接口单元

блок аварийной сигнализации 告警箱

блок аварийной сигнализации беспроводной связи 无线通信告警单元 〈略〉WALU

блок автоматического заряда 自动化充电单元 〈略〉БАЗ

блок администрирования и управления 管理控制单元 〈略〉MMU

блок адреса команды 指令地址部件 〈略〉БАК

блок АЛ, блок абонентских линий 用户线单元 〈略〉БАЛ

блок базовой станции 基站单元

блок батарей 电池单元 〈略〉ББ

блок ввода 输入单元

блок вентиляторов 风扇盒,风机盒,风机箱 〈略〉FAN

блок взаимодействия 互通装置 〈略〉IWU

блок взаимодействия с приборами станции 与交换机设备互通单元 〈略〉ВПС

блок видеопередачи 视频单元 〈略〉VTU

блок внешней памяти 外存储器程序块 〈略〉БВП

блок входящих линий 来话线路单元 〈略〉БВЛ

блок вывода 输出单元

блок высокой доступности 高可用性部件 〈略〉HAU

блок главного управления бизнесом 商务主控单元 〈略〉MBCU

блок главного управления коммутационным модулем 交换模块主控框 〈略〉MCB

блок данных 数据块

блок данных о протоколе передачи 传送协议数据单元 〈略〉TPDU

блок данных протокола сессии 会话层协议数据单元 〈略〉SPDU

блок данных службы сети 网络服务数据单元 〈略〉NSDU

блок диспетчеризации 调度单元 〈略〉DPU

блок для внешних подключений 外接单元 〈略〉AUX

блок для сервера счетов 话单服务器单元 〈略〉BAU

блок доступа 接入单元

блок доступа в Ethernet 以太网接入单元 〈略〉EAU

блок доступа в Интернет（Internet） 互联网接入单元 〈略〉IAU

блок доступа к секционному заголовку SOH 段开销接入单元 〈略〉OAU

блок доступа к сигнализации 信令接入单元 〈略〉SAU

блок занятия кодового приёмопередатчика 编码收发器占用单元 〈略〉ЗКПП

блок защищенных данных 受保护数据单元 〈略〉PDU

блок идентификации отпечаток пальцев 指纹识别单元 〈略〉FIU

блок интерфейса передачи 传输接口单元

блок интерфейса цифровой передачи 数字接口单元 〈略〉DIU

блок интерфейса шины 总线接口单元 〈略〉BIU

блок источника питания 电源单元 〈略〉PSU

блок исходящих линий 去话线路单元 〈略〉БИЛ

блок клавиатуры и дисплей 键盘和显示器 〈略〉БКД

блок кодового преобразования, кодовый преобразователь 码变换单元（器） 〈略〉TC

блок коммутации（коммутатора） 交换(机)单元 〈略〉SWU

блок коммутации с временным разделением 时分交换单元

блок коммутируемых интерфейсов, блок интерфейса коммутатора 交换接口单元,交换机接口单元 〈略〉SWI

блок коммутирующей матрицы связи 通信交换矩阵单元 〈略〉CMU

блок контроллера сигнализации 信令控制器单元

блок кросс-соединений 交叉连接单元 〈略〉CM

блок кросс-соединения CTM-1 CTM-1交叉连接单元 〈略〉XC1

блок кросс-соединения CTM-4 CTM-4交叉连接单元 〈略〉XC4

блок линейного интерфейса 线路接口单元 〈略〉LIU

блок логики 逻辑单元,逻辑部件,逻辑块 〈略〉БЛ

блок логического управления 逻辑控制部件

блок максимальной передачи 最大传输单元 〈略〉MTU

блок маршрутизации данных 数据路由单元 〈略〉DRU

блок местной тактовой синхронизации 本地时钟单元

блок микропрограммного управления 微程序控制部件 〈略〉БМУ

блок многоточечного управления 多点控制单元 〈略〉MCU

блок модулей подключения линейный 外线模块 〈略〉БМПЛ

блок модулей подключения станционный 内线模块 〈略〉БМПС

блок модульного управления, блок управления модулями 模块控制单元 〈略〉MCU

блок мониторинга электропитания и состояния окружающей среды 电源和环境状况监控单元 〈略〉DPMU

блок мультиплексирования и управления 复用和管理单元 〈略〉MMU

блок на краю дороги 路侧单元 〈略〉RSU

блок надежности 可靠性模块 〈略〉БН

блок обработки SIGTRAN SIGTRAN处理单元 〈略〉USIG

блок обработки входящих местных вызовов 本地来话呼叫处理模块 〈略〉INLOC

блок обработки вызовов 呼叫处理模块 〈略〉CCB

блок обработки данных услуг, блок услуг обработки данных 业务数据单元,数据处理业务单元 〈略〉DSU

блок обработки заголовков 开销处理单元 〈略〉OHP

блок обработки звена 链路处理单元 〈略〉LPU

блок обработки звеньев сигнализации SS7 7号信令链路处理单元 〈略〉USSC

блок обработки коммутации и маршрутизации 交换和路由处理单元 〈略〉SRPU

блок обработки линейного интерфейса 线路接口处理单元 〈略〉LPU

блок обработки маршрута 路由处理单元 〈略〉RPU

блок обработки полосы групповых частот 基带处理单元 〈略〉BBU

блок обработки протоколов 协议处理单元 〈略〉PPU

блок обработки речевых сигналов 语音处理单元 〈略〉VPU

блок обработки сигнала 信号处理单元 〈略〉БОС

блок обработки служебных сигналов услуг пакетной передачи 分组传输业务公务信息处理单元 〈略〉USPU

блок обработки указателей 指针处理单元 〈略〉PPU

блок обратного соединения 反向连接 〈略〉CBU

блок обслуживания (интерфейсов)

业务单元 〈略〉SU

блок определения 定义块

блок оптического интерфейса 光接口单元

блок оптического интерфейса для Pb Pb用光接口单元 〈略〉GOIUP

блок оптического интерфейса синхронной линии 155 Мбит/с (STM-1) STM-1光接口单元 〈略〉SL1

блок оптического интерфейса синхронной линии 622 Мбит/с(STM-4) STM-4光接口单元 〈略〉SL4

блок оптического соединения 2x STM-1 2x STM-1光接口单元 〈略〉SL2

блок оптического транспондера 光波长转换单元 〈略〉OTU

блок памяти Flash 闪存单元 〈略〉UFSU

блок переадресации GTP GTP前转单元 〈略〉UGFU

блок передачи запроса каналов 电路询问发送信息块 〈略〉CQS

блок передачи повторной проверки непрерывности 导通再检验发送信息块 〈略〉CRCS

блок передачи сброса группы каналов 电路群复原发送信息块 〈略〉CGRS

блок передачи сброса комплектов 电路复原发送信息块 〈略〉CRS

блок передачи связанной с аппаратным обеспечением блокировки комплектов 硬件的电路闭塞发送信息块 〈略〉HBS

блок передачи связанной с аппаратными средствами блокировки группы комплектов 硬件的电路群闭塞发送信息块 〈略〉HGBC

блок передачи связанной с техобслуживанием блокировки группы комплектов 维护的电路群闭塞发送信息块 〈略〉MGBS

блок передачи связанной с техобслуживанием блокировки комплектов 维护的电路闭塞发送信息块 〈略〉MBS

блок питания версии C C版本电源模块 〈略〉PWC

блок питания полки 子架供电单元 〈略〉SPIU

блок питания, модуль питания 电源模块 〈略〉POW

блок ПО 软件模块 〈略〉MS

блок подключения полки 插框接入单元 〈略〉UFCU

блок поиска кодов 代码检索部件 〈略〉БПК

блок приема запроса каналов 电路询问接收信息块 〈略〉CQR

блок приема повторной проверки непрерывности 导通再检验接收信息块 〈略〉CRCR

блок приема сброса группы каналов 电路群复原接收信息块 〈略〉CGRR

блок приема сброса комплектов 电路复原接收信息块 〈略〉CRR

блок приема связанной с аппаратным обеспечением блокировки комплектов 硬件的电路闭塞接收信息块 〈略〉HBR

блок приема связанной с аппаратными средствами блокировки группы комплектов 硬件的电路群闭塞接收信息块 〈略〉HGBR

блок приема связанной с техобслуживанием блокировки комплектов 维护的电路闭塞接收信息块 〈略〉MBR

блок приема связанной с техобслуживанием блокировки группы комплектов 维护的电路群闭塞接收信息块 〈略〉MGBR

блок приема-передачи сигналов 收发信号单元

блок протокола маршрутизации 路由协议单元 〈略〉RPU

блок прямого доступа в память 直接访问存储器单元

блок радиоабонентов 无线用户单元〈略〉RUB

блок радиоконтроля 无线控制单元〈略〉RCU

блок распределения 分配器,分配程序块

блок распределения импульсов 脉冲分配器

блок распределения каналов 通道分配器〈略〉БРК

блок распределения питания постоянного тока 直流电配电装置〈略〉DC-PDU, DCDU

блок распределения тактовой синхронизации 时钟分配单元

блок распределения шкафа 单柜分配箱

блок распределения электропитания 电源分配箱〈略〉PDB

блок расширения MRFC DPU MRFC DPU扩展单元〈略〉MCD

блок регистрации данных тарификации 计费数据登记单元〈略〉UC-DR

блок ремонта 维修模块〈略〉БР

блок ресурсов 资源单元〈略〉RU

блок речевых каналов 话音信道单元〈略〉VCU

блок с ошибками 误码块〈略〉EB

блок с фоновыми ошибками 背景误码块〈略〉BBE

блок сборки высокого порядка 高阶组装器〈略〉HOA

блок сборки и распределённого вычисления 装配和分布式计算部件〈略〉DCCU

блок связи с КПП 与编码收发器通信单元〈略〉СКПП

блок сервисных интерфейсов и обработки протокола 业务接口和协议处理单元〈略〉SIPP

блок сетевого интерфейса 网络接口单元〈略〉NIU

блок сетевого процессора 网络处理机单元〈略〉NPU

блок сигнализации 信号单元,信号部件

блок синхронизации 同步单元〈略〉UCKI

блок синхронного интерфейса 同步接口单元〈略〉SIU

блок системных интерфейсов беспроводной связи 无线通信系统接口单元〈略〉WSIU

блок скачков частоты 跳频单元

блок СЛ 中继单元〈略〉БСЛ

блок сопряжения 接口部件〈略〉БС

блок стыка с комплектами, работающими по физическим линиям 实线电路对接单元〈略〉СФЛ

блок стыка с комплектами, работающими с выделенным сигнальным каналом 有专用信令信道的电路对接单元

блок стыка с цифровыми трактами 与数字通路对接单元〈略〉СЦТ

блок-схема 框图〈略〉БС

блок схемной эмуляции 电路仿真单元〈略〉CEU

блок считывания 读出部件〈略〉БС

блок тактового генератора 时钟单元

блок тактовой синхронизации 同步时钟发生器板〈略〉STG

блок телефонных спаренных абонентов 电话成对用户单元〈略〉TCA

блок транскодирования и адаптации скорости 码型转换和速率适配单元〈略〉TRAU

блок трибных интерфейсов 支路接口单元〈略〉TIU

блок универсальных интерфейсов 通用接口部件〈略〉VIU

блок управления 控制块、控制模块

блок управления U-порта U口控制单元

блок управления абонентами 用户管

理单元 〈略〉SMU

блок управления базовой станцией 基站控制单元 〈略〉BCF

блок управления вызовами 呼叫控制(模)块 〈略〉CCB

блок управления вызывающей стороной 去话方控制单元 〈略〉CCU

блок управления данными 资料处理单位 〈略〉DMU

блок управления доступом 访问控制块 〈略〉ACB

блок управления и связи 控制和通信单元 〈略〉MCU

блок управления и синхронизации 控制和同步单元

блок управления интегрированным стативом 综合机架管理单元 〈略〉iRMU

блок управления каналами 信道控制单元

блок управления каналами релейной связи 中继信道控制单元 〈略〉CRU

блок управления командами 指令控制部件 〈略〉БУК

блок управления микропроцессором 微处理机控制部件

блок управления пакетами 分组控制单元 〈略〉PCU

блок управления поворотным устройством и объективом видеокамеры 摄像机云台及镜头控制器

блок управления полки 插框控制单元 〈略〉URCU

блок управления рабочими местами 座席管理模块 〈略〉OP

блок управления радиоканалами сигнализации 无线信道控制单元

блок управления системой 系统管理单元 〈略〉SMU

блок управления счетами (квитанциями) 话单管理单元 〈略〉BAU

блок фрейма реле, блок ретрансляции кадров 帧中继单元 〈略〉FRU

блок централизованного приемника номеров 集中收号单元 〈略〉MIS

блок центрального генератора синхросигнала 中央时钟单位 〈略〉CCU

блок центрального коммутационного поля TDM для GSM-оборудования GSM 设备用时分复用中央交换网络单元 〈略〉GTNU

блок центрального процессора 中央处理单元

блок центральной базы данных 中央数据库单元 〈略〉CDB

блок цифровой обработки тестового радиооборудования 无线测试设备的数字式处理部件 〈略〉RTD

блок чип-селектора 片选单元

блок широкополосной сигнализации 宽带信号装置

блок эксплуатации и техобслуживания 操作和维护单元 〈略〉OMU

блок электрического соединения 2 x STM-1 2x STM-1 电接口单元 〈略〉SE2

блок электропитания PSM PSM 电源板 〈略〉UPWR

блок, выполняющий функции элемента сети 网元功能模块

блок, элемент, ячейка, узел, часть, единица 单元

блокиратор 闭锁器,闭锁装置

блокировка 闭塞,阻断,闭锁,锁定

блокировка в зависимости от оператора 操作员决定的锁定 〈略〉ODB

блокировка вызова 呼叫锁定

блокировка группы каналов 电路群阻断 〈略〉CGB

блокировка канала 电路拒绝

блокировка клавиатуры 锁定键盘

блокировка переключения 锁定倒换

блокировка приложения 锁定应用

блокировка СЛ 中继线闭塞

блокировка экрана 屏幕锁定

блокировка, запирание, арретирование 锁定

блокировка, перегрузка 拥塞

блокировка, создаваемая первой ячейкой в линии 线头阻塞 〈略〉HOL

блокировка/разблокировка 闭塞/打开

блок-схема 框图,流程图

блочная лампа 框灯

блочное устройство распределенной репликации 分布式复制块器件 〈略〉DRBD

блочный источник вызывного тока 铃流模块电源

блочный источник питания 模块电源

бод 波特

боковина 侧面

боковой вид 侧视图

бокорезы 斜口钳

более старший бит 次高比特

болтающийся кабель 散放线

большая интегральная схема 大规模集成电路 〈略〉БИС

большая концентрация абонентов, большая плотность абонентов 用户高度集中

большая производительность обработки 处理能力强

большое количество ошибок по битам 误码次数多

большой объем данных 大数据量

брандмауэр, система защиты доступа 防火墙

браузер/сервер 浏览器/服务器 〈略〉B/S

бригада по разработке продукции 产品开发团队 〈略〉PDT

броузер 浏览器,翻阅器

брутто 毛重,总重 〈略〉бр.

буксировка мыши, протаскивание мыши, перетаскивание мыши 鼠标拖动,鼠标拖拽

буксировка, перетаскивание 拖拉,拖拽

буферная область 缓冲区

буферное запоминающее устройство, буферная память 缓冲存储器 〈略〉БЗУ

буферный заряд, непрерывный заряд, длительный подзаряд 浮充

буферный пул квитанций 话单缓充池

буферный пул квитанций хоста 主机话单缓冲池

буферный регистр 缓冲寄存器 〈略〉БР

быстрая клавиша, горячая клавиша, мнемокод 快捷键,助记符

быстрая коммутация пакетов 快速包交换 〈略〉FPS

быстродействующая концентрация маршрутов 快速路由收敛 〈略〉FRB

быстродействующая повторная маршрутизация 快速重路由 〈略〉FRR

быстродействующая частотная манипуляция 快速频移键控 〈略〉FFSK

быстродействующее устройство коммутаций сообщений 快速信息交换设备

быстродействующий совмещенный канал управления 快速随路控制信道 〈略〉FACCH

быстродействующий совмещенный канал управления/полная скорость 快速随路控制信道/全速率 〈略〉FACCH/F

быстрое преобразование Фурье 快速傅里叶变换 〈略〉БПФ

быстрый выход на рынок 抢占市场

бэднутая дискета 有坏道的磁盘

бюрофакс 公用传真

В

в порядке убывания точности (тактовых сигналов) 精度从高到低顺序

（时钟）

в режиме активном/резервном 互为主备方式

в режиме меню 菜单驱动

в соответствии с потребностями местной сети 根据本地网情况

в течение всего срока службы 整个使用期内

в течение суток 24 小时内，一昼夜内

в часы наибольшей нагрузки 忙时

в экстренных ситуациях, в экстренном случае 在紧急情况下

важный аварийный сигнал 重要告警

вандер, дрейф, блуждание 飘移，游动

вариант конфигурации 配置方式

вариация задержки 时延抖动

вариация задержки доставки ячейки 单元传递延迟变化 〈略〉CDV

вариация стоимости 价格变化 〈略〉CV

ватерпас, нивелир 水准仪，水平（测试）仪

ватт 瓦，瓦特 〈略〉Вт

введение 引入，导入，引言

введение искусственной ошибки 引入人为误差

введение новых видов услуг 引入新业务

ввод 输入（端），引线，入口，进线

ввод （замена） или отмена личного кода-пароля 输入（更改）或取消个人密码

ввод / вывод 输入/输出 〈略〉I/O

ввод в обслуживание, войти в обслуживание 进入服务

ввод в эксплуатацию, вход в рабочее состояние, функционирование 开工

ввод-вывод 输入－输出 〈略〉ВВ

ввод и вывод 上下路

ввод кабелей на станции 电缆接入交换机

ввод с кнопок, вход клавишей, ввод с клавиатуры 键入

ввод сведения 输入信息

веб-страница 网页

вебчат 网络聊天，网上聊天

ведомственная сеть общественной безопасности 公安专网

ведомственная сеть связи 专用通信网

ведомственная сеть, специализированная сеть, частная сеть 专网，专用网

ведомственная телефонная сеть 专用电话网 〈略〉PN

ведомый （вторичный） задающий генератор 二次主控振荡器 〈略〉ВЗГ

ведомый тактовый генератор 从钟

ведущий и ведомый CPU 主从式中央处理器

ведущий тактовый генератор 主钟

вектор аутентификации 鉴权（验证）向量 〈略〉AV

величина поправок 修正量 〈略〉ВП

вентиль 门电路

вентилятор с автоматическим контролем температуры 自动温控电扇

вентиляционная панель 下前盖板

вероятность ошибки на бит 比特误码概率 〈略〉ВОБ

вероятность потери вызовов 呼损概率

версия 版本

версия 4 Интернет-протокола 互联网协议版本 4 〈略〉IPv4

вертикальная поляризация 垂直极化

вертикальное поле видимости 垂直视野

вертикальный 垂直的、立式的、竖式的

вертикальный бегунок 垂直滑块

вертикальный иерархический способ

«ведущий/ведомый» 自上而下的主从同步方式

вертикальный стержень 纵棒

верхнее значение 上限值

верхний колонтитул 页眉

верхний монтаж 上出线

верхний тестер 高层测试仪 〈略〉UT

верхняя прокладка кабелей, верхнее протяжение линии 上走线

верхняя рамка 上围框

весовое значение 权重值,加权值

весовое значение выбора 选择权值

вещаемое короткое сообщение 广播短消息 〈略〉CBSM

вещательная сеть 广播网

взаимная организация обходных маршрутов, режим взаимного обеспечения (предоставления) обходных маршрутов 互为迂回

взаимная передача трафика 业务互通

взаимно резервированные станции 互为保护的局

взаимное ослабление между каналами, ослабление интермодуляционной помехи, ослабление взаимных помех 互调抑制比

взаимное предупреждение о потери кадровой синхронизации 帧对告

взаимное преобразование речи 语音的相互转换

взаимное резервирование 互为备份

взаимодействие 互通

взаимодействие локальных сетей 局域网互通

взаимодействие на уровне местных сетей 本地网级互通

взаимодействие протоколов высокого уровня 高层协议互通 〈略〉HLPI

взаимодействие с центром управления более высокого уровня 与上级网管中心互通

взаимодействие сетей на местном участке 本地区网络互通

взаимодействующая синхронная сеть 互通同步网

взаимокасательные (кольца) сети 相切环

взаимопересекающие кольца, перекрещивающиеся сети 相交环

взаимосвязь 互联、相互联系

взанмосвязь и взаимодействие 互联互通

взаимосвязь компактных периферийных компонентов 紧凑外围组件互连 〈略〉CPCI

взаимосвязь открытых систем 开放系统互连 〈略〉OSI, BOC

взаимоувязанная сеть РФ 俄联邦互联网

взаимоувязанная сеть связи 通信互联网 〈略〉BCC

взаимоувязанная сеть, взаимодействующая сеть 交互式网络

взаимоувязанная сеть, взаимодействующая сеть, сеть «Интернет» 互联网,因特网 〈略〉Internet

взаимоувязанные LAN LAN 互联

взаимоувязывающий 互联的

взвешенная равноправная постановка в очередь на основании классов 等级加权公平排队 〈略〉CBWFQ

взвешенно-случайное раннее обнаружение 加权随机先期检测 〈略〉WRED

взвешенно-циклический алгоритм управления очередями 加权循环队列管理算法 〈略〉WRR

взвешенные оконечные потери 加权终端损耗 〈略〉ED

взвешенный акустический шум, взвешенный псофометрический шум 电话加权杂音

взвешенный псофометрический шум 加权杂音计噪声

взвешенный шум 加权噪声

взвешивание 加权,衡重

взметание пыли 起尘
вибростенд 振动试验台
вид сверху 俯视图
вид 视图
видео 视频,视像
видео по запросу, видео по заказу 视频点播 〈略〉VOD
видеографическая матрица с высоким разрешением 高分辨率视频图形矩阵 〈略〉SVGA
видеографический адаптер 视频图形适配器 〈略〉VGA
видеодисплей 视频显示器
видеокамера 摄像机 〈略〉ВК
видеокарта 显卡
видеокодек 视频编解码器
видеоконтроль 视频监控
видеоконтрольное устройство 视频监控器 〈略〉ВКУ
видеоконференц-связь 会议电视,会议视频,视频会议 〈略〉ВКС
видеомагнитофон 磁带录像机 〈略〉ВМ
видеомагнитофон длительного времени работы 长时间磁带录像机
видеомонитор 视频监控器
видеопамять 图像存储器
видеопередача 视频传送
видеопроигрыватель 视频播放器 〈略〉ВП
видеосервер 视频服务器、视像服务器 〈略〉VS
видеосигнал 视频信号
видеотекст 可视图文
видеотекстовая камера 图文摄像机,图文摄像仪
видеотелефон, видеотелефонная связь 视频电话,可视电话
видеотерминал 视频终端
видеотракт 电视通路
видеофон 录像机
видеочат 视频聊天
видеошлюз 视频网关
видимый сигнал 可见信号
визитный регистр местоположения 访问位置寄存器 〈略〉VLR, ВРМ
визитный центр коммутации мобильной связи 访问移动通信交换中心 〈略〉VMSC
визуальный телефон 可视电话
виртуальная вычислительная машина 虚拟计算机
виртуальная линия связи 虚拟通信线路 〈略〉VCL
виртуальная маршрутизация и переадресация 虚拟路由和变址 〈略〉VPF
виртуальная маршрутизация и передача 虚拟路由选择和传输 〈略〉VRF
виртуальная мини-АТС 虚拟小交换机
виртуальная операционная система 虚拟操作系统 〈略〉VOS
виртуальная память 虚拟内存
виртуальная пачка (пакет) импульсов 虚拟脉冲组(群)
виртуальная сеть 虚拟网
виртуальная сеть общеконтинентальной мобильной связи, доступная PLMH 虚拟公用陆地移动网 〈略〉VPLMN
виртуальная частная линия Ethernet 虚拟以太网专线 〈略〉EVPL
виртуальная частная сеть 虚拟专用网 〈略〉VPN
виртуальная частная сеть 3-го уровня 虚拟的第3层专网 〈略〉L3VPN
виртуальная частная сеть мобильной связи 移动虚拟专用网 〈略〉MV-PN
виртуальное поздравление по электронной почте 电邮贺信
виртуальное соединение BSSGP BSSGP虚连接 〈略〉BVC
виртуальное соединение сетевых услуг 网络服务虚接续 〈略〉NS-VC
виртуальный абонентский коммутатор

虚拟用户交换机，集中式用户交换机〈略〉Centrex，Центрекс

виртуальный вызов 虚调用，虚拟呼叫 〈略〉VC

виртуальный интерфейс 虚拟接口

виртуальный источник 虚拟源〈略〉VS

виртуальный канал 虚信道，虚拟信道 〈略〉VC，ВК

виртуальный коммутатор, виртуальная станция 虚拟交换机

виртуальный контейнер 虚容器〈略〉VC

виртуальный контейнер нижнего уровня 低阶虚容器 〈略〉LOVC

виртуальный контейнер уровня n n 级虚容器 〈略〉VC-n

виртуальный контейнер, соответствующий контейнеру C-12 C-12 虚容器 〈略〉VC-12

виртуальный MAC-адрес 虚拟 MAC 地址 〈略〉VMAC

виртуальный приемник 虚拟接收机

виртуальный сервер 虚拟服务器

виртуальный тракт 虚拟通道，虚通道〈略〉VP，ВТ

вихревой поток 涡流

вкладка, защелка 插片，锁定片

вкладка, карточка 卡片

вкладка, наклейка, ярлык 标签

включение 开机

включение в линию, вход в линию 上路，上线

включение питающей системы в сеть питания 给电源系统送入市电

включение системы в сеть питания 系统上电

включение тока, включение питания 上电

«Включи и работай», «Подключай и работай» 即插即用

влияние перекрестных наводок 串音干扰

влияние помехи окружающей среды 外界干扰

вложенная информационная структура 嵌套信息结构

вмешательство персонала 人工干预

вне обслуживания, вывод из обслуживания 退出服务 〈略〉OSS

внеполосный сигнал 带外信号

внеполосный частотный диапазон связи 带外通信带宽

внесение «заплат» в программу 程序补丁

внешнее запоминающее устройство 外存储器 〈略〉ВЗУ

внешний интерфейс 外部接口〈略〉EI

внешний источник синхронизации 外定时源

внешний коммутационный пункт 外部交换站 〈略〉FXS

внешний машинный интерфейс 外部设备接口 〈略〉EMI

внешний осмотр 外部观察

внешний сигнал тактовой синхронизации 外同步时钟信号

внешний тактовый сигнал 外部定时信号

внешняя коммутационная станция 外部交换局 〈略〉FXO

внешняя линия 外线

внешняя память 外存储器，外存〈略〉ВП

внешняя программная оболочка 外壳程序

внешняя синхронизация 外定时

внешняя станция обмена информацией 对外信息交换站 〈略〉FXO

внешняя тактовая сигнализация 外发送定时

внешняя функция нейтрализации обратной волны 外置的回波抵消功能

вновь вводимые площади 新建面积

внутреннее распределение тактовой синхронизации и его интерфейсная

плата 内部定时分配及接口板〈略〉FSY

внутренний генератор 内部振荡器

внутренний и внешний кроссировочный провод 内外跳线

внутренний источник синхронизации 内部定时源

внутренний код 内码

внутренний протокол маршрутизации шлюза 内部网关路由选择协议〈略〉IGRP

внутренний протокол 内部协议

внутренний телефон 内部电话

внутренний тракт совместного использования 网内共享通道

внутренняя память 内存储器,操作存储器,内存 〈略〉ВП

внутренняя процедура LAPD LAPD 内部程序 〈略〉ILAPD

внутренняя синхронизация 内定时

внутренняя функция учета стоимости 内部计费功能

внутригрупповая связь 群内通信

внутригрупповой абонент 群内用户

внутригрупповой набор номера 群内拨号

внутризоновая сеть 区内网

внутризоновый номер абонента 区内用户号

внутримодульный главный узел связи 模块内通信主节点 〈略〉NOD

внутриполосная одночастотная линейная сигнализация 带内单频线路信令

внутрипоставленная катушка для намотки запаса длины световодов 内置裸光纤盘

внутрипроизводственная и техническая сеть связи 厂内生产和技术通信网

внутрипроизводственная телефонная сеть 厂内电话网

внутристанционные сигнальные правила 局内信令规范

внутристанционный вызов, местный вызов 本局呼叫

водородный генератор 氢钟

возбуждающая схема 驱动电路

возврат 返回、复位、复原

возврат в вышестоящую подсеть 返回上级子网

возврат в опции 返回选择 〈略〉RO

возврат компонента ошибки 回送差错成分 〈略〉RE

возврат ошибки 回送差错

воздействия солнечной радиации 日晒

воздействованная подсистема 子系统受影响

воздушная линия связи 架空通信线路

воздушный выключатель 空气断路器、熔断器

воздушный переключатель 空气开关

воздушный разряд 空气放电

возможность адресации 寻址能力

возможность коммутации пакетов 分组交换能力

возможность коммутируемой двунаправленной телефонной связи через сеть в реальное время 经网络可交换的实时双向对话能力

возможность сигнализации по общему каналу 公共信道信令能力

возникновение неисправности 出现故障

возрастание, инкрементация 递增

волновод 波导管

волновое мультиплексирование 波分复用

волновое сопротивление 波阻

волновой демультиплексор, волновой разделитель 分波器

волоконно-оптическая линия связи 光纤通信线路 〈略〉ВОЛС

волоконно-оптическая линия связь между повторителями 中继器间光

纤链路 〈略〉FOIRL

волоконно-оптическая сеть 光纤(通信)网

волоконно-оптическая сеть доступа с интеграцией услуг 光纤综合业务接入网

волоконно-оптическая система передачи 光纤传输系统 〈略〉ВОСП

волоконно-оптический кабель 光纤电缆、光缆 〈略〉ВОК

волоконно-оптический распределенный интерфейс данных, распределенный интерфейс передачи данных по волоконно-оптическому кабелю 光纤分布式数据接口 〈略〉FDDI

волоконно-оптическое звено 光纤链路 〈略〉OFC

вольтамперная характеристика 伏安特性 〈略〉ВАХ

вольтодобавочный конвертор 补压转换器

восприимчивость к радиоизлучению 无线电辐射敏感度 〈略〉RS

воспроизведение 放音

восстановление исходного состояния 返回空闲(初始)状态

восстановление пароля 找回密码

восходящая линия 上行线

восходящий высокоскоростной тракт 上行高速通道 〈略〉UHW

восьмизначный номер 8位号码

врезное соединение 卡接

врезной тип 卡接式

временная блокировка 临时琐定

временная импульсная модуляция 脉冲时间调制 〈略〉ВИМ

временная память 临时存储器,临时内存

временная переадресация 临时转移

временная последовательность 时序

временная частотная характеристика 时间频率特性 〈略〉ВЧХ

временное отклонение 时间偏移(差) 〈略〉TDEV

временное поле, пространственное поле 时域、空间域

временное разделение каналов, временное мультиплексирование 时分复用,时分多路复用 〈略〉TDM, ВРК

временной импульс 时间脉冲

временной интервал, канальный интервал 时隙,时间间隔 〈略〉TS, ВИ

временной коммутатор 时间转换器

временной коммутатор передачи 发送时间转换器

временной коммутатор приема 接收时间转换器

временные нормативы 暂行规定,暂行规范

временные параметры 定时参数

временный 临时的 〈略〉TEMP

временный запрет 临时限制

временный запрет всех входящих вызовов за исключением выбранных дополнительных услуг 临时有选择地限制呼入

временный идентификатор мобильного абонента 临时移动用户识别符 〈略〉TMSI

временный протокол внутрикоммутационной сигнализации 临时内部交换信令协议 〈略〉ISP

временный файл 暂存文件

время выдержки 持续时间

время выполнения команд 指令执行时间 〈略〉ВВК

время готовности канала 信道准备就绪时间 〈略〉AS

время групповой задержки 群延迟时间

время жизни 寿命

время задержки 延续时间

время захвата фазы 相位瞬变

время нарастания (спада) фронта сигнала набора номера 拨号信号前沿上升(下降)时间

время нахождения абонентского шлейфа 用户环回时间
время недоступности 不可用时间〈略〉UST
время переадресации 前转时间〈略〉ВП
время размазывания 拖尾时间
время реакции 响应(反应)时间
время срабатывания 吸动时间、动作时间
время сходимости 收敛时间
все магистрали заняты 全部中继线占线〈略〉АТВ
всенаправленная антенна 全向天线
всепогодный пылезащитный кожух 全天候防尘罩
всестороннее решение для сетей 全方位的网络解决方案
вскрытие ящиков и проверка груза 开箱检验
всплывающее окно 弹出窗口,活动窗口
вспомогательная интерфейсная плата 辅助接口板〈略〉AUX
вспомогательное реле 辅助继电器
вспомогательное управляющее устройство 辅助控制设备〈略〉ВУУ
вспомогательный интерфейс 辅助接口
вспомогательный канал передачи данных 辅助数据通道
вспомогательный процессор 辅助处理机(器)〈略〉АР
всплывающее меню, появление меню 弹出菜单
вставка / выделение 插入/拔出
вставка в нисходящее направление, вставка в нисходящий поток 向下游插入
вставка в очередь 夹塞
вставка и извлечение (вытягивание), установка и изъятие 插拔
вставка и извлечение без отключения питания 带电插拔
вставка и извлечение плат услуг без отключения питания 业务板带电热插拔
вставка, перехват 插入
вставная карта 插卡
вставная печатная плата 插入式印刷电路板
вставная плата 插板
встречная конференц-связь 会聚式会议电话〈略〉ММС
встречная станция, встречная АТС 对方局
встречный (обратный) ток оптического модуля 光模块背光电流〈略〉BACK-CURRENT
встроенная звонилка 内置拨号器
встроенная информация 嵌入信息
встроенная операционная система реального времени 嵌入式实时操作系统
встроенная система синхронизации, интегрированная система синхронизации для узла связи 通信楼综合定时供给系统〈略〉BITS
встроенная система управления 嵌入式控制系统〈略〉EOC
встроенный канал управления 嵌入式控制信道〈略〉ECC
встроенный тест 内装测试〈略〉BIT
встроенный управляющий микропроцессор 嵌入式控制微处理器
встроенный, внутриположенный 嵌入式的、内置式的
вторично-электронный умножитель 二次电子倍增器〈略〉ВЭУ
вторичные защитные цепи 二次保护电路
вторичный (ведомый) эталонный генератор 二级参考时钟〈略〉SRC, ВЭГ
вторичный дискретизатор-мультиплексор 二次多路取样器〈略〉ВДМ
вторичный источник электропитания, вторичные источники пита-

ния, электропитание DC/DC 二次电源 〈略〉ВИП, ИВЭ

второй генератор 第二振荡器 〈略〉Г2

второстепенный аварийный сигнал 次要告警

втулка клеммы 线鼻柄

вход 输入(端),入口,登录

вход желоба 走线糟口

вход/выход изображения 图像输入/输出

входная мощность 输入功率 〈略〉INPOWER

Входная мощность меньше номинального значения. 输入功率小于额定值 〈略〉INPOWER-LESS

входная цепь 输入电路 〈略〉IC

входное напряжение постоянного тока 输入直流电压

входное рабочее напряжение переменного тока 输入交流工作电压

входное соединение 输入连接

входной контрольный разъем 输入监控接头 〈略〉IMC

входной оптический интерфейс 光纤输入接口

входной эталонный сигнал 输入基准信号

входные клеммы 输入端子

входные параметры 输入参数

входящая линия 来话线

входящая связь 呼入电话

входящая соединительная линия 入中继(线)

входящая станция 入局

входящее групповое искание 来话成组选择 〈略〉ВГИ

входящее соединение 来话接续

входящее сообщение 来话留言

входящие СЛ междугородной связи 长途入中继线

входящий вызов 呼入,来话呼叫

входящий вызов вне группы 群外呼入

входящий вызов из группы 群内呼入

входящий вызов нескольких номеров по одной АЛ 一线多号

входящий групповой искатель 来话分组选择器 〈略〉ВГИ

входящий комплект 来话电路 〈略〉ВК

входящий комплект ЗСЛ 长途出中继来话电路 〈略〉ИКЗСЛ

входящий комплект с двухчастотной системой сигнализации 双频信令系统来话电路

входящий комплект СЛМ 长途入中继来话电路 〈略〉СЛМ

входящий комплект тонального набора 音频拨号来话电路 〈略〉ВКТН

входящий разговор 来话

входящий регистр декадный 十进制来话记发器 〈略〉ВРД

входящий регистр для связи от декадно-шаговой АТС 十进制步进式交换机来话记发器

входящий шнуровой комплект 来话绳路 〈略〉ВШК

входящий шнуровой комплект междугородный 长途来话绳路 〈略〉ВШКМ

выбор 选择,选取

выбор всех режимов сообщения 全选上报模式

выбор входящего разговора 来话过滤

выбор звена сигнализации 信令链路选择 〈略〉SLS

выбор комплектов 电路选择

выбор сети 网络选择 〈略〉NSEL

выбор управления резервированием каналов 选择电路保留控制

выбор языка 语言选择 〈略〉PL

выборка мультикадра 多帧抽样

выборка, сэмплирование 抽样 〈略〉OLS

выборочная коммутация спектраль-

ных каналов 光谱通道选择性交换 〈略〉WSS
выборочная переадресация при занятости/ отсутствии ответа 遇忙/无应答时有选择呼叫前转 〈略〉SCF
выборочное ограничение входящей связи 部分来话限制
выборочное переключение между входящими вызовами 对新的来话输入进行选择操作
выборочные действия по управлению 选择性的控制措施
выборочный байпас 抽样分流 〈略〉SBP
выборочный прием вызовов 抽样接受呼叫 〈略〉SCA
выброс, сброс-наброс 浪涌
выбросное напряжение, сброс-набросное напряжение 浪涌电压
вывод 输出(端),引出(端),引线,抽头,结论
вывод в режиме переполнения на…, оказание (вызовов) в ситуации переполнения и выход на… 溢出到……
вывод данных на принтер 数据打印
вывод для кабелей 电缆分接头,电缆引出线
вывод из эксплуатации 淘汰、报废
вывод на печать 输出打印
вывод на терминал 输出到终端
вывод отчета 报表输出
вывод путем организации обходного маршрута на…, направление в обход на…, передача путем обхода на… 迂回到……
вывод сигнала E4 AIS 输出 E4 AIS 信号 〈略〉TLAIS
вывод, контакт, ножка 引脚
выгрузка (загрузка) данных из сети 从网上下载资料
выдача номера 放号
выдача, передача 发送 〈略〉SND
выдача 送出
выделение 分出、检出
выделение нескольких объектов 多个选中
выделение отдельного объекта 单个选中
выделение тактового сигнала 时钟提取
выделение тактовой частоты 时钟频率选择
выделенная сеть связи 分群式通信网
выделенное звено сигнализации 专用信令链路
выделенное рабочее место телефонистов 话务员专门座席 〈略〉BPM
выделенный 专用的
выделенный канал 专用信道 〈略〉DCH
выделенный канал трафика 专用业务信道 〈略〉DTCH
выделенный канал управления 专用控制信道 〈略〉DCCH
выделенный физический канал 专用物理信道 〈略〉DPCH
выделенный физический канал управления 专用物理控制信道 〈略〉DPCCH
выдержка времени 延时 〈略〉BB
вызов 呼叫
вызов (разговор) по кредитной карте 信用卡呼叫 〈略〉CCC, CRED
вызов абонента по заказу, автоматическая побудка 预约呼叫,叫醒服务
вызов без набора номера 热线,连线通
вызов в пределах города 呼叫市话
вызов в пригород 呼叫郊话
вызов внешней линии 拨打外线
вызов во внесетевом режиме 网外呼叫 〈略〉ONC
вызов за счет вызываемого абонента 被叫付费的呼叫 〈略〉FPH
вызов за счет вызываемого абонента в IP-сети IP 网被叫付费的呼叫

〈略〉IP-FPH
вызов консультации 咨询呼叫〈略〉COC
вызов на ожидании, вызов с ожиданием 呼叫等待 〈略〉CW
вызов на удержание, удержание вызова, сохранение вызова в режиме ожидания 呼叫保持 〈略〉HOLD
вызов операции 操作调用
вызов по карте предоплаты 预付卡呼叫 〈略〉ACC
вызов по корпоративной карте 公司卡呼叫
вызов по паролю 密码呼叫
вызов по расчетной карте 记帐卡呼叫
вызов процедуры 过程调用
вызов со специальным вызывным сигналом 带特种铃流信号呼叫
вызов страницы 页面调用 〈略〉BC
вызовы без начисления оплаты 免费呼叫
вызываемая мобильная станция, входящая подвижная станция 被叫移动台、入局呼叫移动台 〈略〉MT
вызываемый номер 被叫号码〈略〉CLD
вызывающая мобильная станция, исходящая подвижная станция 主叫移动台、出局呼叫移动台 〈略〉MO
вызывающий абонент 主叫用户
вызывной интервал 呼叫间隙〈略〉GAP
вызывной сигнал 铃流信号
вызывной ток 铃流
выключатель, размыкатель, прерыватель 断路器
выключение 关机
выключение всех трех разрядов на харктроне 三位数码管全灭
выключение из линии, выход из линии 下路,下线
выключение, размыкание, прерывание 断路、切断
выключенное состояние 关断状态
выкрошение 剥落、粉化
вынесенное двухпроводное окончание 拉远的二线终端
вынос 拉远
вынужденное рамановское рассеяние 受激拉曼散射 〈略〉SRS
выполнение окончания байтов 终结字节
выпрямитель 整流器
выпрямительный агрегат 整流机组
выпрямительный блок 整流器单元〈略〉ВБ
выпрямительный модуль 整流模块
выпрямительный шкаф 整流柜
выпрямленное напряжение 整流电压
выработка ресурса 退役,已过使用期
выравнивание 均衡
выравнивание по левому краю 左对齐
выравнивание по правому краю 右对齐
выравнивание по центру 居中
выравнивание сигнальных единиц 信令单元定位
вырез 剪切
вырезка 剪片、剪下部分
высвечивание 亮出
высокая адаптируемость, широкая приспособляемость 适应性强
высокая готовность 高可用性〈略〉HA
высокая добротность 高Q值,高品质因素
высокая кодовая скорость 高比特率
высокая помехоустойчивость 抗干扰能力强
высокая скорость 高速 〈略〉HS
высокий и низкий логический уровень 高低逻辑电平
высокий показатель соотношения цены и качества 较高的性价比指标
высокий порядок 高阶

высокий приоритет 高优先级

высокий уровень адаптируемости 适应能力强

высокое качество передачи речи 语音质量清晰

высокомолекулярные материалы 高分子材料

высокоомное входное сопротивление 高阻值输入电阻

высокоомное операционное сопротивление 高阻值操作电阻

высокоомный операционный усилитель 高阻值操作放大器

высокоплотная биполярность 高密度双极性

высокоплотное волновое мультиплексирование, высокоплотное мультиплексирование с разделением по длинам волн, высокоплотное спектральное уплотнение 高密度波分复用,密集波分复用 〈略〉DWDM

высокопроизводительная отказоустойчивая система 高可用性容错系统

высокопроизводительный 高性能的

высокоскоростная динамическая реакция 快速动态反应

высокоскоростная информационная сеть 高速信息网

высокоскоростная передача файлов 快速文件传送

высокоскоростная связь между компьютерами 计算机之间高速通信连接

высокоскоростная цифровая абонентская линия 高速数字用户线 〈略〉HDSL

высокоскоростная цифровая абонентская линия (передача по одной линии) 高速数字用户线(一线传输) 〈略〉SHDSL

высокоскоростная цифровая абонентская линия SBS™-HDSL SBS™-HDSL高速数字用户线

высокоскоростное волоконно-оптическое звено 高速光纤链路 〈略〉HOFL

высокоскоростной канал ISDN ISDN高比特率通路 〈略〉H1

высокоскоростной канал 高速链路

высокоскоростной параллельный интерфейс 高速平行接口 〈略〉HIPPI

высокоуровенный язык 高级语言

высокоскоростной переключатель 高速开关 〈略〉QS

высокоуровневое управление каналом передачи данных 高级数据链路控制 〈略〉HDLC

высокоуровневой последовательный коммуникационный контроллер с расширенными функциями 具有扩展功能的高级串行通信控制器 〈略〉HSCX

высокоуровневые приложения 高层应用

высокоустойчивый вольтоконтролируемый кварцевый генератор 高稳压控晶体

высокоустойчивый кристалл, высокостабильный кварцевый генератор 高稳晶体 〈略〉HSC

высокочастотная транзитная аппаратура 高频转接设备

высокочастотное преобразование 高频开关

высокочастотное, низкочастотное и высокоомное состояние 三态(高频、低频、高阻)

выступ, выступающая часть 露头处,突出部分

вытаскивание платы 拔板

выход 输出(端),出口,退出

выход абонента 用户出线

выход абонента на междугородную связь 用户拨打长途

выход из состояния занятости 退出忙状态

выход к экстренным службам 拨打

紧急服务台

выход клавишей 键出

выход кол-ва кадров с ошибкой кода B1 за предел в каждую секунду, превышение порога кол-ва ошибок кадров B1 за каждую секунду 每秒有B1误码帧过限 B1B-OVER

выход параметров характеристики адаптации тракта высокого порядка за установленные пределы 高阶通道适配性能参数越限 〈略〉〈略〉HP-ADCROSSTR

выход с ведомственной АМТС на любую местную сеть 从专用长途电话局拨打任一本地网

выход такта, порт А 内部发送时钟，A端口 〈略〉TC1A

выходная мощность 输出功率 〈略〉OUTPOWER

выходная мощность накачки 泵浦输出功率

выходной зажим 输出端子

выходной оптический интерфейс 光纤输出接口

выходной оптический усилитель 输出光纤放大器

выходной фильтр 输出整流滤波器

выходной/входной импеданс 输出/输入阻抗

вычеркивание 打叉

вычислительная машина, компьютер 计算机，电脑 〈略〉ВМ

вычислительная система 计算系统

вычислительный центр 计算中心 〈略〉ВЦ

выше или равно требованиям стандарта Bellcore PRC 高于或等于Bellcore PRC级

вышестоящая станция 上级站

выявление и устранение компьютерных вирусов 发现和清除电脑病毒

Г

габарит, габаритный размер 外形尺寸

газовый разрядник 气体放电管

галочка 钩号

гарантийные обязательства 保修义务

гарантированная переадресация 可确定的转发 〈略〉AF

гарантированное освещение 保证照明

гарантия возврата инвестиций 投资回收保证 〈略〉ROI

гармонические составляющие 谐波成分(分量)

гармонический генератор-резонатор 腔体谐振器

гауссовая манипуляция с минимальным частотным сдвигом 高斯滤波最小频移键控 〈略〉GMSK

гауссовая частотная манипуляция 高斯频移键控 〈略〉GFSK

гашение двух единиц номеров 抹掉两位号码

гвоздезабиватель 射钉枪

генератор 生成程序，生成器，发生器

генератор 振荡器 〈略〉OSC

генератор вызывного сигнала 铃流信号发生器

генератор высоковольтных импульсов 高压脉冲发生器 〈略〉ГВИ

генератор импульса 脉冲发生器 〈略〉PG, ГИ

генератор комфортных шумов 适度噪声发生器 〈略〉CNG

генератор коротких импульсов 窄脉冲发生器 〈略〉ГКИ

генератор набора номера 拨号发生器 〈略〉ГНН

генератор незагруженного виртуального контейнера верхнего уровня 高阶卸载虚拟容器生成器 〈略〉HUG

генератор одиночных импульсов 单脉冲发生器 〈略〉ГОИ

генератор опорного тока 基准电流发生器 〈略〉ГОТ

генератор пачек импульсов 脉冲包发生器 ГПИ
генератор пилообразного напряжения 锯齿形电压发生器 〈略〉ГПН
генератор псевдослучайных последовательностей 伪随机序列发生器 〈略〉ГПСП
генератор синхронизации регенератора 再生器定时发生器 〈略〉RTG
генератор случайных сигналов 随机信号发生器 〈略〉ГСС
генератор стандартных сигналов 标准信号发生器 〈略〉ГСС
генератор тактовой синхронизации 同步定时发生器 〈略〉STG
генератор тактовых импульсов 时钟脉冲发生器 〈略〉ГТИ
генератор тактовых сигналов синхронного оборудования 同步设备定时发生器 〈略〉SETG
генератор тестовых данных 测试数据发生器 〈略〉ГТД
генератор указателя 指针发生器 〈略〉PG
генератор, управляемый напряжением 压控振荡器 〈略〉VCO
генерация квитанции 生成话单
генерация кода 代码生成
генерация незагруженного виртуального контейнера тракта низкого порядка(нижнего уровня) 低阶通道未装载虚拟容器生成 〈略〉LUG
генерация отчетов, генерация ведомостей 报表生成
генерация системы 系统生成 〈略〉SYSGEN
генерация субгармоники 次谐波振荡
генерация услуг 业务生成
герконовые реле 密封接点继电器,簧继电器
герметичная теплоизоляция 密封保温
герметичный необслуживаемый свинцовый аккумулятор 密封免维护铅酸蓄电池
гетеродин 超外谐振器
гибкая конфигурация 配置灵活
гибкая перемычка 软连线,软跨接线
гибкий автоматический цех 柔性自动化车间 〈略〉ГАЦ
гибкий магнитный диск 软磁盘 〈略〉ГМД
гибкий способ организации сети 灵活的组网方式
гибкое автоматизированное производство 柔性自动化生产 〈略〉ГАП
гибкое постоянное соединение 软永久虚连接 〈略〉SPVC
гибкость вариантов конфигурации 灵活的配置方式
гибридизация 混合,杂交,混血
гибридная оптоволоконно-коаксиальная сеть 混合光纤同轴网 〈略〉HFC
гибридная сеть, комбинированная сеть 混合网
гибридные интегральные схемы 混合集成电路 〈略〉ГИС
гибридные цифро/аналоговые сети 数模混合网
гибридный блок данных 数据混合单元 〈略〉DH
гибридный режим 混合方式
гибридный сумматор 混合合路器 〈略〉HYCOM
гига... 千兆(10^9) 〈略〉Г
гигабайт 千兆字节,10^9 字节
гигабит 千兆位,10^9 位 〈略〉Gb
гигабитный Ethernet 千兆位以太网 〈略〉GE
гигабитный коммутатор Ethernet 千兆位以太网交换机
гигабитный коммутируемый маршрутизатор, маршрутизатор гигабитной коммутации 千兆位交换路由器 〈略〉GSR
гигагерц 千兆赫 〈略〉ГГц
гиперссылка 超链接

гипертекст 超文本
гипертекстовый язык 超数据报语言
гипотеза 假设，假说，假定
гипотетическая опорная цифровая линия связи 假设参考数字链路〈略〉HRPL
гипотетическая опорная цифровая секция 假设参考数字段〈略〉HRDS
гипотетический 假设的
гипотетический опорный тракт 假设参考通道〈略〉HRP
гипотетическая эталонная цепь 假想参考电路〈略〉ГЭЦ
гипотетическое опорное соединение 假设参考连接〈略〉HRDS
главная база данных 主数据库〈略〉ГБД
главная видеокамера 主摄像机
главная видеокамера с поворотным устройством 带云台的主摄像机
главная сторона / неглавная сторона 主控方/非主控方
главная страница, стартовая страница 主页，首页
главная цепь 主电路，主回路〈略〉ГЦ
главная шина постоянного тока 直流母排
главное коммутационное поле 主交换网络，主接续网络
главное меню 主菜单条，主操作条
главный RSA 上层 RSA
главный блок компьютера 计算机主机
главный контроллер шин 总线主控制器〈略〉BMC
главный кросс 总配线架〈略〉MDF
главный кросс с односторонней интеграцией типа врезного соединения 单面集成卡接式总配线架
главный модуль управления BTS DDRM BTS DDRM 主控板〈略〉DMCM
главный процессор 主处理器〈略〉GPU
главный процессорный блок 主处理器单元
главный узел 主节点
главный узел управления межмодульной связью 模块内通信主控制点
главный узел управления, контролирующая точка, главный контрольный узел 主控制点
гладкая срезка лишней части стяжки 多余部分齐根平滑剪齐
глаз-диаграмма 眼图
глобальная гипертекстовая система Internet, всемирная «паутина» 环球信息网，万维网〈略〉WWW
глобальная метка соединения 全连接标记
глобальная сеть связи 广域网〈略〉WAN，ГСС
глобальная система подвижной (мобильной) связи 全球移动通信系统〈略〉GSM
глобальная система позиционирования (объекта), глобальная система местоопределения 全球定位系统〈略〉GPS
глобальная система спутниковой навигации 全球卫星导航系统〈略〉GLONASS
глобальная таблица дискриптов 全局描述表
глобальные данные 全局数据
глобальные данные цепных таблиц 全局链表数据
глобальные модели 整体模型〈略〉ГМ
глобальный 全球的，全局的，世界的，总的
глобальный заголовок, общий заголовок 全局标题〈略〉GT
глобальный Центрекс в сети IP IP 网广域 Centrex〈略〉IP WAC
глобальный Центрекс, Центрекс для

широкой области 广域 Centrex 〈略〉WAC
гнездо 插孔,塞孔,插座,槽位
гнездо для контроля радиочастоты 射频检测口
гнездо трибутарного потока 支路板位
голая печатная плата, пустая плата 空板,光板,裸板 〈略〉PCB
голая плата без компонентов 裸板,光板
головка записи 记录头,写头 〈略〉ГЗ
головная микротелефонная трубка 头戴式送收话器
головная сеть, сеть ядра 核心网
головной телефон, наушный телефон, наушники 耳机,头戴式受话器
голосование по телефону, опрос по телефону, телеголосование 电话投票、民意测验 〈略〉VOT
голосовая метка 话音标志
голосовой вызов 语音呼入
голосовой набор 语音启动拨号
голый линейный зажим 裸线头
горизонтальное поворотное устройство 水平云台
горизонтальный стержень 横棒
городская АТС, городская телефонная станция 市话局,市话交换机 〈略〉LE, LS, ГАТС
городская межстанционная сеть соединительных линий 市话局间中继网
городская первичная сеть 城市初级网 〈略〉MAN, ОГС
городская телефонная сеть 市话网 〈略〉ГТС
городское электропитание, сетевое питание 市电
горячая клавиша справки 帮助热键
горячий резерв, горячее резервирование 热备份
гостевая книга 留言簿
Государственная сеть CATV 国家有线电视网
государственное предприятие «Республиканский радиотелевизионный передающий центр» 国营企业"共和国广播电视转播中心" 〈略〉ГПРРТПЦ
Государственный информационный центр 国家信息中心 〈略〉ГИЦ
Государственный комитет по распределению частот 国家频率分配委员会 〈略〉ГКРЧ
Государственный комитет по электронике и связи 国家电子通信委员会 〈略〉ГКЭС
готовность к передаче 发送就绪
готовность к передаче данных 数据发送准备就绪 〈略〉DSR
готовность к передаче, порт A 发送准备就绪,A 端口
готовность к передаче данных, порт A 数据发送准备就绪,A 端口 〈略〉DS-RA
готовность к приему 接收就绪 〈略〉RR
готовность терминала данных, порт A 数据终端就绪,A 端口 〈略〉DTRA
гофрированная трубка 波形管,波纹管
граница неисправности 故障边界
граничное оборудование абонента 用户边界设备 〈略〉CE
граничное устройство 边界设备
граничные значения задержек 时延界值
граничный коммутатор, межсетевая коммутационная система 边缘交换机
граничный контроллер сессий 对话时间边界控制器 〈略〉SBC
граничный маршрутизатор 边缘路由器
граничный шлюз 边缘网关
граф 图形,图

график, диаграмма 图表

графическая идентификация и автоидентификация 图形识别和自动识别 〈略〉GINA

графическая карта, видеокарта 显示卡

графический абонентский интерфейс, графический интерфейс пользователя 图形用户界面(接口) 〈略〉GUI

графический ввод 图像输入 〈略〉ГВ

графический интерфейс 图形界面

графический интерфейс пользователя 图形化用户接口

граф-схема алгоритма 算法框图 〈略〉ГСА

гриф 字样

гриф секретности 密级,密件字样

громадный объем данных 海量信息

громкая связь, связь при положенной трубке 免提通话

громкоговорящая связь 扬声器联络

громкость 响度,音量

громкость, волюм 音量

громовой ток 雷击电流

громовой удар, молниеудар 雷击

грубая наладка выпрямительного тока 整流模块粗调

грубая наладка модуля контроля 监控单元粗调

грубая наладка распределения переменного тока 交流配电粗调

грубая настройка 粗调

грубое волновое мультиплексирование, грубое мультиплексирование с разделением по длинам волн 粗波分复用 〈略〉CWDM

группа абонентов учрежденческой станции 用户小交换机集团用户

группа административных единиц 管理单元组 〈略〉AUG

группа базовых услуг 基本业务组

группа входящих комплектов 入局电路群

группа высоких частот 高频群

группа исходящих комплектов 出局电路群

группа каналов 电路群,电路组

группа общих интересов 共同利益集团 〈略〉ГОИ

группа по 30 каналам 每30条信道的集群

группа приборов 仪表组

группа производителей промышленных компьютеров PCI PCI工控机生产集团 〈略〉PICMG

группа рабочих мест операторов 操作员(话务员)座席组

группа раздельного наблюдения 分散观察组

группа СЛ 中继群

группа совместного наблюдения 联合观察组

группа соединительных линий, группа СЛ 中继线群

группа сообщений основной прямой установочной информации 主要直接置位信息消息群

группа сообщений управления сетью с коммутацией каналов 电路网管理消息群 〈略〉CNM

группа трибных блоков уровня n n组支路单元 〈略〉TUG-n

группа трибных блоков, группа трибутарных блоков (единиц) 支路单元组 〈略〉TUG

группа управления объектом 对象管理组 〈略〉OMG

группа учета стоимости разговоров с оплатой вызывающим абонентом 主叫计费组

группа цифр 数字组

группа экспертов подвижной связи 移动通信专家组 〈略〉GSM

групповая абонентская линия 群用户线 〈略〉ГАЛ

групповая аутентификация NASS N-

ASS 群鉴定 〈略〉NBA

групповая базовая станция 基站群 〈略〉BSS

групповая задержка, групповое время прохождения 群时延

групповая система 集群系统

групповое искание каналов (комплектов) 通道(电路)成组选择 〈略〉ГИК

групповое управляющее устройство 群控装置 〈略〉ГУУ

групповое устройство 成组设备 〈略〉ГУ

групповой вызов 成组呼叫

групповой искатель междугородный 长途选组器 〈略〉DDD

групповой модулятор 群调制器 〈略〉ГМ

групповой преобразователь частоты 群变频器 〈略〉ГПЧ

групповой искатель, групповыбиратель 选组器 〈略〉ГИ, ГВ

групповой сервер Veritas Veritas 服务器组 〈略〉VCS

густонаселенный район 用户密集区

Д

дальний набор 长途拨号 〈略〉КДН

дальность соединения 通信距离

дамп и удаление 转储和清除

дамп, дампфирование 转储

данные 数据、资料

данные / телефон / видео 数据/电话/视频 〈略〉DTV

данные блока 单元数据 〈略〉UDT

данные в бинарном коде 二进制代码数据

данные или поток данных 数据或数据流 〈略〉DATA

данные информации пользователя 用户信息数据 〈略〉UID

данные канального уровня 链路层数据

данные конфигурации 配置数据

данные маршрутизации 路由数据

данные местных префиксов 本局字冠数据

данные о системных параметрах 系统参数数据

данные о точке занятия комплектов 电路占用点数据

данные ограничения вызовов для номера назначения 目的号码限呼数据

данные поддержки служб 业务支撑数据 〈略〉SSD

данные пользователя, пользовательские данные 用户数据 〈略〉UD

данные с коммутацией пакетов 分组交换数据

данные самоконтроля 自控数据

данные текущего контроля экстренных вызовов 紧急呼叫观察数据

данные характеристики 性能数据，特性数据

данные экземпляров вызовов 呼叫实例数据 〈略〉CID

датаграмма 数据电报

датаграммный режим 数据电报方式

датчик импульсов 脉冲发生器 〈略〉ДИ

датчик, сенсор 传感器

даунконвертер, понижающий преобразователь с понижением частоты 下变频器、降频变换器

два процессора в режиме горячего резерва 双机热备份

две пары оптических кабелей 两对光纤电缆

две цепи питания от сети, две цепи сетевого питания 两路市电

дверца корпуса 箱体门/箱门

движение 运动，移动，动作

движок 滑动片，游标，拨杆

двоично-кодированная запись десятичной цифры 二进制编码的十进

制 〈略〉BCD

двоичный код с изменением полярности сигнала, код с чередованием полярности импульсов 信号(脉冲)极性交替变换码 〈略〉AMI

двоичный протокол 双协议 〈略〉BIN

двойная однонаправленная кольцевая сеть 二纤单向环网

двойная шина с распределенной очередью 分布式排队双总线 〈略〉DQDB

двойное амплитудное значение 峰值电压值,双振幅值

двойное кольцо передачи пакетов 分组传输的双链路 〈略〉RPR

двойное резервирование 双备份

двойной дуплексный модуль объединения для BTS DDRM, двойной дуплексный модуль для BTS DDRM BTS DDRM 用的双联模块 〈略〉DDCM, DDPU

двойной приемопередаточный модуль цифровых и радиочастот 数字和射频收发两用模块 〈略〉DDRM

двойной радиоблок фильтрации 滤波器双电子元件 〈略〉DRFU

двойной указатель 双指针

двойной щелчок 双击

двойной щелчок мышью 双击鼠标

двумерная таблица 二维表格

двумерный 二维的

двунаправленное обнаружение переадресации 双向转发检测 〈略〉BED

двунаправленные услуги 双向业务

двунаправленный 双向的 〈略〉

двунаправленный тестовый трафик 双向测试业务量

двусторонний вызов, дуплексная связь 双向呼叫

двусторонний канал 双向电路

двусторонняя передача 双向传输

двухволконное кольцо с защитой (резервированием) мультиплексной секции 二纤复用段保护环

двухволоконная кольцевая сеть, двухволоконное кольцо 二纤环

двухволоконная однонаправленная кольцевая сеть с резервированием тракта, двухволоконное однонаправленное кольцо с защитой тракта 二纤单向通道保护环

двухволоконное / четырехволоконное двунаправленное защитное кольцо совместного использования 二纤/四纤双向共享保护环

двухволоконное двунаправленное кольцо с защитой тракта 二纤双向通道保护环

двухволоконный однонаправленный тракт 二纤单向通道

двухгруппная батарея с аккумуляторами герметизованного типа 密封型双组蓄电池

двухдиапазонная сеть 双波段网

двухпозиционный переключатель ручного управления 双位手动开关

двухполюсный газоразрядник 二极气体放电管

двухполюсный разрядник 二极放电管

двухполярный код высокой плотности, высокоплотный биполярный код 高密度双极性码 〈略〉HDBC

двухпроводная СЛ, плата двухпроводных СЛ, соединительная линия со шлейфной сигнализацией 环路中继,环路中继板 〈略〉ATO

двухпроводной порт для распределения нагрузки 均流二芯口

двухпроводной ТА 二线电话

двухрядный теребильный наконечник 双排拔取头

двухсистемный дизайн 双系统设计

двухстабильный элемент 双稳态元件 〈略〉ДЭ

двухсторонняя универсальная СЛ 双向通用中继线 〈略〉BCT

двухтональная многочастотная сигнализация 双音多频信令

двухтональный многочастотный набор номера 双音多频拨号 〈略〉DTMF

двухтональный многочастотный набор/тональный набор 双音多频拨号/音频拨号

двухточечная передача, сквозная передача 端到端传输

двухточечная сеть, сеть «точка-точка» 点到点网

двухточечная система контроля 点对点监控系统

двухточечное соединение канала передачи данных 点对点数据链路连接

двухточечный протокол, протокол «точка-точка» 点到点协议 〈略〉PPP

двухуровневая сеть 双层网

деактивация 去激活

деактивация звеньев сигнализации 退出信令链路

дежурный оператор системы 系统值班操作员 〈略〉ДОС

дежурный оператор станции 交换台值班操作员 〈略〉ДОС

деинсталляция 卸载

действия по управлению сетью 网管动作

действующее значение основной гармоники 主谐波有效值

дейтасет 数据集

декадно-шаговая АТС 十进制步进式自动电话交换机,十进制步进式自动电话局 〈略〉АТСДШ

декадно-шаговая станция 十进制步进式交换机,十进制步进式交换局

декадно-шаговый 十进制步进式的 〈略〉ДШ

декодер, дешифратор 译码器

декоративная панель 饰板

декоративная панель насадки 顶盖饰板

делегирование, уполномочие 授权

деление тока нагрузки 负载电流的均流

делимое 被除数

делитель 除数

делитель мощности 功率分配器

делитель напряжения 分压器 〈略〉ДН

делитель частоты 分频器

дельта-модуляция 增量调制 〈略〉ДМ

демаркация 分界

демодулятор 解调器

демпфирующий диод, фиксирующий диод 钳位二极管

демультиплексирование 分接

демультиплексор, ответвитель 分接器,分路器,耦合器

дерево навигации 导航树

дескремблер 解扰器

дескремблирование 去扰频

десятичный 十进制的

детали и узлы 零部件

детали и узлы в полностью разобранном виде 全散装件 〈略〉CKD

детали и узлы в частично-собранном виде 半散装件 〈略〉SKD

детектор активности речи 话音激活(灵敏性)检测器 〈略〉VAD

детектор набора номера 拨号检测器 〈略〉ДНН

детектор несущей 载波检测器 〈略〉CD

детектор отбоя вызываемого абонента 被叫用户挂机检测器 〈略〉ДОВА 2

детектор отбоя вызывающего абонента 主叫用户挂机检测器 〈略〉ДОВА 3

детектор ответа вызываемого абонента 被叫用户应答检测器 〈略〉ДОВА

детектор ответа вызывающего абонента 主叫用户应答检测器 〈略〉ДОВА 1

детерминированное поступление сиг-

налов 信号的确定性进入
дефис 连字符
децентрализованный биллинг 非集中计费
децибел 分贝 〈略〉дБ
дециметровая волна 分米波 〈略〉ДМВ
дешифратор входов блока РИВ 时间脉冲继电器单元输入译码器 〈略〉ДшА
дешифратор выходов блока РИВ 时间脉冲继电器单元输出译码器 〈略〉ДшВ
дешифратор кода операции 操作码译码器
дешифратор команд 指令译码器 〈略〉ДШК
дешифратор шин 总线译码器 〈略〉ДШ
джиттер выходной мощности 输出功率抖动 〈略〉OUTPOWER-UND
джиттер и вандер 抖动与漂移
джиттер на выходе 输出抖动
джиттер, дрожание 抖动
диагностика 诊断
диагностика в реальное время 实时诊断
диагностирование системы в режиме онлайн 在线系统诊断
диаграмма последовательных сообщений 序列消息图 〈略〉MSC
диалог 对话
диаметр оптической энергии в одномодовом волокне 单模光纤直径 〈略〉MFD
диаметр провода 线径
диапазон затягивания частоты 频率牵引范围
диапазон значений 值域,取值范围
диапазон наведения антенны 天线指向范围 〈略〉ДНА
диапазон номеров 编号范围
диапазон программной памяти 程序存贮区
диапазон частот, частотный диапазон 频带,频谱
диафрагма 隔板
дизайн с ориентацией на пользователя 面向用户的设计 〈略〉UCD
дизель-генератор 柴油发电机
диктофон 录音机,录音电话机
динамическая амплитудная модуляция 动态调幅 〈略〉ДАМ
динамическая безыерархическая маршрутизация 动态无级路由选择 〈略〉DNHR
динамическая маршрутизация 动态路由选择
динамическая фазовая ошибка 动态相位误差 〈略〉ДФО
динамическая функциональная проверка 动态功能检验 〈略〉ДФП
динамический диапазон 动态范围
динамический сервер именования доменов 动态域名服务器 〈略〉DDNS
динамическое запоминающее устройство 动态存储器 〈略〉ДЗУ
динамическое запоминающее устройство с произвольной выборкой 动态随机存取存储器 〈略〉DRAM
динамическое привлечение 动态引入
динамическое распределение 动态分配
динамическое распределение каналов 动态信道分配 〈略〉DCA
динамическое распределение полосы пропускания 动态通频带分配 〈略〉DBA
динамическое управление линией 线路动态控制 〈略〉DLM
динамическое управление спектром 光谱动态控制 〈略〉DSM
диод 二极管
диод в режиме мгновенного подавления 瞬态抑制二极管
диод с барьером Шотки 肖特基势垒

二极管 〈略〉ДБШ

диод Шотки 肖特基二极管 〈略〉ДШ

диодная фиксация, фиксатор с диодами 二极管钳位

директория 目录

дисбаланс 不平衡、失衡

дисбаланс фаз 三相失衡

дискета, дискетка, гибкий диск, флоппи-диск 软盘、软磁盘

дисковая операционная система 磁盘操作系统 〈略〉ДОС

дисковод 磁盘机,磁盘驱动器,软驱

дисковод для компакт-дисков 光驱

дисковый набор номера 号盘拨号

дисковый файл, файл на диске 磁盘文件

дискретизатор-мультиплексор 多路取样器 〈略〉ДМ

дискретизирующий импульс 离散脉冲

дискретная частота, частота дискретизации 取样频率

дискретное косинусное преобразование 离散余弦变换 〈略〉DCT

дискретное отражение, дисперсионное отражение 离散反射

дискретное преобразование Фурье 离散傅里叶变换 〈略〉ДПФ

дискретное управление 分立式控制

дискретный коэффициент отражения 离散反射系数

дискретный сигнал, дискретизированный сигнал 离散信号

дискриминатор 鉴频器,鉴别器

дискриминатор протокола 协议鉴别器

дисперсионный сдвиг 射散位移

дисперсия времени (продолжительности) 时间方差 〈略〉TVAR

диспетчер задач 任务调派(器)

диспетчер учетных записей 登记凭证管理员 〈略〉SAM

диспетчерская система C&C08-S C&C08-S 调度系统

диспетчерская телефонная сеть 调度电话网 〈略〉ДТС

диспетчерский пульт 调度台 〈略〉ДП

диспетчерский пункт, диспетчерская 调度室

дисплей, индикатор 显示器

дисплей с текстовыми подсказками пользователю 用户文本提示显示

дисплейный пульт оператора 操作员显示台 〈略〉OPS

дистанционная безусловная переадресация вызовов 异地呼叫无条件转移

дистанционная диагностика 远程诊断

дистанционная индикация дефекта, индикация дефекта на дальнем конце 远端缺陷指示 〈略〉RDI

дистанционная индикация дефекта мультиплексной секции, индикация дефекта на дальнем конце мультиплексной секции 复用段远端缺陷指示 〈略〉MS-RDI

дистанционная индикация отказа, индикация отказа на дальнем конце 远端失效指示 〈略〉RFI

дистанционная индикация ошибки мультиплексной секции 复用段远端差错指示 〈略〉MS-REI

дистанционная переадресация вызова в случае занятости абонента 异地呼叫遇忙转移

дистанционная переадресация вызова в случае неответа абонента 异地呼叫无应答转移

дистанционная ретрансляция 远程广播

дистанционная связь 远程通信

дистанционное зондирование 遥感

дистанционное медицинское обслуживание 远程医疗

дистанционное обучение 远程教学

дистанционное питание 远端供电，远端电源 〈略〉ДП
дистанционное управление 遥控、远距离控制 〈略〉ДУ
дистанционный аварийный сигнал 远端告警信号 〈略〉DC,ДС
дистанционный доступ к локальной сети 远端接入局域网
дистанционный интерфейс неавтономной сети 远程联网接口 〈略〉CCP
дистанционный контроль в реальное время 实时遥控
дистанционный контроль согласующих устройств 匹配设备远程监控
дистанционный мониторинг 远程监控 〈略〉RMON
дистанционный оконечный блок 远程终端单元 〈略〉RTU
дистанционный пульт оператора 远程话务台
дифракция радиоволн, огибание сигналом препятствий 电波绕射
дифракция сигнала, огибание сигналом препятствий 信号绕射
дифракция, огибание сигналом препятствий 绕射
дифсистема 混合线圈
дифференциальная ИКМ 差分脉码调制 〈略〉DPCM, ДИКМ
дифференциальный операционный усилитель 差动运算放大器 〈略〉ДОУ
дифференциальный трансивер 差分收发
дифференциальный усилитель 微分放大器 〈略〉ДУ
дифференцированная линия 差分线
дифференцированная услуга 差分服务 〈略〉Diffserv
дифференциальная фаза 微分相位 〈略〉ДФ
дифференцированный сигнал 差分信号 〈略〉DS
диффузионный слой 扩散层
дихотомия 二分法
длина 长度,长
длина записи 写入长度,记录长度
длина машинных слов 机器字长
длина чтения 读长度
длинный сигнал 长信号 〈略〉ДС
длительность 时长,持续时间
длительность задержки в секундах 延迟秒数
длительность защитного переключения 保护倒换时延 〈略〉PSD
длительность импульса 脉冲宽度,脉冲持续时间
длительность импульсного пакета 脉冲串间隔
длительность межсерийного интервала 串间隔时长
длительность неисправности в цикловой структуре 帧告警秒 〈略〉FALM
длительность паузы между посылками сигнала 信号发送间隔延续时间
длительность потери сигнала 信号丢失秒 〈略〉LOSS
длительность разговора 通话时长
длительный импульс 长脉冲,宽脉冲 〈略〉RELP-LTP
для последующих запросов 日后备查
для ссылки на... в будущем 日后引用
добавление 添加,补充
добавление, сравнение, выбор 加,比,选 〈略〉ACS
добавление (удаление, изменение, проверка) разрешенного вызываемого номера 增加(删除,修改,验证)呼叫允许目的码
добавление абонента сетевого элемента 增加网元用户
добавление модулей 模块叠加
добавочный номер ночного обслуживания 夜间服务分机号

добавочный пульт 分台

доведение оптического волокна до деревни, оптоволокно до деревни 光纤到乡村 〈略〉FTTV

доведение оптического волокна до здания, оптоволокно до здания 光纤到大楼 〈略〉FTTB

доведение оптического волокна до краю дороги, оптоволокно до краю дороги 光纤到路边 〈略〉FTTC

доведение оптического волокна до офиса, оптоволокно до офиса 光纤到办公室 〈略〉FTTO

доведение оптического волокна до дома, оптоволокно до дома 光纤到家庭 〈略〉FTTH

доведение оптического волокна до этажа, оптоволокно до этажа 光纤到楼层 〈略〉FTTF

доверительная вероятность 置信度，置信概率

доклад о измерении 测量报告

документ 文件，文档

долговременный RELP-прогноз 长期残余激励线性预测编码 〈略〉RELP-LTP

долгосрочная эволюция 长期演变 〈略〉LTE

домашний агент 家庭代理人 〈略〉HA

домашняя сеть PLMN, исходящая сеть PLMN 归属公用陆地移动网 〈略〉HPLMN

домен базовой сети с коммутацией каналов 信道交换核心网域 〈略〉CN-CS

домен биллинга 计费域 〈略〉BD

домен с коммутацией каналов 电路交换域

домен с коммутацией пакетов 分组交换域 〈略〉PS

домофон 门禁电话，宅内与大门外对讲机

дополнительная услуга «переадресация вызова при отсутствии ответа» 无应答呼叫前转补充业务 〈略〉CFNRs

дополнительная адресация 用户子地址 SUB

дополнительная информационная услуга «уведомление об оплате» 计费通知(信息)补充业务

дополнительная информация 附加信息 〈略〉ДИ

дополнительная информация по тестированию реализации протокола 协议实现附加测试信息 〈略〉PIXIT

дополнительная нагрузка 附加负荷

дополнительная оплата 附加计费 〈略〉PRMC

дополнительная служба «удержание вызова» 呼叫保持补充业务

дополнительная услуга 增值业务 〈略〉ДУ

дополнительная услуга «вызов на ожидании» 呼叫等待补充业务

дополнительная услуга «запрет всей входящей связи» 禁止所有入局呼出补充业务 〈略〉SSP

дополнительная услуга «запрет всей исходящей связи» 禁止所有出局呼出补充业务 〈略〉BAIC, BI

дополнительная услуга «многосторонний разговор» 多方通话补充业务 〈略〉MPTY

дополнительный вид обслуживания (услуг) 增值业务种类 〈略〉ДВО, VAS

дополнительная услуга 补充业务，增值业务 〈略〉USSD

дополнительные услуги на линии 在线增值业务

дополнительные устройства, приспособление, принадлежности, приложение 附件

дополнительный 附加的，补充的

дополнительный блок управления 补充控制单元 〈略〉UACU

дополнительный код 补码

дополнительный оперативный показатель 补充操作指标 〈略〉SS

дополнительный сегментный регистр процессора Inter 8086 Inter 8086 补充段寄存器 〈略〉ES

дополнительный тип абонента 附加用户类别

дополнительный тракт 额外通路

допуск джиттера и вандера 抖动和飘移容限

допуск джиттера и вандера входных сигналов 输入信号抖动漂移容限

допустимое отклонение частот передачи и приема 频率容限

доступ 存取，访问，接入，通路，入口

доступ HONET-DDN HONET-DDN 接入

доступ HONET-Internet HONET-Internet 接入

доступ без концентрации 无压缩存取

доступ в Интернет, выход в Интернет, доступ в сеть, выход в сеть, работа в сети 上网

доступ в систему 访问系统

доступ во внесетевом режиме 网外接入 〈略〉OFA

доступ и обращение к мультимедийной информации 多媒体信息存取

доступ к Internet посредством коммутируемого соединения 拨号访问

доступ к Internet, минуя ТФОП 不用公网的互联网接入

доступ к вызову по паролю 按密码容许呼叫 〈略〉PCA

доступ к данным 数据存取

доступ к заголовку 开销接入 〈略〉OHA

доступ к линии связи с первичной скоростью 链路基群速率接入 〈略〉LPRA

доступ к управлению услугами 业务管理接入

доступ на расстоянии до… 接入距离为…… 〈略〉ПАД

доступ первичной скорости 基群速率接入 〈略〉PRA

доступ по персональному идентификационному номеру абонента 用户个人识别号访问(存取) 〈略〉SPINA

доступ с передачей данных 数据接入

доступ с передачей изображений 图像业务接入

доступ, определяемый структурой 30B + D 30B + D(基群速率)决定的结构接口

доступная сеть общеконтинентальной мобильной связи 访问公用陆地移动网 〈略〉VPLMN

доступность 可用度

доступный центр коммутации подвижной связи, доступный MSC 访问移动交换中心 〈略〉VMSC

дочерняя вершина, дочерний узел 子结点

драйвер 驱动程序、驱动器

драйвер (дисковод) на гибком магнитном диске 软盘驱动器，软驱 〈略〉FDD

драйвер (дисковод) на жестком магнитном диске 硬盘驱动器 〈略〉HDD

драйвер интерфейса глобальной сети (WAN) NDIS NDIS WAN 广域网接口驱动程序

драйвер сетевого интерфейса 网络接口驱动程序 〈略〉NDIS

драйвер терминала, управление терминалами 终端驱动

дранка, планка 板条

древовидная сеть 树状网

древовидная структура 树形结构

древовидный 树形的

древовидный алгоритм поиска 树型查找算法

другие аварийные сигналы платы

SL4　SL4 板其它告警　〈略〉SL4-ALM

дружественный пользовательский интерфейс　用户友好界面

дублированная конфигурация «активная/резервная»　主/备双备份配置

дублированная конфигурация　双机配置

дублированный процессор и дублированная шина　双机双总线形式

дуплекс　双工，双联

дуплексирование с временным разделением каналов　时分双工　〈略〉TDD

дуплексная линия　双工线

дуплексная передача с временным разделением каналов　时分双工传输

дуплексная система на одной полосе частот　同段双工系统

дуплексная система с разделением частот　频分双工系统

дуплексный режим　双工方式

дуплексный　双工的

дырявое ведро　漏斗

дюймовая система　英制

E

Европейская конференция администраций почты и телекоммуникаций　欧洲邮政电信会议　〈略〉CEPT

европейская сигнализация № 1 для цифрового абонента　欧洲数字用户 1 号信令　〈略〉EDSSI

европейская сигнализация № 5　欧洲 5 号信令　〈略〉No. 5

европейская система передачи радиосообщений　欧洲无线通信传输系统　〈略〉ERMES

европейские стандарты по электросвязи, европейский телекоммуникационный стандарт　欧洲电信标准　〈略〉ETS

Европейский институт стандартов по электросвязи, Европейский институт стандартов по электросвязи　欧洲电信标准组织　〈略〉ETSI

Европейский меморандум о взаимопонимании　欧洲谅解备忘录　〈略〉MOU

Европейский союз радиовещания　欧洲广播联盟　〈略〉ECP

европейский цифровой бесшнуровой телефон, цифровая европейская система беспроводного телефона　欧洲数字无绳电话　〈略〉DECT

Европейский экономический союз　欧洲经济联盟

евророзетка　接地插座

единая автоматизированная система связи　统一自动化通信系统　〈略〉EACC

единая архитектура　统一体系结构，统一架构　〈略〉EA

единая вычислительная система　统一计算机系统　〈略〉EBC

единая коммутационная платформа　统一交换平台

единая платформа доступа　统一接入平台

единая система конструкторской документации　统一设计文件系统　〈略〉ЕСКД

единая среда обмена сообщениями　统一消息交换媒体　〈略〉UM

единица（плата）цикловой обработки　帧处理单元（板）　〈略〉FPU

единица младшего разряда　低位单位　〈略〉EMP

единичная отмена　单条撤消

единичный интервал　单位间隔　〈略〉ЕИ

единообразное управление, унифицированное управление　统一管理

единые аппаратные средства　相同硬件

единый формат взаимообмена　通用

交换格式 〈略〉CIF
емкостное сопротивление 容抗
емкость 容量，电容，容积 〈略〉емк.
емкость （возможность） подуровня транзакции 事务管理子层能力 〈略〉TSC
емкость звуковой цепи 声回路电容
емкость каждого модуля/блока 每端容量
емкость линии 线路容量
емкость транзакции，возможность транзакции 事务处理能力 〈略〉TC
естественное конвекционное охлаждение 自然空气对流冷却

Ж

жалоба по оплате 计费申告
жалобы от абонентов 用户申告
железный разгон，разгон железа 硬件加速
желоб（паз）шинопроводов 总配线槽
желоб для проводных соединений 线槽
желоб，монтажный желоб，монтажный паз 走线槽
жесткая точка занятия 硬占用点
жесткий диск 硬盘
жидкокристаллический дисплей 液晶显示器 〈略〉LCD，ЖКД
жидкокристаллический индикатор 液晶显示器 〈略〉ЖКИ
жизнеспособность 生存能力、使用期限
жизнеспособность сети 网络生存能力
журнал 日志、杂志、纪录本
журнал заявленных работ 申请作业记录簿 〈略〉ЖЗР
журнал учета работ по взаимодействию с ВЦ 与计算中心互连作业记录簿 〈略〉ЖУВЦ
журнал учета текущих работ группы 当前群作业记录簿 〈略〉ЖУТР

З

завал верхних частот 高频偏移
завершение вызова к занятому абоненту 遇忙用户呼叫完成 〈略〉CCBS
завершение модификации соединения 呼叫改变完成 〈略〉CMC
завершение разъединения，окончание разъединения 释放完毕 〈略〉RLC，RLS
завершение тестирования непрерывности 导通测试结束 〈略〉COT
зависание 死机
зависимая станция 从属站
заводское испытание 工厂测试
заглушение 抑止，扼止，消音
заголовок 开销 〈略〉OH
заголовок мультиплексной секции 复用段开销 〈略〉MSOH
заголовок мультифрейма 复帧开销
заголовок мультифлейма J2 复帧开销 J2
заголовок номера 号首
заголовок первого фрейма мультифрейма 复帧首帧开销
заголовок равной группы 同等群标题 〈略〉PGL
заголовок регенераторной секции 再生段开销 〈略〉RSOH
заголовок сообщения 报文头
заголовок тракта，маршрутный заголовок，трактовый заголовок，вспомогательная информация о тракте 通道开销 〈略〉POH
заголовок файла 文件头
загорание 亮灯
загорание лампы，свечение лампы 灯亮

загружающая направляющая программа 加载引导程序
загрузка 加载,装入,装载,装料,下载
загрузка данных в сеть 加载网络数据
загрузка данных об авариях сетевого элемента 网元告警数据上传
загрузка или запись в ОЗУ 加载或写入内存
загрузка порогов 门限下载
загрузка при включении питания 上电加载
загрузка программ главного процессора 加载主控程序
загрузка программ 程序加载
загрузка различных порогов 各种门限下载
загрузка файлов, скачивание файлов 下载文件
загрузочный кабель 加载电缆
загрузочный модуль 加载模块,装入模块 〈略〉LM
задатчик 给定器,定值器 〈略〉З
задача очереди 排队问题,队列问题
задающая станция 主站
задающий генератор 主控振荡器 〈略〉ЗГ
задействие функционального объекта 功能实体动作 〈略〉FEA
задержка передачи ячейки 信元传送时延 〈略〉CTD
задержка посылки вызова 振铃延迟
задержка разъединения 折线延迟
задержка сигнала индикации аварийного состояния 告警指示信号时延 〈略〉AISS
задний вид 背视图
задний фронт импульса 脉冲后沿
задняя интерфейсная плата PSM PSM后接口板 〈略〉UBIU
задняя панель, задняя насадка 后盖板、后顶盖
задняя планка 后板条
задняя поддерживающая панель 备料台
задняя рамка 后机框
зажигание 起弧,点火
зажим 线夹,接线柱,接线端子
заземление первого уровня от грозовых разрядов 一级防雷接地
заземление, земля 接地
заземленный омметр 接地电阻仪
заземляющий контур 接地回路
зазор 间隙
заказно-соединительная линия 长途出中继 〈略〉УЗСЛ
закладка программы 程序置入
закладка 书签
закольцовывание линии 线路环回
закольцовывание на ближнем конце 本地环回
закольцовывание на дальнем конце 远端环回
закольцовывание окончания 终端环回
закольцовывание трибутарного канала 支路环回
закольцовывание, циклирование 环回
закон μ μ律
закон A A律
закрепление 固定,加固,坚固,拴住
закрепление программного обеспечения на чипе, запись ПО в ROM 固件,软件固化
закрытие окна 关闭窗口
замкнутая группа пользователей 闭合用户群 〈略〉CUG
замкнутая цепь 闭路
замыкание и размыкание шлейфа 环路闭合和断开
замыкание с электропроводом 碰电力线
замыкание 闭合
занятие временного интервала 时隙占用 〈略〉TSA
занятие или разъединение соединения с абонентом 用户占线或拆线

занятие/занятость 占用/被占用

Занято из-за перегрузки. 拥塞忙音

запас на замирание, границы замирания 衰落边界

запасная плата, резервная плата 备用板

запасные части, инструменты и принадлежности 备份零件、工具和附件 〈略〉ЗИП

запертое состояние 截止状态

записанная на чип программа 固化程序

записная книжка 笔记本

запись 写入，记录

запись архива вызовов 呼叫存档记录 〈略〉CHR

запись в ROM 固化在 ROM 中

запись в буферную память 写入缓存

запись в память 写入存储器，写入内存

запись данных тарификации 计费数据记录 〈略〉CDR

запись двухстороннего разговора 双方交谈录音

запись и чтение 读写

запись операционного регистра по абсолютному смещению 绝对位移操作存储器存入 〈略〉ЗАС

запись разговоров 通话纪录

заплата 修补，插入，补入码

заподлицо-примкнутый 平齐对拢

заполняющая сигнальная единица 填充信号单位 〈略〉FISU

запоминающая способность 记忆能力 〈略〉BMP

запоминающая ячейна 存储单元 〈略〉ЗЯ

запоминающее устройство номеров 号码存储器 〈略〉ЗУН

запоминающее устройство прямого доступа 直接存取存储器 〈略〉ЗУПД

запоминающее устройство с произвольной выборкой 随机存取存储器 〈略〉RAM，ЗУПВ

заправка бумаги 装纸

запрет абонентских приложений 限制用户应用 〈略〉SAB

запрет всех входящих вызовов 限制所有入局呼叫 〈略〉BAIC

запрет всех исходящих вызовоз 限制所有出局呼叫 〈略〉BAOC

запрет входящей связи 免打扰 〈略〉ЗВС

запрет входящих вызовов при роуминге за пределами домашней сети PLMN 限制 PLMN 归属网外漫游的入局呼叫 〈略〉BIC-Roam

запрет входящих вызовов (внутри CUG) 限制入局呼叫(限于闭合用户群) 〈略〉ICB

запрет входящих вызовов при роуминге за пределами домашней сети PLMN 限制 PLMN 归属网外漫游的入局呼叫 〈略〉BIC-Roam

запрет идентификации вызывающей линии 主叫线路识别限制 〈略〉CLIR

запрет идентификации подключенной линии 被叫线路识别限制 〈略〉COLR

запрет исходящей и входящей связи 用户锁定 〈略〉Park on

запрет исходящей и входящей связи кроме связи с экстренными службами 用户锁定(除紧急呼叫外)

запрет исходящих международных вызовов 限制国际出局呼叫 〈略〉BOIC

запрет входящих международных вызовов (кроме адресованных стран данной сети PLMN) 限制国际入局呼叫(除 PLMN 归属网国家外) 〈略〉BIC-exHC

запрет исходящих международных вызовов(кроме адреованных стран домашней сети PLMN) странами PLMN 限制国际出局呼叫(除 PL-

MN 归属网国家外）〈略〉BOIC-exHC

запрет некоторых видов исходящей связи, ограничение связи 呼出限制

запрет операции на высоком уровне 高级操作禁止

запрет отображения （идентификации） вызывающего номера （CIDR） 主叫号码显示(识别)限制

запрет управления 管理阻断

запрос 请求,查询,询问 〈略〉REQ

запрос PLMN 公用陆地移动网查询〈略〉IPLMN

запрос восстановления вызова на удержании 恢复被挂起呼叫的请求

запрос времени контроля 查询监视时间

запрос группы каналов 电路群询问〈略〉CQM

запрос задачи 任务查询

запрос модификации соединения 呼叫改变请求 〈略〉CMR

запрос на вывод подсистемы из обслуживания 子系统中断请求 〈略〉SOR

запрос на идентификацию 识别请求〈略〉IDR

запрос на отключение противоположной стороны 断开对方请求

запрос на передачу 请求发送 〈略〉RTS

запрос на передающую среду 传输媒体请求 〈略〉TMR

запрос на прерывание 中断请求〈略〉IRQ

запрос на прерывание сессии 对话中断请求 〈略〉ASR

запрос на пункт обнаружения запуска 触发检测点请求 〈略〉TDP-R

запрос на разъединение 呼叫释放请求

запрос на соединение 连接请求,接续请求 〈略〉CR

запрос обмена параметрами 参数交换应答 〈略〉CER

запрос перевода в состояние ожидания, запрос приостановки 呼叫挂起请求 〈略〉SUS

запрос пороговых значений 查询门限、查询阈值 〈略〉RM

запрос проверки непрерывности 导通测试请求 〈略〉CCR

запрос ресурсов 资源申请

запрос сброса, запрос возврата в исходное состояние 复原请求 〈略〉RSR

запрос состояния защитного переключения 查询保护倒换状态

запрос средств 性能请求 〈略〉FAR

запрос сторожевой схемы устройства 设备监视器查询(请求) 〈略〉DWR

запрос у третьей стороны в режиме удержания вызова 通话保持状态查询第三方

запрос управления кредитом 信贷控制请求 〈略〉CCR

запуск и приостановка задачи 任务的启动和暂停

запуск контроля 启动监视

запуск программы 启动程序

зарядка постоянного тока 直流充电

зарядка при постоянном напряжении 恒压充电

зарядная емкость 充电容量 〈略〉ASP

зарядное оборудование с функцией автоматической стабилизации напряжения и ограничения тока 自动稳压限流充电设备

заряженное тело 带电体

засекреченный, конфиденциальный 保密的

заталкивание платы 推进单板到位

затенение 阴影

затруднение в связи 通信不畅

затухание при передаче 传输衰减

затухание 衰减

затухатель, ослабитель 衰减器

захват линии 抢占线路

зацикливание маршрута 循环路由

зацикливание, «мертвое» зацикливание 死循环、不断循环

зашифрованный 译成密码的

заштрихованный элемент 阴影部分

защелка 锁舌,卡锁,锁键

защита волоконно-оптической линии 光纤线路保护 OLP〈略〉

защита двухволоконного мультиплексного одно/ двухстороннего сегмента 二纤单/双向复用段保护

защита мультиплексной секции, резервирование мультиплексной секции 复用段保护 〈略〉MSP

защита обмена трафика 互通业务保护 〈略〉DNI

защита оборудования на уровне блока 单元级设备保护

защита оборудования на уровне системы 系统级设备保护

защита от короткого замыкания 短路保护(回缩)

защита от обратного тока на выходе 输出端防反灌保护

защита от переполнения буферов (стеков) 堆栈溢出保护 〈略〉STOP

защита от сверхтока 输出过流保护

защита по выходной перегрузке 输出过载保护

защита по выходному перенапряжению 输出过压保护

защита порядкового номера 顺序号保护 〈略〉SNP

защита с ограничением обратного тока 逆电流限流保护

защита с ограничением тока 限流保护

защита соединения подсети, резервирование соединения подсети 子网连接保护 〈略〉SNCP

защита соединения с подсетью тракта высокого порядка 高阶通道子网连接保护

защита соединения с подсетью тракта низкого порядка 低阶通道子网连接保护

защита тракта высокого порядка 高阶通道保护 〈略〉HPP

защита тракта высокого/низкого порядка 高/低阶通道保护

защита тракта низкого порядка 低阶通道保护 〈略〉LPP

защита тракта, резервирование тракта 路径保护

защита четырехволоконного двунаправленного мультиплексного сегмента 四纤双向复用段保护

защита электрических цепей 电路保护

защита, резервирование 保护

защитная диафрагма (металлическая), защитная панель (неметаллическая) 挡板(金属的),挡板(非金属的)

защитная земля, защитное заземление 保护地,保护接地 〈略〉PGND

защитная схема, резервная схема 保护电路

защитное волокно 保护光纤

защитное переключение, переключение активное/резервное 主备倒换、保护倒换 〈略〉PS

защитный временной предел 保护时限

защитный интервал освобождения 释放保护定时

защитный механизм 保护机制

защитный слой 保护层

защитный элемент 保护单元

защищенность 屏蔽性,防护性,遮蔽性,安全性

звездообразная сеть 星形网

звездообразный 星形的

звено данных сигнализации 信令数据链路 〈略〉SDL

звено сигнализации 信令链路

〈略〉SL

звено сигнализации в режиме активном/резервном 主/备信令链路

звено управления уровня 2 2层管理环节 〈略〉L2ML

звено цифровых СЛ 数字中继链路 〈略〉LDT

звено, канал связи, линия связи 链路

звенья коммутации 交换链路

звуковая и световая сигнализация, звуковая и визуальная аварийная сигнализация 声光告警,可闻可视告警

звуковая информационная услуга 音频信息业务

звуковая карта 声卡

звуковая колонка 音箱

звуковая метка 声响标志

звуковой сигнал подсказки 语音提示信号

звуковой сигнал 声音信号

здание узла 枢纽楼

зенеровский диод 齐纳二极管,雪崩二极管

зеркальный канал 镜像通道、镜像电路

злонамеренный вызов 恶意呼叫

знаменатель 分母

значащая сигнальная единица 消息信令单元 〈略〉MSU

значение по умолчанию 缺省值,默认值

значение порога частоты 频率阈值

зона, область 区域,区

зона вставки плат 插板区

зона герметизации 气密区

зона заполнения битов 比特填充区

зона маршрутизации 路由区 〈略〉RA

зона местоположения 位置区 〈略〉LA

зона охвата 覆盖区域(面积)

зона предварительного нагрева, подогревательная зона 预热区

зона связки 扎线区

зона совместно эксплуатируемой сети 共同营业网区 〈略〉SNA

зона соединений 接线区,连线区

зона флюсования 助焊区

зона целеуказания 目标指示区 〈略〉ЗЦУ

зональная идентификация региональной подписки 区域性签约区域识别 〈略〉RSZI

зонд, пробник 探针,探头

зоновая коммутационная система 区域交换系统

зоновая связь 地区通信

зоновая сеть 区网

зоновая телефонная сеть 区域电话网 〈略〉ЗТС

зоновый вызов 区域呼叫

зоновый граничный маршрутизатор 区域边缘路由器 〈略〉ABR

зоновый телефонный узел 区域电话汇接局 〈略〉ЗТУ

зуммер, пищик 蜂鸣器,蜂鸣音

зуммерно-индикаторное устройство 蜂音指示器 〈略〉ЗИУ

зуммерный сигнал 蜂音信号

И

игольница 针床

игровой компьютер 游戏机

идеально симметричные схемы 理想对称电路 〈略〉ИСС

идентификатор 标识符,识别符,识别器 〈略〉ID

идентифиатор виртуального маршрута (пути) 虚拟路由(路径)标识符 〈略〉VPI

идентификатор абонента 用户识别符

идентификатор виртуального канала 虚通道识别符 〈略〉VCI, ИВК

идентификатор входящей транзакции 来话事务处理识别符 〈略〉DTID

идентификатор вызова 调用标识符

идентификатор исходящей транзакции 去话事务处理识别符 〈略〉OTID

идентификатор маршрутизатора 路由器识别符 〈略〉RID

идентификатор местного подвижного абонента 本地移动用户识别符 〈略〉LMSI

идентификатор несущей 载波识别符

идентификатор оконечного пункта терминала, идентификатор терминального оборудования 终端端点标识符、终端设备标识符 〈略〉TEI

идентификатор окончания туннеля 隧道终结识别符 〈略〉TEID

идентификатор пакетов 分组标识符 〈略〉PID

идентификатор плана нумерации 号码计划识别码 〈略〉NPI

идентификатор подключения к линии передачи данных, идентификатор соединения канала передачи данных 数据链路连接标识符 〈略〉DLCI

идентификатор полномочий доступа 接入(访问)权限识别符

идентификатор полномочий и формата 权限和格式识别符 〈略〉AFI

идентификатор порядка передачи 发送顺序标识符

идентификатор посылки события 事件发送标识符

идентификатор программы 程序标识符

идентификатор протокола верхнего уровня 上层协议标识符 〈略〉HLPI

идентификатор протокола, дискриминация протокола 协议标识符

идентификатор процесса 进程标识符 〈略〉PID

идентификатор пункта доступа 接入点识别符 〈略〉APID

идентификатор пункта доступа высокого порядка 高阶通道接入点识别符 〈略〉HOAPID

идентификатор радиопорта 无线端口识别符 〈略〉RFPI

идентификатор точки доступа к услугам сети 网络服务接入点识别符 〈略〉NSAPI

идентификатор точки доступа сервиса 服务接入(访问)点识别符 〈略〉SAPI

идентификатор транзакции 事务标识符 〈略〉TI

идентификатор трассировки временного (текущего) маршрута 路由追踪识别符 〈略〉TTI

идентификатор, индикатор, идентификация, метка, знак 标识

идентификационные данные CAMEL, необходимые для VMSC 使用VMSC的CAMEL识别信息 〈略〉VT-CSI

идентификационные данные CAMEL, необходимые для инициирования доступа к услугам 启动业务的CAMEL识别信息 〈略〉O-CSI

идентификационные данные для работы с SMS при использовании CAMEL 使用CAMEL的短消息服务识别信息 〈略〉SMS-CSI

идентификационные данные для уведомления SCP об активации дополнительных услуг GSM при использовании услуг CAMEL 使用CAMEL业务通知启动GSM补充业务的识别信息 〈略〉SS-CSI

идентификационные данные для управления мобильностью при использовании CAMEL 使用CAMEL的移动性管理识别信息 〈略〉M-CSI

идентификационные данные об использовании услуг CAMEL CAMEL业务用户识别信息 〈略〉CSI

идентификационные данные, необходимые для завершения доступа к услугам CAMEL 接入CAMEL业务用的识别信息 〈略〉T-CSI
идентификационный код базовой (трансиверной) станции 基站识别(代)码 〈略〉BTS
идентификационный номер 识别号,用户号
идентификация 标识,识别,身份标识 〈略〉ID
идентификация вызова на ожидании 呼叫等待识别 〈略〉CWID
идентификация вызывающего номера третьей стороны, отображение номера вызывающего абонента третьей стороны 第三方主叫号码显示 〈略〉CID2
идентификация вызывающего номера, отображение номера вызывающего абонента 主叫号码识别
идентификация вызывающей линии 主叫线路识别 〈略〉CLI
идентификация злонамеренного вызова 恶意呼叫识别 〈略〉MCI, MTI
идентификания зоны (района) расположения 位置区域识别 〈略〉LAI
идентификация общедоступных услуг 公共服务标识 〈略〉PSI
идентификация подключенной линии 被叫线路识别 〈略〉COLI
идентификация сети 网络标识
идентификация сот 小区标识 〈略〉CI
идентификация, распознавание 识别
идентифицирующий номер подвижного абонента 移动用户识别号码 〈略〉MSIN
иерархическая модель 层次模式
иерархическая модульность 分层模块化
иерархическая совместимость 分层兼容
иерархическая структура сот 分层蜂窝结构 〈略〉HCS
иерархическая структура управления 分级控制结构
иерархический 分层的,分级的
иерархический метод 层次化方式
иерархический способ «ведущий/ведомый» 分级主从同步法
избежание непроизводительных затрат на сортировку фрагментов 避免碎片整理的开销
избирательное ограничение связи 有选择限制通信
избыточность, резервирование 冗余
избыточный и отказоустойчивый дизайн 冗余及容错技术设计
извещение 通知,通知书 〈略〉ANNC
извещение о времени 报时
извещение о записи по условиям клиента 客户规定的记录通知 〈略〉CRA
извещение о расходах по тарификации 计费费用通知 〈略〉AoCC
извещение о тарификации во время соединения 连接时计费通知 〈略〉AoCD
извещение о стоимости во время установления соединения 连接建立时计费通知 〈略〉AoCS
извещение о тарификации при завершении соединения 连接完成时计费通知 〈略〉AoCE
извещение о тарификации 计费通知 〈略〉AoC, AOC
извещение об оплате, сообщение об оплате 付款通知 〈略〉ADC
извлечение данных 数据提取
извлечение значения после суммирования 求和后取值
извлечение значения после суммирования квадратов кодов GT GT码平方后求和取模

извлечение значения после суммирования нечетных разрядов кодов GT GT码奇数位求和取模

извлечение значения после суммирования четных разрядов кодов GT GT码偶数位求和取模

извлечение, вытягивание, выдергивание, изъятие, вытаскивание 拔出

излучение 发射,辐射,放射

излучаемая мощность, мощность излучения 发射(辐射)功率

излучаемые сигналы помех 辐射干扰信号 〈略〉RE

изменение абонента сетевого элемента 更改网元用户

изменение абонентского пароля сетевого элемента 更改网元用户密码

изменение пароля с телефонного аппарата 话机上修改密码

изменение полярности 换极,极性改变

изменение состояния 状态变化

изменение состояния резервной платы 备份板状态变化

изменение состояния резервной платы (другой платы) 备份板(另一块板)状态变化 〈略〉OTHBD-STATUS

изменение цвета позиции платы 更改板位颜色

измерение параметров трафика 通信量参数测量 〈略〉TMM

измерение периодических импульсов 周期脉冲测量

измеренная амплитуда в стабильном состоянии 实测稳态幅度

измеритель коэффициента ошибок 误码率测试仪 〈略〉ИКО

измеритель нелинейный искажений 非线性失真 〈略〉ИНИ

измеритель сопротивления заземления 地阻测量仪

измеритель суммированных вызовов 累积呼叫计量器 〈略〉АСМ

измеритель шумов 噪声测量仪

измеритель шумов квантования 量化噪声测量仪 〈略〉ИШК

измерительно-информационная система 信息测量系统 〈略〉ИИС

измерительно-контрольносчетный аппарат 检测计算装置 〈略〉ИКСА

измерительный прибор 测量仪器,测量仪表

измерительный фильтр 测量滤波器

измерительный шунт 测量分流器

изображение 图像

изображение машинного зала 机房图像

изолирующая оболочка постамента 支架绝缘套

изолирующая шайба постамента 支架绝缘垫

изолирующий слой 绝缘层

изоляционный меггер 绝缘摇表(兆欧计)

изоляция 绝缘,隔离

изоляция шины 总线隔离

изопланарная инжекционная интегральная логика 等平面集成注入逻辑 〈略〉$И^3Л$

изотоп 同位素

ИКМ высоких уровней 高次群脉码调制

ИКМ-мультиплексор 脉码调制复用器

иконка сетевого элемента 网元图标

иконка, значок, пиктограмма 图标

имитатор 模拟器

имитатор-анализатор сигнализации по цифровым СЛ 数字中继信令模拟分析仪

имитатор внешних условий 外部条件模拟装置 〈略〉ИВУ

имитатор вызовов, имитатор нагрузки 模拟呼叫器

имитатор высоковольтных импульсов 高压脉冲模拟器 〈略〉ИВИ

имитационное тестирование 模拟测试

имитация, аналог 模拟
импеданс тестовой нагрузки 测试负载阻抗 〈略〉TC
импеданс 阻抗
импедансная характеристика 阻抗特性
импульс 脉冲,脉动,冲击
импульс (сигнал) прерывания 中断脉冲(信号)
импульс для выравнивания постоянных составляющих тока 直流分量平衡脉冲
импульс запрета 禁止脉冲 〈略〉ИЗ
импульс набора номера 拨号脉冲 〈略〉НН
импульс набора повышенной длительности 超时拨号脉冲
импульс повышенной длительности 超时脉冲 〈略〉HTML
импульсная переходная функция 脉冲过渡函数 〈略〉ИПФ
импульсное пробивное напряжение 脉冲击穿电压
импульсно-кодовая модуляция 脉码调制,脉冲编码调制 〈略〉PCM, ИКМ
импульсно-кодовый набор 脉冲编码拨号
импульсный/двухтональный выбор, р/т выбор 脉冲/双频选择
импульсный генератор переключателя 开关脉冲发生器
импульсный коэффициент 脉冲索引
импульсный набор, набор номера импульсный 脉冲拨号 〈略〉DP, ННИ
импульсный пакет 脉冲包 〈略〉ИП
импульсный сигнал с переполюсовкой (с реверсированием полярности) 反极脉冲
импульсный счетчик реверсирования полярности 反极脉冲检测器
импульсный телефонный аппарат 脉冲话机
импульсный челнок 脉冲互控
импульсный/тональный набор 脉冲/音频拨号,P/T 兼容拨号
имя закладки 书签名
инверсия кодовых посылок 编码信号反转 〈略〉CMI
инверсия полярности 极性倒换,极性反转
инверсия приоритета 优先级倒置
инверсное мультиплексирование ATM ATM 反向多路复用 〈略〉IMA
инвертируемое питание 逆变电源
инвертор 逆变器
инвертор и модульные источники питания 逆变器及模块电源
индекс выхода 出局字冠
индекс данных 数据索引
индексирование 编制索引
индексный файл 索引文件
индекс-регистр источника процессора 处理器源变址寄存器
индекс-регистр назначения процессора 处理器目的变址寄存器
индивидуальное ночное обслуживание 专门夜间服务
индивидуальный (персональный) ключ аутентификации абонента 用户鉴权密钥、鉴别用户身份关键字 〈略〉Ki
индикатор 指示器,指示灯,显示器,指示符
индикатор (идентификатор) пункта доступа к услугам 业务接入(存取)点标识符 〈略〉SAPI
индикатор аварийной сигнализации об окружающей среде 环境告警灯
индикатор аварийной сигнализации, индикатор аварийных сигналов, аварийный индикатор 告警灯
индикатор базовой станции 基站指示灯
индикатор батареи 电池电量指示灯

индикатор вызова компонентов（Invoke ID） 成分调用标识号

индикатор вызывного сигнала 振铃指示灯

индикатор годности номеронабирателей 号盘合格指示器 〈略〉ИГН

индикатор действия 动作指示灯 〈略〉AI

индикатор диалога 对话标识符

индикатор длины 长度指示码

индикатор на абонентских платах 用户框灯

индикатор общей части 通用部分指示器 〈略〉CPI

индикатор опорного сигнала 基准信号指示器

индикатор переадресации 变址指示器

индикатор петли 自环灯

индикатор службы в байте 字节业务显示器

индикатор экстренных(обычных) аварийных сигналов 紧急(普通)告警灯 〈略〉ECO

индикация 指示,显示

индикация аварии мультиплексной секции 复用段告警指示

индикация аварии приема на дальнем конце тракта низкого порядка, дистанционная индикация дефекта тракта низкого порядка 低阶通道远端接收告警指示 〈略〉LP-RDI

индикация аварийного состояния, подача аварийных сигналов 告警状态指示,发送告警信号

индикация аварийной сигнализации от удаленной станции 远端站(台)故障指示

индикация адресного атрибута 地址属性指示

индикация дефекта на дальнем конце тракта высокого порядка, дистанционная индикация дефекта тракта высокого порядка 高阶通道远端缺陷指示 〈略〉HP-RDI

индикация загрузки услуг 业务下载指示

индикация загрузки установленных услуг 设置业务下载指示

индикация занятия 占用显示 〈略〉SZ-IND

индикация защитного переключения 保护倒换指示 〈略〉APSINDI

индикация миганием（мерцанием） 闪烁显示

индикация мультиподсистемы 多子系统指示 〈略〉SSMI

индикация неудачного защитного переключения 保护倒换失败指示 〈略〉APSFAIL

индикация отказа на дальнем конце тракта низкого порядка 低阶通道远端失效指示 〈略〉LP-RFI

индикация отказа на дальнем конце 远端失效指示 〈略〉RFI

индикация ошибки на дальнем конце тракта высокого порядка, дистанционная индикация ошибки тракта высокого порядка 高阶通道远端差错指示 〈略〉HP-RE1

индикация ошибки на дальнем конце тракта низкого порядка, дистанционная индикация обшибки тракта низкого порядка 低阶通道远端差错指示 〈略〉LP-REI

индикация перенапряжения на входе/выходе 输入/输出过压指示

индикация плохого цикла 坏帧标志 〈略〉BFI

индикация пониженного напряжения на входе/выходе 输入/输出欠压指示

индикация потери линейного сигнала 2М 2M 线路信号丢失指示 〈略〉E1-LOS

индикация проверки 检验指示

индикация разъединения 拆线显示 〈略〉DIS-IND

индикация события защитного переключения 网元已发生保护倒换指示

индикация сообщения расширенного ответа 扩充应答消息指示 〈略〉EAM

индикация состояния «не оборудован» тракта низкого порядка 低阶通道未装载指示 〈略〉LP-UNEQ

индикация специальной обработки заголовка номера 号首特殊处理指示

индикация удаленного сигнала тревоги 远端告急信号显示 〈略〉FAS RAI

индикация уровня принимаемого сигнала 接收信号强度显示 〈略〉RSSI

индикация ухудшения (качества) сигнала 信号劣化指示 〈略〉SD

индикация ухудшения сигнала B2 B2信号劣化指示 〈略〉B2-SD

индуктивный 感应的,电感的

индуктивный релейный комплект СЛ входящих 感应式来话中继继电器电路 〈略〉TRRI-I,РСЛИ-В

индуктивный релейный комплект СЛ исходящих 感应式去话中继继电器电路 〈略〉TRRI-O,РСЛИ-И

индуктивный сигнал 感应信号

индуктированное перенапряжение 感应过压

индуктированный ток 感应电流

индуктор 感应器

инжекционная интегральная логика 集成注入逻辑

инженерная наклейка, инженерный ярлык 工程标签

инженерная проблемная группа интернет(Internet) 互联网工程任务组 〈略〉IETF

инженерная работа 工程作业

инженерный провод связи 工程联络线 〈略〉EOW

инжиниринг 工程技术,工程技术服务

инициированная программа, программа инициализации 预置程序,初始程序

инициализация 初始化

инициализация прерывания тайм-аута 初始化定时器中断

инициализация прослеживания вызовов 预置跟踪呼叫

инициальная самозагрузка 初始自动装载 〈略〉IDI

инициатор вызова 呼叫发起方

инициирование (генерация) вызова, инициация вызова 发起呼叫

инициирование ряда вызовов 多次呼叫捆绑

инициирующая задача 启动任务

инкассирование копилки 硬币箱收币

инкремент 增量、增加

инспекционный контроль 检查机关

инсталляция оборудования 设备安装

Институт компьютерной защиты 计算机保护协会 〈略〉КТ

инструктаж 指导,指示,提示

инструкция по пуску системы 系统运行须知

инструмент для обжимного соединения (вставитель кабеля) 压接工具,打线枪

инструмент для привязки кабелей 扎线扣工具

инструмент для соединения кабелей 电缆组合工具

инструментарий 仪器器械,全套器具

интегральная микросхема 微型集成电路 〈略〉ИМС

интегральная схема 集成电路

интегральная услуга 综合业务

интегральная цифровая сеть 综合数字网 〈略〉IDN,ИЦС

интегральная цифровая сеть связи 综合数字通信网 〈略〉ИЦСС

интегральное программное обеспече-

ние 集成化软件

интегральный операционный усилитель 集成运算放大器 〈略〉ИОУ

интеграция 集成,综合,一体化,积分(法)

интеграция активного и пассивного доступа 有源无源一体化

интеграция в соответствующие модули 模块内部集成 〈略〉И2Л

интеграция проводного и беспроводного доступа 有线无线一体化

интеграция трех сетей в одну, объединение функций трех сетей 三网合一

интеграция функции проводной и беспроводной коммутации 集有线无线交换功能于一体

интегрированная коммутационная система 综合交换系统 〈略〉ИКС

интегрированная сетевая платформа 一体化网络平台

интегрированная сетевая платформа C&C08 C&C08 一体化网络平台

интегрированная система подачи синхросигналов для здания узлов связи Synlock™ Synlock™ 通信楼综合定时供给系统

интегрированная система управления сетью 一体化网管系统 〈略〉iManager

интегрированная система управления широкополосной сетью 一体化宽带网管理系统 〈略〉BMS

интегрированная среда разработки 综合开发环境 〈略〉IDE

интегрированное устройство доступа 一体化接入设备 〈略〉IAD

интегрированный STP 综合信令转接点

интегрированный блок интерфейсов услуг и обработки протокола 综合业务接口和协议处理单元 〈略〉iSIPP

интегрированный детектор/предусилитель 综合检测器/前置放大器 〈略〉IDP

интегрированный элемент RM 集成 RM 单元 〈略〉IRU

интегрирующий усилитель 积分放大器

интеллектуализация 智能化

интеллектуальная охранная система 智能报警系统

интеллектуальная сеть IP iTELLIN iTELLIN IP 智能网 〈略〉iTELLIN IP

интеллектуальная сеть TELLIN™ TELLIN™智能网

интеллектуальная сеть 智能网 〈略〉IN

интеллектуальная система регистрации и управления 登录和控制智能系统 〈略〉IMACS

интеллектуальная система электропитания 智能化供电系统

интеллектуальная система электропитания с высокочастотным преобразованием 智能高频开关电源系统

интеллектуальная система электропитания с высокочастотным преобразованием серии PS PS 系列智能高频开关电源系统

интеллектуальное внешнее устройство, интеллектуальное периферийное устройство, интеллектуальная периферия 智能外设、智能外围设备 〈略〉IP

интеллектуальное оборудование электропитания 智能电源

интеллектуальное проектирование 智能化设计

интеллектуальное распределение вызовов 智能呼叫分配 〈略〉ICD

интеллектуальный autoраспределитель вызовов C&C08-Q C&C08-Q 智能排队机

интеллектуальный диспетчерский пульт 智能调度台

интеллектуальный коммутационный

модуль 智能交换模块 〈略〉INSM

интеллектуальный модуль с дополнительными услугами 智能增值模块 〈略〉ISM

интеллектуальный синхронный мультиплексор 智能同步复用器 〈略〉ISM

интеллектуальный терминал 智能终端 〈略〉ИТ

интенсивность звука 声强

интенсивность импульсов 脉冲强度

интенсивность трафика 话务量强度,业务量强度

интерактивная платформа 交互式操作平台

интерактивная справка, справка в режиме онлайн 联机帮助

интерактивное меню 级联菜单

интерактивный голосовой ответ 交互式语音应答 〈略〉IVRS

интерактивный ответ по факсу 传真交互应答 〈略〉IFR

интервал между каналами 信道间隔

интервал сигнализации 信令时隙

интермодуляция 交互调制,交调

Интернет 互联网,国际互联网,因特网 〈略〉Internet

Интернет неодушевленных предметов 物联网 〈略〉IOT

интернетовский фанатик, сетевой червь 网虫

Интернет-протокол, протокол «Internet» 互联网协议 〈略〉IP

интерполирование 插入,内插

интерпретативный язык 解释语言

интерпретация и компиляция команд 命令的解释编译

интерпретация команд 命令解释

интерпретируемый код 解释码

интерфейс 接口,界面

интерфейс «пользователь-сеть» 用户–网络接口

интерфейс «сеть-сеть», межсетевой интерфейс 网络–网络接口,网间接口 〈略〉NNI

интерфейс Z Z 接口

интерфейс базовой скорости, интерфейс базового доступа 基本速率接口 〈略〉BRA

интерфейс быстрого Ethernet 快速以太网接口

интерфейс ввода-вывода 输入–输出接口 〈略〉ИВВ

интерфейс волоконно-оптической линии 光纤线路接口 〈略〉OLI

интерфейс высокого порядка, интерфейс верхнего уровня 高阶接口 〈略〉HOI

интерфейс гигабитного Ethernet 千兆位以太网接口 〈略〉GEI

интерфейс динамического конфигурирования данных 数据动态配置接口 〈略〉DBMI

интерфейс дистанционного управления вызовами 呼叫远程控制接口 〈略〉CCP

интерфейс дистанционной / централизованной эксплуатации и техобслуживания 远程/集中操作和维护接口 〈略〉RI/CI

интерфейс доступа к секционному заголовку 段开销存取接口 〈略〉OAI

интерфейс доступа к ISDN 综合业务数字网接入口 〈略〉IP

интерфейс запроса данных 数据查询接口

интерфейс ИКМ (в модуле или на плате), поток PCM (для выделения тактового сигнала) PCM 系统

интерфейс коммутатора передачи 发送转换器接口

интерфейс коммутатора приема 接收转换器接口

интерфейс линейной связи с последовательной передачей информации 信息串行传送的线路通信接口 〈略〉ИЛПС

интерфейс малых вычислительных систем 小型计算机系统接口 〈略〉SCSI

интерфейс между BSC и BS BSC与BS之间接口

интерфейс между MSC и BSC MSC与BSC之间接口

интерфейс между блоками временной коммутации и устройством маркировки 时间转换单元和标志设备之间接口

интерфейс между пространственной и временной ступенями коммутации со стороны передачи 发送侧时空转换级之间接口

интерфейс между пространственной и временной ступенями коммутации со стороны приема 接收侧时空转换级之间接口

интерфейс между ЭВМ и периферийным устройством 计算机和外围设备之间接口

интерфейс на стороне абонентов 用户侧接口

интерфейс накопителя на гибком магнитном диске 软磁盘存储器接口 〈略〉ИНГД

интерфейс накопителя на кассетном магнитном диске 盒式磁盘存储器接口 〈略〉ИНКМД

интерфейс накопителя на магнитной ленте 磁带存储器接口 〈略〉ИНМЛ

интерфейс низкого порядка, интерфейс нижнего уровня 低阶接口 〈略〉LOI

интерфейс НМЛ потокового типа 流式磁带存储器接口 〈略〉ИНМЛ-П

интерфейс НМЛ типа картридж 盒式磁带存储器接口 〈略〉ИНМЛ-К

интерфейс обмена данных (между ATM и LAN) 数据交换接口(ATM与LAN间) 〈略〉DXI

интерфейс обработки пакетов, интерфейс пакетной обработки 分组处理接口 〈略〉PHI

интерфейс обработки сообщений 消息处理接口

интерфейс оптического канала 光纤信道接口 〈略〉FCI

интерфейс основного тракта на стороне передатчика 发送机侧主信道接口 〈略〉MPI-S

интерфейс основного тракта на стороне приемника 接收机侧主信道接口

интерфейс открытого типа 开放式接口

интерфейс пакетной сети 分组网接口

интерфейс первичной группы 基群接口

интерфейс первичной скорости 基群速率接口 〈略〉PRI

интерфейс передачи общих сообщений 公共消息传输接口

интерфейс передачи ЭВМ — станция 计算机－交换机传输接口

интерфейс периферийных устройств 外设接口、外围设备接口 〈略〉PI

интерфейс пользователь-сеть, стык пользователь-сеть 用户－网络接口

интерфейс прикладного уровня 应用层接口

интерфейс прикладных программ 应用程序接口 〈略〉API

интерфейс радиальный параллельный модифицированный 径向并行改型接口 〈略〉ИРПР-М

интерфейс радиальный параллельный 径向并行接口 〈略〉ИРПР

интерфейс радиальный последовательный 径向串行接口 〈略〉ИРПС

интерфейс распределенной магистрали 分布式干线接口 〈略〉ИРМ

интерфейс ретрансляции кадров, интерфейс фрейм реле 帧中继接口 〈略〉FRI

интерфейс с аппаратной эмуляцией E1 E1电路仿真接口
интерфейс связи с MCU 与模块控制单元通信接口 〈略〉MCI
интерфейс связи с SIU 与SIU通信接口 〈略〉SCI
интерфейс сервисных цифровых СЛ 基群数字中继接口
интерфейс сетевого узла 网络节点接口 〈略〉NNI
интерфейс сетевых узлов SDH SDH网络节点接口 〈略〉G.707(03/96)
интерфейс сигнализации 信令接口
интерфейс сигналов 信号接口
интерфейс сигналов контроля 监控信号接口
интерфейс СЛ первичной группы 一次群中继接口
интерфейс служебного телефона 公务电话接口 〈略〉PHONE
интерфейс служебной сети 业务网络侧接口 〈略〉SNI
интерфейс служебных каналов 公务电路接口 〈略〉OWI
интерфейс статива 机架接口
интерфейс тактовой синхронизации 同步时钟接口
интерфейс узла предоставления услуг 业务节点接口 〈略〉SNI
интерфейс управления статусом 状态控制接口 〈略〉SCI
интерфейс управления терминалами оптической сети 光纤网终端管理和控制接口 〈略〉OMCI
интерфейс управляющих систем 控制系统接口 〈略〉ИУС
интерфейс человек-машина 人机界面,人机接口 〈略〉HMI
интерфейсная карта 接口卡
интерфейсная карта микро-ЭВМ 微机接口卡 〈略〉PCI
интерфейсная карта принтера 打印机接口卡 〈略〉PRI
интерфейсная плата 接口板,插件
интерфейсная плата E/M E/M中继接口板 〈略〉E & M
интерфейсная плата E1, блок интерфейса E1 E1接口板
интерфейсная плата RSU на стороне станции RSU近端接口板 〈略〉LCT
интерфейсная плата RSU на стороне станции 路由交换单元近端接口板 〈略〉LCT
интерфейсная плата аварийной сигнализации 告警接口板 〈略〉ALM
интерфейсная плата звена ОКС 7 7号信令链路接口板
интерфейсная плата коммутации приема 接收转换接口板
интерфейсная плата обработки T1 T1处理接口板 〈略〉UTPI
интерфейсная плата пакетного уровня 分组接口板
интерфейсная плата речевой почты 语音邮箱接口板 〈略〉AVM
интерфейсная плата связи для терминала техобслуживания и управления 维护管理终端通信接口板
интерфейсная плата сигнализации 30B+D 30B+D信令接口板
интерфейсная плата цифровых СЛ 数字中继线接口板
интерфейсное оборудование базовой станции 基站接口设备 〈略〉BSU
интерфейсное устройство 64кбит/с сонаправленных данных 64kbit/s同向数据接口设备
интерфейсные данные 接口数据 〈略〉IDL
интерфейсный адаптер Q Q接口适配器 〈略〉QA(Quidway™)
интерфейсный блок GB GB接口单元 〈略〉UGBI
интерфейсный блок аналоговых СЛ 模拟中继接口框 〈略〉ATB
интерфейсный блок обработки E1 E1接口处理单元 〈略〉UEPI

интерфейсный блок пакетной передачи 分组传输接口单元 〈略〉UPIU
интерфейсный блок цифровых СЛ 数字中继线接口单元 〈略〉DTU
интерфейсный модуль кодово-импульсной модуляции 码脉调制接口模块 〈略〉PIM
интерфейсный узел 接口汇接局 〈略〉ИУ
интерференс мощиости сигнального кода 干扰信号码功率 〈略〉ISCP
интерфон, рация, переговорник 对讲机
интранет 内部网
информационная вычислительная сеть 信息计算网 〈略〉ИВС
информационная единица 信息单元
информационная ёмкость алгоритма 信息算法容量 〈略〉ИЕА
информационная инфраструктура 信息基础设施
информационная модель 信息模型 〈略〉IM
информационная модель управления сетью SDH на уровне сетевых элементов SDH 网元级网络管理信息模型 〈略〉G. 774. 1 – 5（11/94 ~ 07/95）
информационная обратная связь 信息反馈 〈略〉ИОС
информационная платформа 信息平台
информационная сеть 信息网
информационная супермагистраль, высокоскоростной тракт передачи данных 信息高速公路 〈略〉SHW
информационная технология 信息技术 〈略〉IT
информационная шина 信息总线 〈略〉ИШ
информационная ячейка 信息元
информационное сообщение 信息消息
информационное сообщение автоматического управления перегрузкой 自动拥塞控制信息消息 〈略〉ACC
информационное сообщение о неудаче установления связи в обратном направлении 后向建立不成功消息 〈略〉UBM
информационное сообщение о тарификации 计费信息通知 〈略〉AoCI
информационное сообщение об оплате 支付信息消息 〈略〉CAI
информационное сообщение об успешном установлении связи в обратном направлении 后向建立成功消息 〈略〉SBM
информационный запрос 信息请求，信息查询 〈略〉INR
информационный кадр сообщений 信息消息帧
информационный пакет 信息包
информационный поток 信息流
информационный сегмент 信息段，信息字段
информационный столбец, столбец информации 信息栏
информационный функциональный блок, функциональный элемент информации 信息功能单元 〈略〉IFU
информационный цикл 信息帧 〈略〉I
информационный элемент порции транзакции 事务处理信息组元 〈略〉TPIE
информация 信息 〈略〉INF
информация «пользователь — пользователь» 用户 – 用户信息 〈略〉USR
информация в обратной связи 反馈信息 〈略〉FBI
информация данных блока 单元数据信息 〈略〉UDTI
информация маршрутизации 路由信息

информация о подписке на услуги GPRS CAMEL CAMEL的GPRS服务订购信息 〈略〉GPRS-CSI
информация об ожидающих сообщениях 等待消息信息 〈略〉NWI
информация переадресации 变址信息
информация подсказки 提示信息
информация пользователя услуги 业务用户信息 〈略〉USI
информация управления диалогом 对话控制信息
инфразвук 次声
инфранизкая частота 超低频 〈略〉ИНЧ
искажение 失真
искажение нулевого значения 电流过零畸变
искажение синусоиды 正弦波畸变
искаженный набор 失真拨号
искание линии секретаря 寻找秘书线路 〈略〉ИЛС
искатель, селектор 选择器
искомое значение 未知数
искусственная линия 假线, 仿真线 〈略〉ИЛ
искусственное эхо 人工回音
искусственный интеллект 人工智能 〈略〉AI
искусственный спутник земли 人造地球卫星 〈略〉ИСЗ
исполняемая программа системы управления сетью 网管系统可执行程序 〈略〉Rms
исполняемый файл 可执行文件
использование для локального применения 本地应用
использование ПО, эксилуатация ПО 软件运行
использовать два канала вместе в качестве одного логического сигнального канала 两个信道捆绑成一个逻辑信道使用
испытание, тест, тестирование 试验,测试
испытание на совместимость 兼容性测试
испытание на срок службы 寿命试验,使用期试验
испытание при громовом ударе 雷击试验
испытание работоспособности 有效性测试
испытательная система, тестовая система, система тестирования 测试系统
испытательное оборудование транкинговых каналов 中继通道试验设备 〈略〉SAGE
испытательный прибор 测试仪器 〈略〉IUT
испытательный штепсель 测试塞,测试插塞
исторические данные атрибутов 历史数据属性
исторические данные сброса сетевого элемента 复位网元历史数据
источник 源、电源 〈略〉OR
источник аварийного питания постоянного тока 直流应急电源
источник бесперебойного питания, бесперебойное электропитание 不间断电源
источник входных сигналов 输入信号源
источник вызова 呼叫源,起呼源
источник для анализа номера, на который переадресовывается вызов 呼叫前转号码分析源 〈略〉OFA
источник излучения 发射源
источник информации 信源
источник питания для средств связи 通信电源
источник питания для энергосистем 动力系统电源
источник питания с частотным преобразованием 变频电源
источник повторных вызовов 重复

呼叫源 〈略〉ИПВ
источник радио и телеграмм 广播电视节目源
источник сигналов 信号源
источник тактовой синхронизации мультиплексора 复用器定时源〈略〉MTS
источник тактовой синхронизации, источник тактовых импульсов, источник тактовых синхросигналов 时钟源,定时源,同步时钟源
источник тактовой синхронизации BITS BITS时钟源
источник тональных сигналов 信号音源
исходная оконечная машина 源端机
исходная программа 源程序
исходное（начальное）выравнивание 初始对位
исходное состояние 空闲,空闲状态,初始状态 〈略〉ИС
исходный адрес 原地址,起始地址
исходный билиннговый код, исходный код начисления оплаты 计费源码
исходный биллинговый код соединительной линии 中继计费源码
исходный декодер 信源译码器
исходный код 源码,源代码
исходный код маршрутизации 路由选择源码
исходный код обработки отказов 失效处理源码
исходный кодек 信源编译码器
исходный кодер 信源编码器
исходный модуль обработки 处理源程序模块
исходный пункт 起源点
исходный текст 原本,原始文本
исходящая биллинговая группа 源计费组
исходящая линия 去话线
исходящая подсказка 去话提示
исходящая связь 呼出电话
исходящая связь по паролю 按密码呼出
исходящая связь с кодом 去话代码通信 〈略〉ИСК
исходящая соединительная линия 出中继
исходящая станция 发端局,去话局
исходящее групповое искание 去话成组选择 〈略〉ИГИ
исходящее соединение 去话接续
исходящее сообщение 外出留言
исходящий вызов 呼出,去话呼叫,出局呼叫
исходящий вызов вне группы 群外呼出
исходящий вызов из группы 群内呼出
исходящий вызов по назначенной СЛ 指定中继电路呼出
исходящий комплект 去话电路〈略〉ИК
исходящий комплект ЗСЛ 长途出中继去话电路 〈略〉ЗСЛ
исходящий комплект линий спецслужб 特服去话电路 〈略〉ИКС
исходящий комплект ПЛ 中间线去话电路 〈略〉ИКПЛ
исходящий комплект с одночастотной системой сигнализации 单频信令去话电路
исходящий комплект СЛ 中继去话电路 〈略〉ИКСЛ
исходящий комплект тонального набора 音频拨号去话电路 〈略〉ИКТН
исходящий междугородный регистр автоматической связи 自动通信长途电话记发器 〈略〉ИМРА
исходящий местный вызов 去话本地呼叫 〈略〉OTLOC
исходящий номер 出局号码
исходящий шнуровой комплект 去话绳路 〈略〉ИШК
исходящий шнуровой комплект таксо-

фонов 投币电话去话绳路 〈略〉ИШКТ
итерация 迭代(法)

К

кабель 电缆
кабель витой пары 双绞电缆
кабель для измерения 测试电缆
кабельная линия связи 通信电缆线〈略〉КЛС
кабельная муфта 电缆套管
кабельная оболочка 电缆护套
кабельная передача 有线传输
кабельная система 电缆系统 〈略〉КС
кабельное телевидение 有线电视〈略〉CATV,КТВ
кабельный желоб 电缆槽,走线槽,走线架
кабельный разъем, разъем на кабель 电缆接头,电缆插头
кабельрост 电缆(托)架,电缆桥架
кабинка 小隔间
кадр ответа 应答帧,回执帧
кадр с четными порядковыми номерами 帧号为偶数的帧
кадрирование 定祯,成祯
кадровая синхронизация 帧同步
кадровый интервал 帧时隙 〈略〉КИ
кажущаяся мощность 视在功率
калибровка, коррекция, корректировка 校正,校准
калибровочная плата 标定板
калькулятор 计算器,计算员
кампусная сеть 园区网,校园网
канал 通道,信道,电路 〈略〉кан.
канал / устройство сигнализации канала 信道/信道信令装置
канал асинхронной передачи данных 异步数据传输电路 〈略〉CDA
канал ввода-вывода 输入输出通道〈略〉КВВ
канал данных 数据通道,数据通路
канал изображения 图像通道
канал конференц-связи 会议电话通道〈略〉CONF
канал корректировки частоты 频率校正信道 〈略〉FCCH
канал несущей 载波通道 〈略〉ВС
канал общего пользования 公用通道,公用信道 〈略〉КОП
канал оптической обратной связи 反向光通道
канал пейджинга и разрешенного доступа 寻呼和准许接入信道 〈略〉PAGCH
канал передачи 传输通路
канал передачи данных 数据通信信道,数据传输信道 〈略〉DCC,КПД
канал передачи информации 信息传递信道 〈略〉ITC
канал персонального вызова 寻呼通道 〈略〉PCH
канал полосы групповых частот 基带电路
канал приема информации 承载信道 〈略〉BS
канал произвольного доступа 随机接入信道 〈略〉RACH
канал прямого доступа 前向接入电路 〈略〉КПД
канал разрешенного доступа 允许接入的信(通)道 〈略〉AGCH
канал ретрансляции 广播信道〈略〉BCH
канал ретрансляции по сотам 小区广播信道 〈略〉CBCH
канал связи 信道、通信通道 〈略〉КС
канал связи заголовка 开销信道〈略〉OHC
канал сигнализации 信令通道〈略〉Dm
канал синхронизации 同步信道〈略〉SCH

канал синхронной передачи данных 同步数据传输电路 〈略〉CDS

канал соединения реле 继电器连接电路

канал тональной частоты 音频电路 〈略〉КТЧ

канал трафика 业务信道 〈略〉TCH

канал трафика A-bis интерфейса A-bis 接口业务信道 〈略〉SDC

канал управления 控制信道，控制通路 〈略〉CCH

канал управления произвольным доступом 随机接入控制通道 〈略〉RACCH

канал управления ретрансляцией 广播控制信道 〈略〉BCCH

канал утечки информации 信息流失通道

каналлер 通道控制器

канальная группа 通道组

канальная система 链路系统

канальный блок 信道单元

канальный декодер 信道译码器

канальный интервал 路时隙，通道时隙

канальный кодер 信道编码器

капитальные затраты 资本性支出 〈略〉CAP，EX

каркас главного кросса 总配线架框 〈略〉MDF

каркас статива 机架架体

карта адаптера доступа 接入适配器卡

карта адаптера доступа ISDN Quidway™ T830/T831 Quidway™ T830/T831 ISDN 接入适配器卡

карта адаптера доступа к ISDN ISDN 接入适配器卡

карта изображения 镜象卡

карта обработки речи на автораспределителе вызовов 排队机语音处理卡 〈略〉ADP

карта принтера 打印卡

карточная система оплаты 电话卡付费系统

картридж 墨盒

каскадное исчезающее меню 浮动菜单

каскадное соединение 级联

каскадный способ 级联方式 〈略〉PnP

кассета 框，盒，暗盒，磁带盒

кассета абонентского оборудования 用户框

кассета в верхней части статива 顶架机框

кассета входных сигналов 输入框

кассета выходных сигналов 输出框

кассета соединения с услугами 业务连接框

кассета управления каналами 信道控制框

кассета центрального блока управления 主控框

кассета，рамка，блок 机框

кассетный накопитель на магнитной ленте 盒式磁带存储器 〈略〉КНМЛ

каталог для размещения ini-файлов системы управления сетью 网管系统的初始化文件存放目录

каталог для размещения используемых файлов системы управления сетью 网管系统的可执行文件存放目录

каталог для размещения ресурсных файлов 资源文件目录

каталог для размещения файлов PCX，например，фоновая карта сети и т. д. 网络背景图等图形文件存放目录

каталог для размещения файлов отчетов 报表文件存放目录

каталог для размещения файлов справки 帮助文件目录

каталог для размещения файлов，используемых при установке системы 系统安装文件目录

категория абонента 用户类别 〈略〉

CAT

категория вызывающего абонента 主叫用户类别 〈略〉KA

категория пользователя портативной станции 移动台用户类型 〈略〉PUT

качество звука, тембр 音质,音响质量

качество обслуживания, качество предоставляющих услуг 服务质量 〈略〉QoS

качество принимаемого сигнала на линии «вверх» 上行链路接收信号质量 〈略〉RXQUAL-D

качество принимаемого сигнала на линии «вниз» 下行链路接收信号质量 〈略〉RXQUAL-D

квадратный метр 平方米,平米 〈略〉кв. м

квадратурная амплитудная модуляция 正交幅度调制 〈略〉QAM, KAM

квазисвязанный рабочий режим 准直联工作方式

квазисвязанный режим 准直联方式

квазиэлектронная АТС 准电子自动电话局、准电子交换机 〈略〉АТС КЭ

квазиэлектронный 准电子式的 〈略〉КЭ

квазиэлектронный узел входящего сообщения 准电子来话汇接局 〈略〉УВСКЭ

квантование 量化

квантователь 量化器

кварцевый генератор 石英振荡器,晶体振荡器

кварцевый генератор тактовых импульсов 晶体时钟

кварцевый резонатор 石英谐振器

квитанция для кредитной карты 信用卡话单

кило 千(10^3) 〈略〉К

киловатт 千瓦 〈略〉kW, кВт

килогерц 千赫(兹) 〈略〉кГц

килолитр 千升 〈略〉кл

кинескоп 显像管

китайская сигнализация №1 中国一号信令 〈略〉No. 1

клавиатура 键盘 〈略〉кл

клавиатура/видео/мышь 键盘/视频/鼠标 〈略〉KVM

клавиша 键盘键

клавиша «Enter» 回车键

клавиша «Shift» 换挡键

клавиша «Стрелка», кнопка «Стрелка» 移动键

клавишный пульт 分控键盘

класс аварийной сигнализации 告警级别

класс доступа 接入类 〈略〉AC

класс полномочий доступа 接入(访问)权限级别 〈略〉ARC

класс приоритета вызова 呼叫优先级

класс управляемых объектов 管理目标类别 〈略〉MOC

класс услуги 服务级 〈略〉CoS

классический протокол IP поверх (через) ATM ATM 网上运行经典 IP 协议 〈略〉CIP

кластер 组、族、群、聚类

кластер серверов 服务器群集器

кластеризация 群集,分组,分类

кластеризация серверов 服务器群集

кластерная многопроцессорная обработка с высокой готовностью 高可用性的群组多程序处理 〈略〉HACMP

кластерный 群集的

клемма внутренних и внешних проводов и кроссировок 内外线跳线端子

клемма 端子,接线柱,线鼻

клеммная плата 接线板

клеммодержатель 端子安装座

клиентор 客户机

клиентор, учрежденческая АТС, абонентттское устройство 用户机 〈略〉PBX

клиентура связи 通信用户

ключ блокировки связи 通信密钥〈略〉Kc

ключ полномочий доступа портативной станции 移动台接入权限关键码 〈略〉PQARK

ключ шифрования 密码关键字〈略〉Kc

ключ, экстрактор 板手

ключевая коронка, ключевой столбец 关键栏目

ключевая схема 开关电路,选通电路

ключевая часть системы управления базами данных 数据库控制系统核心 〈略〉DBCSN

ключевое поле, основное поле 关键域

ключевое слово 关键字

ключевые компоненты 关键器件

кнопка «Вырезать» 剪切按钮,剪切键

кнопка «мертвая зона» 盲区键

кнопка «Правка» 编辑按钮,编辑键

кнопка «Пуск» 启动按钮,启动键

кнопка «Справка» 帮助按钮,帮助键

кнопка «Удержание» 保持按钮、保持键

кнопка выбора цвета 选色键

кнопка импульсов 脉冲按键

кнопка мыши 鼠标按键

кнопка на панели инструментов 工具栏按钮

кнопка-переключатель 按钮开关

кнопка подсветки 照明钮

кнопка прокрутки 滚动键

кнопка тастатурного телефонного аппарата 按键式电话机按钮

кнопочный набор, тастатурный набор номера 按钮拨号

коаксиальная пара 同轴线对

коаксиальная передача 同轴传输

коаксиальный кабель 同轴电缆

коаксиальный коннектор 同轴头(在母板上)

коаксиальный разъем 同轴电缆头,同轴接插件

коаксиальный соединительный шлейфный кабель 同轴中继自环电缆

код аутентификации 鉴权码

код аутентификации сообщений 消息鉴别码 〈略〉MAC

код базовой станции 基站(代)码〈略〉BSC

код блокировки (дополнительная услуга пользователей замкнутой группы) 闭锁码

код внутри отрезка 段内码

код выбора класса (уровня) приоритета 优先级选择码

код высокой плотности 高密度码〈略〉КВП

код доступа к терминалу обработки карт, код доступа к пульту обслуживания карт 卡号台接入码

код заголовка 标题码

код звена сигнализации 信令链路编码 〈略〉SLC

код зоны, код направления 区号

код и номер 码和号

код идентификации 识别码

код идентификации канала 电路识别码 〈略〉CIC

код идентификации оператора 操作员(话务员)识别码 〈略〉CIC

код идентификации пользователя 用户识别码 〈略〉КИП

код индикации вызова в прямом направлении 前向呼叫指示码

код использования услуги 应用业务码

код источника вызова 呼叫源码

код исходного пункта, код пункта источника, код исходящего пункта сигнализации 源点码,源信令点编码 〈略〉OPC

код квалификации 分类代码

код команды 指令代码 〈略〉КК

код логического канала 逻辑通道代

码 〈略〉LOC

код маски 屏蔽码

код междугородной связи 长途区号

код национальной связи, код междугородной связи, код города 国内长途区号

код обнаружения ошибок, код с обнаружением ошибок 差错检测码

код одобрения типа 类型合格码 〈略〉TAC

код операции 操作码 〈略〉ДШ КОП

код опознавания необорудованных схем 未配备线路的识别码 〈略〉UCIC

код отмены услуги 业务取消代码

код отрезка 段落码

код ошибки линии 线路误码

код ошибки 错误码,误码,差错码

код ошибки линии 线路误码

код переадресации вызова при отсутствии ответа 无应答呼叫前转码 〈略〉CFNRC

код переменной длины 可变长编码 〈略〉VLC

код поля 域码

код проблемы 问题码

код производителя оборудования 设备生产厂家代码 〈略〉EMC

код пункта 点码 〈略〉PC

код пункта назначения, код назначения 目的码

код пункта сигнализации назначения 目的信令点编(代)码 〈略〉DPC

код регистрации услуги 业务登记编码

код режима контроля освобождения 释放控制方式码

код с перекрытием 重叠发码

код с поразрядно-чередующейся инверсией 按位交替转换码 〈略〉ADI

код санкционирования 鉴权码 〈略〉A3

код свободного канала 空闲通路码

код связи замкнутой группы пользователей 闭合用户群连锁编码

код сети подвижной связи 移动通信网代码 〈略〉MNC

код сигнала 信码

код станции 局号,局名代码

код страны 国家代码 〈略〉CC

код страны в системе подвижной связи 移动通信系统国家代码 〈略〉MCC

код страны международной связи 国际长途通信国家代码

код тега 标记码

код цикловой синхронизации 帧同步码

кодек, кодер-декодер 编码译码器,编译码器 〈略〉CODES

кодер 编码器

код-заполнитель 填充码

кодирование 编码

кодирование в длинном формате 长格式编码

кодирование в коротком формате 短格式编码

кодирование звуковой частоты 音频编码

кодирование линейного предсказания по остаточному возбуждению 残余激励线性预测编码 〈略〉RELP

кодирование пункта сигнализации 信令点编码 〈略〉SPC

кодирование сообщения 消息编码

кодирование/декодирование 编译码

кодированная инверсия единиц 信号反转码 〈略〉CMI

кодировка линий с дискретными мультитональными сигналами 离散多频音线路编码 〈略〉DMT

кодовая точка дифференцированных услуг 差分服务代码点 〈略〉DSCP

кодовый приёмник 代码接收器 〈略〉КП

кодовый элемент 码元

кодограмма 有效码段

кодоимпульсная модуляция 编码脉冲调制器 〈略〉КИМ
код-пароль 密码号
колебание выходной мощности 输出功率波动 〈略〉OUTPOWER-UNDULATE
количество В-каналов B信道数
количество контролируемых схем 可监控电路数量
количество неэффективных занятий 无效占用数量 〈略〉КНЗ
количество пикселей 像数
количество полей 域数目
количество попыток вызова в час наибольшей нагрузки 忙时呼叫次数 〈略〉BHCA
количество попыток вызовов в секунду 每秒试呼次数 〈略〉CAPS
количество тарифных импульсов 计费脉冲数 〈略〉АУС
коллективный доступ с анализом состояния канала 可分析通道状况的集体接入 〈略〉CSMA
коллективный доступ с опознаванием несущей и обнаружением конфликтов 可识别载波和检测冲突多路访问 〈略〉КДОН/ОК
коллектор, электрод коллектора 集电极(结) 〈略〉КАМ
коллизия вызова 呼叫冲突
колодка клемм (без заземления) 接线板(不接地)
колодка с розетками 带插座端子
колонка адреса 地址栏
колоночная предупредительная плата 列告警板
колонтитулы 页眉页脚
колонцифра 页码
кольцевая сеть общего пользования 共享环网
кольцевая сеть с функцией самовосстановления 自愈环网
кольцевой 环形的
кольцо с защитой 保护环
каманда 命令,指令,指挥,队,组
команда завершения обслуживания аппаратного прерывания 设备中断维修结束指令 〈略〉EOI
команда запуска системы управления сетью 网管系统的启动命令 〈略〉Start
команда на передачу сигнала «контроль исходного состояния» 传送"释放监护"信号指令 〈略〉RLG-IN
команда на передачу сигнала о занятости соединительных путей 传送连接路由占用信号指令 〈略〉CONG-IN
команда по комплексному управлению портфелем 集成组合管理团队 〈略〉IPMT
команда считывания 读出指令
команда теста 测试指令 〈略〉L1
команда удлинения 延伸命令
команда языка «человек-машина» 人机语言命令
команда, управляемая в режиме меню 菜单式命令
командная строка 命令行,指令行
командный процессор 指令处理器
командный язык 命令语言,指令语言
комбинационная логическая схема 组合逻辑电路 〈略〉КЛС
комбинация частот 频率组合
комбинирование в соответствии с потребностями 按需组合
комбинированная конфигурация, смешанное размещение 混合配置
комбинированная междугородная/местная станция 长市合一局
комбинированная оконечная /транзитная станция 终端/转接混合局
комбинированная схема 组合电路 〈略〉КС
комбинированная телефонная сеть 混合电话网 〈略〉КТС
комбинированное решение 综合解决

комбинированные древовидные и табличные нотации 树型与表格型相结合的表示法 〈略〉TTCN

комбинированный джиттер 接合抖动

комбинированный модуль абонентских / соединительных линий 用户中继混装模块 〈略〉UTM

комбинированный модуль коммутации 混合交换模块

комбинированный набор 混合拨号

Комитет европейских администраций почт и телефонии 欧洲邮政电话管理委员会 〈略〉КЕПТ

комментарий 注释

коммерческая сеть связи 商业通信网 〈略〉BCN

коммунальные услуги 公共设施，公用事业

коммутатор ATM серии Radium™ Radium™系列 ATM 交换机

коммутатор волоконно-оптических каналов 光纤信道交换台 〈略〉FC-SW

коммутатор доступа Radium A25 2.5G Radium A25 2.5G 接入交换机

коммутатор доступа ATM ATM 接入交换机

коммутатор доступа к сети Ethernet 以太网接入交换机

коммутатор ЛВС LAN 交换机

коммутатор малой ёмкости 小容量交换机

коммутатор, переключатель 转换器，换接器 〈略〉SW

коммутатор-Ethernet 以太网交换机

коммутационная группа 交换群

коммутационная подсеть 交换子网 〈略〉КПС

коммутационная система 交换系统

коммутационная система C&C08 с ATM C&C08 ATM 交换系统

коммутационная станция 交换局

коммутационная схема 交换电路 〈略〉КС

коммутационное виртуальное соединение 交换式虚连接 〈略〉SVC

коммутационное оборудование 交换设备 〈略〉КО

коммутационное поле 接续网络，交换网络

коммутационное поле модуля, модульное коммутационное поле 模块交换网络

коммутационное устройство 交换装置 〈略〉КУ

коммутационные поля в различных коммутационных модулях 各交换模块中的交换网络

коммутационный модуль, модуль коммутации 交换模块 〈略〉SM, SWU

коммутационный модуль абонентских/соединительных линий 用户/中继模块

коммутационный модуль соединительных линий 中继模块

коммутационный терминал 交换终端 〈略〉КУ

коммутационный узел 交换节点 〈略〉КС

коммутационный центр 交换中心 〈略〉ET

коммутация 交换，转换，换向，转接 〈略〉КС

коммутация временных интервалов 时隙交换 〈略〉TSI

коммутация каналов 电路交换 〈略〉CS, КК

коммутация неречевых каналов 非话路交换

коммутация пакетов 分组交换，包交换 〈略〉КП

коммутация речевых каналов 话音电路交换

коммутация с программным управлением 程控交换

коммутация сообщений 报文交换

〈略〉КС

коммутация упорядоченных пакетов 排序包交换 〈略〉SPX

коммутация файлов 文件交换

коммутация, активизируемая речевым сигналом 语音信号激活的交换 〈略〉VAS

коммутируемая линия 交换线路

коммутируемая сеть 交换网

коммутируемая телефонная сеть общего пользования 公用交换电话网 〈略〉ТФОП, PSTN

коммутируемое соединение с помощью модема, выход на сеть 拨号入网

коммутируемое соединение 交换接续 〈略〉УКП

коммутируемый виртуальный канал 交换虚拟电路 〈略〉SVC

коммутирующий маршрутизатор многоуслугового доступа 多业务接入交换路由器

компакт-диск, оптический диск 〈略〉光盘

компактность 结构紧凑

компактный 压缩的,紧凑的

компактный диск только для чтения 只读光盘,只读光驱 〈略〉CD-ROM

компандирование 压扩

компандирование речи 语音压扩

компания-производитель компьютеров, сетевого оборудования и программного обеспечения 计算机、网络设备和软件生产厂家

компаратор 比较器

компенсатор 补偿器 〈略〉ДОП

компенсация времени запаздывания 时延补偿

компенсация движения 运动补偿 〈略〉МС

компенсация утечки в батарее 漏电补偿

компилятор 编译程序,程序编制器

компиляция 汇编,编译

комплекс технических средств 全套技术设备 〈略〉КТС

комплексная интеллектуальная сервисная система C&C08 – 1 C&C08 – 1 综合智能业务系统

комплексная информационно-вычислительная сеть 综合信息计算网 〈略〉КИВС

комплексная линия /некомплексная линия 复合线路/非复合线路

комплексная система управления сетью электросвязи 电信综合网管系统

комплексное оборудование связи 综合通信设备

комплексный анализ пакета 分组综合分析 〈略〉DPI

комплект 套,成套,设备,装置,电路

комплект входящей междугородной ручной связи 国内人工长途来话电路 〈略〉ВКМР

комплект дальнего набора 长途拨号电路 〈略〉КДН

комплект исходящей СЛ 出中继电路

комплект комбинированных выпрямителей 混合整流器装置 〈略〉КВК

комплект реле таксофонов 公用电话继电器电路

комплект серийного искания 连续选择电路 〈略〉КСИ

комплект соединительных линий, комплект СЛ 中继电路 〈略〉КСЛ

комплект стыка с цифровым групповым трактом ИКМ 30 PCM 30 数字集群系统对接电路 〈略〉СГТ

комплект удаленного абонента 远端用户电路 〈略〉КУА

комплектование установочных материалов 备齐安装物料

комплектующие изделия 配套件

комплекты, двусторонние индуктивные для работы через аппаратуру уплотнения с выделенным сигналь-

ным каналом 用复用设备的随路信令双向感应电路 〈略〉ДКИ

комплекты исходящих и входящих 3-х проводных физических линий 去话来话三线实线电路

компонент 组件,构件,部件,元件

компонента 成分

компонентный подуровень 成分子层

компоненты и приборы 组、器件

компоновка системы 系统构成

компоновка, расстановка 布局

компрессионная обработка изображения 图像压缩处理

компрессия, уплотнение, архивация, сжатие 压缩

компрессия/декомпрессия 压缩/解压

компьютер для тестового управления 测试管理用计算机

компьютер с сенсорным экраном 触控电脑 〈略〉ПС

компьютер с сокращенным набором команд 精简指令集计算机 〈略〉RISC

компьютерная сеть 计算机网

компьютерная система воспроизведения 计算机复制系统

компьютерная телефония 计算机电话 〈略〉КТ

компьютерно-телефонная интеграция 计算机与电话集成,计算机电话一体化

компьютерный стол 计算机台

компьютерный терминал 计算机终端 〈略〉CBT

конвекционный режим вентиляции с помощью вентилятора 风扇扰动方式

конвергенция 会聚

конвергенция мобильных и фиксированных сетей 固网和移动网融合 〈略〉FMC

конвергированная услуга связи и Интернета, а также протоколы для организации современных сетей связи 通信和互联网汇聚业务及组织先进通信网络协议 〈略〉TISPAN

конвертор 转换器

конвертор сигнализации, устройство преобразования сигнализации 信令转换器(架),信令转换设备 〈略〉КС, STE

конденсация влаги, капельная конденсация 结露

кондуктивная помехоэмиссия 噪声传导发射 〈略〉CE

конец волокна, конец оптического волокна 光纤头,光纤端

конец передачи 传输结束 〈略〉ETX

конец повторного вызова 重复呼叫结束 〈略〉SPR

конечная компонента 最终成分

конечная станция, оконечная станция 端局,终端局 〈略〉ЦАТС-А, ОС, LS

конечное сопровождение, терминальное сопротивление 终端电阻

конечные сноски 尾注

конечный автомат 有限状态机,有限自动机,终端自动装置 〈略〉FSM, КА

конечный автомат для управления службами 业务控制状态机 〈略〉SCSM

конечный автомат специальных ресурсов 专用资源状态机 〈略〉SRSM

конечный номер 结束号

конечный пользователь 终端用户

конечный продукт 最终产品

конечный уровень доступа 接入底层 〈略〉AP

конкурентные процессы 并发过程

консоль 操纵台

консоль, пульт 操作台,控制台

консорциум обнаружения атак 入侵检测组合 〈略〉IDC

Консорциум по программному обеспечению Интернета 互联网软件联盟

〈略〉ISC

конструкторская документация 设计资料

конструкции 构件

консультативная группа стандартизации кодов почтовой связи 邮政通信代码标准化咨询小组 〈略〉POCSAG

консультативная услуга 咨询服务

контакт 接点,触点,接触,联系,交往

контакт заземления 地线端子

контакт разъема 接头插针

контактная пластинка 接触片 〈略〉GND

контактная пружина 接触簧片

контактная щетка 弧刷

контактное сопротивление 接触电阻

контактный разряд 接触放电

контейнер 容器 〈略〉C

контейнер передачи 传输容器 〈略〉T-CONT

контейнер уровня n（n = 1,2,3 и 4） n 级容器 〈略〉C-n

контекстное меню 上下文菜单

контора почты и телеграфии, почтово-телеграфное отделение 邮电局 〈略〉PTA

контрактное предложение 合同报价(书)

контролируемая точка, подчиненный контрольный узел 从控制点

контроллер 控制器

контроллер базовых станций 基站控制器 〈略〉BSC

контроллер базовых радиостанций 无线基站控制器 〈略〉RBC

контроллер беспроводной коммутации 无线交换控制器 〈略〉RSC

контроллер ввода-вывода 输入输出控制器 〈略〉KBB

контроллер интерфейса абонентской линии 用户线接口控制器 〈略〉SLIC

контроллер массивов с избыточностью 冗余数组控制器 〈略〉RDAC

контроллер медиа-шлюза 媒体网关控制器 〈略〉MGC

контроллер микропрограммного управления 微程序控制器 〈略〉KMY

контроллер мультимедийных ресурсов 6600 6600 多媒体资源控制器 〈略〉MRC6600

контроллер накопителей на магнитных лентах 磁带存储器控制器

контроллер памяти на ЦМД（цилиндрический магнитный домен） 磁泡存储控制器 〈略〉BMC

контроллер радиоузла, контроллер радиосети 无线节点控制器,无线网络控制器

контроллер связи на стороне административного модуля / модуля связи AM/CM 侧通信控制器

контроллер сети радиодоступа 无线接入网控制器 〈略〉RNC

контроллер телетайпов 电传打字机控制器

контроллер функции ресурсов мультимедиа 多媒体资源功能控制器 〈略〉MRFC

контроллер цикловой единицы 帧单元控制器 〈略〉FUC

контроллер электронно-лучевой трубки 阴极射线管控制器 〈略〉CRTC

контроль аварийной сигнализации 告警监视

контроль вандера и джиттера в синхронной сети DE/TM03017 – 3 同步 DE/TM03017 – 3 网内飘移和抖动控制(ETSI 标准)

контроль временного сигнала занятости 忙音时间监视

контроль вызова оператором 话务员监听

контроль джиттера и вандера цифровой сети 2048 **кбит/с** 基于 2048 kbit/s 体系的数字网络的抖动和漂移的控制 〈略〉Metro 6000

контроль джиттера и вандера цифровой сети SDH SDH 数字网络的抖动和漂移的控制 〈略〉G. 825(08/93)
контроль доступа к среде 媒体接入控制 〈略〉MAC
контроль доступа к базе данных 数据库访问(接入)控制 〈略〉APP
контроль и измерение 测控
контроль исходящей связи 发端去话筛选 〈略〉OCS
контроль местоположения подвижных терминалов 手机位置管理
контроль нагрузки системы 系统负荷控制
контроль операторов 操作员监控
контроль охранной сигнализации 门禁监控
контроль ошибок в заголовке (ячейки) 信头差错控制 〈略〉HEC
контроль ошибок 差错控制
контроль перегрузки группы маршрутов сигнализации 信令路由组拥塞监控
контроль посылки вызова, сигнал контроля посылки вызова 回铃音 〈略〉RBT, КПВ
контроль потока, управление потоком 流量控制
контроль с помощью циклического избыточного кода 循环冗余码检验,循环冗余码校验
контроль сигнализации в радиоканале 信令捕获(监视)
контроль соединения VC верхнего уровня, контроль соединения VC высокого порядка 高阶 VC 连接监控 〈略〉HCS
контроль соединения VC низкого порядка, контроль соединения VC нижнего уровня 低阶 VC 连接监控 〈略〉LCS
контроль тока смещения лазера 激光器偏流监控 〈略〉LBAVG
контроль услуг в реальное время 业务实时控制
контроль характеристик 性能监视
контроль, контрольное наблюдение 监视
контрольная система управляющего вычислительного комплекса 后台监控系统
контрольная сумма 检验之和,校验和 〈略〉CKSUM
контрольная схема 控制电路
контрольная точка 检验点,控制点 〈略〉КТ
контрольная цепь, проверочная цепь 检验电路
контрольная частота 控制频率,导频 〈略〉КЧ
контрольное измерение порогового значения 门限监测
контрольно-диагностический комплект 检测诊断电路 〈略〉КДК
контрольно- измерительный 测试的
контрольно-эксплуатационная лампа 运行指示灯 〈略〉RUN
контрольное прослушивание 监听
контрольное устройство 控制装置 〈略〉КУ
контрольный блок, блок управления 控制单元 〈略〉КБ, CU
контрольный управляющий блок 控制管理单元 〈略〉КУБ
контрольный управляющий вычислительный комплекс 监控后台
контур аварийной сигнализации 报警回路、告警回路
контур управления 控制回路
конференц-вызов, конференц-связь с расширением 会议呼叫 〈略〉CONF
конференц-зал прямой связи 专线会议厅
конференц-связь 会议电话 〈略〉CONF
конференц-связь автоматическая 会

议自动呼叫 〈略〉KCA

конференц-связь по списку 按名单召集式会议电话

конференц-связь с последовательным сбором участников 召集式会议电话(呼叫)

конференц-связь трех абонентов 三方会议电话

конфигурация временных интервалов 时隙配置

конфигурация оборудования 设备配置

конфигурация платы 单板配置

конфигурация платы обработки заголовка 开销板配置

конфигурация платы тактового генератора 时钟板配置

конфигурация сетевого элемента 网元配置

конфигурация трибутарных плат 支路板配置

конфигурация, компоновка, размещение, расстановка 配置

конфигурирование атрибутов 属性配置

конфигурирование сетевых возможностей 网络能力配置 〈略〉NCC

конфиденциальность личности абонента 用户身份加密

конфиденциальность системы 系统的保密性

конфликт 碰撞,冲突

концентратор, концентратор линий 集线器

концентрация между модулями 模块间收敛

концентрация услуг 业务集中

концепция разработки 设计构想

координатная АТС 纵横制交换机,纵横制电话局 〈略〉АТСК

координатная подстанция 纵横制分局 〈略〉ПСК

координатная система 纵横制

координатный узел входящего сообщения 纵横制来话汇接局 〈略〉УВСК

координатный узел исходящего сообщения 纵横制去话汇接局 〈略〉УИСК

координатор операционной системы 操作系统协调器

Координационный комитет по связи 通信协调委员会 〈略〉ССН

координационный центр 协调中心 〈略〉КЦ

координация, согласование 协调,配合

координация сигнализации, сигнальное взаимодействие, взаимодействие сигнализации 信令配合

копиров 影印机墨盒

копированние 复制

коренная директория 根目录

коробка распределения, ответвительная коробка, разветвительная коробка 分线箱,分线盒

короткий импульс 短脉冲,窄脉冲

короткий номер, сокращенный номер 短号

короткий сигнал 短信号 〈略〉КС

короткое замыкание 短路 〈略〉КЗ

короткое замыкание нагрузки 负载短路

короткое замыкание сигналов 信号短路

короткое сообщение 短消息 〈略〉SM

корпоративная карта 公司卡

корпоративная культура 企业文化

корпоративная сеть 公司网,大型企业网

корпоративная телефонная расчетная карта 公司电話卡 〈略〉АСС

корпус 外壳,机壳,封装,机箱,机体,大楼

корпус, обеспеченный интеллектуальными услугами 智能大楼

корректность взымаемой оплаты 正

确计费

коррекция коэффициента мощности 功率因数校正 〈略〉PFC

коррекция коэффициента мощности источника электропитания 源功率因数校正

коррекция ошибок BIP-2 BIP-2 校验误码 〈略〉BIP-2

кортеж, группа кортежей 元组

коэффициент безопасности 安全系数

коэффициент гармоники 谐波系数

коэффициент занятия, коэффициент занятости 占用率(忙闲度)

коэффициент затухания 衰减系数

коэффициент искажения формы волны 波型失真度

коэффициент искажения формы волны линейного напряжения 线电压波形崎变率

коэффициент использования памяти 内存使用率

коэффициент использования поверхности 表面利用系数 〈略〉КИП

коэффициент использования полосы частот 频带利用率

коэффициент концентрации линий 集线比

коэффициент линейного расширения 线膨胀系数 〈略〉КЛР

коэффициент линейной регулировки 线性调整率

коэффициент мощности 功率因数

коэффициент обратной связи 反馈系数 〈略〉КОС

коэффициент отказов, интенсивность отказов, частота отказов 失效率，故障率

коэффициент ошибок в аналоговых местных сетях 本地模拟网中的误码率

коэффициент ошибок во вставке ячеек 信元误插(入)率 〈略〉CMR

коэффициент ошибок в данных 数据误码率

коэффициент ошибок остаточных битов 残余比特差错率 〈略〉RELP

коэффициент ошибок по битам, частота появления ошибок по битам 误码率，比特差错率 〈略〉BER

коэффициент ошибок по секундам 误码秒率 〈略〉ESR

коэффициент ошибок потери цикловой синхронизации 帧失步误码率

коэффициент ошибочного доступа 接入错误率 〈略〉FAR

коэффициент ошибочного отказа в допуске 拒绝接入错误率 〈略〉FRR

коэффициент передачи 传输系数

коэффициент подавления боковой моды 边模抑制比

коэффициент полезного действия 效率 〈略〉КПД, к. п. д.

коэффициент потери пакетов 丢包率

коэффициент потри ячеек 信元丢失率 〈略〉CLR

коэффициент регулировки нагрузки 负载调整率

коэффициент серьезных ошибок по секундам 严重误码秒率 〈略〉SESR

коэффициент скважности переключения 开关占空比

коэффициент снижения эффективности 效率降低系数 〈略〉КСЭ

коэффициент стоячей волны 驻波系数 〈略〉КСВ

коэффициент сходимости 收敛系数

коэффициент установленных соединений 建立接续系数

коэффициент фоновых ошибок блока, коэффициент ошибок по блокам с фоновыми ошибками 背景块误码比 〈略〉BBER

коэффициент шума 噪声系数 〈略〉КШ

коэффициент шунта 分路器系数
КПД преобразования 转换效率
красный светодиодный индикатор 红色发光二极管显示器
кратковременное нажатие на рычаг, нажатие кнопки R 拍叉 〈略〉«Hook-flash»
кратковременный сигнал 短时信号
краткое обозначение 短标志
кратность раскрытия компрессии 解压度
крепежная пластина 固定板
крепежная пластинка 定位片
крепежный контейнер 固定容器
кривая компенсации дисперсии, коэффициент компенсации наклона дисперсии 色散补偿曲线,色散倾斜补偿 〈略〉DSCR
кристалл 晶体,结晶,芯片
кристаллический генератор 晶体振荡器
кристаллический генератор, управляемый напряжением 压控晶体振荡器 〈略〉VCXO
критическая температура 临界温度 〈略〉KT
кросс 配线架 〈略〉DF
кросс врезного типа 卡接式配线架
кросс-ассемблер 交叉汇编程序
кроссировка, перемычка 跳线,跨接线
кроссировочный 跳线的,跨接的
кроссировочный штырь 跳线柱
кроссовая система 配线架系统
кроссовый шкаф 配线架柜
кросс-соединение 交叉连接 〈略〉XC
кросс-соединение между линейными и трибутарными потоками 线路和支路交叉连接
кросс-соединение между линейными потоками 线路和线路交叉连接
кросс-соединение между трибутарными потоками 支路和支路交叉连接
круглогубцы 圆头钳
круглосуточный половинный тариф в праздники 节假日全天半价
крупномасштабная нерайонированная местная сеть 单局制的大本地网
кулон 库(仑) 〈略〉Кл
курсив 斜体
курсор со знаком вопроса 呈问号光标
курсор, светящийся курсор 光标
курьерская служба 信使业务
кэш-память 高速缓存,高速缓冲存储器

Л

лабораторное испытание 实验室测试
лавинный диод 雪崩二极管
лавинный фотодетектор 雪崩光电检波器 〈略〉ЛФД
лавинный фотодиод 雪崩光电二极管 〈略〉APD,ЛФД
лазер с распределенной обратной связью 分布式反馈激光器 〈略〉DFBL
лазерная пластинка 激光唱片
лазерный видеодиск 激光视盘
ламповый индикатор состояния 状态指示灯
левый-старший, правый-младший 左高右低
легенда, условные обозначения 图例
легкость установки, удобство установки 安装简便
летнее время 夏季时间 〈略〉DST
Ликвидационная комиссия 清算委员会
ликвидация 清算
линейка прокрутки, полоса (линейка) прокрутки, ползунок 滚动条
линейная плата, плата линий 线路板
линейная частотная модуляция 线性

调频 〈略〉ЛЧМ
линейное кодирование с предсказанием 线性预测编码 〈略〉LPC
линейное оборудование, линейный комплекс 线路设备 〈略〉ЛК, ЛО
линейно-коммутационное оборудование 线路交换设备 〈略〉ЛКО
линейные временные интервалы 线路时隙
линейный блок 线路单元 〈略〉LU
линейный выравниватель 线路均衡器 〈略〉ЛВ
линейный интерфейс 线路接口
линейный искатель 终接器, 选线器 〈略〉ЛИ
линейный искатель междугородный 长途选线器 〈略〉ГИМ
линейный комплект сигнализации 线性信令电路 〈略〉ЛК
линейный регенератор 线性再生器 〈略〉LR
линейный сигнал 线性信号
линейный соединитель 接线器
линейный тактовый поток 线路时钟
линейный терминал 线路终端 〈略〉LT
линейный фильтр 线性滤波器、线路滤波器 〈略〉ЛФ
линия Ethernet 以太网线路 〈略〉E-Line
линия интерфейса «готовность терминала данных» "数据终端就绪"接口线路 〈略〉DTR
линия интерфейса «запрос на передачу» 请求发送接口线路 〈略〉RTS
линия интерфейса «индикатор вызова» 调用指示符接口线路 〈略〉RI
линия интерфейса приема данных из модема 接收调制解调器中数据的接口线路
линия поверхностного монтажа по производству печатных плат 生产印制电路板的表面贴装线
линия ретрансляции уровня 2 2层中继线路 〈略〉L2R
линия сильного тока 强电线路
линия слабого тока 弱电线路
линия спутниковой связи 卫星通信线路
лист 表, 页, 单, 板, 片 〈略〉Л
листинг исходной программы 源程序编目
листинг ПО 软件列表
лицевая панель 拉手条, 面板
лицевая панель блока аварийной сигнализации 上前盖板
лицензионное соглашение программного обеспечения 软件许可证协议
лицензионное управление 许可证管理 〈略〉УЛ
логарифм 对数
логарифмическая шкала 对数标度
логика 逻辑, 逻辑学, 逻辑电路
логика управления 控制逻辑
логика услуг, служебная логика 业务逻辑
логическая IP-подсеть 逻辑 IP 子网 〈略〉LIS
логическая единица 逻辑"1"状态 〈略〉«1»
логическая операция 逻辑运算 〈略〉ЛО
логическая связь 逻辑衔接
логический блок 逻辑部件 〈略〉ЛБ
логический канал связи 逻辑通信电路
логический нуль 逻辑"0"状态 〈略〉«0»
логический порядковый номер 逻辑序列号
логический сигнальный канал 逻辑信道
логический элемент 逻辑元件, 逻辑单元 〈略〉ЛЭ
логическое преобразование 逻辑变换
логическое устройство 逻辑装置 〈略〉ЛУ

ложный сигнал 假信号

ложный цикловой синхросигнал 伪帧同步信号

локализация до уровня платы 定位到单板

локализация звеньев 链路定位

локализация отказов, локализация неисправности 故障定位

локализация, позиционирование 定位

локальная (местная) сеть связи 本地通信网 〈略〉LCN

локальная вычислительная сеть, локальная сеть 局域网 〈略〉LAN, ЛВС

локальная информация адресации 本地寻址信息

локальная подсистема 本地子系统 〈略〉ЛПС

локальная политика на базе услуг 基于服务的本地策略 〈略〉SBLP

локальная ретрансляция 本地广播

локальная сеть беспроводной связи 无线通信局域网 〈略〉WLAN

локальный код 本地码 〈略〉OXO2

локальный кросс-коммутатор 本地交叉交换台 〈略〉LXC

локальный модуль 本地模块

локальный первичный эталон 本地一级基准 〈略〉LPR

локальный режим техобслуживания станции 近台维护方式

локальный терминал 本端

локальный терминал пользователя 本地用户终端 〈略〉LCT

локальный терминал техобслуживания 本地维护终端 〈略〉LMT

локальный терминал техобслуживания OMU OMU本地维护终端 〈略〉OMU-LMT

локальный терминальный контроллер 本地终端控制器 〈略〉LTC

люкс 勒(克斯) 〈略〉лк

люмен 流明 〈略〉лм

M

м, мега 兆(10^6) 〈略〉M

магистраль адреса 地址主干(线) 〈略〉MA

магистраль данных, шина данных 数据总线 〈略〉МД

магистраль управления, шина управления 控制总线 〈略〉МУ

магистраль, магистральная шина, высокоскоростной тракт 干线,总线,高速通道 〈略〉HW

магистральная сеть 骨干网、主干网

магистральная сеть ATM ATM骨干网

магистральная система синхронной информации 同步信息骨干系统 〈略〉SBS

магистрально-модульная мультипроцессорная система 干线模块复用系统 〈略〉MMC

магистральный канал 干线通道 〈略〉МК

магистральный коммутатор, станция магистральной сети 骨干交换机,干线交换机

магистральный коммутирующий маршрутизатор Net Engine Net Engine骨干交换路由器 〈略〉NE

магистральный подмаршрут 基干子路由

магистральный спутник связи 干线通信卫星 〈略〉МСС

магнитная карта 磁卡

магнитная лента 磁带 〈略〉МЛ

магнитный диск 磁盘 〈略〉МД

магнитный домен 磁畴

магнитный логический элемент 磁逻辑元件 〈略〉МЛЭ

магнитный поток 磁通

магнитола 收录机,收录两用机

макрокоманда 宏命令,宏指令

макрообработка и пакетная обработка

宏和批处理
макрооперация 宏操作
макроопределение 宏定义
макрос 宏
макросот 宏蜂窝
макросотовая сеть 大蜂窝网
максимальная девиация 最大偏差、最大偏移
максимальная мощность передачи 最大传输功率
максимальная нагрузка（уровень перегрузки） 最大承载量(过载容量)
максимальная ошибка временных интервалов 最大时间间隔误差〈略〉MTIE
максимальная ошибка относительного временного интервала 最大相对时间间隔误差 MRTIE
максимальная применимая частота 最高可用频率 〈略〉МПЧ
максимальное значение мощности лазера 激光器功率最大值 〈略〉LP-MIN
максимальное значение тока смещения лазера 激光器偏置电流最大值〈略〉LBMIN
максимальное совпадение 最大匹配
максимальное число кортежей 最大元组数
максимальный 最大的 〈略〉макс.
максимальный размер пакета данных 最大数据包尺寸
максимизирование, разворачивание 最大化
максимум 最大值,最高值,峰值〈略〉макс.
малая интегральная схема 小规模集成电路 〈略〉МИС
малая локальная сеть 小型本地网〈略〉МЛС
малая плотность абонентов, рассредоточение абонентов 用户分布分散
малая ЭВМ 小型计算机
маленькая плотность населения 人口密度小
маловажный, второстепенный 次要的
малогабаритная линия задержки 小型延迟线
малогабаритный сменный оптический модуль 10 Гбит/с 10千兆位小型插入式光模块 〈略〉XFP
малозначащий аварийный сигнал 轻微告警
малый/домашний офис, компьютеры домашнего применения и малого бизнеса 家居办公 〈略〉SOHO
манипулятор 键控器
манипуляция с минимальным частотным сдвигом 最小移频键控〈略〉MSK
марка имитатора для генерирования контрольных вызовов ЛОНИИ-Са LONIIC大号量模拟呼叫器牌号〈略〉Авистен-2
маркер блока CD CD块标志器〈略〉MCD
маркер блока АВ AB单元标记 〈略〉MAB
маркер блока ГИ-3 ГИ-3单元标记〈略〉МГИ-3
маркер блока ГИК-40 ГИК-40单元标记 〈略〉МГИК-40
маркер блока РИВ РИВ单元标记〈略〉МРИВ
маркер кодовых приемников 代码接收器标记 〈略〉МКП
маркер удаления 删除标记
маркер, устройство маркировки, этикетка（для ОКС7） 标志器,标签(7号信令用)
маркировка, маркировочная наклейка 标志,标签
маршрут виртуальных контейнеров верхнего уровня 高阶虚容器路径〈略〉Path HOVC
маршрут виртуальных контейнеров нижнего уровня 低阶虚容器路径

〈略〉Path LOVC

маршрут для прямой передачи 直接传送路由

маршрут передачи 传输路由,传送路由 〈略〉TP

маршрут при исходящей связи 出局路由

маршрут с коммутацией меток 标记交换路径 〈略〉LSP

маршрут сигнализации 信令路由

маршрут, путь, трасса, направление 路由、路径

маршрутизатор 路由器

маршрутизатор коммутации маркировок 标签交换路由器 〈略〉LSR

маршрутизатор ответвлений Quidway R 2501 Quidway™ R 2501 分路路由器

маршрутизатор серии Quidway™ Quidway™系列路由器

маршрутизаторы серии Quidway Net Engine 80 Quidway Net Engine 80 系列路由器

маршрутизация 路由选择、选路径

маршрутизация вызова на узловую станцию 呼叫路由至汇接局

маршрутизация вызовов по назначению 按目标选择呼叫路由 〈略〉DCR

маршрутизация по времени 按时间选择路由 〈略〉TDR

маршрутизация по условиям пользователя 按用户的规定选路径

маршрутизация с исходящей стороны 发端路径选择 〈略〉ODR

маршрутизирующий коммутатор 路由(选择)交换机

маска 掩模,掩码,屏蔽,面具

маска подсети с изменяемой длиной 可变长子网掩码 〈略〉VLSM

массив жестких дисков 硬盘阵列

массив команд конфигурирования, массив команд конфигурации 配置命令队列

массив недорогих жестких дисков с избыточностью 廉价冗余磁盘阵列 〈略〉RAID

массив реакций 响应队列

массовый вызов 群呼,大众呼叫

мастер 向导,助手,工长

мастер ответов 应答向导

мастер подсказок 提示向导

мастер создания грамоты 证书创建向导

мастер-тест компонента 主测试组件 〈略〉MTC

мастер-шлюз сигнализации 主信令网关

масштабное преобразование существующей сети 大规模改造现有网络

математическое ожидание 数学期望值

материнская плата 主板,主机板

матрица группового устройства 群机矩阵

матрица кросс-соединений 交叉连接矩阵

матрица кросс-соединений большой емкости 大规模的交叉连接矩阵

матрица логических элементов с эксплуатационным программированием 现场可编程门陈列 〈略〉FPGA

матрица сканера 扫描器矩阵 〈略〉MC

матричная сетевая карта 矩阵网卡

матричный 点阵式的,针式的

матричный картридж 矩阵墨盒

машина с конечными сообщениями 有限消息机,有限信息机 〈略〉FMM

машина сообщений 消息机

машинная загружающая направляющая программа 整机引导程序

машинный язык 机器语言

мгновенное появление пика трафика 瞬时高话务量

мгновенный ток 瞬时电流

мега… 兆(10^6) 〈略〉M

мегабит (10^6 **бит**)　兆比特, 10^6 比特〈略〉Mbit, Мбит

мегагерц (10^6 **Гц**)　兆赫(兹), 10^6 赫(兹)〈略〉МГц, MHz

мегомметр, мегтер　兆欧表

медиаторная функция　调解功能〈略〉MF

медиа-центр　媒体中心

медиа-шлюз　媒体网关〈略〉MG, MGW

медиа-шлюз СЛ　中继媒体网关〈略〉TMG

медленные скачки частоты　慢速跳频〈略〉SFH

медленный совмещенный канал управления　慢速随路控制信道〈略〉SACCH

медная витая пара　双绞铜线

медные соединительные сборные шины　接线铜排

междугородная линия　长途线路〈略〉TL, МГК

междугородная магистральная сеть　长途干线网

междугородная станция　长途局, 长途台〈略〉TS

междугородная телефонная станция　长途电话局〈略〉MTC

междугородная/международная станция　长话/国际长话局〈略〉OMO

междугородное входящее групповое искание　长途来话成组选择〈略〉МВГИ

междугородный　长途的

междугородный входящий вызов　长途来话呼叫

междугородный канал　长途信道

междугородный коммутатор　长途交换台

междугородный коммутатор немедленной системы обслуживания　即时服务系统长途交换台

междугородный прямой набор　长途直拨〈略〉DDD

междугородный телефонный разговор　长途电话、长途通话〈略〉MTP

Международная ассоциация по безопасности компьютеров　国际计算机安全协会〈略〉ICSA

международная виртуальная частная сеть　国际虚拟专网〈略〉IVPN

международная идентификация оборудования подвижной связи　国际移动设备识别〈略〉IMEI

международная идентификация подвижной станции　国际移动台识别〈略〉IMSI

международная идентификация подвижного абонента　国际移动用户识别〈略〉IPUI

международная идентификация портативного оборудования　国际便携式设备识别〈略〉IPEI

международная линия　国际线路

международная мобильная система спутниковой связи　国际移动卫星系统〈略〉INMAP-SAT

Международная организация космической связи　国际宇航通信组织〈略〉МОКС

Международная организация по стандартизации　国际标准化组织〈略〉ISO, МОС

международная ручная станция　国际长途人工局

международная транзитная станция　国际长途转接局〈略〉INT

Международная электротехническая комиссия　国际电工委员会〈略〉IEC МЭК

международные конкурентные торги　国际竞争性招标

международный ISDN — номер подвижной станции　移动台国际 ISDN 号〈略〉MSISDN

международный алфавито-цифровой код 5　国际 5 号字母-数字代码〈略〉IA5

международный вызов 国际长途呼叫

международный коммутатор 国际长途台

Международный консультативный комитет по радио и телефонии 国际无线电咨询委员会 〈略〉CCIR МККРТ

Международный консультативный комитет по телеграфии и телефонии 国际电报电话咨询委员会 〈略〉CCITT МККТТ

международный номер ISDN подвижной станции 移动台国际 ISDN 号码 〈略〉MSISDN

международный прямой набор 国际长途直拨 〈略〉IDD

Международный союз электросвязи 国际电信联盟(国际电联) 〈略〉ITU МСЭ

международный стандарт 国际标准 〈略〉MC

международный стандарт частоты 国际标准频率

Международный центр коммутации 国际交换中心 〈略〉ISC МЦК

межзоновый беспроводной роуминг 越区无线漫游

межмодульный параллельный интерфейс 模块间并行接口 〈略〉МПИ

межпроцессорная связь 内部处理机通信 〈略〉IPC

межсекторное переключение, межсотовое переключение 越区切换

межсерийный интервал 串间隔

межсетевая пакетная коммутация 网间包交换、网间分组交换 〈略〉IPX

межсетевая станция 边缘交换机,网间交换机

межсетевая шлюзовая станция 网间接口局

межсетевой переход, межшлюзовой интерфейс 网关接口

межсетевой протокол контрольных сообщений 网间控制报文协议

межсетевой центр коммутации подвижной связи 网间移动交换中心 〈略〉IWMSC

межсимвольная интерференция 码间干扰 〈略〉ISI, МСИ

межсоединение LAN 局域网互连

межсоединение периферийных компонентов 外部组件互连 〈略〉PCI

межстанционная линия связи 局间通信线路

межстанционная связь 局间通信 〈略〉MCC

межстанционная станция связи 局间中继

межстанционные соединения 局间互通

межстанционный 局间的

межстативный 机架间的

межстрочный интервал 行距

межфазовый дисбаланс напряжения 相间电压失衡

межфазовый дисбаланс тока 相间电流失衡

менеджер 管理程序,管理人员 〈略〉M

менеджер емкости VERITAS VERITAS 容器管理程序 〈略〉VxVM

менеджер сети, управление сетью, 网络管理 〈略〉NM

менее узкая часть 次窄部

меню 菜单

меню 1-го уровня 一级菜单

меры по защите от помех 防干扰措施

меры по предохранению от влажности 防潮措施

местная вытяжка 局部排风

местная петля, местный шлейф 本地环路

местная сетевая станция 本地网站 〈略〉CCM

местная сеть 本地网

местная станция CATV 本地有线电

视台
местная станция с программным управлением 程控本地局
местная телефонная сеть 本地电话网
местное освещение 局部照明
местный абонент 本地(近端)用户
местный междугородный вызов 本地长途呼叫
местный условный номер 本地代号,本地标志号
местный центр технического обслуживания устройств передачи 本地传输维护中心 〈略〉LTMC
место печати 盖章处 〈略〉м. п.
место с большой плотностью населения 人口稠密地区
металлическая оплетка кабеля 电缆金属外皮,电缆金属护套
металлический каркас 金属架
метка блока 块标记
метка времени 时标,时间标记
метка заголовка номера 号首标识
метка идентификации вызова 呼叫识别标志
метка конца 结束标记
метка начала 起始标记
метка нижнего регистра 下标
метка остаточного времени 剩余时间标志 〈略〉RTS
метка полезной нагрузки 净荷型标志
метка пользователя 用户标记
метка слова 字标记
метка сообщения 报文标记
метка тома 文卷标记
метка файла 文件标记
метка частоты 频率标记
метод высокочастотного преобразования 高频开关技术
метод интерполирования 内插法
метод наименьших квадратов 最小平方法 〈略〉LMS
метод разнесенного приема 分集接收技术
метод структурных (строительных) блоков, способ прибавления количества модулей 积木堆砌方式
метод широтно-импульсной модуляции 脉宽调制技术
методика тестирования волоконно-оптических кабелей SDH (Государственное управление технического надзора Китая) SDH光缆线路系统测试方法(中国国家技术监督局) 〈略〉GB/T16814－1997
метрическая система 公制,米制
механизм простой очереди 简单队列机制 〈略〉SCTP
механический монтаж 机械安装
механический резонанс 机械谐振
мигание, мерцание 闪烁
миграция перехода 跃迁移
микро… 微(10^{-6}) 〈略〉мк
микроампер 微安(培) 〈略〉мкА
микроватт 微瓦(特) 〈略〉мкВт
микроволт 微伏(特) 〈略〉мкВ
микровключатель 微动开关,微型开关 〈略〉МКВ
микроконтроллер 微控制器 〈略〉МК
микрометр 微米 〈略〉мкм
микрополосковая линия 微带线 〈略〉МПЛ
микропрограммируемый микропроцессор 可编微程序微处理机 〈略〉МПМ
микропроцессор, блок микропроцессора 微处理器,微处理机,微处理单元 〈略〉MPU
микропроцессорная система 微处理器系统 〈略〉МПС
микропроцессорное управляющее устройство 微处理机控制设备 〈略〉МУУ
микропроцессорный комплект 微处理器电路 〈略〉МПК
микросот 微蜂窝
микросотовая сеть 微蜂窝网

микросхема 微电路,微型电路
микротелефонная трубка 送受话器
микрофарада 微法(拉) 〈略〉мкФ
микрофон 送话器,传声器
микро-ЭВМ с дисководом 带软盘驱动器的微机
микроэлектроника 微电子技术
«Милиция» 匪警
милли… 毫(10^{-3}) 〈略〉м
миллиампер 毫安(培) 〈略〉mA
миллиамперметр 毫安表 〈略〉MA
миллиард(.) 十亿(10^{9}) 〈略〉млрд(.)
милливатт 毫瓦 〈略〉мВт
милливаттный децибел 毫瓦分贝 〈略〉dBmW,дБмВт
милливольт 毫伏 〈略〉mB
миллиметр 毫米 〈略〉mm
миллимикрон 毫微米,10^{-9}米 〈略〉ммк
миллиомный децибел 毫欧分贝 〈略〉dBmO,дБмО
миллион(.) 百万,10^{6} 〈略〉млн(.)
миллисекунда 毫秒,10^{-3}秒 〈略〉ms,мс
миниатюрность 体积小巧
миниблог 微博
минимальное значение мощности лазера 激光器功率最小值 〈略〉LSBCM
минимальное значение тока смещения лазера 激光器偏置电流最小值 〈略〉ALS
минимальные инвестиции и максимальные доходы 花钱少,收效快
минимальный 最小的 〈略〉мин.
минимизация 小型化,最小化
минимизированное окно 最小窗口
минимум 最小值,最低值 〈略〉мин.
мини-система кросс-соединений 小型交叉连接系统
Министерство связи, Министерство почт и телекоммуникаций 邮电部
минута 分(钟) 〈略〉мин(.)
минуты безошибочной передачи, безошибочная передача по минутам 无误码时长(分)
младший бит 最低比特
младший разряд 低位
многоабонентский блок 多用户单元 〈略〉MSU
многодокументационный интерфейс 多文档界面
многозадачная операционная среда 多任务操作环境
многоканальная связь с разделением времени 时分多路通信
многоканальный передатчик 多路发射机
многокомпонентный 多元(化)的
многоконтактная вилка 多芯插头
многократный координатный соединитель 多次纵横制连接器 〈略〉МКС
многолинейный блок 多线单元 〈略〉MDU
многомодовое волокно 多模光纤
многомодульная станция, модульная станция 多模块局、模块局
многообразные режимы защиты на уровне оборудования 多种形式的设备级保护机制
многооконная визуализация 多窗口可视化
многооконный интерфейс 多窗口界面
многопротокольная коммутация по меткам 多协议标签交换 〈略〉MPLS
многопунктовая переадресация 多点前转
многоскоростная цифровая абонентская линия 多速率数字用户线 〈略〉MDSL
многослойная плата 多层印制板
многосторонний вызов 多方呼叫 〈略〉MWC

многосторонняя связь 多方通信〈略〉MPTY

многотерминальная адаптация 多端口适配〈略〉MTA

многоточечное техобслуживание 多点维护

многоточечный режим измерения 多种测点模式

многоуровневая индексация 多级索引

многоуровневая распределенная система 分层分布式系统

многоуровневая система распределения питания 多级分配馈电系统

многоуровневое модульное построение сети 多级模块组网

многоуровневое распределенное управление 多级分散控制

многоуслуговый блок распределения 多业务分配单元〈略〉MD

многоуслуговый доступ 多业务接入

многоуслуговый коммутатор магистрального уровня 干线层多业务交换机

многофункциональный модуль 多功能模块〈略〉МФМ

многофункциональный телефонный аппарат с определением вызывающего номера CID CID 主叫识别多功能话机

многофункциональный терминал 多功能终端

многоцелевое отношение 多目标关系

многоцелевой 多用途的,多目标的

многоцелевой интерфейс 多用途接口

многочастотная плата 多频板〈略〉NNI

многочастотная сигнализация 多频信令〈略〉МЧС

многочастотный (тип тональной сигнализации) 多频的(声信令形式)〈略〉MF

многочастотный генератор 多频振荡器〈略〉МГ

многочастотный импульсный пакет 多频脉冲包〈略〉MFP

многочастотный код методом «импульсный пакет» за один этап по одному запросу 1个阶段1个请求的脉冲包法多频代码〈略〉МЧ-ИП1,MF-PP1

многочастотный код методом «безынтервальный пакет» 无间隙包法多频代码〈略〉MF-NP,МЧ-БП

многочастотный код методом «импульсный пакет» по запросам в несколько этапов 分阶段请求的脉冲包法多频代码〈略〉MF-PP2,МЧ-ИП2

многочастотный код методом «импульсный челнок» 脉冲互控多频代码〈略〉MF-PS,МЧ-ИЧ

многочастотный комплект приемопередатчика 多频收发电路

многочастотный приемопередатчик 多频收发器〈略〉MFR

многочастотный регистр 多频记发器

многочастотный тастатурный набор, многочастотная тастатура 多频按键〈略〉MFPB

многочастотный тастатурный ТА 多频按键话机

многоэмиттерная структура 多发射极结构

множественная интерполяция 多次插入

множественный доступ 多路接入

множественный доступ с временньм и кодовым разделением каналов 码分-时分多址〈略〉CTDMA

множественный доступ с временным разделением каналов 时分多址〈略〉TDMA

множественный доступ с защитой от конфликта / избежание конфликта 防冲突多路访问/冲突避免〈略〉CSMA/CA

множественный доступ с кодовым разделением каналов 码分多址〈略〉CDMA, МДКР

множественный доступ с контролем несущей 载波监听多路访问〈略〉CSMA

множественный доступ с частотным разделением каналов 频分多址〈略〉FDMA, МДЧР

множественный мультиплексор с выделением каналов 多分插复用器〈略〉MADM

множественный протокол через сеть ATM ATM 网上的多种协议

множительное устройство 乘法器〈略〉МУ

мобильная интеллектуальная сеть 移动智能网

мобильная (подвижная) станция 移动台〈略〉MS

мобильная сеть 移动网

мобильная система связи третьего поколения 3G 移动通信系统〈略〉3GGMS

мобильный IP 移动 IP〈略〉MIP

мобильный телефон, ручной телефон, сотовый телефон, мобильник 手机〈略〉HS, PT

модель зрелости возможностей 能力成熟度模型〈略〉CMM

модель зрелости функциональных возможностей программного обеспечения 软件功能能力成熟度模型〈略〉CMM

модель компонентных объектов 组件对象模型〈略〉COM

модель концепции интеллектуальной сети 智能网概念模型〈略〉INCM

модель состояния базового вызова 基本呼叫状态模型

модем сотовой системы радиосвязи-высокоскоростной 高速无线通信蜂窝系统调制解调器〈略〉CRM-HS

модем сотовой системы радиосвязи-низкоскоростной 低速无线通信蜂窝系统调制解调器〈略〉CRM-LS

модем, модулятор-демодулятор 调制解调器

модемная интерфейсная плата TDM TDM 调制解调器接口板〈略〉TMI

модификация 升级

модификация в режиме онлайн 在线升级

модифицированная формула Пальма-Якобеуса 帕尔姆－雅科别乌斯修改公式〈略〉GMPJ

модифицированный квазитроичный код 准三进位制修正代码

модифицированный код CMI CMI 修改码〈略〉MCMI

модули BAM и SMU BAM 和 SMU 模块〈略〉BSU

модули различных видов 不同类别的模块

модули тестирования разных уровней 不同档次的测试模块

модуль 模块

модуль (плата) агента PMS PMS 代理人模块(板)〈略〉PAU

модуль SM, предназначенный исключительно для СЛ (соединительных линий) 纯中继 SM 模块

модуль абонентского доступа 用户接入模块〈略〉UAM

модуль абонентского концентратора 用户集线器模块〈略〉MAK

модуль автораспределения вызовов 排队模块、自动呼叫分配模块〈略〉ACM

модуль административного управления субмодулями 子模块管理模块〈略〉SAM

модуль ATM-адаптера ATM 适配模块〈略〉AAM

модуль базовой приемопередающей (трансиверной) станции 基站收发台模块〈略〉BTSM

модуль базы данных опорного регистра местоположения 基准定位寄存器数据库模块 〈略〉HDU

модуль ввода электропитания 电源输入模块 〈略〉PEM

модуль вторичного электропитания DC/DC DC/DC二次电源模块

модуль выполнения 执行模块 〈略〉EM

модуль выполнения команд 命令执行模块

модуль генератора вызывного тока 铃流模块

модуль данных полки 框数据模块 〈略〉SDM

модуль дистанционного питания 远端电源模块

модуль доступа по ADSL настольного исполнения 台式ADSL接入模块 〈略〉DSLAM

модуль запросов 查询模块

модуль идентификации абонента UMTS 通用移动通信系统用户识别模块 〈略〉USIM

модуль идентификации абонентов (SIM-карта) 用户识别模块 〈略〉SIM

модуль интерфейса линии ATM ATM线路接口模块 〈略〉ALIM

модуль источника вторичного электропитания 二次电源模块

модуль коммутации СЛ 中继交换模块 〈略〉TSM

модуль контроллера сигнализации 信令控制器模块

модуль линейных комплектов 线路设备模块 〈略〉LM

модуль маршрутизации и переадресации 路由选择和前转模块 〈略〉RFM

модуль обработки широкополосных услуг 宽带业务处理模块 〈略〉BPM

модуль обработки каналов HERT HERT信道处理模块 〈略〉HCPM

модуль обработки пакетных данных 分组数据处理模块 〈略〉PSM

модуль обработки санкционированных перехватов 合法截听处理模块 〈略〉ULIP

модуль обработки сети 网络处理模块 〈略〉NPU

модуль обработки сигнализации 信令处理模块 〈略〉SPM

модуль обработки сообщений 上报处理模块

модуль оператора 操作员模块

модуль отношений с клиентами 客户关系模块 〈略〉CRM

модуль передачи сигналов IP в беспроводной сети 无线网络IP信号传输模块 〈略〉WIFM

модуль подсистемы регистровой сигнализации 记发器信令子系统模块

модуль полного электрического сопротивления 全电阻模块、阻抗模块

модуль полномочий 权限模板

модуль полномочий исходящей связи 呼出权模板

модуль почтового ящика 邮箱通信模块

модуль речевого сообщения 语音模块 〈略〉AVM

модуль речевых интерфейсов 语音接口模块 〈略〉VAM

модуль связи, связной модуль 通信模块 〈略〉CM

модуль сервисных интерфейсов 业务接口模块 〈略〉SIM

модуль сетевой связи 网络通信模块

модуль ступени абонентской коммутации 用户交换级模块

модуль тестирования внешней линии 外线测试模块

модуль тестирования внутренней линии 内线测试模块 〈略〉TIL

модуль тестирования передачи и ISDN 传输和ISDN测试模块

модуль тестирования терминала 终端测试模块 〈略〉TBL

модуль тестовой реакции 测试响应模块

модуль технического обслуживания и эксплуатации 技术服务和操作模块

модуль техобслуживания и тестирования 维测模块 〈略〉MT

модуль управления 控制模块〈略〉МУ

модуль управления и связи 管理通信模块 〈略〉CCM

модуль управления полкой 机框管理模块 〈略〉SMM

модуль управления ресурсами 资源管理模块 〈略〉RMM

модуль управления системой 系统管理模块 〈略〉SMM

модуль цифровых СЛ 数字中继模块〈略〉DTM

модуль шлюза доступа 接入网关模块 〈略〉AN-NMS

модуль электрической защиты 保安模块

модуль электропитания BTS DDRM BTS DDRM 电源模块 〈略〉DPSM

модуль, предназначенный исключительно для соединительных линий 纯中继模块

модуль, сформировавший номера 放号模块

модуль-мониторинг 监控模块

модульная базовая станция 模块化基站 〈略〉MBS

модульная конструкция, модульная структура 模块化结构

модульная часть РРС, содержащая логику обработки и сравнения трактов приема и передачи 含收发信道处理比较逻辑的微波中继站模块部分

модульное программирование 模块化程序设计

модульность (модульный) 模块化(的)

модульность построения конструкций 构件模块化

модульный дизайн, модульное конструирование 模块化设计

модулятор 调制器

модулятор ширины импульсов 脉冲宽度调制器 〈略〉МШИ

модуляция 调制

модуляция интенсивности — прямая модуляция 强度调制－直接调制〈略〉IM-DM

модуляция электрического поглощения 电吸收调制 〈略〉EAM

мозаичное окно 平铺窗口

монетный автомат 投币式公用电话

монитор 监控器,监视器,监督程序

монитор последовательного соединения тракта высокого порядка 高阶通道串联连接口监视器 〈略〉HO-TCM

монитор последовательного соединения тракта низкого порядка 低阶通道串联连接监视器

монитор-распределитель задач 任务分配监控器

монитор сигнализации 信令监控器

монитор-анализатор 监控分析器

мониторинг, контроль 监控

мониторинг (монитор) трактового заголовка высокого порядка 高阶通道开销监视(器) 〈略〉HPOM

мониторинг (монитор) трактового зоголовка нижнего уровня 低阶通道开销监视(器) 〈略〉LPOM

мониторинг в процессе обслуживания 运行中监控 〈略〉ISM

мониторинг секции 段监控 〈略〉SM

мониторинг состояния работы вентиляторов 风扇工作状态监控 〈略〉FMUA

монотонное возрастание 单调递增

монотонное убывание 单调递减
монохроматический адаптер 单色适配器
монтаж 安装,装配,布线,剪辑
монтаж панелей 面板布线
монтаж проводов, расшивка 布线
монтаж, установление, инсталляция 安装
монтажная плата 安装板
монтажник 插件工,插线工,安装工
монтажный блок, установочный блок 安装单元 〈略〉INU
монтажный желоб (паз) для перемычек 跳线走线槽
монтер 接线工
морфологический блок, синтактический блок 词法单元
мостиковый выпрямитель 桥式整流器
мостовая цепь 桥路
мостовая цепь конференц-связи, схема конференц-связи 会议电话桥接电路
мощность 功率 〈略〉PWR
мощность передачи 发送功率
мощный грозовой заряд 强雷击
музыкальный центр 组合音响
мультибайт 多字节
мультизадачная (многозадачная) операционная система 多任务操作系统
мультизадачная операционная система реального времени 多任务实时操作系统
мультикарта последовательных портов 多串口卡
мультимедиа 多媒体
мультимедийная связь 多媒体通信
мультимедийный 多媒体的
мультимедийный домен 多媒体域 〈略〉MMD
мультиплексирование 复接,多路复用
мультиплексирование в оптическую сеть доступа 复接到光纤接入网
мультиплексирование с разделением по длинам волны 波分复用 〈略〉WDM
мультиплексированный абонентский номер 多用户号码 〈略〉MSN
мультиплексная секция 复用段 〈略〉MS
мультиплексная структура 复用结构
мультиплексный канал 多路转换通道 〈略〉MK
мультиплексор 复用器、多路复用器、多路复用设备 〈略〉MUX
мультиплексор SDH SDH 复用器 〈略〉SMUX
мультиплексор высокого порядка 高阶复用器、高阶多路复用器
мультиплексор доступа по цифровой абонентской линии 数字用户线路接入复用器 〈略〉DSLAM
мультиплексор передачи данных 数据通信多路复用器 〈略〉МПД
мультиплексор с выделением каналов, мультиплексор вставки/выделения, мультиплексор ввода/вывода 分插复用器 〈略〉ADM, MBK
мультиплексор сети ATM ATM 网复用器 〈略〉ANET
мультиплексор частоты, умножитель частоты 倍频器
мультиплексор-объединитель 复接器
мультиплексор-умножитель 倍增器
мультипродольная мода 多纵模 〈略〉MLM
мультисервисная сеть, мультислужебная сеть 多业务网
мультисервисная транспортная, платформа мультисервисной передачи 多业务传送平台 〈略〉MSTP
мультисервисный шлюз управления 多业务控制网关 〈略〉MSCG
мультишина и иерархическое распределенное управление 多总线和分

级分布控制
мусорник 回收站
мы-чат 微信
«мышь» 鼠标,鼠标器
мягкий перенос 分音节移行
мягкий эхозаградитель 软回音抑制器
мягкое выключение с широтно-импульсной модуляцией, программное переключение 软开关 〈略〉PWM
мягкое переключение, «бесшовное» трансрайонное переключение, 无缝越区切换

Н

на рабочем столе 桌面上
на текущем этапе развития электросвязи 在现今电信发展阶段
набор возможностей -1 能力组 –1 〈略〉CS-1
набор возможностей интеллектуальной сети-1 智能网能力组 1 〈略〉INCS-1
набор групп 群组
набор групп СЛ 中继群组
набор данных 数据组,数据集 〈略〉НД
набор заголовков номеров, индикатор плана нумерации 号首集
набор звеньев 链路集
набор номера 拨号
набор номера по запрошенной маршрутизации 按所选路径拨号 〈略〉DDR
набор номера по потребностям 按需拨号
набор объектов 实体集
набор параметров 参数组(合) 〈略〉RBER
набор параметров качества услуг 服务质量数据集 〈略〉QOS
набор реле, релейный комплект 继电器组 〈略〉ППР
набор символов 字符集
набор собственного номера 拨本机号码 〈略〉НСН
набор терминала в старых типах УПАТС 拨打老式用户小交换机终端号
наведение справки 进行查问 〈略〉ЗЗ
наведение справки во время разговора 通话时进行查询
навесный тип 悬挂式
навигация по сети 网络导航
наглядная индикация параметров 直观显示参数
нагрузка в режиме переменного тока 交流负载 〈略〉РИПТ
нагрузка на перекрытия 楼板负载
нагрузка рода 1 1 类负载
нагрузочная способность звена 链路负荷能力
нагрузочная способность силовой сети 电网承载能力
нагрузочное сопротивление 负载电阻,负载阻抗
нажатие «мышью»... 用鼠标点击……
наземные средства передачи 地面传输手段
назначение номеров 号码分配
назначенный маршрутизатор 指定路由器 〈略〉DR
наивысшая задача по приоритету 最高优先级任务
наилучшим образом 最好方式 〈略〉BE
наименование платы 板名
наименование точки доступа 接入点名称 〈略〉APN
наклон 斜率,斜度,坡度,倾斜
накопитель и ключ 存储器和开关 〈略〉НК
накопитель на гибком магнитном диске 软盘存储器 〈略〉НГМД

накопитель на жестком магнитном диске 硬盘存储器 〈略〉НЖМД
накопитель на магнитной ленте 磁带存储器 〈略〉НМЛ
накопитель на магнитном диске 磁盘存储器 〈略〉НМД
накопитель на оптическом диске 光盘存储器 〈略〉НОД
накопитель на перфоленте 穿孔带存储器 〈略〉НПЛ
накопитель стандартных программ 标准程序存储器 〈略〉НСП
наличие более 50 портов с выходом на ТФОП 有50多个拨打公用电话的端口
наложенная сеть 叠加网
намотка 线圈
нано… 纳(诺)(10^{-9}) 〈略〉н
нанометр 纳米,毫微米,10^{-9}米 〈略〉нм
напоминающий аварийный сигнал 提示性告警
направление трафика 话务流向
направление услуг 业务方向
направление электросвязи 电信领域
направленная антенна с высоким коэффициентом усиления, радиопеленгаторная антенна с высоким усилением 高增益(无线)定向天线
направленная антенна, пеленгаторная антенна 定向天线
направленная диаграмма 有向图
направляющая 滑轨
направляющие, направляющие салазки 滑道、滑轨
напряжение буферного заряда 浮充电压
напряжение на контактах, напряжение на клеммах 端电压
напряжение одного элемента 单格电压
напряжение сети питания переменного тока 交流市电
напряжение смещения 偏置电压
напряжение уравнительного заряда 均充电压
напряжение уравнительного заряда системы 系统均充电压
напряженность поля 场强
наработка на отказ 无故障工作时间
наращивание (увеличение) емкости путем увеличения числа модулей 增加模块扩容
наращивание емкости 扩容
наращивание емкости абонентских линий, уплотнение АЛ 用户线增容 〈略〉Pair Gain
наращивание емкости между станциями 局间扩容
наращивание емкости по методу строительных блоков, наращивание емкости за счет добавления модулей (наподобие строительных блоков) 积木式扩容
наружный диаметр 外径
нарушение биполярности 双极性破坏点 〈略〉BPV
нарушение изоляции 绝缘偏差,绝缘破坏
нарушение обслуживания 业务故障
нарушение последовательности 失序
нарушение регулярной кодовой последовательности 编码违例 〈略〉CV
нарушение соединения 接续中断
насадка, крышка, верхняя панель 顶盖,挡盖
наследование приоритета 优先级继承
настенный ТА 墙挂式话机
настенный телефон 壁挂式电话,墙式电话
настольная лупа 台式放大镜
настольная система 桌面系统
настольная система конференц-связи 桌面会议电话系统
настольная система передачи видеоизображений 桌面视像传送系统
настольная система передачи изобра-

жений 桌面图象传送系统

настольное видео 桌面视频

настольный ПК, настольный компьютер 台式电脑 〈略〉

настройка функций 功能调测

настройка, наладка 调整,调定,调试

научно-производственное объединение 科研生产联合体 〈略〉НПО

национальная сеть связи 国内通信网 〈略〉НСС

национальное сообщение о неудаче установления связи в обратном направлении 国内后向建立不成功消息 〈略〉NUB

национальное сообщение об успешном установлении связи в обратном направлении 国内后向建立成功消息 〈略〉NSB

национальные служебные сообщения 国内业务消息

национальный идентификационный номер подвижного абонента 国内移动用户识别号 〈略〉NMSI

национальный индикатор 国别指示器 〈略〉NI

национальный код назначения 国内目的地代码 〈略〉NDC

национальный междугородный вызов 国内长途呼叫

начальная загрузка программ 初始装入程序

начальная самозагрузка 初始自动装载

начальная точка сообщений сигнализации 信令消息起点

начальная цифра номера 首位号码

начальная часть домена 初始域部分

начальное адресное сообщение 初始地址消息

начальное адресное сообщение с дополнительной информацией 带附加信息的初始地址消息 〈略〉IAI

начальное и конечное адресное сообщение 起始终端地址信息 〈略〉IFAM

начальное состояние 初始状态 〈略〉НС

начальный адрес 首地址

начальный идентификатор домена 初始域标识符 〈略〉IDP

начальный канал 起始信道

начисление оплаты в обратном направлении 反向计费 〈略〉REVC

начисление оплаты за вызов 呼叫计费

начисление оплаты на абонента 用户计费

начисление оплаты на вызываемого абонента 被叫计费

не готов к приему 接收未准备好 〈略〉RNR

Не определено. 未定义

не-ISDH оборудование 非综合业务数字网设备

неавтономная сеть 联网

неавтономное устройство 联网设备

неавтономный 联机的

неавтономный режим, оперативный режим работы, режим онлайн 联机状态

неавтономный способ 联网方式

неаккуратная погрузка и разгрузка 野蛮装卸

неблокирующая коммутация, безблокировочная коммутация 无阻塞交换

неблокирующий (безблокировочный) полнооткрытый коммутатор 无阻塞全开放式交换机

неверный вызов 无效呼叫

негорючие материалы 非可燃材料

неготовность системы 系统不可用度

недействительное сообщение 无效消息

недонапряжение батареи 电池电压过低 〈略〉LOWBAT-ALARM

недоступные ресурсы 不可用资源

недоступные секунды 不可用秒

〈略〉UAS

независимая（автономная）станция на базе В-модуля B模块独立局

независимая（автономная）станция 独立局

независимое синхронное устройство 独立同步设备 〈略〉SASE

независимый от услуг интерфейс 独立于业务的接口

независимый от услуги структурный блок 业务独立构件 〈略〉SIB

независимый сервисный блок 业务独立模块 〈略〉SIB

незагруженное время 空转时间

незанятый канал связи 空闲信道

незначащая цифра 无效数字

незначащее значение 无效值

незначительное наращивание емкости 小规模扩容

неисправность вентилятора 风扇故障 〈略〉FANFAIL

неиспаравность приема на дальнем конце, сбой при приеме на дальнем конце 远端接收失效 〈略〉FERF

неисправности и отказы 故障和障碍

неисправность противоположной（встречной）стороны 对端故障〈略〉RMT

неисправность системы вентиляции/охлаждения 通风/冷却系统故障〈略〉FAN-ALARM

неисправность собственной платы 本板故障 〈略〉FAU

неисправность, авария, сбой, отказ, выход из строя 故障

некоммутируемые соединения 无交换连接能力

некорректирующийся код 未纠错码

нелинейное искажение 非线性畸变

нелинейный процессор 非线性处理器 〈略〉NLP

немедленная горячая линия 立即热线

немедленная распечатка 立即打印

немедленное начисление оплаты 立即计费

немотивированная команда 无根据命令

неназначенный или неправильный номер 空错号

ненормальная входная мощность 输入功率异常 〈略〉INPOWER-ABN

ненормальная выходная мощность 输出功率异常 〈略〉OUTPOWER-ABN

необорудованное окончание контроля тракта высокого порядка 高阶通道监控未装载终端 〈略〉HSUT

необорудованное окончание контроля тракта низкого порядка 低阶通道监控未装载终接 〈略〉LSUT

необслуживаемая станция 无人值守站

необслуживаемый 免维护的，无人值守的

необслуживаемый регенерационный пункт 无人值守再生中继站 〈略〉НРП

необслуживаемый усилительный пункт 无人值守放大站 〈略〉НУП

необслуживание техническим персоналом 无人值守

необязательный параметр 任选参数

неоднородная архитектура памяти 非均匀存储器结构 〈略〉NUMA

неоднородная линия передачи 非均匀传输线 〈略〉НЛП

неответ в течение длительного времени, длительное отсутствие ответа 久叫不应

непечатаемый символ 非打印符号

неподвижная станция 固定台

неподвижный абонентский терминал 固定用户终端 〈略〉RT

неподтвержденный сигнал 未确认信号

неполнодоступный 不全利用的 〈略〉НПД

непосредственный подсчет импульсов 立即跳表
неправильное подключение оптического интерфейса 光接头未接好
непрерывность 导通
непрерывный сигнал 连续信号
непроизводительные затраты на внутреннюю связь 内部通信开销
непронумерованная информация 不编号信息 〈略〉UI
непронумерованное подтверждение 无编号确认 〈略〉UA
непропаянное соединение 虚焊
нерабочее состояние 非工作状态 〈略〉НРАБ
неравномерное обнаружение ошибок 非均匀差错检测 〈略〉UED
неразрывный дефис 连续连字符
неразрывный пробел 连续空格
нерайонированная сеть 单局制网
неретрансляционный множественный доступ 非广播多路接入 〈略〉NBMA
неречевое сообщение 非话音信息
неречевой вызов 非话音呼叫
несанкционированное сообщение 非法消息
несанкционированный доступ 非法访问 〈略〉NCD
несанкционированный пользователь 非法用户
несколько модулей СЛ с несколькими станционными направлениями 多局向多中继模块
неслучайный 非随机的
несовпадение идентификатора трассировки, рассогласование идентификатора трассировки 追踪识别符失配 〈略〉TIM
несовпадение типа сигнала, рассогласование метки сигнала 信号标记失配 〈略〉SLM
нестационарный процесс 不稳定过程 Data-bypass
неструктурированные данные дополнительных услуг 非结构化补充业务数据 〈略〉USSD
неструктурный диалог, неструктурированный диалог 非结构化对话
несущая 载波
несущая данных, порт A 数据载波, A 端口 〈略〉DCDA
несущая конструкция 主框架
несущая частота 载波频率,载频
несущая четырехпроводная соединительная линия 四线载波中继线 〈略〉AT4
несущее устройство 载波机
нет данных 无数据,无资料 〈略〉Н/Д, н. д.
нетрасляционный множественный доступ 非广播多路接入 〈略〉NBMA
неудача чтения/записи в регистр чипа на плате 读写单板芯片寄存器失败 〈略〉WR-FAILURE
неудачная запись в регистр чипа 写入芯片寄存器失败 〈略〉WR-FAIL
неудачная запись и чтение регистра чипа на плате сетевого элемента 网元单板写读芯片寄存器失败
неудачное выполнение проверки непрерывности 导通检验失败
неустановленность 未安装
неэкранированная витая пара 未屏蔽双绞线 〈略〉UTP
неявное значение 隐含值
нижестоящая станция 下级站
нижнее значение 下限值
нижний колонтитул 页脚
нижний монтаж 下出线
нижняя прокладка (проводка) кабелей 下走线
нижняя рамка 下围框
низкая интенсивность трафика 低话务量
низкая потребляемая мощность 功耗低
низкая степень интеграции 低集成

度
низкая частота 低频 〈略〉НЧ
низкие полные гармонические искажения 低总谐波失真
низкий порядок, низкий уровень 低阶
низкий приоритет 低优先级
низкий тестер 低层测试仪 〈略〉LT, LCC
низкий уровень электромагнитного излучения 极小的电磁辐射
низкое потребление электроэнергии, низкое энергопотребление 能耗低、耗电量小
низкоскоростное волоконно-оптическое звено 低速光纤链路 LOFL
низкочастотная транзитная аппаратура 低频转接设备
низкочастотный 低通的
ниспадающее меню, спускающееся меню, вскрывающееся меню 下拉菜单
нисходящая линия 下行线
нисходящая линия связи 下行链路 〈略〉DL
нисходящий высохоскоростной тракт 下行高速通道 〈略〉DHW
новая услуга 新业务
новые интерактивные услуги мультимедиа 交互式多媒体通信新设备
ножовка 金属锯, 弓形锯
номер 号, 号码, 编号
номер блуждающей подвижной станции, номер роуминга 移动台漫游号 〈略〉MSRN
номер версии ПО и международный идентификационный номер оборудования мобильной связи 移动通讯设备软件版本号和国际识别号 〈略〉IMEISV
номер временного интервала 时隙号 〈略〉TN
номер вызываемого абонента 被叫用户号码 〈略〉NB
номер вызывающего абонента 主叫用户号码 〈略〉NA
номер группы операторов 话务员组号
номер группы 群号
номер длиной не более 8 цифр 号长不超过 8 位数
номер для междугородной связи 长途号码
номер индекса 索引号
номер кода зоны (района) 位置区号 〈略〉LAI
номер набора групп 群组号
номер неназначенный, несуществующий номер 空号
номер переадресации 转发号码
номер подсистемы 子系统号码 〈略〉SSN
номер пользователя портативной станции 移动台用户号码 〈略〉PUN
номер последовательности переключений 转换序列号
номер последовательных скачков частоты 跳频序列号 〈略〉HSN
номер приоритета 优先级号
номер услуги перехвата вызова 呼叫代答号
номер цикла, номер кадра 帧号 〈略〉FN
номер-индикатор, показательный номер 引示线号码
номерная группа 号群 〈略〉НГ
номерная емкость 号码资源
номерный буфер 号码池
номинальная частота 标称频率
номинальное пиковое значение 标称峰值
номинальный вход 标称(额定)输入
номинальный выход 标称(额定)输出
норма выручки 收益率
норма технологического проектирования 工艺设计标准 〈略〉НТП
нормальный альтернативный формат

正常备用格式
нормативно-техническая документация 标准技术文件
нормативы ведомственных сетей 专用网规范
нормативы, правила 规程
носимая телефонная трубка 子机
носитель 载体、介质
носитель передачи 传输载体
нотариальный акт 公证书
нотация 表示法
нотация абстрактного синтаксиса -1, абстрактно-синтаксическая нотация 1 抽象语法标记 1 〈略〉ASN. 1
ноу-хау 专有技术,技术诀窍
ночное обслуживание 夜间服务
нулевая ветвь коммутационного поля 接续网络零支路
нулевой временной интервал 零时隙
нулевой канальный интервал 零通道时隙 〈略〉ОКИ
нулевой провод, нулевая линия, средний провод 零线,中线
нулевые пучки 零次群
нумерация, нумерирование 编号
ньюдон 牛顿(物理学单位) 〈略〉Н

О

обеспечение (установление) телефонной связи в каждом селе, телефонная связь в каждом селе 村村通电话
обеспечение быстрого доступа к базам данных 实现数据库快速检索
обеспечение ВСК 开通随路信令
обеспечение дистанционного питания 远端电源馈送
обеспечение счетчика 配置计次表
обзор, краткое описание 概述
облако услуг 业务云
область данных 数据区、数据域
область со сравнительно невысокой плотностью абонентов 用户分散的地区
область управления 管理域
область хранения 存储区
область, зона 区域
облачная оперативная система, облачная ОС 云操作系统
облачная платформа 云平台
облачная услуга 云服务
облачное хранилище 云存贮
облачные вычисления 云计算
облачный терминал 云终端
облачный центр обработки вызовов 云呼叫中心
облачный центр обработки данных 云数据中心
облезающий лак 掉漆
обмасливание 油化
обмен динамических данных 动态数据交换 〈略〉DDE
обмен документами больших объемов 大容量文件交换
обмен информацией 信息交换 〈略〉ОИ
обмен текстовыми сообщениями 书面交谈
обмен трафика 信息量交换
обнаружение несущей 载波检测
обнаружение отказов 故障检测
обнаружение ошибок 差错检测,误差检测 〈略〉EDC
обнаружение столкновений 碰撞检测 〈略〉CD
обновление аварийной сигнализации 告警刷新
обновление версий аппаратного и программного обеспечения 软硬件升级
обновление статуса тестовых задач 刷新测试任务状态
обнуление 置零,补零
обобщенный идентификатор передачи 通用传输标识符
обозначение стандартной внутристан-

ционной регенераторной секции 标准局内再生段标志 〈略〉I

обозначение стандартной длинной межстанционной регенераторной секции 标准长局间再生段标志 〈略〉L

обозначение стандартной короткой межстанционной регенераторной секции 标准短局间再生段标志 〈略〉S

оболочка, оплетка 护套

оборудование, устройство, аппаратура 设备,装置

оборудование базовой станции (BSC + BTS) 基站设备(BSC + BTS) 〈略〉RBDS

оборудование взаимодействия 互通设备 〈略〉IWE

оборудование для подвижной связи 移动通信设备

оборудование доступа 接入设备

оборудование комнатного типа 室内型设备

оборудование кросса 配线架设备

оборудование линейного тракта 线路设备 〈略〉ОЛТ

оборудование малой емкости 小型设备

оборудование межсетевого взаимодействия 网间互通设备

оборудование многоуслугового доступа 多业务接入设备

оборудование на исходном пункте 起点设备

оборудование на пункте назначения 终点设备

оборудование наружного типа 室外型设备

оборудование оператора ведомственной сети U-path 专网运营商设备 U-path

оборудование передачи данных серии Quidway Quidway 系列数据通信设备

оборудование преобразования для цифровой связи 数字通信转换设备

оборудование сотовой связи GSM 900/1800 GSM 900/1800 蜂窝通信设备

оборудование электроподстанции 变电站设备

оборудование, размещаемое в помещении пользователя 布置在用户室内的设备 〈略〉CPE

обрабатывающая способность, производительность 处理能力

обработка IP-услуг IP 业务处理 〈略〉IPSP

обработка базовых вызовов 基本呼叫处理 〈略〉BCP

обработка биллинга, обработка тарификации, обработка учета стоимости 计费处理

обработка временных параметров 定时处理

обработка вызовов 呼叫处理

обработка вызовов по умолчанию 默认呼叫处理 〈略〉DCH

обработка диалогов 对话处理

обработка заголовка номера 号首处理

обработка заголовков 开销处理

обработка информации 信息加工,信息处理 〈略〉ОИ

обработка информационных пакетов 信息包处理

обработка компонентов 成分处理

обработка обратной связи 反馈处理

обработка ограничения полномочий 业务限权处理

обработка отказов, обработка неисправностей 故障处理

обработка отказоустойчивости 容错处理

обработка пакетов 分组处理,包处理 〈略〉PH

обработка полезной нагрузки трибутарного блока 支路单元净荷处理

〈略〉TUPP
обработка поступающих жалоб 受理申告
обработка превышения порога 越限处理
обработка приема и передачи кодов 码收发处理
обработка протокола 4 интерфейсов пакетного уровня 4 路分组接口协议处理
обработка протокола канального уровня данных 数据链路层协议处理
обработка речевых сигналов 语音处理 〈略〉VP
обработка служебной логики 业务逻辑处理 〈略〉SLP
обработчик заголовка секции и заголовка тракта 段开销及通道开销处理器
обработчик полезной трибутарной нагрузки 支路净负荷处理器
обрамление 边框
обратная величина, обратное число 倒数
обратная передача 回传
обратная перемотка 倒带
обратная петля, замкнутая петля, замкнутое кольцо, завертывание тракта на себя 自环
обратная посылка результата 返回结果
обратная посылка сигнала вызывного тока 回振铃
обратная связь 反馈 〈略〉ОС
обратное направление, обратная связь 后向
обратное переключение 倒回
обратный вызов 回叫,回呼,反向呼叫
обратный порядковый номер 后向序号 〈略〉BSN
обратный сигнал 回答信号
обратный ток 反向电流,逆电流
обращение ко всем функциям 访问各功能
обрыв линии 断线
обслуживаемая станция 有人值守站
обслуживаемость 可服务性 〈略〉DFS
обслуживаемый 有人值守的
обслуживание и поиск неисправностей 维护和故障查找 〈略〉M & TS
обслуживание по запросу 即时业务 〈略〉ПП
обслуживание техническим персоналом 有人值守
обслуживание, эксплуатация и поддержка работоспособности системы 系统服务、运行和处理能力支持 〈略〉CMOS
обслуживающий RNC RNC 服务控制器 〈略〉SRNC
обслуживающий персонал высшей категории 高级维护人员
обучение с помощью мультимедиа 多媒体教学
обход устройства 设备旁路
обходная маршрутизация, организация обходного маршрута, передача в обход, направление в обход 迂回
обходный маршрут, альтернативный маршрут 迂回路由
обходный промежуточный путь 中间旁路 〈略〉ОПП
обходный путь 旁路
общая (глобальная) таблица дескрипторов 全局数据分布描述表 〈略〉GDT
общая архитектура с передачей запросов к объекту через посредника 公共对象请求代理结构 〈略〉CORBA
общая архитектура, общая структура, комплексная структура 总体结构
общая буферная зона 公共缓冲区
общая открытая служба политик 公共开放策略服务 〈略〉COPS

общая плата электропитания 总电源板

общая сервисная логика, глобальная логика услуг 全局服务逻辑 〈略〉GSL

общая сила тока 总电流强度

общая синхронизации передачи 总同步传输 〈略〉СТС

общая служба пакетной радиосвязи 通用分组无线业务 〈略〉GPRS

общая шина 公用总线,分共总线 〈略〉ОШ

общегородская сеть 市域网,城域网 〈略〉MAN,ОГС

общегосударственная система автоматической телефонной связи 全国自动电话通信系统 〈略〉ОГСТфС

общее информационное сообщение об установлении связи в прямом направлении 一般前向建立信息消息 〈略〉GSM

общее логическое устройство 公共逻辑装置 〈略〉ОЛ

общее название интерфейсных плат вывода TOA, TOE, TOG TOA、TOE、TOG 等输出接口板的统称 〈略〉TOX

общее наименьшее краткое число 最小公倍数

общее настольное окружение 公共桌面系统 〈略〉CDE

общее ночное обслуживание 普通夜间服务

общее обозначение класса блочных кодов 单元码类别标志 〈略〉mbnb

общее пользование 公用

общее проверочное устройство 总检验器 〈略〉ОПУ

общее техническое требование 技术总要求 〈略〉ОТТ

общеевропейская система транкинговой связи 全欧集群通信系统 〈略〉TETRA

общеканальная сигнализация 共路信令 〈略〉CCS,ОКС

общеканальная сигнализация №7 7 号信令、7 号共路信令 CCS7,ОКС7

общепринятая международная практика 国际惯例

общепринятая структура 流行结构

общепринятый алгоритм скорости передачи ячеек 通用信元速率算法 〈略〉GCRA

общепринятый символ 通配符

общестанционный датчик импульсов 普通局内脉冲发生器 〈略〉ДИ

общественная выдержка времени 公共时延 〈略〉ОВВ

общественный телефон, телефон общего пользования 公用电话

общие данные 公共数据

общие принципы управления электросвязью 电信管理网的一般原则 〈略〉M. 3010 series (04/95)

общие технические требования 技术总要求 〈略〉ОТТ

общие требования к первичным опорным тактовым сигналам синхронной сети (PRC) GR-2830-CORE,同步网原始参考时钟总要求

общие требования к тактовым сигналам синхронной сети (PRC) GR-1244-CORE,同步网时钟总要求(Bellcore 标准)

общий блок синхронизации для GSM-оборудования GSM 设备通用时钟单元 〈略〉GGCU

общий вид 总图、全视图

общий информационный канал 公共业务信道 〈略〉CTCH

общий канал 公共通路 〈略〉ОК

общий канал управления 公共控制信道 〈略〉CCCH,ОКУ

общий код 一般代码 〈略〉ОХА0

общий наибольший делитель 最大公约数

общий общественный радиоинтерфейс 通用公共无线接口 〈略〉CP-

RI

общий пакетный канал 公共分组信道 〈略〉CPCH

общий пилотный канал 公共导频信道 〈略〉CPICH

общий план нумерации 总编号计划(方案)

общий промежуточный формат «1/4» 四分之一通用中间格式 〈略〉QCIF

общий промежуточный формат изображения 通用中间图像格式〈略〉CIF

общий профиль пользователя 用户总分布图 〈略〉GUP

общий служебный элемент управления информацией 公共管理信息业(服)务单元 〈略〉CMISE

общий телефонный трафик 通用话务量

объединение ведомственных сетей с общегосударственными 专网和全国网的连接

объединенные местные и междугородные пучки 本地和长途复接线群

объединительная плата, задняя панель 背板、母板

объединительная плата блока тактового генератора 时钟框母板 〈略〉CKB

объединительная плата временного мультиплексирования 时分复用母板

объединительная плата модуля BTS3002E BTS3002E 模块连接板〈略〉EBMB

объединительная плата несущей 载波背板 〈略〉CUB

объединительная плата ответвителей 分路器框背板 〈略〉SUB

объединительная плата процессора полосы групповых частот 基带处理器母板

объединительная плата шкафа главного управления 主控柜母板

объединительная сеть связи 合群式通信网

объект 目标、对象、实体、工程

объект контрольного управления службами 业务控制管理实体 〈略〉SCME

объект коротких сообщений 短消息实体 〈略〉SME

объект национального соглашения 本国协议实体 〈略〉NAT

объект проектирования оборудования 设备设计目标 〈略〉EDO

объект производительности сети 网络性能目标 〈略〉NPO

объект спискового окна 列表框对象

объект статистики, пункт, требующий сбора статистики 统计项目

объект управления, управляемый объект 管理对象,控制对象 〈略〉MO,ОУ

объект управления коммутацией услуг 业务交换管理实体 〈略〉SSME

объект управления специальными ресурсами 专用资源管理实体 〈略〉SRME

объектная аппаратура 目标设备〈略〉OA

объектная модель комплектов 构件对象模型 〈略〉COM

объектная модель компонентов / распределенная объектная модель компонентов 构件对象模型/分布式构件对象模型 〈略〉COM/DCOM

объектная программа 目标程序

объектное окружение 目标环境

объектно-ориентированная методика 面向对象的方法学 〈略〉OOM

объектно-ориентированная система управления сетью 面向对象的网管系统

объектно-ориентированное программирование 面向对象的程序设计〈略〉OOP

объектно-ориентированное проекти-

рование 面向对象设计 〈略〉OOD

объектно-ориентированный 面向对象的 〈略〉OO

объектно-ориентированный подход 面向目标方法 〈略〉ООП

объектно-ориентированный язык программирования C ++ 面向对象的 C ++ 语言

объектный код 目标代码

объект-эталон 参考体、参考物

объем входной и выходной информации 信息吞吐量

объем памяти 存储空间

объем переданной информации, информационный трафик 信息量

объем файла регистрации 日志容量

обычные концентрические круги 普通同心园 〈略〉GUO

обычный абонент 普通用户 〈略〉OA

обычный телефонный абонент 普通话机用户

обычный телефонный апарат 普通电话机,普通话机

обязательный параметр 必备参数

огнестойкость 阻燃

ограничение входящей связи 来话呼叫限制 〈略〉OBC

ограничение исходящей связи 去话呼叫限制 〈略〉OИC

ограничение междугородной связи 国内长途电话限制 〈略〉OMC

ограничение на вызов по определенному номеру 号码限呼

ограничение направлений исходящей связи 去话方向限制 〈略〉OHC

ограничение тока 限流

ограничение тока модуля 模块限流

ограниченная цифровая информация 受限数字信息 〈略〉RDI

ограниченное число операторов 话务员人数限制

ограничиваемый (запрещенный) номер 受限号码

ограничивающее сопротивление 限流电阻

ограничитель амплитуды 限幅器 〈略〉OA

ограничитель тока 限流器

один из заголовков мультифрейма 一种复帧开销 〈略〉J2

один из основных видов обмена факсимильной связи 传真通信的一种基本交换形式

один из стандартов системы подвижной электросвязи, 450 МГц 移动电信系统的一种标准, 450 MHz 〈略〉NMP

одинаковый 一致的

одиночная батарея 单体电池

одиночная секция 单一线路段

одиночная Т сеть, одиночная временная сеть 单T网

одиночные байты 单字节

одиночный ассоциативный объект 单个联系客体 〈略〉SAO

одиночный бизнес-блок 独立商务单元 〈略〉SBU

одиночный импульс 单个脉冲

одиночный модуль 单模块

одиночный указатель 单指针

одним щелком 单击

одноабонентская неподвижная станция 单用户固定台

одноабонентский блок 单用户单元 〈略〉SU

одноабонентский неподвижный блок 单用户固定单元 〈略〉FSU

однобоковая полоса 单边带 〈略〉ОБП

одновременная конференц-связь до 64 абонентов 64 方会议通信 〈略〉64 PTY

одновременное занятие СЛ 中继同抢

однокристальный процессор, интегральный процессор 单片机

одномерное случайное блуждание 单

维随机移动 〈略〉ОСБ
одномодовое оптическое волокно 单模通信光纤
одномодовый/многомодовый оптический кабель 单模/多模光纤
однонаправленная передача сообщений 单向消息传送
однонаправленное звено тактовой синхронизации 单向时钟链路
однонаправленное кольцо с защитой мультиплексной секции 单向复用段保护环
однонаправленное кольцо с защитой тракта 单向通道保护环 〈略〉UPPR
однонаправленный 单向的
однопарная высокоскоростная цифровая абонентская линия 一对高速数字用户线 〈略〉SHDSL
одноплатная вычислительная машина 单板计算机
одноплатная микро-ЭВМ 单板微型计算机 〈略〉ОПМ
однополосная связь 单边带通信
однополюсный переключатель на два направления 单向双掷开关
однополосный сигнал 单边带信号 〈略〉ОПС
однополярный двухуровневый линейный код 单向双电平线性码 〈略〉ОДЛК
однополярный код с возвращением к нулю 单极性归零码
одноразовый пароль 一次性密码，一次性口令 〈略〉OTP
односекундный фильтр 1秒滤波器
одностороннее распределение 单面配线
односторонний 单面的，单方面的，片面的
односторонний интегрированный главный кросс 单面集成总配线架
одноступенчатое временное коммутационное поле 单T交换网
однотипный 同型号的
одноуровневой транзит 同级汇接
однофазное напряжение 单相电压
одночастотная сигнализация 单频信令 〈略〉SF
одночастотный 单频的、单频率的
одночастотный сигнал 单音数字信号
ожидание Интернет-вызова Internet呼叫等待 〈略〉ICW
ожидание команды 待命状态
ожидание с обратным вызовом, установка на ожидание освобождения вызываемого абонента 遇忙回叫
окно аварийной сигнализации 事件告警窗口
окно голосового номеронабирателя 语音拨号器窗口
окно дерева навигации сети 网络导航树窗口
окно диалога, блок диалога, диалоговое окно 对话框
окно конфигурации услуг 业务配置窗口
окно опции 选择框
окно просмотра аварийной сигнализации 告警浏览窗口
окно с двойным остеклением 双层玻璃窗
окно топологии сети 网络拓扑图窗口
оконечная / транзитная станция 终端/转接局 〈略〉LE/TX
оконечная машина назначения 目的终端机
оконечная нагрузка шины 总线端接负载 〈略〉BT
оконечная станция пакетной сети 分组网终端局
оконечная станция с программным управлением 程控端局 〈略〉ПИТ
оконечное абонентское телефонное устройство 终端用户电话设备 〈略〉ОАТУ
оконечное искание 终端寻找 〈略〉

ИСО
оконечное оборудование данных, оконечная установка данных 数据终端设备 〈略〉DTE, ООД, ОУД
оконечное оборудование линейного цифрового тракта 数字线路终端设备
оконечное оборудование подвижной станции 移动台终端设备
оконечное оборудование провайдера 提供商终端设备 〈略〉PE
оконечное соединение трех компонентов 三组件终端连接
оконечное устройство каналов передачи данных 数据电路终端设备 〈略〉DCE
оконечное устройство передачи данных 数据通信终端设备
оконечно-транзитная станция 终端转接站 〈略〉ОТС
оконечный кабельный бокс 终端电缆分线箱
оконечный мультиплексор 终端复用器 〈略〉TM, ОМ
оконечный процессор 终端处理器
оконечный пункт 终端站 〈略〉ОП
оконечный пункт сигнализации 信令终端点 〈略〉SEP
окончание, терминал 终端
окончание тракта высокого порядка 高阶通道终端 〈略〉HPT
окончание тракта низкого порядка 低阶通道终端 〈略〉LPT
окончательное испытание 最终测试
окоошко метки 复选框
окружающая среда 环境 〈略〉EN
окружение JAVA JAVA 运行环境 〈略〉JRE
окружение исполнения служебной логики, исполнительное окружение логики услуг 业务逻辑执行环境 〈略〉SLEE
окружение хоста, окружение главной вычислительной машины 宿主环境,主机环境
оксидная пленка на клеммах 接线端子上的氧化膜
октет служебной информации 业务信息 8 位位组(八位字节) 〈略〉SIO
октет 八位位组,八位字节
октетная синхронизация 八位组同步
онлайновая отладка 在线调试
онлайновые ресурсы 在线资源
опасное пиковое значение напряжения 危险电压峰值
оперативная помощь, справка 即时帮助 〈略〉FOD
оперативное запоминающее устройство 操作存储器、内存储器 〈略〉ОЗУ
оперативный блок 操作部件,运算部件 〈略〉ОБ
оперативный журнал 值班工作日志
оператор 运营商,操作员,话务员
оператор виртуальной частной сети мобильной связи 移动虚拟专用网运营商 〈略〉MVNO
оператор мобильной связи 移动通信运营商 〈略〉MNO
оператор по пейджинговой связи BP 机通信操作员
оператор по смене 当班操作员
оператор связи 电信运营商
оператор сетей связи 通信网运营商
оператор системы связи общего пользования 公用电信运营商 〈略〉PTO
операторная сервисная система 操作员业务系统、话务员业务系统 〈略〉OSS
операторная служба 操作员业务 〈略〉OPS
операторская подсистема 话务员子系统
операционная группа 操作群
операционная компетенция 操作权限

операционная поддержка 操作配合

операционная система 操作系统〈略〉OS

операционная система временного разделения 分时操作系统

операционная система пакетной обработки 批量处理操作系统

операционная система реального времени 实时操作系统〈略〉RTOS, ОСРВ

операционный автомат 自动操作装置〈略〉ОА

операционный усилитель 运算放大器〈略〉ОУ

операция без отключения питания 带电作业

операция команды 指令操作〈略〉ОК

операция панели индикации состояния шлюза 网关状态指示条操作

операция панели инструментов 工具条操作

операция платы характеристик аварийной сигнализации 告警性能板操作

операция свободного транскодирования 免编码转换操作〈略〉TrFO

операция сетевого вида 网络视图操作

операция, эксплуатация 操作

опережение тактовой синхронизации 定时提前〈略〉ТА

описание интерфейса 界面介绍

описание полномочий доступа 接入(访问)权限描述〈略〉ARD

описание функционирования 功能说明

описание эксплуатационных работ 维护作业描述〈略〉ОЭР

описание, формулировка 描述

описательные данные 描述数据

оплата вызываемой стороной 被叫付费

оплата по телефону 电话付费〈略〉TP

оповещение абонентов о задолженностях, уведомление о задолженностях 欠费通知

опознавательный знак 识别标识

опора, постамент, подставка 支架,底座

опорная промышленность 支柱产业

опорная станция, центральная станция 母局,中心局〈略〉ОПС, ЦАТС-В

опорная точка 参考点,基点

опорная точка DCC для мультиплексной секции 复用段数据通信信道参考点〈略〉P

опорная точка источника синхронизации 同步源参考点〈略〉T

опорная точка канала DCC для регенераторной секции 再生段DCC通路参考点〈略〉N

опорная точка сети TMN между QAF и управляемым объектом QAF与受控对象间TMN网参考点

опорная точка сети TMN между WSF и пользователем WSF和用户间TMN网参考点〈略〉G

опорная точка синхронизации 同步状态参考点〈略〉Y

опорная точка управления 管理参考点〈略〉S

опорные ножки 支架支脚

опорный источник 基准电源

опорный источник тактовой синхронизации 定时基准源

опорный обозначитель компонента 组件参考标记器〈略〉CRD

опорный сигнал 基准信号

опорный тактовый сигнал, эталонный тактовый генератор 基准时钟,参考时钟

определение клавиатуры 键盘定义

определение мыши 鼠标定义

определение номера абонента 用户号码确定

определение номера вызывающего абонента（отслеживание злонамеренного вызова）на АТС 电话局主叫号码识别(恶意呼叫追踪)
определение структуры синхронных кадров каналов（G.704） G.704,链路帧结构定义
определение типов документов 文件类型定义 〈略〉DTD
определенная избыточность 一定冗余
определенная информация о режиме работы конкретного оборудования пользователя 用户具体设备运行状态确定信息 〈略〉UESBI
определитель 测定器,识别器
определитель входов 输入识别器
определитель входящих линий 来话线路识别器 〈略〉ОВЛ
определитель вызова 呼叫识别器 〈略〉ОВ
определитель КПП 编码收发机识别器 〈略〉ОКПП
опрос-CSCF 查询 CSCF 〈略〉I-CSCF
опрос（абонентов）в определенном порядке 轮询
опрос в любой момент времени 随时查询 〈略〉ATI
опрос ключевых параметров 查询关键参数
опрос соединений 接续查询
оптико-коаксиальный гибрид 光纤同轴混合电路 〈略〉HFC
оптико-коаксиальный гибрид, гибридное оптоволоконно-коаксиальное решение 混合光纤同轴,光纤同轴混合电路(接入) 〈略〉HFC
оптико-распределенный интерфейс данных 光分布式数据接口
оптико-электрическое преобразование 光/电转换
оптическая интерфейсная плата на стороне коммутационного модуля 交换模块侧光接口板 〈略〉OPT
оптимизация сети 网络优化
оптимизация системы 优化系统
оптическая интерфейсная плата на стороне AM/CM 管理模块/通信模块侧光接口板
оптическая интерфейсная плата на стороне удаленного коммутационного модуля 远端交换模块侧光接口板 〈略〉OLE
оптическая линия 光路
оптическая литография 光刻
оптическая несущая 光载波 〈略〉OC
оптическая несущая первого уровня иерархии SONET 同步光纤网 1 级光载波 〈略〉OC-1
оптическая передача 光传输
оптическая сеть абонентского доступа 用户光纤接入网
оптическая сеть доступа с интеграцией услуг HONET HONET 综合业务光接入网
оптическая транспортная сеть, сеть оптической передачи 光传送网 〈略〉OTN
оптический динамометр, прибор для измерения оптической мощности 光功率计
оптический дисковод, аппарат-фотодиск 光盘机
оптический драйвер 光驱动器
оптический затухатель, оптический аттенюатор 光衰减器
оптический интерфейс для оборудования и систем, связанных с SDH SDH 设备和系统光接口 〈略〉G.957(03/93)
оптический интерфейс для одноканальной системы SDH с оптическими усилителями и систем STM-64 具有光放大器的单通道 SDH 系统和 STM-64 系统的光接口 〈略〉G-SCS (03/96)

оптический интерфейс связи 光通信接口

оптический кабель 光缆 〈略〉OK

оптический кабель прозрачной передачи 透明传输光缆

оптический кабель связи 通信光缆 〈略〉OKC

оптический кабель третичной группы 三次群光纤

оптический компонент 光学组件

оптический кросс 光配线架 〈略〉ODF

оптический кросс-коннектор 光交叉连接器 〈略〉OXC

оптический мультиметр 光多用表

оптический мультиплексор ввода-вывода 光分插复用器 〈略〉OADM

оптический ответвитель 光纤分接器

оптический передатчик 光发射机

оптический приемник 光接收机

оптический приемопередатчик 光端机

оптический рефлектометр 光学反射计,光反射仪 〈略〉OTRD

оптический сетевой блок 光纤网络单元 〈略〉ONU

оптический соединитель 光发送头

оптический соединитель 光连接器

оптический тестер 光测试仪

оптический тракт 光通道

оптический узел 光节点 〈略〉ON,OPN

оптический узел коммутации 光交换节点 〈略〉OSN

оптический узел на стороне абонента 用户端光接点

оптический усилитель 光纤放大器 〈略〉OFA

оптическое волокно 光纤

оптическое волокно с ненулевым рассредоточенным сдвигом 非零散位移光纤 〈略〉N2-DSF

оптическое временное мультиплексирование 光时分复用 〈略〉OTDM

оптическое линейное окончание, терминал оптической линии 光纤线路终端 〈略〉OLT

оптическое оборудование передачи 光传输设备

оптическое окончание наружного типа 野外光端站

оптическое отражение 光反射

оптическое сетевое окончание 光纤网络终端 〈略〉ONT

оптическое удаленное окончание 光远端终端 〈略〉ODT

оптоволоконная линия с высокой скоростью передачи 高速光纤

оптоволоконная линия связи уровня N 光载波级 N 〈略〉OC-N

оптоволоконное соединение третичной группы 三次群光纤连接

оптоволоконный 光纤的

оптоволоконный интерфейс 光纤接口

оптоэлектронная интегральная схема 光电集成电路

оптрон 光电子机,光耦合器

опция 可选,任选

опытная эксплуатация 试运行

опытно-конструкторские работы 设计试验工作

орбитально-частотный ресурс 轨道频率资源 〈略〉ОЧР

организатор конференц-связи 电话会议召集人

организационная структура 组织结构

организационные единицы 组织单元 〈略〉OU

организация очередей, установление очереди, установление последовательности 排队

организация по внедрению стандартов структурирования информации 信息结构标准应用推广组织 〈略〉OASIS

организация телефонных совещаний

по интересующим вопросам с возможностью свободного подключения желающих 焦点访谈
организация трактов на базе кабелей с металлическими жилами 金属芯电缆通道的组织
органы управления Общества 公司各管理机构
оригинальный（домашний）регистр местоположения 归属位置寄存器〈略〉HLR，OPM
ориентация большинства пользователей ПД на коммутацию информации 大多数数据传输用户面向信息交换
ориентация канала 通道取向
ориентированный на обслуживание абонентов дизайн 面向业务用户的设计
ориентированный на простое включение в сеть 即插即用的
ориентировочное значение 大致值
орфографическая ошибка 拼写错误
орфография 拼写法，正字法，拼字法
осветительное оборудование 照明设备
освобождение 释放〈略〉REL
освобождение емкости 容量释放〈略〉CD
освобождение соединений 呼叫释放
ослабление оптического соединителя 光纤连接器衰减
ослабление рассеиваемого излучения, подавление рассеиваемого излучения 杂散抑制
ослабление уровня интермодуляционной помехи（по составляющим третьего порядка） 三阶互调抑制
осмотр 查看，检验，检查
осмотр базы исторических данных управления сетью 查看网管历史库，查看网管历史数据库
осмотр данных，превышающих границу 查看越限数据
осмотр событий характеристик 查询性能事件
основательность 合理性
основная память 主存
основная частота генератора станции 交换机振荡器主频率
основное напряжение 基准电压
основной блок обработки и передачи CDMA CDMA处理和传输主部件〈略〉CMPT
основной генератор，задающий генератор 主振荡器
основной интерфейс 主界面
основной оперативный показатель 基本操作指标
основной подстатив 主子架
основной полукомплект 主用半电路〈略〉ПК0
основной регистр местоположения 基本位置寄存器
основной цифровой канал 主要数字通道〈略〉ОЦК
оставить за собой 保留
остаточный ток 剩余电流
осушитель 干燥剂
осущесвляемый в WEB центр обработки вызовов 基于WEB的呼叫中心，集成呼叫中心〈略〉WECC
осуществление блокировки 实现联锁
осуществление выхода на международную сеть при выборе префиксов «8－10» 拨字冠«8－10»打国际长途
осуществление с использованием правил создания «наложенных сетей» 采用建立“叠加网”规则
осциллограф 示波器
отбой 挂机
отбой вызывающего абонента 主叫用户挂机〈略〉CCL
отбой неуправляющей стороны 非控方挂机
отбой управляющей стороны 控方挂机

отбойная лампочка 话终指示灯，挂机指示灯 〈略〉ОЛ
отверстие для крепления 固定孔
отверстие для привязки кабелей 扎线框
отверстие с резьбой для крепления 固定螺孔
ответ 应答，回答，答案
ответ вызываемого абонента（снятие трубки） 被叫用户响应（摘机）〈略〉ANM
ответ на прерывание сессии 对话中断应答 〈略〉ASA
ответ на принудительное прерывание сессии 对话强制中断应答
ответ на справку о группе каналов 电路群询问响应 〈略〉CQR
ответ обмена данными 数据交换应答 〈略〉CEA
ответ станции 拨号音
ответ сторожевой схемы устройства 设备监视器应答 〈略〉DWA
ответ управления кредитом 信贷控制应答 〈略〉CCA
ответвление，трибутарный канал，трибутарный поток，ветка 支路
ответвление 分流
ответная адресная шина 应答地址总线 〈略〉ОАШ
ответная информационная шина 应答信息总线 〈略〉ОИШ
ответное сообщение 响应报文、响应信息，应答消息
ответный сигнал，без оплаты 应答信号，免费 〈略〉ANN
ответный сигнал，неклассифицированный 应答信号，未分类 〈略〉ANU
ответный сигнал，с оплатой 应答信号，计费 〈略〉ANC
отвечающий абонент 应答用户 〈略〉OA
отделение контроля качества 质量控制部，质监部
отделение телеграфа，телеграфная контора 电报局
отказ 拒绝 〈略〉REJ
отказ абонентских линий 用户线故障
отказ в обслуживании 服务故障 〈略〉DoS
отказ в соединении 拒绝连接，呼叫拒绝 〈略〉CREF
отказ от входящего разговора 来话中断
отказ от модификации соединения 呼叫改变拒绝 〈略〉CMRJ
отказ предоставления средств 性能拒绝 〈略〉FRJ
отказ прерывания 中断拒绝
отказ приема（запрос на повторную выдачу информационного кадра） 接收拒绝（要求重发信息帧）
отказ рабочего тока от синхронизации 工作电流锁定失效 〈略〉LOCKCUR-FAIL
отказ узлов 节点失效 〈略〉NOD
отказоустойчивая обработка с двойным резервированием 双备份容错处理
отказоустойчивость системы 系统容错
отказоустойчивость 容错，容错性
отказоустойчивый 容错的
отклонение вызова 呼叫转向 〈略〉CD
отклонение напряжения 电压偏差
отклонение скорости 速率偏差
отклонение частоты модуляции 调制频偏
отклонение，разброс，дивергенция，дисперсия 偏差
отключение вызывного тока，отключение звонка 停铃
отключение для защиты от перегрева 过温关断保护
отключение участника конференц-связи 断开电话会议参与者
отключение，выключение 断开，切断

открытая подкладка 开口垫
открытая радиопередача 开路无线传输
открытие канала сбыта 打开销路
открытие окна 打开窗口
открытый распределенный процесс 开放式分布过程 〈略〉ODP
открыть и вести официальный реестр 正式造册
отложенное обслуживание 延期维修
отмена всех услуг, снятие всех услуг 取消所有服务(业务)
отмена запрета отображения (идентификации) вызывающего номера 主叫号码显示限制超越
отмена установленных номеров по отдельности 单独删除设置号码
отмена, снятие 取消
отметка времени 时间标记
относительная влажность 相对湿度 〈略〉RN
относительная фазовая модуляция 相对相位调制 〈略〉ОФМ
относительное расположение 相对位置
отношение «сигнал/пауза» 断续比
отношение блоков с серьезными ячеистыми ошибками 严重信元误块比 〈略〉SECBR
отношение включения/паузы 占空系数、开关时间比
отношение затухания к NEXT 衰减与近端串音比 〈略〉ACR
отношение «клиент/сервер» 用户/服务器比
отношение процедуры 过程关系
отношение «сигнал-шум» 信噪比 〈略〉SNR, ОСШ
отношение сходимости, отношение концентрации 收敛比,集线比
отношение шумов 噪声比
отображение 显示,映射
отображение внутренней оперативной памяти 内存映射
отображение работы системы в реальном масштабе времени 系统运行实时显示
отображение результатов в графической форме 图形化显示
отправитель (сообщения) 消息发送者 〈略〉SNDR
отправка кода звена сигнализации 信令链路编码发送 〈略〉SLCS
отправка маршрутной информации 路由信息发送 〈略〉SRI
отправка письма прикрепленным файлом 用附件形式发信
отражение радиочастот 射频反射
отраслевой стандарт 行业标准
отрицательное выравнивание указателя AU 管理单元指针负调整 〈略〉AU-NPJE
отрицательное выравнивание указателя TU 支路单元指针负调整 〈略〉TU-NPJE
отрицательное подтверждение 负证实
отрицательные переходы 负向转换
отрицательный выброс напряжения 负高压冲击
отрицательный импульс 负脉冲
отрицательный контакт 负触点
отрицательный контакт дистанционного детектирования 远程检测负触点
отрицательный полюс 负极
отслеживание (трассировка) злонамеренного вызова 恶意呼叫追查(跟踪) 〈略〉MCT
отсрочка 延期
отступ 后缩,起段前留的空格
отсутствие блокировки 无阻塞
отсутствие броска напряжения на выходе при запуске 启动过程输出无过冲
отсутствие входа тактового сигнала 无时钟输入 〈略〉BUSLOC
отсутствие входного оптического сиг-

нала в оптическом канале 光路无光信号输入 〈略〉RLOS

отсутствие входного сигнала в порт 2M 2M 端口无输入信号 〈略〉TU-ALOS

отсутствие входной мощности 无输入功率 〈略〉INPOWER-FAIL

отсутствие выходного сигнала на стороне передачи（линии） 发送线路侧无信号输出 〈略〉TLOS

отсутствие мультиплексности 无多路复用

отсутствие оптического канала 无光路

отсутствие оптической индикации 无光显示

отсутствие сигнала на входе DIN（отсутствие входных данных） DIN 输入端无信号(无输入数据) 〈略〉DIN-LOS

отсутствие тактовой синхронизации на стороне передачи, потеря тактовой синхронизации на стороне передачи 发送线路侧无时钟,发送侧时钟丢失 〈略〉TLOC

отсчет 读数

отчет о конфигурации временных интервалов 时隙配置报表

отчет о конфигурации линейной платы 线路板配置报表

отчет о конфигурации платы тактового генератора 时钟板配置报表

отчет о конфигурации сетевого элемента 网元配置报表

отчет о прибылях и убытках 损益表、损益报告

отчет о файле регистрации 日志报表

отчет, отчетность, ведомость, статическая отчетность 报表

отыскиваемый домин 搜索域

офисная мини-АТС 办公用小交换机

офисное автоматическое телефонное устройство 办公自动电话设备 〈略〉OATY

офисный софт 办公软件

охранно-переговорная система 门禁对讲系统

оценка движения 运动估值 〈略〉ME

очень ранее распределение 很早分配 〈略〉VEA

очередь к оператору 话务员队列

очередь команд 指令队列

очередь ожидания команд 指令等待队列

очередь ожидания ответов 应答等待队列

очередь освобождения 空闲队列

очередь по приоритету 优先队列、优先权队列 〈略〉PQ

очередь поиска модуля 模块搜索队列

очередь, очередность 队列

очистка базы аварийной сигнализации 清理告警库

очистка входного эталонного сигнала 清理输入标准信号

очистка почтового ящика от «спама» 清理邮箱中垃圾邮件

ошибка B1 регенераторной секции 再生段 B1 误码

ошибка B2 мультиплексной секции 复用段 B2 误码

ошибка B3 тракта высокого порядка 高阶通道 B3 误码

ошибка блока B3 B3 块误码 〈略〉B3EB

ошибка блока на дальнем конце тракта 通道远端误块 〈略〉PFEBE

ошибка буфера платы, ошибка в буфере хранения на плате 单板缓冲区错误 〈略〉BUF-ERR

ошибка в блоке на дальнем конце, блок с ошибками на дальнем конце, ошибка блока на дальнем конце 远端块误码 〈略〉FEBE

ошибка возврата 返回差错(代码) 〈略〉OXA3

ошибка временного интервала 时间间隔误差 〈略〉TIE

ошибка единицы данных протокола 协议数据单元错误 〈略〉ERR

ошибка записи/считывания FLASH-памяти FLASH读写错误 〈略〉FL-ASH-MEMERR

ошибка кадра сигнала передачи E4 发送E4信号帧错误 〈略〉TFE

ошибка кадра сигнала приема E4 接收E4信号帧错误 〈略〉RFE

ошибка компоненты 成分差错 〈略〉CHA

ошибка конфигурации шины 总线配置失败 〈略〉BUSCFG-FAIL

ошибка конфигурации 配置错误 〈略〉CONFIGERR

ошибка памяти 内存错 〈略〉MEM-ERR

ошибка по кадрам 帧误码 〈略〉FAS ERR

ошибка по мультикадрам 复帧误码 〈略〉MFAS ERR

ошибка протокола 协议差错

ошибка сигнала приема 接收信号错误 〈略〉RTLEV

ошибка типа вставленной платы 插板类型错误 〈略〉WRG-BDTYBE

ошибка типа платы 单板类型错误 〈略〉WRG-BDTYPE

ошибка устройства усиления при передаче 传输中放大设备误差

ошибка чтения и записи в память 内存读写错误 〈略〉RAM-ERR

ошибка шины платы 单板总线错误 〈略〉BUS-ERR

ошибки в коде данных H3B3 H3B3数据编码差错

ошибки по битам на дальнем конце линии 线路远端误码 〈略〉LFEBE

ошибочная сигнальная единица 差错信号单元

П

падение напряжения 压降、电压降

паз 槽、沟、凹口

пакет прикладных программ 应用程序包 〈略〉ППП

пакет программ 程序包 〈略〉ПП

пакет программ для поддержки плат 支持单板的程序包 〈略〉BSP

пакет программного обеспечения протокола 协议处理软件包

пакет протоколов для передачи информации в виртуальных частных сетях 虚拟专用网信息传输协议包

пакет сообщений 消息包

пакетная буферизация 分组缓冲，包缓冲

пакетная коммутация поверх SDH SDH上的分组交换 〈略〉POS

пакетная обработка 成组处理，包处理

пакетная ошибка 分组误码

пакетное увеличение услуг 批量增加业务

пакетные данные 分组数据

пакетный доступ 分组接入

пакетный модуль слоя сетевого уровня 网络层分组模块 〈略〉NLP

пакетный режим 批处理方式

пакетный терминал 分组型终端

памятная звукозапись, памятное сообщение 备忘留言

память аварийных сигналов 故障信号存储器

память автоматизированной системы управления 自动化管理系统存储器 〈略〉ПАСУ

память вадеокарты 显存

память контрольных точек, авария в которых вызывает зажигание ламп 事故导致控制点亮灯的控制点存储器

память речевых сигналов 语音存贮器 〈略〉SM

память соответствия 对应存储器

память состояний аварийных сигналов 事故信号状态存储器

память тональных сигналов 音频信

号存储器

память, запоминающее устройство, накопитель 存储器 〈略〉ЗУ

панель задач 任务栏

панель инструментов 工具板(条,栏),加速条

панель конфигурации 配置面板

панель конфигурации аппаратных средств 硬板配置状态面板

панель меню 菜单条

панель наклейки, буфер обмена, вставка 剪贴板 〈略〉DP

панель оконечных регенеративных трансляций 终端再生转换板 〈略〉ПОРТ

панель сигнализации 信令板 〈略〉ПСИГ

панель состояния и информации 状态信息条

панель управления части протокола туннелирования GPRS GPRS隧道协议部分控制盘 〈略〉GTP-C

папка 文件夹

пара линии 线对

паразитный внеполосный сигнал 带外寄生信号

параллелизм 并发性,并行性

параллельная работа 并行工作,并行操作 〈略〉ПР

параллельная работа с несколькими процессорами 多机并行工作

параллельная тестовая компонента 并行测试成分 〈略〉PTC

параллельная шина данных 并行数据总线

параллельно соединенный модуль 并联模块

параллельное помещение 并排排列

параллельное промежуточное выделение каналов 并行中间分路 〈略〉ППВК

параллельное соединение нескольких телефонных аппаратов 话机并联

параллельное соединение, параллельное включение 并联

параллельный интерфейс 并口

параллельный телефон 并机

параметр управления последовательностью 顺序控制参数 〈略〉SEQ

параметр видеочастоты 视频参数

параметр звуковой частоты 音频参数

параметр окружающей среды 环境参数

параметр по току (напряжению) 电流(电压)参数

пароль 口令,密码

пароль запрета исходящей связи 呼出限制密码

пассатижи, губцы 钳子

пассивная оптическая распределительная сеть 无源光分配网络 〈略〉ODN

пассивная оптическая сеть 无源光网络 〈略〉PON

пассивная оптическая сеть удаленная 远端无源光网络 〈略〉PON-R

пассивная оптическая сеть центральная 中心无源光网络 〈略〉PON-C

пассивная оптическая гигабитная сеть 千兆位无源光网络 〈略〉GPON

пассивная платформа 无源平台

пассивная шина 无源总线

пассивное состояние 不回应状态、未接通状态

пассивный 不回应的

патч 补丁

патч к программе 程序补丁

пауза 暂停,间歇,停顿

пачкорд 网线

пейджер BP机,传呼机,寻呼机 〈略〉BP,ПД

пейджинговая система 无线寻呼系统

пейджинговая станция 寻呼站(台)

пейджинговые услуги 无线寻呼服务

первая ветвь коммутационного поля 接续网络第一支路 〈略〉УРС

первичная сеть 一次网,主网络

первичная скорость 基群速率〈略〉PRI

первичная цифровая система передачи 基群数字传输系统〈略〉E1

первичный документ 原始文件、原始文献〈略〉ПД

первичный доступ 30B + D 一次群速率接入〈略〉PRA

первичный опорный источник тактовых сигналов 一级基准时钟源

первичный цифровой канал 初级数字通道〈略〉IAM

первичный эталонный генератор 一级基准时钟〈略〉PRC,ПЭГ

первичный эталонный источник 一级参考源〈略〉PRS

первое переполнение FIFO передачи 第一个发送 FIFO 溢出〈略〉TF1FOE

первоначальная маршрутизация по кратчайшему пути 最短路径优先〈略〉SPF

первоначальная маршрутизация по кратчайшему открытому пути 开放式最短路径优先〈略〉OSPF

первоначальное позиционирование 起始定位

первоначальный вызываемый номер 原被叫号码

первоначальный пароль 初始密码

первые 64 килобайта расширенной памяти 扩展存储器前 64 千字节〈略〉HMA

первый генератор 第一振荡器〈略〉Г1

первый порядок скорости 一次群速率

первый уровень синхронизации 一级同步

первым пришел — первым обслужен, режим «первым пришел — первым обслужен», дисциплина ФИФО, обработка в порядке поступления, обратный магазин 先进先出〈略〉FIFO,ФИФО

первым пришел — последним обслужен, режим «первым пришел, последним обслужен» 先进后出〈略〉FILO

переадресация 变址、再寻址、前转

переадресация вызова 呼叫转移,呼叫前转〈略〉CT,CF

переадресация вызова в случае неответа абонента 用户无应答呼叫前转

переадресация вызова по умолчанию 呼叫失败前转〈略〉CFD

переадресация вызова при занятости 遇忙呼叫前转〈略〉CFB,ПЗА

переадресация вызова при занятости/неответе 遇忙/无应答呼叫前转〈略〉CFC

переадресация вызова при недоступности абонента 用户不可及呼叫前转〈略〉CFNRc

переадресация вызова при отсутствии ответа 无应答呼叫前转〈略〉CF-NR

переадресация вызова при отсутствии ответа подвижного абонента 移动用户无应答呼叫前转〈略〉CFNRy

переадресация последующих вызовов 前转后面号码〈略〉FM

переадресация при недоступности 不可及前转

переадресованный вызов 转移的呼叫

переадресованный номер 前转号码〈略〉FtN

перебойный сигнал 断续信号

перевод денег по телефону 电话汇款〈略〉TR

перевод строки 换行〈略〉LF

переводный коэффициент 换算系数

перевооружение 设备更新

переговорный пункт, операционный зал, эксплуатационный зал 电话营业厅

перегорание (предохранителя) 烧坏(保险丝)

перегрузка при приеме 接收拥塞

перегрузка сети 网络拥塞

перегрузка СЛ 中继全忙

перегрузка, блокировка, запрет 过载,闭塞,禁止

перегруппировка услуг 业务重组

передатчик сообщений 消息发送器

передатчик, трансмиттер 发送器,传送器 〈略〉Прд

передача аварийных сообщений 发送告警消息

передача без остановки 不停的传输 〈略〉NSF

передача в обход через..., осуществление обхода через... 从…迂回

передача в прозрачном режиме 透明方式传输

передача в прямом направлении 前向转移,前向传递

передача в реальном масштабе времени 实时传输

передача вандера 漂移转移

передача входящего вызова в другое оконечное абонентское устройство (переадресация) 来话转其它终端用户机(地址变更)

передача входящего вызова на автоинформатор 来话转答录机

передача входящего вызова оператору 来话转话务员

передача вызова в случае занятости абонента 遇忙转移

передача вызова во время разговора 通话中呼叫传送

передача вызова оператору, перевод вызова к оператору 呼叫转话务员 〈略〉ПВО, АПО

передача вызова стуком по рычагу 拍叉转话

передача данных 数据传输,数据通信 〈略〉TXD, ПД

передача данных на местных сетях 本地网的数据传输

передача данных на подвижные объекты 移动目标的数据传输

передача данных от устройства ввода (источника) к пейджинг-терминалу 数据从输入设备向 BP 机的传输

передача данных, порт А 数据发送,A 端口 〈略〉TXDA

передача дискретной информации 离散信息传输 〈略〉ПДИ

передача, доступ и управление файлами 文件传输、访问和管理 〈略〉FTAM

передача информации 信息传输,信息传送 〈略〉ПИ

передача информации по сигнальному маршруту 沿信号路由的信息传递 〈略〉PAM

передача одночастотных сигналов 单频信号传送 〈略〉БОС

передача по линии 线路传输

передача речевых сообщений 语音消息传送 〈略〉VOX

передача речи поверх (через) IP IP 网络传输话音 〈略〉VOIP, VoIP

передача речи через X.25 X.25 传输话音

передача с пропускной способностью 64 кбит/с 通过速率为 64kbits/s 的传输

передача сигнализации 信令传输 〈略〉SIGTRAN

передача соединения 接续转移 〈略〉Хенд-овер

передача соединения другому абоненту 接续转其他用户

передача соединения оператору 接续转话务员

передача такта, порт А 发送时钟,A 端口 〈略〉TC2A

передача факсимильных сообщений через сеть по протоколу IP IP 网络传输传真消息 〈略〉FoIP

передача шума 噪音传输

передающая антенна 发射天线
передающая магистральная шина 传输主干总线
передающее устройство, устройство передачи 传输设备 〈略〉ПУ
передающее электронное устройство 电子传输设备 〈略〉ПЭУ
передающий конец 发送端
передающий оптоэлектронный модуль 光电发送模块 〈略〉ПОМ
передающий регистр 发送寄存器 〈略〉РгПер
передний (основной) административный модуль 前管理模块 〈略〉FAM
передний край (система первичной обработки данных) 前端(数据初步处理系统) 〈略〉FE
передний фронт импульса 脉冲前沿
передняя насадка 前顶盖
передняя планка подстатива 子架前梁
перезагрузка 重新装(加)载,重装
перезапись предыдущего файла 上次文件重写
перезапуск пункта сигнализации 信令点再启动
перезапуск 再启动,重新启动
переключатель выбора функции 功能选择开关
переключатель выхода постоянного тока 直流输出开关
переключатель для набора, кодовый выключатель 拨码开关、代码开关
переключатель загрузки, ключ загрузки 加载开关、加载键
переключатель «клавиатура/видео/мышь» 键盘/视频/鼠标切换器
переключатель установки адреса 地址选择开关
переключатель установки адреса выпрямительных модулей 各整流模块的地址设置开关
переключатель фиксаторов 钳位器开关 〈略〉ПФ
переключение 倒换,切换
переключение активного и резервного процессоров 双机倒换
переключение источника тактовых сигналов 时钟倒换
переключение линий на сеть без отключения питания 带电割接
переключение линий сети на новую станцию, переключение линий сети со старой станции на новую 割接
переключение на резерв мультиплексной секции 复用段保护倒换
переключение плоскостей 平面切换
переключение при неправильных действиях 动作有误切换
переключение уравнительного заряда/непрерывного подзаряда модуля 模块均/浮充转换
перекодировщик 重编码器
перекоммутируемый 可交换的
перекомпоновка 重组
перекос фазы 缺相
перекрестная наводка на ближнем конце 近端串音
перекрестная наводка на дальнем конце 远端串音 〈略〉FEXT
перекрестная наводка, переходные помехи, диафония 串音
перекрестное искажение 交叉失真
перекрытие 楼板,盖板,重叠,覆盖,飞弧
перекрытие изоляции 绝缘弧络
переменная 变量,变元
переменная длина 可变长度
переменная скорость передачи битов 可变比特率 〈略〉VBR
переменные составляющие 交流分量
переменные составных параметров 复合参数变元
переменный 可变的
переменный амплитудный корректор 可变幅度均衡器 〈略〉ПАК

переменный параметр 可变参数
переменный ток 交流电
перенесение 移植,转移
перенесение нагрузки 承担负荷
перенос 移行,进位
переносимость 可移植性
переносимость мобильных номеров 移动号码可移植性 〈略〉MNP
переносимость номера 号码通,移机不改号,号码移动性 〈略〉NP
переносимость программного обеспечения 软件可移植性
перенумерация маршрута 重编路由 〈略〉RR
переопределяемое отношение 再定义关系
переписание 改写
переполнение 上溢,溢出
переполнение FIFO на стороне передачи тракта высокого порядка 高阶通道发送侧 FIFO 溢出 〈略〉HP-TFIFO
переполнение FIFO на стороне приема тракта высокого порядка 高阶通道接收侧 FIFO 溢出 〈略〉HP-RFIFO
переполнение FIFO тракта низкого порядка на стороне передачи 低阶通道发送侧 FIFO 溢出 〈略〉LP-TFIFO
переполнение FIFO тракта низкого порядка на стороне приема 低阶通道接收侧 FIFO 溢出 〈略〉LP-RFIFO
переполнение данных 数据溢出
переполнение конфигурации 配置溢出 〈略〉CFG-Overflow
переполнение памяти 存储空间用完
переполнение приема FIFO 接收 FIFO 溢出
переполюсовка, обратная полярность, смена полярности 极性转换,反极性
переприем, транзитное соединение 转接
переприемная станция 转接站
перепрограммируемое постоянное запоминающее устройство, программируемая постоянная память 可编程只读存储器 〈略〉ППЗУ, PROM
перепутание, конфликт, столкновение 混淆,冲突,碰撞
переразмещение программ 程序再定位
переразряд батареи 电池过放
перераспределение маршрутизации вызовов 重选呼叫路由分布 〈略〉CRD
перераспределение речевых каналов 话路重组
перестройка частоты 频率重调
перехват вызова 呼叫截听,呼叫代答
перехват вызова абонентом той же групы 同组代答
перехват вызова указанного номера 指定代答
перехват релевантной информации 截听相关信息 〈略〉IRI
переход 转移,过渡
переход счетчика, подсчет импульсов измерение счетчика, инкрементирование счетчика 跳表计次
переходная характеристика 过渡特性(曲线) 〈略〉ПХ
переходник 转接头
переходное затухание 串音衰减
переходное отклонение 瞬变偏差
переходное устройство 转换装置 〈略〉ПУ
переходный процесс 暂态过程,瞬态过程
переходный разговор 串话
период пакетной передачи 突发周期 〈略〉BP
период серьезного дефекта 严重扰动期 〈略〉SDP
период следования импульсов 脉冲重复周期
периодическая задача 周期任务

периодическая оплата вызываемым абонентом(800) 被叫集中付费(800) 〈略〉FPH

периодическое тестирование 定时测试

периодичность, интервал 间隔时间

периферийное программируемое устройство маркировки 外围可编程作标记设备 〈略〉ППМ

периферийное управляющее устройство 外围控制设备 〈略〉ПУУ

периферийно-коммутационный процессор 外围转接处理机 〈略〉ПКП

периферийный процессор 外围处理机 〈略〉ПП

периферия, внешнее устройство, периферийное устройство 外部设备,外围设备 〈略〉ВУ

персонализация 个人化

персональная нумерация 个人编号 〈略〉PN

персональная электронно-вычислительная машина, персональный компьютер 个人电子计算机,个人计算机 〈略〉PC,ПЭВМ

персональный идентификационный номер 个人(身份)识别号 〈略〉PIN,PIC

персональный номер связи 个人通信号码 〈略〉PTN

персональный сайт 个人网站

персонифнкация 用户设定

персонифицированный сигнал контроля посылки вызова 个性化回铃音 〈略〉CRBT

перспективная наземная мобильная система связи общего пользования 未来公用地面移动通信系统 〈略〉FPLMTS

перспективный вариант 远景方案

перфоратор результатов 结果穿孔机 〈略〉ПР

петля, шлейф 回线

печатная плата, голая печатная плата 印制电路板,光板,裸板 〈略〉PCB

печатный монтаж 印制电路布线

ПЗУ кода операций 操作码只读存储器

пик(и) трафика 话务高峰

пико... 皮(可)(10^{-12}) 〈略〉п

пиковая скорость данных 数据峰值速率 〈略〉PIR

пиковый ток 峰值电流

пико-пиковый шум 峰峰值噪声(杂音)

пикосотовая структура 皮(可)蜂窝结构

пикосоты 微微蜂窝,皮(可)蜂窝

пикофарада 皮法(拉),微微法(拉) 〈略〉ПФ

пиктограмма, редакция графического элемента(иконки) 图元编辑

пилообразный сигнал 锯齿波信号

пилотная станция, опытная станция 试验局

пинцет со сменными наконечниками 可换头镊子

пиратский, несанкционированный 盗打的

питание линии 电路馈电 〈略〉LF

питание напряжением 220В переменного тока 220V 交流电

питание поверх Ethernet 以太网供电 〈略〉PoE

питание, включение питания 加电

плавкий предохранитель 熔断器,易熔保险丝

плавкий предохранитель нагрузки 负载熔断器

плавная эволюция 平滑演变

плавное наращивание емкости 平滑扩容

плавный переход 平滑过渡

плагин 插件

план 平面图,计划

план кодов 编号方案,编码图

план освоения и экспертизы новой

важной продукции 重点新产品试制鉴定计划

план расшифровки префикса 前缀解码方案

план частной нумерации 专用编号计划 〈略〉PNP

планарный светодиод 平面发光二极管

планирование задач, организация выполнения задач 任务调度

планирование тайм-аутов 超时调度

планирование частот 频率规划

планка для крепления держателя трубки 公务电话固定板

планка постамента 支架条

пластиковый коннектор, пластиковый (контактный) разъем 水晶头

пластиковый хомут 塑料扎扣

пластинка заземления 接地片

пластмассовый (пластиковый) ящик для оборота 塑料周转箱

плата 板,支付,收费

плата IP-передачи IP 传输板 〈略〉IFM

плата LAN-SWITCH LAN-SWITCH 板 〈略〉ULAN

плата O&M услуг пакетной передачи 分组传输业务 O&M 板 〈略〉UOMU

плата абонентских комплектов 用户电路板

плата аварийного переключения 故障倒换板 〈略〉

плата аварийной сигнализации PSM PSM 报警信号版 〈略〉UALU

плата автоматического речевого сообщения с функцией привода СЛ 具有中继驱动功能的自动报音板 〈略〉SPT

плата аналоговых абонентских комплектов 模拟用户电路板

плата ведомого генератора 从振荡器板

плата ведущего генератора 主振荡器板

плата ведущего тактового генератора 主时钟板 〈略〉MCK

плата включения/выключения питания 电源控制板 〈略〉PWC

плата волоконно-оптического интерфейса 光纤接口板 〈略〉FBI

плата волоконно-оптического интерфейса (на стороне модуля) 光纤接口板(模块端)

плата волоконно-оптического интерфейса (на стороне станции) 光纤接口板(局端)

плата временного коммутатора передачи 发送时间转换器板

плата временного коммутатора приема 接收时间转换器板

плата вспомогательных функций 辅助功能板

плата вторичного источника питания с вызывным током 带铃流二次电源板 〈略〉PWX

плата вторичного электропитания в блоке (полке) главного управления 主控框二次电源板 〈略〉PWC

плата входного контроля 输入监控板 〈略〉IMC

плата вывода аналоговых синхросигналов, плата выходного интерфейса аналоговых сигналов 模拟定时输出板,模拟信号输出接口板 〈略〉TOA

плата вызываемой стороной 对方付费,反向收费 〈略〉REV

плата высокоскоростного интерфейса, плата интерфейса высокой скорости 高速接口板 〈略〉HIC

плата выходного интерфейса сигналов 2048КГц (G.703) G. 703 2. 048MHz 输出板 〈略〉TOG

плата генератора вызывного тока 铃流电路板 〈略〉BEL

плата генератора тактовой синхронизации 同步定时发生器板

плата генератора эталонной частоты

基准频率发生器板

плата главного узла（в качестве вторичного управления） 主节点板（作为二级控制）〈略〉NOD

плата главного управления в коммутационном модуле 交换模块中的主控板

плата главного управления, плата центрального блока управления 主控板

плата двойного интерфейса 双接口板

плата двойного оптического синхронного линейного интерфейса 同步线路双光接口板

плата двойного электрического синхронного линейного интерфейса 同步线路双电接口板

плата двухканального усилителя оптической мощности 双路光功率放大器板

плата двухпроцессорного переключения, дублированная плата переключения процессоров 双机倒换板

плата доступа 接入板

плата драйвера 驱动板，双音驱动板〈略〉DRV

плата драйвера СЛ 中继驱动板〈略〉TKD

плата драйвера речевого сообщения 驱动报音板〈略〉SPT

плата интегративной обработки протоколов 协议综合处理板〈略〉PIU

плата интерфейса V5.2 V5.2 接口板

плата интерфейса входа опорного источника сигналов 基准信号源输入接口板

плата интерфейса выхода аналоговых сигналов 2.048 МГц 2.048MHz 模拟信号输出接口板〈略〉TOG

плата интерфейса выхода сигнализации E1, плата вывода синхросигналов E1 E1 定时输出板，E1 信号输出接口板〈略〉TOE

плата интерфейса выхода смешанных аналоговых сигналов 混合模拟信号输出接口板〈略〉TOA

плата интерфейса между адаптером коммутации и маркером 转接适配器和标志器间接口板

плата интерфейса пассивного доступа 无源接入接口板〈略〉PAT

плата интерфейса рабочих мест 2B + D 2B + D 座席板

плата интерфейса связи 通信接口板

плата интерфейсов передачи данных 64 кбит/с 64kbits 数据通信接口板〈略〉DIU

плата интерфейсов речевой частоты（2/4-проводных） 2/4W 语音频率接口板〈略〉VFB

плата интерфейсов субскорости 子速率接口板〈略〉SPX

плата каналов 信道板〈略〉CTL

плата коммутации кадров 帧交换板〈略〉PMC

плата коммутационного поля с временным разделением 时分交换网板

плата контроллера интерфейса носителя 载体接口控制器板

плата контроля входных сигналов 输入信号监控板〈略〉IMC

плата контроля и тестирования выходных сигналов 输出信号监控测试板〈略〉OMC

плата контроля тактовых синхросигналов 时间同步信号监控板〈略〉TSM

плата контроля техобслуживания и управления 维护管理控制板〈略〉MIS

плата кросс-соединений 交叉连接板

плата кросс-соединений высокого порядка 高阶交叉连接板〈略〉X16

плата кросс-соединений высокого порядка 2.5 Гбит/с 2.5G 高阶交叉

连接板 〈略〉X16

плата кросс-соединений низкого порядка 低阶交叉连接板 〈略〉TXC

плата кросс-соединений низкого порядка 2.5 Гбит/с 2.5G 低阶交叉连接板 〈略〉TXC

плата кросс-соединения универсальных интервалов, универсальная плата кросс-соединения временных интервалов 通用时隙交叉连接板 〈略〉GTC

плата линейных групп 群路板

плата логики обмена с устройствами надежности 带可靠性装置的交换逻辑板

плата логики сбора информации с 64 аварийными точками 64 告警点信息采集逻辑板

плата логики синхронизации тракта 通道同步逻辑板

плата логики устранения фазового дрожания приходящей информации 输入信息相位抖动消除逻辑板

плата межмодульной связи 模块间通信板

плата менеджера политик 策略管理程序板 〈略〉PMU

плата менеджера политик с базой данных 数据库策略管理程序板 〈略〉PDU

плата многочастотной взаимоконтролируемой сигнализации 多频互控板 〈略〉MFC

плата множественного последовательного интерфейса 多串行接口板 〈略〉MS1

плата модульной связи и управления 模块通信和控制板 〈略〉MCC

плата на линейной стороне 线路侧单板

плата на трибутарной стороне 支路侧单板

плата независимого источника питания для платы абонентских линий 用户线路板用独立电源板

плата немедленного учета стоимости разговоров 立即计费板,营业厅计费板 〈略〉CHD

плата нулевой степени пространственной коммутации 零级空分转接板

плата обработки видеосигналов 视频信号处理板

плата обработки заголовка 开销处理板,公务板 〈略〉OHP

плата обработки и распределения сессий 对话时间处理分配板 〈略〉SDU

плата обработки параметров окружающей среды 环境参数处理板 〈略〉ESC

плата обработки подключения ОКС N 7 7号信令接入处理板 〈略〉LAPN7

плата обработки протокола 30B + D 30B + D 协议处理板

плата обработки протокола GTP GTP 协议处理板 〈略〉UGTP

плата обработки протокола PRI ISDN ISDN PRI 协议处理板 〈略〉LAPA

плата обработки протокола V5 и главного управления V5 协议处理及主控板

плата обработки протокола интерфейса V5.2 V5.2 接口协议处理板

плата обработки протокола интерфейса пакетного уровня 分组接口协议处理板

плата обработки протокола канального уровня 链路层协议处理板

плата обработки протокола ОКС N 7 7号信令协议处理板

плата обработки ресурсов 资源处理板 〈略〉RPU

плата обработки ресурсов услуг 业务资源处理板 〈略〉SRU

плата обработки сигнала административных единиц 管理单元信号处理

板 〈略〉ASP

плата обработки синхронных линейных сигналов административных единиц 同步线路管理单元信号处理板 〈略〉ASP

плата общей синхронизации — источник синхроимпульсов системы 总时钟同步板－系统同步脉冲源 〈略〉GCLK

плата ОЗУ и ПЗУ микро-ЭВМ 微机内存储器和只读存储器板

плата оконечной нагрузки шины 总线端接负载卡 〈略〉BTC

плата оптического интерфейса 光接口板 〈略〉OIB

плата оптического интерфейса для 622 Мбит/с 622Mbit/s 光接口板 〈略〉OI4

плата оптического синхронного линейного интерфейса 155 Мбит/с 155Mbit/s 同步线路光接口板 〈略〉SL1

плата оптического синхронного линейного интерфейса 155x2 Мбит/с 155Mbit/s 同步线路双光接口板 〈略〉SL2

плата оптического синхронного линейного интерфейса 622 Мбит/с 622Mbit/s 同步线路光接口板 〈略〉SL4

плата оптического синхронного линейного интерфейса передачи 2.5 Гбит/с 2.5Gbit/s 同步线路发送光接口板 〈略〉T16

плата оптического синхронного линейного интерфейса приема 2.5 Гбит/с 2.5Gbit/s 同步线路接收光接口板 〈略〉R16

плата ответвителя, плата разделителей, плата разветвителей 分路器板 〈略〉COM, SPL

плата памяти 存储板

плата памяти данных 数据存储板

плата первой степени пространственной коммутации 一级空分转接板

плата передатчиков сигналов частот 频率信号发送板

плата передатчиков тональных сигналов 音频信号发送板

плата передачи аварийных сигналов 告警通信板

плата предварительного усилителя оптической мощности 光功率前置放大器板 〈略〉BPA

плата преобразователя скорости передачи данных 数据通信速率变换板 〈略〉DRC

плата приема сигналов для интеллектуальной услуги 智能业务收号板 〈略〉DRV-IN

плата приема спутниковых синхронизирующих сигналов 卫星同步信号接收板 〈略〉GPR

плата приемопередатчика DTMF и драйвера DTMF 收发及驱动板 〈略〉DRV

плата протокольного управления и контроля 协议管理控制板 〈略〉PMC

плата пульта автоматического оператора 自动操作台板

плата распределения транзитных соединений HW 总线转接分配板 〈略〉CDC

плата рубидиевого генератора 铷钟板、铷原子振荡器板 〈略〉RBD

плата сбора аварийной сигнализации 信号收集告警板 〈略〉ALM

плата связи на стороне административного модуля 管理模块侧通信板

плата связи с рабочими местами автораспределителя вызовов (на стороне хоста) 排队机座席通信板(主机侧) 〈略〉AIT

плата связи с рабочими местами автораспределителя вызовов (на стороне рабочего места) 排队机座席通信卡(座席侧) 〈略〉APC

плата связи с управляющим вычислительным комплексом 后台通信板 〈略〉MCP
плата сетевого адаптера 网络适配卡
плата сигнального коммутационного поля 信令交换网板 〈略〉SNT
плата синтеза частот 频率合成板
плата системного управления, плата управления системой 系统管理板 〈略〉SMB
плата СЛ ОКС7 7号信令中继板
плата служебной связи 公务板
плата согласования импеданса 75Ω 75Ω阻抗匹配板
плата соединительных линий 中继板
плата таксофона 公用电话收费 〈略〉ПТА
плата тактового генератора класса (уровня) 2, плата вторичного такта 二级时钟板 〈略〉CK2
плата тактовой синхронизации, плата тактового генератора 时钟板 〈略〉SYN
плата терминального (контрольного) интерфейса 终端(控制)接口板 〈略〉TCI
плата тестирования абонентских комплектов 用户电路测试板
плата тестирования базовой станции 基站测试板 〈略〉BTS
плата тестирования комплектов СЛ 中继电路测试板
плата тестирования связи 通信测试板
плата тональных сигналов 信号音板 〈略〉SIG
плата троичного такта 三级时钟板 〈略〉CK3
плата удаленного абонентского блока 远端用户单元板 〈略〉LCT
плата удаленного абонентского модуля 远端用户模块板 〈略〉RSA
плата узлов очереди ожидания 队列接点板
плата управления 4 каналами 四线控制板 〈略〉QCL
плата управления каналами 信道控制板 〈略〉CHC
плата управления переключением хоста 主机切换控制板 〈略〉EMA
плата управления приемопередатчиком 收发机控制板 〈略〉XCB
плата управления связью 通信控制板
плата управления связью системы 系统通信控制板
плата управления сигнализацией 报警控制板
плата управления системой 系统控制板 〈略〉SCB
плата управления узлом 节点控制板 〈略〉NCU
плата управления эквалайзера 均衡器控制板 〈略〉CEB, BTS
плата усиления мощности 功放板
плата усиления высокой мощности 高功放板 〈略〉HPA
плата услуг 业务板
плата устройства для сбора аварийных сигналов с плавких предохранителей 熔丝故障信息采集设备板
плата устройства сбора аварийных сигналов вентиляторов 风扇告警信息采集设备板
плата устройства сбора информации со щита рядовой защиты 行告警板信息采集设备板
плата физической двухпроводной СЛ 二线实线中继板
плата фотоэлектрического преобразования 光电转换板 〈略〉FBC
плата фотоэлектрического преобразования интерфейса оптической связи системы GSM GSM系统光通信接口光电转换板 〈略〉GFBC
плата централизованного контроля связи в тактовой системе, плата це-

нтрализованного контроля тактового генератора 时钟集中监控板

плата централизованного обслуживания и контроля 集中维护监控板

плата центрального коммутационного поля 中心交换网板 〈略〉CTN

плата цифровых абонентских комплектов 数字用户电路板

плата шинного преобразования 总线转换板

плата электрического интерфейса 16/32 x 2048 кбит/с 16/32 路 2048 kbit/s电接口板 〈略〉PDI

плата электрического интерфейса синхронной линии, плата электрического синхронного линейного интерфейса 同步线路电接口板 〈略〉SLE

плата электрического синхронного линейного интерфейса 155 Мбит/с 155Mbit/s 同步线路电接口板 〈略〉SLE

плата электрического синхронного линейного интерфейса 155x2 Мбит/с 155x2Mbit/s 同步线路双电接口板 〈略〉SL2

плата электрического трибутарного интерфейса 电接口支路板

плата электрического трибутарного интерфейса 140 Мбит/с 140 Mbit/s 电接口支路板 〈略〉PL4

плата электрического трибутарного интерфейса 140x2 Мбит/с 140x-2Mbit/s 双电接口支路板 〈略〉PD4

плата электрического трибутарного интерфейса 16x2 Мбит/с 16x 2Mbit/s 电接口支路板 〈略〉PL1

плата электрического трибутарного интерфейса 32x2 Мбит/с 32x2Mbit/s 电接口支路板

плата электрического трибутарного интерфейса 3x34/45 Мбит/с 3x34/45Mbit/s 电接口支路板 〈略〉PL3

плата эмулятора микро-ЭВМ 微机仿真器板

плата, схемная плата, печатная плата 单板,电路板

платные службы сервиса 付费服务台

платформа предоставления услуг 业务交付平台 〈略〉SDP

платформа разработки 开发平台

платформа сети радиодоступа 无线接入网平台 〈略〉iRAN

платы, содержащие мультиплексор для уплотнения информации 含信息压缩多路复用器板

плезиохронная цифровая иерархия 准同步数字系列 〈略〉PDH,ПЦИ

плейер 放音机

плинт 端子板,踢脚线,底板

плоская отвертка 一字批,一字螺丝刀

плоская шайба 平垫

плоский кабель 扁平电缆 〈略〉ПК

плоскость пользователя протокола тунелирования GPRS GPRS 隧道协议用户面 〈略〉GTP-U

плоскость управления IP IP 控制面 〈略〉IPCP

плотеров 绘图仪墨盒

плотность мощности 功率密度

плотность трафика 话务密度

площадь сечения 截面积

плюс 正电平

ПО главного процессора, основное управляющее ПО 主控软件

по мере практической реализации 根据实际落实情况

ПО обработки вызова 呼叫处理软件

по умолчанию-1 默认 1

побайтовое мультиплексирование 字节复用

побитовая целостность 位完整性

побочное излучение 杂散幅射

поведение ключевых процессов 关键过程行为 〈略〉KPB

поверхностное перекрытие 表面重

叠，表面飞弧

поверхность 表面，面

поворотное устройство видеокамеры 摄像机云台

поврежденный кабель 破损线

повторная обходная маршрутизация 重复迂回

повторная посылка вызывного сигнала 重发振铃信号，再呼叫，再振玲

повторное воспроизведение 重放

повторный вызов без набора номера 遇忙记存呼叫

повторный вызов 重复呼叫

повторный доступ к памяти 存储器回读

повышение надежности 提高可靠性

погасание лампы 灯熄，灭灯

погонный метр 直线米，延米 〈略〉пм

пограничный доступ 边界接入

пограничный шлюз 边界网关〈略〉BG

погрешность 误差

подавление исходящего доступа(дополнительная услуга «замкнутая группа пользователей») 限制出局访问(闭合用户群补充业务) 〈略〉SOA

подавление уровня помех между соседними каналами, ослабление уровня помех от соседнего канала 邻道噪声抑制

подавление эхосигналов, эхо-подавление 回波抑制

подадресация, субадресация 子地址寻址 〈略〉SUB

подача свежего воздуха в объеме 新风量

подвижная радиосвязь, беспроводная подвижная связь 无线移动通信

подвижное изображение 活动图像

подвижный контрольный центр 移动控制中心

подготовка к запуску 启动前准备

подготовка к передаче номера 号码发送准备

подготовка подвижной станции 移动台准备

подзаголовок 子标题

подзаряд 再充电

подзона 子区段

подкаталог в подкаталоге 子目录下的子目录

подкладка мыши 鼠标板

подключатель группового искания 选组接入器 〈略〉ПГИ

подключающий комплект 接入电路

подключающий комплект входящих регистров 来话记发器接入电路〈略〉ПКВ

подключающий комплект выходящий 去话接入电路 〈略〉ПКИ

подключающий комплект подстанции 分局接入电路 〈略〉ПКП

подключающий комплект удалённый 远端接入电路 〈略〉ПКУ

подключение батареи для распределения постоянного тока 直流配电的蓄电池接入

подключение внешних кабелей 外部电缆连接

подключение к автоответчику 接入自动应答器

подключение к диктофону 接入录音电话

подключение к занятому абоненту 插入遇忙用户

подключение к занятому абоненту с предупреждением о вмешательстве 带提醒的遇忙用户插入

подключение к сети питания 接通电源

подключение новых абонентов 接入新用户 〈略〉ПАА

подключение третьей стороны к разговору 第三方接入 〈略〉ПРТ

подключенная линия 被叫线路

подменю 子菜单

поднабор, подмножество 子集

подокно 子窗口

подпрограмма 子程序 〈略〉ПП

подпрограмма обработки прерывания 中断处理子程序

подпрограмма обслуживания прерывания 中断服务子程序 〈略〉ISR

подпрограмма прерывания 中断子程序

подробная запись о вызове 呼叫详细记录 〈略〉CDR

подробная запись о производительности вызова 呼叫效率详细记录 〈略〉PCDR

подробная квитанция 详细话单

подробная процедура 详细过程，具体操作

подсветка 照明

подсеть 子网

подсеть вышестоящего уровня 上一级子网

подсеть нижестоящего уровня 下一级子网

подсеть управления SBS™ SBS™管理子网 〈略〉SMS

подсеть управления SDH SDH管理子网 〈略〉SMS

подсистема IP-мультимедиа IP多媒体子系统 〈略〉IMS

подсистема автоматического контроля СЛ 中继线自动控制子系统

подсистема базовой станции 基站子系统 〈略〉BSS

подсистема дистанционной диагностики оборудования базовой станции 基站设备远程诊断子系统 〈略〉BSIC

подсистема доступна 子系统可用 〈略〉SSA

подсистема запрещена 限制子系统

подсистема коммутации 交换子系统 〈略〉ПСИ

подсистема менеджеров политик 策略管理程序子系统 〈略〉PMS

подсистема обработки вызовов 呼叫处理子系统

подсистема передачи мультимедийных данных по IP-сетям IP网多媒体数据传输子系统

подсистема подвижной связи 移动通信部分 〈略〉MAP

подсистема подключения к сети 网络接入子系统 〈略〉NASS

подсистема пользователей 用户部分 〈略〉UP

подсистема пользователя ISDN, подсистема пользователя ЦСИО, пользовательская часть ISDN ISDN用户部分 〈略〉ISUP

подсистема пользователя данных 数据用户部分 〈略〉DUP

подсистема пользователя телефонии, подсистема телефонного пользователя 电话用户部分 〈略〉TUP

подсистема пользователя широкополосной ЦСИО 宽带ISDN用户部分 〈略〉B-ISUP

подсистема радиооборудования (BSS) 无线设备子系统(BSS) 〈略〉RSS

подсистема сетевого обслуживания, сетевая сервисная подсистема 网络服务子系统 〈略〉NSP

подсистема сетевой синхронизации 网同步子系统 〈略〉NSS

подсистема тактовой синхронизации 时钟子系统

подсистема телефонных пользователей ОКС7 7号信令系统电话用户部分

подсистема управления ресурсами 资源管理子系统 〈略〉RMS

подсистема управления ресурсами и доступом 资源和访问控制子系统 〈略〉RACS

подсистема управления соединением (соединениями) сигнализации 信令连接控制部分 〈略〉SCCP

подсистема эксплуатации, технического обслуживания и административ-

ного управления 运行、维护和管理部分 〈略〉OMAP

подсказки новых услуг 新服务提示

подсказчик вызываемому абоненту 提醒被叫用户 〈略〉DUP

подсказчик вызывающему абоненту 提醒主叫用户 〈略〉OUP

подстанция 分局,支局 〈略〉ПС

подстатив вентилятора 风扇子架

подстатив расширения 扩展子架

подстатив, подстойка 子架

подстройка, точная наладка, точная регулировка 微调

подсчет NDF 新数据标志计数 〈略〉NDF

подсчет количества выходов за границы кадра 帧失步计数

подсчет количества ошибок мультиплексной секции (B2) 复用段(B2)误码计数 〈略〉B2COUNT

подсчет количества ошибок тракта высокого порядка (B3) 高阶通道(B3)误码计数 〈略〉B3COUNT

подсчет отрицательных регулировок указателя AU AU 指针负调整计数 〈略〉PJCLOW

подсчет ошибок блока B3 B3 块误码计数 〈略〉B3EB-COUNT

подсчет периодических импульсов 累计脉冲次数

подсчет положительных регулировок указателя AU AU 指针正调整计数 〈略〉PJCHIGH

подсчет последовательных секунд с серьезными ошибками 连续严重误码秒计数 〈略〉CSES

подсчитываемая переменная 计数变量 〈略〉CT

подтверждение 证实,确认

подтверждение блокировки группы каналов 电路群阻断证实 〈略〉CGBA

подтверждение данных 数据证实 〈略〉AK

подтверждение занятия 占用证实

подтверждение освобождения емкости 容量释放确认 〈略〉CDA

подтверждение проверки звена сигнализации 信令链路检验证实 〈略〉SLTA

подтверждение проверки маршрутизации MTP MTP 路由验证确认 〈略〉MTP

подтверждение разблокировки группы каналов 电路群阻断解除证实 〈略〉CGUA

подтверждение разъединения 拆线证实 〈略〉PDT

подтверждение распределенной емкости 容量分配确认 〈略〉CA

подтверждение сброса группы каналов 电路群复原证实 〈略〉GRA

подтверждение сброса комплектов 电路复原证实 〈略〉RSC

подтверждение соединения 接续证实

подтверждение срочных данных 快速处理数据确认 〈略〉EA

подтверждение шлейфа 环回证实 〈略〉LPA

подтягивание крепящей скобы 锁紧扣板

подуровень 子层

подуровень сведения (конвергенции) общей части 通用部分会聚子层 〈略〉CPCS

подуровень сведения для конкретной службы, подуровень конвергенции для конкретной услуги 特定业务会聚子层 〈略〉SSCS

подуровень связи с физической средой, зависимый от физической среды подуровень 物理介质相关子层 〈略〉PMD

подуровень сегментации и повторной сборки 分段和重新组装子层

подуровень конвергенции 趋同子层 〈略〉CS

подуровень транзакции 事务处理子层 〈略〉TSL

подфункция управления службами 业务管理子功能 〈略〉SMSF

подхват 开口

подчеркивание 下划线

подчиненная плата 从板

подчиненный RSA 下层公钥加密算法

подчиненный процессор 二级处理机

подчиненный узел 从节点

подъем верхних частот 提高高频

подъем пола 抬高地面

позистор, резистор с положительным температурным коэффициентом 正温度系数热敏电阻 〈略〉PTCR

позиционирование подключенного канала 被叫信道定位

позиционирование сигнальных звеньев 信号链路定位

позиционный номер абонентского оборудования 用户设备号

позиция (аварийного) индикатора 告警灯位

позиция курсора 光标位

позиция платы, гнездо платы, слот 板位,槽位

позиция трибутарных плат 支路板位

поиск доступа к подвижной связи 移动访问捕获 〈略〉MAH

поиск линии 寻线 〈略〉LH

поиск пикового значения фильтра 滤波器峰值搜索 〈略〉FILTER-SEARCH

поиск позиции неисправленной платы 查找故障板位 〈略〉EXC

поиск сообщения 信息检索

поисковая акустическая сигнализация 音响寻呼信令 〈略〉ПАС

поисковая сигнализация 寻呼信令

поле 场,字段,塞孔盘

поле (окно) списка модулей 模块列表

поле ввода 输入域

поле длины 长度字段

поле индекса 索引域

поле индикации нулевого указателя 无效指针指示 〈略〉NPI

поле ключевых процессов 关键过程域 〈略〉KPA

поле коммутации каналов 电路交换网络,电路接续网络 〈略〉CSN

поле коммутации с временным разделением 时分交换网络 〈略〉TDNW

поле маркировки дифференцированных услуг 有差别服务标志段 〈略〉DSCP

поле номеров, сегмент номеров 号段

поле подслужб 子业务字段 〈略〉SSF

поле селекции звена сигнализации, код выбора звена сигнализации 信令链路选择码 〈略〉SLS

поле сигнальной информации 信号信息字段 〈略〉SIF

поле следующей информации 下一信息域 〈略〉SIF

поле служебной информации 业务信息字段 〈略〉SIF

поле со списком 组合框

поле содержимого 内容字段

поле состояния 状态字段 〈略〉SF

поле стены 墙面

поле тега 标记字段

поле управления 控制段

поле, область, домен 域

поле 字段

полевой транзистор, полевой тетрод 场效应管,场效应晶体管

полезная (эффективная) мощность 有效功率

полезная емкость 净容量

полезная нагрузка 有效负荷,纯栽荷 〈略〉PL

полезная нагрузка защиты инкапсуляции 封装保护有效载荷 〈略〉ESP

полезный 有效的,有用的,有益的

ползунок 游标

полис 保险单

полка (кассета) тактового генератора, полка (кассета) тактовой синхронизации, кассета тактовых генераторов 时钟框 〈略〉CKB

полка без материнской платы 插箱

полка главного процессора для GSM-оборудования GSM 设备用的主处理机插框 〈略〉GMPS

полка запирания фазы синхронизации 锁相框

полка обработки услуг 业务处理插框 〈略〉SDM

полка распределения электропитания 电源分配框 〈略〉PDF

полка с материнской платой 母板插框

полка СЛ 中继框

полка транскодера для GSM-оборудования GSM 设备变码器框 〈略〉GTCS

полка центральных приемников набора номера на автораспределителе вызовов 排队机集中收号框 〈略〉DRB

полка широкополоского коммутационного поля 宽带交换网插框 〈略〉BNET

полка, кассета, рамка 插框,机框

полная конфигурация 满配置

полная нагрузка на трех выходах 三路满载

полное копирование 完全备份

полномочия входящей связи 呼入权限

полномочия на выполнение операций 执行操作权限

полномочия, компетенция 职权,权限

полноскоростное (речевое) кодирование 全速率(语音)编码 〈略〉FR

полноскоростной TCH 全速率 TCH 〈略〉TCH/F

полноскоростной TCH для передачи данных (2.4 кбит/с) 全速率数据 TCH (2.4 kbit/s) 〈略〉TCH/F2.4

полноскоростной речевой TCH 全速率话音 TCH 〈略〉TCH/FS

полноскоростной транскодер 全速代码转换器 〈略〉XCDR

полностью открытый 全开放的

полностью распределенная структура управления 全分散控制结构

полнота, целостнoть 完整性

полный адрес, абонент таксофона 地址全,公用电话用户 〈略〉ADX

полный адрес, без оплаты 地址全,免费 〈略〉AND

полный адрес, с оплатой 地址全,计费 〈略〉ADC

полный адрес, свободный, абонент таксофона 地址全,空闲,公用电话用户 〈略〉AFX

полный адрес, свободный, без оплаты 地址全,空闲,免费 〈略〉AFN

полный адрес, свободный, с оплатой 地址全,空闲,计费 〈略〉AFX

полный дуплекс, полнодуплексный 全(向)双工

полный код 全局码 〈略〉OXO6

полный контроль 全控制,全监视

полный номер 长号,完整号码

полный путь, на всем расстоянии 全程

полный цветной телевизионный сигнал 全色电视信号 〈略〉ПЦТС

полный цепной поиск 遍历查找

половинный тариф 半价

половинный эхо-подавитель 半回声抑制器

положительное выравнивание указателя AU 管理单元指针正调整 AU-PPJE

положительное выравнивание указателя TU 支路单元指针正调整 〈略〉TU-PPJE

положительное токораспределение с низкой разницей токов 低压自主分流
положительный импульс 正脉冲
положительный контакт 正触点
положительный переход 正向转换
положительный полюс, плюс 正极
полоса групповых частот 基带
полоса пропускания 通带，通频带
полоса пропускания по требованию 按需提供通频带 〈略〉BOD
полоса синхронизации 同步带
полоса частоты разговорного спектра 通话段频带
полосовой сигнал 带通信号
полосовой усилитель 带通放大器
полосовой фильтр, полосный фильтр 带通滤波器 〈略〉ПФ
полуавтоматическое соединение 半自动连接
полужирный 半黑体
полукомплект 半电路 〈略〉ПК
полупостоянное соединение 半永久性连接 〈略〉SPC
полупостоянные данные 半永久数据 〈略〉ППД
полупостоянный тракт 半永久通路
полупроводник 半导体
полупроводниковое ЗУ 半导体存储器 〈略〉ПЗУ
полупроводниковый диод 半导体二极管 〈略〉ПД
полупроводниковый лазер 半导体激光器 〈略〉ППЛ
полупроводниковый прибор 半导体器件 〈略〉ППП
полупроводниковый разрядник 半导体放电管
полускоростное речевое кодирование 半速率语音编码
полускоростной TCH 半速率 TCH 〈略〉TCH/H
полускоростное кодирование 半速率编码
полускоростной речевой TCH 半速率话音 TCH 〈略〉TCH/HS
полускорость 半速率 〈略〉HR
полученный отклик 收到的响应 〈略〉SRES
пользователь исходящего терминала 起源端用户
пользователь связи 邮电用户，电信用户
пользователь терминала назначения 目的端用户
пользователь хоста 宿主用户
пользователь, имеющий компетенцию … 具有……权限的用户
пользовательская сеть, домашняя сеть пользования 用户网，用户家庭网 〈略〉CPN
пользовательские приложения для усовершенствованной логики мобильной связи 移动网络增强逻辑的客户化应用 〈略〉CAMEL
пользовательский агент 用户代理人 〈略〉UA
пользовательский терминал техобслуживания 用户维护终端
полюс 极，极点
поляризационно-модовая дисперсия 偏振模色散 〈略〉PMD
поляризованное приемное реле 极化接收继电器
полярность 极性
помеха, интерференция 干扰，干涉
помехоподавляющий фильтр 干扰抑制滤波器 〈略〉ППФ
помехоустойчивость, устойчивость к помехам 抗干扰性
порог разблокировки 解除门限
порог, пороговое значение 阈值，门限，门限值
пороговая величина нагрузки 负荷阈值
пороговое значение для предупреждения о пониженном напряжении батареи 电池欠压告警值

пороговое значение характеристик 性能门限

пороговый элемент 阈值元件 〈略〉ПЭ

порт 端口

порт ввода тактового сигнала 时钟信号输入端口

порт ввода, входной порт 输入端口 〈略〉ПВв

порт входа синхросигналов 同步信号输入端口

порт вывода тактового сигнала 时钟信号输出端口

порт вывода, выводной порт 输出端口 〈略〉Пвыв

порт двух цепей переменного тока 两路交流输入口

порт доступа конфигурации 设置接入端口 〈略〉CAP

порт модуля коммутации NEAX61 NEAX61 交换模块端口

порт пульта оператора на ближнем конце (на стороне станции) 近端话务台端口

порт соединения реле 继电器连接端口

порт сопряжения 耦合端口

портал выбора услуг 业务选择站点 〈略〉SSP

портативная часть (абонентская станция в сети DECT) 移动部分(DECT 网中用户台) 〈略〉PS

портативноть номера 号码流动,号码通

портативный компьютер, ноутбук, лэптон 笔记本电脑,便携机 〈略〉Notebook

портативный терминал 便携式终端

порция информации 信息组,信息块

порывистость 突发性

порядковый код обучения 训练序列码 〈略〉TSC

порядковый номер 序号,流水号

порядковый номер ключа шифрования 密码关键字序号,密钥序列号 〈略〉CKSN

порядковый номер, номера по порядку 顺序号 〈略〉SN

порядок величины 数量级

послегарантийное обслуживание 保修期后服务 〈略〉ПГО

последний групповой искатель 末端选组器 〈略〉ПГИ

последовательная запись 顺序写入

последовательная линия связи 串行链路 〈略〉SLINK

последовательная передача 顺序传递

последовательная шина связи 串行通信总线

последовательное включение 串接

последовательное подключение постоянного напряжения смещения 串接直流偏置电压

последовательное соединение, последовательное включение 串联

последовательное считывание 串行读出,顺序读出

последовательность, порядок 顺序,序列

последовательность операций 操作序列、操作顺序

последовательность проверки кадров 帧检验序列 〈略〉FCS

последовательность управляющих сигналов 控制信号序列 〈略〉ПУС

последовательность установки данных 数据设定顺序

последовательные секунды с серьезными ошибками на дальнем конце 远端连续严重误码秒 〈略〉FECSES

последовательные секунды с серьезными ошибками, последовательные секунды с большим числом ошибок 连续严重误码秒 〈略〉CSES

последовательный 串行的,串联的,顺序的

последовательный параметр 序列参数 〈略〉OX30

последовательный (параллельный) ввод/вывод 串行(并行)输入/输出

последовательный порт 串口

последовательный режим 串行方式

последовательный сигнал 顺序信号，序列信号

последующее адресное сообщение с одним сигналом 带一个信号的后续地址消息 〈略〉SAO

последующее адресное сообщение 后续地址消息 〈略〉SAM

последующее переключение 后续切换

последующие цифры номера 后续号码位数

посредник вызовов 呼叫协调人 〈略〉CA

посредническая деятельность 协调活动

посредством разделения разности 差分方式 〈略〉DRCU

посредством факсимильной связи 用传真方式

поставление галочки 打钩

поставление дроби 打斜杠

поставщик содержания Интернет (Internet) 互联网内容提供商 〈略〉ICP

поставщик услуг сети 网络服务提供商 〈略〉NSP

постепенное расширение сферы обслуживания 逐渐扩大服务范围

постоянная линейная скорость 等线速 〈略〉CLV

постоянная переадресация 长期转移

постоянная скорость передачи (битов) 恒定比特率，恒定传输率 〈略〉CBR

постоянная угловая скорость 等角速 〈略〉CAV

постоянная 常数

постоянно включен 常亮

постоянно выключен 常灭

постоянное ЗУ 只读存储器 〈略〉ПЗУ, ROM

постоянное напряжение 恒定电压，直流电压

постоянные системные данные 固定系统数据

постоянные составляющие тока 直流分量

постоянные станционно-зависимые данные 固定局用相关数据

постоянный виртуальный вызов 永久虚呼叫 〈略〉PVC

постоянный виртуальный канал 永久虚信道 〈略〉PVC

постоянный виртуальный тракт 永久虚通路 〈略〉PVP

постоянный номер 固定号

постоянный ток 直流 〈略〉DC

постоянный фазовый сдвиг 永久相位变化

построение многоуровневой сети из удаленных модулей (с использованием удаленных модулей) 多级远端模块组网

построение сети, организация сети, создание сети 组网，建网

построение специализированной сети 建立专网 〈略〉UA

поступивший номер 来电号码，主叫电话号码

посылка в прямом направлении и прием в обратном направлении 前向发和后向收

посылка вызова по условиям клиента (заказчика) 客户规定的振铃 〈略〉CRG

посылка вызова с перекрытием, передача с перекрытием 重叠发送 Overlap

посылка вызовов 振铃，铃流发送 〈略〉ПВ

посылка данных 发送数据 〈略〉SD

посылка квитанции на пульт оператора 话单送话务台

посылка квитанции 发送话单
посылка кодов 发码
посылка скользящего окна 发送活动窗口
посылка сообщения разъединения 发送释放连接消息 〈略〉RLSD
посылка тонального сигнала «занято» 送忙音
потенциалы собственных технологий （компании） 自主核心技术
потенциометр 电位器
потеря 损耗,损失,丢失
потеря（сигнала от）источника тактовых сигналов, потеря уровня сигнала синхронизации 时钟源丢失〈略〉SYN-LOS
потеря аналогового сигнала 2М-интерфейса 2M 接口模拟信号丢失〈略〉T-ALOS
потеря внешнего сигнала 外部信号丢失 〈略〉EXT-LOS
потеря внешней тактовой синхронизации 2М-интерфейса 2M 接口外时钟丢失 〈略〉T-LOXC
потеря входного сигнала E3/DS3 (E4) 输入 E3/DS3(E4)信号丢失〈略〉EXT-LOS
потеря входного сигнала J1 上路 J1 信号丢失〈略〉ALOJ1
потеря входного сигнала E4 输入的 E4 信号丢失〈略〉EXTLOS
потеря входного сигнала на интерфейсе E1 网元 E1 接口输入信号丢失〈略〉ALOS
потеря входного такта сигнала PDH-интерфейса PDH 接口信号输入时钟丢失 〈略〉PLOC
потеря входного трибутарного сигнала 输入支路信号丢失 〈略〉ALOS
потеря выравнивания 对齐损失
потеря выравнивания / синхронизации фрейма 帧对齐/同步丢失〈略〉LFA
потеря данных в регистре чипа на плате 单板芯片寄存器数据丢失〈略〉CFG-DATA-LOSS
потеря данных конфигурации 配置数据丢失 〈略〉CONEDATA-LOS
потеря источника（сигнала）синхронизации 同步源（信号）丢失〈略〉LTI
потеря источника высшего приоритета 高优先级源丢失
потеря источника высшего приоритета в таблице приоритетов источников тактовых сигналов 时钟源优先级表中高优先级源丢失
потеря кадра（цикла）на стороне приема 接收侧帧丢失 〈略〉RLOF
потеря кадра（цикла）, потеря фрейма 帧丢失 〈略〉LOF
потеря кадра потока входных данных 输入数据流帧丢失 〈略〉SFP-LOS
потеря кадра системы（SFP） 系统帧(SFP)丢失 〈略〉SFP-LOS
потеря контроля 失控
потеря мультикадра TU 支路单元复帧丢失 〈略〉TU-LOM
потеря мультикадра на стороне кросс-соединений тракта высокого порядка 高阶通道复帧丢失 〈略〉HP-LOM
потеря мультифрейма 复帧丢失〈略〉LOM
потеря оптических обратных волн 光回波损耗 〈略〉ORL
потеря сверхцикловой синхронизации 复帧失步 〈略〉Авар, СЦС
потеря сигнала 信号丢失 〈略〉LOS
потеря сигнала PDH-интерфейса PDH 接口信号丢失〈略〉PLOS
потеря сигнала на стороне кросс-соединений 交叉侧信号丢失
потеря сигнала на стороне приема 接收侧信号丢失 〈略〉RLOS
потеря синхронизации кадра（цикла） 帧失步、帧同步丢失 〈略〉OOF

потеря синхронизации кадра(цикла) на стороне приема 接收侧帧失步 〈略〉ROOF

потеря синхронизации на выходе 输出端同步失步 〈略〉LTI

потеря синхронизации шины вывода J1 下路总线 J1 失锁 〈略〉DLOJ1

потеря тактового сигнала на стороне приема 接收侧时钟丢失 〈略〉RLOC

потеря тактового сигнала при передаче на стороне кросс-соединений 交叉侧发送时钟丢失 〈略〉TLOS

потеря тактового сигнала схемы фазовой синхронизации передачи 发送锁相环时钟丢失 〈略〉TP-LOC

потеря тактового сигнала схемы фазовой синхронизации приема 接收锁相环时钟丢失 〈略〉RPLOC

потеря тактовой сигнализации шины вывода 下路总线时钟丢失

потеря тактовой синхронизации 2M-интерфейса 2M 接口发送时钟丢失 〈略〉T-LOTC

потеря тактовой синхронизации RAM в обработчике заголовка 开销处理器 RAM 时钟丢失 〈略〉RAM-LOC

потеря тактовой синхронизации терминала 终端时钟丢失 〈略〉TLOC

потеря тактовой синхронизации управляемого напряжением кварцевого генератора 压控石英振荡器时钟丢失 〈略〉VCXOLOC

потеря тактовой синхронизации шины 总线时钟丢失

потеря тактовой синхронизации шины ввода 上路总线时钟丢失 〈略〉ALOC

потеря указателя 指针丢失 〈略〉LOP

потеря указателя AU 管理单元指针丢失 〈略〉AU-LOP

потеря указателя тракта высокого порядка на стороне приема 下路指针丢失 〈略〉HP-RLOP

потеря указателя трибутарной единицы 支路单元指针丢失 〈略〉TU-LOP

потеря управления рабочим током, потеря контроля рабочего тока 工作电流失控 〈略〉LOCK-FAIL

потеря цифрового сигнала 2M-интерфейса 2M 接口数字信号丢失 〈略〉T-DLOS

поток 流量

поток данных 数据流

поток и направление услуг 业务流量和流向

поток поступления сигнала 信号进入流

поток сигналов 信号流

потоковая метка 流标签

потоковый сервер 流服务器

потребляемая мощность в час средней нагрузки 平均忙时功耗

потребляемая мощность, энергопотребление, потребляемость электроэнергии 耗电量,功耗

потребность в услугах 业务需求

потребность сетей 网络需求

поузловая передача 按节点传输 〈略〉PHB

почта, телефония и телеграфия 邮政、电话和电报 〈略〉PTT

почтовая связь 邮政通信

почтовые отправления 邮件

почтовый ящик 邮箱 〈略〉п/я

правила набора номера для новых услуг 新业务拨号规定

правила технической безопасности 技术安全规程 〈略〉ПТБ

правила технической эксплуатации 技术操作规程

правила управления 管理规则

правило кодирования ИКМ PCM 编码规律

право интеллектуальной собственности, право собственности знаний

知识产权

превышение （лимита） времени, сверхурочное время, тайм-аут 超时

превышение входного напряжения 输入过压

превышение порога B2 B2 过量 〈略〉B2-EXC

превышение порога количества кадров с ошибкой B1 в каждую секунду 每秒含有 B1 误码的帧数过限

превышение порога ошибок B1 регенераторной секцин 再生段 B1 误码过限

превышение порога ошибок B2 мультиплексной секции 复用段 B2 误码过限 〈略〉B2 – OVER

превышение порогового значения рабочего тока 工作电流过限 〈略〉WORKCUR-OVER

превышение порогового значения рабочей температуры 工作温度过限 〈略〉TEMP-OVER

предаварийный сигнал 故障前信号 〈略〉ПС

предварительная оплата IP-услуг IP 业务预付费 〈略〉PPIP

предварительная оплата, предоплата 预付费 〈略〉PPC

предварительно транслируемые цифры 预译位数

предварительное искание, предварительный искатель 预选择，预选器 〈略〉ПИ

предварительное испытание 临时测试

предварительный оптический усилитель 光预放大器 〈略〉OPA

предварительный просмотр 预览，打印预览

предел фокусирования 变焦范围

предельный режим 临界状态

предораспределение 预分配 〈略〉FA

предоставление идентификации вызывающей линии 主叫线路识别提供 〈略〉CLIP

предоставленне идентификации подключенной линии 被叫线路识别提供 〈略〉COLP

предоставление инструктажа （персонала） 提供技术指导

предоставление различных услуг посредством набора назначенного телефонного номера （служба 801） 一号通(801 服务)

предоставление разных услуг по одной паре линии 一线通

предоставленный роуминговый номер 提供的漫游号码 〈略〉PRN

предответный 应答前的

предотвращение кражи 防盗

предотвращение несанкционированного доступа 预防非法操作

предохранительный соединительный плинт 保安接线排

предпочтительный выбор кратчайшего пути в ограниченном диапазоне 有限波段最短路径预选 〈略〉CSPF

предпраздничный день 节假日前一天

предприятия связи 邮电企业，电信企业

предприятия, учреждения и организации связи 邮电企事业单位

предсинхронное переключение 预同步切换

представление 表示(法)，显示，表达式，概念

предупреждение о вызове 呼叫提醒

предъявление команды 提交指令，出示指令

преждевременное отключение вызывного сигнала 振铃提前关闭

преждевременное разъединение со стороны абонента 用户早释

преимущественный выбор 优选

премиальная плата, дополнительный

тариф 附加费率 〈略〉PRM

преобразование 改造,转换

преобразование адресов 地址转换

преобразование всей сети в интеллектуальную сеть 全网改为智能化

преобразование данных 数据转换

преобразование номеров E.164 в адреса URI E.164 号码向 URI 地址转换 〈略〉ENUM

преобразование параллельного кода в последовательный 并-串行代码转换 〈略〉P/S

преобразование последовательного кода в параллельный 串-并行代码转换 〈略〉S/P

преобразование программного адреса 程序地址转换

преобразование сетевых адресов — преобразование протоколов 网络地址转换-协议转换 〈略〉NAT-PT

преобразование скорости кодирования и субмультиплексор 码速率变换与子复用器 〈略〉TCSM

преобразование Фурье 傅里叶交换 〈略〉ПФ

преобразователь 变换器,转换器

преобразователь для абонентской линии, использующей ВОК 光纤环路转换器 〈略〉FLC

преобразователь кода 码型变换器

преобразователь общего протокола 总协议转换器 〈略〉GPC

преобразователь постоянного напряжения 直流电压变换器 〈略〉ППН

преобразователь частоты 变频器

прерывание 中断,吞音,断续音

прерывание и возобновление вызова 呼叫中断和恢复 〈略〉CH

прерывание питания, отказ электропитания 停电

прерывание тактовых сигналов 时钟中断

прерывистая передача 非连续发送 〈略〉DTX

прерывистый прием 非连续接收 〈略〉DRX

префикс 前置标志,前缀,字冠

префикс выхода на оператора 拨打话务员用的字冠

префикс для связи вне группы 出群字冠

префикс кода вызова 呼叫码的前缀

префикс сегмента программы 程序段前缀

префиксные данные для исходящей связи 出局字冠数据

прибор 器件,仪器,仪表

прибор для измерения батареи 电池测试仪

прибор для измерения влажности, влагомер 湿度仪

прибор для измерения ошибок по битам 误码仪

прибор для проверки часов (системы хронометрирования) 时钟测试仪

прибор для тестирования абонентских плат 用户板测试仪

прибор для тестирования земляного сопротивления 地阻测试仪

прибор для тестирования плат 单板测试仪

прибор для тестирования поверхностного сопротивления 表面电阻测试仪

прибор для тестирования электростатического поля 静电场测试仪

прибор контроля достоверности универсальный 通用可靠性检测仪 〈略〉ПКДУ

приведение формулы 公式推导

приветствия 问候语

привязка 扎带,捆绑,定位

приглушение 静音

пригородная АТС 市郊自动电话局 〈略〉ПАТС

прием вызовов 呼叫接收

прием данных 接收数据

прием нового указателя 收到新指针〈略〉NEWPOINTER

прием оптического канала 光路接收(指示)〈略〉RNL

прием ошибочных битов 接收误码

прием переменной 接收变量

прием такта, порт A 接收时钟,A 端口〈略〉RD,RXD

приёмка системы 系统验收

приемлемая рекомендация, практическая рекомендация 可用的建议

приемная магистральная шина 接收主干总线

приемная станция 接收站〈略〉RLOF

приемная цепь 接收电路

приемник 接收器,接收机〈略〉RX

приемник двухтонального многочастотного набора 双音多频收号器

приемник двухтонального набора 双音收号器

приемник информации 信宿

приёмник многочастотный 多频接收器〈略〉ПРМ

приемник набора номера 收号器,收号机

приемник позиционирования глобальной спутниковой системой 全球卫星定位接收机〈略〉GPR

приемник посылок вызывного тока 振铃接收器〈略〉ППВТ

приемник сигналов 信号接收机

приемник сигналов управления 控制信号接收器〈略〉ПСУ

приемник сигнального канала 信号通路接收器〈略〉ПСК

приемник тонального набора 音频收号器〈略〉ПТН

приемник 接收机〈略〉RX

приемное реле 接收继电器〈略〉РгПР

приемное устройство 接收设备〈略〉ПУ

приемный блок самовосстанавливающегося двунаправленного двухволоконного кольца SDH SDH 自愈式双向双纤环网接收单元〈略〉SNC-P

приемный высокоскоростной тракт 接收高速通道〈略〉RHW

приемный конец 收端

приемный оптоэлектронный модуль 光电接收模块〈略〉ПРОМ

приемный регистр 接收寄存器〈略〉RR

приемный шпиль 鞭式接收天线(尖顶)

приемопередаточная базовая станция 收发基站〈略〉ППБС

приемопередаточная станция 收发站

приемопередатчик 收发器,收发两用机

приемопередатчик базовой станции 基站收发信机〈略〉BSS

приемопередатчик двухтональных сигналов 双音收发号器

приемопередатчик кодов 编码收发器(机)〈略〉КПП

приемопередатчик многочастотных сигналов 多频信号收发器

приемопередающий элемент 收发单元〈略〉ППЭ

приемосдаточные испытания 交接试验

признак, флаг, метка, маркировка 标志,标记

прикладная административная функция 应用管理功能〈略〉MAF

прикладная подсистема CAMEL CAMEL 应用子系统〈略〉CAP

прикладная программа, программа прикладного назначения 应用程序

прикладная процедура китайской интеллектуальной сети 中国智能网络应用程序〈略〉CATMAP

прикладная часть интеллектуальной сети 智能网应用部分〈略〉INAP

прикладная часть возможностей транзакции, подсистема возможностей транзакций 事务处理能力应用部分 〈略〉TCAP

прикладная часть подвижной связи 移动应用部分 〈略〉MAP

прикладная часть подвижной связи подсистемы базовых станций 基站子系统移动应用部分 〈略〉BSSMAP

прикладная часть подсистемы базовых станций 基站子系统应用部分 〈略〉BSSAP

прикладная часть прямой передачи 前向传输应用部分 〈略〉DTAP

прикладная часть сети радиодоступа 无线接入网应用部分 〈略〉RANAP

прикладная часть системы управления базовыми станциями 基站控制系统应用部分

прикладная часть системы управления и обслуживания базовых станций 基站控制和维护系统应用部分 〈略〉BSC

прикладная часть управления и обслуживания 管理和维护系统应用部分

прикладная часть эксплуатации и техобслуживания подсистемы базовых станций 基站子系统操作与维护应用部分

прикладное окружение большой емкости 大容量应用环境

прикладное программное обеспечение, прикладное ПО 应用软件

прикладной контекст 应用上下文 〈略〉AC

прикладной модуль 应用模快

прикладной объект 应用实体 〈略〉AE

прикладной программный интерфейс, интерфейс прикладных программ 应用程序接口 〈略〉API

прикладной протокол доступа к управлению каналом связи 通信链路控制接入应用协议 〈略〉ALCAP

прикладной протокольный блок данных 应用协议数据单元 〈略〉APDU

прикладной процесс 应用进程,应用过程 〈略〉AP

прикладной уровень 应用层

приключение, замыкание 接通

прикрепление 贴装

приложения беспроводной телефонии 无线电话应用 〈略〉WTA

приложения для расширенной логики сетей мобильной связи 移动通信网扩展逻辑的应用

приложения, применение 应用

применение без смещения 无偏置使用

применение мультимедиа 多媒体应用

применение со смещением 有偏置使用

примерный случай ключевого процесса (или индекс) 关键过程案例(或指标)〈略〉KPC(I)

примитив 原型,基元

примитив передачи 传送原语

примитив управления 管理原语

примитив управления вызовом 呼叫控制原语

примитив, неориентированный на соединение 无连接原语

примитив, ориентированный на соединение 面向连接原语

примитив, язык примитивов 原语

принимающая антенна 接收天线

принудительная перемаршрутизация 强制重选路由

«принудительное прерывание», «принудительная приостановка» 硬中断

принудительное включение, захват 抢占

принудительное включение, принуди-

тельное подключение 强插,抢占
принудительное занятие оборудования 硬占用设备
принудительное переключение 强制倒换
принудительное подключение оператора 话务员强插
принудительное разъединение оператором 话务员强拆
принудительное разъединение, принудительное отключение 强拆
принцип «каждая с каждой» 一对一原则
принцип «Написано однажды — работает везде.» "一次编写,到处运行"原则 〈略〉WORA
принцип структурных блоков 积木式组合(设计)原理
принцип блокировки номеров 号码闭塞原则
принцип запрета канала 电路拒绝原则
принцип ориентации каналов 电路定向原则
принцип пропуска 跳越原则
принцип решения по большинству, принцип принятия решения по большинству 多数表决原则
принципиальная блок-схема, функциональная блок-схема 原理框图
принципиальная схема 原理图
принятие запроса средств 性能请求接收 〈略〉FAA
принятие решения, решение 判决,决策
принятие стандартов по ЦСИО 采用ISDN标准
принятый в Китае стандарт частоты 中国频点
приоритет задач 任务优先级
приоритет переключения 倒换优先级
приоритет потери ячеек 信元丢失优先级 〈略〉CLP
приоритет, уровень приоритета 优先级
приоритетное обслуживание 优先服务 〈略〉MLPP
приоритетное планирование 优先调度
приоритетный абонент 优先用户
приостановка 挂起
припуск 容差,余量
присваивание значения 赋值
присвоение переменной 变量赋值
присоединение 并入
присоединенная адресная информация 附加地址信息
причина возврата 返回原因 〈略〉RR
причина переадресации 变址原因
причина сброса 复位原因
пробел между импульсами 脉冲间隔
пробел 空格
пробельная строка 空格行
пробивное напряжение постоянного тока 直流击穿电压
проблема вызова 调用问题(代码) 〈略〉OXA1
проблема результата возврата 返回结果问题(代码) 〈略〉OXA2
проблемно-ориентированная прикладная программа 面向问题的应用软件 〈略〉ППП
пробное устройство 试验装置 〈略〉ПУ
пробой 击穿
провайдер (поставщик) услуг Интернет (Internet) 互联网服务提供商 〈略〉ISP
проведение обратной проверки 回检
проведение операции врезания на месте 在线卡线操作
проверка квалификации 考核
проверка качества вызова 呼叫质量测试 〈略〉CQT
проверка качества, контроль качества 质检,质量检查,质量检验

проверка конфигурации 检验配置

проверка на противоречия (столкновения) интерфейсов шинного типа 总线型接口冲突(碰撞)检测

проверка непрерывности входящего вызова 来话导通检验 〈略〉CCI

проверка непрерывности на передаче 导通检验发送

проверка непрерывности на приеме 导通检验接收

проверка непрерывности, проверка непрерывности тракта 导通检测

проверка пароля 密码验证

проверка услуг 业务验证

проверочное слово 校验字 〈略〉VW

проверочный код (бит) 校验码 〈略〉CK

провод 线,电线,导线

провод а-земля a 线对地

провод для подключения аккумулятора 蓄电池连接线

провод минус, минусовый провод, отрицательный провод 负极线

провод плюс, плюсовый провод, положительный провод 正极线

проводная связь 有线通信

проводное вещание 有线广播 〈略〉ПВ

проводной интерфейс тональной частоты 音频线接口

проводные услуги тональной частоты 2/4-пр. 2/4 线音频线服务

проводной телефон 有线电话

прогноз погоды 天气预报

прогон программы, эксплуатация программы 程序运行

программа диагностики 诊断程序

программа для настройки системы 系统的设置程序 〈略〉Setup

программа доступа 接入程序

программа инициализации MIB 管理信息库初始化程序 〈略〉Mibinit

программа контрольных сообщений Интернет (Internet) 互联网控制信息协议 〈略〉ICMP

программа мероприятий у клиентов 客户活动计划 〈略〉CCP

программа самозагрузки, направляющая программа 引导程序

программа связи 通讯程序

программа связи системы управления сетью 网管系统通信程序 〈略〉Rmscom

программа управления загрузкой 加载管理程序

программа управления звеньями сигнализации 信令链路管理程序 〈略〉SLM

программа управления конфигурацией 配置控制程序 〈略〉CONFIG

программирование 编程

программируемая логическая матрица 可编程逻辑阵列 〈略〉ПЛМ

программируемая пользователем матрица логических элементов 现场可编程门阵列 〈略〉FPGA

программируемая пользователем матрица логических элементов, матрица логических элементов с эксплутационным программированием 用户可编程门阵列 〈略〉FPCA

программируемое логическое устройство 可编程逻辑器件 〈略〉PLD

программируемое постоянное ЗУ 可编程只读存储器 〈略〉PROM,ППЗУ

программируемое ячейковое реле 程序可变信元中继 〈略〉ЦПП

программируемый 可编程的

программируемый интервальный таймер 可编程间隔计时器

программируемый контроллер прерываний 可编程中断控制器 〈略〉PIC

программируемый периферийный интерфейс 可编程外围接口 〈略〉ППИ

программируемый сигнальный микро-

процессор 可编程信号微处理器 〈略〉ППС

программируемый чип 可编程芯片

программная закладка 程序隐患

программная платформа 软件平台

программная радиотехника 软件无线电技术

программное обеспечение, софт 软件 〈略〉SW, ПО

программное окружение, программная среда 软件环境

программное управление 程序控制,程控 〈略〉ПУ

программно-логический метод диагностирования 逻辑程序诊断法 〈略〉ПЛМД

программные средства контроля 控制软件 〈略〉ПСК

программные часы 程序时钟,程序定时器 〈略〉ПЧ

программный интерфейс 软件接口

программный код 程序(代)码

программный коммутатор 软交换机

программный комплекс 程序系统 〈略〉ПК

программный метод фазовой синхронизации 软件锁相方式

программный модуль 程序模块 〈略〉ПМ

программный регистр 计次软表

продевание линии 穿线

продолжительность неисправности в сверхцикловой структуре 复帧告警 〈略〉MFAL

продолжительность разговора 通话时间

продукция оборонной категории 军品级产品

продуманная структура 结构工艺考究

проект партнерства третьего поколения 第三代合作伙伴计划 〈略〉3GPP

прозрачная передача 透明传输

прозрачная передача информации 透明信息传递

прозрачная ретрансляция кадров 帧透明传送

прозрачный интерфейс асинхронного приемопередатчика 异步收发机透明接口 〈略〉TAXI

прозрачный канал 透明通道

производимость 可生产性 〈略〉DFM

производительность 能力,产量,产能,生产率

производительность обработки вызовов 呼叫处理能力

производительность ресурсов 资源产能

производственная мощность 生产能力,产能

произвольный/свободный выбор 任选/自由选择

прокладка 垫板,垫片

прокладка кабеля 电缆敷设

прокладка проводов 走线,布线,架线

прокрутка 滚动

прокрутка меню 滚动菜单

прокручивающая информация 滚动信息

прокси 代理

прокси CSCF 代理 CSCF 〈略〉P-CSCF

прокси-сервер 代理服务器

пролет 跨度

промежуточная линия 中间线路 〈略〉ПЛ

промежуточная система 中间系统 〈略〉IS

промежуточная станция связи железной дороги 铁路通信中继站

промежуточная станция 中间站,中继站

промежуточная частота 中频,中间频率 〈略〉IF, ПЧ

промежуточное выделение каналов

中间分路 〈略〉ПВК
промежуточное запоминающее устройство 中间存储器,缓冲存储器 〈略〉ПЗУ
промежуточное оборудование 中间设备
промежуточное расстояние между стяжками 线扣间距
промежуточное устройство 中间装置,中继装置
промежуточный групповой искатель 中间分组选择器 〈略〉ПГИ
промрегистр 中间寄存器 〈略〉ПР
промщит 中间配线架,跳线架
промывочная жидкость 清洗液
промышленная ЭВМ 工控机
промышленное, научное и медицинское оборудование 工业、科学和医学设备 〈略〉ISM
промышленный образец 外观设计
пропадание 下溢
пропадание слов 掉话率
пропускаемый ток 通过电流,容许电流
пропускная способность передачи 传输能力
пропускная способность связи 通信容量
пропускная способность сигнализации 信令负载能力
пропускная способность, производительность 通过能力,通信容量
проскальзывание 滑动,滑码
проскальзывание потока бита 比特流滑动
прослушивание голосовых сообщений 语音消息收听 〈略〉VMR
просмотр и фиксация аварийной сигнализации 浏览及定位告警
просмотр системы 系统概览
просмотр файла регистрации 浏览日志
просмотр, листание, листание 浏览
простая переменная параметра 简单参数变元
простая старая телефонная служба 普通老式电话业务 〈略〉POTS
простейший протокол передачи файлов 普通文件传送协议 〈略〉TFTP
простой машины, перебой, стоп, останов 停机
простой протокол доступа к объектам 简单对象访问协议 〈略〉SOAP
простой протокол сетевого времени 简单网络时间协议 〈略〉SNTP
простой расчет 单式计费
пространственное разнесение 空间疏散 〈略〉SD
пространственное уплотнение 空分复用
пространственный коммутатор 空分转接器
протестированный файл 测试过的文件
противоположная плата не включена 对板不在位 〈略〉OTH-BD
противоположная полярность 极性相反
противоположный терминал/конец, встречная сторона 对端
протокол, ориентированный на конкретное подключение к услугам 业务特定面向连接协议 〈略〉SSCOP
протокол, соглашение 协议
протокол «точка-точка» "点到点"协议 〈略〉PTP
протокол CSTA, применение телекоммуникации с помощью компьютера CSTA 协议
протокол GPRS подсистемы базовых станций 基站子系统 GPRS 协议 〈略〉BSSGP
протокол TCP/IP, протокол управления передачей/Интернет-протокол TCP/IP 协议,传输控制协议/互联网协议 〈略〉TCP/IP
протокол адаптации пользователя MTP3 MTP3 用户适配协议 〈略〉

M3UA

протокол аутентификации пароля 密码认证协议 〈略〉PAP

протокол аутентификации по квитированию вызовов 访问握手认证协议 〈略〉CHAP

протокол безопасной передачи файлов 文件安全传送协议 〈略〉SFTP

протокол беспроводной датаграммы 无线数据报协议 〈略〉WDP

протокол беспроводной транзакции 无线事务处理协议 〈略〉WTP

протокол беспроводных приложений 无线应用协议 〈略〉WAP

протокол верхнего уровня 上一层协议

протокол взаимодействия 互通协议 〈略〉IP

протокол внутреннего шлюза 内部网关协议 〈略〉IGP

протокол волоконно-оптического канала 光纤信道协议 〈略〉FCP

протокол граничного шлюза 边界网关协议 〈略〉BGP

протокол группового управления компании «Huawei» 华为公司集群管理协议 〈略〉HGMP

протокол динамической конфигурации хоста 动态主机配置协议 〈略〉DHCP

протокол доступа к звену V5 链路接入协议第五版本 〈略〉LAPV5

протокол доступа к сети без соединения 无连接网络接入协议 〈略〉CLNAP

протокол извещения об услугах 服务公布协议 〈略〉SAP

протокол инициализации диалога 会话发起协议 〈略〉SIP

протокол инициирования соединения ресурсов 资源连接启动协议 〈略〉RCIP

протокол интеграции оборудования различных поставщиков 多厂商设备综合协议 〈略〉MVIP

протокол интерфейса Q3 высокого уровня Q3 接口高层协议 〈略〉Q.812(03/93)

протокол интерфейса Q3 низкого уровня Q3 接口低层协议 Q.811(03/93)

протокол информации о маршрутизации 路由选择信息协议 〈略〉RIP

протокол канального уровня между одинаковыми уровнями 同类型链路层协议

протокол коммутации межсетевой и внутрисетевой сигнализации 网间网内交换信令协议 〈略〉IISP

протокол конвергенции в зависимости от подсети 子网相关会聚协议 〈略〉SNDCP

протокол конвергенции физического уровня 物理层会聚协议 〈略〉PLCP

протокол контрольных сообщений 控制信息协议 〈略〉ICM

протокол контроля доступа 接入控制设备

протокол маршрутизатора в режиме горячего резерва 热备份路由器协议 〈略〉HSRP

протокол мультиплексирования 复用协议

протокол нескольких алгоритмов связующего дерева 多生成树算法协议 〈略〉MSTP

протокол обнаружения соседа 邻居发现协议 〈略〉ND

протокол обратного адресного преобразования 反向地址转换协议 〈略〉RARP

протокол общей управляющей информации 公共管理信息协议 〈略〉CMIP

протокол описания сессий 对话时间描述协议 〈略〉SDP

протокол пакетного уровня 分组级

协议 〈略〉PLP

протокол пакетных данных 分组数据协议 〈略〉PDP

протокол пейджинговой системы 寻呼系统协议

протокол передачи информации о стратегиях 策略信息传输协议 〈略〉PITP

протокол передачи простой почты 简单邮件传送协议 〈略〉RFN

протокол печатания Интернет (Internet) 互联网打印协议 〈略〉IPP

протокол пользовательских датаграмм 用户数据报协议 〈略〉UDP

протокол потоковой передачи в реальное время 实时流传输协议 〈略〉RTSP

протокол представления услуг, протокол извещения об услугах 业务公告协议 〈略〉SAP

протокол приложений интеллектуальной сети 智能网应用协议 〈略〉INAP

протокол рабочей инициализации 操作预置协议

протокол радиоканального уровня 无线链路层协议 〈略〉RLP

протокол разрешения адресов 地址解析协议 〈略〉ARP

протокол распределения меток 标签分发协议 〈略〉LDP

протокол распределения меток с явно заданным маршрутом 有明显指定路由的标签分发协议 〈略〉CR-LDP

протокол резервирования компании «Huawei» 华为公司冗余协议 〈略〉HRP

протокол резервирования виртуального маршрутизатора 虚拟路由器备份协议 〈略〉VRRP

протокол с резервированием ресурсов 资源预留协议 〈略〉RSVP

протокол связи 通信协议

протокол связи (взаимодействия) конечной системы с промежуточной системой 终端系统与中间系统互连协议 〈略〉ES-IS

протокол связи между промежуточными системами 中间系统通信协议 〈略〉IS-IS

протокол связующего дерева 生成树协议 〈略〉STP

протокол сетевого времени 网络时间协议 〈略〉NTP

протокол сетевого управления 网络控制协议 〈略〉NCP

протокол сигнализации 信令协议

протокол сигнализации между уровнями широкополосных сетей 宽带网各层间信令协议 〈略〉BISOP

протокол скоростного алгоритма связующего дерева 生成树快速算法协议 〈略〉RSTP

протокол соединения (подключения) 连接协议 〈略〉CP

протокол третьего уровня 三层协议

протокол туннелирования «точка-точка» 点到点隧道协议 〈略〉PPTP

протокол туннелирования GPRS GPRS 隧道协议 〈略〉GTP

протокол управления агрегацией канала 通道集聚控制协议 〈略〉LACP

протокол управления группами в Интернете 互联网群组管理协议 〈略〉IGMP

протокол управления доступом к передающей среде 数据传送介质访问控制协议 〈略〉MAC

протокол управления звеном 链路管理协议 〈略〉LMP

протокол управления интерфейсом Q системы передачи 传输系统管理的 Q 接口协议 〈略〉G. 773(03/93)

протокол управления медиа-шлюзом 媒体网关控制协议 〈略〉MGCP

протокол управления передачей 传输控制协议 〈略〉TCP

протокол управления перспективными службами связи 未来通信业务管理协议 〈略〉ADCCP

протокол управления потоком передачи 传输流控制协议 〈略〉SCTP

протокол управления передачей в реальное время 实时传输控制协议 〈略〉RTCP

протокол управления узлом доступа 接入节点控制协议 〈略〉ANCP

протокол, ориентированный на подключение к специфическим услугам 面向特定业务连接协议 〈略〉SSCOP

протоколы, свойственные факсимильной связи 传真通信特有的协议

протокольный блок данных, блок данных протокола 协议数据单元 〈略〉PDU

проушина с вырезом для крепления лицевой панели 挂耳

профилактическая мера 预防性措施

проход 走道,通道,通过

прохождение вызова 呼通

процедура 过程,步骤,程序

процедура(протокол) доступа к звену 链路接入规程(协议) 〈略〉LAP

процедура доступа к звену по D-каналу D信道链路接入规程 〈略〉LAPD

процедура запроса на номер абонента A A用户号码请求过程 〈略〉AON

процедура координации тестирования 测试协调过程

процедура опроса о причинах задержки выполнения работы 操作延迟原因查询过程 〈略〉ПОЗ

процедура ответ-запроса 应答查询过程 〈略〉ПОЗ

процедура хэнд-овера 切换过程(漫游时)

процент (коэффициент) использования 利用率

процент вызовов с прямой маршрутизацией 直达路由呼叫率

процент двусторонних исходящих вызовов 双向去话呼叫率

процент маршрутизации по данному маршруту 进入路由百分比

процент нагрузки 负荷率 〈略〉OFL

процент обеспечения телефонной связью 通电话率

процент потери ячеек 信息丢失率

процент регулировки 调节比例

процент состоявшихся разговоров 接通率

процент удовлетворения абонента в установлении телефонной линии 装机率

процентное отношение 百分比

процесс 进程,过程,工艺,法

процесс обработки входящих вызовов 来话呼叫处理过程 〈略〉INLOC

процесс обработки исходящих вызовов 去话呼叫处理过程 〈略〉OTLOC

процесс с перекрытием 重叠过程

процесс сервера приложений 应用服务器进程 〈略〉ASP

процесс соединений 接续过程

процесс услуг 业务流程

процесс шлюза сигнализации 信令网关过程 〈略〉SGP

процессор 处理器,处理机,处理程序

процессор ввода-вывода 输入输出处理器 〈略〉ПВВ

процессор интерфейса последовательной связи 串行通信接口处理器 〈略〉SCIP

процессор линии сети связи 通信网络链路处理器 〈略〉NLK

процессор MAP MAP处理器 〈略〉MAPP

процессор обработки пакетов, обработчик пакетов (пакета) 分组处理器 〈略〉PH

процессор обработки цифровых сигналов 数字信号处理机,数字信号处理器 〈略〉DSP,ЦСП

процессор тестового интерфейса (связи) 测试(通信)接口机
процессор функции ресурсов мультимедиа 多媒体资源功能处理机〈略〉MRFP
процессор цикловой обработки, обработчик циклов 帧处理器〈略〉FH
процессор эксплуатации и технического обслуживания 操作和维护处理器〈略〉OMP
прочность изоляции входа-корпуса 进线－封装绝缘强度
пружина врезного соединения 卡接簧片
пружина заземления 接地簧片
пружина, пружинная защелка 簧片
пряжка 线扣,扣环
прямая видимость 肉眼能见度
прямая переадресация вызова 呼叫直接前转
прямая передача сообщений «точка-точка» в подвижной связи 点到点移动通信消息直接传送〈略〉MT/PP
прямая передача сообщений от подвижного абонента «точка-точка» 点到点移动用户消息直接传送〈略〉MO/PP
прямая полярность 正极性
прямая последовательность—множественный доступ с кодовым разделением каналов 直接序列码分多址〈略〉DS-CDMA
прямая связь 直达通信
прямая трансляция 实况转播
прямое исправление ошибок 前向纠错〈略〉FEC
прямое направление, прямая связь 前向
прямое сигнальное звено 直达信令链路
прямое станционное направление 直达局向
прямой абонент 直接用户〈略〉ПА
прямой входящий набор 直接拨入〈略〉DDI, ПВН
прямой вызов, соединение без набора номера, услуга «горячая линия» 热线服务〈略〉ВАП
прямой доступ к памяти 存储器直接访问〈略〉ПДП
прямой исходящий набор 直接外拨〈略〉DOD
прямой маршрут 直达路由
прямой междугородный набор 国内长途直拨〈略〉NDD
прямой набор добавочных номеров 直接拨打分机号〈略〉DID
прямой порядковый номер, порядковый номер в прямом направлении 前向序号〈略〉FSN, GRA
прямой путь 直路〈略〉ПП
прямой телефонный коммутатор 直拨电话交换机〈略〉DTE
прямой цифровой синтез 直接数字式频率合成〈略〉DDS
псевдопроизвольный тестовый сигнал 伪随机测试信号
псевдосинхронное переключение 伪同步切换
псевдосинхронный 伪同步的
псевдослучайная двоичная последовательность 伪随机二进制序列〈略〉PRBS
псевдосообщение 伪消息
псофометр 杂音计
псофометрическая мощность 杂音功率(级)
псофометрический взвешенный шум 衡重杂音,加权杂音
псофометрический шум 杂音计噪声
псофометрическое значение пульсации 脉动杂音值
пуассоновская нагрузка 泊松负载
пузырчатый упаковочный полиэтилен, антиударная (амортизирующая) полиэтиленовая упаковка 气珠胶袋

пул квитанций, буферный пул 话单池
пул оперативной памяти 内存池
пульсация на выходе 输出纹波
пульсирующий ток 脉动电流
пульт (консоль) оператора, операторский терминал 话务台
пульт аварийной сигнализации 告警台
пульт без оператора 无操作员控制台
пульт дежурного 值班台
пульт дистанционного контроля регенераторов 再生器远程控制台 〈略〉ПДКР
пульт дистанционного управления 遥控器, 遥控台, 远距离控制台 〈略〉ПДУ
пульт для ремонта 维修台
пульт компьютерного оператора 电脑话务台, 电脑操作台
пульт контроля согласующих устройств 匹配装置控制台
пульт оператора 操作台, 话务台, 操作员控制台 〈略〉ПО
пульт оператора с жидкокристаллическим дисплеем 带液晶显示屏(器)话务台
пульт проверки 检验台 〈略〉CMP
пульт проверки качества 质检台 〈略〉QC
пульт проверки комплектов РСЛ 中继继电器电路检验台 〈略〉ПРСЛ
пульт проверки маркеров 标志检验台 〈略〉ППМ
пульт проверки регистров 寄存器检验台 〈略〉РИ
пульт проверки согласующего оборудования 匹配装置检测台 〈略〉ППСО
пульт проверки шнуровых комплектов 绳路检验台 〈略〉ПШК
пульт секретаря 秘书台
пульт служебной связи 业务通信台 〈略〉ПСС
пульт технического обслуживания 维护台 〈略〉MAT
пульт тоновой настройки 调音台
пульт управления 控制台 〈略〉ПУ
пульт управления данными 数据管理台
пункт (узел) данных услуг 业务数据点 〈略〉SDP
пункт доступа 接入点, 访问点 〈略〉APID
пункт доступа к коммунальным услугам 公用事业服务访问点 〈略〉PSAP
пункт доступа к обслуживанию источника 源服务访问点 〈略〉SSAP
пункт доступа к управлению вызовами 呼叫控制接入点 〈略〉CCAP
пункт доступа к услугам передачи 传输服务访问点 〈略〉TSAP
пункт коммутации и управления услугами 业务交换与控制点 〈略〉SSCP
пункт коммутации услуг связи, узел коммутации услуги 业务交换点 〈略〉SSP
пункт концентрации услуг 业务汇聚点
пункт координации, точка координации 协调点 〈略〉CP
пункт назначения сигнализации 信令目的点 〈略〉DSP
пункт обнаружения 检测点
пункт обнаружения запуска 触发检测点 〈略〉TDP
пункт обнаружения событий 事件检测点 〈略〉EDP
пункт сетевого управления 网络控制点 〈略〉NCP
пункт сигнализации 信令点 〈略〉SP
пункт соединения 连接点 〈略〉CP
пункт соединения терминала 终端连接点 〈略〉TCP
пункт создания услуг 业务生成点

〈略〉SCE
пункт среды генерации (создания) услуг 业务生成环境点 〈略〉SCEP
пункт трактового терминала 通道终结点 PTP
пункт управления и контроля услуг (служб) 业务管理控制点 〈略〉SMCP
пункт управления квитанциями 记帐管理点 〈略〉ACC
пункт управления клиентами 客户管理点 〈略〉CMP
пункт управления обслуживанием (услугами), узел управления услугами 业务控制点 〈略〉SCP
пункт управления ресурсами 资源控制点 〈略〉RCP
пункт управления системой 系统管理点 〈略〉SMP
пункт управления услугами (обслуживанием), пункт (узел) администрирования услуг 业务管理点 〈略〉SMP
пунктирная линия, штриховая линия 虚线
пункты испытаний 测试项目
пуск, активизация 启动
пусковой сигнал 启动信号
пусковой ток 启动电流
пусковой ударный ток 启动冲击电流
пуско-наладочные работы 试运转工作,起动调试工作
пустая запись 空白记录
пустая строка 空行
пустое значение 空值
путь последнего выбора 最终选择路径 〈略〉ППВ
путь серцебиения 心跳路径
пучок линий 线速
пылезащитный фильтр 防尘网罩
пьезокерамический резонатор 压电陶瓷谐振器 〈略〉ПКР
пьезосопротивление 压敏电阻
пьезоэлектрический эффект 压电效应 〈略〉ПЭЭФ
пятая очередь 排序第五位
пятиразрядная двоичная система 五位二进制

Р

работающая плата 开工板
работоспособность 工作性能
рабочая группа 工作组 〈略〉РГ
рабочая земля, рабочее заземление 工作(接)地
рабочая область 工作区
рабочая папка 工作夹
рабочая платформа терминалов 终端操作平台
рабочая среда сетевого управления 网络运行环境
рабочая станция 工作站 〈略〉WS
рабочая температура 运行温度,工作温度
рабочая цепь, рабочая схема 工作电路
рабочее место 座席,工作场所 〈略〉РМ
рабочее место качественного контроля 质检席
рабочее место комплексного приёма аварийных сигналов 综合接警席
рабочее место оператора 操作员席,话务员席 〈略〉ДП
рабочее место старшего по смене 班长席
рабочее окружение 运行环境
рабочее состояние 工作状态
рабочее состояние оборудования 设备运行情况
рабочий диапазон частот 工作频段
рабочий режим 工作方式
рабочий режим по включению питания 上电工作模式
рабочий ток 工作电流

рабочий ток превышает номинальное значение 工作电流超额定值

равномерное обнаружение ошибок 均匀差错检测 〈略〉EED

равноправный доступ по Северной Америке 北美平等接入 〈略〉NN-AEA

равноразрядный набор, единая длина номеров 等位拨号

радио, радиоприемник 收音机

радиовещание 无线电广播，广播 〈略〉PB

радиовещательная станция 广播电台 〈略〉PBC

радиодоступ UMTS 通用移动通信系统无线接入 〈略〉UTRA

радиодоступ, беспроводной доступ, бесшнуровой доступ 无线接入

радиоизлучение 无线电发射，无线电辐射，射电辐射 〈略〉RE

радиоизмерительный прибор 无线电测量仪表 〈略〉РИП

радиоинтерфейс 无线接口，空中接口 〈略〉Um

радиоканал 无线链路

радиокнопка 单选按钮

радиокомбайн 电视收音录音电唱四用机，无线电多用机

радиолиния сигнализации 无线信令链路 〈略〉RSL

радиолокационная станция 雷达站，雷达 〈略〉РЛС

радиопоиск 无线电搜索

радиорелейная линия 无线中继线路 〈略〉РРЛ

радиорелейная система 无线中继系统 〈略〉WRS

радиорелейная система передачи 无线中继传输系统 〈略〉РРСП

радиорелейная станция 微波中继站，无线中继站 〈略〉PPC

радиоретрансляционная станция 无线转发站，无线转播台 〈略〉PRC

радиотелефон с одной носимой телефонной трубкой 单子机无绳电话

радиотелефон со многими носимыми телефонными трубками 多子机无绳电话

радиотелефон, бесшнуровой ТА с носимой телефонной трубкой 子母机，无绳子母机

радиочастота 射频，射电频率 〈略〉RF

радиочастотная идентификация 射频识别 〈略〉RFID

радиочастотная реакция 射频频响

радиочастотный 射频的

радиочастотный блок 射频单元

радиочастотный блок CDMA CDMA 射频单元 〈略〉CRFU

радиочастотный блок обработки тестового радиооборудования 无线测试设备的射频处理部件

радиочастотный вход 射频输入

радиоэлектронная аппаратура 无线电电子仪表 〈略〉РЭА

радиоэмиссионная станция 无线电发射台 〈略〉РЭС

радиус закругления ,радиус кривизны 曲率半径

радиус зоны охвата базовой станции 基站覆盖区半径

разблокировка группы каналов 电路群阻断解除 〈略〉CGU

разблокировка, снятие блокировки 解除闭塞 〈略〉UBL

развертывание 展开，扫描

разворачивающий вниз список 下拉列表

разглашение 泄露

разговор 通话

разговорный режим 通话状态

разговорный ток 通话电流

разговорный тракт（канал）, телефонный тракт（канал） 话路

разговорный энергетический спектр 均匀能量段

раздвижной ключ, съемный ключ,

разворотный ключ 活动扳手
разделение 分解,分担,共享
разделение нагрузки 负荷分担
разделение процессов коммутации и сервисных функций 交换与服务功能过程分离 〈略〉SC
разделение трафика 话务分担
разделение услуг и сетевого управления 业务与网管分离
разделение услуг 业务分流
разделение цикла 帧分割
разделение экрана 屏幕共享
разделитель приема 接收分路器 RCVR Rx
разделитель, символ разделения 分割符,分隔符
раздельный контроль 分别监控
различные вызывные сигналы, отличительные вызывные сигналы 区别振铃
различные интерфейсы 多种接口
различные уровни аварийной сигнализации 各种等级告警
размах напряжения взвешенного шума 杂音峰峰值
размах сигнала 信号峰峰值 〈略〉Lpp
размер индикатора, размер дисилея 显示器尺寸
размер шрифта 字号
размещение сервисных служб на АМТС 长途电话局各服务台的分布
размыкающий контакт 开路触点,断路触点
размыкающий штепсель 断路插塞
размытие 模糊
размытый, нечетный, расплывчатый 模糊的,含糊的
разнесенная приемопередающая антенна 分集收发天线
разница времени 时差
разнонаправленный интерфейс 方向不同的接口 〈略〉РНИ
разнообразные топологии (формы организации) сети 多种组网方式
разноплатформное оборудование 各种平台设备
разнос частот 频率间隔
разностный сигнал 差值信号
разность потенциалов 电位差
разность фаз 相位差
разнотипный 各种型号的(七国八制的)
разомкнутая цепь, размыкание 开路,断路
разработка (техника) программного обеспечения с помощью компьютера 计算机辅助软件工程 〈略〉CAS
разработка комплексной продукции 集成产品开发 〈略〉IPD
разработка чипов 芯片设计
разрез 剖视图
разрешающая способность по формату 格式分辨率
разрешение на вывод подсистемы из обслуживания 子系统中断允许 〈略〉SOG
разрешение операции на высоком уровне 高级操作允许
разрешение 允许,许可,分辨率,清晰度
разрешение/запрет аварийной сигнализации 允许/禁止报警
разрешенная подсистема пользователя 允许的用户子系统 〈略〉UPA
разрешенный вызываемый номер (при ограничении исходящей связи) 呼叫允许目的地号码(呼叫受限时)
разряд 放电,数位,等级
разряд единиц, десятков, сотен, тысяч 个、十、百、千位
разряд номера 号位
разряд нуля 零位
разрядная трубка 放电管
разрядник, грозоотвод, грозозащита 避雷器
«Разъединен» 释放连接 〈略〉RLSD

разъединение 拆线,断开
разъединение по отбою от абонента 用户挂机拆线
разъединение подключенной линии 断开连线
разъединение связи 切断呼叫联络
разъединение участника конференц-связи 断开会议电话参与方
разъем 接头,插头,端子,槽位,接合面,接合处
разъем D-типа с 25 контактами D形25芯插头
разъем для монтажа проводов 配线接头
разъем для подключения телефонной линии, телефонный штекер 电话线插头
разъемный соединитель 活接头
разъемы, соединители 接插件
район высокой деловой активности 商业活动密集区
район с большой интенсивностью гроз 多雷地区
район с низкой плотностью абонентов 用户数较少的社区
районированная сеть 多局制网
районная АТС 区自动电话局 〈略〉PATC
районная сеть 区域网
районная телефонная сеть 区话网 〈略〉PTC
районная телефонная станция 区电话局
районный узел связи 区通信中心站,区通信汇接局 〈略〉PYC
районный центр технического обслуживания устройств передачи 区域传输维护中心 〈略〉TMC
раскрытие кода 解码,码破解
раскрытие компрессии, декомпрессия, разуплотнение, разархивация 解压
распаковка 解封装,拆开
распечатка в обратном порядке 逆页序打印
распознавание речи 语音识别
распознавание сообщений 消息鉴别
распознавание способов мультиплексирования 多路复用方式识别 〈略〉MID
распознаватель штриховых кодов 条码识别器
расположение 位置,配置,布局,分布
расположение на достаточно большом удалении друг от друга 相隔相当远
распределение временных интервалов 时隙分配
распределение вызовов 呼叫分配 〈略〉CD
распределение емкости 容量分配 〈略〉CA
распределение каналов управления ретрансляцией 广播控制信道分配
распределение маршрутов 路由分配
распределение нагрузки 负荷分配
распределение напряжения с высоким сопротивлением 高阻配电
распределение оплаты 分摊付费 〈略〉SPC
распределение ПО Berkeley/операционная система 贝克莱软件分配/操作系统 〈略〉BSD/OS
распределение по звездообразной схеме 星形分布
распределение радиоканалов 无线信道分配
распределение сотовых частот 小区频率分配 〈略〉CA
распределение трафика 业务量分配
распределение услуг 业务分配
распределение частот 频率分配
распределение частот и распределение динамических каналов 频率分配和动态信道分配
распределение частот по подвижным станциям 移动台频率分配
распределенная (дистрибутивная) ба-

за данных　分布式数据库

распределенная база данных реляционного типа　分布式的关系型数据库

распределенная конфигурация управления　分散控制结构

распределенная обратная связь　分布式反馈　〈略〉DFB

распределенная объектно-ориентированная программируемая архитектура в реальное время　分布式面向对象的可编程实时架构　〈略〉DOPRA

распределенная сеть　分布式网络

распределенная сеть ЭВМ　分布式计算机网络　〈略〉DCN

распределенная система базовых станций　分布式基站系统　〈略〉DBS

распределенная система управления　分布式控制系统　〈略〉РСУ

распределенная файловая система　分布式文件系统　〈略〉DFS

распределенное (децентрализованное) управление　分散控制

распределенное (децентрализованное) управление базой данных　分散数据库管理

распределенное управление　分布控制

распределенный　分布的,分配的

распределенный индекс в системе подвижной связи　移动分配索引　〈略〉MAI

распределенный номер канала в системе подвижной связи　移动分配信道号　〈略〉MACN

распределенный сдвиг указателя в системе подвижной связи　移动分配指针偏移　〈略〉MAIO

распределенный электронный коммутатор для связи с подвижными объектами　移动通信用分布式电子交换机

распределитель　分配程序,分配器　〈略〉Р

распределитель АКС　交换机代码分析程序分配器　〈略〉РАКС

распределитель временных интервалов　时隙分配器　〈略〉РВИ

распределитель каналов　通道分配器

распределитель перемены очередности　次序改变分配器　〈略〉РПО

распределитель тональных сигналов　音频信号分配器

распределительная коробка, распределительный щит　配电箱,配电盘

распределительное устройство　分配器　〈略〉РУ

распределительный шкаф переменного тока　交流配电柜

распределительный шкаф постоянного тока　直流配电柜

распределительный щит постоянного тока высокого сопротивления　高阻直流配电屏

распределительный щит　直流配电盘

рассеяние　色散

рассинхронизация　去同步

рассинхронизация, потеря синхронизации　失步

рассогласование　失配

рассогласование (несовпадение) меток сигнала тракта низкого порядка　低阶通道信号标志失配(不匹配)　〈略〉LP-SLM

рассогласование версий ПО платы　单板软件版本失配　〈略〉VERMISMATCH

рассогласование идентификатора V5 тракта низкого порядка　低阶通道V5标记失配　〈略〉LP-SIZEERR

рассогласование идентификатора трассировки тракта высокого порядка　高阶通道追踪识别符失配　〈略〉HP-TIM

рассогласование идентификатора трассировки тракта низкого порядка　低阶通道追踪识别符失配　〈略〉LP-TIM

рассогласование меток сигнала тракта высокого порядка 高阶通道信号标记失配 〈略〉HP-SLM

рассогласование сигнальных знаков канала 通道信号标记失配 〈略〉SLM

расстояние прямой видимости 直视视距

растровый светильник 光栅灯

растягивание 拉展,延长,伸长

расходы, затраты 费用

расчет за услуги через регулярные интервалы времени, периодический биллинг, периодическое начисление оплаты 定期计费

расчёт импульсной характеристики 脉冲特性曲线计算 〈略〉SRI

расшивка оптико-волоконного кабеля 光缆布线

расширение областей применения 扩展应用领域

расширение памяти 存储器扩展,内存扩展

расширение спектра частот сигнала по методу прямой последовательности 直接序列扩频 〈略〉DSSS

расширенная категория 扩展类,扩展型 〈略〉ECFTEGORY

расширенная магистральная система связи 扩展集群系统 〈略〉ETS

расширенная память 扩展存贮

расширенная панель инструментов 扩展工具板

расширенная полка обработки для GSM-оборудования GSM 设备扩展处理框 〈略〉GEPS

расширенная современная архитектура телекоммуникационных вычислений 扩展的先进电信计算架构 〈略〉ATCAI

расширенная ячейка 扩展单元

расширенное информационное сообщение о неудаче установления связи в обратном направлении 不成功扩展后向建立信息消息 〈略〉EUM

расширенные данные блока 增强的单位数据 〈略〉XUDT

расширенные услуги 扩展业务

расширенный абонентский интерфейс NetBIOUS NetBIOUS 扩展用户接口 〈略〉NetBEUI

расширенный байт 扩展字节

расширенный двоично-кодируемый код для обмена информацией 信息交换用扩充二进制编码 〈略〉EB-CDIC

расширенный код тега 扩展标记码

расширенный линейный блок 扩展线路单元 〈略〉ELU

расширенный протокол GPRS 扩展型通用无线分组业务协议 〈略〉EG-PRS

расширенный стандарт шифрования 扩展加密标准 〈略〉AES

расширенный язык маркировки речи 标志语音的扩展语言 〈略〉VXML

расширенный язык описания документов 文件描述扩展语言 〈略〉XML

расширитель 扩展器

расширитель параллельного интерфейса на полуформатной плате 半格式化板并行接口扩展器 〈略〉PIX

расширитель последовательного интерфейса (перекрывает уровни интерфейса вплоть до уровней TT) 串行接口扩展器 〈略〉SIX

расширительная система 扩展型系统

расширительный интерфейс 扩展接口

расширяемость 扩展性

расширяемый язык разметки 扩展标志语言 〈略〉XML

реагирование на идентификацию 识别响应 〈略〉IRS

реакция на конфигурирование 配置响应

реакция на событие в реальное время 事件实时响应
реализация персональной связи 实现个人通信
реальное (виртуальное) отношение 实(虚)关系
реальный (истинный) масштаб времени, реальное время 实时〈略〉RT, PMB
регенератор 再生器 〈略〉R、REG
регенераторная секция 再生段〈略〉RS
регенерационный усилитель 再生放大器 〈略〉PY
региональная система управления сетью 地区网管系统
региональное содружество по связи 地区通信联合体 〈略〉PCC
региональный менеджер 区域管理者,区域管理程序 〈略〉RM
региональный общественный центр Интернет-технологий 互联网技术地区社会活动中心 〈略〉РОЦИТ
регистр 寄存器,记发器 〈略〉per
регистр аварии микро-ЭВМ 微机故障寄存器
регистр адреса 地址寄存器 〈略〉PA
регистр адреса памяти 存储器地址寄存器 〈略〉РАП
регистр для фиксации данных 数据锁存器
регистр идентификации оборудования 设备标识寄存器 〈略〉EIR
регистр информации 信息寄存器〈略〉ргИнф
регистр исполнительного адреса 执行地址寄存器 〈略〉РИА
регистр исходного местоположения, (домашний) регистр положения 归属位置寄存器 〈略〉HLR
регистр кода операций 操作码寄存器 〈略〉PKO
регистр команд 指令寄存器 〈略〉PK
регистр местоположения номеров 号码位置寄存器 〈略〉NLR
регистр микрокоманд 微指令寄存器〈略〉PMK
регистр общего назначения 公用寄存器,通用寄存器 〈略〉POH
регистр общего назначения процессора 处理器通用寄存器 〈略〉SI
регистр операций 操作寄存器〈略〉РОП
регистр перемещения (визитный) 访问位置寄存器 〈略〉VLR
регистр переносов мантисс 尾数进位寄存器 〈略〉РПМ
регистр положения 位置寄存器〈略〉LR
регистр предыдущего состояния 前一状态寄存器 〈略〉PrПС
регистр признака 标记寄存器,特征寄存器 〈略〉РП
регистр с плавающей запятой 浮点寄存器 〈略〉РПЗ
регистр сдвига 移位寄存器 〈略〉PC
регистр сканирования 扫描寄存器〈略〉PrCK
регистр следующего адреса 下一地址寄存器 〈略〉PCA
регистр специального назначения 专用寄存器
регистр статуса 状态寄存器
регистр ступени распределения вызовов по коммутаторам 交换台呼叫排队记录器
регистр текущих данных 当前数据寄存器
регистр управления 控制寄存器〈略〉PY
регистр управления блоком сканирования 扫描单元控制寄存器〈略〉PrУБС
регистр управляющего слова 控制(命令)字寄存器 〈略〉PrУС, PУС
регистратор подвижных абонентов 移动用户记录器 〈略〉HLR

регистрация 登记,记录,登录,注册
регистрация вызова 呼叫记录,呼叫登记 〈略〉LOG
регистрация изменения 修改登记
регистрация телефонных вызовов 电话呼叫记录 〈略〉CDR
регистровая сигнализация 寄存器信令
регистровое искание 寄存器选择,记发器选择 〈略〉РИ
регистр-указатель базы процессора 处理器基极指针寄存器 〈略〉BP
регистр-указатель текущей вершины стека процессора 处理器当前栈顶指针寄存器 〈略〉SPSLIP
регламентация, регламентирование 定出规则,制定细则
регламентное обслуживание 定期维护
регламентное тестирование 例行测试
регламентное техобслуживание, текущее техобслуживание 日常维护
регулировка фильтра превышает порог шага 滤波器调整步长越限 〈略〉FILTER-STEPOVER
регулировка функций 功能裁剪
регулируемый источник переменного тока 交流可调电源 〈略〉РИПК
регулируемый коэффициент концентрации 可调集线比
регулируемый объектив 可变焦镜头
регулирующая гайка 调整螺母
регулярное импульсное возбуждение — долгосрочное прогнозирование 规则脉冲激励-长期预测 〈略〉RPE-LTP
регулятор напряжения 调压器
редактирование наименования трибутарного порта 支路端口名称编辑
редактор 编辑程序
реестр 登记簿
режим «основной / второстепенный» 主控/非主控(中继选线方式)
режим «ожидание» 待机
режим «DTMF» 双音多频方式
режим автоматического переключения уравнительного заряда/ непрерывного подзаряда 自动均/浮充转换
режим активный/резервный 互为主备方式,主备倒换方式
режим без установления соединения 无连接方式 〈略〉CLM
режим биллинга, метод биллинга 计费方式
режим большой зоны охвата, большая зона охвата, для охвата больших площадей 大区制,扩展集群系统
режим выбора события 选择事件方式
режим вызова 呼叫状态
режим вызывного сигнала 振铃方式
режим горячего резерва N+1 N+1的热备份
режим горячего резерва 热备份方式
режим дистанционного управления 遥控状态
режим доступа 接入方式 〈略〉ACB
режим заблокированной фазы 锁相模式
режим изоляции 隔离方式,绝缘方式
режим инкапсуляции G-PON G-PON封装方式 〈略〉GEM
режим интегральной модуляции 综合调制方式
режим квитирования 握手状态
режим клиентор-сервера 客户机/服务器模式
режим маленькой зоны охвата, режим охвата малых площадей 小区制
режим множественного доступа 多种接入方式
режим ожидания вызова 呼叫等待状态
режим онлайн, оперативный режим работы, неавтономный режим 在

线

режим онлайн 联机,在线

режим оптимально возможной передачи 最佳传输能力方式 〈略〉BE

режим организации (построения) сети 组网方式

режим отслеживания синхронизации 同步跟踪模式

режим пакетной передачи 分组传输方式

режим передачи информации 信息传递模式

режим передачи информации без подтверждения 未证实信息传递方式

режим передачи информации с подтверждением 证实信息传送方式

режим переключения на резерв 保护倒换方式

режим перепада 差模

режим переполнения, при переполнении 溢出

режим по возрастанию 升序

режим по убыванию 降序

режим подтверждения 确认模式 〈略〉AM

режим поиска 搜索方式

режим поиска линии 选线方式

режим полудуплексного токового шлейфа 半双工的电流环方式

режим последовательного запоминания 顺序存储方式

режим предотвращения циклической повторной передачи 预防循环重发方法

режим преобразования с постоянной частотой 恒频开关状态

режим прерываний 中断方式

режим разделения разности 差分法

режим разъединения 断开模式 〈略〉DM

режим распределенной интерполяции 分散插入方式

режим резервирования 主备(用)方式

режим ручного переключения 人工倒换模式

режим с установлением соединения 连接方式 〈略〉CM

режим свободных колебаний 自由振荡模式

режим сетевого доступа 网络接入(访问、存取)方式 〈略〉NAM

режим сигнализации 信令方式

режим сигнализации по МКТТ 国际电报电话委员会信令方式

режим синхронизации 同步模式

режим совместной записи/раздельного чтения 共写/分读方式

режим управления сообщениями 消息管理方式

режим эксплуатации 操作方式

режим, неориентированный на соединение 非直联方式

резервирование блока на уровне оборудования, защита блоков на аппаратном уровне 设备级单元保护

резервирование выделенных сетей 专线备用

резервирование квитанций в каталоге 话单存入目录

резервирование мультиплексной секции общего пользования 复用段共享保护

резервирование телефонных счетов 话单备份

резервирование тракта 通道保护

резервирование трафика на уровне сети, защита трафика на сетевом уровне 网络级业务保护

резервированная конфигурация 双备份方式配置

резервные узловые линии связи 预留节点通信线路

резервный назначенный маршрутизатор 备用指定路由器 〈略〉BDR

резервный полукомплект 备用半电路 〈略〉ПК1

резидентная программа 常驻程序

〈略〉ВПТС
резисторно-транзисторная логика 电阻－晶体管逻辑 〈略〉РТЛ
резкий звуковой сигнал 刺耳声响
результат возврата 回送结果 〈略〉RR
результат маршрутизации МТР MTP选路结果 〈略〉MRVR
реквизиты 要项,应填项目
реклама 广告 〈略〉AD
реклама на сайте 网络广告
рекомбинация сегмента 片段复合
рекомендуемая освещенность 推荐照度
реконструкция 重建,改造,改建
реконфигурация 重构,重新配置
реконфигурируемый (перестраиваемый) оптический мультиплексор ввода-вывода 可重构光分插复用器 〈略〉ROADM
реле 继电器 〈略〉RSS
реле вызывного тока 振铃继电器
реле плоское 扁平继电器
реле СЛ 中继继电器 〈略〉РСЛ,TRR
реле СЛ входящих 来话中继继电器 〈略〉РСЛВ
реле СЛ городских 市话中继继电器 〈略〉РСЛГ
реле СЛ исходящих 去话中继继电器 〈略〉РСЛИ
реле СЛ междугородной передачи 长途传输中继继电器 〈略〉1ГИМ
реле СЛ междугородных 长途中继继电器 〈略〉ATTE,AMTC
реле СЛ общее 普通中继继电器 〈略〉TRRC,РСЛО
реле СЛ-транслятор 中继继电器－转发器 〈略〉TRRT,РСЛТ
реле торможения 制动继电器 〈略〉PT
реле электромагнитное слаботочное 弱电流电磁继电器 〈略〉РЭС
релейная станция 中继站,中继台
релейная станция передачи 传输中继站
релейное передающее устройство 中继传送设备,继电器发送设备 〈略〉РПУ
релейный комплект приемопередатчика 收发机中继电路
реляционная база данных 相关数据库
реляционная таблица 关系表
реляционный режим 关系模式
ремонтно-технический пункт 技术维修站 〈略〉РТП
ремонтопригодность 便于维修,可维修
реостат 变阻器
реохорд 滑线变阻器
репрограммируемое постоянное запоминающее устройство 可重编程只读存储器 〈略〉РПЗУ
ресинхронизация, восстановление синхронизации 再定时
ресурсы временных интервалов 时隙资源
ресурсы облачных вычислений 云计算资源
ресурсы сети 网络资源
ресурсы, используемые системой управления сетью 网管系统使用的资源 〈略〉RMSApp
ретранслятор 转发器
ретрансляционное звено 广播链路
ретрансляция информационных сообщений 信息消息广播
ретрансляция на сетевом уровне 网络层转发 〈略〉NLR
ретрансляция общих информационных сообщений 公共信息消息广播
ретрансляция по сотам 小区广播 〈略〉CE
ретрансляция, радновещание 广播
ретушь 修版
рефлектометр временной области 时域反射仪 〈略〉TDR

рефлектометр оптической временной области 光时域反射仪 〈略〉OTDR

рефлюксный паяльный аппарат 回流焊机

речажный переключатель 叉簧 〈略〉РП

речевая（голосовая）почта, речевой（голосовой）почтовый ящик 语音邮箱,语音信箱 〈略〉VM

речевая память 话音存储器

речевая подсказка, подсказывание, напоминание 提示,语音提示

речевая связь 话音通信,语音通信

речевая связь «точка-точка» 端到端语音通信

речевая служба 语音业务

речевая услуга 语音服务

речевое извещение 通知音

речевое преобразование 语音转换

речевой интерфейс пользователя 用户语音接口 〈略〉VUI

речевой канал 语音电路

речевой набор 语音拨号

речевой поток 话音流

речевой сигнал 语音信号

речь, голос 语音,话音

речь и телефония через АТМ 基于ATM的语音传送和电话业务 〈略〉VTOA

решающая обратная связь 判决反馈 〈略〉РОС

решающий усилитель 运算放大器 〈略〉РУ

решение интеллектуальных коммерческих услуг 商务智能服务解决方案

решение с облачным центром обработки данных 云数据中心解决方案

роботизированный технологический комплект 机器人工艺电路 〈略〉РТК

родительская вершина 父结点,父接点

розетка 接线盒,插座

ролик 辊子,瓷柱,绝缘子

российская телекоммуникационная сеть 俄罗斯电信网 〈略〉РТС

российское оборудование средств связи 俄罗斯通信设备 〈略〉РОСС

роуминг 漫游

рубидиевый генератор тактовой частоты 铷原子钟,铷钟

рубидий 铷

руководство по эксплуатации 操作手册

руководство пользователя 用户手册

руководящий документ 指导文件 〈略〉РД

руководящий документ по ТФОП 公用电话网指导文件

руководящий принцип определения управляемых объектов 管理对象定义指导原则 〈略〉GDMO

руководящий технический материал 指导性技术文件 〈略〉РТМ

руссификация 俄罗斯化,俄化,使之变成俄文界面

ручная коррекция 人工校正

ручная междугородная телефонная станция 人工长途电话局 〈略〉РМТС

ручная электродрель 手电钻

ручное восстановление 人工修复

ручное вскрытие 人工打开

ручной гидравлический автопогрузчик 手动液压叉车

ручной сброс 人工复位

ручно-автоматическая заверточная машина 手动自动两用打包机

рычажный переключатель 叉簧 〈略〉РП

ряд клемм, ряд зажимов 端子排

ряд причин, препятствующих большинству изменений 一系列阻碍大部分改变的原因

С

сайт, веб-сайт 网站

саморазряд 自放电
самый младший бит 最低位的比特
самый младший разряд 最低位
санкционированный 合法的,允许的
санкционированный перехват 合法截听 〈略〉LI
санкционированный пользователь 合法用户,允许用户
санкционированный сетевой пользователь 合法网络用户,允许网络用户
санкционировать 使合法化,批准
сантиметр 厘米,公分 〈略〉см
сантиметровые волны 厘米波 〈略〉CMB
сбалансированный протокол доступа к линии связи 平衡链路接入协议 〈略〉LAPB
сбой при передаче, авария передачи 传输事故 〈略〉TF
сбор аварийных сигналов 告警采集
сборка/разборка пакетов 分组装配/拆卸 〈略〉PAD
сборная шина постоянного тока 直流汇流(母)排
сборник независимых сервисных элементов 业务独立构件集
сброс группы каналов 电路群复原 〈略〉GRS
сброс комплекта 电路复原 〈略〉RSC
сброс передачи 清除发送
сброс передачи FIFO 清除 FIFO 发送 〈略〉TFRST
сброс передачи, порт A 清除发送,A 端口 〈略〉CTSA
сброс пороговых значений 清除门限值
сброс приема FIFO 清除 FIFO 接收 〈略〉RFRST
сброс, возврат в исходное состояние 复位,复原,置零,清除 〈略〉RES
сверка времени 校时
сверление, сверление отверстия, перфорация 打孔,钻孔
сверло, долото, дрель 钻头
свертывание 缩合,叠合
сверхбольшая интегральная схема 超大规模集成电路 〈略〉VLSI, СБИС
сверхвысокоплотное волновое мультиплексирование, сверхвысокоплотное мультиплексирование с разделением по длинам волн 超高密度波分复用,超密集波分复用 〈略〉UWDM
сверхдлинная цепная сетевая структура 超长链形网络结构
сверхдлительный сигнал 超长信号
сверхоперативное запоминающее устройство 超高速操作存储器
сверхурочное управление 超时控制
сверхурочный 超时的
сверхцикл, мультикадр 复帧
сверхцикловой синхросигнал 复帧同步信号 〈略〉СЦС
светодиод, светоизлучающий диод 发光二极管 〈略〉LED, СИД
свечение 亮
свободная синхронизация 自由时钟
свободное колебание, свободная генерация 自由振荡
свободное поле 空白处
СВЧ-монолитная интегральная схема 微波单片集成电路 〈略〉СМИС
связанная с соединением функция 连接相关功能 〈略〉CRF
связанные вызовы 捆梆呼叫
связанный рабочий режим 直联工作方式
связанный режим 直联方式
связной интерфейс 通信接口
связной сервер, сервер связи 通信服务器
связь 通信,联系,联络,耦合,联杆
связь главного узла 主节点通信
связь между FAM и BAM 前后台之间通信
связь между железнодорожными ком-

мутационными станциями 铁路交换机之间通信
связь PC 个人计算机通信
связь с использованием ионосферного рассеяния 电离层散射通信
связь с использованием тропосферного рассеяния 对流层散射通信
связь с системой третьей стороны 与第三方系统互通
связь третьего поколения 第三代通信,3G 通信
связь «человек-машина» 人机通信〈略〉MMC
связь через последовательный интерфейс 串行口通信
связь через почтовый ящик 邮箱通信
связь через шину почтового ящика 邮箱总线通信
сдача в архив 存档
сдача в опытное производство, опытное производство 试生产
сеанс связи 通信对话
сеансовый уровень 会话层,对话层
сегмент (сегмент программы, сегмент данных) 段(程序段,数据段)
сегмент базы данных 数据库段
сегмент каналов 信道段
сегмент программы 程序段〈略〉PSP
сегмент упорядочения 排序分段
сегментация 分段
сегментация и повторная сборка 分段和重新组装〈略〉SAR
сегментированное сообщение, сообщение сегмента 分段消息〈略〉SGM
сегментный регистр данных процессора 处理器数据段寄存器〈略〉AH
сегментный регистр кода процессора 处理器代码段寄存器〈略〉CS
сейсмоопасная зона 多震地区
сектор 扇区,段,科,室
Сектор стандартизации телекоммуникаций 远程通信标准化组织〈略〉TSS,CCЭ
Сектор стандартизации телекоммуникаций Международного союза по электросвязи 国际电信联盟远程通信标准化组织〈略〉ITU-T
секунды с ошибками, длительность поражения сигнала ошибками по секундам 误码秒〈略〉ES
секунды с серьезными ошибками, секунды с большим числом ошибок 严重误码秒〈略〉SES
секунды, содержащие сигнал OOF 帧失步秒〈略〉OFS
секционированная аккумуляторная батарея 分区蓄电池组
секционный заголовок, заголовок секции 段开销〈略〉SOH
селективная доступность 选择性供给〈略〉SA
селективность соседних каналов 邻道选择性
селективный вольтметр 选频电压表
селективный канал 选择通道〈略〉СК
селективный прибор 选择仪
селективный шум 选择性噪声
селектор соседних каналов 邻道选择器
селекция входящих вызовов 终端来话筛选〈略〉TCS
сельская АТС 农话交换机〈略〉САТС
сельская первичная сеть 农村初级网〈略〉СПС
сельская телефонная сеть 农话网〈略〉СТС
сельский АК 农话用户电路〈略〉САК
сельско-пригородный узел 农村-市郊汇接局〈略〉СПУ
семантика 语义
семантическая модель 语义模型
семафор 信号灯,信号机〈略〉СЛ

семизначный телефонный номер 七位号

сервер 服务器

сервер дальней связи 远程通信服务器 〈略〉LAN-ROVE

сервер дистанционного доступа 远程接入服务器 〈略〉RAS

сервер домашних абонентов 家庭用户服务器 〈略〉HSS

сервер доменых имен 域名服务器 DNS

сервер доступа к Internet Internet 接入服务器

сервер доступа к коммуникации 通信接入服务器

сервер конвергенции среды 媒体汇聚服务器 〈略〉MCS

сервер мидиаресурсов 媒体资源服务器 〈略〉MRS

сервер отчетности 报表服务器

сервер поддержки услуг OSA OSA 业务支持服务器 〈略〉OSA-SCS

сервер поддержки услуг 业务支持服务器 〈略〉SCS

сервер политик 策略服务器 〈略〉PLS

сервер приложений 应用服务器 〈略〉APP

сервер рабочей станции 工作站服务器 〈略〉WSS

сервер системы WWW 万维通系统服务器

сервер сетевого доступа 网络接入服务器 〈略〉NAS

сервер статистики трафика 话务统计服务器

сервер терминала Windows Windows 终端服务器 〈略〉WTS

сервер транзакции Microsoft 微软事务处理服务器 〈略〉MTS

сервер удаленного широкополосного доступа 宽带远程接入服务器 〈略〉BRAS

сервер центрального управления 中央管理服务器

сервер широкополосного доступа 宽带接入服务器 〈略〉BAS

серверная часть 服务器部分

сервис звонков 呼叫服务

сервис-CSCF 服务 CSCF 〈略〉S-CSCF

сервисная программа 服务程序 〈略〉СП

сервисная станция приема аварийных сигналов 接警服务台

сервисная функция 业务功能 〈略〉SF

сервисный атрибут 业务属性

сервисный блок волоконно-оптического интерфейса 光纤接口服务单元 〈略〉OSU

сервисный индикатор 业务指示符(码) 〈略〉SI

сервисный прикладной элемент OMAP OMAP 服务应用单元 〈略〉OMASE

сервисный элемент ассоциативного управления, сервисный элемент ассоциативного уровня 联合控制服务单元 〈略〉ACSE

сервисный элемент дистанционных операций, сервисный элемент удаленной обработки 远端操作业务单元 〈略〉ROSE

сервисный элемент общей управляющей информации, общий служебный элемент управления информацией 公用管理信息服务单元 〈略〉CMISE

сервисный элемент прикладного уровня, набор прикладных элементов, прикладной сервисный элемент 应用业务单元,应用服务单元 〈略〉ASE

сервисный элемент протокола управленческой информации 管理信息服务单元

сердцебит 心跳,心悸

серийный выпуск 批量生产
серийный номер 系列号 〈略〉SNR
серийный номер портативного телефона 移动电话系列号 〈略〉PSN
серийный привязанный интерфейс малых вычислительных систем 小计算系统串行接口 〈略〉SAS
серия вторичных источников электропитания 二次电源系列
серия терминальных устройств ISDN Quidway™ Quidway™ ISDN 终端系列产品
серия цифр 数字串
сертификат 合格证,入网证
сертификат системы качества стандартов ISO9001 ISO9001 质量体系认证证书
сертификационные испытания 入网测试
сетевая базовая система ввода-вывода 网络基本输入输出系统 〈略〉NetBIOS
сетевая интерфейсная плата 网络接口板 〈略〉NMI
сетевая операционная система 网络操作系统 〈略〉NOS
сетевая плата коммутационного модуля 交换模块网板
сетевая плата с временным разделением 时分网板
сетевая плата,сетевая карта 网板,网卡
сетевая схема 网络电路
сетевая топология, топология сети 网络拓扑
сетевая функция 网络功能 〈略〉NF
сетевое окончание, сетевой терминал 网络终端 〈略〉NT
сетевое окончание типа 1 网络终端类型 1 〈略〉NT1
сетевое окончание типа 2 网络终端类型 2 〈略〉NT2
сетевой адаптер 网络适配器 〈略〉NA,CA
сетевой администратор маршрутов сигнализации 信令路由网络管理程序 〈略〉SRNM
сетевой акселератор 网络加速器
сетевой вид 网络视图
сетевой индикатор 网络指示符 〈略〉NI
сетевой интерфейс 网络接口 〈略〉NI
сетевой интерфейс ISDH-пользователя ISDN－用户网络接口
сетевой интерфейс пользователя 用户网络接口 〈略〉UNI
сетевой кабель 网络线缆
сетевой мост 网桥
сетевой объект 网络实体 〈略〉NE
сетевой операционный центр 网络操作中心 〈略〉NOC
сетевой подуровень 网络子层 〈略〉NS
сетевой протокол режима без установления соединений 无连接网络协议 〈略〉CLNP
сетевой протокол, ориентированный на установление соединений 面向连接网络协议 〈略〉CONP
сетевой протокольный блок данных 网络协议数据单元 〈略〉NPDU
сетевой процессор 网络处理器 〈略〉NP
сетевой радиотерминал 网络无线终端 〈略〉RNT
сетевой сервис 网络服务 〈略〉NS
сетевой сервис режима без установления соединений 无连接网络服务 〈略〉CLNS
сетевой сервис, ориентированный на установление соединений 面向连接网络服务 〈略〉CONS
сетевой терминал ISDN ISDN 网络终端
сетевой терминал ISDN Quidway™ T800 Quidway™ T800 综合业务数字网网络终端

сетевой узел 网络节点 〈略〉СУ
сетевой узел с полупостоянной коммутацией 半永久交换网络节点 〈略〉СУПК
сетевой уровень 网络层
сетевой файловый сервер 网络文件服务器
сетевой флаг 网标志
сетевой элемент, элемент сети 网络单元,网元 〈略〉NE
сеть 网络、网
сеть Internet внутри предприятия 企业内部互联网 〈略〉INTRANET
сеть IP IP 网
сеть абонентского доступа с интеграцией услуг 综合业务用户接入网
сеть городского переменного тока 市电(网)
сеть доступа 接入网 〈略〉AN
сеть доступа с интеграцией услуг HONET™ HONET™综合业务接入网
сеть доступа-SDH SDH 接入网 〈略〉AN-SDH
сеть из концентрических зон 同心圆网状结构
сеть Интернет, сеть Internet 互联网,国际互联网,因特网 〈略〉Internet, Интернет
сеть коммутации сигнализации, сигнальное коммутационное поле 信令交换网(络)
сеть кросс-соединений 交叉网
сеть наземного радиодоступа UMTS 通用移动通信系统地面无线接入网 〈略〉UTRAN
сеть общего пользования 公网,公共网,公用网
сеть оптического доступа 光接入网 〈略〉OAN
сеть пакетной коммутации 分组交换网 〈略〉PSN
сеть пакетной передачи данных 分组数据网 〈略〉PDN
сеть передачи 传送网(络)
сеть передачи банковской информации 银行信息传输网 〈略〉СПБИ
сеть передачи данных 数据通信网 〈略〉DCN
сеть передачи данных общего пользования 公用数据网 〈略〉PDN, СПДОП
сеть передачи данных общего пользования с коммутацией каналов 电路交换公用数据网 〈略〉CSPDN
сеть передачи данных общего пользования с коммутацией пакетов 分组交换公用数据网 〈略〉PSPDN
сеть передачи данных с коммутацией каналов 电路交换数据网 〈略〉CSDN
сеть передачи данных с коммутацией пакетов 分组交换数据网 〈略〉PSDN
сеть передачи пакетов 分组传输网 〈略〉PTN
сеть переменного тока 电网
сеть персонального радиовызова 个人无线寻呼网
сеть персональной связи 个人通信网 〈略〉PCN
сеть поддержки 支撑网
сеть радиодоступа 无线接入网 〈略〉RAN
сеть радиодоступа GSM/EDGE GSM/EDGE 无线接入网 〈略〉GERAN
сеть ретрансляции кадров 帧中继网
сеть PC 计算机联网
сеть с децентрализованным трафиком 话务量分散网
сеть с дополнительными услугами 增值业务网
сеть с коммутацией каналов 线路交换网 〈略〉SCN
сеть самого верхнего уровня 顶层网
сеть связи 通信网
сеть связи наземных подвижных объектов общего пользования 公用陆

地移动网 〈略〉PLMN

сеть связи общего пользования 公用通信网

сеть связи общего пользования, общедоступная сеть 公共电话交换网

сеть сигнализации 信令网

сеть следующего поколения 下一代网络 〈略〉NGN

сеть со структурой 2B + D 2B + D(基本速率)结构网

сеть управления SDH SDH 管理网 〈略〉SMN

сеть управления телекоммуникациями, сеть управления электросвязью 电信管理网 〈略〉TMN

сеть электросвязи, телекоммуникационная сеть 电信网 〈略〉TCN

сечение 截面,截面图

сжатый протокол в реальное время 实时压缩协议 〈略〉CRTP

сигнал 信号

сигнал «абонент занят» 用户忙信号 〈略〉SSB

сигнал «абонент занят междугородной связью» 用户长忙信号 〈略〉STB

сигнал «абонент занят местной связью» 用户市忙信号 〈略〉SLB

сигнал «готовность к приему информации» 特殊拨号音

сигнал «доступ запрещен» 接入拒绝信号 〈略〉ACP

сигнал «занято» 忙音信号

сигнал «запрет захвата» 限制抢占信号 〈略〉33

сигнал «линия вне обслуживания» 线路失效信号 〈略〉LOS

сигнал «неназначенный номер» 空号信号 〈略〉UNN

сигнал аварийной сигнализации для расчета коэффициента ошибок 计算误码率的告警信号

сигнал блокировки 闭塞信号 〈略〉BLO

сигнал в обратном направлении от противоположной стороны 对端后向信号

сигнал в прямом / обратном направлении 前/后向信号

сигнал включения индуктивного вызова 感应振铃接入信号

сигнал вмешательства 插入通知音

сигнал вне коммутационной системы 来自交换机外的信令

сигнал выбора, сигнал чип-селектора 片选信号

сигнал выборки тока 电流采样信号

сигнал выдачи данных 数据发送信号 〈略〉ВД

сигнал выравнивания мультифрейма 复帧对齐信号 〈略〉MFAS

сигиал выравнивания фрейма 帧对齐信号 〈略〉FAS

сигнал готовности 准备信号 〈略〉ГТ

сигнал задержки освобождения 延迟释放信号 〈略〉DRS

сигнал занятости 忙音

сигнал записи в память 存储写入信号,存储记录信号 〈略〉ЗП

сигнал записи во внешние устройства 写入外部设备信号 〈略〉ЗВ

сигнал запрета доставки 禁止传递信号 〈略〉TFP

сигнал запрета звеньев 链路禁止信号 〈略〉LIN

сигнал запроса на проверку непрерывности 请求导通检验信号 〈略〉CCR

сигнал идентификации тракта ИКМ PCM 通道识别信号

сигнал индикации аварии 告警指示信号 〈略〉AIS, СИА

сигнал индикации аварии 2M 2M 告警指示信号 〈略〉E1-AIS

сигнал индикации аварии PDH-интерфейса PDH 接口告警指示信号 〈略〉PAIS

сигнал индикации аварии TU 支路

单元告警指示信号 〈略〉TU-AIS

сигнал индикации аварии мультиплексной секции 复用段告警指示信号 〈略〉MS-AIS

сигнал индикации аварии тракта высокого порядка 高阶通道告警指示信号〈略〉HP-AIS

сигнал индикации аварии тракта низкого порядка 低阶通道告警指示信号 〈略〉LP-AIS

сигнал индикации аварийного состояния AU 管理单元告警指示信号〈略〉AU-AIS

сигнал команды «аварийное переключение» 紧急倒换命令信号 〈略〉ECO

сигнал команды «переключение» 倒换命令信号 〈略〉COO

сигнал контролируемой доставки 受控传递信号 〈略〉TFC

сигнал контроля посылки вызова Гонконг 香港回铃音 〈略〉HKRBT

сигнал линейного блока 线路单元信号

сигнал местоположения 定位信号，位置信号

сигнал набора номера для ТА 话机拨号信号

сигнал наличия скачка цикла 帧阶跃信号

сигнал нарушения непрерывности 导通故障信号 〈略〉CCF

сигнал невозможности соединения 连接不可能信号 〈略〉CNP

сигнал незанятости вызываемого абонента 被叫用户空闲信号 〈略〉CPM

сигнал неполного адреса 地址不全信号 〈略〉ADI

сигнал непрерывности 导通信号〈略〉COT

сигнал неудачи в соединении 连接不成功信号 〈略〉CNS

сигнал о безотбойном состоянии, беспрерывный сигнал для напоминания о необходимости положить трубку 未挂机信号，提示听筒未放好的连续信号

сигнал обратной переполюсовки батарей 电池极性反转信号

сигнал обратной связи 后向信号

сигнал обрыва тракта от удаленной станции 与远端局通道中断信号

сигнал обслуживания прерывания 中断服务信号 〈略〉ОП

сигнал ограничения исходящей связи 呼叫受限音

сигнал ограниченной доставки 传递受限信号 〈略〉TFR

сигнал ожидания 等待信号 〈略〉ОЖ

сигнал описания обратного переключения 倒回说明信号 〈略〉CBD

сигнал определения злонамеренного вызова 恶意呼叫识别信号 〈略〉MAL

сигнал остановки 停止信号

сигнал от оператора 话务员信号〈略〉OPR

сигнал отбоя 挂机信号 〈略〉OC

сигнал отказа установления соединения 呼叫故障信号 〈略〉CFL

сигнал отрицания запрета звеньев 链路阻断否认信号 〈略〉LIP

сигнал отсутствия цифрового тракта 未提供数字通路信号 〈略〉DPN

сигнал перегрузки группы каналов 电路群拥塞信号 〈略〉CGC

сигнал перегрузки коммутационного оборудования 交换设备拥塞信号〈略〉ET

сигнал перегрузки национальной сети 国内网拥塞信号 〈略〉NNC

сигнал передачи в прямом направлении 前向转移信号，前向传递信号〈略〉FOT

сигнал переноса 进位信号 〈略〉СП

сигнал повторного ответа 再应答信

号 〈略〉RAN

сигнал повторного снятия трубки вызывающим абонентом 主叫用户再摘机信号 〈略〉CRA

сигнал подтверждения аварийного переключения 紧急倒换证实信号 〈略〉ECA

сигнал подтверждения блокировки 闭塞证实信号 〈略〉BLA

сигнал подтверждения запрета звеньев 链路禁止证实信号 〈略〉LIA

сигнал подтверждения захвата 抢占证实信号

сигнал подтверждения обратного переключения 倒回证实信号 〈略〉CBA

сигнал подтверждения переключения 倒换证实信号 〈略〉COA

сигнал подтверждения разблокировки 解除闭塞证实信号 〈略〉LUN

сигнал подтверждения снятия запрета звеньев 解除阻断链路证实信号

сигнал помехи 干扰信号

сигнал последовательности соединения сигнальных каналов передачи данных 信令数据链路连接顺序信号 〈略〉DLC

сигнал потери сверхцикловой синхронизации 复帧失步信号

сигнал принудительного снятия запрета звеньев 强制解除阻断链路信号 〈略〉LFU

сигнал прямой связи 前向信号

сигнал разблокировки 解除闭塞信号 〈略〉UBA

сигнал разрешения перезапуска трафика 业务再启动允许信号 〈略〉TRA

сигнал разрешения прерывания 中断允许信号 〈略〉〈略〉РП

сигнал разрешения чтения 允许读出信号 〈略〉СРЧ

сигнал разрешенной доставки 允许传递信号 〈略〉TFA

сигнал разъединения в обратном направлении 后向拆线信号 〈略〉CBK

сигнал разъединения в прямом направлении 前向拆线信号 〈略〉CLF

сигнал разъединения вызывающего абонента 主叫用户挂机信号 〈略〉CCL

сигнал распределения битовой скорости 比特率分配信号 〈略〉BAS

сигнал сброса 清除信号,复位信号 〈略〉СБ

сигнал сброса комплекта 电路复元信号 RSC

сигнал снятия запрета звеньев 解除链路禁止信号 〈略〉LUA

сигнал тактовой синхронизации 定时信号

сигнал тестирования группы маршрутов сигнализации 信令路由组测试信号

сигнал тревоги 警报信号

сигнал трехкратной последовательной потери синхрокодов 帧同步三倍串损信号

сигнал удачи соединения 连接成功信号 〈略〉CSS

сигнал чтения из внешних устройств 外部设备读出信号 〈略〉ЧВ

сигнал чтения из памяти 存储器读出信号 〈略〉ЧП

сигнализация 信令,信号装置,信号传输

сигнализация «импульсный пакет» 脉冲包信令

сигнализация «импульсный челнок» 脉冲互控信令

сигнализация «пользователь-пользователь» 用户－用户信令 〈略〉UUS

сигнализация для межстанционного вызова 局间呼叫信令

сигнализация импульсами постоянного тока 直流脉冲信号传输

сигнализация оптическая поисковая 光搜索信号装置 〈略〉СОП

сигнализация по выделенному каналу 随路信令 〈略〉CAS, ВСК

сигнализация по двум выделенным каналам 随路信令 2 〈略〉2ВСК, CAS 2

сигнализация по одному выделенному каналу 随路信令 1 〈略〉1ВСК, CAS 1

сигнализация семафора 信号机信号传输

сигнализация сетевого интерфейса пользователя 用户网络接口信令

сигнализация сетевого уровня 网络层信令 〈略〉NLS

сигнализация трех проводной СЛ 三线中继信令 〈略〉3W

сигналлер испытаний 测试信号器

сигналы управления и взаимодействия 管理和交互信号 〈略〉СУВ

сигналы-подсказки для установления соединения 接续提示音

сигналы-подсказки, указательный сигнал 提示音

сигнальная единица 信令单元

сигнальная единица состояния звена 链路状态信令单元 〈略〉LSSU

сигнальная земля 信号地，信号地线 〈略〉GND

сигнальная информационная единица 信号信息单元 〈略〉IE

сигнальная информация 信号信息

сигиальная линия E1 E1 信号线

сигнальная панель 信号盘，信号板 〈略〉СП

сигнально-вызывное устройство 信号呼叫设备 〈略〉СВУ

сигнальные сообщения роуминга 漫游信号消息 〈略〉RSM

сигнальный бит 信号位

сигнальный канал 信号传输通道 〈略〉СК

сигнальный канал A-bis интерфейса A-bis 接口信道 〈略〉SCH

силиконовая долина 硅谷

силовой провод 电力线

символ абзаца 段落符号

символ ограничения 定界符

символ, знак 符号，字符

символическое имя 象征名

символьная команда 字符命令

символьно-графическая информация 符号图形信息

символьный терминал 字符终端

симметрическая мультипроцессорная обработка данных 数据对称多处理机处理

симметрическая пара 对称线对

симметрический мультипроцессор 对称多处理机 〈略〉SMP

симметричная обработка 对称处理

симметричный интерфейс 平衡接口

симметричный режим 均衡模式

симметрия 对称，均衡

симплексный 单工的

симулятор-анализатор, имитатор-анализатор 模拟分析器

синтез речи 语音合成

синтезатор частот 频道合成器

синтезирование тактового сигнала 时钟合成

синтелизатор, объединитель 合路器

синусоидальная волна (несущая) 正弦波（载波） 〈略〉PSW

синусоидальная кривая 正弦曲线

синусоидальный выходной переменный ток 输出正弦交流电

синусоидальный тестовый сигнал 正弦波测试信号

синхрогруппа 同步码组

синхронизация 同步

синхронизация битов 位同步

синхронизация мультифрейма, сверхцикловая синхронизация 复帧同步 〈略〉MFS

синхронизация несущей частоты 载

波同步

синхронизация системы внешнего такта 外时钟系统同步

синхронная оптическая сеть 同步光纤网 〈略〉SONET

синхронная оптическая сеть/SDH 同步光网络/SDH 〈略〉SONET/SDH

синхронная радиорелейная линия 同步无线中继线路 〈略〉SR

синхронная сеть, сеть синхронизации 同步网络 〈略〉SYNC

синхронная цифровая иерархия 同步数字序列 〈略〉SDH, СЦИ

синхронное выпрямление 同步整流

синхронное звено 同步链路

синхронное оборудование, синхронизирующее устройство 同步设备

синхронное переключение 同步切换

синхронный линейный мультиплексор 同步链路复用器 〈略〉SLM

синхронный линейный регенератор 同步链路再生器 〈略〉SLR

синхронный мультиплексор 同步复用器 〈略〉SM, SMUX

синхронный оптический линейный интерфейс, плата оптического синхронного линейного интерфейса 同步线路光接口板 〈略〉SLI

синхронный радиотранкинг 同步无线中继 〈略〉SRT

синхронный режим передачи 同步传输模式 〈略〉STM

синхронный режим передачи-1 同步传输模式 -1 〈略〉STM-1

синхронный режим передачи-n n 级同步传输模式 -n 〈略〉STM-n

синхронный транспортный сигнал 同步传输信号 〈略〉STS

синхронный транспортный сигнал 12-го уровня 12 级同步传输信号 〈略〉STS-12

синхронный физический интерфейс 同步物理接口 〈略〉SPI

синхронный цифровой мультиплексор 同步数字复用器 〈略〉SDM

синхросигнал, сигнал синхронизации 同步信号 〈略〉CX

система 系统 〈略〉SYS

система (вузовских) абонентских карт, обслуживание по абонентским картам для студенческих городов 校园卡 〈略〉Calling card

система (устройство) общей синхронной коммутации/кросс коммутации SDH потоков 公用同步连接系统(设备)/SDH 流交叉连接 〈略〉SDXC

система GSM 900/1800 GSM 900/1800 系统

система GSM, работающая на 1800 МГц 频率为 1800MHz 的 GSM 系统 〈略〉GSM1800

система GSM, работающая на 900 МГц 频率为 900MHz 的 GSM 系统 〈略〉GSM900

система UNIX UNIX 系统(一种操作系统) 〈略〉UNIX system

система автоматизированного проектирования 自动化设计系统 〈略〉САПР

система автоматического поиска 自动检索系统 〈略〉САП

система автоматического регулирования 自动调节系统 〈略〉САР

система автоматического управления 自动控制系统 〈略〉САУ

система автоматической идентификации отпечаток пальцев 指纹自动识别系统 AFIS

система автоматической обработки данных 自动数据处理系统 〈略〉ADPS

система активации передачи 触发机制 〈略〉TDP

система ATM серии BMS BMS 系列 ATM 系统

система аутентификации и обеспечения секретности 鉴权保密机制 〈略〉AUTZ

система базовой станции 基站系统 〈略〉BSS

система безопасности базы данных 数据库安全系统 〈略〉DBSS

система взаимодействия "оператор-система" 话务员-系统交互系统

система видеоконференц-связи 会议电视系统,会议视频系统,视频会议系统

система видеоконференц-связи View Point™ 1000 ViewPoint™ 1000 会议电视系统(会议视频系统,视频会议系统)

система выдачи номеров для новых абонентов 放号系统

система дистанционного видеоконтроля viewpoint 远程视频监控系统 ViewPoint

система доменых имем 域名系统 〈略〉DNS

система доступа, система подключения 接入系统

система запроса о счете за телефонные разговоры, служба №170 170 话费查询系统

система защитного отклонения лазера 激光防护安全锁 〈略〉SD

система интегрированных справочно-информационных служб служба №160 160 综合信息服务系统

система интегрированных справочно-информационных услуг Intess —160 Intess—160 综合信息服务系统

система интеллектуальных услуг 智能业务系统

система интерактивного голосового ответа 交互式语音应答系统

система источника электропитания 电源系统 〈略〉PWS

система команд 指令系统

система коммутации пакетов 包交换系统

система контроля доступа 门禁系统

система коротких сообщений 短消息系统 〈略〉SMS

система криптографической защиты информации 信息密码保护系统 〈略〉СКЗИ

система массового обслуживания 群业务系统 〈略〉СМО

система мобильной (подвижной) связи GSM 900/1800, **система** 900/1800 **GSM** GSM 900/1800 移动通信系统,GSM 900/1800 系统

система модуляции 调制方式

система мультимедийных услуг данных на экспресс-станции WWW «Ваньвэйтун» intess Intess 万维通多媒体数据服务系统

система настольной видеоконференц-связи 桌面会议电视系统

система начисления оплаты, система тарификации, система учета стоимости 计费系统 〈略〉CHG

система непосредственного телевизионного вещания 直接电视广播系统 〈略〉СНТВ

система обеспечения качества 质量保证体系

система обеспечения работы и бизнес-операций 运行和营业操作保障系统 〈略〉BOSS

система обнаружения атак 入侵检测系统 〈略〉IDS

система обнаружения злоупотребления компьютера 计算机入侵检测系统 〈略〉CMDS

система обработки данных 数据处理系统 〈略〉DPS, СОД

система обработки информации 信息处理系统 〈略〉СОИ

система обработки сообщений 消息处理系统 〈略〉MHS

система обслуживания линии передачи 传输线服务系统 〈略〉LAS

система общеканальной сигнализации №7, система сигнализации по общему каналу №7 (ОКС-7) для теле-

фонных сетей 7号(共路)信令系统 〈略〉SS7

система ОКС N 7 C&C08 C&C08 № 7 信令系统

система оперативно-розыскных мероприятий 侦查作业措施系统 〈略〉SOSM, COPM

система оптической передачи InfoLinkTM — CATV InfoLinkTM — CATV 光传输系统

система оптической передачи SBSTM—68SPDH SBSTM—68SPDH 光传输系统

система оптической передачи SDH/DWDM SDH/DWDM 光传输系统

система оптической синхронной передачи SBSTM SBSTM光同步传输系统

система оптоволоконного доступа 光纤接入系统 〈略〉FAS

система организации баз данных 数据库组织系统 〈略〉DBOS

система отображения информации 信息显示系统 〈略〉СОИ

система памяти 存储系统 〈略〉СП

система передачи 传输系统 〈略〉СП

система передачи на базовой станции 基站传输系统 〈略〉BSU

система персонального радиовызова с большой зоной охвата 大区制个人无线寻呼系统

система персонального радиодоступа 个人无线接入系统 〈略〉СПРД

система персонального радиодоступа с большой зоной обслуживания 服务大区的个人无线接入系统

система персональной радиосвязи 个人无线通信系统 〈略〉СПРС

система повторной передачи 重发机制

система подвижной радиосвязи 移动无线通信系统 〈略〉СПР

система подвижной радиосвязи, обеспечивающая соединение подвижных абонентов с абонентами телефонной сети общего пользования 移动用户与电话公网用户连接的移动无线通信系统 〈略〉RARM

система подготовки программ 程序准备系统

система поддержки бизнеса 业务支撑系统 〈略〉BSS

система поддержки бизнеса и эксплуатации 业务运营支撑系统 〈略〉BOSS

система поддержки корпоративной связи 企业通信支持系统 〈略〉BSS

система поддержки эксплуатации 运营支撑系统 〈略〉OSS

система поддержки эксплуатации и техобслуживания 操作和维护支持系统 〈略〉MSS

система поддержки (GSM12.00) 支持系统(GSM12.00) 〈略〉SE

система подтверждения заказа услуг, служба № 189 189业务受理系统

система показателей качества 质量指标体系 〈略〉СПК

система построения сетевого оборудования 网络设备配置系统 〈略〉NEBS

система приема жалоб на неисправности 故障申告系统

система приема жалоб от абонентов, служба № 180 180工程客户投诉系统

система прикладных программ 应用程序系统 〈略〉APS

система программного обеспечения 软件系统 〈略〉СПО

система радиодоступа 无线接入系统

система радиодоступа C&C08-ETS C&C08-ETS 无线接入系统

система радиодоступа ETS1900 ETS1900 无线接入系统

система радиодоступа ETS450 ETS450 无线接入系统

система радиодоступа WLL 无线本地环路无线接入系统

система распределения питания 配电系统

система регулирования 调节系统〈略〉CP

система релейной коммутации 继电器转换系统 〈略〉RSS

система реляционных баз данных 关系数据库系统

система речевой почты 语音邮箱系统

система речевой почты Intess VMAX Ⅱ Intess VMAX Ⅱ语音邮箱

система сбора данных, система приобретения данных 数据采集系统〈略〉ССД

система сбора изображения 图像采集系统

система сбора распределенных данных 分散式数据采集系统

система связи 通信系统

система связи PDH и SDH PDH 和 SDH 的通信系统 〈略〉PSM

система связи с полным доступом (европейская система аналоговой связи) 全入网通信系统(欧洲模拟通信系统) 〈略〉TACS

система сетевого управления серии SBS SBS 传输设备网管系统 〈略〉SBSMN

система сетевого управления, система управления сетью 网管系统,网络管理系统 〈略〉NMS

система сетевых файлов 网络文件系统 〈略〉NFS

система сигнализации STP ОКС7 SS7 STP 信令系统

система сигнализации аналоговых абонентов 模拟用户信令系统 〈略〉ASS

система сигнализации цифровой частной сети (стандарт BT для интерфейса частной АТС с выходом в общую сеть) 数字专线信令系统(小交换机与公网接口用的 BT 标准)〈略〉DPNSS

система сигнализации 信令系统

система синхронизации времени 时间同步系统

система синхронизации несущей 载频同步系统 〈略〉CCH

система спектрального уплотнения DWDM320G DWDM320G 频谱复用系统 〈略〉BWS320G

система справки о номерах телефонов Intess—114 电话号码查讯系统 〈略〉Intess—114

система спутниковой связи 卫星通信系统 〈略〉CCC

система сухопутной подвижной радиосвязи 陆地移动通信系统〈略〉ССПР

система схемной эмуляции 电路仿真系统 〈略〉CES

система таксофонного оборудования 公用电话设备系统

система тактовой синхронизации, тактовая система 时钟系统,时钟同步系统

система тарификации в автономном режиме 脱机计费系统

система тарификации в режиме онлайн 在线计费系统

система терминалов, конечная система 终端系统 〈略〉ES

система технического обслуживания 技术服务系统,维护系统 〈略〉TS

система техобслуживания 维护系统

система управления 管理系统,控制系统

система управления аккумуляторными батареями 蓄电池组管理系统

система управления базами данных 数据库管理系统 〈略〉DBMS, СУБД

система управления гостиницей 酒店管理系统 〈略〉PMS

система управления данными 数据

管理系统 〈略〉DMS,СУД

система управлеция и администрации элементов сетей SDH SDH网元控制和管理系统

система управления интегрированными устройствами, система управления IAD 集成接入设备管理系统 〈略〉IADMA

система управления оптовыми продажами 批发管理系统 〈略〉WMS

система управления по командам 指令控制系统 〈略〉CCS

система управления прикрепляемыми данными 附加数据管理系统 〈略〉AIM6300

система управления проектом 设计项目管理系统 〈略〉PMS

система управления распределенной реляционной базой данных 分布式关系数据库管理系统 〈略〉DRDB-MS

система управления реляционной базой данных 关系数据库管理系统 〈略〉RDBMS

система управления ресурсами и политиками 资源策略控制系统 〈略〉RM9000

система управления сервисом сети 网络服务器操作系统 〈略〉SOS

система управления сетевыми элементами 网元管理系统 〈略〉NES

система управления сетью 网管系统,网络管理系统 〈略〉NMS

система управления сетью доступа 接入网网管系统 〈略〉AN-NMS

система управления сетью связи 通信网络管理系统 〈略〉TMS

система управления сетями электросвязи, система сети управления электросвязью 电信网络管理系统

система управления услугами (обслуживанием) 业务管理系统 〈略〉SMS

система управления экономической эффективностью сети 网络经济效益管理系统 〈略〉BOS

система управления элементом сети 网元控制系统 〈略〉EOS

система управления элементом 单元管理系统 〈略〉EMS

система учета разговоров 话务统计系统

система учета числа разговоров 通话计次制式

система ФАПЧ, система фазовой автоподстройки частоты 频率相位自动微调系统

система централизованного контроля оборудования электропитания и параметров окружающей среды 电源设备及环境参数集中监控系统 〈略〉PSMS

система централизованного контроля параметров окружающей среды 环境参数集中监控系统

система централизованного тестирования Intess－112 Intess－112集中测试系统

система централизованной технической эксплуатации C&C08 C&C08集中维护系统

система цифрового доступа и кросс-соединений 数字存取与交叉连接系统 〈略〉DACS

система цифровой абонентской сигнализации №1 1号数字用户信令系统 〈略〉DSS1, ЦАС1

система цифровой абонентской сигнализации №2 2号数字用户信令系统 〈略〉DSS2, ЦАС2

система широкополосного управления 宽带网管理系统 〈略〉BMS

система эксплуатации и техобслуживания 操作和维护系统 〈略〉OMS

системная магистраль 系统主干 〈略〉CM

системная сетевая архитектура 系统网络体系结构 〈略〉SNA

системное время 系统时间
системное меню 系统菜单
системный администратор 系统管理程序
системный вызов 系统调用
системный идентификатор 系统识别符 〈略〉SID
системный интерфейс 系统接口 〈略〉СИ
системный модуль 系统模块
сканер 扫描器 〈略〉С
сканирование, развертка 扫描
сканирующая система 扫描系统
скачки частоты 跳频
скачкообразное изменение напряжения 阶跃性电压变化
скачок регулируемых радиочастот 射频跳频
скачок частот в полосе первичной группы 基带跳频
скважность (отношение включения и паузы) 占空系数,开关时间比
скважность, отношение «занятость/освобождение» 占空比,通断比
сквозная нумерация 连续编号
сквозная передача информации 端到端信息传送
сквозная сигнализация, сигнализация «конец-конец» 端到端信令
сквозная цифровая связность 端到端的数字连接
сквозной номер вызова 同序列呼叫号码
скобка, кронштейн 固定架
скол лакокрасочных покрытий 油漆脱落
скорая медицинская помощь 急救
скорость опроса 查询速度 〈略〉СРВ
скорость передачи 传输速率
скорость установления соединения 接续速度
скремблер 扰码器,扰频器
скремблирование 扰码,扰频
скрытие топологии сети 网络拓扑隐藏 〈略〉THIG
скрытый файл 隐藏文件
СЛ E/M E/M 中继 〈略〉E/M
СЛ в направление опорной станции 去往母局的中继电路
СЛ системы местной батареи 磁石中继 〈略〉МТК
СЛ системы общего питания от аккумулятора станции 共电式中继
слагаемое 被加数
следящая система 跟踪系统
слежение, сопровождение, трассировка 跟踪
сличение с чертежами 与图纸对比
слишком большое количество ошибок по битам 误码次数过多
слишком большое количество ошибок B2, превышение порога ошибок B2 B2 误码过限 〈略〉B2-OVER
слишком много ошибок 差错过多
слияние 合并
слово описания данных 数据描述字 〈略〉DDW
слово состояния 状态字
слово состояния программы 程序状态字 〈略〉PPS
слоговая разборчивость 音节清晰度
сложное программируеное логическое устройство 复杂可编程逻辑器件 〈略〉CPLD
слот 插槽,槽位,槽
слот платы высокой доступности 高可用性卡插槽
служба автоматического вызова по карте 自动呼叫卡业务 〈略〉ACCS
служба доменных имен 域名服务
служба коммерческой абонентской сети 用户商业网业务
служба передачи цифровых данных 数字数据通信业务 〈略〉DDS
служба персональной связи 个人通信业务 〈略〉PCS
служба по вызывной карте для всех

видов телефонной связи №300, услуга 300　300号各类电话卡业务, 300服务

служба по вызывной телефонной карте для городской междугородной связи, услуга　200市内和长途电话卡业务,200服务

служба по телефонной смарт-карте　电话智能卡业务

служба погоды　天气预报台

служба предоплаты　预付款业务〈略〉PPS

служба предоплаты с общенациональным (всекитайским) роумингом «Шэнчжоусин»　神州行业务

служба технического обслуживания абонентов　用户技术服务中心〈略〉CTOA

служба универсальной подвижной связи, универсальная мобильная система связи　通用移动通信系统〈略〉UMTS

службы, расположенные на местной сети или, даже за ее пределами　位于本地网或甚至在本地网范围外的业务

служебная область　服务区段

служебная связь　公务通信

служебный адрес　服务地址

служебный блок данных　业务数据单元〈略〉SDU

служебный код　业务码〈略〉SC

служебный комплект　业务电路〈略〉〈略〉СК

служебный пульт, терминал службы, сервисный пульт　业务台

служебный узел　服务节点

слух　听觉

случайная величина　概值,随机量

случайное число, используемое для аутентификации　用于鉴权的随机数〈略〉RAND

случайные динамические кратковременные ошибки　随机动态的瞬间差错

случайный номер (число)　随机数〈略〉RAND

случайный сигнал　随机信号

случайный, произвольный　随机的

слышимость　可闻度

слышимый сигнал　可闻信号

смежная станция, встречная станция, противоположная станция　对端局,对接局

смежные схемы　相邻电路

смежный модуль　相邻模块

смена пароля　更改密码

смешанная передача по оптоволоконной линии и коаксиальному кабелю　光纤同轴混合传输

смешанная система　混合系统

смешанная установка плат услуг　业务板混插

смешанный контроль　联合监控

смешивающий искатель　混合选择器〈略〉СИ

снижение входного напряжения　输入欠压

сноски　脚注,注脚

снятие трубки　摘机〈略〉OH, Off-Hook

собеседник　对话人

собственная частота затухания　固有衰减频率

собственный синусоидальный выход　纯正弦波输出

собственный статус　自身状态

событие выравнивания указателя　指针调整(定位)事件〈略〉PJE

событие таймирования　定时事件

совершенная дизъюнктивная нормальная форма　完全析取范式〈略〉СДНФ

совершенная конъюнктивная нормальная форма　完全合取范式〈略〉СКНФ

Совет архитектуры Internet　Internet架构委员会〈略〉IAB

совместимое проектирование 兼容式设计
совместимое устройство передачи 兼容传输设备
совместимость высоких уровней 高层兼容性 〈略〉HLC
совместимость низкого уровня 低层兼容性 〈略〉LLC
совместимость с предыдущими версиями 向上兼容
совместимые разъемы 兼容槽位
совместимый компьютер 兼容机
совместимый подстатив 兼容子架
совместно используемые секретные данные 共用秘密数据 〈略〉SSD
совместно используемые управленческие знания 共用管理知识 〈略〉SMK
совместное использование данных 数据共享
совместное использование кабеля с разветвлением волокон 共缆分纤
совместное использование одного радиоблока абонентами 用户共享无线单元
совместное использование ресурсами 资源共享
совместное использование экрана различными пользователями 多用户屏幕共享
совместное обнаружение 联合检测 〈略〉JD
совмещение 兼容,相吻,重合,匹配
совмещенная базовая станция 混合基站
совмещенная станция 混合局
совмещенный канал управления 随路控制信道,兼容管理通道 〈略〉ACCH
совмещенный шкаф 一体化机柜
совокупность 集合 〈略〉OX31
современная PDH 改进的PDH 〈略〉APDH
современная архитектура телекоммуникационных вычислений 先进电信计算架构 〈略〉ATCA
современная интеллектуальная сеть 先进智能网 〈略〉AIN
согласование импеданса 阻抗匹配
согласованная скорость доступа 约定接入速率 〈略〉CAR
согласованная скорость передачи 约定传输速率 〈略〉CIR
согласованное сопротивление 匹配电阻
согласованность, соответствие, непротиворечимость 一致性
согласованный размер пакета 约定的包尺寸 〈略〉CBS
согласующее устройство 匹配装置 〈略〉CY
согласующий 匹配的
согласующий блок 协调单元 〈略〉MD
согласующий импеданс 匹配阻抗
соглашение информационной технологии 信息技术协定 〈略〉ITA
содержание, содержимое 内容
содержать комплект приемопередатчиков 包含一套收发信号设备
содержимое канала связи 通信信道内容 〈略〉CC
содержимое функции триггера связи 通信触发器功能内容 〈略〉CCTF
соединение 连接,接续,接头,连接线,化合
соединение «точка-точка» 点到点连接 〈略〉P2P
соединение (с функцией ACM + ANM) 连接(具有ACM + ANM功能) 〈略〉CON
соединение виртуального канала 虚拟通(信)道连接,虚通(信)道连接 〈略〉VCC
соединение виртуального тракта 虚拟路径连接 〈略〉VPC
соединение канала передачи данных ретрансляционного типа 广播式数

据链路连接

соединение компиляции 编译连接

соединение нескольких VC верхнего уровня, подключение тракта высокого порядка 高阶通道连接 〈略〉HPC

соединение нескольких VC нижнего уровня, подключение тракта низкого порядка 低阶通道连接 〈略〉LPC

соединение по методу «точка-много точек» 点对多点连接

соединение по методу «точка-точка» 点对点连接,一点对多点连接

соединение с абонентом по предварительному заказу 按预约接通用户

соединение с переходными помехами 与串音连接

соединение стативов 连体架

соединитель 连接器,耦合器,接插件,接头

соединитель для ВОК типа PC PC 型光缆接插件 〈略〉PC

соединительная зажимка 接线铜鼻

соединительная колодка, колодка с розетками, колодка клемм 接线板,接线柱,电源转换器

соединительная линия 中继线 〈略〉CL,СЛ

соединительная линия междугородная 长途中继线 〈略〉РСЛМ

соединительная опорная планка 连接支板

соединительная пара 连接线对

соединительный плинт 接线排

соединительный провод, соединительный кабель 连接线

соединительный путь 连接路由

создание сотовых сетей с подвижными объектами 建立有移动对象的蜂窝式网络

сокращение времени переключения на резерв 缩短保护倒换时间

сокращение затрат на прокладку проводных линий 节省线路投资

сокращенная нумерация 缩位编号

сокращенное меню 快捷菜单

сокращенный двух- или трехзначный номер, сокращение двух или трех единиц номера 两位或三位的缩位拨号

сокращенный набор 缩位拨号 〈略〉ABD,CHA

сонаправленный интерфейс 同向接口 〈略〉СНИ

сонаправленный интерфейс данных 同向数据接口

сонаправленный интерфейс данных 64кбит/с (D-соединитель с 9 контактами) 64kbit/s 同向数据接口(9 针 D 型插座) 〈略〉F1

сообщаемость 连通性

сообщение 消息,信息,报文,通知

сообщение «узел-узел» 节点对节点消息 〈略〉NNM

сообщение аварийного переключения 紧急倒换消息 〈略〉ECM

сообщение аварийных сигналов 告警上报

сообщение диалога 对话消息

сообщение для национального применения 国内地区使用消息 〈略〉NAM

сообщение запрета управления 管理禁止 〈略〉MIM

сообщение запрещенной, разрешенной и ограниченной доставки 禁止、允许和受限传递的消息

сообщение запроса на искание и подтверждение проверки замкнутой группы абонентов 闭合用户群选择和确认检验请求消息 〈略〉CVS

сообщение искания и подтверждения реакции замкнутой группы абонентов 闭合用户群选择和确认响应消息 〈略〉CRM

сообщение контроля вызова 呼叫监视消息 〈略〉CSM

сообщение контроля вызовов внутри страны 国内呼叫监视消息 〈略〉NCB
сообщение контроля группы каналов 电路群监控消息 〈略〉GRM
сообщение контроля каналов 电路监视消息 〈略〉CCM
сообщение контроля сигнального потока трафика 信号业务流量控制消息 〈略〉FCM
сообщение неудачи в установлении соединений обратной связи внутри страны 国内后向接续不成功消息 〈略〉NUB
сообщение о доступных категориях/дополнительных услугах 允许类别/增值业务消息 〈略〉CSA
сообщение о завершении разъединения 呼叫释放完毕通知
сообщение о исходном адресе 起始地址消息 〈略〉LAM
сообщение о немедленном предоставлении каналов 立即提供通道消息 〈略〉IMM
сообщение о подтверждении программно-сгенерированной блокировки группы 软件产生的群闭塞证实消息 〈略〉SBA
сообщение о подтверждении связанной с аппаратными отказами блокировки группы 硬件故障产生的群闭塞证实消息 〈略〉HBA
сообщение о подтверждении связанной с техобслуживанием блокировки группы 维护的群闭塞证实消息 〈略〉MBA
сообщение о подтверждении снятия связанной с аппаратными отказами блокировки группы 硬件故障的群解除闭塞证实消息 〈略〉HUA
сообщение о подтверждении снятия связанной с техобслуживанием блокировки группы 维护的群解除闭塞证实消息 〈略〉MUA
сообщение о полном адресе 地址全消息 〈略〉ACM
сообщение о последовательности соединения сигнальных каналов передачи данных 信令数据链路连接顺序消息 〈略〉DLM
сообщение о программно-сгенерированной блокировке группы 软件产生的群闭塞消息 〈略〉SGB
сообщение о пункте обнаружения запуска 触发检测点通知 〈略〉TDP-N
сообщение о разъединении 拆线消息,掉线消息
сообщение о связанной с аппаратными отказами блокировке группы 硬件故障的群闭塞消息 〈略〉HGB
сообщение о связанной с техобслуживанием блокировке группы 维护的群闭塞消息 〈略〉MGB
сообщение о снятии программно-сгенерированной блокировки группы 软件产生的群解除闭塞消息 〈略〉SGU
сообщение о снятии связанной с аппаратными отказами блокировки группы 硬件故障的群解除闭塞消息 〈略〉HGU
сообщение о снятии связанной с техобслуживанием блокировки группы 维护的群解除闭塞消息 〈略〉MGU
сообщение о статусе синхронизации 同步状态消息 〈略〉SSM
сообщение об установлении связи в обратном направлении 后向接续消息 〈略〉BSM
сообщение об установлении связи в прямом направлении 前向接续消息 〈略〉FSM
сообщение об установлении соединения 接续建立消息
сообщение об учете стоимости（пока не используется） 计费消息（暂不用）

сообщение обновления данных местоположения 更新位置数据消息 〈略〉LUM

сообщение обновления категории/ дополнительных услуг 类别更新/增值业务消息 〈略〉CSU

сообщение обратного направления о данных местоположения 后向位置数据消息 〈略〉LDB

сообщение обратного направления о категории/ дополнительных услугах 后向类别/增值业务消息 〈略〉CSB

сообщение общего запроса 一般(普通)请求消息 〈略〉GRQ

сообщение отказа в обновлении данных местоположения 拒绝更新位置数据消息 〈略〉LUR

сообщение отмены данных местоположения 取消位置数据消息 〈略〉LCM

сообщение переключения и обратного переключения 倒换和倒回消息 〈略〉CHM

сообщение подтверждения информации о рестарте 再启动信息证实消息 〈略〉REA

сообщение подтверждения обновления данных местоположения 更新位置数据证实消息 〈略〉LUA

сообщение подтверждения отмены данных местоположения 取消位置数据证实消息 〈略〉LCA

сообщение подтверждения проверки замкнутой группы абонентов 闭合用户群确认检验消息 〈略〉CVM

сообщение подтверждения сброса группы комплектов 电路群复元证实消息 〈略〉GRA

сообщение подтверждения снятия программно сгенерированной блокировки группы 软件产生的群闭塞解除证实消息 〈略〉SUA

сообщение посылки вызова 振铃消息 〈略〉RNG

сообщение предварительной регистрации дополнительных услуг / подтверждения отмены 增值业务预登记/撤消证实消息 〈略〉PSA

сообщение проверки звена сигнализации 信令链路检验消息 〈略〉SLTM

сообщение прямого направления о данных местоположения 前向位置数据消息 〈略〉LDF

сообщение прямого направления о категории 前向类别消息 〈略〉CSF

сообщение разрешения перезапуска трафика 业务再启动允许消息 〈略〉TRM

сообщение разъединения 拆线消息 〈略〉BLC

сообщение регистрации / отмены дополнительных услуг 增值业务登记/取消消息 〈略〉SRM

сообщение регистрации / отмены предыдущих дополнительных услуг 以前增值业务登记/撤消消息 〈略〉PSR

сообщение регистрации дополнительных услуг 增值业务登记消息 〈略〉SRA

сообщение с информацией о рестарте 有再启动信息的消息

сообщение сброса группы каналов 电路群复原消息 〈略〉GRS

сообщение счетных импульсов 计次脉冲消息 〈略〉MPM

сообщение тестирования группы маршрутов сигнализации 信号路由组测试消息 〈略〉RCT

сообщение тестирования перегрузки группы маршрутов сигнализации 信令路由组拥塞测试消息

сообщение управления и администрации 行政管理信息 〈略〉MAM

сообщение, голосовое сообщение 留言

сообщение/ несообщение 上报/不上

报
соотношение конвергенции между модулями 模块间收敛比
соотношение цены и качества 性价比,性能价格比
сопровождающее переключение 跟我转移 〈略〉FMD
сопровождающий вызов 跟踪呼叫 〈略〉Follow me
сопровождающий вызов 跟踪转移 〈略〉BCA
сопровождение данных 数据维护
сопровождение и тестирование 跟踪和测试
сопровождение ПО 软件维护
сопровождение ремонта 修复(相对购置新制件而言)
сопротивление абонентского шлейфа 用户环路电阻
сопротивление заземления 地阻、接地电阻
сопротивление заземления однопроводной линии 单线接地电阻
сопротивление изоляции 绝缘电阻
сопротивление моста питания 电源桥式电阻
сопротивление повреждения 损坏电阻
сопротивление шлейфа 环阻值
сопроцессор 协处理器
сопряжение 连接,结合,配合,共轭
сопутствующее ПО 随带软件
сортировка фрагментов 碎片整理
соседний канал 相邻通道,相邻信道
соседняя станция 相邻局
составление счета к оплате за услуги связи 通信服务付费帐单 〈略〉BIL-LING
составляющая 分量
состояние «не оборудован» 卸载状态 〈略〉UNEQ
состояние «необорудован» тракта высокого порядка 高阶通道卸载状态 〈略〉HPUNEQ
состояние бездействия 休眠状态
состояние блокировки 联锁状态,锁定状态
состояние входных и выходных сигналов 上下信号状态
состояние выполнения 执行态
состояние готовности 就绪态
состояние ожидания 等待态
состояние останова 休眠态
состояние по умолчанию 缺省状态
состояние подсистемы 子系统状态 〈略〉US
состояние приостановки 挂起态
состояние пункта сигнализации 信令点状态 〈略〉DS
состояние работы 运行状态 〈略〉RUN
состояние СЛ 中继线状态 〈略〉AIS
состояние эксплуатации сети 网络运行状态
состыковано с мировым стандартом 与国际标准接轨
сот, малая зона 小区
сот 蜂窝,小区
сотня крупнейших электронных предприятий Китая 中国电子行业百强
сотовая ретрансляция коротких сообщений 短消息小区广播 〈略〉SM-SCB
сотовая сеть связи 蜂窝通信网 〈略〉CCC
сотовая система 蜂窝系统
сотовая система подвижной связи 蜂窝移动通信系统 〈略〉CCПC
сотовый телефон 蜂窝式移动电话(大哥大)
сохранение данных в реальное время 实时保存数据
сохранение вызова в режиме ожидания 通话保持状态
сохранение для последующего наведения справок 留存备查
сохранение для последующих запросов 存档备查

спектр частот 频谱

спектральный состав пульсаций 脉动频谱组成

специализированная прикладная интегральная схема, заказные микросхемы 专用集成电路 〈略〉ASIC

специализированная прикладная система 专门应用系统 〈略〉ASE

специализированная система управления сетями 专业网管系统

специализированная управляющая машина 专用控制机 〈略〉СУМ

специальная мобильная группа 特别移动组 〈略〉GSM

специальная сеть PLMN PLMN 专网 〈略〉PLMNSS

специальное изделие 专用产品 〈略〉SP

специальное устройство связи периферийного процессора с машиной 外围处理机与机器通信的专用装置 〈略〉УСМ

специальное электропитание 专用电源

специальные услуги, спецслужба 特服 〈略〉SS

специальный код доступа 特殊接入码

специальный управляющий вычислительный комплекс 专用后管理模块 〈略〉СУВК

спецификация 规范,说明书,明细表

спецификация интерфейса 接口规范

спецификация построения сетевого оборудования 网络设备配置一览表

спецификация расширенной памяти 扩充存储规格说明 〈略〉XMS

спецификация управления отображаемой памятью 映射内存管理描述 〈略〉EMS

специфическая часть домена 特殊域部分 〈略〉DSP

специфическая широтно-импульсная модуляция 专用脉宽调制器 〈略〉SPWM

специфический номер идентификации диалога 特定对话标识号

спецслужба времени 报时台

списковая структура 表格结构 〈略〉CC

список контроля доступа 访问控制列表 〈略〉ACL

списочный абонент 电话簿上用户

спонтальный 自发的,自生的

спонтанное соединение 即时连接 〈略〉ODS

способ адресации 寻址方式

способ прибавления модулей, наложенный способ 叠加方式

способность (функция) самовосстановления 自愈能力

способность восприятия нагрузки, несущая способность 承载能力 〈略〉BCIE

способность параллельной обработки 并行处理能力

способность сети к самовосстановлению 网络自愈能力

справка о номерах телефонов 电话号码查询

справки о номерах 号码查询

справочная система 查询系统

справочно-информационная и заказная служба 信息查询和预约业务 〈略〉СИЗС

спутниковый канал 卫星信道,卫星电路

срабатывание, задействие, действие, активация 动作,吸动,起动

сравнение и счет фаз 相位比较和计数

сравнение фаз 比相

среда генерации (создания) услуг 业务生成(创建)环境 〈略〉SCE

среда памяти 存储媒体

среда передачи, передающая среда

传输介质，传输媒体
среда поддержки 支持环境
средневзвешенное значение 加权平均值
среднее время восстановления после отказа 平均修复时间 〈略〉MTTR
среднее время наработки на отказ, средняя наработка на отказ, среднее время безотказочной работы, среднее время между отказами 平均无故障时间，平均故障间隔时间 〈略〉MTBF, СВБР
среднее время простоя 平均停机时间 〈略〉MAIDT
среднее значение мощности лазера 激光器功率平均值 〈略〉LPAVG
среднее значение тока смещения лазера 激光器偏置电流平均值 〈略〉LBAVG
среднее квадратическое значение 均方根值 〈略〉RMS
средние волны 中波 〈略〉СВ
средняя интегральная схема 中规模集成电路 〈略〉СИС
средняя экспертная оценка 专家平均估计 〈略〉MOS
средства визуальной идентификации 视觉识别手段
средства вычислительной техники 计算技术设备 〈略〉СВТ
средства индикации информации 信息显示手段
средства подготовки ПО 软件编制手段
средство для эквивалентного разделения 等价分解手段
срочная переадресация 紧急前转 〈略〉EF
срочные данные 加速数据 〈略〉EA
срочный аварийный сигнал 危急告警
стандарт Wi-Fi на беспроводную связь 无线通信 Wi-Fi 标准
ссылка 援引
стабилизатор постоянного напряжения 直流电压稳压器 〈略〉СПН
стабильность частоты 频率稳定度
стандарт 标准，规格
стандарт кодовой цифровой сотовой связи 编码数字蜂窝通信标准 〈略〉CDMA
стандарт на волоконно-оптический канал 光纤信道标准 〈略〉FCS
стандарт на сигнализацию 信令标准
стандарт первичного эталонного генератора 一极基准时钟标准
стандарт синхронных интерфейсов 同步接口规范
стандарт шифрования VPN VPN 加密标准
стандартизация 标准化
стандартные интерфейсы сетевого доступа 标准入网接口
стандартный 8-контактный разъём для последовательных соединений на основе неэкранированной витой пары 基于非屏蔽双绞线的串接标准 8 针插头 〈略〉RJ-45
станционная оконечная плата 局端板 〈略〉LCT
станционное направление, направление станции 局向
станционные правила 局内规程
станционный телефонный кабель 局内电话电缆
станционный четырехполюсник 局内四端网络
станция (система) управления сетью 网络管理站(系统) 〈略〉NMS
станция коммутации соединительных линий 纯中继局
станция магистральной сети 骨干交换机
станция на смешанной комплектации 混装局
станция назначения 终端交换局
стартстопный сигнал 起止信号
старший разряд 高数位，上一位，前

一位

статив главного управления 主控机架

статив для тестирования плат 单板测试机架

статив обработки управления GSM BSC 基站控制器的 GSM 监控处理机架 〈略〉GBCR

статив управления услуг GSM BSC 基站控制器的 GSM 业务处理机架 〈略〉GBSR

статив, стойка 机架 〈略〉RU

статистика биллинга 计费统计

статистика данных об авариях 告警数据统计

статистика трафика, учет трафика 话务统计

статистика, сбор статистики 统计 〈略〉STAT

статистический отчет 统计话单

статистический показатель 统计指标 〈略〉СП

статистическое мультиплексирование 统计复用

статистическое мультиплексирование/демультиплексирование 统计复用/解复用

статическая система 静态系统 〈略〉СС

статическая фазовая ошибка 静态相位误差 〈略〉СФО

статические данные 静态数据

статический метод диагностирования 静态诊断法 〈略〉СМД

статическое запоминающее устройство с произвольной выборкой 静态随机存取存储器 〈略〉SRAM

статическое изображение высокой четкости 高清静止图像

статическое функциональное диагностирование 静态功能诊断

статус аварийного индикатора 告警灯状态

статус абонента 用户状态

статус биллинга 计费情况

стационарная радиочасть 无线固定部分 〈略〉RFP

стационарное оборудование 固定设备

стационарный абонент 固定用户

стационарный беспроводной терминал 固定式无线终端 〈略〉FWT

стационарный связной спутник 静止通信卫星

стевит 玻纤增强玻璃

стеки протоколов B1, B2, B3 B1、B2、B3 协议堆栈

стеклопакет 双层中空玻璃

стеллаж, опорная нога 架子

стенд измерения, испытательно-измерительный стол 测试台

стенд имитации транспортировки 模拟运输台

степень приоритета временной задержки 时延优先级

степень серьезности 严重程度

стереомикроскоп 体视显微镜

стереотелевидение, стереоскопическое телевидение 立体电视,3D 电视

стиль 风格

стиль заголовка 标题风格

стираемое программируемое постоянное запоминающее устройство 可擦可编程只读存储器 〈略〉EPROM, СППЗУ

стираемый программируемый логический элемент 可擦可编程逻辑器件 〈略〉EPLD

стирание 清除,擦去 〈略〉CTS

стиратель 擦除器 〈略〉СБ

стоечный тип 机架型

стоимость единичного интервала между импульсами 计费脉冲单价

стойка генерального оборудования 主设备机架 〈略〉СГ

стойка индивидуально-групповая 单一和成组机架 〈略〉СИГ

стойка передачи дистанционного пи-

тания 远端供电传输机架 〈略〉СДП
стойки для прокладки проводных соединений 线缆支架
столб, столбец 列,柱
столбец ламп 列灯
столбец состояния 状态栏
стоповый бит 停止位
сторожевая схема аппаратных средств, схема сторожевого таймера 看门狗定时器电路
сторожевой таймер 看门狗定时器 〈略〉WDT
сторона клиента 客户端
сторона станции 交换机侧
стоячая волна 驻波
страница информации 信息页
страничный файл 页面文件
строб, стробирование 选通,选通脉冲
строгая проверка пакетов 分组严格检验 〈略〉DPI
строительные нормы и правила 建筑标准与法规 〈略〉СНиП
строка 行
строка байтов 字节串
строка заголовка 标题栏
строка знаков, строка (цепь, цепочка) символов, символьная цепочка 字符串
строка кнопок 一排按钮
строка примечаний 注释行,解释行
строка текста 正文串
струйное течение 射流 〈略〉СТ
струйный картридж 喷墨墨盒
структура «клиент/сервер» 用户/服务器结构
структура рекомендаций по оборудованию SDH SDH设备结构建议 〈略〉G.781(01/94)
структура системы 系统结构 〈略〉СС
структура экранирования 屏蔽结构
структурная схема 结构框图 〈略〉SQL
структурно-информационная схема 信息结构图 〈略〉СИС
структурно-независимый пакетный транспорт 独立结构的包传送 〈略〉SAToP
структурный блок от услуги независимый 业务独立构件 〈略〉SIB
структурный диалог, структурированный диалог 结构化对话
ступенчатое изменение нагрузки 阶梯负载
ступень распределения вызовов для справочных служб 查询台呼叫排队机
ступень регистрового искания абонентских регистров 用户寄存器选择极 〈略〉РИА
ступень регистрового искания входящих регистров 来话记发器选择级 〈略〉РИВ
стык, стыковка 接口,对接
субдиректория 子目录
субмаршрут к MS 去往汇接局子路由
субмодуль 子模块
субмодуль связи через последовательный порт 串口通信子模块
субмодуль сетевой связи 网络通信子模块
субмультиплексор 子复用器 〈略〉SMUX
субсистема контроля трафика 话务量控制子系统
субсостояние 子状态
субтитр 说明字幕,叠印字幕
субфрейм 子帧,备用帧 〈略〉SF
судебный исполнительный орган 诉讼执行机构 〈略〉LEA
суммарный уровень искажений 失真总量
суперадминистратор 超级管理员
супервизорный кадр 监督帧
супергетеродинный 超外差的
суперлюминесцентный диод 超发光二极管 〈略〉UWDM

супермагистраль 超级主干
суффикс 后缀
сушитель 干燥剂
сформированные данные 格式化数据
схема 示意图,线路图,接线图,简图
схема（цепь）фазовой синхронизации 锁相环(电路) 〈略〉PLL
схема аварийной сигнализации 告警电路
схема автоматических речевых извещений 自动报音电路
схема выборки регистров 寄存器选择电路 〈略〉CBP
схема генерации записи/чтения 读写信号产生电路
схема монтажа проводов 配线电路图
схема обработки сигнализации и речевых сигналов 信令与话音处理电路(图)
схема организации（построения）сети 组网图
схема переключения шины 总线转换电路
схема переключения шины/плата распределения HW 总线转换电路/总线分配板
схема позиций плат 板位图
схема сравнения 比较结构 〈略〉CC
схема фазовой автоподстройки 相位跟随电路
схема фиксации 钳位电位
схемная плата 电路板
схемная плата для автоматического оператора 自动操作电路板
схемная плата интерфейса рабочих мест 座席接口电路板 〈略〉ASB
схемная эмуляция 电路仿真 〈略〉CE
схемная эмуляция E1 и интерфейс «абонент-сеть» E1 电路仿真和用户网络接口 〈略〉EUI
схемное решение 电路解决方案
сценарий, вариант, проект 方案
сцепление 链接,耦合,连接
счет выравниваний указателя 指针调整计数 〈略〉PJC
счет за платные услуги 付费服务话单
счет отрицательных выравниваний указателя 指针负调整计数 〈略〉NPJC
счетно-вычислительное устройство 计算机,计算装置 〈略〉HP
счетчик 计数器,计算员 〈略〉Сч
счетчик абонентского модуля 用户模块计次表
счетчик импульсов 脉冲计数器 〈略〉PC
счетчик команд 指令计数器 〈略〉СК
счетчик на абонентской стороне 用户计次表
счетчик ошибочных попыток 尝试失败计数器 〈略〉WAC
счетчик приема импульсов 接收脉冲计数器 〈略〉PC
счетчик циклов 帧计数器 〈略〉СчЦ
считывание штриховых кодов 条码读出
считывание, чтение 读出,读数 〈略〉ЧТ
сырьевые материалы 原材料

T

TA с DTMF 双音多频话机
TA с автоответчиком 带自动应答器的电话机
TA с дисковым номеронабирателем 旋转式号盘话机
TA с кнопочным номеронабирателем 按钮式号盘话机
табельный учет 用工统计表,考勤统计

таблица автотекста 自动图文集表格
таблица биллинговых данных 计费数据表
таблица векторов прерываний 中断向量表 〈略〉ТВП
таблица внешних устройств 外部设备表 〈略〉ТВУ
таблица имен-адресов 名址表
таблица индекса 索引表
таблица описания сегментов 分段说明表
таблица описания услуг 业务描述表 〈略〉SDT
таблица описания функций 功能描述表
таблица переходов 转移表
таблица персональных данных 个人档案表
таблица портов 端口表
таблица сегментов номеров 号段表
таблица сцепления подфункций 子功能连接表
таблица сцепления функций 功能连接表
таблица функций неисправности 故障功能表 〈略〉ТФН
табло 信号盘
табло аварийной сигнализации 报警盘 〈略〉ТАС
табуляция 制表
тавровая гайка T形螺母
тайм-аут 定时器,超时
тайм-аут ответа 响应超时
таймер 计时器,定时器,时钟 〈略〉T
таймер локального (местного) узла 本地节点时钟 〈略〉LNC
таймер разговора 通话计时器
таймер транзитного узла 转接节点时钟 〈略〉TNC
таймер/счетчик 计时器/计数器
таксофон 公用投币电话,收费电话,自动收费公用电话
тактико-технические данные 时钟技术数据
тактовая синхронизация в реальное время 实时时钟 〈略〉RTC
тактовая синхронизация, тактирование 定时,计时
тактовый вход, вход тактовых сигналов 时钟输入
тактовый входной сигнал 时钟输入信号
тактовый генератор 时钟发生器
тактовый генератор класса (уровня) 3, тактовая синхронизация класса (уровня) 3 三级时钟
тактовый генератор класса (уровня) 2, тактовая синхронизация класса (уровня) 2 二级时钟
тактовый генератор сетевого элемента 网元时钟
тактовый генератор усовершенствованного второго уровня 加强型2级时钟
тактовый генератор усовершенствованного четвертого уровня (класса) 改进型四级钟
тактовый генератор, тактовая синхронизация, тактовый сигнал 时钟 〈略〉CLK
тактовый импульс 时钟脉冲 〈略〉ТИ
тактовый интервал 时钟时隙 〈略〉ТИ
тактовый сигнал 时钟信号
тактовый сигнал класса (уровня) 3 三级时钟信号
тактовый сигнал оборудования SDH SDH设备时钟 〈略〉SEC
тактовый сигнал от эталонного источника вышестоящего уровня 上级时钟基准源
тактовый сигнал приема 接收时钟 〈略〉RXCA
тактовый сигнал считывания 读出时钟
тактовый синхросигнал 时钟同步信号

тарификация по потоку 按流量计费〈略〉FBC

тарификация с резервацией блока 单元预留收费 〈略〉ECUR

тарификация, учет стоимости, начисление оплаты, биллинг 计费

тарифная единица 计费单位

тарифный сигнал 计费信号 〈略〉CRG

тарифы за соединение 通话费用

TACS с расширением, аналоговая сотовая система с расширением 扩展的 TACS, 扩展的模拟蜂窝系统〈略〉E-TACS

тастатурный ТА 按键式话机

твердотельный усилитель мощности 固态功率放大器 〈略〉TYM

тег, длина, содержимое 标记, 长度, 内容 〈略〉EOC

тезаурус 词表, 同义词词汇

текст и график 图文

текстовая видеокамера 文件摄像机, 文本摄像机

текстовое окно 文本框

текстовое сообщение, эксэмэска, короткое письмо 短信

текстовый редактор 文字编辑, 文字编辑程序

текущее значение времени 当前时刻

текущее местонахождение 当前位置

текущее состояние 当前状态

текущие данные 当前数据

текущий контроль 日常检验

текущий контроль услуг 日常业务检验

телевидение 电视 〈略〉TV, TB

телевидение высокой четкости, телевидение с высоким разрешением 高清晰度电视 〈略〉HDTV, ТВВЧ

телевизионная кабельная сеть 有线电视网 〈略〉TKC

телевизионная система с малым числом строк 低清晰度电视 〈略〉LDTV

телевизионный канал 电视波道

телеграмма 电报

телеграфный канал 电报电路, 报路

телеизмерение 遥测, 远距离测量

телекамера 电视摄像机

телекоммуникационный оператор, оператор электросвязи, поставщик услуг электросвязи 电信运营商

телекоммуникационный стандарт Северной Америки 北美电信标准〈略〉BELL-CORE

телекс 用户电报

телексная сеть 用户电报网

телелокализационный сетевой пейджинговый протокол 远程定位网络寻呼协议 〈略〉CTNPP

телеметрический, телеизмерительный 遥测的

телеобработка данных 远程数据处理〈略〉ТД

телеприставка, фильтр для выделения и управления телевизионными сигналами 机顶盒 〈略〉STB

телесигнализация 远程信令 〈略〉TC

телетайп 电传打字机〈略〉TTY, TT

телетекс 智能用户电报

телетекст 图文电视, 电视文字广播, 电视字幕广播

теле-услуги 电视服务

телефакс 用户传真, 电传

телефон 电话

телефон-автомат 自动电话, 自动电话机, 自动收费公用电话

телефон с индикацией вызываемого номера 被叫显示电话

телефон с определением (индикацией) вызывающего номера 主叫显示电话

телефонист 话务员

телефонная нагрузка 话务负荷

телефонная нагрузка цепей 电路话务负荷

телефонная плотность 电话普及率

телефонная связь в гостиницах 酒店电话通信
телефонная связь в симплексном режиме 单向模式电话通信
телефонная сеть общего пользования 公用电话网 〈略〉ТФОП, PSTN
телефонная служба с высокой верностью, услуги телефонной связи высокого качества 高质量电话业务
телефонная станция подвижной связи 移动通信电话局 〈略〉MTX
телефонная станция, телефонная контора 电话局
телефонная трубка 受话器,听筒
телефонная услуга с предоплатой 预付费电话服务 〈略〉PPT
телефонно-телеграфная станция 电话电报局 〈略〉ТТС
телефонное пиратство 电话盗用
телефонный аппарат 电话机,话机 〈略〉ТА
телефонный аппарат служебной связи 公务电话
телефонограмма 话传电报 〈略〉ТФ
тело процесса 过程体
температура окружающей среды 环境温度 〈略〉TEMPERATURE
температурное смещение 温度偏移
температурный коэффициент 温度系数
температурный коэффициент емкости 电容温度系数 〈略〉ТКЕ
температурный коэффициент индуктивности 电感温度系数 〈略〉ТКИ
температурный коэффициент сопротивления 电阻温度系数 〈略〉ТКС
температурный коэффициент частоты 频率温度系数 〈略〉ТКЧ
тенденция к созданию сетей 组网趋势
тендер 标书,投标
теория множеств 集合论
теплопроводящие материалы 导热材料
терабит (10^{12}) **бит** 兆兆比特,太拉比特,10^{12}比特 〈略〉ТВ, Тб
теребильный наконечник 拔取头
термин 术语
«Терминал готов» 终端就绪 〈略〉TR
терминал (пульт) обработки карт, пульт обслуживания карт, пульт номеров по карте 卡号台
терминал «человек-машина» 人机终端 〈略〉H-M
терминал коммутационного оборудования 交换设备终端 〈略〉ДОС
терминал начисления оплаты 计费终端 〈略〉Т
терминал обработки 处理台
терминал обработки речевых сигналов 语音处理台
терминал обслуживания 维护终端
терминал подвижной связи 移动终端,移动通信终端 〈略〉МТ
терминал техобслуживания и управления 维护管理终端
терминал универсальной системы мобильной связи 通用移动通信系统终端
терминальная система кабельных модемов 有线调制解调器终端系统 〈略〉CMTS
терминальное оборудование связи 通信终端设备
терминальное оборудование типа 1 第一类终端设备 〈略〉TE1
терминальное устройство (оборудование), оконечное устройство (оборудование) 终端设备 〈略〉ОУ, ТЕ
терминальное устройство передачи последовательных данных 串口数据传输终端设备
терминальные услуги 终端业务
терминальный адаптер U/S TA 128 Quidway™ Quidway™ U/S TA 128

终端适配器
терминальный блок системного кросс-коммутатора 系统交叉连接终端设备 〈略〉TSW
терминальный контрольный интерфейс 终端控制接口 〈略〉TCI
терминальный концентратор 终端集中器 〈略〉TC
терминальный модуль 终端模块
терминальный порт коммутации 终端转接端口 〈略〉EWP
термокомпенсированный высокостабильный кварцевый генератор 高稳定度恒温石英振荡器
термообработка 热处理 〈略〉TO
термостатный 恒温的
тест (тестирование) с закольцовыванием, проверка замкнутым кольцом 自环测试
тест в режиме онлайн 在线测试
тест для проверки маршрутизации MTP MTP 路由验证测试 〈略〉MRVT
тест для проверки маршрутизации SCCP SCCP 路由验证测试 〈略〉SRVT
тест неактивности 不回应测试
тест прошел 测试结束
тестер 测试器,测试仪
тестер-автомат 自动测试仪
тестирование 测试 〈略〉CTC
тестирование в режиме поднятия трубки 摘机检测 〈略〉DET
тестирование вызывного устройства телефонного аппарата 话机振铃测试
тестирование защитного переключения 保护倒换测试
тестирование на высокую интенсивность трафика 大话务量测试
тестирование нагрузки 负载检测
тестирование напряженности поля 场强测试
тестирование подсистемы пользователя 用户部分测试 〈略〉UPT
тестирование посылки речевого сигнала 送音测试
тестирование при техобслуживании 维护测试
тестирование состояния подсистемы 子系统状态测试 〈略〉SST
тестирование функциональных параметров 性能参数测试
тестируемая реализация 测试执行过程 〈略〉IUT
тестируемая система 被测系统 〈略〉ITU
тестируемый образец 测试样品 〈略〉ИП
тестирующий соединительный плинт, тестовый плинт 测试接线排 〈略〉PASSED
тестовая задача 测试任务
тестовая плата 测试板
тестовая подсистема пользователей MTP MTP 测试用户子系统 〈略〉MTUP
тестовое гнездо, испытательное гнездо 测试塞孔 〈略〉КИА
тестовое диагностирование 试验诊断 〈略〉ТД
тестовое оборудование, контрольно-измерительная аппаратура 测试设备
тестовые данные 测试数据 〈略〉ИИС
тестовые программы 测试程序
тестовый драйвер 测试驱动器
тестовый зонд 测试头
тестовый код 测试码 〈略〉TP
тестовый комплект 测试集
тетрод 四极管
техника 技术
техника (метод) отображения памяти, техника (метод) отображения внутренней оперативной памяти (для повышения скорости доступа к изображениям) 内存映像技术

техника адаптивного выравнивания каналов 自适应信道均衡技术

техника безопасности и охрана труда 技术安全和劳动保护 〈略〉ТБ и ОТ

техника волнового мультиплексирования 波分复用技术 〈略〉WDM

техника высокого усиления и радиопеленгации 高增益无线定向技术

техника комплексно-автоматизированное производство 自动化集成制造技术

техника математического обеспечения 软件工程

техника множественного доступа с частотным разделением каналов 频分多址技术

техника объектного моделирования 对象建模技术 〈略〉OMT

техника пространственно разнесенного приема 空间分集接收技术

техника резиденции 驻留技术

техника речевого кодирования 语音编码技术

техника скачков частоты 跳频技术

техника фильтрования кодового значения кнопок 键值过滤技术

технико-экономические показатели 技术经济指标 〈略〉ТЭП

технико-экономический расчет 技术经济核算 〈略〉ТЭР

технико-экономическое обоснование 技术经济论证,可行性论证 〈略〉ТЭО

техническая спецификация(специфика) 技术规格(特性)

техническая экспертиза 技术鉴定

техническая эксплуатация 技术操作,技术维护,技术管理 〈略〉ТЭ

техническая эстетика 工程美学

технические принципы построения синхронной оптической сети передачи 光同步传输网组网技术原则

технические средства электросвязи 电信技术设备 〈略〉ТСЭ

технические требования 技术要求 〈略〉ТС, ТТ

технические условия 技术条件,技术规程 〈略〉ТУ

технический паспорт 技术说明书,技术登记卡

технический проект 技术设计,技术规程 〈略〉ТП

технический сигнал 技术信号

технический справочник 技术手册 〈略〉TR

техническое описание 技术说明 〈略〉ТО

техническое решение 技术方案 〈略〉МТОЭ

техническое состояние, технические ситуации 技术状态 〈略〉ТС

техническое устройство 技术设备

технология компьютерных сетей 计算机网络技术 〈略〉CMDS

технология мягкого запуска и мягкого восстановления 软启动软恢复技术

технология передачи быстрого Ethernet 快速以太网传输技术

технология поверхностного монтажа компонентов, технология поверхностной упаковки 表面组装技术,表面贴装技术 〈略〉SMT

техобслуживание в обратном направлении 逆向维护

техобслуживание в прямом направлении 正向维护

техобслуживание и управление, управление техобслуживанием 维护管理

техобслуживание и эксплуатация 维护和操作

техобслуживание, техническое обслуживание 维护,技术服务 〈略〉MAINT, TO

тиккер 断续器,断续装置 〈略〉T

тип аварийной сигнализации 告警类型

тип даты 日期类型
тип защиты 保护类型
тип и общая характеристика оборудования SDH SDH设备类型和一般特性 〈略〉G. 782(01/94)
тип и характеристика структуры защиты сети SDH SDH网络保护结构的类型和特性 〈略〉G/841(07/95)
тип линейного кода 线性码型 〈略〉nBmB
тип обслуживания 服务类型 〈略〉ToS
тип полезной нагрузки 净荷类型
тип разъемов 接插件类型
тип сегмента 段类型 〈略〉ST
тип соединителя для ВОК 光纤电缆连接器类型 〈略〉SC,ST
тип станции 局型
типовая конфигурация 典型配置
типовой функциональный блок 标准功能部件 〈略〉ТФБ
типовой элемент замены 标准替换件 〈略〉ТЭЗ
тиристорное выпрямительное устройство 可控硅整流装置 〈略〉ВУТ
титр 字幕
то же 同上
ток 电流
ток бездействия 不动作电流 〈略〉NRZ
ток большой величины 大电流
ток нагрузки 负载电流
ток нулевого провода 中线电流
ток охлаждения превышает номинальное значение, ток системы охлаждения больше номинального значения 制冷电流超过额定值 〈略〉COOLCURRENT OVER
ток охлаждения, ток системы охлаждения 制冷电流
ток системы охлаждения оптического модуля 光模块制冷电流 〈略〉COOL-CURRENT
ток смещения 偏置电流
ток уравнительного заряда 均充电流
ток утечки 漏电流
толстопленочная плата 厚膜电路板
тон, тембр, тональное качество 音色,音质
тональная служба 音频业务
тональная частота 音频 〈略〉VF, ТЧ
тональность 音调
тональный генератор 音频振荡器
тональный и импульсный набор номера 音频和脉冲拨号
тональный интерфейс 音频接口
тональный сигнал 音频信号,音信号
тональный сигнал посылки специальной информации 发送专用信息音信号 〈略〉SST
тональный сигнал сообщения времени 报时音,报时音频信号
тональный телефонный аппарат 音频话机
тонер 碳粉
тонкопленочный модуль, модуль с тонкопленочными элементами 薄膜模块
тонкопленочный резистор 薄膜电阻 〈略〉ТПР
топологический объект 拓扑对象
топологическое отображение 拓扑图
топологическое управление сетью 网络拓扑管理,网络拓扑控制
топология 布局,拓扑,板图设计
топология самовосстанавливающейся замкнутой петли 自愈环形组网方式
торговая марка BITS компании «Huawei» 华为公司BITS商标 〈略〉SYN-LOCK
торговая марка коммутационного оборудования компании «Huawei» 华为公司交换机商标 〈略〉C&C 08
торговая марка компании «Huawei» для ISDN 华为公司ISDN商标

〈略〉$HONET^{TM}$

торговая марка компании «Huawei» для интегрированной платформы C&C08 华为公司 C&C08 综合平台商标 〈略〉C&C08 iNet

торговая марка компании «Huawei» для центра обработки вызовов 华为公司呼叫中心商标 〈略〉$INtess^{TM}$

торговая марка серии маршрутов компании «Huawei» 华为公司路由器系统商标 〈略〉$Quideway^{TM}$

торговая марка синхронной магистральной сети системы SDH производства компании «Huawei» 华为公司 SDH 骨干网商标 〈略〉SBS^{TM}

торговая марка системы интеллектуальных сетей компании «Huawei» 华为公司智能网系统商标 〈略〉$TELLIN^{TM}$

торговая марка системы радиодоступа компании «Huawei» 华为公司无线接入系统商标 〈略〉ETS

торговая марка системы управления электросвязью компании «Huawei» 华为公司电信管理网系统商标 〈略〉NetKey

торговые Интернет-системы 互联网商务系统 〈略〉ТИС

торговый район 商业区

торцовый ключ, ключ с шестигранным гнездом T字内六角扳手

точка (узел) доступа сетевого сервиса 网络服务接入点 〈略〉NSAP

точка взаимного соединения 互连点

точка возврата 返回点 〈略〉POR

точка вызова 呼叫点 〈略〉PIC

точка доступа к услугам 业务接入点，访问服务点 〈略〉SAP

точка доступа к услугам на сеансовом уровне 会话层服务访问接点 〈略〉SSAP

точка доступа трибного блока 支路单元接入点 〈略〉TUAP

точка занятия комплектов 电路占用点

точка запуска 触发点，起动点，发射点

точка конвергенции 会聚点

точка начала 起始点 〈略〉POI

точка объединения 合并点 〈略〉MP

точка ограничения тока 限流点

точка принятия решения о политике 策略决策点 〈略〉PDP

точка разрушения 破坏点

точка соприкосновения 切点

точка управления и наблюдения 控制和观测点 〈略〉PCO

точка усиления политики 加强策略点 〈略〉PEP

точка-много точек, точка-мультиточка 点对多点，一点对多点

точка-точка 点到点 〈略〉PP

точная настройка 细调，微调

точность воспроизведения при беспроводной связи 无线保真 〈略〉WiFi

точность частоты в режиме свободных колебаний 自由状态频率准确度

точность частоты в режиме удержания 保持状态准确度

точный отсчет 精确读数 〈略〉TO

тракт высокого порядка, маршрут верхнего уровня 高阶通道

тракт низкого порядка, маршрут нижнего уровня 低阶通道

тракт передачи 发送通道

тракт приема 接收通道 〈略〉RNR

тракт с высокой скоростью передачи 高速数据通路

трактовый терминал 通道终端 〈略〉PT

транзакция 事务处理，事务 〈略〉Tx

транзисторно-транзисторная логика 晶体管－晶体管逻辑电路 〈略〉TTL, ТТЛ

транзисторно-транзисторная логика с

диодами Шотки 肖特基二极管的晶体管－晶体管逻辑电路 〈略〉ТТЛШ

транзит и окончание байтов заголовка 开销字节的贯通和终结

транзит каналов 信道转接

транзит между Европей и Азией, транзит «Европа-Азия» 欧亚大陆转接

транзит телефонного трафика для части префиксов 部分字冠的业务汇接

транзитная передача 转发工作

транзитная сеть 转接网

транзитная станция 转接局，中转局 〈略〉ТС

транзитный вызов 中转呼叫

транзитный коммутатор 转接交换机

транзитный пункт сигнализации C&C08 STP C&C08 STP 信令转接点

транзитный пункт сигнализации высокого уровня 高级信令转接点 〈略〉HSTP

транзитный пункт сигнализации низкого уровня 低级信令转接点 〈略〉LSTP

транзитный пункт сигнализации с переприемом 可转发的信令转接点 〈略〉SPR

транзитный пункт сигнализации 信令转接点 〈略〉STP

транзитный узел 中转节点，转接节点 〈略〉TR

транкинговая подвижная связь 集群移动通信

транкинговая связь 集群通信

транкинговая сеть 中继网

транкинговая система связи 集群通信系统

транкинговый 集群的

трансзоновый роуминг 跨区漫游

трансивер, приемопередатчик приемопередающее устройство 收发机，信道机，收发设备 〈略〉TRX，ППУ

транслятор 中继器，转发器 〈略〉TRK

трансляция адреса 地址翻译

трансляция глобальных заголовков 全局名翻译 〈略〉GTT

трансляция сетевых адресов 网络地址转换 〈略〉NAT

трансляция цифры номера 号码数字转发

трансмиттер-распределитель 分发器

транспортная система для выхода на сеть ПД 用于接数据传输网的传输系统

транспортное оборудование для городских сетей 市网传输设备 〈略〉MTP

транспортный протокол четвертого класса 四级传输协议 〈略〉TP4

транспортный уровень 传输层

транспортный шлюз 传输网关

трассировка и текущий контроль 跟踪和日常监控

трассировка программ 程序跟踪

трафик по кодам междугородной связи 长途区号业务 〈略〉ВКСЛМ

трафик, телефонная нагрузка 话务量，业务量

требования к вандеру и джиттеру интерфейса E1 (G 823) G. 823，E1 接口漂移和抖动要求

требования к временным параметрам на выходах ведомых тактовых генераторов, применяемых для эксплуатации международных цифровых каналов в плезиохронном режиме (G. 812) G. 812，准同步国际数字信道从钟定时要求

требования к временным параметрам на выходах первичных опорных тактовых генераторов, применяемых для эксплуатации международных цифровых каналов в плезиохронном режиме (G. 811) G. 811，准同步国际数字信道一级基准时钟定时要

求（SYNLOCK 时钟系统 ITU-T 标准）

требования к системе оптических кабелей системы SDH（**Государственное управление технического надзора Китая**） SDH 光缆线路系统进网要求(中国国家技术监督局) 〈略〉GB/T15941/1995

требования к электрическим и физическим свойствам иерархических цифровых интерфейсов（**G 703**） G.703,分层数字接口电气和物理特性要求

требования к электромагнитной совместимости 电磁兼容要求

тревожная система 警报系统

трель 颤音

третья гармоника（**гармоника третьего порядка**） 三次谐波

третья формула Эрланга 厄朗第三公式 〈略〉GEIF

трехразрядный характрон 三位数码管

трехсторонняя телефонная связь, трехсторонний телефонный разговор, связь трех участников 三方通话 〈略〉3PTY

трехступенчатая регулировка уровня помех 三级干扰电平调节

трехступенчатый разрядник 三级避雷器

трехуровневая система распределенного управления 三级分散控制

трехфазная пятипроводная система 三相五线制

трехфазная четырехпроводная система 三相四线制

трехфазный вход переменного тока 三相交流输入

три типа заземления: рабочее заземление, защитное заземление и заземление грозозащиты 三种接地方式:工作地,保护地,防雷地

трибный блок, соответствующий виртуальному контейнеру уровня n（**n** =1,2,3） 支路单元 n 〈略〉TU-n

трибный блок, соответствующий виртуальному контейнеру VC-2 в иерархии мультиплексирования SDH 支路单元 2 〈略〉TU-2

трибный блок, трибутарный блок, трибутарная единица 支路单元 〈略〉TU

трибутарная плата 支路板

трибутарная плата PD1 PD1 支路板 〈略〉PD1

трибутарная плата PL1 PL1 支路板 〈略〉PL1

трибутарная сторона 支路侧

трибутарное соединение 支路连接

трибутарные временные интервалы 支路时隙

трибутарный доступ 支路接入

трибутарный интерфейс, компонентный интерфейс 支路接口

трибутарный канал 支路通道

трибутарный тактовый поток 支路时钟

триггер 触发器

тройной щелчок 三击

тройной щелчок мышью 三击鼠标

трубчатая ножка 管脚

туннель виртуального тракта 虚路径隧道 〈略〉VPT

туннельный диод 隧道二极管 〈略〉ТД

тупая сеть “笨”网 〈略〉SN

тыльная панель 后板

тыльная сторона 背面

У

уведомление о поступлении нового вызова 新来话呼叫通知

уведомляющий исходящий вызов 通知性去话呼叫

увеличение и уменьшение масштаба 缩放

увеличение разрядности телефонных номеров, возрастание разрядов телефонных номеров 号码升位
углезернистый микрофон 碳粒送话器
угловая частота 拐角频率
угольный микрофон 炭精送话器
угольный порошок 炭精粉
удаление 删除,消除,排除
удаление абонента сетевого элемента 删除网元用户
удаление всех видов дополнительных услуг 删除所有增值业务 〈略〉Cancel all VAS
удаление задачи 删除任务
удаление звена 删除链路
удаление модуля из системы 取出模块
удаление объекта контроля 删除监控对象
удаление отдельной задачи 删除单个任务
удаление подсети 删除子网
удаление сетевого элемента 删除网元
удаление файла регистрации 删除日志文件
удаление шлейфа 删除环路
удаленная интерфейсная плата на стороне AM/CM AM/CM 侧远端接口板
удаленная коммутационная система с бизнес-услугами 远端商务服务交换系统 〈略〉RBSS
удаленная позиция 远端位置
удаленная рабочая станция 远程工作站 〈略〉RWS
удаленная станция 远程局,远程站
удаленное подключение узлового оборудования 节点机远程连接
удаленное управление параметрами 参数遥控 〈略〉RFC
удаленные пригороды и села 远郊和乡村
удаленный, дистанционный 远端的,远程的
удаленный абонентский блок 远端用户单元 〈略〉RSU, УАБ
удаленный абонентский мультиплексор 远端用户多路复用器 〈略〉УАМ
удаленный вызов процедуры 远端过程调用 〈略〉RPC
удаленный доступ 远距离接入
удаленный интегрированный модуль 远端一体化模块 〈略〉RIM
удаленный коммутационный модуль 远端交换模块 〈略〉RSM
удаленный коммутационный модуль (оптический интерфейс) 远端交换模块(光接口)
удаленный коммутационный модуль (электрический интерфейс) 远端交换模块(电接口)
удаленный модуль 远端模块 〈略〉RM
удаленный модуль абонентского доступа 远端用户接入模块,远端用户模块 〈略〉RSA
удаленный радиоузел 远程无线电转播站 〈略〉RRU
удаленный терминал 远程终端 〈略〉RT
ударный стенд 冲击试验台
удельная измененная себестоимость 单位变动成本
удержание вызова 在线保持
удержание вызова с извещением 带通知的呼叫保持 〈略〉CHA
удержание кнопки в нажатом состоянии 按住键
удержание 保持
удлинитель 延伸线,连接线插线板
удобное наращивание емкости, удобство наращивания емкости 扩容方便
удобство в обслуживании 维护简单
удовлетворение различных требова-

ний к емкости сети 满足不同容量的组网要求

узел автоматической коммутации 自动交换汇接局 〈略〉ASN,УАК

узел администрирования санкционированного перехвата вызовов 合法截听管理节点 〈略〉LIAN

узел ведомственной телефонной связи 专用电话通信汇接局 〈略〉УВТС

узел ведомственных телефонных станций 专用交换机汇接局 〈略〉УВ-ТС

узел ветви 枝接点

узел входящего междугородного сообщения 长途来话汇接局 〈略〉УВ-МС

узел входящего сообщения шаговый 步进制来话汇接局 〈略〉УВСШ

узел входящих сообщений 来话汇接局 〈略〉УВС

узел доступа к администрировнию услуг, пункт доступа к управлению услугами (обслуживанием) 业务管理接入点 〈略〉SMAP

узел заказно-соединительных линий 长途出中继汇接局 〈略〉ВКЗСЛ

узел интеллектуальных услуг 智能业务节点 〈略〉ISN

узел исходящего и входящего сообщений 去话来话汇接局 〈略〉УИВС

узел исходящего междугородного сообщения 长途去话汇接局 〈略〉УИСМ

узел исходящего сообщения нулевых пучков СЛ 中继零次群去话汇接局 〈略〉УИС-0

узел исходящего сообщения 去话汇接局 〈略〉УИС

узел коммуникации тестовым зондом 测试探针转接节点

узел кросс-соединения 交叉节点

узел листа 叶结点

узел обходной связи 迂回通信接点 〈略〉УОС

узел объединения шин 总线连接点 〈略〉УОШ

узел печатный 印制部件 〈略〉УП

узел поддержки GPRS GPRS 支持节点 〈略〉GSN

узел поддержки услуг GPRS GPRS 服务支持节点 〈略〉SGSN

узел поддержки шлюза GPRS GPRS 网关支持节点 〈略〉GGSN

узел-посредник вызовов 呼叫协调接点 〈略〉CMN

узел размножения 复制点

узел сборки 采集点

узел сельско-пригородной связи, сельско-пригородный узел 农村-市郊通信汇接局 〈略〉УСП

узел спецслужб 特种业务汇接局 〈略〉УСС

узел сравнения 比较点 〈略〉CP

узел услуг 业务节点 〈略〉SN

узел услуг пакетных данных 包数据业务汇接局 〈略〉PDSN

узкая полоса 窄(频)带

узкий селекторный импульс 窄选择脉冲 〈略〉УСИ

«узкое место», бутылочное горлышко, пробка 瓶颈

узкополосная цифровая сеть с интеграцией услуг 窄带综合业务数字网 〈略〉N-ISDN

узкополосная частотная модуляция 窄带调频 〈略〉УЧМ

узкополосное коммутационное поле 窄带交换网络,窄带接续网络 〈略〉CNET

узкополосные услуги 窄带业务

узловая радиорелейная станция 微波中继枢纽站 〈略〉УРС

узловая связь 节点通信

узловая сеть 枢纽网

узловая станция, тандемная станция, узел 汇接局 〈略〉Тм,УС

узловая структура 枢纽结构

узловой пункт 汇接点

узлообразование 汇接

указание состояния шлюза 网关状态指示

указатель 指针,光标,索引,目录,指示器,指示符 〈略〉PTR

указатель административного блока, указатель административной единицы 管理单元指针 〈略〉AUP, AU PTR

указатель стека 栈指针 〈略〉УС

указатель трансляции информации в случае переадресования вызова при использовании CAMEL 使用 CAMEL 前转呼叫时的信息转换指示符 〈略〉TIF-CSI

указатель трибного блока, указатель трибутарной единицы 支路单元指针 〈略〉TUP, TU PTR

указатель уровня 电平指示器 〈略〉УУ

усилитель фототоков 光电放大器 〈略〉УФ

указатель фрагмента файла данных экземпляров вызовов 呼叫实例数据字段指示语 〈略〉CIDFP

указательный бит 指示位

улитка (костная) 耳蜗

ультравысокая частота 超高频 〈略〉СОЗУ

ультракороткая волна 超短波 〈略〉УКВ

уменьшаемое 被减数

уменьшение фрагментирования памяти 减少内存碎片

умная клавиатура 智能键盘

умножимое 被乘数

умолчание 缺省,默认

универсальная инкапсуляция маршрутизации 通用路由封装 〈略〉GRE

универсальная пакетная радиоуслуга 通用无线分组业务 〈略〉GPRS

универсальная персональная связь 通用个人通信 〈略〉UPT, УПС

универсальная платформа базовой сети 通用基础网平台 〈略〉CNUP

универсальная платформа мршрутизации 通用路由平台 〈略〉VRP

универсальная система мобильной связи 通用移动通信系统 〈略〉MTS

универсальное арифметическое устройство 通用运算器 〈略〉УАУ

универсальное ночное обслуживание 综合夜间服务 〈略〉ПУО

универсальное поворотное уст-во 全方位云台

универсальное сервисное обслуживание 通用服务维护 〈略〉УСО

универсальное сетевое окончание 通用网络终端 〈略〉NTU

универсальное скоординированное время 通用协调时间 〈略〉UTC

универсальный 通用的,万能的

универсальный (уникальный) номер доступа 通用(统一)接入号码 〈略〉UAN

универсальный асинхронный приемопередатчик 通用异步收发机,通用异步收/发信机 〈略〉UART, УАПП

универсальный Блейд-процессор 通用 Blade 处理器 〈略〉UPB

универсальный блок доступа сигнализации 通用信令接入单元 〈略〉USAU

универсальный блок интерфейсов окружающей среды 通用环境接口单元 〈略〉UEIU

универсальный блок интерфейсов питания и окружающей среды 通用电源和环境接口 〈略〉UPEU

универсальный блок молниезащиты E1/T1 通用 E1/T1 避雷装置 〈略〉UELP

универсальный блок молниезащиты FE 通用 FE 避雷装置 〈略〉UFLP

универсальный блок обработки услуг 通用业务处理单元 〈略〉USP

универсальный блок радиоинтерфей-

сов базовых частот 通用基频无线接口单元 〈略〉UBRI

универсальный блок сервисных интерфейсов 通用业务接口单元 〈略〉USI

универсальный блок синхронизации и спутниковой карты 时钟和卫星图通用部件 〈略〉USCU

универсальный дополнительный блок обработки передачи 传输处理通用补充单元 〈略〉UTRP

универсальный коммутирующий маршрутизатор 通用交换路由器 〈略〉USR

универсальный компонент 通用组件

универсальный медиа-шлюз 通用媒体网关 〈略〉UMG

универсальный порт 通用端口

универсальный указатель ресурса 通用资源指示器 〈略〉URL

уникальная идентификация 唯一标识

уникальность 唯一性

унифицированная диспетчеризация целых сетей 全网络统一调度

унифицированный идентификатор ресурсов 统一资源识别器 〈略〉URI

унифицированный контроль трафика 统一业务量监控

упаковка, герментизация, изоляция 封装

упаковка, отображение 映射

упаковочный компонент 封装组件

УПАТС с функцией ISDN 综合业务数字网专用小交换机 〈略〉ISPBX

уплотнение, герметизация 密封

уплотнение информации 信息压缩

уплотненная система передачи 多路传输系统

уплотненный, мультиплексный 多路传输的,复用的 〈略〉MPX

уполномоченный код тега 授权标签代码

уполномоченный центр научных исследований после получения докторской степени 国家博士后流动工作站

упорядоченная услуга, неориентированная на соединение 有序无连接服务

упорядоченный 有序的,规整的,有条理的

управление SDH SDH 管理 〈略〉G.784(01/94)

управление абонентами сетевого элемента 网元用户管理

управление базовыми вызовами 基本呼叫管理 〈略〉BCM

управление батареей 电池管理

управление безопасностью, управление полномочиями 安全管理

управление беспроводной подсистемой 无线子系统管理 〈略〉RSM (RR')

управление блоком аварийной сигнализации 告警箱的控制

управление в реальное время 实时控制

управление взаимодействием признаков 特征交互管理 〈略〉FIM

управление взаимодействием признаков / управление вызовами 特征交互管理/呼叫管理 〈略〉FIM/CM

управление взаимосвязью для реализации набора интеллектуальных услуг CS2 实现 CS2 智能业务拨号的互联管理 〈略〉CS2 - I0

управление внешними устройствами 外部设备控制,外部设备管理 〈略〉УВУ

управление временной последовательностью 时序控制

управление временными ограничениями, управление временными пределами, управление интервалом 时限管理

управление вызовами 呼叫控制

〈略〉CC,УВ

управление вызовами, независимое от среды доставки 与输送介质无关的呼叫控制 〈略〉BICC

управление вызывными интервалами 间隙呼叫控制

управление диалогом 对话控制 〈略〉PDU

управление динамической конфигурацией каналов 动态信道配置 〈略〉DCCC

управление доступом вызовов, управление правами на вызовы 呼叫接入控制,呼叫权限控制 〈略〉CAC

управление доступом к функциональному объекту 功能实体接入管理 〈略〉FEAM

управление задачами 任务管理

управление значением переполнения субмаршрута 子路由溢出控制

управление и аварийная сигнализация 控制和告警 〈略〉C & A

управление и связь системы 系统控制和通信 〈略〉SCC

управление индикацией данных 数据显示控制 〈略〉DDC

управление источниками выходных сигналов 输出源管理

управление качеством 质量管理 〈略〉QM

управление коммутацией интеллектуальной сети 智能网交换管理 〈略〉IN-SM

управление коммутацией услуг 业务交换管理 〈略〉SSM

управление коммутационным полем 交换网络控制 〈略〉КУ

управление контролем комплектов 电路测试控制 〈略〉CSC

управление конфигурацией 配置管理 〈略〉C

управление логикой услуги 业务逻辑控制

управление логическим каналом 逻辑链路控制 〈略〉LLC

управление маршрутизацией SCCP SCCP 路由管理 〈略〉SCRC

управление обратным информационным потоком 返回信息流控制

управление общим потоком 一般流量控制 〈略〉GFC

управление операциями с данными 数据操作管理

управление отчетностью 报表管理

управление периферийным оборудованием 外设管理,外围设备管理

управление по входу 输入控制

управление по выходу 输出控制

управление подвижной беспроводной электросвязи 移动无线电信管理局 〈略〉УПБЭС

управление подвижностью 移动性管理 〈略〉MM

управление политиками и тарификация 策略控制和计费 〈略〉PCC

управление последовательностью 顺序控制 〈略〉SN

управление потоком трафика сигнализации 信令业务流量控制

управление проектами по обслуживанию 服务项目管理

управление рабочими параметрами, управление характеристиками 性能管理 〈略〉P

управление радиоканалами 无线链路控制 〈略〉RLC

управление радиоресурсами 无线资源管理 〈略〉RRC

управление радиотелевидения и спутниковой связи 广播电视和卫星通信局 〈略〉УРТС

управление разделами 分区管理

управление резервированием 保留控制

управление с помощью последовательного порта 串口控制

управление сессиями 对话时间控制 〈略〉SM

управление сетевым уровнем 网络层管理

управление сетевыми ресурсами 网络资源管理 〈略〉NRM

управление синхронным оборудованием 同步设备管理

управление системой 系统管理

управление служебными данными 业务数据管理 〈略〉SDM

управление соединением 连接管理 〈略〉CM

управление соединением B-канала B信道连接控制 〈略〉BCC

управление состоянием SCCP SCCP状态控制 〈略〉SCMG

управление счетами 帐务管理

Управление телекоммуникаций Гонконга 香港电信管理局 〈略〉OFTA

управление услугами IMS IMS业务控制 〈略〉ISC

управление услугами без установления соединений 无连接服务控制 〈略〉SCLC

управление услугами, ориентированными на соединение 面向连接的业务控制 〈略〉SCOC

управление файлом регистрации 日志管理

управление функциями 功能操作

управление широковещаннем/ групповой передачей 广播/组播控制 〈略〉BMC

управление электросвязи 电信管理局,电信司 〈略〉УЭС

управление, менеджмент 管理

управленческий банк данных 管理数据库 〈略〉MDB, УБД

управленческий персонал высокой квалификации 高级管理人员

управляемая передача 受控传递

управляемый интеллектуальный регулятор 可控智能调节器

управляемый полупроводниковый выпрямитель 可控半导体整流器 〈略〉SCR

управляющая вычислительная машина 控制计算机 〈略〉УВМ

управляющая вычислительная система 控制计算系统 〈略〉УВС

управляющая память, память управления, управляющее ЗУ 控制存储器 〈略〉CM, УП

управляющее оборудование, устройство управления, управляющее устройство 控制设备 〈略〉УО, УУ

управляющее слово 控制字 〈略〉CW

управляющее телефонное оборудование 控制电话设备 〈略〉УТО

управляющее устройство модуля 模块控制设备 〈略〉УУМ

управляющее чтение 控制读出

управляющие сигналы активизации/ деактивизации 激活/去激活的控制信号

управляющий MSC, инициирующий переключение 发起切换的主控移动交换中心 〈略〉MSC-A

управляющий автомат 自动控制机 〈略〉УА

управляющий блок 控制部件,控制程序块 〈略〉УБ

управляющий вычислительный комплекс 后管理模块,后台 〈略〉BAM, УВК

управляющий комплект 控制电路 〈略〉УК

управляющий контроллер 管理控制器

управляющий терминал 控制终端

управляющий флаг 控制标志

управляющий элемент 控制元件 〈略〉УЭ

упрощение построения сетей 撤点并网 〈略〉LCM

упрощение процесса проектирования 简化设计过程 〈略〉ASR

упрощение структуры оборудования

简化设备结构

упрощённый протокол доступа к каталогам 简化目录访问协议 〈略〉LDAP

упрощенный протокол контроля передачи 简化传输控制协议 〈略〉SNMP

упрощенный протокол управления сетью 简化网管协议 〈略〉SMTP

упрощенный управляющий вычислительный комплекс 简化的后管理模块

упрощенный цикловой номер TDMA 简化时分多址帧号 〈略〉RFM

уравнитель напряжения переменного тока 交流调压器

уравнительный заряд 均充,均衡充电

уравнительный/непрерывный заряд модуля 模块均/浮充

уровень 1（**физический уровень**） 第一层(物理层) 〈略〉L1

уровень 2（**уровень канала передачи данных**） 第二层(数据链路层) 〈略〉L2

уровень 3（**сетевой уровень**） 第三层(网络层) 〈略〉L3

уровень адаптации абонента ISDN Q. 921 ISDN Q. 921 用户适配层 〈略〉IUA

уровень адаптации ATM ATM 适配层 〈略〉AAL

уровень адаптации ATM тина 1 ATM 适配层类型 1 〈略〉AAL1

уровень адаптации ATM тина 2 ATM 适配层类型 2 〈略〉AAL2

уровень адаптации пользователей MTP2 MTP 第二级用户适配层 〈略〉M2UA

уровень адаптации пользователей MTP3 MTP 第三级用户适配层 〈略〉M3UA

уровень адаптации сигнализации ATM ATM 信令适配层 〈略〉SAAL

уровень адаптации частного пользователя SCTP SCTP 私人用户适配层 〈略〉SPUA

уровень аналогового сигнала 模拟信号电平

уровень асинхронной адаптации 异步适配层

уровень боковых лепестков 旁波瓣电平

уровень доступа 接入层 〈略〉FAR

уровень доступности 可利用度

уровень импульсов 脉冲电平,脉冲级

уровень канала передачи данных 数据链路层 〈略〉DL

уровень коммутации ядра 核心交换层

уровень облачных услуг 云服务层次

уровень остатков 剩余电平

уровень представления 表示层

уровень приема 接收电平,接收强度

уровень принимаемого сигнала линии «вверх» 上行链路接收信号强度 〈略〉RXLEV-U

уровень принимаемого сигнала линии «вниз» 下行链路接收信号强度 〈略〉RXLEVD

уровень принимаемого сигнала 接收信号等级

уровень сигнала 信号电平,信号强度

уровень сигнальной перегрузки 信号过载电平

уровень срабатывания 动作电平

уровень станции 局(站)级

уровень тракта 通道层

уровень транзакции 事务管理层 〈略〉BML

уровень управления 管理层

уровень управления логическим каналом 逻辑链路控制层 〈略〉LLC

уровень управления сетевыми элементами 网元管理层 〈略〉EML

уровень управления сетью 网络管理层 〈略〉NML

уровень управления службами 业务管理层 〈略〉SML

уровень управления доступом к среде 介质访问控制层 〈略〉MAC

уровень управления элементами 元件管理层 〈略〉EM-Layer

уровень услуг 业务层

усадка, сжатие 收缩

усиление 增益,放大

усиление мощности 功放,功率放大

усиление оптического модуля 光模块放大

усиление при передаче 传输中放大

усиленная динамическая манипуляция 增强型动态键控

усиленная передача данных с коммутацией каналов 增强型交换信道的数据传输 〈略〉ECSD

усиливающая антенна 增益天线

усилитель 放大器

усилитель высокой частоты 高频放大器 〈略〉УВЧ

усилитель мощности 功率放大器 〈略〉PA, УМ

усилитель низкой частоты 低频放大器 〈略〉УНЧ

усилитель постоянного тока 直流放大器 〈略〉УПТ

усилитель промежуточной частоты 中频放大器

усилитель регенерации 再生放大器 〈略〉УР

усилитель с бегущей волной 行波放大器 〈略〉УБВ

усилитель, установленный на антенную мачту 安装在天线杆上的放大器 〈略〉TMA

усилительная схема 放大电路

усилительный пункт 增音站 〈略〉УП

усилительный элемент 放大元件 〈略〉УЭ

ускоренная перемотка 快绕,快速重绕

ускоренная перемотка вперед 快进

ускоренная перемотка назад 快退

условия окружающей среды 环境条件

условная переадресация вызова 有条件呼叫前转 〈略〉CCF

условное обозначение вызываемого номера 约定的被叫号码

условный номер 代号

услуга «абонент отсутствует», услуга при отсутствии вызываемого абонента 缺席用户服务

услуга 600 600 服务

услуга 700 700 服务

услуга 800 800 服务

услуга 900 900 服务

услуга «Push-to-talk» 按键通话服务 〈略〉PTT

услуга абонентских терминалов 用户终端服务

услуга альтернативных услуг 备选服务 〈略〉ALS

услуга аутентификации, тарификации и уполномочий 3A 服务、认证计费授权服务

услуга видеотекста 可视图文业务

услуга виртуальной частной линии 虚拟专线业务 〈略〉VPWS

услуга виртуальных каналов 虚电路服务

услуга вызова-побудки 唤醒服务

услуга голосового широковещания 语音广播服务 〈略〉VBS

услуга групповых голосовых вызовов 语音群呼服务 〈略〉VGCS

услуга грапповой трансляции 组播服务

услуга данных блока 单位数据业务 〈略〉UDTS

услуга дистанционной установки 远程安装服务(指软件) 〈略〉RIS

услуга доставки информации в пакетном режиме 分组信息传递服务 〈略〉PMBS

услуга канальной передачи данных 电路交换数据业务 〈略〉CSD

услуга коротких сообщений 短消息服务 〈略〉SMS
услуга корпоративных карт 公司卡号业务
услуга локализатора Интернет（Internet） 互联网定位器业务 〈略〉ILS
услуга мультимедийного широковещания/групповой передачи 多媒体广播组播服务 〈略〉MBMS
услуга нециклического абсолютного временного предела 不可重复的绝对时限服务 〈略〉DRX
услуга обмена управленческой информацией 管理信息通信服务
услуга определения местоположения 定位业务 〈略〉LCS
услуга оптовой аренды каналов 通道批发租赁服务
услуга относительного временного предела 相对时限服务
услуга передачи видеоизображения 视像转播服务
услуга передачи данных с комутацией каналов 电路交换数据业务〈略〉CSD
услуга передачи информации без подтверждения приема 无确认式信息传递服务 〈略〉UITS
услуга передачи информации с подтверждением приема 确认式信息传递服务 〈略〉AITS
услуга переноса информации 信息传送服务
услуга по паролю 密码服务
услуга поиска в базе данных 数据信息库检索服务
услуга предоплаты 预付费服务〈略〉PPS
услуга пульта секретаря 秘书台服务
услуга раздельной оплаты 单独付费服务
услуга расширенных данных блока 增强的单位数据业务 〈略〉XUDTS
услуга ретрансляции 广播服务，中继服务
услуга секретаря 秘书服务
услуга сквозной аварийной сигнализации 直通报警服务
услуга управления данными ограничения доступа 接入（访问）限制数据控制业务
услуга циклического абсолютного временного предела 周期性绝对时限服务
услуга эмуляции канала в сети пакетной коммутации 分组交换网络电路仿真业务 〈略〉CESPSN
услуга, сервис 服务，业务 〈略〉SVC
услуги для обычных вызовов 普通呼叫设备
услуга мультиплексирования 复用设备
услуги носителя 载体设备
услуги общественного и ведомственного назначения 公网和专网设备
услуги передачи изображений 图像传输设备
услуги по обмену факсимильными сообщениями 传真消息交换设备
усовершенствование функции программного обеспечения 软件功能的改进
усовершенствованная архитектура дистанционной связи с использованием компьютерных технологий 利用计算机技术改进的长途通信架构
усовершенствованная интеллектуальная периферия 先进的智能外设〈略〉AIP
усовершенствованная компьютерная архитектура для телекоммуникаций 改进的电信用计算机体系结构〈略〉ATCA
усовершенствованная скорость передачи данных для эволюции GSM GSM 演进用的增强型数据速率〈略〉EDGE
усовершенствованная среда телеком-

муникационного оборудования 改进的交换设备介质 〈略〉ATAE

усовершенствованная услуга передачи сообщений 改进的消息传输服务 〈略〉EMS

усовершенствованное полноскоростное речевое кодирование, расширенный полноскоростной речевой кодек 增强型全速率语音编码,扩展型全速率语音编码译码器 〈略〉EFR

усовершенствованный внутренний протокол маршрутизации шлюза 增强型内部网关路由选择协议 〈略〉EIGRP

усовершенствованный графический адаптер 高级图形适配器 〈略〉EGA

усовершенствованный модуль обработки каналов HERT HERT 信道处理增强模块 〈略〉HECM

усовершенствованный модуль обработки санкционированных перехватов 改进的合法截听处理模块 〈略〉ULEP

усовершенствованный модуль электропитания 改进的电源模块 〈略〉APM

усовершенствованный сервер телефонии 改进的电话服务器 〈略〉ATS

усовершенствованный узел поддержки услуг GPRS 增强型 GPRS 服务支持节点 〈略〉SGSN +

усовершенствованный узел поддержки шлюза GPRS GPRS 网关支持节点 〈略〉GGSN +

успешное выполнение проверки непрерывности 导通检验成功

установка 设置,安装

установка абонента сетевого элемента 设置网元用户

установка абонентских блоков 用户终端安装

установка в режиме онлайн 联机设定

установка времени восстановления 设置恢复时间

установка времени контроля 设置监测时间

установка времени характеристик 设置性能时间

установка временной секции 设置时间段

установка дисплея 显示设置

установка для обработки речевых сигналов 语言信号处理装置

установка для поверхностного монтажа компонентов на плате (с применением клеящей пасты) 贴片机

установка для тестирования вторичных источников электропитания 二次电源测试装置

установка защитного переключения 设置保护倒换

установка и изъятие (извлечение) модулей защиты и изолирующих испытательных вилок 保安模块和开路测试插塞的插拔

установка источника тактовых сигналов 时钟源设置

установка источника тактовых сигналов, синхронизируемого сетевой платой 网板锁定时钟源设置

установка керамического корпуса матрицы роликовой решетки 陶瓷柱状球删陈列封装 〈略〉CCBGA

установка кольца 环路设置

установка на ожидание с предупреждением 呼叫等待的提示 〈略〉УОП

установка пороговых значений 设置门限

установка системного времени оборудования 设置设备系统时间

установка софта, установка программы, инсталляция софта 软件安装

установка станции, ввод станции в эксплуатацию, подключение стан-

ции к сети, включение станции в сеть 开局

установка станционного направления 局向设定

установка стоек в ряд боковыми и тыльными сторонами друг к другу (в сдвоенных рядах) 把机架从侧面及背面紧靠安装为一排(共两排)

установка управления конфигурацией 设置配置管理

установка уровней аварийных сигналов 告警级别设置

установка электропитания связи 通信电源装置 〈略〉УЭПС

установление асинхронного балансного режима 设置异步平衡模式 〈略〉SABM

установление очереди вызовов, распределение вызовов по очереди 呼叫排队 〈略〉QUE, PBO

установление пользовательских очередей 用户排队

установление расширенного асинхронного балансного режима 设置扩展的异步平衡模式 〈略〉SABME

установление соединения 接续

установленное значение, заданное значение 给定值

установленное соединение 接通,已完成接续

установочно-монтажные и пуско-наладочные работы 安装调试和试生产 〈略〉УМПН

установочный диск, установочная дискетка 安装盘

установочный набор 安装套件

устойчивость к излучаемым помехам 抗辐射干扰性 〈略〉RS

устойчивость к кондуктивным помехам 抗传导干扰性 〈略〉CS

устойчивость к многоточечным отказам 抗多点失效能力

устойчивость к наносекундным импульсным помехам (НИП) 抗纳秒脉冲干扰性 〈略〉EFT

устойчивость системы 系统稳定性 〈略〉УС

устранение неисправности 排除故障

устройства машинной периферии 机房外围设备

устройство аварийной сигнализации 报警器,报警设备,报警信号装置

устройство автоматического контроля 自动监控装置 〈略〉УАК

устройство автоматического регулирования 自动调节设备 〈略〉УАР

устройство автоматической установки данных АЛ 用户线数据自动设置装置 〈略〉АУД

устройство аудиовизуальной аварийной сигнализации 声光报警设备

устройство бесперебойного питания 连续供电装置 〈略〉УБП

устройство ввода 输入设备 〈略〉Увв

устройство ввода-вывода 输入输出设备 〈略〉УВВ

устройство ввода-вывода команд 指令输入输出设备 〈略〉УВВК

устройство вставного типа 接插式装置

устройство выборки-хранения 存取装置 〈略〉УВХ

устройство вывода 输出设备 〈略〉УВыв

устройство выпрямительного заряда и содержания 整流充电和保持装置 〈略〉УВЗС

устройство гарантированного питания концентраторов 集线器保障供电装置

устройство гарантированного питания электронных систем коммутации и связи 交换和通信电子系统保障供电装置

устройство дистанционного управления 遥控设备 〈略〉УДУ

устройство дифференциального прие-

ма 差分接收装备 〈略〉ДИКМ, DPCM

устройство запроса и приема информации 信息请求和接收装置 〈略〉УЗПИ

устройство защиты от ошибок 抗误码设备 〈略〉УЗО

устройство защиты от бросков тока 电流骤增保护装置 〈略〉SPD

устройство звукового сигнала 音响信号装置

устройство индикации 显示设备,显示器 〈略〉УИ

устройство индикации тока 电流显示装置 〈略〉УИТ

устройство кадровой синхронизации 帧同步装置

устройство контроля информации 信息检验装置 〈略〉УКИ

устройство контроля напряжения батареи 电池电压控制装置 〈略〉УКБН

устройство конференц-связи 会议电话设备

устройство логики периферии 外围逻辑装置 〈略〉ЛП

устройство межмашинной связи 计算机之间通信设备

устройство межмашинных соединительных линий 计算机之间中继线设备

устройство многочастотной сигнализации 多频信号装置

устройство надежности временного коммутатора 时间转换器可靠性设备

устройство надежности коммутационного поля 接续网络可靠性设备

устройство надежности пространственного коммутатора 空间转换器可靠性设备

устройство обработки 处理设备

устройство общего контроля 公共控制设备 〈略〉OK

устройство охранной (тревожной) сигнализации 报警器

устройство оптической обработки информации 光信息处理设备 〈略〉УООИ

устройство подготовки данных 数据准备设备 〈略〉УПД

устройство пожаротушения 消防设备

устройство пользователя без автоматического назначения TEI 非自动分配终端设备接口的用户设备

устройство пользователя с автоматическим назначением TEI 自动分配终端设备接口的用户设备

устройство преобразования сигнала 信号变换装置 〈略〉УПС

устройство равномерного тока 均流设备

устройство разделения экрана 多画面分割器

устройство распределения тактовых импульсов 时钟脉冲分配器

устройство с магнитной лентой, блок магнитной ленты 磁带机

устройство с перепрограммируемой логикой 逻辑可重编设备 〈略〉EPLD

устройство сбора 采集器 〈略〉QB2

устройство связи ветки А 支路A通信设备 〈略〉УСПА

устройство связи ветки В 支路B通信设备 〈略〉УСПВ

устройство связи с коммутационным оборудованием 用交换机的通信设备

устройство связи с объектом 目标通信装置 〈略〉УСО

устройство связи с периферией 与外围通信的装置 〈略〉УСП

устройство сетевого доступа 网络接入设备

устройство сигнализации 信令设备

устройство согласования цифровых

СЛ 数字中继匹配设备 〈略〉УСЦ

устройство соединительных линий SDH SDH 中继线设备 〈略〉STU

устройство сопряжения 接口设备,连接设备

устройство сопряжения с ЗУ 与存储器连接设备 〈略〉УСЗУ

устройство управления и распределения коммутационным полем и комплектами 接续网络和电路的控制和分配设备

устройство управления узлом 节点控制设备

устройство учета стоимости, устройство тарификации 计费设备

устройство электропитания, электропитающая установка 电源装置 〈略〉PD,ЭПУ

устройство эхо-контроля 回音监视设备

устройство, оборудование, прибор 装置,设备,器件 〈略〉DEV

утечка тока 漏电,漏电流

утопленный самонарезной болт с внутренним четырехгранником 十字槽沉头自攻螺钉

уход от концепции 突破观念

уход частоты 频率漂移,频偏

ухудшение источника тактовых сигналов 时钟源劣化 〈略〉SYN-BAD

ухудшение качества сигнала 信号劣化 〈略〉SD

ухудшение сигнала источника синхронизации 同步源劣化 〈略〉SYN-BAD

учащенный звуковой сигнал 急促音

учет разговоров 通话统计 〈略〉УИР

учет стоимости (начисление оплаты) с переполюсовкой 反极(性)计费

учет стоимости по реверсированию полярности 反极性计费

учет стоимости по тарифным импульсам 脉冲计费

учет стоимости разговоров по группам 通话分组计费

учет стоимости разговоров по кодам назначения 目的码计费

учрежденческая связь 机关通信

учрежденческая телефонная станция 用户小交换机,用户级交换机 〈略〉PBX,УТС

учрежденческо-производственная районная телефонная станция 区电话小交换机 〈略〉УПРТС

учрежденческо-производственная АТС, частная АТС с выходом в общую сеть 自动用户小交换机,私用自动交换分机 〈略〉PABX,УПАТС

Ф

фаза 相、相位、阶段

фаза ответа на вызов 接听电话阶段

фаза посылки вызова 拨打电话阶段

фаза посылки импульсов с перекрытием 叠加脉冲发送阶段

фаза разговора 通话阶段

фаза разъединения 拆线阶段

фаза синхронизации, фазовая тактовая синхронизация 时钟锁相

фазовая автоподстройка частоты 频率相位自动微调 〈略〉ФАПЧ

фазовая модуляция 调相 〈略〉ФМ

фазовая синхронизация, синхронизация по фазе 锁相,相位同步

фазово-амплитудная модуляция без несущей 无载波幅相调制 〈略〉CAP

фазовое дрожение 相位抖动 〈略〉ФД

фазовое усиление 相位放大

фазово-импульсная модуляция 脉冲相位调制,脉位调制 〈略〉ФИМ

фазовый джиттер и вандер 相位抖动和漂移

фазоразностная модуляция 相差调

制器 〈略〉ФРМ
фазочастотная характеристика 相位频率特性 〈略〉ФЧХ
файл данных 数据文件，数据文卷 〈略〉ФД
файл квитанций 话单文件
файл операцин 操作文件
файл описания 描述文件
файл описания загрузки 加载描述文件
файл печати отчетов о неисправности по умолчанию 默认故障报表打印文件 〈略〉alm-rpt. prn
файл печати отчетов о файле регистрации по умолчанию 默认日志报表打印文件 〈略〉op-rpt. prn
файл печати отчетов о характеристиках по умолчанию 默认性能报表打印文件 〈略〉perf-rpt. prn
файл регистрации 日志文件
файл регистрации аварий 告警日志文件
файл справки, файл помощи 帮助文件
файл фоновой карты 背景图文件
факс по запросу 即时传真 〈略〉FOD
факсимильная обработка 传真处理 〈略〉FP
факсимильная связь группы 3 G3类传真，三类传真
факсимильная служба 传真业务
факсимильный аппарат группы 4 G4传真机，四类传真机
факсимильный коммутационный аппарат 传真交换设备 〈略〉FSU
факсов 传真机墨盒
факсовый вызов 传真呼入
фактическое число кортежей 实际元组数
факториал 阶乘
фальшпанель, заглушка 假面板，拉手条
фальшпол 活动地板，高架地板
фальшстена 假墙 〈略〉HRX
фантомная цепь 幻象电路
фарада 法(拉) 〈略〉Ф
фасад 正视图
фатальное сообщение 致命消息
физическая двухпроводная аналоговая соединительная линия 二线实线模拟中继线 〈略〉AT2
физическая линия 实线
физическая проводная линиа 金属实线
физическая соединительная линия 实线中继线
физическая/электрическая характеристика интерфейсов цифровой иерархии 数字序列接口物理/电气特性 〈略〉G. 703(04/91)
физически устаревшее оборудование 有形老化设备
физический интерфейс хронирующего источника синхронного оборудования, физический интерфейс синхронизации синхронного оборудования 同步设备定时物理接口 〈略〉SETPI
физический интерфейс PDH PDH物理接口 〈略〉PPI
физический интерфейс SDH SDH物理接口 〈略〉SPI
физический контакт 物理触点 〈略〉PC
физический уровень 物理层 〈略〉PH, PHY
фиксатор цифры 数字钳位器 〈略〉ФЦ
фиксатор, арретир 锁定器
фиксатор, фиксатор-защелка 钳位器
фиксация 钳位，固定，锁定
фиксация с помощью пружинной защелки 用簧片锁定
фиксация, определение, решение 判定，确定
фиксированная сеть 固定网
фиксированный наполнитель 固定

填充器 〈略〉FS

фиксированный телефон 座机

фиксированный формат 固定格式

фильтр 滤波器

фильтр аварийных сигналов 告警滤器

фильтр высокой частоты, фильтр верхних частот 高通滤波器,高频滤波器 〈略〉ФВЧ

фильтр низкой частоты, фильтр нижних частот 低通滤波器,低频滤波器 〈略〉ФНЧ

фильтр свертки распределений 分布褶积滤波器 〈略〉FC

фильтрация аварийных сигналов 告警滤波

фильтрация и компрессия информации 信息滤波和压缩

фильтрация импульса 脉冲滤波

флаг 标志码 〈略〉F

флаг «вне обслуживания» 退出服务标志

флаг готовности 就绪标志

флаг занятости 占用标志

флаг запрета вмешательства оператора 限制操作员插入标志

флаг запрета входящей связи 来话限制标志

флаг наблюдения за вызовами 呼叫观察标志

флаг новых данных 新数据标志 NDF

флаг переноса процессора 处理器进位标志 〈略〉CF

флаг приема 接收标志

флаг состояния 状态标志

флэш-память 闪存,闪烁存储器 〈略〉FLASH

флюс, флюсующая добавка 助焊剂

форма выходного сигнала 输出波形

формат ввода 输入格式

формат данных 1 数据格式1 〈略〉DT1

формат данных 2 数据格式2 〈略〉DT2

формат жалобы 申告单格式

формат передачи 发送格式 〈略〉TF

формат портативного документа 便携文件格式

формат сообщений 消息格式

формат цифровых сигналов 数字信号格式

форматирование 格式化

форматирование абзаца 段落格式化

форматирование шрифта 字体格式化

форматированный 格式化的

формирование трафика 话务量生成 〈略〉TE

формула Пальма-Якобеуса 帕尔姆-雅科别乌斯公式 〈略〉GPJ

форум по телеуправлению 远程控制论坛 〈略〉TMF

форум корпоративной компьютерной телефонии 企业计算机电话论坛 〈略〉ECTF

фотодетектор 光电检测器 〈略〉ФД

фотодиод 光电二极管 〈略〉ФД

фоточувствительный прибор с зарядовой инжекцией 光敏电荷注入器件 〈略〉ПЗИ

фотоэлектрическая интеграция 光电一体化

фоточувствительный прибор с зарядовой связью 光敏电荷耦合器件 〈略〉ПЗС

фоточувствительный прибор с переносом заряда 光敏电荷转移器件 〈略〉ФППЗ

фотоэлектрический эффект 光电效应 〈略〉ФЭЭ

фотоэлектрическое преобразование 光电转换

фотоэлектронный умножитель 光电倍增器 〈略〉ФЭУ

фрагменты 碎片

фрагменты памяти 内存碎片

фраза, оператор 语句(算符)

фрейм реле, ретрансляция кадров 帧中继 〈略〉FR

фронтальный компьютер 前端电脑

фронтальный модуль антенны для BTS DTRU BTS DTRU 用的天线前端模块 〈略〉DAFM

фронтальный процессор 前端处理机

фронтальный связной процессор 前置通信处理器

функциональная подсистема ПО 软件功能系统

функциональная клавиша 功能键

функциональная пленка (наклейка) 功能薄膜(不干胶)

функциональная схема 功能图,功能框图

функциональное диагностирование 功能诊断 〈略〉ФД

функциональное программное обеспечение 功能软件 〈略〉ФПО

функциональное тело 功能体

функциональные возможности по диагностике аварийных ситуаций и последующей реконфигурации сети для восстановления связи 有诊断故障和为恢复通信进行网络重新配置的功能

функциональные опции 功能性选件

функциональный блок 功能块 〈略〉ФБ

функциональный блок Q-адаптера Q 适配器功能块 〈略〉QAF

функциональный блок взаимодействия 互通功能块 〈略〉IFU

функциональный блок рабочей станции 工作站功能块 〈略〉WSFB

функциональный блок системы управления 控制系统功能块

функциональный объект 功能实体 〈略〉FE

функциональный узел 功能节点 〈略〉FN

функциональный уровень 功能级

функциональный элемент управления услугами 业务控制功能单元

функция 功能,函数,职能

функция Q-адаптера Q 适配器功能 〈略〉QAF

функция администрирования 管理功能 〈略〉ADMF

функция ввода-вывода услуг 业务分插功能

функция взаимодействия 互通功能 〈略〉IWF

функция выбора политики 策略决策功能 〈略〉PDF

функция выбора политики на основе услуг 业务策略决策功能 〈略〉SPDF

функция высокого уровня 高层能力

функция граничного шлюза 边界网关功能 〈略〉BGF

функция граничного шлюза взаимодействия 交互作用边界网关功能 〈略〉CBGF

функция граничного шлюза ядра 核心边界网关功能 〈略〉C-BGF

функция двусторонней связи 双向通信功能

функция доставки 传送功能 〈略〉DF

функция доступа к управлению вызовами 呼叫控制接入功能 〈略〉CCAF

функция доступа к управлению службами 业务管理接入功能 〈略〉SMAF

функция запроса на помощь в режиме онлайн 在线求助功能

функция защиты транзита 转接保护功能

функция коммутации услуг 业务交换功能 〈略〉SSF

функция коммутации услуг GPRS GPRS 业务交换功能 〈略〉gprsSSF

функция коммутации услуг IP-мультимедиа IP 多媒体业务交换功能 〈略〉IM-SFF

функция конвергенци в завасимости от подсети 子网相关会聚功能〈略〉SNDCF

функция конкретной координации услуг 业务特定协调功能〈略〉SSCF

функция контроля заголовка 开销监视功能

функция контроля линии внешнего сигнала E1 对外部E1线路监控功能

функция концентрации с переменным отношением конвергенции 可变收敛比的集线功能

функция конфигурации сетевого доступа 网络连接配置功能〈略〉NACF

функция кросс-соединений 交叉能力

функция куммулятивного распределения 累计分布函数〈略〉CDF

функция локатора подписки 签约定位器功能〈略〉SLF

функция мар MAP功能〈略〉MAPF

функция маскирования сообщения 消息屏蔽功能

функция межсетевого взаимодействия 网间互通功能

функция межсетевого пограничного шлюза 网间边界网关功能〈略〉I-BGF

функция многократного ассоциативного управления 多重联系控制功能〈略〉MACF

функция начала/окончания транспортировки виртуального контейнера 传送终端功能〈略〉TTF

функция ночного обслуживания 夜间服务功能

функция одиночного ассоциативного контроля 单个联系控制功能〈略〉SACF

функция окончания заголовка 开销终端功能

функция операционной системы 操作系统功能〈略〉OSF

функция ориентации сеанса и хранения 会话定位与存储功能〈略〉CLF

функция отображения/скрытия 隐显功能

функция передачи данных 数据通信功能〈略〉DCF

функция передачи сообщений 消息通信功能〈略〉MCF

функция правил применения политик и тарификации 策略和计费规则功能〈略〉PCRF

функция представления 表示功能〈略〉PF

функция преобразования информации 信息转换功能〈略〉ICF

функция применения политик и тарификации 策略和计费执行功能〈略〉PCEF

функция протокола 协议功能〈略〉PF

функция прямой передачи услуг 业务直接传送功能

функция рабочей станции 工作站功能〈略〉WSF

функция распределения 分布函数

функция ресурсов мультимедиа 多媒体资源功能〈略〉MRF

функция ресурсов услуг 业务资源功能〈略〉SRF

функций ретрансляция 广播功能

функция ретрансляционного соединения 业务广播功能

функция с исправлением ошибок 容错功能

функция самовосстановления 自愈功能

функция сбора данных тарификации 计费数据收集功能〈略〉CCF

функция сброса 复位功能

функция сервера приложений 应用服务器功能〈略〉ASF

функция сетевого элемента 网元功

能 〈略〉NEF

функция системы поддержки 支持系统功能

функция служебных данных, функция базы данных услуг 业务数据功能 〈略〉SDF

функция специальных ресурсов 专用资源功能 〈略〉SRF

функция среды генерации услуг 业务生成环境功能 〈略〉SCEF

функция тарификации в реальное время 实时计费功能

функция техобслуживания (GSM12.00) 维护功能(GSM12.00) 〈略〉MEF

функция удаленного и локального централизованного техобслуживания 远端和近端集中维护功能

функция управления базовой станцией 基站控制功能 〈略〉BSSOMAP

функция управления вызовами 呼叫控制功能 〈略〉CCF

функция управления выходом медиа-шлюза 媒体网关输出控制功能 〈略〉BGCF

функция управления граничным шлюзом 边界网关控制功能 〈略〉BGCF

функция управления данными 数据控制功能

функция управления медиа-шлюзом 媒体网关控制功能 〈略〉MGCF

функция управления медиа-шлюзами взаимных соединений 媒体网关互连控制功能 〈略〉I-MGCF

функция управления пакетами 分组控制功能 〈略〉PCF

функция управления пограничным взаимодействием 边界互通控制功能 〈略〉I-BCF

функция управления ресурсами и доступом, функция контроля доступа и ресурсов доступа 资源和访问控制功能,访问和访问资源控制功能 〈略〉A-RACF

функция управления сессией вызова 呼叫会话控制功能 〈略〉CSCF

функция управления сетью 网络管理功能 〈略〉NMF

функция управления сигнализацией 信令控制功能

функция управления синхронным оборудованием 同步设备管理功能 〈略〉SEMF

функция управления системой AN 接入网系统管理功能 〈略〉AN-SMF

функция управления службами 业务管理功能,业务控制功能 〈略〉SMF, SCF

функция управления услугами GSM GSM 业务控制功能 〈略〉gsmSCF

функция управления шлюзом взаимодействия с внешней сетью 与外网互连的网关控制功能 〈略〉BGCF

функция услуги без соединения 无连接服务功能 〈略〉CLSF

функция учета стоимости с переполюсовкой 反极计费功能

функция шлюза IMS IMS 网关功能 〈略〉IMS-GWF

функция шлюза тарификации 计费网关功能 〈略〉CGF

функция ядра, ключевая функция 核心功能 〈略〉CF

X

хакер 黑客

характеристика 特性(曲线),特征,性能 〈略〉х-ка

характеристика ограничения тока 限流特性

характеристика ошибок и целевые параметры для международных цифровых трактов с постоянной скоростью передачи уровня первичной

скорости и выше　一次群及以上速率国际恒定比特率数字通道的参数实体误码特性　〈略〉G. 826(08/96)

характеристика ошибок секции международного цифрового соединения ISDN　构造 ISDN 的国际数字连接端误码性能　〈略〉G. 821(08/96)

характеристика потреблямой мощности　功耗特性

характеристика сигналов тактовой синхронизации　时钟性能

характеристика тактовой синхронизации для ведомых тактовых генераторов оборудования SDH　SDH 设备从时钟定时特性　〈略〉G. 813(08/96)

характеристика тактовых сигналов для оборудования PDH и SDH　DE/TM03017 - 4,适合于准同步数字序列与同步数字序列设备的时钟性能, DE/TM03017 - 4

характеристика функциональных блоков оборудования SDH　SDH 设备功能块特性　〈略〉G783(01/94)

характеристический импеданс　特性阻抗

характеристическое значение　特征值

характрон　字码管,显字管

хеш-функция　杂凑函数　〈略〉HASH

ход вызова　呼叫进展　〈略〉CPG

хозяйственно-управленческие структуры　营运管理机构

холостой режим　空转状态

холостой ход　空转,空载　〈略〉x. x.

хомут для крепления кабеля　固定电缆用扎扣

хомут для привязки кабелей　绑电缆扣带

хост, главная вычислнтельная машина　主机

хранение　存储,保存

хранение в буфере　缓存

хронирующий источник синхронного оборудования, источник тактовых синхросигналов синхронного оборудования, источник тактовых сигналов оборудования　同步设备定时源　〈略〉SETS

хранитель экрана　屏幕保护,屏保

хроническое наблюдение за соединением　接续跟踪观察

Ц

цветной графический адаптер　彩色图形适配器

цезий　铯

целевая машина, объектная машина　目标机

целостность последовательности временных интервалов　时隙顺序完整性　〈略〉TSSI

целостность цифровой последовательности　数字序列完整性　〈略〉DSI

целый комплект　整套

цель проведения теста　测试目的

центр аутентификации　鉴权中心

центр диспетчеризации коротких сообщений　短消息调度中心

центр коммутации мобильных услуг　移动业务交换中心　〈略〉MSC

центр коммутации подвижной связи　移动交换中心　〈略〉MSC, ЦКП

центр коммутации подвинкой связи/визитный регистр местоположения　移动交换中心/拜访位置寄存器　〈略〉MSC/VLR

центр контроля местной сети　本地网监控中心

центр контроля уезда и района　县区监控中心

центр коротких сообщений　短消息中心　〈略〉SMC

центр надзора за качеством　质量监督中心

центр обработки вызовов, центр обслуживания вызовов, вызывной

центр 呼叫中心

центр обработки данных 数据处理中心 〈略〉ЦОД

центр обслуживания, сервисный центр, сервис-центр 服务中心 〈略〉SC

центр обслуживания клиентов 用户服务中心

центр обслуживания коротких сообщений 短消息服务中心 〈略〉SMSC

центр подвижной узловой связи 汇接移动交换中心 〈略〉TMSC

центр программирования 程序编制中心

центр программного обеспечения 软件中心 〈略〉ЦПО

центр производства программ 程序生成中心 〈略〉ЦСП

центр ремонта 维修中心 〈略〉ЦР

центр санкционированного перехвата вызовов 呼叫合法截听中心 〈略〉LIC

центр сопровождения программ 程序维护中心

центр технического обслуживания коммутационного оборудования 交换设备维护中心

центр технической эксплуатации 技术维护中心 〈略〉TC

центр технической эксплуатации устройств передачи 传输维护中心

центр управления 控制中心

центр управления вызовами 呼叫管理中心 〈略〉CMC

центр управления местной сетью 本地网网管中心 〈略〉LNMC

центр управления сетью, система администрирования управления сетью 网管中心,网络管理中心 〈略〉NMC

центр услуги коротких сообщений, центр коротких сообщений 短消息(业务)中心 〈略〉SMC

центр эксплуатации и техобслуживания 操作维护中心 〈略〉OMC

центр эксплуатации и техобслуживания-коммутационная часть 操作维护中心－交换部分 〈略〉OMC-S

центр эксплуатации и техобслуживания сеть 网络操作和维护中心 〈略〉NOMC

центр эксплуатации и техобслуживания-радиочасть 操作维护中心－无线部分 〈略〉OMS-R

центр экстренных вызовов 紧急呼叫中心 〈略〉EC

централизованная абонентская группа 集中用户群

централизованная оптическая архитектура 集中式光结构 〈略〉COA

централизованная станция большой емкости 集中的大容量局

централизованное управление 集中管理,集中控制

централизованное управление прикладной платформой 应用平台的集中管理

централизованные сети 集中式网络 〈略〉CAMA

централизованный автоматический учет стоимости 集中式自动电话计费

централизованный биллинг, централизованное начисление оплаты 集中计费

центральная заводская лаборатория 工厂中心实验室 〈略〉ЦЗЛ

центральная междугородная телефонная станция 中央长途电话台 〈略〉ЦМТС

центральная станция 中心局 〈略〉ЦС

центральная частота 中心频率

центральное коммутационное поле 中心交换网

центральное коммутационное поле с временным разделением 中心时分交换网络

центральное управляющее устройство 中央控制设备 〈略〉ЦУУ

центральный блок управления системой 系统主控单元 〈略〉SCC

центральный процессор 中央处理机 〈略〉CPU, ЦП

цепной алгоритм 链接算法

цепной список 链表

цепочка импульсов, импульсы в серии, серия импульсов 脉冲串

цепь бустера 升压机电路

цепь интерфейса 接口电路

цепь интерфейса абонентской линии 用户线接口电路 〈略〉SLIC

цепь обратной связи 反馈电路

цепь, контур 回路

цепь, схема, комплект, контур 电路

цикл, кадр, фрейм 帧

циклическая проверка 周期性检验

циклический выбор 循环选择

циклический избыточный код 循环冗余码 〈略〉CRC

циклическое и регулярное сканирование 循环和定时扫描

цикловая единица 帧单元 〈略〉FU

цикловая синхронизация, синхронизация цикла (фрейма) 帧同步

цикловой синхронизатор 帧同步器

цикловой синхросигнал 帧同步信号 〈略〉ЦС

цилиндрический магнитный домен 磁泡 〈略〉ЦМД

цифра, число 数字

цифра номера 号码数字 〈略〉DIGITS

цифра разряда десятков, в позиции десятков 十位数

цифра разряда единиц, в позиции единиц 个位数

цифра разряда сотен, в позиции сотен 百位数

цифро-аналоговый преобразователь 数模变换器 〈略〉D/A, ЦАП

цифровая абонентская линия 数字用户线 〈略〉DSL

цифровая абонентская сеть 数字用户网 〈略〉ЦАС

цифровая абонентская станция, цифровой абонентский коммутатор, цифровая абонентская АТС 数字用户交换机

цифровая АТС 数字式交换机 〈略〉АТСЦ

цифровая АТС с программным управлением 数字程控交换机, 数控交换机

цифровая аудиолента 数字录音带 〈略〉DAT

цифровая беспроводная телефонная система общего пользования 公用数字无绳电话系统

цифровая бесшнуровая телефонная система общего пользования C & C08-CT2 C & C08-CT2 公用数字无绳电话系统

цифровая вычислительная машина 数字计算机 〈略〉ЦВМ

цифровая двухбитовая декадная сигнализация по линиям двухстороннего действия 沿双向作用线数字式双比特十进制信令 DUND

цифровая информационная услуга без ограничений 不受限的数字信息业务

цифровая линейная сигнализация 数字线路信令 〈略〉DL

цифровая местная линия 数字本地线路 〈略〉DLL

цифровая микроволновая связь 数字微波通信

цифровая микросотовая связь 数字微蜂窝通信

цифровая микросотовая сеть 数字微蜂窝网络 〈略〉DMC

цифровая микросотовая система 数字微蜂窝系统 〈略〉DECT

цифровая микросотовая система DMC1900 DMC1900 数字微蜂窝系

统

цифровая общеканальная сигнализация 数字共路信令

цифровая однобитовая декадная сигнализация по линиям двухстороннего действия 沿双向作用线数字式单比特十进制信令 〈略〉EUND

цифровая плата радиоинтерфейса 数字式无线接口板 〈略〉DRI

цифровая радиорелейная линия 数字无线中继线路 〈略〉ЦРРЛ

цифровая сетевая интерфейсная плата 数字网络接口板 〈略〉DNIC

цифровая сеть передачи данных 数字数据网 〈略〉DDN

цифровая сеть с интеграцией услуг, цифровая сеть интегрированного обслуживания 综合业务数字网 〈略〉ISDN,ЦСИО

цифровая система межстанционной связи 局间通信数字系统 〈略〉ЦСМС

цифровая система передачи 数字传输系统 〈略〉ЦСП

цифровая соединительная линия 数字中继线 〈略〉ЦСЛ,DT

цифровая сотовая система 数字蜂窝系统 〈略〉DCS

цифровая УПАТС C&C08 с ISDN C&C08 ISDN 数字自动用户小交换机

цифровая УПАТС с программным управлением EAST 8000 EAST 8000 数字程控用户小交换机

цифровая фотографическая открытка 数字贺卡,电子贺卡

цифровая электронная станция 数字电子交换机

цифровизация 数字化

цифровое коммутационное оборудование с программным управлением C&C08 C&C08 数字程控交换机

цифровое коммутационное поле 数字接续网络 〈略〉ЦКП

цифровое программное управление 数控、数字程序控制 〈略〉ЦПУ

цифровое радиовещание 数字式无线电广播 〈略〉ЦРВ

цифровое устройство кроссового соединения 数字交叉连接设备 〈略〉DXC,ЦКУ

цифровое табло 数字显示盘 〈略〉ЦТО

цифровой абонентский модуль, модуль цифровых абонентов 数字用户模块 〈略〉DCM

цифровой ампервольтомметр 数字万用表

цифровой аттенюатор 数字式衰减器

цифровой вычислительный комплекс 全套数字计算设备 〈略〉ЦВК

цифровой дифференциальный анализатор 数字微分分析仪 〈略〉ЦДА

цифровой доступ 数字接入

цифровой канал 数字通道

цифровой коммуникационный мультиплексор 数字通信复用器 〈略〉DCM

цифровой коммутационный модуль 数字交换模块 〈略〉DSM

цифровой коммутационный элемент 数字交换元件 〈略〉ЦКЭ

цифровой кросс 数字配线架 〈略〉DDF

цифровой кроссовый коммутатор 数字交叉转换器 〈略〉DCC

цифровой модуль задержки 数字延迟模块 〈略〉ЦМЗ

цифровой поток битов 数字比特流

цифровой сигнальный анализатор, прибор для анализа цифрового сигнала 数字信号分析仪 〈略〉DSA

цифровой ТА с автоответчиком 数字录音话机 〈略〉DTAM

цифровой телефонный аппарат 数字话机 〈略〉ЦТА

цифровой телефонный аппарат ISDN Quidway™ T810 Quidway™ T810

ISDN 数字话机
цифровой указатель 数字指示器 〈略〉DAN
цифровой факсимильный аппарат 数字传真机 〈略〉ЦФА
цифровой фильтр 数字滤波器 〈略〉ЦФ
цифровой фильтр шума 数字式噪音过滤器
цифровые абонентские линии различного вида 各种类型数字用户线 〈略〉xDSL
цифровые линейные системы на основе SDH для использования на оптических линиях 基于SDH的光纤电缆数字线路系统 〈略〉BS

Ч

час наибольшей нагрузки 最忙小时 〈略〉ЧНН
частичное копирование 部分复制
частная АТС 专用自动电话交换机
частная линия Ethernet 以太网专线 〈略〉EPL
частная сеть транкинговой подвижной связи 专用集群移动通信网 〈略〉PMR
частные данные 专用数据
частота 频率
частота заполнения 填充频率
частота кадров 帧频
частота кадровых ошибок 帧误码率 〈略〉FER
частота местной станции 本地站(台)频率
частота отсечки (среза) 截止频率
частота ошибок 失误率
частота переключения 开关频率
частота потери 损耗率
частота появления блочных ошибок 误块率 〈略〉BLER
частота появления ошибок CRC 循环冗余码误码率 〈略〉CRC RATE
частота появления ошибок по битам 误码率,比特差错率 〈略〉BER
частота следования посылок 信号跟踪频率
частота удаленной станции 远端站(台)频率
частотная дискриминация 鉴频
частотная манипуляция 键控频率,移频键控 〈略〉FSK、ЧМ
частотная модуляция 调频,频率调制 〈略〉ЧМ
частотная характеристика 频率特性
частотное отклонение, частотная девиация, девиация частоты 频偏
частотное перемещение 频移,频道偏移
частотное разделение каналов, частотное мультиплексирование 频分复用 〈略〉FDM, ЧРК
частотное разнесение 频率疏散 〈略〉FD
частотно-импульсная модуляция 频率脉冲调制 〈略〉ЧИМ
частотно-контрастная характеристика 频率-对比度特性 〈略〉ЧКХ
частотно-модулируемый генератор 调频振荡器 〈略〉ЧМГ
частотно-модуляционный 频率调制的
частотно-территориальное планирование 频域规划
частотный диапазон, частотная полоса 频段
частотный допуск 频率容差,容许频偏
частотный импульс 频率脉冲
частотный приемопередатчик 频率收发机 〈略〉ЧПП
частотный селектор 选频器
частотный цикл 频率循环
частотомер 频率计
часть передачи сообщений 消息传递部分 〈略〉MTP

часть передачи сообщений третьего уровня 第三级消息传递部分〈略〉MTP3

часть передачи сообщений третьего уровня(широкополосная) 第三级消息传递部分(宽带)〈略〉MTP3B

часть суток, время суток, отрезок времени 时区,时间段

человек-машинная система 人机系统〈略〉ЧМС

черновик 草稿、底稿

черный список 黑名单

чертеж 图纸

четверичный 四进位的

четкий, внятный 清晰的

четкость 清晰度

четность, паритет 奇偶数,奇偶性

четность передаваемых битов 传输位奇偶性

четырехволоконное двунаправленное защитное кольцо с совместным пользованием мультиплексной секцией 四纤双向复用段共享保护环

четырехжильный оптический кабель 四芯光纤

четырехколесная тележка 四轮平板小车

четырехполюсник 四端网络

четырехпроводной канал 四线电路

четырехсторонний европейский интерфейс 欧洲四向(正交)接口〈略〉QEI

четырехуровневая система грозозащиты 四级防雷系统

чип 芯片,硅片,片

чип для обработки заголовки 开销处理芯片

чип для обработки сигналов 信号处理芯片

числитель 分子

число (количество) занятых В-каналов 占用B信道数

число защитных переключений 保护倒换次数〈略〉PSC

число кадров регенераторной секции, содержащих ошибки B1, в секунду 再生段每秒钟含有B1误码的帧数〈略〉BIB

число каналов 电路数

число минут деградации качества 质降分钟数〈略〉DGRM

число неудачных регистраций 登录失败次数

число ответов 应答次数

число отказов, подсчет отказов 失效次数,故障次数,失效计数〈略〉FC

число ошибок CRC 循环冗余码误码数〈略〉CRC ERR

число ошибок в коде 误码数〈略〉CODE ERR

число ошибок по битам 误码位数,差错位数〈略〉ERR BIT

число состоявшихся разговоров 接通次数

число удачных регистраций 登录成功次数

числовая апертура 数值孔径〈略〉NA

чистящая дискета 清洗盘

чрезмерно высокая температура окружающей среды, слишком высокая температура окружающей среды 环境温度过高〈略〉〈略〉TEMPERATURE-OVER

чрезмерно малая выходная мощность 输出功率过小〈略〉OUTPOWER-FAIL

чрезмерный джиттер внешнего источника 外部源抖动过大〈略〉G703-DJAT

чтение в операционный регистр по абсолютному смещению 读绝对位移操作存储器〈略〉ЧАС

чувствительность к приему, чувствительность приема 接收灵敏度

чувствительность по току 电流敏感度

чувствительный элемент 灵敏元件

Ш

шаблон 样板、模板、掩模
шаблон импульса 脉冲样板
шаг регулирования 调整步长
шаг сетки 格距
шаговая АТС 步进制交换机 〈略〉АТСШ
шаговая система 步进制
шина 母线、总线 〈略〉BUS
шина параллельного процессора 并行处理机总线
шина с двойным резервированием 双备份总线
шина с маркерным доступом 指点标存取总线 〈略〉ШМД
шина сигнала управления 控制信号总线 〈略〉ШСУ
шина со случайным доступом 随机存取总线 〈略〉ШСД
шина тактовой синхронизации 时钟总线
шина техобслуживания 维护总线 〈略〉MBus
шина управления интеллектуальной платформой 智能平台管理总线 〈略〉IPMB
шина управления системой 系统管理总线 〈略〉SMBus
шина, шинопровод 汇流条
ширина диапазона частот 频带宽
ширина дорожки 轨道宽度
ширина и периодичность импульсов 脉冲宽度和间隔
ширина импульса 脉宽
ширина спектра 谱宽
широкая полоса 宽(频)带
широкая часть 宽部
широкий ассортимент 多种规格
широкополосная мультимедийная информационная сеть общего пользования 公用宽带多媒体信息网
широкополосная передача 宽带传输
широкополосная сеть 宽带网
широкополосная система коммутации 宽带交换系统 〈略〉ШСК
широкополосная ЦСИО 宽带综合业务数字网 〈略〉B-ISDN
широкополосное линейное окончание 宽带线路终端 〈略〉B-LT
широкополосное сетевое окончание 1 宽带网络终端1 〈略〉B-NT1
широкополосное сетевое окончание 2 宽带网络终端2 〈略〉B-NT2
широкополосное сетевое окончание 宽带网络终端 〈略〉B-NT
широкополосное терминальное оборудование 宽带终端设备 〈略〉B-TE, ШТО
широкополосные услуги 宽带业务
широкополосный доступ 宽带接入
широкополосный канал 宽带通道 〈略〉WBC
широкополосный множественный доступ с кодовым разделением каналов 宽带码分多址 〈略〉WCDMA
широкополосный терминальный адаптер 宽带终端适配器 〈略〉B-TA
широкополосный шум 宽频杂音
широтно-импульсная модуляция 脉宽调制 〈略〉PWM, ШИМ
шифр 密码、代码、代号
шифрация речи 语音加密
шифрация, шифрованная функция 加密功能
шифрованные сообщения 密码留言
шифрованный сигнал 加密信号
шифровка, шифрация, сохранение в тайности 加密
шифросвязь 密码通信
шкаф с секциями 分段柜
шкаф 柜、机柜
шлейф 环路
шлейф управления током 电流控制环路
шлейфная сеть, кольцевая сеть 环

网,环形网络

шлюз 网关 〈略〉Gateway

шлюз доступа 接入网关 〈略〉AG

шлюз конфигурирования услуг 业务配置网关 〈略〉SPG

шлюз сигнализации широкополосной беспроводной связи 宽带无线通信信号发送网关 〈略〉WBSG

шлюз сигнализации 信令网关 〈略〉SG

шлюз службы коротких сообщений MSC MSC 短消息服务网关 〈略〉SMS-GMSC

шлюз тарификации 计费网关 〈略〉CG

шлюз тарификации IMS IMS 计费网关 〈略〉ICG

шлюз учета стоимости в режиме онлайн 在线计费网关 〈略〉OCG

шлюз широкополосной сигнализации 宽带信令网关 〈略〉BSG

шлюзовая станция 网关局

шлюзовой коммутационный центр мобильной связи 网关移动交换中心 〈略〉GMSC

шлюзовой сетевой элемент, шлюзовой элемент сети 网关网元、网间接口单元 〈略〉GNE

шнуровой комплект 绳路 〈略〉ШК

шпингалет 拉锁

штаб-квартира, головной офис 总部

штангенциркуль с нониусом 游标卡尺

штриховая рамка 虚线框

штрихпунктирная линия 点划线

шум 杂音、噪声

шум в окружении 周围噪音

шум дискретизации, дискретный шум 离散杂音

шумовой генератор 噪声发生器 〈略〉ШГ

шумоглушение 噪音抑制

шунт, ответвление 分路,分流

Щ

щелчок мышью 单击鼠标、点击鼠标

щит батарейный 电池配电板 〈略〉ЩБ

щит вводно-распределительный автоматизированный 自动化进线配电盘 〈略〉ЩВРА

щит дальнего управления 远程控制盘 〈略〉ЩДУ

щит переменного тока 交流配电板 〈略〉ЩПТ

щит рядовой защиты 配线保护架 〈略〉ЩРЗ

Э

эквалайзер с решающей обратной связью 判定反馈均衡器 〈略〉DFE

эквивалент 等效、等价、当量

эквивалент (затухания) передачи 发送当量

эквивалент затухания местного эффекта 等效局部效应衰减

эквивалент затухания приема 等效接收衰减

эквивалентная линия 等效线

эквивалентный 等效的,等价的

эквивалентный входной шум 等效输入噪音

эквивалентный трибутарный интерфейс 等效支路接口

эквивалентный уровень 等效电平

эквидифференциальные частоты 等微分频率

экземпляр обработки служебной (сервисной) логики 业务逻辑处理实例 〈略〉SLI, SLPI

экземпляр процесса 流程实例

«Экран в экране», «картина в картине», режим разделения экрана 画中画 〈略〉PIP

ЭК-провайдер, провайдер электронной коммерции 电子商务供应商
экранирование, маска 屏蔽
экранированная витая пара 屏蔽双绞线 〈略〉STP, ЭВП
экранированный 屏蔽的, 隔离的
экранный слой 屏蔽层
ЭК-сервер, сервер электронной коммерции 电子商务服务器
экспандирование 扩张, 扩展
экспертиза 鉴定
экспертная группа по речевому кодированию 语音编码专家组 〈略〉SCEG
эксплуатационная операция 维护操作 〈略〉ЭО
эксплуатационная работа 维护作业 〈略〉ЭР
эксплуатационные расходы 运营支出、运营成本 〈略〉OPEX
эксплуатационный журнал 维护日志 〈略〉ЭЖ
эксплуатационный центр программирования 编程维护中心 〈略〉ЭЦП
эксплуатация в необслуживаемом режиме, необслуживаемая эксплуатация 无人值守运行
эксплуатация в сети связи 在电信网上运行
эксплуатация и техобслуживание 操作和维护 〈略〉O&P
эксплуатация, администрирование и обслуживание 操作、管理和维护 〈略〉OAM
эксплуатация, администрирование, обслуживание и обеспечение 操作、管理、维护和保障 〈略〉OAM&P
эксплуатация, техобслуживание и администрирование сети 网络操作维护管理 〈略〉NOMA
эксплуатация, управление и техобслуживание 操作、管理和维护
экспоненциальное распределение 指数分布
экспресс-почта 特快专递 〈略〉EMS
экспресс-станция WWW «Ваньвэйтун (world wide web)» 万维通
экстрактор 杠杆式插拔机构
экстренная связь 紧急通信
экстренная ситуация 紧急情况
экстренное управление 紧急控制
экстренный вызов 紧急呼叫
элегантный внешний вид 外形美观大方
электрет 驻极体
электрическая пишущая машина 电动打字机 〈略〉ЭПМ
электрическая развязка 电隔离, 电气隔离
электрическая развязка отдельных модулей 个别模块的电气隔离
электрическая схема 电路图
электрическая шумовая обратная связь по выходному напряжению 输出电压的电噪声反馈
электрически программируемое постоянное запоминающее устройство 电可编程只读存储器 〈略〉EPROM ЭППЗУ
электрически стираемое программируемое постоянное запоминающее устройство 电可擦可编程只读存储器 〈略〉EEPROM, ЭСППЗУ
электрический быстрый переходный импульс 快速转换电脉冲 〈略〉EFT
электрическое временное мультиплексирование 电时分复用 〈略〉ETDN
электрическо-оптический преобразователь 电光转换器
электромагнит 电磁铁
электромагнитная совместимость 电磁兼容性 〈略〉EMC、ЭМС
электромагнитная чувствительность 电磁敏感性 〈略〉EMS
электромагнитное отключение 电磁

脱扣

электромагнитные помехи 电磁干扰〈略〉EMI

электромагнитный 电磁的

электромагнитный экран 电磁屏蔽

электромеханическая междугородная телефонная станция 机电式长途电话局

электрон-вольт 电子伏 〈略〉ЭВ

электронная АТС 电子电话交换机〈略〉АТСЭ

электронная АТС 电子自动电话局，电子交换机 〈略〉АТСК, ЭАТС

электронная вычислительная машина 电子计算机 〈略〉ЭВМ

электронная коммерция 电子商务〈略〉ЭК

электронная почта 电子邮箱，电子邮件 〈略〉ЭП

электронная цифровая вычислительная машина 电子数字计算机〈略〉ЭЦВМ

электронно-акустический преобразователь 电－声变换器 〈略〉ЭАП

электронно-лучевая трубка（видеотерминал дисплея） 阴极射线管（视频显示终端） 〈略〉ЭЛТ, CRT, CKE

электронно-оптический преобразователь 光电转换器 〈略〉ЭОП

электронный абонентский регистр 电子用户寄存器 〈略〉ЭАР

электронный датчик импульсов 脉冲电子传感器 〈略〉ЭДИ

электронный контакт 电子触点〈略〉ЭК

электронный микрофон 电子传声器

электронный радиоэлемент 无线电电子元件 〈略〉ЭРЭ

электронный серийный номер 电子序列号 〈略〉ESN

электронный серийный номер терминала 终端电子序列号

электронный словарь 电子词典

электронный узел исходящей связи 电子去话汇接局 〈略〉УИСЭ

электронный усилитель 电子放大器〈略〉ЭУ

электрооптическое преобразование сигналов 电光信号转换

электропроводность 导电系数

электростатический разряд 静电放电 〈略〉ESD

элемент 元素，元件，项，电池，单元

элемент диалога 对话组元

элемент идентификации несущей способности 承载能力标识单元

элемент информации с единообразной структурой 单构成式信息单元

элемент памяти 存储元件 〈略〉ЭП

элемент порции 组元

элемент топологического состояния PNNI 专用网间接口拓扑状态元件〈略〉PTSE

элемент, не являющийся частью сети SDN 非 SDH 网部分的网元 〈略〉NNE

элементарная функция 基本功能〈略〉EF

элементы и приборы, элементы и узлы 元器件

элементы искусственного интеллекта 人工智能元件

элементы электрической защиты, предохранитель 保安单元，保安器

эмиттер, электрод эмиттера 发射极

эмиттерно-связанная логика 射极耦合逻辑 〈略〉ECL, ЭСЛ

эмулируемая ДВС, эмулируемая локальная вычислительная сеть 仿真局域网

эмулирующая программа 仿真程序

эмулятор 仿真器

эмулятор сервера 仿真器服务器

эмуляционный сервер ЛВС 局域网仿真服务器 〈略〉LES

эмуляция ЛВС 局域网仿真〈略〉LANE

энергетика 电力

энергия бита / минимальный уровень шума 比特能/最低噪声级 〈略〉Eb/NO
эпоха цифровизации 数字化时代
эрланг 厄朗 〈略〉ERL, erl
эстафетное кольцо, кольцевая сеть с маркером 令牌环网
эталон 基准,标准,规格,校准器
эталон времени 时间基准
эталонная модель взаимосвязи (взаимодействия) открытых систем 开放系统互连基准模型 〈略〉OSIRM, ЭМВОС
эталонная частота 基准时钟速率
эталонные конфигурации 参考配置
эталонный генератор 基准钟 〈略〉GB, Гб
эталонный тактовый сигнал 基准时钟信号
этикетка маршрутизации 路由标记
этикетка параметра 参数标签 〈略〉rms. ini
эффективная величина максимального переменного тока 交流电最大有效值
эффективная мощность изотропного излучения 有效全向辐射功率 〈略〉EIRP
эффективное значение, действующее значение 有效值
эффективное средство 有效手段
эффективность звена сигнализации 信令链路效率
эхо 回波、回声
эхо-подавитель 回波抑制器 〈略〉ES
эхо-помеха 回波干扰
эхо-сигнал 回波信号、反射信号

Ю

юстирование, юстировка, регулировка 调整

Я

явное предупреждение о переполнении 显式溢出告警 〈略〉EFCN
ядро системы управления базами данных 数据库管理系统核心
ядро системы управления реляционными базами данных 关系数据库管理系统内核
язык «человек-машина» 人机语言 〈略〉MML
язык базы данных 数据库语言
язык манипулирования данными 数据操纵语言 〈略〉DML
язык маркировки медиа-сервера 媒体服务器标记语言 〈略〉MSML
язык общения оператора с ЭВМ 人机对话语言 〈略〉MML
язык описания интерфейса 接口说明语言
язык описания объекта 目标描述语言 〈略〉ODL
язык определения данных 数据定义语言 〈略〉DDL, ЯОД
язык программирования высокого уровня 高级程序设计语言
язык спецификаций и описания 说明描述语言 〈略〉SDL
язык структурированных запросов 结构请求语言
язык транзакции-1 事务处理语言－1 〈略〉TL1
ячеистая сеть, сеть «каждая с каждой» 格状网络
ячеистый 网格形的
ячейка 格,孔,单元,单位,信元,网格,网眼
ячейка выбора канала 通道选择单元 〈略〉ЯВК
ячейка оптического модема 光调制解调器单元 〈略〉ЯОМ
ячейка устройства сопряжения 接口

设备单元 〈略〉**RXD**

15-минутный регистр предыдущих данных 近期15分钟寄存器

16 битов для циклического контроля 16位循环码校验位

1-й групповой искатель междугородный 长途第一成组选择器 〈略〉МТС

1-й групповой искатель 第一选组器 〈略〉IГИ

20-разрядный адрес 20位地址

25-контактный (штырьковый) разъем 25针插头

2-й групповой искатель 第二选组器 〈略〉IIГИ

30-канальный цифровой групповой тракт ИКМ-30 PCM 30信道数字集群系统 〈略〉ГТ

3-й усовершенствованный класс 加强三级

4-разрядный LED-дисплей 四位发光二极管显示器

8-канальное устройство контроля непрерывности тракта 8路导通检验设备

8-проводной коннектор, используемый для сетевых подключений 连接网络用8线连接器

ABT с задержкой передачи 有时延传送的ABT 〈略〉ABT/DT

ABT с мгновенной передачей 瞬时传送的ABT 〈略〉ABT/IT

AIS входного сигнала 140M 上路140M告警指示信号 〈略〉C4TLAIS

AIS выходного сигнала 140M 下路140M告警指示信号 〈略〉C4RLAIS

АТС верхнего уровня 上级自动电话局

А-интерфейс, интерфейс между MSC и оборудованием базовой станции A接口、MSC与基站设备之间接口 〈略〉A-interface

BSS GPRS Протокол BSS GPRS协议 〈略〉BSSGP

В-интерфейс, интерфейс между MSC и VLR B接口,MSC与VLR之间接口 〈略〉B-interface

С-интерфейс, интерфейс между MSC и HLR C接口,MSC与HLR之间接口 〈略〉C-interface

DXC малой емкости 小型数字交叉连接器

GSM-блок Ethernet и Gigabit Ethernet для А A用GSM Ethernet和Gigabit Ethernet部件 〈略〉GFGUA

GSM-блок интерфейса E1/T1 для А A用GSM E1/T1接口部件 〈略〉GEIUA

GSM-блок интерфейса E1/T1 для A-bis A-bis用GSM E1/T1接口部件 〈略〉GEIUB

GSM-блок интерфейса E1/T1 для Pb Pb用GSM E1/T1接口部件 〈略〉GE1UP

GSM-блок обработки данных для расширенной услуги 扩展业务用GSM数据处理部件 〈略〉GDPUX

GSM-блок пакетной передачи E1/T1 для Gb Gb用GSM E1/T1分组传送部件 〈略〉GEPUG

GSM-блок расширенной обработки для передачи 传输用GSM扩展处理部件 〈略〉GXPUT

GSM-блок расширенной обработки для услуг расчета 计算业务用GSM扩展处理部件 〈略〉GXPUM

GSM-блок управления и коммутации GSM控制与交换部件 〈略〉GSCU

GSM-блок эксплуатации и техобслуживания GSM操作与维护部件 〈略〉GOMU

GSM-плата общего процессора GSM总处理器板 〈略〉GPROC

GSM-плата цифрового процессора сигналов (P/O BSC) GSM数字信号处理器板(P/O BSC) 〈略〉GDB

G-интерфейс, интерфейс между VLR и VLR G接口,VLR与VLR之间接

口

ID-карта 身份证

ID-номер, номер ID（идентификатора） 工号,用户号

Ini-файлы параметоров 参数的初始化文件

IP-вид услуг IP 类业务 〈略〉IPTOS

IP-пакет IP 包,IP 数据包

IP-протокол через последовательную линию связи 串行线路网际协议 〈略〉SLIP

IP-телевидение IP 电视,网络电视 〈略〉IPTV

IP-телефония（телефонные резговоры между абонентами через сеть Internet） IP 电话,网络电话(用户间通过互联网通话)

Mail-сервер 邮箱服务器

MSC, на который происходит базовое переключение 切换到的移动交换中心 〈略〉MSC-B

MSC, на который происходит последующее переключение 切换到的第三方移动交换中心 〈略〉MSC-C'

MSTP для уровня транзита и для уровня доступа 传输层和接入层用 MSTP

MSTP на основе DWDM 基于 DWDM 的多业务传送平台

N-код с четностью чередующихся битов 比特间奇偶校验 N 位码 〈略〉BIP-N

PPP поверх ATM ATM 网上运行点对点协议 〈略〉PPPoA

PPP поверх Ethernet 以太网上运行点对点协议 〈略〉PPPoE

Qos по требованию（запросу） 按要求的服务质量 〈略〉QoD

Quat-символ 四电位符号

Q-адаптер Q 适配器 〈略〉QA

Q-интерфейс, использующий стек протоколов B2 B2 协议堆栈的 Q 接口 〈略〉QB2

RIP следующего поколения 下一代路由信息协议 〈略〉RIPng

SDH мультиплексор ввода-вывода SDH 分插复用器 〈略〉SMA

SPM-адресат 目的信令处理模块

U диск U 盘

汉俄电信词汇

A

安(培) ампер 〈略〉A

安全外壳,受保护外壳 безопасная оболочка, защищенная оболочка 〈略〉SSH

安时,安倍小时 ампер-час 〈略〉Ah, A·ч

安装 монтаж, установление, инсталляция

安装,装配,布线,剪辑 монтаж

安装板 монтажная плата

安装单元 монтажный блок, установочный блок 〈略〉INU

安装调试和试生产 установочно-монтажные и пуско-наладочные работы 〈略〉УМПН

安装盘 установочный диск, установочная дискетка

安装套件 установочный набор

安装用单板 монтажная плата

安装在天线杆上的放大器 усилитель, установленный на антенную мачту 〈略〉TMA

按键式电话机服务 услуга «posh-to-talk»

按键式电话机按钮 кнопки тастатурного телефонного аппарата

按键式话机 тастатурный ТА

按键通话服务 услуга «Push-to-talk»

按节点传输 поузловая передача 〈略〉PHB

按流量计费 тарификация по потоку 〈略〉FBC

按密码呼出 исходящая связь по паролю

按密码容许呼叫 доступ к вызову по паролю 〈略〉PCA

按名单召集式会议电话 конференц-связь по списку

按目标选择呼叫路由 Маршрутизация вызовов по назначению 〈略〉DCR

按钮拨号 кнопочный набор, тастатурный набор номера

按钮开关 кнопка-переключатель

按钮式号盘话机 ТА с кнопочным номеронабирателем

按请求提供通道设备 аппаратура предоставления канала по требованию 〈略〉АПКТ

按时间选择路由 маршрутизация по времени 〈略〉TDR

按所选路径拨号 набор номера по запрошенной маршрутизации 〈略〉DDR

按位交替转换码 код с поразрядно-чередующейся инверсией 〈略〉ADI

按需拨号 набор номера по потребностям

按需组合 комбинирование в соответствии с потребностями

按要求的服务质量 QoS по требованию (запросу) 〈略〉QoD

按要求的通频带 полоса пропускания по требованию 〈略〉BoD

按用户的规定选路 маршрутизация по условиям пользователя

按预约接通用户 соединение с абонентом по предварительному заказу

按住键 удержание кнопки в нажатом состоянии

B

八位位组,八位字节 октет

八位组同步 октетная синхронизация

拔板 вытаскивание платы

拔出 извлечение, вытягивание, выдергивание, изъятие, вытаскивание

拔取头 теребильный наконечник

把机架从侧面及背面紧靠安装为一排(共两排) установка стоек в ряд боковыми и тыльными сторонами друг к другу (в сдвоенных рядах)

白平衡 баланс белого

白色号码单 белый список

百万(10^6) миллион 〈略〉млн(.)

百位数 цифра разряда сотен, в позиции сотен

班长席 рабочее место старшего по смене

板,支付,收费 плата

板名 наименование платы

板内高稳压控晶体 высокоустойчивый вольтоконтролируемый кварцевый генератор

板手 ключ, экстрактор

板条 дранка, планка

板位,槽位 позиция платы, гнездо платы, слот

板位图 схема позиций плат

版本 версия

办公软件 офисный софт

办公用小交换机 офисная мини-АТС

办公自动电话设备 офисное автоматическое телефонное устройство

办公自动化 автоматизация офиса

半导体 полупроводник

半导体存储器 полупроводниковое запоминающее устройство 〈略〉ПЗУ

半导体二极管 полупроводниковый диод 〈略〉ПД

半导体放电管 полупроводниковый разрядник

半导体激光器 полупроводниковый лазер 〈略〉ППЛ

半导体器件 полупроводниковый прибор 〈略〉ППП

半电路 полукомплект 〈略〉ПК

半格式化板并行接口扩展器 расширитель параллельного интерфейса на полуформатной плате 〈略〉PIX

半黑体 полужирный

半回声抑制器 половинный эхо-подавитель

半价 половинный тариф

半散装件 детали и узлы в частично-собранном виде 〈略〉SKD

半双工的电流环方式 режим полудуплексного токового шлейфа

半速率 полускорость 〈略〉HR

半速率 TCH полускоростной TCH 〈略〉TCH/H

半速率编码 полускоростное кодирование

半速率话音 TCH полускоростной речевой TCH 〈略〉TCH/HS

半速率信道 полускоростной TCH

半速率语音编码 полускоростное речевое кодирование

半永久交换网络节点 сетевой узел с полупостоянной коммутацией 〈略〉СУПК

半永久数据 полупостоянные данные 〈略〉ППД

半永久通路 полупостоянный тракт

半永久性连接 полупостоянное соединение 〈略〉SPC

半自动连接 полуавтоматическое соединение

帮助按钮,帮助键 кнопка «Справка»

帮助热键 горячая клавиша справки

帮助文件 файл справки, файл помощи

帮助文件目录 каталог для размещения файлов справки

绑电缆扣带 хомут для привязки кабелей

包含一套收发信号设备 содержать комплект приемопередатчиков

包交换、分组交换 коммутация пакетов 〈略〉КП

包交换系统 система коммутации пакетов

薄膜模块 тонкопленочный модуль, модуль с тонкопленочными элементами

保安单元,保安器 элементы электрической защиты, предохранитель

保安接线排 предохранительный соединительный плинт

保安模块 модуль электрической защиты

保安模块和开路测试插塞的插拔 установка и изъятие (извлечение) модулей защиты и изолирующих испытательных вилок
保持 удержание, поддержание
保持按钮,保持键 кнопка «Удержание»
保持状态准确度 точность частоты в режиме удержания
保护层 защитный слой
保护单元 защитный элемент
保护倒换 защитное переключение
保护倒换测试 тестирование защитного переключения
保护倒换方式 режим переключения на резерв
保护倒换次数 число защитных переключений 〈略〉PSC
保护倒换失败指示 индикация неудачного защитного переключения 〈略〉APSFAIL
保护倒换时延 длительность защитного переключения 〈略〉PSD
保护倒换指示 индикация защитного переключения 〈略〉APSINDI
保护地,保护接地 защитная земля, защитное заземление 〈略〉PGND
保护电路 защитная схема, резервная схема
保护光纤 защитные волокна
保护环 кольцо с защитой
保护机制 защитный механизм
保护类型 тип защиты
保护时限 защитный временной предел
保留控制 управление резервированием
保密的 засекреченный, конфиденциальный
保险单 полис
保修期后服务 послегарантийное обслуживание 〈略〉ПГО
保修义务 гарантийные обязательства
保证照明 гарантированное освещение
报表 отчет, отчетность, ведомость, статическая отчетность
报表服务器 сервер отчетности 〈略〉RPS
报表管理 управление отчетностью
报表生成 генерация отчетов, генерация ведомостей
报表输出 вывод отчета
报表文件存放目录 каталог для размещения файлов отчетов
报警回路,告警回路 контур аварийной сигнализации
报警控制板 плата управления сигнализацией
报警器 устройство охранной (тревожной) сигнализации
报警器,报警设备,报警信号装置 устройство аварийной сигнализации
报时 извещение о времени
报时台 спецслужба времени
报时音,报时音频信号 тональный сигнал сообщения времени
报文标记 метка сообщения
报文交换 коммутация сообщений 〈略〉КС
报文头 заголовок сообщения
北美电信标准 телекоммуникационный стандарт Северной Америки 〈略〉BELL-CORE
北美平等接入 равноправный доступ по Северной Америке 〈略〉N NA-EA
贝克莱软件分配/操作系统 распределение ПО Berkeley/операционная система 〈略〉BSD/OS
备份板(另一块板)状态变化 изменение состояния резервной платы (другой платы) 〈略〉OTHBD-STATUS
备份板状态变化 изменение состояния резервной платы
备份零件、工具和附件 запасные части, инструменты и принадлежности 〈略〉ЗИП

备料台　задняя поддерживающая панель
备齐安装物料　комплектование установочных материалов
备忘留言　памятная звукозапись, памятное сообщение
备选服务　услуга альтернативных услуг〈略〉ALS
备用板　запасная плата, резервная плата
备用半电路　резервный полукомплект〈略〉ПК1
备用电源自动合闸　автоматическое включение резерва〈略〉ABP
备用指定路由器　резервный назначенный маршрутизатор〈略〉BDR
背板,母板　объединительная плата, задняя панель
背景块误码比　коэффициент фоновых ошибок блока, коэффициент ошибок по блокам с фоновыми ошибками〈略〉BBER
背景图文件　файл фоновой карты
背景误码块　блок с фоновыми ошибками〈略〉BBE
背面　тыльная сторона
背视图　задний вид
倍频器　мультиплексор частоты, умножитель частоты
倍增器　мультиплексор-умножитель
被测系统　тестируемая система〈略〉ITU
被乘数　умножимое
被除数　делимое
被加数　слагаемое
被减数　уменьшаемое
被叫付费　оплата вызываемой стороной
被叫付费的呼叫　вызов за счет вызываемого абонента
被叫号码　вызываемый номер〈略〉CLD
被叫集中付费(**800**)　периодическая оплата вызываемым абонентом(800)〈略〉FPH
被叫计费　начисление оплаты на вызываемого абонента
被叫显示电话　телефон с индикацией вызываемого номера
被叫线路　подключенная линия
被叫线路识别　идентификация подключенной линии〈略〉COLI
被叫线路识别提供　предоставление идентификации подключенной линии〈略〉COLP
被叫线路识别限制　запрет идентификации подключенной линии〈略〉COLR
被叫信道定位　позиционирование подключенного канала
被叫移动台,入局呼叫移动台　вызываемая мобильная станция, входящая подвижная станция〈略〉MT
被叫用户挂机检测器　детектор отбоя вызываемого абонента〈略〉ДОВА2
被叫用户号码　номер вызываемого абонента〈略〉NB
被叫用户空闲信号　сигнал незанятости вызываемого абонента〈略〉CPM
被叫用户应答(摘机)　ответ вызываемого абонента (снятие трубки)〈略〉ANM
被叫用户应答检测器　детектор ответа вызываемого абонента〈略〉ДОВА
本板故障　неисправность собственной платы〈略〉FAU
本地(近端)用户　местный абонент
本地长途呼叫　местный междугородный вызов
本地传输维护中心　местный центр технического обслуживания устройств передачи〈略〉LTMC
本地代号,本地标志号　местный условный номер
本地电话网　местная телефонная сеть
本地广播　локальная ретрансляция

本地和长途复接线群 объединенные местные и междугородные пучки
本地环回 закольцовывание на ближнем конце
本地环路 местная петля, местный шлейф
本地交叉交换台 локальный кросс-коммутатор 〈略〉LXC
本地节点时钟 таймер локального (местного) узла 〈略〉LNC
本地局,本地交换机 местная станция 〈略〉LE,LS
本地来话呼叫处理模块 блок обработки входящих местных вызовов 〈略〉INLOC
本地码 локальный код 〈略〉OXO2
本地模块 локальный модуль
本地模拟网中的误码率 коэффициент ошибок в аналоговых местных сетях
本地区网络互通 взаимодействие сетей на местном участке
本地时钟单元 блок местной тактовой синхронизации
本地通信网 локальная сеть связи
本地网 местная сеть, локальная сеть
本地网的数据传输 передача данных на местных сетях
本地网级互通 взаимодействие на уровне местных сетей
本地网架构 архитектура местной сети
本地网监控中心 центр контроля местной сети
本地网网管中心 центр управления местной сетью 〈略〉LNMC
本地网站 местная сетевая станция 〈略〉CCM
本地维护终端 локальный терминал техобслуживания
本地寻址信息 локальная информация адресации
本地一级基准 локальный первичный эталон 〈略〉LPR
本地移动用户识别符 идентификатор местного подвижного абонента 〈略〉LMSI
本地应用 использование для локального применения
本地用户终端 локальный терминал пользователя 〈略〉LCT
本地有线电视台 местная станция CATV
本地站(台)频率 частота местной станции
本地终端 локальный терминал
本地终端控制器 локальный терминальный контроллер 〈略〉LTC
本地子系统 локальная подсистема 〈略〉ЛПС
本国协议实体 объект национального соглашения 〈略〉NAT
本局呼叫 внутристанционный вызов, местный вызов
本局字冠数据 данные местных префиксов
"笨"网 тупая сеть 〈略〉SN
泵浦输出功率 выходная мощность накачки
比较点 узел сравнения 〈略〉CP
比较结构 схема сравнения 〈略〉CC
比较器 компаратор
比特,位 бит
比特/秒 бит/сек 〈略〉bps
比特间奇偶校验 N 位码 N-код с четностью чередующихся битов 〈略〉BIP-N
比特流滑动 проскальзывание потока бита
比特率分配信号 сигнал распределения битовой скорости 〈略〉BAS
比特能/最低噪声级 энергия бита / минимальный уровень шума 〈略〉Eb/NO
比特填充区 зона заполнения битов
比特误码概率 вероятность ошибки на бит 〈略〉ВОБ
比特组(合),二进制位组合 битовая комбинация
比相 сравнение фаз

笔记本 записная книжка

笔记本电脑,便携机 портативный компьютер, ноутбук, лэптон 〈略〉Notebook

必备参数 обязательный параметр

闭合 замыкание

闭合用户群 замкнутая группа пользователей 〈略〉CUG

闭合用户群连锁编码 код связи замкнутой группы пользователей

闭合用户群确认检验消息 сообщение подтверждения проверки замкнутой группы абонентов 〈略〉CVM

闭合用户群选择和确认检验请求消息 сообщение запроса на искание и подтверждение проверки замкнутой группы абонентов 〈略〉CVS

闭合用户群选择和确认响应消息 сообщение искания и подтверждения реакции замкнутой группы абонентов 〈略〉CRM

闭路 замкнутая цепь

闭塞,阻断,闭锁,锁定 блокировка

闭塞/打开 блокировка/разблокировка

闭塞任务被系统唤醒 активирование блокированной задачи системой

闭塞信号 сигнал блокировки 〈略〉BLO

闭塞证实信号 сигнал подтверждения блокировки 〈略〉BLA

闭锁码 код блокировки (дополнительная услуга пользователей замкнутой группы)

闭锁器,闭锁装置 блокиратор

壁挂式电话,墙式电话 настенный телефон

避雷器 разрядник, молниеотвод, грозоотвод, грозозащита, молниеотвод, молниезащита

避免碎片整理的开销 избежание непроизводительных затрат на сортировку фрагментов

边到边无载(伪)导线演变 эмуляция псевдопровода « от края до края » 〈略〉PWE3

边界互通控制功能 функция управления пограничным взаимодействием 〈略〉I-BCF

边界接入 пограничный доступ

边界设备 граничное устройство

边界网关 пограничный шлюз 〈略〉BG

边界网关功能 функция граничного шлюза 〈略〉BGF

边界网关控制功能 Функция управления граничным шлюзом 〈略〉BG-CF

边界网关协议 протокол граничного маршрута 〈略〉BGP

边框 обрамление

边模抑制比 коэффициент подавления боковой моды

边缘交换机 граничный коммутатор, межсетевая коммутационная система

边缘交换机(网间交换机) межсетевая станция

边缘路由器 граничный маршрутизатор

边缘网关 граничный шлюз

编(码)解码器 кодек, кодер-декодер 〈略〉CODES

编程 программирование

编程维护中心 эксплуатационный центр программирования 〈略〉ЭЦП

编号 нумерация, нумерирование

编号范围 диапазон номеров

编号方案,编码图 план кодов

编辑按钮,编辑键 кнопка «Правка»

编辑程序 редактор

编路标号 этикетка маршрутизации

编码 кодирование

编码接收器 кодовый приёмник 〈略〉КП

编码接收器标记 маркер кодовых приёмников 〈略〉МКП

编码脉冲调制器 кодоимпульсная мо-

дуляция 〈略〉КИМ
编码器 кодер
编码收发器(机) приемопередатчик кодов 〈略〉КПП
编码收发器占用单元 блок занятия кодового приёмопередатчика 〈略〉ЗКПП
编码数字蜂窝通信标准 стандарт кодовой цифровой сотовой связи
编码违例 нарушение регулярной кодовой последовательности 〈略〉CV
编码信号反转 инверсия кодовых посылок 〈略〉CMI
编译程序,程序编制器 компилятор
编译连接 соединение компиляции
编译码 кодирование/декодирование
编译码器,编码解码器 кодек, кодер-декодер 〈略〉CODES
编制索引 индексирование
鞭式接收天线(尖顶) приемный шпиль
扁平电缆 плоский кабель 〈略〉ПК
扁平继电器 реле плоское
变电站设备 оборудование электроподстанции
变换器 преобразователь
变焦范围 предел фокусирования
变量,变元 переменная
变量赋值 присвоение переменной
变频电源 источник питания с частотным преобразованием
变频器 преобразователь частоты
变址,再寻址,前转 переадресация
变址信息 информация переадресации
变址信息库 база информации переадресации
变址原因 причина переадресации
变址指示器 индикатор переадресации
变阻器 реостат
便携式终端 портативный терминал
便携文件格式 формат портативного документа 〈略〉PDF
遍历查找 полный цепной поиск
标称(额定)输出 номинальный выход
标称(额定)输入 номинальный вход
标称峰值 номинальное пиковое значение
标称频率 номинальная частота
标定板 калибровочная плата
标记,长度,内容 тег, длина, содержимое 〈略〉EOC
标记寄存器,特征寄存器 регистр признака 〈略〉РП
标记交换路径 маршрут с коммутацией меток 〈略〉LSP
标记码 код тега
标记字段 поле тега
标签 вкладка, наклейка, ярлык,
标签分发协议 протокол распределения меток 〈略〉LDP
标签交换路由器 маршрутизатор коммутации маркировок 〈略〉LSR
标识,识别 идентификация 〈略〉ID
标识符,识别符,识别器 идентификатор 〈略〉ID
标书,投标 тендер
标题风格 стиль заголовка
标题栏 строка заголовка
标题码 код заголовка
标志,标记 признак, флаг, метка, маркировка
标志,标签 маркировка, маркировочная наклейка
标志检验台 пульт проверки маркеров 〈略〉ППМ
标志码 флаг 〈略〉F
标志器,标签(7号信令用) маркер, устройство маркировки, этикетка (для ОКС7)
标志位 бит маркера, бит признака
标志语音的扩展语言 расширенный язык маркировки речи 〈略〉VXML
标准,规格 стандарт
标准长局间再生段标志 обозначение стандартной длинной межстанционной регенераторной секции 〈略〉L
标准程序存储器 накопитель стандартных программ 〈略〉НСП

标准短局间再生段标志　обозначение стандартной короткой межстанционной регенераторной секции　〈略〉S
标准功能部件　типовой функциональный блок　〈略〉ТФБ
标准化　стандартизация
标准技术文件　нормативно-техническая документация　〈略〉НТД
标准局内再生段标志　обозначение стандартной внутристанционной регенераторной секции　〈略〉I
标准频率单元　база опорных частот　〈略〉БОЧ
标准入网接口　стандартные интерфейсы сетевого доступа
标准替换件　типовой элемент замены　〈略〉ТЭЗ
标准信号发生器　генератор стандартных сигналов　〈略〉ГСС
表、页、单、扳、片　лист　〈略〉Л
表格结构　списковая структура　〈略〉СС
表面、面　поверхность
表面重叠　поверхностное перекрытие
表面电阻测试仪　прибор для тестирования поверхностного сопротивления
表面飞弧　поверхностное перекрытие
表面利用系数　коэффициент использования поверхности　〈略〉КИП
表面组装技术，表面贴装技术　технология поверхностного монтажа компонентов，технология поверхностной упаковки　〈略〉SMT
表示（法），显示，表达式，概念　представление
表示层　уровень представления
表示层业务访问点　пункт доступа к службам присутствия　〈略〉PSAP
表示法　нотация
并－串行代码转换　преобразование параллельного кода в последовательный　〈略〉P/S
并发过程　конкурентные процессы
并发性，并行性　параллелизм
并机　параллельный телефон
并机均流不平衡度　асимметрия тока при параллельном включении
并口　параллельный интерфейс
并联　параллельное соединение，параллельное включение
并联模块　параллельно соединенный модуль
并排排列　параллельное помещение
并入　присоединение
并行测试成分　параллельная тестовая компонента　〈略〉PTC
并行处理机总线　шина параллельного процессора
并行处理能力　способность параллельной обработки
并行工作，并行操作　параллельная работа　〈略〉ПР
并行数据总线　параллельная шина данных
并行中间分路　параллельное промежуточное выделение каналов　〈略〉ППВК
拨本机号码　набор собственного номера　〈略〉НСН
拨打电话阶段　фаза посылки вызова
拨打话务员用的字冠　префикс выхода на оператора
拨打紧急服务台　выход к экстренным службам
拨打老式用户小交换机终端号　набор терминала в старых типах УПАТС
拨打外线　вызов внешней линии
拨杆　движок
拨号　набор номера
拨号发生器　генератор набора номера　〈略〉ГНН
拨号访问　доступ к Internet посредством коммутируемого соединения
拨号检测器　детектор набора номера　〈略〉ДНН
拨号路由，动态路由选择　динамическая маршрутизация

拨号脉冲　импульс набора номера 〈略〉НН
拨号入网　коммутируемое соединение с помощью модема, выход на сеть
拨号线　коммутируемая линия
拨号信号前沿上升(下降)时间　время нарастания (спада) фронта сигнала набора номера
拨号音　ответ станции
拨码开关, 代码开关　переключатель для выбора, кодовый выключатель
拨字冠"8－10"打国际长途　осуществление выхода на международную сеть при выборе префиксов «8－10»
波导管　волновод
波分复用　волновое мультиплексирование
波分复用　мультиплексирование с разделением по длинам волны 〈略〉WDM
波分复用技术　техника волнового мультиплексирования 〈略〉WDM
波幅　амплитуда волны 〈略〉АВ
波特　бод
波形管, 波纹管　гофрированная трубка
波型失真度　коэффициент искажения формы волны
波阻　волновое сопротивление
玻纤增强玻璃　стевит
剥落, 粉化　выкрошение
泊松负载　пуассоновская нагрузка
薄膜电阻　тонкопленочный резистор 〈略〉ТПР
薄膜模块　тонкопленочный модуль, модуль с тонкопленочными элементами
补偿器　компенсатор
补充操作指标　дополнительный оперативный показатель 〈略〉ДОП
补充控制单元　дополнительный блок управления 〈略〉UACU
补充业务, 增值业务　дополнительные услуги 〈略〉SS
补丁　патч
补码　дополнительный код
补压转换器　вольтодобавочный конвертор
不必增加硬件投资　без увеличения затрат на аппаратное обеспечение
不编号信息　непронумерованная информация 〈略〉UI
不成功扩展后向建立信息消息　расширенное информационное сообщение о неудаче установления связи в обратном направлении 〈略〉EUM
不动作电流　ток бездействия
不服务, 退出服务　вне обслуживания, вывод из обслуживания 〈略〉OSS
不归零码　без возврата к нулю 〈略〉NRZ
不回应测试　тест неактивности 〈略〉IT
不回应的　пассивный
不回应状态, 未接通状态　пассивное состояние
不间断传输　передача без остановки 〈略〉NSF
不间断的　бесперебойный
不间断电源　источник бесперебойного питания, бесперебойное электропитание 〈略〉ИБП
不接地, 对地浮空　без заземления
不可及前转　переадресация при недоступности
不可用秒　недоступные секунды 〈略〉UAS
不可用时间　время недоступности 〈略〉UAT
不可用资源　недоступные ресурсы
不可重复的绝对时限服务　услуга нециклического абсолютного временного предела
不平衡, 失衡　дисбаланс
不全利用的　неполнодоступный 〈略〉НПД
不受限的数字信息业务　цифровые информационные услуги без ограниче-

ний
不同档次的测试模块 модули тестирования разных уровней
不同类别的模块 модули различных видов
不稳定过程 нестационарный процесс
不用公网的互联网接入 доступ к Internet, минуя ТФОП 〈略〉Data-bypass
布局,拓扑,板图设计 топология
布局 компоновка, расстановка
布线 монтаж проводов, расшивка
步进式交换机 шаговая АТС 〈略〉 АТСШ
步进式来话汇接局 узел входящего сообщения шаговый 〈略〉УВСШ
步进制 шаговая система
部分复制 частичное копирование
部分来话限制 выборочное ограничение входящей связи
部分字冠的业务汇接 транзит телефонного трафика для части префиксов

C

擦除器 стиратель
插件 плагин
采集点 узел сборки 〈略〉СБ
采集器 устройство сбора
采用 ISDN 标准 принятие стандартов по ЦСИО
采用建立"叠加网"规则 осуществление с использованием правил создания «наложенных сетей»
彩色图形适配器 цветной графический адаптер 〈略〉CGA
菜单 меню
菜单加速条,工具条,工具栏 панель инструментов, инструментальная панель
菜单驱动 в режиме меню
菜单式命令 команда, управляемая в режиме меню
菜单条 панель меню
参考点,基点 опорная точка
参考体,参考物 объект-эталон
参数标签 этикетка параметра
参数交换请求 запрос обмена параметрами 〈略〉CER
参数遥控 удаленное управление параметрами 〈略〉RFC
参数组(合) набор параметров
残余比特差错率 коэффициент ошибок остаточных битов 〈略〉RBER
残余激励线性预测编码 кодирование линейного предсказания по остаточному возбуждению 〈略〉RELP
操纵台,操作台 консоль, пульт
操作 операция, эксплуатация
操作、管理、维护和保障 эксплуатация, администрирование, обслуживание и обеспечение 〈略〉OAM&P
操作、管理和维护 эксплуатация, администрирование и обслуживание 〈略〉OAM
操作、管理和维护代理商 агент эксплуатации, администрирования и технического обслуживания 〈略〉 OAMAgent
操作、维护和管理部分 подсистема эксплуатации, технического обслуживания и административного управления 〈略〉OMAP
操作步骤 процедура
操作部件,运算部件 оперативный блок 〈略〉ОБ
操作存储器,内存储器 оперативное запоминающее устройство 〈略〉 ОЗУ
操作调用 вызов операции
操作方式 режим эксплуатации
操作和维护 эксплуатация и техобслуживание 〈略〉O&M
操作和维护处理器 процессор эксплуатации и технического обслуживания 〈略〉OMP
操作和维护单元 блок эксплуатации и

техобслуживания 〈略〉OMU
操作和维护系统 система эксплуатации и техобслуживание 〈略〉OMS
操作和维护支撑系统 система поддержки эксплуатации и техобслуживание 〈略〉OMSS
操作纪录数据库 база данных записей операций 〈略〉D3
操作寄存器 регистр операций 〈略〉POП
操作码 код операции
操作码寄存器 регистр кода операций 〈略〉PKO
操作码译码器 дешифратор кода операции 〈略〉ДШ КОП
操作码只读存储器 ПЗУ кода операций
操作配合 операционная поддержка
操作权限 операционная компетенция
操作群 операционная группа
操作手册 руководство по эксилуатации
操作台,话务台,操作员控制台 пульт опафатора 〈略〉ПО
操作维护管理部分应用业务单元 сервисный прикладной элемент OMAP 〈略〉OMASE
操作维护链路 линия управления и обслуживания 〈略〉OML
操作维护中心 центр эксплуатации и техобслуживания 〈略〉OMC
操作维护中心－交换部分 центр эксплуатации и техобслуживания-коммутационная часть 〈略〉OMC-S
操作维护中心－无线电部分 центр эксплуатации и техобслуживания-радиочасть 〈略〉OMC-R
操作文件 файл операции
操作系统 операционная система 〈略〉OS
操作系统功能 функция операционной системы 〈略〉OSF
操作系统协调器 координатор операционной системы
操作序列,操作顺序 последовательность операций
操作延迟原因查询过程 процедура опроса о причинах задержки выполнения работы 〈略〉ПОЗ
操作与维护单元(板) блок (плата) эксплуатации и техобслуживания 〈略〉OMU
操作预置协议 протокол рабочей инициализации 〈略〉SIP
操作员(话务员)识别码 код идентификации оператора 〈略〉CIC
操作员(话务员)座席组 группа рабочих мест операторов
操作员监控 контроль операторов
操作员决定的闭塞(禁止) блокировка (запрет) в зависимости от оператора 〈略〉ODB
操作员模块 модуль оператора 〈略〉MO
操作员属性 атрибут оператора
操作员席,话务员席 рабочее место оператора
操作员显示台 дисплейный пульт оператора 〈略〉ДП
操作员业务 операторная служба 〈略〉OPS
操作支持系统 система поддержки операции 〈略〉OS
槽,沟,凹口 паз
草稿,底稿 черновик
侧面 боковина
侧视图 боковой вид
测定器,识别器 определитель
测控 контроль и измерение
测量报告 доклад о измерении 〈略〉MR
测量分流器 измерительный шунт
测量滤波器 измерительный фильтр
测量仪器,测量仪表 измерительный прибор
测试 тестирование
测试(通信)接口机 процессор тестового интерфейса (связи) 〈略〉CTC

测试板 тестовая плата
测试程序 тестовые программы
测试的 контрольно-измерительный
测试电缆 кабель для измерения
测试负载阻抗 импеданс тестовой нагрузки
测试管理用计算机 компьютер для тестового управления 〈略〉TC
测试过的文件 протестированный файл
测试集 тестовый комплект
测试接线排 тестирующий соединительный плинт,тестовый плинт
测试结束 тест прошел 〈略〉PASSED
测试码 тестовый код
测试目的 цель проведения теста 〈略〉TP
测试器,测试仪 тестер
测试驱动器 тестовый драйвер
测试任务 тестовая задача
测试塞,测试插塞 испытательный штепсель
测试塞孔 тестовое гнездо, испытательное гнездо
测试设备 тестовое оборудование, контрольно-измерительная аппаратура 〈略〉КИА
测试数据 тестовые данные
测试数据发生器 генератор тестовых данных 〈略〉ГТД
测试台 стенд измерения, испытательно-измерительный стол 〈略〉ИИС
测试探头转换节点 узел коммуникации тестовым зондом
测试头 тестовый зонд
测试无线设备的射频单元 радиочастотный блок обработки радиооборудования
测试系统 испытательная система, тестовая система, система тестирования
测试响应模块 модуль тестовой реакции
测试项目 пункты испытаний
测试协调过程 процедура координации тестирования 〈略〉TCP
测试信号器 сигналлер испытаний
测试信息系统 измерительно-информационная система 〈略〉ИИС
测试样品 тестируемый образец
测试仪器 испытательный прибор 〈略〉ИП
测试执行过程 тестируемая реализация 〈略〉IUT
测试指令 команда теста
策略服务器 сервер политик 〈略〉PLS
策略管理程序板 плата менеджера политик 〈略〉PMU
策略管理程序子系统 подсистема менеджеров политик 〈略〉PMS
策略和计费规则功能 функция правил применения политик и тарификации 〈略〉PCRF
策略和计费执行功能 функция применения политик и тарификации 〈略〉PCEF
策略决策点 точка принятия решения о политике 〈略〉PDP
策略决策功能 функция выбора политики 〈略〉PDF
策略控制和计费 управление политиками и тарификация 〈略〉PCC
策略信息传输协议 протокол передачи информации о стратегиях 〈略〉PI-TP
层次化方式 иерархический метод
层次模式 иерархическая модель
叉簧 рычажный переключатель 〈略〉РП
插拔 вставка и извлечение (вытягивание),установка и изъятие
插板 вставная плата
插板类型错误 ошибка типа вставленной платы 〈略〉WRG-BDTYBE
插板区 зона вставки плат
插槽,槽位,槽 слот
插件工,插线工,安装工 монтажник
插卡 вставная карта

插孔,塞孔,插座,槽位 гнездо

插框,机框,框,箱,盒 полка, рамка, кассета

插框接入单元 блок подключения полки 〈略〉UFCU

插框控制单元 блок управления полкой 〈略〉URCU

插片,锁定片 вкладка, защелка

插入 вставка, перехват

插入/拔出 вставка / выделение

插入,内插 интерполирование

插入式印刷电路板 вставная печатная плата

插入通知音 сигнал вмешательства

插入遇忙用户 подключение к занятому абоненту

插箱 полка без материнской платы

查看,检验,检查 осмотр

查看网管历史库,查看网管历史数据库 осмотр базы исторических данных управления сетью

查看越限数据 осмотр данных, превышающих границу

查询 CSCF спрос-CSCF 〈略〉I-CSCF

查询保护倒换状态 запрос состояния защитного переключения

查询关键参数 опрос ключевых параметров

查询监视时间 запрос времени контроля

查询门限,查询阈值 запрос пороговых значений

查询模块 модуль запросов 〈略〉RM

查询速度 скорость опроса

查询台呼叫排队机 ступень распределения вызовов для справочных служб 〈略〉CPB

查询系统 справочная система

查询性能事件 осмотр событий характеристик

查找故障板位 поиск позиции неисправленной платы

差错过多 слишком много ошибок 〈略〉EXC

差错检测,误差检测 обнаружение ошибок

差错检测码 код обнаружения ошибок, код с обнаружением ошибок 〈略〉EDC

差错控制 контроль ошибок

差错信号单元 ошибочная сигнальная единица

差动运算放大器 дифференциальный операционный усилитель 〈略〉ДОУ

差分法 режим разделения разности

差分方式 посредством разделения разности

差分服务 дифференцированная услуга 〈略〉DiffServ

差分服务代码点 кодовая точка дифференцированных услуг 〈略〉DSCP

差分接收装备 устройство дифференциального приема 〈略〉DRCU

差分脉码调制 дифференциальная ИКМ 〈略〉DPCM, ДИКМ

差分收发 дифференциальный трансивер

差分线 дифференцированная линия

差分信号 дифференцированный сигнал

差模 режим перепада

差值信号 разностный сигнал

拆线,断开 разъединение 〈略〉DISC

拆线显示 индикация разъединения 〈略〉DIS-IND

拆线消息,掉线消息 сообщение о разъединении

拆线延迟 задержка разъединения

拆线证实 подтверждение разъединения 〈略〉BLC

柴油发电机 дизель-генератор

产品开发团队 бригада по разработке продукции 〈略〉PDT

颤音 трель

尝试失败计数器 счетчик ошибочных попыток 〈略〉WAC

长度、长 длина

长度指示码 индикатор длины 〈略〉LI
长度字段 поле длины
长格式编码 кодирование в длинном формате
长号,完整号码 полный номер
长话/国际长话局 междугородная/международная станция
长脉冲、宽脉冲 длительный импульс
长期残余激励线性预测编码 долговременный RELP-прогноз 〈略〉RELP-LTP
长期转移 постоянная переадресация
长期演变 долгосрочная эволюция 〈略〉LTE
长时间录像机 видеомагнитофон длительного времени работы
长市合一局 комбинированная междугородная/местная станция
长途拨号 дальний набор
长途拨号电路 комплект дальнего набора 〈略〉КДН
长途出中继 заказно-соединительная линия 〈略〉OCL,ЗСЛ
长途出中继汇接局 узел заказно-соединительных линий 〈略〉УЗСЛ
长途出中继来话电路 входящий комплект ЗСЛ 〈略〉ВКЗСЛ
长途出中继去话电路 исходящий комплект ЗСЛ 〈略〉ИКЗСЛ
长途传输中继继电器 реле СЛ междугородной передачи 〈略〉РСЛМП
长途的 междугородный
长途第一成组选择器 1-й групповой искатель междугородный 〈略〉1ГИМ
长途电话、长途通话 междугородный телефонный разговор 〈略〉МТР
长途电话局 междугородная телефонная станция 〈略〉МТС
长途电话局各服务台的分布 размещение сервисных служб на АМТС
长途干线网 междугородная магистральная сеть
长途号码 номер для междугородной связи
长途交换台 междугородный коммутатор
长途局,长途台 междугородная станция 〈略〉TS
长途来话成组选择 междугородное входящее групповое искание 〈略〉МВГИ
长途来话呼叫 междугородный входящий вызов
长途来话汇接局 узел входящего междугородного сообщения 〈略〉УВМС
长途来话绳路 входящий шнуровой комплект междугородный 〈略〉ВШКМ
长途区号 код междугородной связи
长途区号业务 трафик по кодам междугородной связи
长途去话汇接局 узел исходящего междугородного сообщения 〈略〉УИСМ
长途入中继来话电路 входящий комплект СЛМ 〈略〉ВКСЛМ
长途入中继线 входящие СЛ междугородной связи 〈略〉СЛМ
长途线路 междугородная линия
长途信道 междугородный канал 〈略〉TL、МГК
长途选线器 линейный искатель междугородный 〈略〉ЛИМ
长途选组器 групповой искатель междугородный 〈略〉ГИМ
长途直拨 междугородный прямой набор 〈略〉DDD
长途中继线 соединительная линия междугородная 〈略〉TCL
长途中继继电器 реле СЛ междугородных 〈略〉РСЛМ
长途自动电话局 автоматическая междугородная телефонная станция 〈略〉ATTE,AMTC
长信号 длинный сигнал 〈略〉ДС

常亮　постоянно включен
常灭　постоянно выключен
常驻程序　резидентная программа
厂内电话网　внутрипроизводственная телефонная сеть 〈略〉ВПТС
厂内生产和技术通信网　внутрипроизводственная и техническая сеть связи
场,字段,塞孔盘　поле
场强　напряженность поля
场强测试　тестирование напряженности поля
场效应管,场效应晶体管　полевой транзистор,полевой тетрод
超长链形网络结构　сверхдлинная цепная сетевая структура
超长信号　сверхдлительный сигнал
超大规模集成电路　сверхбольшая интегральная схема 〈略〉VLSI,СБИС
超低频　инфранизкая частота 〈略〉ИНЧ
超短波　ультракороткая волна 〈略〉УКВ
超发光二极管　суперлюминесцентный диод 〈略〉СЛД
超高密度波分复用,超密集波分复用　сверхвысокоплотное волновое мультиплексирование, сверхвысокоплотное мультиплексирование с разделением по длинам волн 〈略〉UWDM
超高频　ультравысокая частота 〈略〉UHF,УВЧ
超高速操作存储器　сверхоперативное запоминающее устройство 〈略〉СОЗУ
超级管理员　суперадминистратор
超级主干　супермагистраль
超链接　гиперссылка
超时　превышение（лимита）времени,сверхурочное время,тайм-аут
超时拨号脉冲　импульс набора повышенной длительности
超时的　сверхурочный
超时调度　планирование тайм-аутов
超时控制　сверхурочное управление
超时脉冲　импульс повышенной длительности
超数据报语言　гипертекстовый язык 〈略〉HTML
超外差的　супергетеродинный
超外谐振器　гетеродин
超文本　гипертекст
撤点并网　упрощение построения сетей
成分　компонента
成分差错　ошибка компоненты
成分处理　обработка компонентов 〈略〉CHA
成分调用标识号　индикатор вызова компоненты（Invoke ID）
成分子层　компонентный подуровень 〈略〉CSL
成组处理,包处理　пакетная обработка
成组呼叫　групповой вызов
成组设备　групповое устройство 〈略〉ГУ
呈问号光标　курсор со знаком вопроса
承担负荷　перенесение нагрузки
承载能力　способность восприятия нагрузки,несущая способность
承载能力标识单元　элемент идентификации несущей способности 〈略〉BCIE
承载信道　канал приема информации
城市初级网　городская первичная сеть 〈略〉ГПС
城域网　общегородская сеть 〈略〉MAN, ОГС
乘法器　множительное устройство 〈略〉МУ
程控,程序控制　программное управление 〈略〉ПУ
程控本地局　местная станция с программным управлением 〈略〉SPC
程控端局　оконечная станция с программным управлением
程控交换　коммутация с программным управлением
程序(代)码　программный код

程序包　пакет программ　〈略〉ПП
程序编制中心　центр программирования
程序标识符　идентификатор программы
程序补丁　патч к программе
程序存贮区　диапазон программной памяти
程序地址再定位　преобразование программного адреса
程序段　сегмент программы
程序段前缀　префикс сегмента программы　〈略〉PSP
程序跟踪　трассировка программ
程序加载　загрузка программ
程序可变信元中继　программируемое ячейковое реле　〈略〉PVCR
程序模块　программный модуль 〈略〉ПМ
程序生成中心　центр производства программ　〈略〉ЦПП
程序时钟，程序计时器　программные часы　〈略〉ПЧ
程序维护中心　центр сопровождения программ　〈略〉ЦСП
程序系统　программный комплекс 〈略〉ПК
程序隐患　программная закладка
程序运行　прогон программы, эксплуатация программы
程序再定位　переразмещение программ
程序置入　закладка программы
程序状态字　слово состояния программы
程序准备系统　система подготовки программ　〈略〉PPS
持续时间　время выдержки, продолжительность
充电容量　зарядная емкость
冲击试验台　ударный стенд
重编路由　перенумерация маршрута 〈略〉RR
重编码器　перекодировщик
重叠发码　код с перекрытием
重叠发送　посылка вызова с перекрытием, передача с перекрытием 〈略〉Overlap
重叠过程　процесс с перекрытием
重发机制　система повторной передачи
重发振铃信号，再呼叫，再振铃　повторная посылка вызывного сигнала
重放　повторное воспроизведение
重复呼叫　повторный вызов
重复呼叫结束　конец повторного вызова　〈略〉SPR
重复呼叫源　источник повторных вызовов　〈略〉ИПВ
重复迂回　повторная обходная маршрутизация
重建，改造，改建　реконструкция
重新配置　реконфигурация
重新装(加)载，重装　перезагрузка
重选呼叫路由分布　перераспределение маршрутизации вызовов　〈略〉CRD
重组　перекомпоновка
抽象业务原语　абстрактные сервисные примитивы　〈略〉ASP
抽象语法标记1　нотация абстрактного синтаксиса -1, абстрактно-синтаксическая нотация 1　〈略〉ASN.1
抽样分流　выборочный байпас　〈略〉SBP
抽样接受呼叫　выборочный прием вызовов　〈略〉SCA
出局电路群　группа исходящих комплектов　〈略〉OLS
出局号码　исходящий номер
出局路由　маршрут при исходящей связи
出局字冠　индекс выхода
出局字冠数据　префиксные данные для исходящей связи
出群字冠　префикс для связи вне группы
出现故障　возникновение неисправности

出中继　исходящая соединительная линия
出中继电路　комплект исходящей СЛ
出中继计费源码　исходный биллинговый код соединительной линии
初级数字通道　первичный цифровой канал　〈略〉ПЦК, DSI
初始地址消息　начальное адресное сообщение　〈略〉IAM
初始地址消息　начальное адресное сообщение, сообщение инициализации адреса　〈略〉IAM
初始对位　исходное (начальное) выравнивание
初始化、预置　инициализация
初始化参数文件　ини-файлы параметров　〈略〉rms. ini
初始密码　первоначальный пароль
初始域标识符　начальный идентификатор домена　〈略〉IDI
初始域部分　начальная часть домена　〈略〉IDP
初始装载程序　начальная загрузка программ
初始状态　начальное состояние　〈略〉НС
初始自动装载　начальная самозагрузка,, инициальная самозагрузка
除数　делитель
处理能力　обрабатывающая способность, производительность
处理能力强　большая производительность обработки
处理器,处理机,处理程序　процессор
处理器代码段寄存器　сегментный регистр кода процессора　〈略〉CS
处理器当前栈顶指针寄存器　регистр-указатель текущей вершины стека процессора　〈略〉SPSLIP
处理器基极指针寄存器　регистр-указатель базы процессора　〈略〉BP
处理器进位标志　флаг переноса процессора　〈略〉CF
处理器目的变址寄存器　индекс-регистр назначения процессора　〈略〉DI
处理器数据段寄存器　сегментный регистр данных процессора　〈略〉DS
处理器通用寄存器　регистр общего назначения процессора　〈略〉AH
处理器源变址寄存器　индекс-регистр источника процессора
处理设备　устройство обработки　〈略〉УО
处理台　терминал обработки
处理源程序模块　исходный модуль обработки
触发点,起动点,发射点　точка запуска
触发机制　система активации передачи
触发检测点　пункт обнаружения запуска　〈略〉TDP
触发检测点请求　запрос на пункт обнаружения запуска　〈略〉TDP-R
触发检测点通知　сообщение о пункте обнаружения запуска　〈略〉TDP-N
触发器　триггер
触控电脑　компьютер с сенсорным экраном
穿孔带存储器　накопитель на перфоленте　〈略〉НПЛ
穿线　продевание линии
传感器　датчик, сенсор
传输层　транспортный уровень
传输层安全　безопасность транспортного уровня (уровня передачи)　〈略〉TLS
传输层和接入层用 **MSTP**　MSTP для уровня транзита и для уровня доступа　〈略〉Metro3000/1000
传输处理通用补充单元　универсальный дополнительный блок обработки передачи　〈略〉UTRP
传输服务访问点　пункт доступа к услугам передачи　〈略〉TSAP
传输功率自动控制　автоматический контроль мощности передачи　〈略〉ATPC
传输和 **ISDN** 测试模块　модуль тести-

рования передачи и ISDN

传输接口单元 блок интерфейса передачи

传输结束 конец передачи 〈略〉ETX

传输介质,传输媒体 среда передачи, передающая среда

传输介质请求 запрос на передающую среду 〈略〉TMR

传输控制协议 протокол управления передачей 〈略〉TCP

传输流控制协议 протокол управления потоком передачи 〈略〉SCTP

传输路由,传送路由 маршрут передачи 〈略〉TP

传输能力 пропускная способность передачи

传输容器 контейнер передачи 〈略〉T-CONT

传输设备 передающее устройство, устройство передачи 〈略〉ПУ

传输事故 сбой при передаче, авария передачи 〈略〉TF

传输衰减 затухание при передаче

传输速率 скорость передачи

传输速率适配 адаптация по скорости передачи 〈略〉Rax

传输通路 канал передачи

传输网关 транспортный шлюз

传输维护中心 центр технической эксплуатации устройств передачи

传输位奇偶性 четность передаваемых битов

传输系数 коэффициент передачи

传输系统 система передачи 〈略〉СП

传输系统管理的 Q 接口协议 протокол управления интерфейсом Q системы передачи 〈略〉G.773(03/93)

传输系统设备 аппаратура системы передачи 〈略〉АСП

传输线服务系统 система обслуживания линии передачи 〈略〉LAS

传输用 GSM 扩展处理单元 GSM-блок расширенной обработки для передачи 〈略〉GXPUT

传输载体 носитель передачи

传输中放大 усиление при передаче

传输中放大设备错 ошибка устройства усиления при передаче

传输中继站 релейная станция передачи

传输主干总线 передающая магистральная шина

传送"释放监护"信号指令 команда на передачу сигнала «контроль исходного состояния» 〈略〉RLG-IN

传送格式 формат передачи 〈略〉TF

传送功能 функция доставки 〈略〉DF

传送连接路由占用信号指令 команда на передачу сигнала о занятости соединительных путей 〈略〉CONG-IN

传送网(络) сеть передачи

传送协议数据单元 блок данных о протоколе передачи 〈略〉TPDU

传送原语 примитив передачи

传送终端功能 функция начала/окончания транспортировки виртуального контейнера 〈略〉TTF

传真处理 факсимильная обработка 〈略〉FP

传真机墨盒 факсов

传真交互应答 интерактивный ответ по факсу 〈略〉IFR

传真交换设备 факсимильный коммутационный аппарат 〈略〉FSU

传真呼入 факсовый вызов

传真通信的一种基本交换形式 один из основных видов обмена факсимильной связи

传真通信特有的协议 протоколы, свойственные факсимильной связи

传真消息交换设备 услуги по обмену факсимильными сообщениями

串-并行代码转换 преобразование последовательного кода в параллельный 〈略〉S/P

串话 переходный разговор

串间隔　межсерийный интервал

串间隔时长　длительность межсерийного интервала

串接　последовательное включение

串接直流偏置电压　последовательное подключение постоянного напряжения смещения

串口　последовательный порт

串口控制　управление с помощью последовательного порта

串口数据传输终端设备　терминальное устройство передачи последовательных данных

串口通信子模块　субмодуль связи через последовательный порт

串联　последовательное соединение, последовательное включение

串行(并行)输入(输出)　последовательный (параллельный) ввод/вывод

串行的,串联的,顺序的　последовательный

串行读出,顺序读出　последовательное считывание

串行方式　последовательный режим

串行接口扩展器　расширитель последовательного интерфейса (перекрывает уровни интерфейса вплоть до уровней ТТ)　〈略〉SIX

串行口通信　связь через последовательный интерфейс

串行链路　последовательная линия связи　〈略〉SLINK

串行通信接口处理器　процессор интерфейса последовательной связи　〈略〉SCIP

串行通信总线　последовательная шина связи

串行线路网际协议　IP-протокол через последовательную линию связи　〈略〉SLIP

串音　перекрестная наводка, переходные помехи, диафония

串音干扰　влияние перекрестных наводок

串音衰减　переходное затухание

垂直的,立式的,竖式的　вертикальный

垂直滑块　вертикальный бегунок

垂直极化　вертикальная поляризация

垂直视野　вертикальное поле видимости

纯电阻,有效电阻　активное сопротивление

纯正弦波输出　собственный синусоидальный выход

纯中继 **SM** 模块　модуль SM, предназначенный исключительно для СЛ (соединительных линий)

纯中继局　станция коммутации соединительных линий

纯中继模块　модуль, предназначенный исключительно для соединительных линий

词表,同义词词汇　тезаурус

词法单元　морфологический блок, синтактический блок

磁畴　магнитный домен

磁带　магнитная лента　〈略〉МЛ

磁带存储器　накопитель на магнитной ленте　〈略〉НМЛ

磁带存储器接口　интерфейс накопителя на магнитной ленте　〈略〉ИНМЛ

磁带存储器控制器　контроллер накопителей на магнитных лентах

磁带机　устройство с магнитной лентой, блок магнитной ленты

磁带录像机　видеомагнитофон　〈略〉ВМ

磁卡　магнитная карта

磁逻辑元件　магнитный логический элемент　〈略〉МЛЭ

磁盘　магнитный диск　〈略〉МД

磁盘操作系统　дисковая операционная система　〈略〉ДОС

磁盘存储器　накопитель на магнитном диске　〈略〉НМД

磁盘机,磁盘驱动器,软驱　дисковод

磁盘文件　дисковый файл, файл на диске

磁盘阵列柜　шкаф с магнитными матрицами
磁泡　цилиндрический магнитный домен　〈略〉ЦМД
磁泡存储控制器　контроллер памяти на ЦМД（цилиндрический магнитный домен）〈略〉ВМС
磁石中继　СЛ системы местной батареи　〈略〉МТК
磁通　магнитный поток
次高比特　более старший бит
次声　инфразвук
次谐波振荡　генерация субгармоники
次序改变分配器　распределитель перемены очередности　〈略〉РПО
次要的　маловажный, второстепенный
次要告警　второстепенный аварийный сигнал
次窄部　менее узкая часть
次重要告警　второстепенные аварийные сигналы
刺耳声响　резкий звуковой сигнал
从…迂回　передача в обход через…, осуществление обхода через…
从板　подчиненная плата
从节点　подчиненный узел
从控制点　контролируемая точка, подчиненный контрольный узел
从振荡器板　плата ведомого генератора
从钟　ведомый тактовый генератор
从属站　зависимая станция
从网上下载资料　выгрузка（загрузка）данных из сети
从专用长途电话局拨打任一本地网　выход с ведомственной АМТС на любую местную сеть
粗波分复用　грубое волновое мультиплексирование, грубое мультиплексирование с разделением по длинам волн　〈略〉CWDM
粗调　грубая настройка
簇　кластер
村村通电话　обеспечение（установление）телефонной связи в каждом селе, телефонная связь в каждом селе
存储，保存　хранение
存储板　плата памяти
存储单元　запоминающая ячейка　〈略〉ЗЯ
存储空间用完　переполнение памяти
存储媒体　среда памяти
存储器　память, запоминающее устройство, накопитель　〈略〉ЗУ
存储器地址寄存器　регистр адреса памяти　〈略〉РАП
存储器读出信号　сигнал чтения из памяти　〈略〉ЧП
存储器和开关　накопитель и ключ　〈略〉НК
存储器回读　повторный доступ к памяти
存储器扩展，内存扩展　расширение памяти
存储器容量　объем памяти
存储器直接访问　прямой доступ к памяти　〈略〉ПДП
存储区　область хранения
存储系统　система памяти　〈略〉СП
存储写入信号，存储记录信号　сигнал записи в память　〈略〉ЗП
存储元件　элемент памяти　〈略〉ЭП
存储资源池　пул ресурсов хранилищ
存档　сдача в архив
存档备查　сохранение для последующих запросов
存取，访问，接入，通路，入口　доступ　〈略〉
存取装置　устройство выборки-хранения　〈略〉УВХ
错误码，误码，差错码　код ошибки

D

搭接滑道　соединения направляющих
答录机　автоинформатор
打叉　вычеркивание

打各类电话用卡、300 号业务 Служба по вызывной карте для всех видов телефонной связи, услуга 300
打钩 поставление галочки
打开窗口 открытие окна
打孔,钻孔 сверление, сверление отверстия, перфорация
打斜杠 поставление дроби
打印机接口卡 интерфейсная карта принтера 〈略〉PRI
打印卡 карта принтера
大电流 ток большой величины
大多数数据传输用户面向信息交换 ориентация большинства пользователей ПД на коммутацию информации
大蜂窝网 макросотовая сеть
大规模的交叉连接矩阵 матрица кросс-соединений большой емкости
大规模改造现有网络 масштабное преобразование существующей сети
大规模集成电路 большая интегральная схема 〈略〉БИС
大规模交叉矩阵 матрица кросс-соединений большой емкости
大话务量测试 тестирование на высокую интенсивность трафика
大区制个人无线寻呼系统 система персонального радиовызова с большой зоной охвата
大区制扩展集群系统 режим большой зоны охвата
大容量文件交换 обмен документами больших объемов
大容量应用环境 прикладное окружение большой емкости
大数据量 большой объем данных
大型机 большая ЭВМ
大致值 ориентировочное значение
大众呼叫 массовый вызов
代号 условный номер
代理 прокси
代理 CSCF прокси-CSCF 〈略〉P-CSCF
代理,代理人,代理商 агент
代理服务器 прокси-сервер
代码检索部件 блок поиска кодов 〈略〉БПК
代码接收器标记 маркер кодовых приемников
代码生成 генерация кода
代码收发机识别器 определитель КПП 〈略〉ОКОП
带插座端子 колодка с розетками
带电插拔 вставка и извлечение без отключения питания
带电池传感器的用户寄存器 абонентский регистр с батарейным датчиком 〈略〉АРБ
带电割接 переключение линий на сеть без отключения питания
带电体 заряженное тело
带电作业 операция без отключения питания
带调节阀蓄电池 аккумулятор с регулируемым клапаном
带附加信息的初始地址消息 начальное адресное сообщение с дополнительной информацией 〈略〉IAI
带可靠性装置的交换逻辑板 плата логики обмена с устройствами надежности
带铃流二次电源板 плата вторичного источника питания с вызывным током 〈略〉PWX
带内单频线路信令 внутриполосная одночастотная линейная сигнализация
带软盘驱动器的微机 микро-ЭВМ с дисководом
带特种铃流信号呼叫 вызов со специальным вызывным сигналом
带提醒的遇忙用户插入 подключение к занятому абоненту с предупреждением о вмешательстве
带通放大器 полосовой усилитель
带通滤波器 полосовой фильтр, полосный фильтр 〈略〉ПФ
带通信号 полосовой сигнал

带外寄生信号 паразитный внеполосный сигнал
带外通信带宽 внеполосный частотный диапазон связи
带外信号 внеполосный сигнал
带液晶显示屏(器)的话务台 пульт оператора с жидкокристаллическим дисплеем
带一个信号的后续地址消息 последующее адресное сообщение с одним сигналом 〈略〉SAO
带云台的主摄象机 главная видеокамера с поворотным устройством
带自动应答器的电话机 ТА с автоответчиком
待机 режим «ожидание»
待命状态 ожидание команды
单 T 交换网 одноступенчатое временное коммутационное поле
单 T 网 одиночная Т сеть, одиночная временная сеть
单板,电路板 плата, схемная плата, печатная плата
单板测试机架 статив для тестирования плат
单板测试仪 прибор для тестирования плат
单板缓冲区错误 ошибка буфера платы, ошибка в буфере хранения на плате 〈略〉BUF-ERR
单板计算机 одноплатная вычислительная машина
单板类型错误 ошибка типа платы 〈略〉WRG-BDTYPE
单板配置 конфигурация платы
单板配置数据库 база данных по конфигурации платы
单板软件版本失配 рассогласование версий ПО платы 〈略〉VERMISMATCH
单板微型计算机 одноплатная микро-ЭВМ 〈略〉ОПМ
单板芯片寄存器数据丢失 потеря данных в регистре чипа на плате 〈略〉CFG-DATA-LOSS
单板主备组 активная/резервная группа плат
单板总线错误 ошибка шины платы 〈略〉BUS-ERR
单边带 однобоковая полоса 〈略〉ОБП
单边带通信 однополосная связь
单边带信号 однополосный сигнал 〈略〉ОПС
单调递减 монотонное убывание
单调递增 монотонное возрастание
单独付费业务 услуга раздельной оплаты
单独删除设定号码 отмена установленных номеров по отдельности
单格电压 напряжение одного элемента
单个联系客体 одиночный ассоциативный объект 〈略〉SAO
单个联系控制功能 функция одиночного ассоциативного контроля 〈略〉SACF
单个脉冲 одиночный импульс
单个选中 выделение отдельного объекта
单工的 симплексный
单构成式信息单元 элемент информации с единообразной структурой
单柜分配箱 блок распределения шкафа
单击 одним щелком
单击鼠标、点击鼠标 щелчок мышью
单机系统 одиночная система
单机专用控制信道 автономный специализированный канал управления 〈略〉SDCCH
单级无阻塞共享存储结构 безблокировочная одноуровневая структура с совместным использованием буферной памяти
单极性归零码 однополярный код с возвращением к нулю 〈略〉RZ
单局制的大本地网 крупномасштабная

нерайонированная местная сеть
单局制网　нерайонированная сеть
单据　квитанция
单脉冲发生器　генератор одиночных импульсов　〈略〉ГОИ
单面的，单方面的，片面的　односторонний
单面集成卡接式总配线架　главный кросс с односторонней интеграцией типа врезного соединения
单面集成总配线架　односторонний интегрированный главный кросс
单面配线　одностороннее распределение
单模/多模光纤　одномодовое/многомодовое оптоволокно
单模光纤直径　диаметр одномодового оптоволокна　〈略〉MFD
单模块　одиночный модуль
单模通信光纤　одномодовое оптическое волокно
单片机　однокристальный процессор, интегральный процессор
单频的，单频率的　одночастотный
单频简易半自动长途电话通信设备　аппаратура полуавтоматической междугородной телефонной связи, одночастотная, упрощенная　〈略〉АМСОУ
单频信号传送　передача одночастотных сигналов　〈略〉БОС
单频信令　одночастотная сигнализация　〈略〉SF
单频信令去话电路　исходящий комплект с одночастотной системой сигнализации
单色适配器　монохроматический адаптер
单式计费　простой расчет
单收发信机基站　базовая станция с одним приемопередатчиком
单体电池　одиночная батарея
单条撤消　единичная отмена
单维随机移动　одномерное случайное блуждание　〈略〉ОСБ
单位间隔　единичный интервал　〈略〉ЕИ
单位数据业务　услуга данных блока　〈略〉UDTS
单线接地电阻　сопротивление заземления однопроводной линии
单向的　однонаправленный
单相电压　однофазное напряжение
单向复用段保护环　однонаправленное кольцо с защитой мультиплексной секции
单向模式电话通信　телефонная связь в симплексном режиме
单向时钟链路　однонаправленное звено тактовой синхронизации
单向双电平线性码　однополярный двухуровневый линейный код　〈略〉ОДЛК
单向双掷开关　однополюсный переключатель на два направления
单向通道保护环　однонаправленное кольцо с защитой тракта　〈略〉UPPR
单向消息传送　однонаправленная передача сообщений
单选按钮　радиокнопка
单一和成组机架　стойка индивидуально-групповая　〈略〉СИГ
单一线路段　одиночная секция
单音数字信号　одночастотный сигнал
单用户单元　одноабонентский блок　〈略〉SU
单用户固定单元　одноабонентский неподвижный блок　〈略〉FSU
单用户固定台　одноабонентская неподвижная станция
单元传递延迟变化　вариация задержки доставки ячейки　〈略〉CDV
单元格　ячейка
单元级设备保护　защита оборудования на уровне блока
单元码类别标志　общее обозначение класса блочных кодов　〈略〉mbnb

单元数据 данные блока 〈略〉UDT
单元数据信息 информация данных блока 〈略〉UDTI
单元预留收费 тарификация с резервацией блока 〈略〉ECUR
单指针 одиночный указатель
单子机无绳电话 радиотелефон с одной носимой телефонной трубкой
单字节 одиночные байты
当班操作员 оператор по смене
当漫游出归属 **PLMN** 国家后禁止呼入 запрет входящей связи при роуминге за предел стран PLMN 〈略〉BIC-Roam
当前告警库,当前告警数据库 база текущих данных аварийной сигнализации
当前群作业记录簿 журнал учета текущих работ группы 〈略〉ЖУТР
当前时刻 текущее значение времени
当前数据 текущие данные
当前数据寄存器 регистр текущих данных
当前位置 текущее местонахождение
当前状态 текущее состояние
挡板 диафрагма, защитная диафрагма (металлическая), защитная панель (неметаллическая)
档案库 архив
导电系数 электропроводность
导航树 дерево навигации
导热材料 теплопроводящие материалы
导通 непрерывность
导通测试结束 завершение тестирования непрерывности 〈略〉COT
导通测试请求 запрос проверки непрерывности 〈略〉CCR
导通故障信号 сигнал нарушения непрерывности 〈略〉CCF
导通检测 проверка непрерывности, проверка непрерывности тракта
导通检验成功 успешное выполнение проверки непрерывности
导通检验发送 проверка непрерывности на передаче
导通检验接收 проверка непрерывности на приеме
导通检验失败 неудачное выполнение проверки непрерывности
导通信号 сигнал непрерывности 〈略〉COT
导通再检验发送信号块 блок передачи повторной проверки непрерывности 〈略〉CRCS
导通再检验接收信息块 блок приема повторной проверки непрерывности 〈略〉CRCR
倒带 обратная перемотка
倒换 переключение
倒换和倒回消息 сообщение переключения и обратного переключения 〈略〉CHM
倒换命令信号 сигнал команды «переключение» 〈略〉COO
倒换优先级 приоритет переключения
倒换证实信号 сигнал подтверждения переключения 〈略〉COA
倒回 обратное переключение
倒回说明信号 сигнал описания обратного переключения 〈略〉CBD
倒回证实信号 сигнал подтверждения обратного переключения 〈略〉CBA
倒数 обратная величина, обратное число
盗打的 пиратский, несанкционированный
灯亮 загорание лампы, свечение лампы
灯熄,灭灯 погасание лампы
登记,记录,登录,注册 регистрация
登记簿,注册簿 реестр
登录成功次数 число удачных регистраций
登录和控制智能系统 интеллектуальная система регистрации и управления 〈略〉IMACS
登录凭证管理员 диспетчер учетных

записей 〈略〉SAM

登录失败次数 число неудачных регистраций

等待消息信息 информация об ожидающих сообщениях 〈略〉NWI

等待信号 сигнал ожидания 〈略〉ОЖ

等待态 состояние ожидания

等级加权公平排队 взвешенная равноправная постановка в очередь на основании классов 〈略〉CBWFQ

等价分解手段 средство для эквивалентного разделения

等角速 постоянная угловая скорость 〈略〉CAV

等平面集成注入逻辑 изопланарная инжекционная интегральная логика 〈略〉$И^3Л$

等微分频率 эквидифференциальные частоты

等位拨号 равноразрядный набор, единая длина номеров

等线速 постоянная линейная скорость 〈略〉CLV

等效,等价,当量 эквивалент

等效的,等价的 эквивалентный

等效电平 эквивалентный уровень

等效接收衰减 эквивалент затухания приема

等效局部效应衰减 эквивалент затухания местного эффекта

等效输入噪音 эквивалентный входной шум

等效线 эквивалентная линия

等效支路接口 эквивалентный трибутарный интерфейс

低层测试仪 низкий тестер 〈略〉LT, LCC

低层兼容性 совместимость низкого уровня 〈略〉LLC

低差自主均流技术 автономное распределение нагрузки с низкой разницей напряжений

低话务量 низкая интенсивность трафика

低级信令转接点 транзитный пункт сигнализации низкого уровня 〈略〉LSTP

低集成度,小规模集成电路 низкая степень интеграции

低阶 низкий порядок, низкий уровень

低阶 VC 连接监控 контроль соединения VC низкого порядка, контроль соединения VC нижнего уровня 〈略〉LCS

低阶交叉连接板 плата кросс-соединений низкого порядка 〈略〉TXC

低阶接口 интерфейс низкого порядка, интерфейс нижнего уровня 〈略〉LOI

低阶通道 тракт низкого порядка, маршрут нижнего уровня

低阶通道 V5 标记失配 рассогласование идентификатора V5 тракта низкого порядка 〈略〉LP-SIZEERR

低阶通道保护 защита тракта низкого порядка 〈略〉LPP

低阶通道不可用时间告警 аварийная сигнализация недоступного времени тракта низкого порядка 〈略〉LP-UATEVENT

低阶通道串联连接监视器 монитор последовательного соединения тракта низкого порядка

低阶通道发送侧 FIFO 溢出 переполнение FIFO тракта низкого порядка на стороне передачи 〈略〉LP-TFIFO

低阶通道告警指示信号 сигнал индикации аварии тракта низкого порядка 〈略〉LP-AIS

低阶通道监控未装载终接 необорудованное окончание контроля тракта низкого порядка 〈略〉LSUT

低阶通道接收侧 FIFO 溢出 переполнение FIFO тракта низкого порядка на стороне приема 〈略〉LP-RFIFO

低阶通道开销监视(器) мониторинг

(монитор) трактового зоголовка нижнего уровня 〈略〉LPOM
低阶通道连接 соединение нескольких VC нижнего уровня, подключение тракта низкого порядка 〈略〉LPC
低阶通道适配 адаптация тракта низкого порядка 〈略〉LPA
低阶通道未装载虚拟容器生成 генерация незагруженного виртуального контейнера тракта низкого порядка (нижнего уровня) 〈略〉LUG
低阶通道未装载指示 индикация состояния «не оборудован» тракта низкого порядка 〈略〉LP-UNEQ
低阶通道信号标志失配(不匹配) рассогласование (несовпадение) меток сигнала тракта низкого порядка 〈略〉LP-SLM
低阶通道性能参数越限告警 аварийная сигнализация выхода параметров характеристик тракта низкого порядка за установленные пределы 〈略〉LP-CROSSTR
低阶通道远端差错指示 индикация ошибки на дальнем конце тракта низкого порядка, дистанционная индикация ошибки тракта низкого порядка 〈略〉LP-REI
低阶通道远端接收告警指示 индикация аварии приема на дальнем конце тракта низкого порядка, дистанционная индикация дефекта тракта низкого порядка, 〈略〉LP-RDI
低阶通道远端失效指示 индикация отказа на дальнем конце тракта низкого порядка 〈略〉LP-RFI
低阶通道终端 окончание тракта низкого порядка 〈略〉LPT
低阶通道追踪识别符失配 рассогласование идентификатора трассировки тракта низкого порядка 〈略〉LP-TIM
低阶通道子网连接保护 защита соединения с подсетью тракта низкого порядка
低阶虚容器 виртуальный контейнер нижнего уровня 〈略〉LOVC
低阶虚容器路径 маршрут виртуальных контейнеров нижнего уровня 〈略〉Path LOVC
低频 низкая частота 〈略〉НЧ
低频放大器 усилитель низкой частоты 〈略〉УНЧ
低频滤波器 фильтр нижних частот 〈略〉ФНЧ
低频转接设备 низкочастотная транзитная аппаратура
低清晰度电视 телевизионная система с малым числом строк 〈略〉LDTV
低速光纤链路 низкоскоростное волоконно-оптическое звено 〈略〉LOFL
低速无线通信蜂窝系统调制解调器 модем сотовой системы радиосвязи — низкоскоростной 〈略〉CRM-LS
低通的 низкочастотный
低通滤波器 фильтр низкой частоты, фильтр нижних частот
低位 младший разряд
低位单位 единица младшего разряда 〈略〉EMP
低压自主分流 положительное токораспределение с низкой разницей токов
低优先级 низкий приоритет
低总谐波失真 низкие полные гармонические искажения
地面传输手段 наземные средства передачи
地区通信 зоновая связь
地区通信联合体 региональное содружество по связи 〈略〉PCC
地区网管系统 региональная система управления сетью
地址 адрес
地址不全信号 сигнал неполного адреса 〈略〉ADI
地址段,地址字段 адресное поле
地址翻译 трансляция адреса

地址寄存器 регистр адреса 〈略〉PA

地址解析协议 протокол разрешения адресов 〈略〉ARP

地址扩展比特 бит расширения адреса

地址栏 колонка адреса

地址全,公用电话用户 полный адрес, абонент таксофона 〈略〉ADX

地址全,计费 полный адрес, с оплатой 〈略〉ADC

地址全,空闲,公用电话用户 полный адрес, свободный, абонент таксофона 〈略〉AFX

地址全,空闲,计费 полный адрес, свободный, с оплатой 〈略〉AFX

地址全,空闲,免费 полный адрес, свободный, без оплаты 〈略〉AFN

地址全,免费 полный адрес, безоплаты 〈略〉AND

地址全消息 сообщение о полном адресе 〈略〉ACM

地址属性指示 индикация адресного атрибута

地址选择开关 переключатель установки адреса

地址主干(线) магистраль адреса 〈略〉MA

地址主干总线 адресная магистральная шина 〈略〉АШ маг

地址转换 преобразование адресов

地阻、接地电阻 сопротивление заземления

地阻测量仪 измеритель сопротивления заземления

地阻测试仪 прибор для тестирования земляного сопротивления

递增 возрастание, инкремент

第二层(数据链路层) уровень 2 (уровень канала передачи данных) 〈略〉L2

第二代无绳电话(二哥大) беспроводной телефон 2, бесшнуровой телефон второго поколения 〈略〉CT2

第二类终端设备 терминальное оборудование типа 2 〈略〉TE2

第二选组器 2-й групповой искатель 〈略〉IIГИ

第二振荡器 второй генератор 〈略〉Г2

第三层(网络层) уровень 3 (сетевой уровень) 〈略〉L3

第三代合作伙伴计划 проект партнерства третьего поколения 〈略〉3GPP

第三代移动通信系统 мобильная система связи третьего поколения 〈略〉3GGMS

第三方接入通话 подключение третьей стороны к разговору 〈略〉ПРТ

第三方主叫号码显示 идентификация вызывающего номера третьей стороны, отображение номера вызывающего абонента третьей стороны 〈略〉CID2

第三级消息传输部分 часть передачи сообщений третьего уровня 〈略〉MTP3

第三级消息传输部分(宽带) часть передачи сообщений третьего уровня (широкополосная) 〈略〉MTP3B

第三级协议 протокол третьего уровня

第四次修改的基本负载结构 базовая несущая конструкция четвертой модификации 〈略〉БНК-4

第一层(物理层) уровень 1 (физический уровень) 〈略〉L1

第一代无绳电话(大哥大) беспроводной телефон 1, бесшнуровой телефон первого поколения 〈略〉CT1

第一个发送 FIFO 溢出 первое переполнение FIFO передачи 〈略〉TF1FOE

第一类终端设备 терминальное оборудование типа 1 〈略〉TE1

第一选组器 1-й групповой искатель 〈略〉IГИ

第一振荡器 первый генератор 〈略〉Г1

典型配置 типовая конфигурация

点到点 точка-точка 〈略〉PP

点到点连接 соединение «точка-точка» 〈略〉P2P

点到点隧道协议 протокол туннелирования «точка-точка»

点到点网 двухточечная сеть, сеть «точка-точка»

点到点协议 двухточечный протокол, протокол «точка-точка» 〈略〉PPP

点到点移动通信消息直接传送 прямая передача сообщений «точка-точка» в подвижной связи 〈略〉MT/PP

点到点移动用户消息直接传送 прямая передача сообщений от подвижного абонента «точка-точка» 〈略〉MO/PP

点端机,光电转换器 электрическо-оптичесий преобразователь

点对点监控系统 двухточечная система контроля

点对点连接 соединение по методу «точка-точка»

点对点数据链路连接 двухточечное соединение канала передачи данных

点对多点,一点对多点 точка-много точек, точка-мультиточка

点对多点连接,一点对多点连接 соединение по методу «точка-много точек»

点隔离,电去耦 электрическая развязка

点划线 штрихпунктирная линия

点码 код пункта 〈略〉PC

点阵式的,针式的 матричный

电报 телеграмма

电报电路,报路 телеграфный канал

电报局 отделение телеграфа, телеграфная контора

电波绕射 дифракция радиоволн, огибание волны

电池 батарея, ячейка

电池测试仪 прибор для измерения батареи

电池单元 блок батарей 〈略〉ББ

电池电量指示灯 индикация батарей

电池电压过低 недонапряжение батареи 〈略〉LOWBAT-ALARM

电池电压控制装置 устройство контроля напряжения батареи 〈略〉УКБН

电池发送器 батарейный передатчик 〈略〉БПер

电池管理 управление батареями

电池过放 переразряд батареи

电池极性反转信号 сигнал обратной переполюсовки батарей

电池配电板 щит батарейный 〈略〉ЩБ

电池欠压告警值 пороговое значение для предупреждения о пониженном напряжении батареи

电传打字机 телетайп 〈略〉TTY, TT

电传打字机控制器 контроллер телетайпов

电磁的 электромагнитный

电磁干扰 электромагнитные помехи 〈略〉EMI

电磁兼容性 электромагнитная совместимость 〈略〉EMC, ЭМС

电磁兼容要求 требования к электромагнитной совместимости

电磁敏感性 электромагнитная чувствительность 〈略〉EMS

电磁屏蔽 электромагнитное экранирование

电磁铁 электромагнит

电磁脱扣 электромагнитное отключение

电动打字机 электрическая пишущая машина 〈略〉ЭПМ

电感温度系数 температурный коэффициент индуктивности 〈略〉ТКИ

电光信号转换 электрооптическое преобразование сигналов

电光转换器 электрическо-оптический преобразователь

电话 телефон

电话簿上用户 списочный абонент

电话成对用户单元 блок телефонных

спаренных абонентов 〈略〉TCA

电话盗用 телефонное пиратство

电话电报局 телефонно-телеграфная станция 〈略〉TTC

电话付费 оплата по телефону 〈略〉TP

电话号码查询 справка о номерах телефонов

电话呼叫纪录 регистрация телефонных вызовов 〈略〉CDR

电话汇款 перевод денег по телефону 〈略〉TR

电话会议召集人 организатор конференц-связи

电话机，话机 телефонный аппарат 〈略〉TA

电话加权杂音 взвешенный акустический шум，взвешенный псофометрический шум

电话局 телефонная станция，телефонная контора

电话局主叫号码识别（恶意呼叫追踪） определение номера вызывающего абонента（отслеживание злонамеренного вызова）на АТС

电话卡付费系统 карточная система оплаты

电话普及率 телефонная плотность

电话投票，民意测验 голосование по телефону，опрос по телефону，телеголосование 〈略〉VOT

电话线插头 разъем для подключения телефонной линии，телефонный штекер

电话营业厅 переговорный пункт

电话用户部分 подсистема пользователя телефонии，подсистема телефонного пользователя 〈略〉TUP

电话智能卡业务 служба по телефонной смарт-карте

电接口支路板 плата электрического трибутарного интерфейса

电可编程只读存储器 электрически программируемое постоянное запоминающее устройство 〈略〉EPROM，ЭППЗУ

电可擦可编程只读存储器 электрически стираемое программируемое постоянное запоминающее устройство 〈略〉EEPROM

电缆 кабель

电缆（托）架，电缆桥架 кабельрост

电缆槽，走线槽，走线架 кабельный желоб

电缆分接头，电缆引出线 вывод для кабелей

电缆敷设 прокладка кабеля

电缆护套 кабельная оболочка

电缆接入交换机 ввод кабелей на станции

电缆接头，电缆插头 кабельный разъем，разъем на кабель

电缆金属外皮，电缆金属护套 металлическая оплетка кабеля

电缆套管 кабельная муфта

电缆系统 кабельная система 〈略〉КС

电缆组合工具 инструмент для соединения кабелей

电力 энергетика

电力线 силовой провод

电流 ток

电流（电压）参数 параметр по току（напряжению）

电流采样信号 сигнал выборки тока

电流过零畸变 искажение нулевого значения

电流控制环路 шлейф управления током

电流灵敏度 чувствительность по току

电流显示装置 устройство индикации тока 〈略〉УИТ

电流骤增保护装置 устройство защиты от бросков тока 〈略〉SPD

电路 цепь，схема，комплект，контур

电路板 схемная плата

电路保护 защита электрических цепей

电路测试控制 управление контролем комплектов 〈略〉CSC

电路定向原则 принцип ориентации каналов
电路仿真 схемная эмуляция 〈略〉CE
电路仿真单元 блок схемной эмуляции 〈略〉CEU
电路仿真系统 система схемной эмуляции 〈略〉CES
电路复原 сброс комплекта 〈略〉RSC
电路复原发送信息块 блок передачи сброса комплектов 〈略〉CRS
电路复原接收信息块 блок приема сброса комплектов 〈略〉CRR
电路复原信号 сигнал сброса комплекта 〈略〉RSC
电路复原证实 подтверждение сброса комплектов 〈略〉RSC
电路话务负荷 телефонная нагрузка цепей
电路监视消息 сообщение контроля каналов 〈略〉CCM
电路交换 коммутация каналов 〈略〉CS, КК
电路交换公共数据网 сеть передачи данных общего пользования с коммутацией каналов 〈略〉CSPDN
电路交换数据网 сеть передачи данных с коммутацией каналов 〈略〉CSDN
电路交换数据业务 услуга передачи данных с коммутацией каналов 〈略〉CSD
电路交换网络，电路接续网络 поле коммутации каналов 〈略〉CSN
电路交换域 домен с коммутацией каналов
电路解决方案 схемное решение
电路拒绝 блокировка канала
电路拒绝原则 принцип запрета канала
电路馈电 питание линии 〈略〉LF
电路群、电路组 группа каналов
电路群闭塞 блокировка группы каналов 〈略〉CGB
电路群闭塞解除 разблокировка группы каналов 〈略〉CGU
电路群闭塞解除证实 подтверждение разблокировки группы каналов 〈略〉CGUA
电路群闭塞证实 подтверждение блокировки группы каналов 〈略〉CGBA
电路群复原 Сброс группы каналов 〈略〉GRS
电路群复原发送信息块 блок передачи сброса группы каналов 〈略〉CGRS
电路群复原接收信息块 блок приема сброса группы каналов 〈略〉CGRR
电路群复原消息 сообщение сброса группы каналов 〈略〉GRS
电路群复原证实 подтверждение сброса группы каналов 〈略〉GRA
电路群复原证实消息 сообщение подтверждения сброса группы комплектов 〈略〉GRA
电路群监控消息 сообщение контроля группы каналов 〈略〉GRM
电路群询问 запрос группы каналов 〈略〉CQM
电路群询问响应 ответ на справку о группе каналов 〈略〉CQR
电路群拥塞信号 сигнал перегрузки группы каналов 〈略〉CGC
电路识别码 код идентификации канала 〈略〉CIC
电路数 число каналов
电路图 электрическая схема
电路网管理消息群 группа сообщений управления сетью с коммутацией каналов 〈略〉CNM
电路选择 выбор комплектов
电路询问发送信息块 блок передачи запроса каналов 〈略〉CQS
电路询问接收信息块 блок приема запроса каналов 〈略〉CQR
电路占用点 точка занятия комплектов
电路占用点数据 данные о точке заня-

тия комплектов

电脑话务台,电脑操作台 пульт компьютерного оператора

电平指示器 указатель уровня 〈略〉УУ

电容、容量 емкость 〈略〉емк.

电容温度系数 температурный коэффициент емкости 〈略〉ТКЕ

电－声变换器 электронно-акустический преобразователь 〈略〉ЭАП

电时分复用 электрическое временное мультиплексирование 〈略〉ETDN, ТВ

电视 телевидение 〈略〉TV, ТВ

电视波道 телевизионный канал

电视服务 теле-услуги 〈略〉ВКС

电视机 телевизор

电视摄像机 телекамера

电视收音录音电唱四用机,无线电多用机 радиокомбайн

电视通路 видеотракт

电网 сеть переменного тока

电网承载能力 нагрузочная способность силовой сети

电位差 разность потенциалов

电位器 потенциометр

电吸收调制 модуляция электрического поглощения 〈略〉EAM

电信工业协会(美国) Ассоциация индустрии телекоммуникаций (США) 〈略〉TIA

电信管理局,电信司 управление электросвязи 〈略〉УЭС

电信管理网 сеть управления телекоммуникациями, сеть управления электросвязью 〈略〉TMN

电信管理网的一般原则 общие принципы управления электросвязью 〈略〉M. 3010 series (04/95)

电信技术设备 технические средства электросвязи 〈略〉ТСЭ

电信领域 направление электросвязи

电信网 сеть электросвязи, телекоммуникационная сеть 〈略〉TCN

电信网络管理系统 система управления сетями электросвязи

电信系统管理网 сеть управления системой электросвязи 〈略〉TMN

电信业务 теле-услуги, телетрафик

电信业务运营商 оператор услуг связи

电信运营商 телекоммуникационный оператор, оператор электросвязи, поставщик услуг электросвязи

电信综合网管系统 комплексная система управления сетью электросвязй

电压偏差 отклонение напряжения

电邮贺信 виртуальное поздравление по электронной почте

电源单元 блок источника питания 〈略〉PSU

电源分配框 полка распределения электропитания 〈略〉PDF

电源分配箱 блок распределения электропитания 〈略〉PDB

电源和环境状况监控单元 блок мониторинга электропитания и состояния окружающей среды 〈略〉DPMU

电源控制板 плата включения/выключения питания 〈略〉PWC

电源模块 блок питания, модуль питания 〈略〉POW

电源桥式电阻 сопротивление моста питания

电源设备及环境参数集中监控系统 система централизованного контроля оборудования электропитания и параметров окружающей среды 〈略〉PSMS

电源输入模块 модуль ввода электропитания 〈略〉PEM

电源系统 система источника электропитания 〈略〉PWS

电源装置 устройство электропитания, электропитающая установка 〈略〉PD, ЭПУ

电子长途自动电话局 автоматическая электронная междугородная станция 〈略〉АМТСЭ

电子触点 электронный контакт 〈略〉ЭК

电子传声器 электронный микрофон

电子传输设备 передающее электронное устройство 〈略〉ПЭУ

电子词典 электронный словарь

电子电话交换机 электронная АТС 〈略〉АТСЭ

电子放大器 электронный усилитель 〈略〉ЭУ

电子伏 электрон-вольт 〈略〉ЭВ

电子工业协会（美国） Ассоциация электронной промышленности （США） 〈略〉EIA

电子计算机 электронная вычислительная машина 〈略〉ЭВМ

电子卡库 электронная картотека

电子去话汇接局 электронный узел исходящей связи 〈略〉УИСЭ

电子商务 электронная коммерция 〈略〉ЭК

电子商务服务器 ЭК-сервер, сервер электронной коммерции

电子商务提供商 ЭК-провайдер, провайдер электронной коммерции

电子数字计算机 электронная цифровая вычислительная машина 〈略〉ЭЦВМ

电子序号 электронный серийный номер 〈略〉ESN

电子用户寄存器 электронный абонентский регистр 〈略〉ЭАР

电子邮箱，电子邮件 электронная почта 〈略〉ЭП

电子自动电话局，电子交换机 электронная АТС 〈略〉АТСК，ЭАТС

电阻－晶体管逻辑 резисторно-транзисторная логика 〈略〉РТЛ

电阻温度系数 температурный коэффициент сопротивления 〈略〉ТКС

垫板，垫片 прокладка

调度单元 блок диспетчеризации 〈略〉DPU

调度电话网 диспетчерская телефонная сеть 〈略〉ДТС

调度室 диспетчерский пункт, диспетчерская

调度台 диспетчерский пульт 〈略〉ДП

调用标识符 идентификатор вызова

调用问题（代码） проблема вызова 〈略〉OXA1

调用指示符接口线路 линия интерфейса «индикатор вызова» 〈略〉RI

掉话率 пропадание слов

掉漆 облезающий лак

迭代（法） итерация

叠加方式 способ прибавления модулей, наложенный способ

叠加脉冲发送阶段 фаза посылки импульсов с перекрытием

叠加网 наложенная сеть

顶层网 сеть самого верхнего уровня

顶盖、挡盖 насадка, крышка, верхняя панель

顶盖饰板 декоративная панель насадки

顶架机框 кассета в верхней части статива

定出规则，制定细则 регламентация, регламентирование

定界符 символ ограничения

定期计费 расчет за услуги через регулярные интервалы времени, периодический биллинг, периодическое начисление оплаты

定期维护 регламентное обслуживание

定时，计时 тактовая синхронизация, тактирование

定时参数 временные параметры

定时测试 периодическое тестирование

定时处理 обработка временных параметров

定时基准源 опорный источник тактовой синхронизации

定时器，超时 тайм-аут

定时事件 событие таймирования

定时提前 опережение тактовой синх-

ронизации 〈略〉TA
定时信号 сигнал тактовой синхронизации
定时自动呼叫 автоматический вызов в определенное время
定位 локализация, позиционирование
定位到单板 локализация до уровня платы
定位服务 услуга определения местоположения 〈略〉LCS
定位片 крепежная пластинка
定位信号,位置信号 сигнал местоположения
定向天线 направленная антенна, пеленгаторная антенна
定义 определение
定义块 блок определения
定祯,成祯 кадрирование
定制,选项 реквизиты
丢包率 коэффициент потери пакетов
动力系统电源 источник питания для энергосистем
动态存储器 динамическое запоминающее устройство 〈略〉ДЗУ
动态范围 динамический диапазон
动态分配 динамическое распределение
动态功能检验 динамическая функциональная проверка 〈略〉ДФП
动态链接库 библиотека динамических связей 〈略〉DLL
动态数据交换 обмен динамических данных 〈略〉DDE
动态随机存取存储器 динамическое запоминающее устройство с произвольной выборкой 〈略〉DRAM
动态调幅 динамическая амплитудная модуляция 〈略〉ДАМ
动态通频带分配 динамическое распределение полосы пропускания 〈略〉DBA
动态无级路由选择 динамическая безыерархическая маршрутизация 〈略〉DNHR
动态相位误差 динамическая фазовая ошибка 〈略〉ДФО
动态信道分配 динамическое распределение каналов 〈略〉DCA
动态信道配置控制 управление динамической конфигурацией каналов 〈略〉DCCC
动态引入 динамическое привлечение
动态域名服务器 динамический сервер именования доменов 〈略〉DDNS
动态主机配置协议 протокол динамической конфигурации хоста 〈略〉DHCP
动作,吸动,起动 срабатывание, задействие, действие, активация
动作电平 уровень срабатывания
动作有误切换 переключение при неправильных действиях
动作指示灯 индикатор действия 〈略〉AI
抖动 джиттер, дрожание
抖动和飘移容限 допуск джиттера и вандера
抖动与漂移 джиттер и вандер
读长度 длина чтения
读出,读数 считывание, чтение 〈略〉ЧТ
读出部件 блок считывания 〈略〉БС
读出时钟 тактовый сигнал считывания
读出指令 команда считывания
读绝对位移操作寄存器 чтение в операционный регистр по абсолютному смещению 〈略〉ЧАС
读数 отсчет
读写 запись и чтение
读写单板芯片寄存器失败 неудача чтения/записи в регистр чипа на плате 〈略〉WR-FAILURE
读写信号产生电路 схема генерации записи /чтения
独立交换功能 автономная функция коммутации
独立结构的包传送 структурно-неза-

висимый пакетный транспорт 〈略〉SAToP
独立晶体管逆变器 автономный транзисторный инвертор 〈略〉ИАТ
独立局 независимая (автономная) станция
独立商务单元 одиночный бизнес-блок 〈略〉SBU
独立同步设备 независимое синхронное устройство 〈略〉SASE
独立于业务的构件 независимый от услуг структурный блок 〈略〉SIB
独立于业务的接口 независимый от услуг интерфейс
端到端传输 двухточечная передача, сквозная передача
端到端的数字连接 сквозная цифровая связность
端到端信令 сквозная сигнализация, сигнализация «конец-конец»
端到端信令业务 услуги сквозной сигнализации
端到端信息传送 сквозная передача информации
端到端语音通信 речевая связь «точка-точка»
端电压 напряжение на контактах, напряжение на клеммах
端局,终端局 конечная станция, оконечная станция 〈略〉ЦАТС-А, ОС, LS
端口 порт
端口表 таблица портов
端子,接线柱,线鼻 клемма
端子板,踢脚线,底板 плинт
端子排 ряд клемм, ряд зажимов
短标志 краткое обозначение
短格式编码 кодирование в коротком формате
短号 короткий номер, сокращенный номер
短路 короткое замыкание 〈略〉КЗ
短路保护(回缩) защита от короткого замыкания
短脉冲、窄脉冲 короткий импульс
短时信号 кратковременный сигнал
短消息 короткое сообщение 〈略〉SM
短消息调度中心 центр диспетчеризации коротких сообщений
短消息服务 сд Служба коротких сообщений 〈略〉SMS
短消息服务中心 центр обслуживания коротких сообщений 〈略〉SMSC
短消息实体 объект коротких сообщений 〈略〉SME
短消息系统 система коротких сообщений 〈略〉SMS
短消息小区广播 сотовая ретрансляция коротких сообщений 〈略〉SM-SCB
短消息中心 центр коротких сообщений 〈略〉SMC
短信 текстовое сообщение, эсэмэска, короткое письмо
短信号 короткий сигнал 〈略〉КС
段(程序段,数据段) сегмент (сегмент программы, сегмент данных)
段监控 мониторинг секции 〈略〉SM
段开销 секционный заголовок, заголовок секции 〈略〉SOH
段开销存取接口 интерфейс доступа к секционному заголовку 〈略〉OAI
段开销及通道开销处理器 обработчик заголовка секции и заголовка тракта
段开销接入单元 блок доступа к секционному заголовку SOH 〈略〉OAU
段类型 тип сегмента 〈略〉ST
段落符号 символ абзаца
段落格式化 форматирование абзаца
段落码 код отрезка
段内码 код внутри отрезка
断开、切断 отключение, выключение
断开电话会议参与者 отключение участника конференц-связи
断开对方请求 запрос на отключение противоположной стороны 〈略〉

DPR

断开连线 разъединение подключенной линии

断路,切断 выключение, размыкание, прерывание

断路器 выключатель, размыкатель, прерыватель

断线 обрыв линии

断续比 отношение «сигнал/пауза»

断续器,断续装置 тиккер 〈略〉T

断续信号 перебойный сигнал

堆栈溢出保护 защита от переполнения буферов (стеков) 〈略〉STOP

队列 очередь, очередность

队列接点板 плата узлов очереди ожидания

对板不在位 противоположная плата не включена 〈略〉OTH-BD

对称,平衡 симметрия

对称处理 симметричная обработка 〈略〉SMP

对称多处理机 симметрический мультипроцессор 〈略〉SMP

对称数字用户线路 симметрическая цифровая абонентская линия 〈略〉SDSL

对称线对 симметрическая пара

对端 противоположный терминал, противоположный конец, встречная сторона

对端告警,对告 аварийная сигнализация противоположного конца

对端故障 неисправность противоположной (встречной) стороны 〈略〉RMT

对端后向信号 сигнал в обратном направлении от противоположной стороны

对端局,对接局 смежная станция, встречная станция, противоположная станция

对方付费,反向收费 плата вызываемой стороной 〈略〉REV

对方局 встречная станция, встречная ATC

对讲机 интерфон, рация, переговорник

对话 диалог

对话标识符 индикатор диалога

对话处理 обработка диалогов

对话控制 управление диалогом 〈略〉PDU

对话控制信息 информация управления диалогом

对话框 окно диалога, блок диалога, диалоговое окно

对话强制中断应答 ответ на принудительное прерывание сессии

对话人 собеседник

对话时间边界控制器 граничный контроллер сессий 〈略〉SBC

对话时间处理分配板 плата обработки и распределения сессий 〈略〉SDU

对话时间控制 управление сессиями 〈略〉SM

对话时间描述协议 протокол описания сессий 〈略〉SDP

对话消息 сообщение диалога

对话中断请求 запрос на прерывание сессии 〈略〉ASR

对话中断应答 ответ на прерывание сессии 〈略〉ASA

对话组元 элемент диалога

对接 стыковка

对流层散射通信 связь с использованием тропосферного рассеяния

对齐损失 потеря выравнивания

对事件实时响应 реакция на событие в реальное время

对数 логарифм

对数标度 логарифмическая шкала

对外部 E1 线路监控功能 функция контроля линии внешнего сигнала E1

对外信息交换站用户 абоненты внешней станции обмена информацией 〈略〉FXS

对外信息交换站 внешняя станция обмена информацией 〈略〉FXO

对象管理组　группа управления объектом 〈略〉OMG
对象建模技术　техника объектного моделирования 〈略〉OMT
对新的来话输入进行选择操作　выборочное переключение между входящими вызовами
对应存储器　память соответствия
多层印制板　многослойная плата
多厂商设备综合协议　протокол интеграции оборудования различных поставщиков 〈略〉MVIP
多重联系控制功能　функция многократного ассоциативного управления 〈略〉MACF
多串行接口板　плата множественного последовательного интерфейса 〈略〉MS1
多串口卡　мультикарта последовательных портов
多窗口界面　многооконный интерфейс
多窗口可视化　многооконная визуализация
多次插入　множественная интерполяция
多次呼叫捆绑　инициирование ряда вызовов
多次纵横制连接器　многократный координатный соединитель 〈略〉МКС
多点前转　многопунктовая переадресация 〈略〉
多点控制单元　блок многоточечного управления 〈略〉MCU
多点维护　многоточечное техобслуживание
多端口适配　многотерминальная адаптация 〈略〉MTA
多发射极结构　многоэмиттерная структура
多方呼叫　многосторонний вызов 〈略〉MWC
多方通话补充业务　дополнительная услуга «многосторонний разговор» 〈略〉MPTY
多方通信　многосторонняя связь 〈略〉MPTY
多分插复用器　множественный мультиплексор с выделением каналов 〈略〉MADM
多个选中　выделение нескольких объектов
多功能模块　многофункциональный модуль 〈略〉МФМ
多功能终端　многофункциональный терминал
多画面分割器　устройство разделения экрана
多机并行工作　параллельная работа с несколькими процессорами
多级分配馈电系统　многоуровневая система распределения питания
多级分散控制　многоуровневое распределенное управление
多级模块组网　многоуровневое модульное построение сети
多级索引　многоуровневая индексация
多级远端模块组网　построение многоуровневой сети из удаленных модулей (с использованием удаленных модулей)
多局向多中继模块　несколько модулей СЛ с несколькими станционными направлениями
多局制网　районированная сеть
多雷地区　район с большой интенсивностью гроз
多路传输(转换)的　уплотненный, мультиплексный 〈略〉MPX
多路传输系统　уплотненная система передачи
多路发射机　многоканальный передатчик
多路复用方式识别　распознавание способов мультиплексирования 〈略〉MID
多路接入　множественный доступ

多路取样器 дискретизатор-мультиплексор 〈略〉ДМ
多路转换通道 мультиплексный канал 〈略〉МК
多媒体 мультимедиа
多媒体的 мультимедийный
多媒体广播组播服务 услуга мультимедийного широковещания/групповой передачи 〈略〉MBMS
多媒体教学 обучение с помощью мультимедиа
多媒体通信 мультимедийная связь
多媒体信息存取 доступ и обращение к мультимедийной информации
多媒体应用 применение мультимедиа, мультимедийные приложения
多媒体用户 абонент мультимедиа
多媒体域 мультимедийный домен 〈略〉MMD
多媒体资源功能 функция ресурсов мультимедиа 〈略〉MRF
多媒体资源功能处理机 процессор функции ресурсов мультимедиа 〈略〉MRFP
多媒体资源功能控制器 контроллер функции ресурсов мультимедиа 〈略〉MRFC
多媒体资源管理基准单元 базовый блок управления мультимедийными ресурсами
多模光纤 многомодовое волокно
多模块局,模块局 многомодульная станция, модульная станция
多目标关系 многоцелевое отношение
多频按键 многочастотный тастатурный набор, многочастотная тастатура 〈略〉MFPB
多频按键话机 многочастотный тастатурный ТА
多频板 многочастотная плата 〈略〉NNI
多频的(声信令形式) многочастотный (тип тональной сигнализации) 〈略〉MF
多频互控板 плата многочастотной взаимоконтролируемой сигнализации 〈略〉MFC
多频记发器 многочастотный регистр
多频接收器 приёмник многочастотный 〈略〉ПРМ
多频脉冲包 многочастотный импульсный пакет 〈略〉MFP
多频收发电路 многочастотный комплект приемопередатчика
多频收发器 многочастотный приемопередатчик 〈略〉MFR
多频信号收发器 приёмопередатчик многочастотных сигналов
多频信令 многочастотная сигнализация 〈略〉МЧС
多频信令装置 устройство многочастотной сигнализации
多频振荡器 многочастотный генератор 〈略〉МГ
多任务操作环境 многозадачная операционная среда
多任务操作系统 мультизадачная (многозадачная) операционная система
多任务实时操作系统 многозадачная операционная система в реальное время 〈略〉
多任务实时系统 мультизадачная система в реальное время 〈略〉СРВ
多生成树算法协议 протокол нескольких алгоритмов связующего дерева 〈略〉MSTP
多数表决原则 принцип решения по большинству, принцип принятия решения по большинству
多速率数字用户线 многоскоростная цифровая абонентская линия 〈略〉MDSL
多文档界面 многодокументационный интерфейс
多线单元 многолинейный блок 〈略〉MDU
多协议标签交换 многопротокольная

коммутация по меткам 〈略〉MPLS
多芯插头 многоконтактная вилка
多业务传送平台 мультисервисная транспортная платформа, платформа мультисервисной передачи 〈略〉MSTP
多业务分配单元 многоуслуговый блок распределения 〈略〉MD
多业务接入 многоуслуговый доступ
多业务接入交换路由器 коммутирующий маршрутизатор мультиуслугового доступа
多业务接入设备 оборудование многоуслугового доступа
多业务控制网关 мультисервисный шлюз управления 〈略〉MSCG
多业务网 мультисервисная сеть, мультислужебная сеть
多用户单元 многоабонентский блок 〈略〉MSU
多用户访问 доступ для множества пользователей
多用户号码 мультиплексированный абонентский номер 〈略〉MSN
多用户屏幕共享 совместное использование экрана различными пользователями
多用途的,多目标的 многоцелевой
多用途接口 многоцелевой интерфейс
多余部分齐根平滑剪齐 гладкая срезка лишней части стяжки
多元(化)的 многокомпонентный
多震地区 сейсмоопасная зона
多帧抽样 выборка мультикадра
多种测点模式 многоточечный режим измерения
多种规格 широкий ассортимент
多种接口 различные интерфейсы
多种接入方式 режим множественного доступа
多种形式的设备级保护机制 многообразные режимы защиты на уровне оборудования
多种组网方式 разнообразные топологии (формы организации) сети
多子机无绳电话 радиотелефон со многими носимыми телефонными трубками
多子系统指示 индикация мультиподсистемы 〈略〉SSMI
多字节 мультибайт
多纵模 мультипродольная мода 〈略〉MLM

E

俄联邦互联网 взаимоувязанная сеть РФ
俄罗斯电信网 российская телекоммуникационная сеть 〈略〉PTC
俄罗斯化,俄化,使之变成俄文界面 руссификация
俄罗斯通信设备 российское оборудование средств связи 〈略〉POCC
额外通路 дополнительный тракт
厄朗 эрланг 〈略〉E
厄朗第三公式 третья формула Эрланга 〈略〉GEIF
恶意呼叫 злонамеренный вызов
恶意呼叫识别 идентификация злонамеренного вызова 〈略〉MCI MTI
恶意呼叫识别信号 сигнал определения злонамеренного вызова 〈略〉MAL
恶意呼叫追查(跟踪) отслеживание (трассировка) злонамеренного вызова 〈略〉MCT
耳鼓 барабанная перепонка
耳机,头戴式受话器 головной телефон, наушный телефон, наушники
耳蜗 улитка (костная)
二次保护电路 вторичные защитные цепи
二次电源 вторичный источник электропитания, вторичные источники питания, электропитание DC/DC

〈略〉ВИП, ИВЭ

二次电源测试装置 установка для тестирования вторичных источников электропитания

二次电源模块 модуль источника вторичного электропитания

二次电源系列 серия вторичных источников электропитания

二次电子倍增器 вторично-электронный умножитель 〈略〉ВЭУ

二次主控振荡器 ведомый (вторичный) задающий генератор 〈略〉ВЗГ

二对光纤电缆 две пары оптических кабелей

二分法 дихотомия

二级参考时钟 вторичный (ведомый) эталонный генератор 〈略〉SRC, ВЭГ

二级处理机 подчиненный процессор

二级时钟 тактовый генератор класса (уровня) 2, тактовая синхронизация класса (уровня) 2

二级时钟板 плата тактового генератора класса (уровня) 2, плата вторичного такта 〈略〉CK2

二极放电管 двухполюсный разрядник

二极管 диод

二极管钳位 диодная фиксация, фиксатор с диодами

二极气体放电管 двухполюсный газоразрядник

二进制编码的十进制 двоично-кодированная запись десятичной цифры 〈略〉BCD

二进制代码数据 данные в бинарном коде

二维的 двумерный

二维表格 двумерная таблица

二纤/四纤双向共享保护环 двухволоконное / четырехволоконное двунаправленное защитное кольцо совместного использования

二纤单/双向复用段保护 защита двухволоконного мультиплексного одно/двухстороннего сегмента

二纤单向复用段保护环 двухволконное кольцо с защитой (резервированием) мультиплексной секции

二纤单向环网 двойная однонаправленная кольцевая сеть

二纤单向通道 двухволоконный однонаправленный тракт

二纤单向通道保护环 двухволоконная однонаправленная кольцевая сеть с резервированием тракта, двухволоконное однонаправленное кольцо с защитой тракта

二纤环 двухволоконная кольцевая сеть, двухволоконное кольцо

二纤双向通道保护环 двухволоконное двунаправленное кольцо с защитой тракта

二线电话 двухпроводной ТА

二线实线模拟中继线 физическая двухпроводная аналоговая соединительная линия 〈略〉AT2

二线实线中继板 плата физической двух проводной СЛ

F

发出选通脉冲 строб

发端局,去话局 исходящая станция

发端路径选择 маршрутизация с исходящей стороны 〈略〉ODR

发端去话筛选 контроль исходящей связи 〈略〉OCS

发光二极管 светодиод, светоизлучающий диод 〈略〉LED, СИД

发码 посылка кодов

发起呼叫 инициирование (генерация) вызова, инициация вызова

发起切换的主控移动交换中心 управляющий MSC, инициирующий переключение 〈略〉MSC-A

发射，幅射，放射　излучение
发射（辐射）功率　излучаемая мощность，мощность излучения
发射极　эмиттер，электрод эмиттера
发射天线　передающая антенна
发射源　источник излучения
发送　выдача，передача　〈略〉SND
发送 **E4** 信号帧错误　ошибка кадра сигнала передачи E4　〈略〉TFE
发送侧空分和时分转接级之间接口　интерфейс между пространственной и временной ступенями коммутации со стороны передачи
发送当量　эквивалент（затухания）передачи
发送端　передающий конец
发送复位，**A** 端口　сброс передачи，порт A　〈略〉CTSA
发送告警消息　передача аварийных сообщений
发送功率　мощность передачи
发送号码结束　окончание передачи номера　〈略〉ST
发送话单　посылка квитанции
发送活动窗口　посылка скользящего окна
发送机侧主信道接口　интерфейс основного тракта на стороне передатчика〈略〉MPI-S
发送寄存器　передающий регистр〈略〉РгПер
发送就绪　готовность к передаче
发送器，传送器　передатчик，трансмиттер　〈略〉Прд.
发送时间转换器　временной коммутатор передачи
发送时间转换器板　плата временного коммутатора передачи
发送时间转换器地址存储器　адресная память временного коммутатора передачи
发送时钟，**A** 端口　передача такта，порт A　〈略〉TC2A
发送释放连接消息　посылка сообщения разъединения　〈略〉RLSD
发送数据　посылка данных　〈略〉SD，TXD
发送顺序标识符　идентификатор порядка передачи
发送锁相环时钟丢失　потеря тактового сигнала схемы фазовой синхронизации передачи　〈略〉TP-LOC
发送通道　тракт передачи
发送线路侧无时钟，发送侧时钟丢失　отсутствие тактовой синхронизации на стороне передачи，потеря тактовой синхронизации на стороне передачи　〈略〉TLOC
发送线路侧无信号输出　отсутствие выходного сигнала на стороне передачи（линии）　〈略〉TLOS
发送专用信息音信号　тональный сигнал посылки специальной информации　〈略〉SST
发送转换器接口　интерфейс коммутатора передачи
发送准备就绪，**A** 端口　готовность к передане，порт A
发现和清除电脑病毒　выявление и устранение компьютерных вирусов
法（拉）　фарада　〈略〉Ф
反极（性）计费　учет стоимости（начисление оплаты）с переполюсовкой
反极计费功能　функция учета стоимости с переполюсовкой
反极脉冲　импульсный сигнал с переполюсовкой（с реверсированием полярности）
反极脉冲检测器　импульсный счетчик реверсирования полярности
反极性　переполюсовка，обратная полярность，смена полярности
反极性计费　учет стоимости по реверсированию полярности
反馈　обратная связь　〈略〉ОС
反馈处理　обработка обратной связи
反馈电路　цепь обратной связи
反馈系数　коэффициент обратной свя-

зи 〈略〉КОС

反馈信息 информация в обратной связи 〈略〉FBI

反向地址转换协议 протокол обратного адресного преобразования 〈略〉RARP

反向电流、逆电流 абратный ток

反向光通道 канал оптической обратной связи

反向计费 начисление оплаты в обратном направлении 〈略〉REVC

反向连接 блок обратного соединения 〈略〉CBU

返回、复位、复原 возврат

返回差错(代码) ошибка возврата 〈略〉OXA3

返回点 точка возврата 〈略〉POR

返回结果 обратная посылка результата

返回结果问题(代码) проблема результата возврата 〈略〉OXA2

返回空闲(初始)状态 восстановление исходного состояния

返回上级子网 возврат в вышестоящую подсеть

返回信息流控制 управление обратным информационным потоком

返回选择 возврат в опции 〈略〉RO

返回原因 причина возврата 〈略〉RR

方案 сценарий, вариант, проект

方向不同的接口 разнонаправленный интерфейс 〈略〉РНИ

方向代码分析器,方向代码分析程序 анализатор кодов направлений 〈略〉АКН

防潮措施 меры по предохранению от влажности

防尘网罩 пылезащитный фильтр

防冲突多路访问/冲突避免 множественный доступ с защитой от конфликта /избежание конфликта 〈略〉CSMA/CA

防盗 предотвращение кражи

防干扰措施 меры по защите от помех

防火墙 брандмауэр, система защиты доступа

仿真程序 эмулирующая программа

仿真局域网 эмулируемая ДВС, эмулируемая локальная вычислительная сеть

仿真器 эмулятор

访问各功能 обращение ко всем функциям

访问公用陆地移动网 доступная сеть общеконтинентальной мобильной связи 〈略〉VPLMN

访问控制块 блок управления доступом 〈略〉ACB

访问控制列表 список контроля доступа 〈略〉ACL

访问位置寄存器 визитный регистр местоположения 〈略〉VLR, BPM

访问握手认证协议 протокол аутентификации по квитированию вызовов 〈略〉CHAP

访问系统 доступ в систему

访问移动交换中心 доступный центр коммутации мобильной связи 〈略〉VMSC

放大电路 усилительная схема

放大器 усилитель

放大元件 усилительный элемент 〈略〉УЭ

放电,数位,等级 разряд

放电管 разрядная трубка

放号 выдача номера

放号模块 модули, сформировавшие номера

放号系统 система выдачи номеров для новых абонентов

放音 воспроизведение

放音机 плейер

飞弧,重叠,楼板 перекрытие

非 **SDH** 网部分的网元 элемент, не являющийся частью сети SDH 〈略〉NNE

非打印符号 непечатаемый символ

非对称数字用户线 асимметрическая цифровая абонентская линия 〈略〉ADSL
非法访问 несанкционированный доступ 〈略〉NCD
非法消息 несанкционированное сообщение
非法用户 несанкционированный пользователь
非工作状态 нерабочее состояние 〈略〉НРАБ
非广播多路接入 неретрансляционный множественный доступ 〈略〉NBMA
非话路交换 коммутация неречевых каналов
非话音呼叫 неречевой вызов
非话音信息 неречевое сообщение
非集中计费 децентрализованный биллинг
非结构化补充业务数据 неструктурированные данные дополнительных услуг 〈略〉USSD
非结构化对话 неструктурный диалог, неструктурированный диалог
非均匀差错检测 неравномерное обнаружение ошибок 〈略〉UED
非均匀传输线 неоднородная линия передачи 〈略〉НЛП
非均匀存储器结构 неоднородная архитектура памяти 〈略〉NUMA
非可燃材料 негорючие материалы
非控方挂机 отбой неуправляющей стороны
非连续发送 прерывистая передача 〈略〉DTX
非连续接收 прерывистый прием 〈略〉DRX
非零散位移光纤 оптическое волокно с ненулевым рассредоточенным сдвигом 〈略〉N2-DSF
非屏蔽双绞线 неэкранированная витая пара 〈略〉UTP
非随机的 неслучайный
非线性处理器 нелинейный процессор 〈略〉NLP
非线性畸变 нелинейное искажение
非线性失真测试仪 измеритель нелинейных искажений 〈略〉ИНИ
非证实信息传送方式 режим передачи информации без подтверждения
非直联方式 режим, неориентированный на соединение
非自动分配终端设备接口的用户设备 устройство пользователя без автоматического назначения TEI
非综合业务数字网设备 не-ISDN оборудование
匪警 «Милиция»
费用 расходы, затраты
分(钟) минута 〈略〉мин(.)
分贝 децибел 〈略〉dB, дБ
分辨率 разрешение, разрешающая способность
分别监控 раздельный контроль
分波器 волновой демультиплексор, волновой разделитель
分布的,分配的 распределенный
分布函数 функция распределения
分布控制 распределенное управление
分布式的关系型数据库 распределенная база данных реляционного типа
分布式反馈 распределенная обратная связь 〈略〉DFB
分布式反馈激光器 лазер с распределенной обратной связью 〈略〉DF-BL
分布式复制块器件 блочное устройство распределенной репликации 〈略〉DRBD
分布式干线接口 интерфейс распределенной магистрали 〈略〉ИРМ
分布式关系数据库管理系统 система управления распределенной реляционной базой данных 〈略〉DRDBMS
分布式基站系统 распределенная система базовых станций 〈略〉DBS
分布式计算机网络 распределенная сеть ЭВМ 〈略〉DCN

分布式控制系统　распределенная система управления　〈略〉РСУ

分布式面向对象的可编程实时架构　распределенная объектно-ориентированная программируемая архитектура реального времени　DOPRA

分布式排队双总线　двойная шина с распределенной очередью　〈略〉DQ-DB

分布式数据库　распределенная（дистрибутивная）база данных

分布式网络　распределенная сеть

分布式文件系统　распределенная файловая система　〈略〉DFS

分布褶积滤波器　фильтр свертки распределений　〈略〉FC

分层的、分级的　иерархический

分层分布式系统　многоуровневая распределенная система

分层蜂窝结构　иерархическая структура сот　〈略〉HCS

分层兼容　иерархическая совместимость

分层模块化　иерархическая модульность

分插复用器　мультиплексор с выделением каналов, мультиплексор вставки/выделения, мультиплексор ввода/вывода,　〈略〉ADM, МВК

分出　выделение

分段　сегментация

分段框　шкаф с секциями

分段和重新组装　сегментация и повторная сборка　〈略〉SAR

分段和重新组装子层　подуровень сегментации и сборки

分段说明表　таблица описания сегментов

分段消息　сегментированное сообщение, сообщение сегмента　〈略〉SGM

分发器　трансмиттер-распределитель

分割符、分隔符　разделитель, символ разделения

分级分布群机控制　мультишина и многоуровневое полностью распределенное управление

分级控制结构　иерархическая структура управления

分级主从同步法　иерархический способ «ведущий/ведомый»

分集接收技术　метод разнесенного приема

分集收发天线　разнесенная приемопередающая антенна

分阶段请求的脉冲包法多频代码　многочастотный код методом «импульсный пакет» по запросам в несколько этапов　〈略〉MF-PP2, МЧ-ИП2

分接　демультиплексирование

分接器，分路器，耦合器　демультиплексор, ответвитель

分解、分担、共享　разделение

分界　демаркация

分局　подстанция　〈略〉ПС

分局接入电路　подключающий комплект подстанции　〈略〉ПКП

分控键盘　клавишный пульт

分类代码　код квалификации

分立式控制　дискретное управление

分量　составляющая

分流　ответвление

分路，分流　шунт, ответвление

分路器板　плата ответвителя, плата разделителей, плата разветвителей　〈略〉COM, SPL

分路器框背板　объединительная плата ответвителей　〈略〉SUB

分路器系数　коэффициент шунта

分米波　дециметровая волна　〈略〉ДМВ

分母　знаменатель

分配程序，分配器　распределитель　〈略〉P

分配程序块，分配器　блок распределения

分配器　распределительное устройство

〈略〉РУ

分频器 делитель частоты

分区蓄电池组 секционированные аккумуляторные батареи

分区管理 управление разделами

分群式通信网 выделенные сети связи

分散插入方式 режим распределенной интерполяции

分散监听群 группа раздельного наблюдения

分散控制 распределенное（децентрализованное）управление

分散控制结构 распределенная конфигурация управления

分散式数据采集系统 система сбора распределенных данных

分散式网络 распределенные сети

分散数据库管理 распределенное（децентрализованное）управление базой данных

分时操作系统 операционная система временного разделения

分台 добавочный пульт

分摊付费 распределение оплаты 〈略〉SPLC

分线箱,分线盒 коробка распределения, ответвительная коробка, разветвительная коробка

分压器 делитель напряжения 〈略〉ДН

分音节移行 мягкий перенос

分支光接口单元 блок интерфейса ответвления 〈略〉BIU

分子 числитель

分组标识符 идентификатор пакетов 〈略〉PID

分组处理 обработка пакетов 〈略〉PH

分组处理接口 интерфейс обработки пакетов, интерфейс пакетной обработки 〈略〉PHI

分组处理器 процессор обработки пакетов, Обработчик пакетов（пакета）〈略〉PH

分组传输(方式) режим пакетной передачи

分组传输的双链路 двойное кольцо передачи пакетов 〈略〉RPR

分组传输接口单元 интерфейсный блок пакетной передачи 〈略〉UPIU

分组传输网 сеть передачи пакетов 〈略〉PTN

分组传输业务 O&M 板 плата O&M услуг пакетной передачи 〈略〉UOMU

分组传输业务公务信息处理单元 блок обработки служебных сигналов услуг пакетной передачи 〈略〉USPU

分组缓冲、包缓冲 пакетная буферизация

分组级协议 протокол пакетного уровня 〈略〉PLP

分组交换 коммутация пакетов 〈略〉PS

分组交换公共数据网 сеть передачи данных общего пользования с коммутацией пакетов 〈略〉PSPDN

分组交换能力 возможность коммутации пакетов

分组交换数据 данные с коммутацией пакетов

分组交换数据网 сеть передачи данных с коммутацией пакетов 〈略〉PSDN

分组交换网 сеть пакетной коммутации

分组交换网络电路仿真业务 услуга эмуляции канала в сети пакетной коммутации 〈略〉CESPSN

分组交换域 домен с коммутацией пакетов 〈略〉PS

分组接口板 интерфейсная плата пакетного уровня

分组接口协议处理板 плата обработки протокола интерфейса пакетного уровня

分组接入 пакетный доступ

分组控制单元 блок управления пакетами 〈略〉PCU

分组控制功能 функция управления пакетами 〈略〉PCF

分组数据 пакетные данные

分组数据处理模块 модуль обработки пакетных данных 〈略〉PSM

分组数据服务节点 узел услуг пакетных данных 〈略〉PDSN

分组数据网 сеть пакетной передачи данных 〈略〉PDN

分组数据协议 протокол пакетных данных 〈略〉PDP

分组网接口 интерфейс пакетной сети

分组网终端局 оконечная станция пакетной сети

分组误码 пакетная ошибка

分组信息传递服务 услуга доставки информации в пакетном режиме 〈略〉PMBS

分组型终端 пакетный терминал

分组严格检验 строгая проверка пакетов 〈略〉DPI

分组综合分析 комплексный анализ пакета 〈略〉DPI

分组装配/拆卸 сборка/разборка пакетов 〈略〉PAD

风格 стиль

风扇告警信息采集设备板 плата устройства сбора аварийных сигналов вентиляторов,

风扇工作状态监控 мониторинг состояния работы вентиляторов 〈略〉FMUA

风扇故障 неисправность вентилятора 〈略〉FANFAIL

风扇盒、风机盒、风机箱 блок вентиляторов 〈略〉FAN

风扇扰动方式 конвекционный режим вентиляции с помощью вентилятора

风扇子架 подстатив вентилятора

封装 упаковка, герментизация, изоляция

封装保护有效载荷 полезная нагрузка защиты инкапсуляции 〈略〉ESP

封装组件 упаковочный компонент

峰峰值噪声(杂音) пико-пиковый шум

峰值电流 пиковый ток

峰值电压值,双振幅值 двойное амплитудное значение

蜂鸣器、蜂鸣音 зуммер, пищик

蜂窝、小区 сот

蜂窝式移动通信系统 сотовая система подвижной связи

蜂窝通信网 сотовая сеть связи 〈略〉CCC

蜂窝系统 сотовая система

蜂窝移动电话(大哥大) сотовый телефон

蜂窝移动通信系统 сотовая система подвижной связи 〈略〉ССПС

蜂音信号 зуммерный сигнал

蜂音指示器 зуммерно-индикаторное устройство 〈略〉ЗИУ

伏(特) вольт 〈略〉V, В

伏安特性 вольт-амперная характеристика 〈略〉ВАХ

服务、业务 услуга, сервис 〈略〉SVC

服务 CSCF сервис-CSCF 〈略〉S-CSCF

服务大区的个人无线接入系统 система персонального радиодоступа с большой зоной обслуживания

服务程序 сервисная программа 〈略〉СП

服务地址 служебный адрес

服务公布协议 протокол извещения об услугах 〈略〉SAP

服务故障 отказ в обслуживании 〈略〉DoS

服务级 класс услуги 〈略〉CoS

服务接入(访问)点识别符 идентификатор точки доступа сервиса 〈略〉SAPI

服务节点 служебный узел

服务类型 тип обслуживания 〈略〉ToS

服务器 сервер

服务器部分 серверная часть
服务器仿真器 эмулятор сервера
服务器群集 кластеризация серверов
服务器群集器 кластер серверов
服务区 служебная область
服务数据功能 функция управления данными 〈略〉SDF
服务项目管理 управление проектами по обслуживанию
服务直接传送功能 функция прямой передачи услуг
服务质量 качество обслуживания, качество предоставляемых услуг 〈略〉QoS
服务质量数据集 набор параметров качества услуг 〈略〉QOS
服务中心 центр обслуживания, сервисный центр, сервис-центр 〈略〉SC
浮充 буферный заряд, непрерывный заряд, длительный подзаряд
浮充电压 напряжение буферного заряда
浮点寄存器 регистр с плавающей запятой 〈略〉РПЗ
浮动菜单 каскадное исчезающее меню
符号、字符 символ, знак
符号图形信息 символьно-графическая информация
幅度 амплитуда
幅度相位转换 амплитудно-фазовая конверсия 〈略〉АФК
辐射干扰信号 излучаемые сигналы помех 〈略〉RE
俯视图 вид сверху
辅助处理机(器) вспомогательный процессор 〈略〉AP
辅助功能板 плата вспомогательных функций
辅助继电器 вспомогательное реле
辅助接口 вспомогательный интерфейс
辅助接口板 вспомогательная интерфейсная плата 〈略〉AUX
辅助控制设备 вспомогательное управляющее устройство 〈略〉ВУУ
辅助数据通道 вспомогательный канал передачи данных
父结点,父接点 родительская вершина
付费服务话单 счет за платные услуги
付费服务台 платные службы сервиса
付款通知 извещение об уплате, сообщение об уплате 〈略〉ADC
负触点 отрицательный контакт
负反馈 отрицательная обратная связь 〈略〉ООС
负高压冲击 отрицательный выброс напряжения
负荷分担 разделение нагрузки
负荷分配 распределение нагрузки
负荷控制算法 алгоритм управления нагрузкой
负荷率 процент нагрузки 〈略〉OFL
负荷阈值 пороговая величина нагрузки
负极 отрицательный полюс
负极线 провод минус, минусовый провод, отрицательный провод
负脉冲 отрицательный импульс
负向转换 отрицательные переходы
负载电流 ток нагрузки
负载电流的均流 деление тока нагрузки
负载电阻,负载阻抗 нагрузочное сопротивление
负载调整率 коэффициент регулировки нагрузки
负载短路 короткое замыкание нагрузки
负载检测 тестирование нагрузки
负载熔断器 плавкий предохранитель нагрузки
负证实 отрицательное подтверждение
附加的,补充的 дополнительный
附加地址信息 присоединённая адресная информация
附加费率 премиальная плата, дополнительный тариф 〈略〉PRM
附加负荷 дополнительная нагрузка

附加计费 дополнительная оплата 〈略〉PRMC

附加数据管理系统 система управления прикрепляемыми данными 〈略〉AIM6300

附加信息 дополнительная информация 〈略〉ДИ

附加用户类别 дополнительный тип абонента

附件 дополнительные устройства, приспособление, принадлежности, приложение

复合参数变元 переменные составных параметров

复合线路/非复合线路 комплексная линия/некомплексная линия

复接、多路复用 мультиплексирование

复接到光纤接入网 мультиплексирование в оптическую сеть доступа

复接器 мультиплексор-объединитель

复位功能 функция сброса

复位,复原,置零,清除 сброс, возврат в исходное состояние 〈略〉RES

复位网元历史数据 исторические данные сброса сетевого элемента

复位原因 причина сброса

复选框 окошко метки

复用段 мультиплексная секция 〈略〉MS

复用段 **B2** 误码 ошибка B2 мультиплексной секции

复用段 **B2** 误码计数 подсчет количества ошибок B2 мультиплексной секции 〈略〉B2COUNT

复用段 **B2** 误码过限 превышение порога ошибок B2 мультиплексной секции

复用段保护 защита мультиплексной секции, резервирование мультиплексной секции 〈略〉MSP

复用段保护倒换 переключение на резерв мультиплексной секции

复用段不可用时间告警 аварийная сигнализация недоступного времени мультиплексной секции 〈略〉MS-UATEVENT

复用段告警指示 индикация аварии мультиплексной секции

复用段告警指示信号 сигнал индикации аварии мультиплексной секции 〈略〉MS-AIS

复用段共享保护 резервирование мультиплексной секции общего пользования

复用段开销 заголовок мультиплексной секции 〈略〉MSOH

复用段适配 адаптация на уровне мультиплексной секции 〈略〉MSA

复用段适配性能参数越限告警 аварийная сигнализация выхода параметров характеристики адаптации мультиплексной секции за установленные пределы 〈略〉MSADCROSSTR

复用段数据通信信道参考点 опорная точка DCC для мультиплексной секции 〈略〉P

复用段性能参数越限告警 аварийная сигнализация выхода параметров характеристик мультиплексной секции за установленные пределы 〈略〉MS-CROSSTR

复用段远端差错指示 дистанционная индикация ошибки мультиплексной секции 〈略〉MS-REI

复用段远端缺陷指示 дистанционная индикация дефекта мультиплексной секции, индикация дефекта на дальнем конце мультиплексной секции 〈略〉MS-RDI

复用段终端 окончание мультиплексной секции 〈略〉MST

复用和管理单元 блок мультиплексирования и управления 〈略〉MMU

复用结构 мультиплексная структура

复用器、多路复用器、多路复用设备 мультиплексор 〈略〉MUX

复用器定时源 источник тактовой синхронизации мультиплексора

〈略〉MTS
复用设备 аппаратура уплотнения, мультиплексор
复用协议 протокол мультиплексирования
复原请求 запрос сброса, запрос возврата в исходное состояние 〈略〉RSR
复杂可编程逻辑器件 сложное программируемое логическое устройство 〈略〉CPLD
复帧 сверхцикл, мультикадр
复帧丢失 потеря мультифрейма 〈略〉LOM
复帧定位(同步)信号 сигнал выравнивания (синхронизации) мультифрейма 〈略〉MFAS
复帧告警 продолжительность неисправности в сверхцикловой структуре 〈略〉MFAL
复帧开销 заголовок мультифрейма
复帧开销 J2 заголовок мультифлейма J2
复帧失步 потеря сверхцикловой синхронизации 〈略〉Авар, СЦС
复帧失步信号 сигнал потери сверхцикловой синхронизации
复帧首帧开销 заголовок первого фрейма мультифрейма
复帧同步 синхронизация мультифрейма, сверхцикловая синхронизация 〈略〉MFS
复帧同步信号 сверхцикловой синхросигнал 〈略〉СЦС
复帧误码 ошибка по мультикадрам 〈略〉MFAS ERR
复制 копирование
复制点 узел размножения
赋值 присваивание значения
傅里叶交换 преобразование Фурье 〈略〉ПФ
覆盖区域(面积) зона охвата

G

改进的 PDH современная PDH 〈略〉APDH
改进的电信用计算机体系结构 усовершенствованная компьютерная архитектура для телекоммуникаций 〈略〉ATCA
改进的电话服务器 усовершенствованный сервер телефонии 〈略〉ATS
改进的电源模块 усовершенствованный модуль электропитания 〈略〉APM
改进的合法截听处理模块 усовершенствованный модуль обработки санкционированных перехватов 〈略〉ULEP
改进的交换设备介质 усовершенствованная среда телекоммуникационного оборудования 〈略〉ATAE
改进的消息传输服务 усовершенствованная услуга передачи сообщений 〈略〉EMS
改进型四级钟 тактовый генератор усовершенствованного четвертого уровня (класса)
改写 переписание
改造,转换 преобразование
盖章处 место печати 〈略〉м. п.
概述 обзор, краткое описание
概值,随机量 случайная величина
感应的,电感的 индуктивный
感应电流 индуктированный ток
感应过压 индуктированное перенапряжение
感应器 индуктор
感应式来话中继继电器电路 индуктивный релейный комплект СЛ входящих 〈略〉TRRI-I, РСЛИ-В
感应式去话中继继电器电路 индухтивный релейный комплект СЛ исходящих 〈略〉TRRI-O, РСЛИ-И
感应信号 индуктивный сигнал
感应振铃接入信号 сигнал включения индуктивного вызова
干扰、干涉 помеха, интерференция
干扰信号 сигнал помехи

干扰信号码功率 интерференция мощности сигнального кода 〈略〉ISCP

干扰抑制滤波器 помехоподавляющий фильтр 〈略〉ППФ

干线，总线，高速通道 магистральная линия, магистраль, магистральная шина, высокоскоростной тракт 〈略〉HW

干线层多业务交换机 многоуслуговый коммутатор магистрального уровня

干线模块复用系统 магистрально-модульная мультипроцессорная система 〈略〉MMC

干线通道 магистральный канал 〈略〉MK

干线通信卫星 магистральный спутник связи 〈略〉MCC

干燥剂 сушитель, осушитель

高/低阶通道保护 защита тракта высокого/низкого порядка

高 Q 值，高品质因素 высокая добротность

高比特率 высокая кодовая скорость

高层测试仪 верхний тестер 〈略〉UT

高层兼容性 совместимость высоких уровней 〈略〉HLC

高层能力 функция высокого уровня

高层协议互通 взаимодействие протоколов высокого уровня 〈略〉HLPI

高层应用 высокоуровневые приложения

高次群脉码调制 ИКМ высоких уровней

高低逻辑电平 высокий и низкий логический уровень

高分辨率视频图形矩阵 видеографическая матрица с высоким разрешением 〈略〉SVGA

高分子材料 высокомолекулярные материалы

高功放板 плата усиления высокой мощности 〈略〉HPA

高级操作禁止 запрет операции на высоком уровне

高级操作允许 разрешение операции на высоком уровне

高级程序设计语言 язык программирования высокого уровня

高级管理人员 управленческий персонал высокой квалификации

高级数据链路控制 высокоуровневое управление каналом передачи данных 〈略〉HDLC

高级图形适配器 усовершенствованный графический адаптер 〈略〉EGA

高级维护人员 обслуживающий персонал высшей категории

高级信令转接点 транзитный пункт сигнализации высокого уровня 〈略〉HSTP

高级语言 высокоуровенный язык

高阶 высокий порядок

高阶 VC 连接监控 контроль соединения VC верхнего уровня, контроль соединения VC высокого порядка 〈略〉HCS

高阶复用器，高阶多路复用器 мультиплексор высокого порядка

高阶交叉连接板 плата кросс-соединений высокого порядка 〈略〉X16

高阶接口 интерфейс высокого порядка, интерфейс верхнего уровня 〈略〉HOI

高阶通道 тракт высокого порядка, маршрут верхнего уровня

高阶通道 B3 误码计数 подсчет количества ошибок B3 тракта высокого порядка 〈略〉B3COUNT

高阶通道 B3 误码 ошибка B3 тракта высокого порядка

高阶通道保护 защита тракта высокого порядка 〈略〉HPP

高阶通道不可用时间告警 аварийная сигнализация недоступного времени тракта высокого порядка 〈略〉HP-UATEVENT

高阶通道串联连接口监视器 монитор

последовательного соединения тракта высокого порядка 〈略〉HO-TCM

高阶通道发送侧 FIFO 溢出 переполнение FIFO на стороне передачи тракта высокого порядка 〈略〉HP-TFIFO

高阶通道复帧丢失 потеря мультикадра на стороне кросс-соединений тракта высокого порядка 〈略〉HP-LOM

高阶通道告警指示信号 сигнал индикации аварии тракта высокого порядка 〈略〉HP-AIS

高阶通道监控未装载终端 необорудованное окончание контроля тракта высокого порядка 〈略〉HSUT

高阶通道接入点识别符 идентификатор пункта доступа высокого порядка 〈略〉HOAPID

高阶通道接收侧 FIFO 溢出 переполнение FIFO на стороне приема тракта высокого порядка 〈略〉HP-RFIFO

高阶通道开销监视器 мониторинг (монитор) трактового заголовка высокого порядка 〈略〉HPOM

高阶通道连接 соединение нескольких VC верхнего уровня, подключение тракта высокого порядка 〈略〉HPC

高阶通道前/终端 начало/окончание тракта высокого порядка 〈略〉HPT

高阶通道适配 адаптация тракта высокого порядка 〈略〉HPA

高阶通道适配性能参数越限 выход параметров характеристики адаптации тракта высокого порядка за установленные пределы 〈略〉HPADCROSSTR

高阶通道卸载状态 Состояние «необорудован» тракта высокого порядка 〈略〉HPUNEQ

高阶通道信号标记失配 рассогласование меток сигнала тракта высокого порядка 〈略〉HP-SLM

高阶通道性能参数越限告警 аварийная сигнализация выхода параметров характеристики тракта высокого порядка за установленные пределы 〈略〉HPCROSSTR

高阶通道远端差错指示 индикация ошибки на дальнем конце тракта высокого порядка, дистанционная индикация ошибки тракта высокого порядка 〈略〉HP-RE1

高阶通道远端缺陷指示 индикация дефекта на дальнем конце тракта высокого порядка, дистанционная индикация дефекта тракта высокого порядка 〈略〉HP-RDI

高阶通道终端 окончание тракта высокого порядка 〈略〉HPT

高阶通道追踪识别符失配 рассогласование идентификатора трассировки тракта высокого порядка 〈略〉HP-TIM

高阶通道子网连接保护 защита соединения с подсетью тракта высокого порядка

高阶卸载虚容器生成器 генератор незагруженного виртуального контейнера верхнего уровня 〈略〉HUG

高阶虚容器路径 маршрут виртуальных контейнеров верхнего уровня 〈略〉Path HOVC

高阶组装器 блок сборки высокого порядка 〈略〉HOA

高可用性 высокая готовность 〈略〉HA

高可用性部件 блок высокой доступности 〈略〉HAU

高可用性的群组多程序处理 кластерная многопроцессорная обработка с высокой готовностью 〈略〉HACMP

高可用性卡插槽 слот платы высокой доступности

高可用性容错系统 высокопроизводительная отказоустойчивая система

高密度波分复用,密集波分复用 высокоплотное волновое мультиплексирование, высокоплотное мультиплекси-

рование с разделением по длинам волн, высокоплотное спектральное уплотнение 〈略〉DWDM
高密度码 код высокой плотности 〈略〉КВП
高密度双极性 высокоплотная биполярность
高密度双极性码 двухполярный код высокой плотности, высокоплотный биполярный код 〈略〉HDBC
高频放大器 усилитель высокой частоты 〈略〉УВЧ
高频开关 высокочастотное преобразование
高频开关技术 метод высокочастотного преобразования
高频偏移 завал верхних частот
高频群 группа высоких частот
高频转接设备 высокочастотная транзитная аппаратура
高清晰度电视 телевидение высокой четкости, телевидение с высоким разрешением 〈略〉HDTV, ТВВЧ
高清静止图象 статическое изображение высокой четкости
高数位,上一位,前一位 старший разряд
高斯滤波最小频移键控 гауссовая манипуляция с минимальным частотным сдвигом 〈略〉GMSK
高斯频移键控 гауссовая частотная манипуляция 〈略〉GFSK
高速 высокая скорость 〈略〉HS
高速光纤 оптоволоконные линии с высокой скоростью передачи
高速光纤链路 высокоскоростное волоконно-оптическое звено 〈略〉HOFL
高速缓存,高速缓冲存储器 кэш-память
高速接口板 плата высокоскоростного интерфейса, плата интерфейса высокой скорости 〈略〉HIC
高速开关 высокоскоростной переключатель 〈略〉QS
高速链路 высокоскоростной канал
高速平行接口 высокоскоростной параллельный интерфейс 〈略〉HIPPI
高速数据控制信道 высокоскоростной канал управления данными 〈略〉HDLCHDLC
高速数据通路 тракт с высокой скоростью передачи
高速数字用户线 высокоскоростная цифровая абонентская линия 〈略〉HDSL
高速数字用户线(一线传输) высокоскоростная цифровая абонентская линия (передача по одной линии) 〈略〉SHDSL
高速无线通信蜂窝系统调制解调器 модем сотовой системы радиосвязи — высокоскоростной 〈略〉CRM-HS
高速下行链路分组接入 высокоскоростной пакетный доступ по нисходящей линии связи 〈略〉HSDPA
高速信息网 высокоскоростная информационная сеть
高通滤波器,高频滤波器 фильтр высокой частоты, фильтр верхних частот
高位语音信息地址 адрес старших битов информации тональных сигналов
高稳定度恒温石英振荡器 термокомпенсированный высокостабильный кварцевый генератор
高稳晶体 высокоустойчивый кристалл, высокостабильный кварцевый генератор 〈略〉HSC
高性价比指标 высокий показатель соотношения цены и качества
高性能的 высокопроизводительный
高压脉冲发生器 генератор высоковольтных импульсов 〈略〉ГВИ
高压脉冲模拟器 имитатор высоковольтных импульсов 〈略〉ИВИ
高优先级 высокий приоритет

高优先级源丢失　потеря источника высшего приоритета

高于或等于 **Bellcore PRC** 级　выше или равно требованиям стандарта Bellcore PRC

高增益无线定向天线　направленная антенна с высоким коэффициентом усиления, радиопеленгаторная антенна с высоким усилением

高增益无线定向技术　техника высокого усиления и радиопеленгации

高质量电话业务　телефонная служба с высокой верностью, услуги телефонной связи высокого качества

高阻配电　распределение напряжения с высоким сопротивлением

高阻直流配电屏　распределительный щит постоянного тока высокого сопротивления

高阻值操作电阻　высокоомное операционное сопротивление

高阻值操作放大器　высокоомный операционный усилитель

高阻值输入电阻　высокоомное входное сопротивление

告警，告警（事故）信号装置　аварийная сигнализация

告警板　плата аварийной сигнализации　〈略〉ALM

告警报告　аварийный отчет

告警采集　сбор аварийных сигналов

告警灯　индикатор аварийной сигнализации, индикатор аварийных сигналов, аварийный индикатор

告警灯状态　статус аварийного индикатора

告警灯位　позиция аварийного индикатора

告警电路　схема аварийной сигнализации

告警过滤　фильтрация аварийных сигналов

告警级别　класс аварийной сигнализации

告警级别设置　установка уровней аварийных сигналов

告警监视　контроль аварийной сигнализации

告警接口板　интерфейсная плата аварийной сигнализации　〈略〉ALM

告警库　база аварийных данных

告警类型　тип аварийной сигнализации

告警浏览窗口　окно просмотра аварийной сигнализации

告警秒　аварийные секунды　〈略〉ALS

告警日志文件　файл регистрации аварий

告警上报　сообщение аварийных сигналов

告警数据统计　статистика данных об авариях

告警刷新　обновление аварийной сигнализации

告警台　пульт аварийной сигнализации

告警通信板　плата передачи аварийных сигналов

告警系统，事故系统　аварийная система

告警箱　блок аварийной сигнализации

告警箱的控制　управление блоком аварийной сигнализации

告警信号，事故信号　аварийный сигнал

告警信令装置　устройство аварийной сигнализации

告警性能板操作　операция платы характеристик аварийной сигнализации

告警指示信号　сигнал индикации аварии　〈略〉AIS, СИА

告警指示信号时延　задержка сигнала индикации аварии　〈略〉AISS

告警状态、事故状态　аварийное состояние

告警状态指示、发送告警信号　индикация аварийного состояния, подача

аварийных сигналов
割接　переключение линий сети на новую станцию, переключение линий сети со старой станции на новую
格距　шаг сетки
格式分辨率　разрешающая способность по формату
格式化　форматирование
格式化的　форматированный
格式化数据　сформированные данные
格状网络　ячеистая сеть, сеть «каждая с каждой»
隔板　диафрагма
隔离方式,绝缘方式　режим изоляции
个、十、百、千位　разряд единиц, десятков, сотен, тысяч
个别模块的电气隔离　электрическая развязка отдельных модулей
个人(身份)识别号　персональный идентификационный номер 〈略〉PIN
个人编号　персональная нумерация 〈略〉PN
个人档案表　таблица персональных данных
个人电子计算机,个人计算机　персональная электронно-вычислительная машина, персональный компьютер 〈略〉PC, ПЭВМ
个人化　персонализация
个人计算机通信　связь PC
个人通信号码　персональный номер связи 〈略〉PTN
个人通信网　сеть персональной связи 〈略〉PCN
个人通信业务　служба персональной связи 〈略〉PCS
个人网站　персональный сайт
个人无线接入系统　система персонального радиодоступа 〈略〉СПРД
个人无线通信系统　система персональной радиосвязи 〈略〉СПРС
个人无线寻呼　сеть персонального радиовызова
个位数　цифра разряда единиц, в позиции единиц
个性化回铃音　персонифицированный сигнал контроля посылки вызова 〈略〉CRBT
各交换模块中的交换网络　коммутационные поля в различных коммутационных модулях
各整流模块的地址设置开关　переключатель установки адреса выпрямительных модулей
各种等级告警　различные уровни аварийной сигнализации
各种类型数字用户线　цифровые абонентские линии различного вида 〈略〉xDSL
各种门限下载　загрузка различных порогов
各种平台设备　разноплатформное оборудование
各种型号的(七国八制的)　разнотипный
给电源系统送入市电　включение питающей системы в сеть питания
给定器,定值器　задатчик 〈略〉З
给定值　установленное значение, заданное значение
根据本地网情况　в соответствии с потребностями местной сети
根据实际落实情况　по мере практической реализации
根目录　коренная директория
跟我转移　сопровождающее переключение 〈略〉FMD
跟踪　слежение, сопровождение, трассировка
跟踪和测试　сопровождение и тестирование
跟踪呼叫　сопровождающий вызов
跟踪和日常监控　трассировка и текущий контроль
跟踪系统　следящая система
更改板位颜色　изменение цвета позиции платы

更改密码　смена пароля
更改网元用户　изменение абонента сетевого элемента
更改网元用户密码　изменение абонентского пароля сетевого элемента
更新位置数据消息　сообщение обновления данных местоположения 〈略〉LUM
更新位置数据证实消息　сообщение подтверждения обновления данных местоположения 〈略〉LUA
工厂测试　заводское испытание
工厂中心实验室　центральная заводская лаборатория 〈略〉ЦЗЛ
工程标签　инженерная наклейка, Инженерный ярлык
工程技术,工程技术服务　инжиниринг
工程联络线　инженерный провод связи 〈略〉EOW
工程美学　техническая эстетика
工程作业　инженерная работа
工号,用户号　ID-номер, номер ID (идентификатора)
工具板(条,栏),加速条　панель инструментов
工具栏按钮　кнопка на панели инструментов
工具条操作　операция панели инструментов
工控机　промышленная ЭВМ
工业、科学和医学设备　промышленное, научное и медицинское оборудование 〈略〉ISM
工艺设计标准　норма технологического проектирования 〈略〉НТП
工作(接)地　рабочая земля, рабочее заземление
工作电流　рабочий ток
工作电流超额定值　рабочий ток превышает номинальное значение
工作电流过限　превышение порогового значения рабочего тока
工作电流失控　〈略〉**Потеря управления рабочим током, потеря контроля рабочего тока** 〈略〉**LOCK-FAIL**
工作电流锁定失效　отказ рабочего тока от синхронизации 〈略〉LOCKCUR-FAIL
工作电路　рабочая цепь, рабочая схема
工作方式　рабочий режим
工作夹　рабочая папка
工作频段　рабочий диапазон частот
工作区　рабочая область
工作温度过限　превышение порогового значения рабочей температуры 〈略〉TEMP-OVER
工作性能　работоспособность
工作站　рабочая станция 〈略〉WS
工作站服务器　сервер рабочей станции 〈略〉WSS
工作站功能　функция рабочей станции 〈略〉WSF
工作站功能块　функциональный блок рабочей станции 〈略〉WSFB
工作状态　рабочее состояние 〈略〉РАБ
工作组　рабочая группа 〈略〉РГ
公安专网　ведомственная сеть общественной безопасности
公共导频信道　общий пилотный канал 〈略〉CPICH
公共电话交换网　сеть связи общего пользования, общедоступная сеть
公共对象请求代理结构　общая архитектура с передачей запросов к объекту через посредника 〈略〉CORBA
公共分组信道　общий пакетный канал 〈略〉CPCH
公共服务标识　идентификация общедоступных услуг 〈略〉PSI
公共管理信息协议　протокол общей управляющей информации 〈略〉CMIP
公共管理信息业务单元　служебный элемент общей управляющей информации 〈略〉CMISE
公共缓冲区　общая буферная зона

公共开放策略服务　общая открытая служба политик　〈略〉COPS

公共控制设备　устройство общего контроля　〈略〉ОК

公共控制信道　общий канал управления　〈略〉CCCH, ОКУ

公共逻辑装置　общее логическое устройство　〈略〉ОЛ

公共设施、公用事业　коммунальные услуги

公共时延　общественная выдержка времени　〈略〉ОВВ

公共数据　общие данные

公共通路　общий канал　〈略〉ОК

公共消息传输接口　интерфейс передачи общих сообщений

公共信道信令　общеканальная сигнализация (CCS)　〈略〉ОКС

公共信道信令能力　возможность сигнализации по общему каналу

公共信息消息广播　ретрансляция общих информационных сообщений

公共业务信道　общий информационный канал　〈略〉CTCH

公共云　общее облако, внешнее облако〈略〉

公共桌面系统　общее настольное окружение　〈略〉CDE

公式推导　приведение формулы

公司电话卡　корпоративная телефонная расчетная карта　〈略〉ACC

公司各管理机构　органы управления Общества

公司卡　корпоративная карта

公司卡服务　услуга корпоративных карт

公司卡呼叫　вызов по корпоративной карте

公司网，大型企业网　корпоративная сеть

公网，公共网，公用网　сеть общего пользования

公网和专网服务　услуги общественного и ведомственного назначения

公务板　плата служебной связи

公务电话　телефонный аппарат служебной связи

公务电话固定板　планка для крепления держателя трубки

公务电话接口　интерфейс служебного телефона　〈略〉PHONE

公务电路接口　интерфейс служебных каналов　〈略〉OWI

公务通信　служебная связь

公钥加密算法，李维斯特－沙米尔－阿德莱曼算法　алгоритм Rivest-Shamir-Adleman　〈略〉RSA

公用　общее пользование

公用传真　бюрофакс

公用电话，投币电话，收费电话，自动收费公用电话　таксофон

公用电话继电器电路　комплент реле таксофона

公用电话交换网　телефонная сеть общего пользования　〈略〉PSTN, ТФОП

公用电话去话绳路　исходящий шнуровой комплект таксофонов　〈略〉ИШКТ

公用电话设备系统　система таксофонного оборудования

公用电话收费　плата таксофона〈略〉ПТА

公用电话网指导文件　руководящий документ по ТФОП

公用电信运营商　оператор системы связи общего пользования　〈略〉PTO

公用寄存器，通用寄存器　регистр общего назначения　〈略〉РОН

公用交换电话网　коммутируемая телефонная сеть общего пользования〈略〉PSTN, ТФОП

公用宽带多媒体信息网　широкополосная мультимедийная информационная сеть общего пользования

公用陆地移动网　сеть связи наземных объектов общего пользования

〈略〉PLMN
公用事业服务访问点 пункт доступа к коммунальным услугам 〈略〉PSAP
公用数据网 сеть передачи данных общего пользования 〈略〉PDN, СПДОП
公用数字无绳电话系统 цифровая беспроводная телефонная система общего пользования
公用通道,公用信道 канал общего пользования 〈略〉КОП
公用通信网 сеть связи общего пользования
公用同步连接/SDH 流交叉连接系统(设备) система (устройство) общей синхронной коммутации/кросс-коммутации SDH потоков 〈略〉SDXC
公用投币电话 таксофон общего пользования
公用总线,公共总线 общая шина 〈略〉ОШ
公证书 нотариальный акт
公制,米制 метрическая система
功放,功率放大 усиление мощности
功放板 плата усиления мощности
功耗 потребляемость электроэнергии, потребляемая мощность
功耗低 низкая потребляемая мощность
功耗特性 характеристики потребляемой мощности
功率 мощность 〈略〉PWR
功率放大器 усилитель мощности 〈略〉PA, УМ
功率放大器独立模块 автономный модуль усилителя мощности 〈略〉SPAM
功率分配器 делитель мощности
功率密度 плотность мощности
功率因数 коэффициент мощности
功率因数校正 коррекция коэффициента мощности 〈略〉PFC
功能、函数、职能 функция
功能薄膜(不干胶) функциональная пленка (наклейка)
功能裁剪 регулировка функций
功能操作 управление функциями
功能调测 настройка функций
功能级 функциональный уровень
功能键 функциональная клавиша
功能节点 функциональный узел 〈略〉FN
功能块 функциональный блок 〈略〉ФБ
功能连接表 таблица сцепления функций
功能描述表 таблица описания функций
功能软件 функциональное программное обеспечение 〈略〉ФПО
功能实体 функциональный объект 〈略〉FE
功能实体动作 задействие функционального объекта 〈略〉FEA
功能实体接入管理 управление доступом к функциональному объекту 〈略〉FEAM
功能说明 описание функционирования
功能体 функциональное тело
功能图,功能框图 функциональная схема
功能性选件 функциональные опции
功能选择开关 переключатель выбора функции
功能诊断 функциональное диагностирование 〈略〉ФД
供电机组 агрегат питания
共电式中继 СЛ системы общего питания от аккумулятора станции
共缆分纤 совместное использование кабеля с разветвлением волокон
共路信令 общеканальная сигнализация 〈略〉CCS, ОКС
共同利益集团 группа общих интересов 〈略〉ГОИ
共同营业网区 зона совместно эксплу-

атируемой сети 〈略〉SNA
共享环网 кольцевая сеть общего пользования
共写/分读方式 режим совместной записи/раздельного чтения
共用管理知识 совместно используемые управленческие знания 〈略〉SMK
共用秘密数据 совместно используемые секретные данные 〈略〉SSD
钩号 галочка
构件 конструкции
构件对象模型 объектная модель компонентов 〈略〉COM
构件对象模型/分布式构件对象模型 объектная модель компонентов/распределенная объектная модель компонентов 〈略〉COM/DCOM
构件模块化 модульность построения конструкций
构造 ISDN 的国际数字连接端误码性能 характеристики ошибок секции международного цифрового соединения ISDN 〈略〉G. 821(08/96)
骨干交换机,干线交换机 магистральный коммутатор, станция магистральной сети
骨干网,主干网 магистральная сеть
固定,加固,坚固,拴住 закрепление
固定板 крепежная пластина
固定电缆用扣带 хомут для крепления кабеля
固定格式 фиксированный формат
固定号 постоянный номер
固定架 скобка, кронштейн
固定局用相关数据 постоянные станционно-зависимые данные
固定孔 отверстие для крепления
固定螺孔 отверстие с резьбой для крепления
固定容器 крепежный контейнер
固定设备 стационарное оборудование
固定式无线终端 стационарный беспроводной терминал 〈略〉FWT
固定台 неподвижная станция
固定填充器 фиксированный наполнитель 〈略〉FS
固定网 фиксированная сеть
固定系统数据 постоянные системные данные
固定用户 стационарный абонент
固定用户终端 неподвижный абонентский терминал 〈略〉RT
固化程序 записанная на чип программа
固化在 ROM 中 запись в ROM
固件,软件固化 закрепление программного обеспечения на чипе, запись ПО В ROM
固态功率放大器 твердотельный усилитель мощности 〈略〉ТУМ
固网和移动网融合 конвергенция мобильных и фиксированных сетей 〈略〉FMC
固有衰减频率 собственная частота затухания
故障 неисправность, авария, сбой, отказ, выход из строя
故障边界 граница неисправности
故障处理 обработка отказов, обработка неисправностей
故障倒换板 плата аварийного переключения
故障定位 локализация отказов, локализация неисправности
故障范围 интенсивность отказов
故障告警(信号) аварийная сигнализация (сигнал) о неисправности
故障功能表 таблица функций неисправности 〈略〉ТФН
故障管理 управленне неисправностями 〈略〉FM
故障和障碍 неисправности и отказы
故障检测 обнаружение отказов
故障前信号 предаварийный сигнал 〈略〉ПС
故障申告系统 система приема жалоб на неисправности

故障信号 аварийный сигнал, сигнал аварии

故障信号存储器 память аварийных сигналов

故障性质和后果分析 анализ характера и последствий отказов 〈略〉FMEA

挂耳 проушина с вырезом для крепления лицевой панели

挂机 отбой

挂机信号 сигнал отбоя 〈略〉OC

挂起 приостановка

挂起态 состояние приостановки

拐角频率 угловая частота

关闭窗口 закрытие окна

关断状态 выключенное состояние

关机 выключение

关键词分析程序 анализатор ключевых слов 〈略〉АКС

关键过程案例(或指标) примерный случай ключевого процесса (или индекс) 〈略〉KPC(I)

关键过程行为 поведение ключевых процессов 〈略〉KPB

关键过程域 поле ключевых процессов 〈略〉KPA

关键栏目 ключевая коронка, ключевой столбец

关键器件 ключевые компоненты

关键域 ключевое поле, основное поле

关键域偏移地址 адрес смещения ключевого поля

关键字 ключевое слово

关联存储器 ассоциативная память, ассоциативное запоминающее устройство 〈略〉AM, АЗУ

关联性,相关性 ассоциативность

关系表 реляционная таблица

关系表数据库 база данных типа реляционной таблицы

关系代数操作 алгебраическая операция с отношениями

关系模式 реляционный режим

关系数据库管理系统 система управления реляционной базой данных 〈略〉RDBMS

关系数据库管理系统内核 ядро системы управления реляционными базами данных

关系数据库系统 система реляционных баз данных

管脚 трубчатая ножка

管理 управление, менеджмент

管理参考点 опорная точка управления 〈略〉S

管理层 уровень управления

管理程序,管理者 администратор, менеджер

管理单元 административная единнца 〈略〉AU

管理单元告警指示信号 сигнал индикации аварии AU 〈略〉AU-AIS

管理单元信号处理板(**SS31ASP**) плата обработки сигнала AU 〈略〉ASP

管理单元指针 указатель административной единицы, указатель AU 〈略〉AUP, AU PTR

管理单元指针丢失 потеря указателя AU 〈略〉AU-LOP

管理单元指针负调整 отрицательное выравнивание указателя AU 〈略〉AU-NPJE

管理单元指针负调整计数 подсчет отрицательных регулировок указателя AU 〈略〉PJCLOW

管理单元指针正调整 положительное выравнивание указателя AU 〈略〉AU-PPJE

管理单元指针正调整计数 подсчет положительных регулировок указателя AU 〈略〉PJCHIGH

管理单元组 группа административных единиц 〈略〉AUG

管理对象、控制对象 объект управления, управляемый объект 〈略〉MO, ОУ

管理对象定义指导原则 руководящий принцип определения управляемых

объектов 〈略〉GDMO
管理对象类别 класс управляемых объектов 〈略〉MOC
管理功能 функция администрирования 〈略〉ADMF
管理规则 правила управления
管理和交互信号 сигналы управления и взаимодействия 〈略〉СУВ
管理和维护系统应用部分 прикладная часть управления и обслуживания
管理禁止 запрет управления
管理禁止信息 сообщение запрета управления 〈略〉MIM
管理控制单元 блок администрирования и управления 〈略〉MMU
管理控制器 управляющий контроллер
管理模块 административный модуль, модуль управления 〈略〉AM
管理模块/通信模块侧光接口板 оптическая интерфейсная плата на стороне AM/CM
管理模块/通信模块侧通信控制器 контроллер связи на стороне административного модуля / модуля связи
管理模块/通信模块侧远端接口板 удаленная интерфейсная плата на стороне AM/CM
管理模块侧通信板 плата связи на стороне административного модуля
管理数据库 управленческий банк данных 〈略〉MDB,УБД
管理通信模块 модуль управления и связи 〈略〉CCM
管理系统,控制系统 система управления
管理信息服务单元 сервисный элемент протокола управленческой информации
管理信息库 база информации управления 〈略〉MIB
管理信息库初始化程序 программа инициализации MIB 〈略〉Mibinit
管理信息通信服务 услуга обмена управленческой информацией
管理应用功能 прикладная административная функция 〈略〉MAF
管理域 область управления
管理原语 примитив управления
光标 курсор,светящийся курсор
光标位 позиция курсора
光波长转换单元 блок оптического транспондера 〈略〉OTU
光测试仪 оптический тестер
光传输 оптическая передача
光传输段 секция оптической передачи 〈略〉OTS
光传输设备 оптическое оборудование передачи
光传送网 оптическая транспортная сеть, сеть оптической передачи 〈略〉OTN
光电倍增器 фотоэлектронный умножитель 〈略〉ФЭУ
光电二极管 фотодиод 〈略〉ФД
光电发送模块 передающий оптоэлектронный модуль 〈略〉ПОМ
光电放大器 усилитель фототоков 〈略〉УФ
光电集成电路 оптоэлектронная интегральная схема
光电检测器 фотодетектор 〈略〉ФД
光电接收模块 приемный оптоэлектронный модуль 〈略〉ПРОМ
光电效应 фотоэлектрический эффект 〈略〉ФЭЭ
光电一体化 фотоэлектрическая интеграция
光电转换 фотоэлектрическое преобразование
光电转换板 плата фотоэлектрического преобразования 〈略〉FBC
光电转换器 фотоэлектрический преобразователь 〈略〉ЭОП
光电子机、光耦合器 оптрон
光端机 оптический приемопередатчик
光多用表 оптический мультиметр

光发射机 оптический передатчик

光发送头 оптический соединитель

光反射 оптическое отражение

光分布式数据接口 оптико-распределенный интерфейс данных

光分插复用器 оптический мультиплексор ввода-вывода 〈略〉OADM

光复用 оптическое мультиплексирование 〈略〉OM

光复用段 оптическая мультиплексная секция 〈略〉OMS

光功率计 оптический динамометр, прибор для измерения оптической мощности

光功率前置放大器板 плата предварительного усилителя оптической мощности 〈略〉BPA

光回波损耗 потеря оптических обратных волн 〈略〉ORL

光交叉连接器 оптический кросс-коннектор 〈略〉OXC

光交换节点 оптический узел коммутации 〈略〉OSN

光接口板 плата оптического интерфейса 〈略〉OIB

光接口板(模块端) оптическая интерфейсная плата (на стороне модуля) 〈略〉FIU

光接口单元 блок оптического интерфейса

光接入网 сеть оптического доступа 〈略〉OAN

光接收机 оптический приемник

光接头未接好 неправильное подключение оптического интерфейса

光节点 оптический узел 〈略〉ON, OPN

光刻 оптическая литография

光缆 оптический кабель 〈略〉ОК

光缆布线 расшивка оптико-волоконного кабеля

光纤的 оптоволоконный

光连接器 оптический соединитель

光路 оптическая линия

光路接收(指示) прием оптического канала 〈略〉RNL

光路无光信号输入 отсутствие входного оптического сигнала в оптическом канале 〈略〉RLOS

光敏电荷耦合器件 фоточувствительный прибор с зарядовой связью 〈略〉ПЗС

光敏电荷注入器件 фоточувствительный прибор с зарядовой инжекцией 〈略〉ПЗИ

光敏电荷转移器件 фоточувствительный прибор с переносом заряда 〈略〉ФППЗ

光模块背光电流 встречный (обратный) ток оптического модуля 〈略〉BACK-CURRENT

光模块放大 усиление оптического модуля

光模块制冷电流 ток системы охлаждения оптического модуля 〈略〉COOL-CURRENT

光盘 компакт-диск, оптический диск

光盘存储器 накопитель на оптическом диске 〈略〉НОД

光盘机 оптический дисковод, аппарат-фотодиск

光驱 дисковод для компакт-дисков

光配线架 оптический кросс 〈略〉ODF

光谱动态控制 динамическое управление спектром 〈略〉DSM

光谱通道选择性交换 выборочная коммутация спектральных каналов 〈略〉WSS

光驱动器 оптический драйвер

光时分复用 оптическое временное мультиплексирование 〈略〉OTDM

光时域反射仪 рефлектометр оптической временной области 〈略〉OTDR

光衰减器 оптический затухатель, оптический аттенюатор

光搜索信号装置 сигнализация оптическая поисковая 〈略〉СОП

光调制解调器单元　ячейка оптического модема　〈略〉ЯОМ
光通道　оптический тракт
光通信接口　оптический интерфейсы связи
光同步传输网组网技术原则　технические принципы построения синхронной оптической сети передачи
光纤　оптическое волокно
光纤(通信)网　волоконно-оптическая сеть
光纤传输网络　оптическая транспортная сеть, сеть оптической передачи 〈略〉OTN
光纤传输系统　волоконно-оптическая система передачи　〈略〉ВОСП
光纤到办公室　оптоволокно до офиса, доведение оптического волокна до офиса　〈略〉FTTO
光纤到大楼　оптоволокно до здания, доведение оптического волокна до здания　〈略〉FTTB
光纤到家庭　оптоволокно до дома, доведение оптического волокна до дома 〈略〉FTTH
光纤到楼层　оптоволокно до этажа, доведение оптического волокна до этажа　〈略〉FTTF
光纤到路边　оптоволокно до краю дороги, доведение оптического волокна до краю дороги　〈略〉FTTC
光纤到乡村　оптоволокно до деревни, доведение оптического волокна до деревни　〈略〉FTTV
光纤的　оптоволоконный
光纤电缆、光缆　волоконно-оптический кабель　〈略〉ВОК
光纤电缆连接器类型　тип соединителя для ВОК　〈略〉SC, ST
光纤放大器　оптический усилитель 〈略〉OFA
光纤分布式数据接口　волоконно-оптический распределенный интерфейс данных, распределенный интерфейс передачи данных по волоконно-оптическому кабелю　〈略〉FDDI
光纤分接器　оптический ответвитель
光纤环路转换器　преобразователь для абонентской линии, использующей ВОК　〈略〉FLC
光纤接口　оптоволоконный интерфейс
光纤接口板　плата волоконно-оптического интерфейса　〈略〉FBI
光纤接口板(局端)　плата волоконно-оптического интерфейса (на стороне станции)
光纤接口板(模块端)　плата волоконно-оптического интерфейса (на стороне модуля)
光纤接口单元　блок волоконно-оптического интерфейса　〈略〉FIU
光纤接口服务单元　сервисный блок волоконно-оптического интерфейса 〈略〉OSU
光纤接入系统　система оптоволоконного доступа　〈略〉FAS
光纤连接器衰减　ослабление оптического соединителя
光纤链路　волоконно-оптическое звено　〈略〉OFL
光纤输出接口　выходной оптический интерфейс
光纤输入接口　входной оптический интерфейс
光纤通信线路　волоконно-оптическая линия связи　〈略〉ВОЛС
光纤同轴混合传输　смешанная передача по оптоволоконной линии и коаксиальному кабелю
光纤同轴混合电路　оптико-коаксиальный гибрид　〈略〉HFC
光纤头、光纤端　конец волокна, конец оптического волокна
光纤网络单元　оптический сетевой блок　〈略〉ONU
光纤网络终端　оптическое сетевое окончание　〈略〉ONT
光纤网终端管理和控制接口　интер-

фейс управления терминалами оптической сети 〈略〉OMCI
光纤线路 волоконно-оптическая линия
光纤线路保护 защита волоконно-оптической линии 〈略〉OLP
光纤线路接口 интерфейс волоконно-оптической линии 〈略〉OLI
光纤线路终端 оптическое линейное окончание, терминал оптической линии 〈略〉OLT
光纤线路自动监控系统 автоматическая система мониторинга оптоволоконной линии
光纤信道 оптический канал 〈略〉FC
光纤信道标准 стандарт на волоконно-оптический канал 〈略〉FCS
光纤信道交换台 коммутатор волоконно-оптических каналов 〈略〉FC-SW
光纤信道接口 интерфейс оптического канала 〈略〉FCI
光纤信道协议 протокол волоконно-оптического канала 〈略〉FCP
光纤综合业务接入网 волоконно-оптическая сеть доступа с интеграцией услуг
光线路放大器 оптический линейный усилитель 〈略〉OLA
光信息处理装置 устройство оптической обработки информации 〈略〉УООИ
光信噪比 отношение «оптический сигнал-шум» 〈略〉OSNR
光学反射计、光反射仪 оптический рефлектометр 〈略〉OTRD
光学组件 оптический компонент
光预放大器 предварительный оптический усилитель 〈略〉OPA
光远端终端 оптическое удаленное окончание 〈略〉ODT
光载波 оптическая несущая 〈略〉OC
光载波级 N оптоволоконная линия связи уровня N 〈略〉OC-N
光栅灯 растровый светильник
光终端复用设备 оптический терминальный мультиплексор 〈略〉OTM
广播 транслирование, ретрансляция, радиовещание
广播/组播控制 управление широковещанием/групповой передачей 〈略〉BMC
广播电视和卫星通信局 Управление радиотелевидения и спутниковой связи 〈略〉УРТС
广播电视节目源 источник радио и телеграмм
广播电台 радиовещательная станция 〈略〉PBC
广播短消息 вещаемое короткое сообщение
广播服务,中继服务 услуга ретрансляции
广播功能 функция ретрансляции
广播控制信道 канал управления ретрансляцией 〈略〉BCCH
广播控制信道分配 распределение каналов управления ретрансляцией
广播链路 ретрансляционное звено
广播式数据链路连接 соединение канала передачи данных ретрансляционного типа
广播信道 канал ретрансляции 〈略〉BCH
广播网 вещательная сеть
广告 реклама 〈略〉AD
广域网 глобальная сеть связи 〈略〉WAN, ГСС
广域 Centrex глобальный Центрекс, Центрекс для широкой области 〈略〉WAC
归属位置寄存器 оригинальный (домашний) регистр исходного местоположения 〈略〉HLR, ОРМ
归属公用陆地移动网 домашняя сеть PLMN, исходящая сеть PLMN 〈略〉

HPLMN

规程 нормативы, правила

规范, 说明书, 明细表 спецификация

规则脉冲激励－长期预测 регулярное импульсное возбуждение — долгосрочное прогнозирование 〈略〉RPE-LTP

硅谷 силиконовая долина

轨道宽度 ширина дорожки

轨道频率资源 орбитально-частотный ресурс 〈略〉ОЧР

柜、机柜 шкаф

滚动 прокрутка

滚动菜单 прокрутка меню

滚动键 кнопка прокрутки

滚动条 линейка прокрутки, полоса (линейка) прокрутки, ползунок

滚动信息 прокручивающая информация

辊子, 瓷柱, 绝缘子 ролик

国别指示器 национальный индикатор 〈略〉NI

国际5号字母－数字代码 международный алфавито-цифровой код 5 〈略〉IA5

国际便携式设备识别 международная идентификация портативного оборудования 〈略〉IPEI

国际标准 международный стандарт 〈略〉МС

国际宇航通信组织 Международная организация космической связи 〈略〉МОКС

国际标准化组织 Международная организация по стандартизации 〈略〉ISO, МОС

国际长途呼叫 международный вызов

国际长途人工局 международная ручная станция

国际长途台 международный коммутатор

国际长途通信国家代码 код страны международной связи

国际长途直拨 международный прямой набор 〈略〉IDD

国际长途转接局 международная транзитная станция 〈略〉INT

国际长途自动电话局 автоматическая международная телефонная станция 〈略〉АМНТС

国际电报电话委员会信令方式 режим сигнализации по МКТТ

国际电报电话咨询委员会 Международный консультативный комитет по телеграфии и телефонии 〈略〉CCITT, МККТТ

国际电工委员会 Международная электротехническая комиссия 〈略〉IEC, МЭК

国际电信联盟(国际电联) Международный союз электросвязи 〈略〉ITU, МСЭ

国际电信联盟远程通信标准化组织 Сектор стандартизации телекоммуникаций Международного союза электросвязи 〈略〉ITU-T

国际惯例 общепринятая международная практика

国际计算机安全协会 Международная ассоциация по безопасности компьютеров 〈略〉ICSA

国际交换中心 Международный центр коммутации 〈略〉ISC, МЦК

国际竞争性招标 международные конкурентные торги

国际频率标准 международный стандарт частоты

国际无线电咨询委员会 Международный консультативный комитет по радио и телефонии 〈略〉CCIR, МККРТ

国际线路 международная линия

国际虚拟专网 международная виртуальная частная сеть 〈略〉IVPN

国际移动设备识别 международная идентификация оборудования подвижной связи 〈略〉IMEI

国际移动卫星系统 международная

мобильная система спутниковой связи 〈略〉INMAP-SAT

国际移动台识别 международная идентификация подвижной станции 〈略〉IMSI

国际移动用户识别 международная идентификация подвижного абонента 〈略〉IPUI

国家博士后流动工作站 уполномоченный центр научных исследований после получения докторской степени

国家代码 код страны 〈略〉CC

国家邮电信息化委员会 Государственный комитет по связи и информатизации 〈略〉Госкомсвя

国家电子通信委员会 Государственный комитет по электронике и связи 〈略〉ГКЭС

国家频率分配委员会 государственный комитет по распределению частот 〈略〉ГКРЧ

国家信息中心 государственный информационный центр 〈略〉ГИЦ

国家有线电视网 государственная сеть CATV

国内长途电话限制 ограничение междугородной связи 〈略〉OMC

国内长途呼叫 национальный междугородный вызов

国内长途区号 код национальной связи, код междугородной связи, код города

国内长途直拨 прямой междугородный набор 〈略〉NDD

国内地区使用消息 сообщение для национального применения 〈略〉NAM

国内后向建立不成功消息 национальное сообщение о неудаче установления связи в обратном направлении 〈略〉NUB

国内后向建立成功消息 национальное сообщение об успешном установлении связи в обратном направлении 〈略〉NSB

国内后向接续不成功消息 сообщение неудачи в установлении соединений обратной связи внутри страны 〈略〉NUB

国内呼叫监视消息 сообщение контроля вызовов внутри страны 〈略〉NCB

国内目的地代码 национальный код назначения 〈略〉NDC

国内人工长途来话电路 комплект входящей междугородной ручной связи 〈略〉ВКМР

国内通信网 национальная сеть связи 〈略〉HCC

国内网拥塞信号 сигнал перегрузки национальной сети 〈略〉NNC

国内业务消息 национальные служебные сообщения

国内移动用户识别号 национальный идентификационный номер подвижного абонента 〈略〉NMSI

国营企业"共和国广播电视转播中心" государственное предприятие « Республиканский радиотелевизионный передающий центр » 〈略〉ГП РРТПЦ

过程,步骤,程序 процедура

过程调用 вызов процедуры

过程关系 отношение процедуры

过程体 тело процесса

过渡特性(曲线) переходная характеристика 〈略〉ПХ

过温关断保护 отключение для защиты от перегрева

过载,闭塞,禁止 перегрузка, блокировка, запрет

H

海量信息 громадный объем данных 〈略〉

含收发信道处理比较逻辑的微波中继站

模块部分 модульная часть PPC, содержащая логику обработки и сравнения трактов приема и передачи

含信息压缩多路复用器板 платы, содержащие мультиплексор для уплотнения информации

行 строка

行告警板信息采集设备板 плата устройства сбора информации со щита рядовой защиты

行距 межстрочный интервал

行列告警灯 аварийный индикатор ряда и столбца

行业标准 отраслевой стандарт

毫(10^{-3}) милли… 〈略〉м

毫安(培) миллиампер 〈略〉мА

毫安表 миллиамперметр 〈略〉МА

毫伏 милливольт 〈略〉мВ

毫秒, 10^{-3} 秒 миллисекунда 〈略〉ms, мс

毫欧分贝 миллиомный децбел 〈略〉dBmO, дбмО

毫瓦 милливатт 〈略〉мВт

毫瓦分贝 милливаттный децибел 〈略〉dBmW, дБмВт

毫微米, 10^{-9} 米 миллимикрон 〈略〉ммк

号,号码,编号 номер

号长不超过 8 位数 номер длиной не более 8 цифр

号段 поле номеров, сегмент номеров

号段表 таблица сегментов номеров

号码闭塞原则 принцип блокировки номеров

号码查询 справки о номерах

号码池 номерный буфер

号码存储器 запоминающее устройство номеров 〈略〉ЗУН

号码发送准备 подготовка к передаче номера

号码分配 назначение номеров

号码计划识别码 идентификатор плана нумерации 〈略〉NPI

号码流动,号码通 портативность номера

号码升位 увеличение разрядности телефонных номеров, возрастание разрядов телефонных номеров

号码数字 цифра номера 〈略〉DIGITS

号码数字转发 трансляция цифры номера

号码通,移机不改号,号码移动性 переносимость номера 〈略〉NP

号码位置寄存器 регистр местоположения номеров 〈略〉NLR

号码限呼 ограничение на вызов по определенному номеру

号码资源 номерная емкость

号盘拨号 дисковый набор номера

号盘合格指示器 индикатор годности номеронабирателей 〈略〉ИГН

号群 номерная группа 〈略〉НГ

号首 заголовок номера

号首标识 метка заголовка номера

号首处理 обработка заголовка номера

号首集 набор заголовков номеров, индикатор плана нумерации

号首特殊处理指示 индикация специальной обработки заголовка номера

号位 разряд номера

耗电量 потребляемая мощность, энергопотребление

合并 слияние

合并点 точка объединения 〈略〉MP

合法的,允许的 санкционированный

合法截听 санкцинированный перехват вызовов 〈略〉LI

合法截听处理模块 модуль обработки санкционированных перехватов 〈略〉ULIP

合法截听管理节点 узел администрирования санкционированного перехвата вызовов 〈略〉LIAN

合法网络用户,允许网络用户 санкционированный сетевой пользователь

合法用户,允许用户 санкционированный пользователь

合格标志 бирка «качественная»
合格证,入网证 сертификат
合理性 основательность
合路器 синтелизатор,объединитель
合群式通信网 объединительная сеть связи
合同报价(书) контрактное предложение
核心边界网关功能 функция граничного шлюза ядра 〈略〉C-BGF
核心功能 функция ядра, ключевая функция 〈略〉CF
核心交换层 уровень коммутации ядра
核心网 базовая сеть 〈略〉CN
盒式磁带存储器 кассетный накопитель на магнитной ленте 〈略〉КНМЛ
盒式磁带存储器接口 интерфейс НМЛ типа картридж 〈略〉ИНМЛ-К
盒式磁盘存储器接口 интерфейс накопителя на кассетном магнитном диске 〈略〉ИНКМД
黑客 хакер
黑名单 черный список
很早分配 очень ранее распределение 〈略〉VEA
恒定比特率 постоянная скорость передачи (битов) 〈略〉CBR
恒定电压、直流电压 постоянное напряжение
恒频开关状态 режим преобразования с постоянной частотой
恒温的 термостатный
恒压充电 зарядка при постоянном напряжении
横棒 горизонтальный стержень
衡重杂音,加权杂音 псофометрический взвешенный шум
衡重噪声 взвешенный шум
红色发光二极管显示器 красный светодиодный индикатор
红外告警 аварийная сигнализация на инфракрасных лучах
宏 макрос
宏操作 макрооперация
宏定义 макроопределение
宏蜂窝 макросот
宏和批处理 макрообработка и пакетная обработка
宏命令,宏指令 макрокоманда
后板 тыльная панель
后板条 задняя планка
后盖板,后顶盖 задняя панель, задняя насадка
后管理模块,后台 управляющий вычислительный комплекс 〈略〉BAM,УВК
后机框 задняя рамка
后缩,起段前留的空白 отступ
后台监控系统 контрольная система управляющего вычислительного комплекса
后台通信板 плата связи с управляющим вычислительным комплексом 〈略〉MCP
后向 обратное направление, обратная связь
后向拆线信号 сигнал разъединения в обратном направлении 〈略〉CBK
后向建立不成功消息 информационное сообщение о неудаче установления связи в обратном направлении 〈略〉UBM
后向建立成功消息 информационное сообщение об успешном установлении связи в обратном направлении 〈略〉SBM
后向建立消息 сообщение об установлении связи в обратном направлении 〈略〉BSM
后向类别/增值业务消息 сообщение обратного направления о категории/дополнительных услугах 〈略〉CSB
后向位置数据消息 сообщение обратного направления о данных местоположения 〈略〉LDB
后向信号 сигнал обратной связи
后向序号 обратный порядковый но-

мер 〈略〉BSN
后向指示比特 бит индикации обратного направления 〈略〉BIB
后续地址消息 последующее адресное сообщение 〈略〉SAM
后续号码位数 последующие цифры номера
后续切换 последующее переключение
后置式无线接口模块 беспроводной интерфейсный модуль FE, устанавливаемый сзади 〈略〉WBFI
后缀 суффикс
厚膜电路板 толстопленочная плата
呼出,去话呼叫,出局呼叫 исходящий вызов
呼出电话 исходящая связь
呼出鉴权 аутентификация исходящего вызова
呼出权模板 модуль полномочий исходящей связи
呼出限制 запрет некоторых видов исходящей связи, ограничение связи
呼出限制密码 пароль запрета исходящей связи
呼叫 вызов
呼叫保持 вызов на удержание, удержание вызова, сохранение вызова в режиме ожидания 〈略〉HOLD
呼叫保持补充业务 дополнительная служба «удержание вызова»
呼叫冲突 коллизия вызова
呼叫处理 обработка вызовов
呼叫处理模块 блок обработки вызовов 〈略〉CCB
呼叫处理能力 производительность обработки вызовов
呼叫处理软件 ПО обработки вызова
呼叫处理子系统 подсистема обработки вызовов
呼叫代答号 номер услуги перехвата вызова
呼叫等待 вызов на ожидании, вызов с ожиданием 〈略〉CW
呼叫等待的提示 установка на ожидание с предупреждением 〈略〉УОП
呼叫等待补充业务 дополнительная услуга «вызов на ожидании»
呼叫等待识别 идентификация вызова на ожидании 〈略〉CWID
呼叫等待状态 режим ожидания вызова
呼叫点 точка вызова 〈略〉PIC
呼叫发起方 инициатор вызова
呼叫分配 распределение вызовов 〈略〉CD
呼叫服务 сервис звонков
呼叫改变拒绝 отказ от модификации соединения 〈略〉CMRJ
呼叫改变请求 запрос модификации соединения 〈略〉CMR
呼叫改变完成 завершение модификации соединения 〈略〉CMC
呼叫故障信号 сигнал отказа установления соединения 〈略〉CFL
呼叫挂起请求 запрос перевода в состояние ожидания, запрос приостановки 〈略〉SUS
呼叫观察标志 флаг наблюдения за вызовами
呼叫管理 управление вызовами 〈略〉CM
呼叫管理中心 центр управления вызовами 〈略〉CMC
呼叫合法截听中心 центр санкционированного перехвата вызовов 〈略〉LIC
呼叫会话控制功能 функция управления сессией вызова 〈略〉CSCF
呼叫计费 начисление оплаты за вызов
呼叫记录,呼叫登记 регистрация вызова 〈略〉LOG
呼叫间隙 вызывной интервал 〈略〉GAP
呼叫监视消息 сообщение контроля вызова 〈略〉CSM
呼叫郊话 вызов в пригород
呼叫接入控制,呼叫权限控制 управление доступом вызовов, управление

правами на вызовы 〈略〉CAC
呼叫接收 прием вызовов
呼叫进展 ход вызова 〈略〉CPG
呼叫控制 управление вызовами 〈略〉CC, УВ
呼叫控制功能 функция управления вызовами 〈略〉CCF
呼叫控制和信令处理无线单元 беспроводной блок контроля вызовов и обработки сигнализации 〈略〉WCSU
呼叫控制接入功能 функция доступа к управлению вызовами 〈略〉CCAF
呼叫控制接入点 пункт доступа к управлению вызовами 〈略〉CCAP
呼叫控制模块 блок управления вызовами 〈略〉CCB
呼叫控制无线单元 беспроводной блок управления вызовами 〈略〉WCCU
呼叫控制原语 примитив управления вызовом
呼叫历史记录 запись архива вызова 〈略〉CHR
呼叫路由至汇接局 маршрутизация вызова на узловую станцию
呼叫码的前缀 префикс кода вызова
呼叫明显转换 явное переключение вызова 〈略〉ECT
呼叫排队 установление очереди вызовов, распределение вызовов по очереди 〈略〉QUE, PBO
呼叫前转 переадресация вызова 〈略〉CF
呼叫前转号码分析源 источник для анализа номера, на который переадресовывается вызов 〈略〉OFA
呼叫失败前转 переадресация вызова по умолчанию 〈略〉CFD
呼叫识别标志 метка идентификации вызова
呼叫识别器 определитель вызова 〈略〉OB
呼叫实例数据 данные экземпляров вызовов 〈略〉CID
呼叫实例数据字段指示语 указатель фрагмента файла данных экземпляров вызовов 〈略〉CIDFP
呼叫市话 вызов в пределах города
呼叫释放 освобождение соединений
呼叫释放请求 запрос на разъединение
呼叫释放完毕通知 сообщение о завершении разъединения
呼叫受限音 сигнал ограничения исходящей связи
呼叫属性 атрибут вызова
呼叫锁定 блокировка вызова
呼叫提醒 предупреждение о вызове
呼叫限制 ограничение связи 〈略〉LIM
呼叫详细记录 подробная запись о вызове 〈略〉CDR
呼叫效率详细记录 подробная запись о производительности вызова 〈略〉PCDR
呼叫协调节点 узел-посредник вызовов 〈略〉CMN
呼叫协调人 агент вызовов 〈略〉CA
呼叫优先级 класс приоритета вызова
呼叫源、起呼源 источник вызова
呼叫源码 код источника вызова
呼叫远程控制接口 интерфейс дистанционного управления вызовами 〈略〉CCP
呼叫允许目的地号码(呼叫受限时) разрешенный вызываемый номер (при ограничении исходящей связи)
呼叫直接前传 прямая переадресация вызова
呼叫质量测试 проверка качества вызова 〈略〉CQT
呼叫中断和恢复 прерывание и возобновление вызова 〈略〉CH
呼叫中心 центр обработки вызовов, центр обслуживания вызовов, вызывной центр
呼叫转话务员 передача вызова оператору, перевод вызова к оператору

〈略〉ПВО

呼叫转向 отклонение вызова 〈略〉CD

呼叫转移，呼叫前转 переадресация вызова 〈略〉CT ，CF

呼叫状态 режим вызова

呼入(来话呼叫) входящий вызов

呼入电话 входящая связь

呼入鉴权 аутентификация входящего вызова

呼入权限 полномочия входящей связи

呼损概率 вероятность потери вызовов

呼通 прохождение вызова

弧刷 контактная щетка

互连点 точка взаимного соединения

互联，相互联系 взаимосвязь

互联的 взаимоувязывающий

互联互通 взаимосвязь и взаимодействие

互联网，国际互联网，因特网 сеть Интернет，сеть Internet 〈略〉Internet，Интернет

互联网打印协议 протокол печатания Интернет(Internet) 〈略〉IPP

互联网定位器业务 услуга локализатора Интернет(Internet) 〈略〉ILS

互联网工程任务组 Инженерная проблемная группа Интернет(Internet) 〈略〉IETF

互联网技术地区社会活动中心 Региональный общественный центр Интернет-технологий 〈略〉РОЦИТ

互联网接入单元 блок доступа в Интернет(Internet) 〈略〉IAU

互联网控制报文协议 программа контрольных сообщений Интернет (Internet) 〈略〉ICMP

互联网内容提供商 поставщик содержания Интернет(Internet) 〈略〉ICP

互联网群组管理协议 протокол управления группами в Интернете 〈略〉IGMP

互联网软件联盟 консорциум по программному обеспечению Интернета 〈略〉ISC

互联网商务系统 торговые Интернет-системы 〈略〉ТИС

互联网协议 Интернет-протокол，протокол «Internet» 〈略〉IP

互联网协议版本 4 версия 4 Интернет-протокола 〈略〉IPv4

互联网业务提供商 провайдер (поставщик) услуг Интернет(Internet) 〈略〉ISP

互调抑制比 взаимное ослабление между каналами，ослабление интермодуляционной помехи，ослабление взаимных помех

互通 взаимодействие

互通功能 функция взаимодействия 〈略〉IWE

互通功能单元 функциональный блок взаимодействия 〈略〉IFU

互通设备 оборудование взаимодействия 〈略〉IWE

互通同步网 взаимодействующая синхронная сеть

互通业务保护 защита обмена трафика 〈略〉DNI

互通装置 блок взаимодействия 〈略〉IWU

互为保护的局 взаимно резервированные станции

互为备份 взаимное резервирование

互为迂回 взаимная организация обходных маршрутов，режим взаимного обеспечения (предоставления) обходных маршрутов

互为主备方式，主备倒换方式 режим активный/резервный

护套 оболочка，оплетка

花钱少，收效快 минимальные инвестиции и максимальные доходы

华为公司 BITS 商标 торговая марка BITS компании «Huawei» 〈略〉SYNLOCK™

华为公司 C&C08 综合平台商标 торговая марка компании «Huawei» для интегрированной платформы C&C08 〈略〉C&C08 iNet

华为公司 ISDN 商标 торговая марка компании «Huawei» для ISDN 〈略〉HONET™

华为公司 SDH 骨干网商标 торговая марка синхронной магистральной сети системы SDH производства компании «Huawei» 〈略〉SBS™

华为公司电信管理网系统商标 торговая марка системы управления электросвязью компании «Huawei» 〈略〉NetKey™

华为公司呼叫中心商标 торговая марка компании «Huawei» для центра обработки вызовов 〈略〉INtess™

华为公司集群管理协议 протокол группового управления компании «Huawei» 〈略〉HGMP

华为公司交换机商标 торговая марка коммутационного оборудования компании «Huawei» 〈略〉C&C 08

华为公司路由器系列商标 торговая марка серии маршрутизаторов компании «Huawei» 〈略〉Quideway™

华为公司冗余协议 протокол резервирования компании «Huawei» 〈略〉HRP

华为公司无线接入系统商标 торговая марка системы радиодоступа компании «Huawei» 〈略〉ETS

华为公司智能网系统商标 торговая марка системы интеллектуальных сетей компании «Huawei» 〈略〉TELLIN™

滑道,滑轨 направляющие, направляющие салазки

滑动、滑码 проскальзывание

滑动片,游标,拨杆 движок

滑线变阻器 реохорд

划分 разделение

划线(标记)工具 разметочный инструмент

画中画 «Экран в экране», «картина в картине», режим разделения экрана 〈略〉PIP

话传电报 телефонограмма 〈略〉ТФ

话单 биллинговые данные, телефонный счет, счет за разговор, телефонная квитанция, квитанция за телефонные услуги (разговор)

话单备份 резервирование телефонных счетов

话单采集机 аппарат для сбора счетов 〈略〉BGW

话单池 пул квитанций, буферный пул

话单存入目录 резервирование квитанций в каталоге

话单服务器单元 блок для сервера счетов 〈略〉BAU

话单管理单元 блок управления счетами (квитанциями) 〈略〉BAU

话单缓充池 буферный пул квитанций

话单送话务台 посылка квитанции на пульт оператора

话单文件 файл квитанций

话机并联 параллельное соединение нескольких телефонных аппаратов

话机拨号信号 сигнал набора номера для ТА

话机上修改密码 изменение пароля с телефонного аппарата

话机振铃测试 тестирование вызывного устройства телефонного аппарата

话路 разговорный тракт (канал), телефонный тракт (канал)

话路重组 перераспределение речевых каналов 〈略〉

话务分担 разделение трафика

话务负荷 телефонная нагрузка

话务高峰 пик(и) трафика

话务量,业务量 трафик, телефонная нагрузка

话务量分散的网络 сеть с децентрализованным трафиком

话务量控制子系统 субсистема

контроля трафика
话务量强度,业务量强度　интенсивность трафика
话务量生成　формирование трафика 〈略〉TE
话务量生成数据库　база данных формирования трафика　〈略〉TEDB
话务流向　направление трафика
话务密度　плотность трафика
话务台　пульт（консоль）оператора, операторский терминал
话务统计　статистика трафика, учет трафика
话务统计服务器　сервер статистики трафика
话务统计系统　система учета разговоров
话务员　телефонист
话务员队列　очередь к оператору
话务员监听　контроль вызова оператором
话务员强插　принудительное подключение оператора
话务员强拆　принудительное разъединение оператором
话务员人数限制　ограниченное число операторов
话务员属性,操作员属性　атрибут оператора　〈略〉
话务员－系统交互系统　система взаимодействия «оператор-система»
话务员信号　сигнал от оператора 〈略〉OPR
话务员业务系统　система операторной службы　〈略〉OSS
话务员专门座席　выделенные рабочие места телефонисток　〈略〉BPM
话务员子系统　операторская подсистема
话务员组号　номер группы операторов
话音标志　голосовая метка
话音存储器　речевая память
话音激活（灵敏性）检测器　детектор активности речи　〈略〉VAD
话音电路交换　коммутация речевых каналов
话音流　речевой поток
话音通信,语音通信　речевая связь
话音信道单元　блок речевых каналов 〈略〉VCU
话音业务　речевые услуги
话终指示灯,挂机指示灯　отбойная лампочка　〈略〉ОЛ
坏帧标志　индикация плохого цикла 〈略〉BFI
环回　закольцовывание, циклирование
环回证实　подтверждение шлейфа 〈略〉LPA
环境　окружающая среда　〈略〉EN
环境参数　параметр окружающей среды
环境参数处理板　плата обработки параметров окружающей среды　〈略〉ESC
环境告警　аварийный сигнал окружающей среды, аварийная сигнализация об окружающей среде
环境告警灯　индикатор аварийной сигнализации об окружающей среде
环境集中监控系统　система централизованного контроля параметров окружающей среды
环境条件　условия окружающей среды
环境温度　температура окружающей среды　〈略〉TEMPERATURE
环境温度过高　чрезмерно высокая температура окружающей среды, слишком высокая температура окружающей среды　〈略〉TEMPERATURE-OVER
环路　шлейф
环路闭合和断开　замыкание и размыкание шлейфа
环路设置　установка кольца
环路中继,环路中继板　двухпроводная СЛ, плата двухпроводных СЛ, соединительная линия со шлейфной сиг-

нализацией 〈略〉ATO

环球信息网,万维网 глобальная гипертекстовая система Internet, всемирная «паутина», система World Wide Web 〈略〉WWW

环网,环形网络 шлейфная сеть, кольцевая сеть

环形的 кольцевой

环阻值 сопротивление шлейфа

缓冲存储器 буферная память, буферное запоминающее устройство 〈略〉БЗУ

缓冲寄存器 буферный регистр 〈略〉БР

缓冲区 буферная область

缓存 хранение в буфере

幻象电路 фантомная цепь

唤醒服务 услуга вызова-побудки

换挡键 Клавиша «Shift»

换极,极性改变 изменение полярности

换算系数 переводный коэффициент

换行 перевод строки 〈略〉LF

簧片 пружина, пружинная защелка

恢复被挂起呼叫的请求 запрос восстановления вызова на удержании

恢复告警(信号) аварийная сигнализация (сигнал) о восстановлении

回波,回声 эхо

回波干扰 эхо-помеха

回波信号,反射信号 эхо-сигнал

回波抑制 подавление эхосигналов, эхо-подавление

回波抑制器 эхо-подавитель 〈略〉ES

回车键 клавиша «Enter»

回传 обратная передача

回答信号 обратный сигнал

回检 проведение обратной проверки

回叫,回呼,反向呼叫 обратный вызов

回铃音 контроль посылки вызова, сигнал контроля посылки вызова 〈略〉КПВ

回流焊机 рефлюксный паяльный аппарат

回路 цепь, контур

回路自动调谐 автонастройка контуры 〈略〉АНК

回收站 мусорник

回送差错 возврат ошибки

回送差错成分 возврат компонента ошибки 〈略〉RE

回送结果 результат возврата 〈略〉RR

回线 петля, шлейф

回音监视设备 устройство эхо-контроля

回振铃 обратная посылка сигнала вызывного тока

汇编(程序)语言 ассемблерный язык

汇编,编译 компиляция

汇接 узлообразование

汇接点 узловой пункт

汇接局 узловая станция, тандемная станция, узел 〈略〉Тм, УС

汇接移动交换中心 центр подвижной узловой связи 〈略〉TMSC

汇聚 конвергенция

汇聚点 точка конвергенции

汇聚式会议电话 встречная конференц-связь 〈略〉MMC

汇流条 шина, шинопровод

会话层,对话层 сеансовый уровень

会话层服务访问接点 точка доступа к услугам на сеансовом уровне 〈略〉SSAP

会话层协议数据单元 блок данных протокола сессии 〈略〉SPDU

会话定位与存储功能 функция ориентации сеанса и хранения 〈略〉CLF

会话发起协议 протокол инициализации диалога 〈略〉SIP

会议电话 конференц-связь 〈略〉CONF

会议电话桥接电路 мостовая цепь конференц-связи, схема конференц-связи

会议电话设备 устройство конференц-связи

会议电话通道 канал конференц-связи 〈略〉CONF
会议电视,会议视频,视频会议 видеоконференц-связь 〈略〉ВКС
会议电视系统,会议视频系统,视频会议系统 система видеоконференц-связи
会议呼叫 конференц-вызов, конференц-связь с расширением 〈略〉CONF
会议自动呼叫 конференц-связь автоматическая 〈略〉КСА
绘图仪墨盒 плотеров
混合,杂交,混血 гибридизация
混合拨号 комбинированный набор
混合电话网 комбинированная телефонная сеть 〈略〉КТС
混合方式 гибридный режим
混合光纤同轴,光纤同轴混合电路(接入) оптико-коаксиальный гибрид, гибридное оптоволоконно-коаксиальное решение 〈略〉HFC
混合光纤同轴网 гибридная оптоволоконно-коаксиальная сеть 〈略〉HFC
混合合路器 гибридный сумматор 〈略〉HYCOM
混合基站 совмещенная базовая станция
混合集成电路 гибридные интегральные схемы 〈略〉ГИС
混合交换模块 комбинированный модуль коммутации
混合局 совмещенная станция
混合模拟信号输出接口板 плата интерфейса выхода смешанных аналоговых сигналов 〈略〉TOA
混合配置 комбинированная конфигурация, смешанное размещение
混合网 гибридная сеть, комбинированная сеть
混合系统 смешанная система
混合线圈 дифсистема
混合选择器 смешивающий искатель 〈略〉СИ
混合整流器装置 комплект комбинированных выпрямителей 〈略〉КВК
混淆,冲突,碰撞 перепутание, кокфликт, столкновение
混装局 станция на смешанной комплектации
活动扳手 раздвижной ключ, съемный ключ, разворотный ключ
活动地板、高架地板 фальшпол
活动路由 активный путь
活动图象 подвижное изображение
活接头 разъемный соединитель
火灾报警信号适配器 адаптер пожарной и охранной сигнализации
货物运输管理自动化系统 автоматизированная система управления перевозками грузов 〈略〉АСУ-ПГ

J

击穿 пробой
机电式长途电话局 электромеханическая междугородная телефонная станция
机顶盒 телеприставка, фильтр для выделения и управления телевизионными сигналами 〈略〉STB
机房 автозал, машинный зал
机房图象 изображение машинного зала
机房外围设备 устройства машинной периферии
机关通信 учрежденческая связь
机关小交换机,机关用电话交换机 учрежденческая телефонная станция, учрежденческая АТС, офисная АТС 〈略〉УТС, PBX, УАТС
机架 статив, стойка 〈略〉RU
机架架体 каркас статива
机架间的 межстативный
机架接口 интерфейс статива
机架连接件 соединения стативов
机架行列告警灯 аварийные индика-

торы ряда и столбца статива

机架型 стоечный тип

机框 кассета, рамка, блок

机框管理模块 модуль управления полкой 〈略〉SMM

机器人工艺电路 роботизированный технологический комплект 〈略〉 PTK

机器语言 машинный язык

机器字长 длина машинных слов

机械安装 механический монтаж

机械谐振 механический резонанс

积分放大器 интегрирующий усилитель

积木堆砌方式 метод структурных (строительных) блоков, способ прибавления количества модулей

积木式扩容 наращивание по методу строительных блоков, наращивание емкости за счет добавления модулей (наподобие строительных блоков)

积木式组合(设计)原理 принцип структурных блоков

基本操作指标 основной оперативный показатель 〈略〉ООП

基本功能 элементарная функция 〈略〉EF

基本呼叫 базовый вызов

基本呼叫处理 обработка базовых вызовов 〈略〉BCP

基本呼叫管理 управление базовыми вызовами 〈略〉BCM

基本呼叫状态模型 модель состояния базового вызова 〈略〉BCSM

基本接口 базовый интерфейс

基本配置 базовая конфигурация

基本容量单元 базовая единица емкости

基本输入输出系统 базовая система ввода-вывода 〈略〉BIOS

基本速率接口 интерфейс базовой скорости, интерфейс базового доступа 〈略〉BRI

基本速率适配 адаптация основных скоростей 〈略〉BRA

基本位置寄存器 основной регистр местоположения 〈略〉BLR

基本无连接服务 базовые услуги, неориентированные на соединение

基本误差纠正方法 базовый режим исправления ошибок

基本信息单元 базовый элемент информации, базовый информационный элемент

基本业务 базовые услуги, основные услуги 〈略〉BS

基本业务组 группа базовых услуг 〈略〉BSG

基本用户单元 базовый абонентский блок

基础网-信道交换域 базовая сеть — домен с коммутацией каналов 〈略〉CN-PS

基带 полоса групповых частот

基带处理单元 блок обработки полосы групповых частот 〈略〉BBU

基带处理器母板 объединительная плата процессора полосы групповых частот

基带电路 канал полосы групповых частот

基带跳频 скачок частот в полосе первичной группы

基地网 базовая сеть

基干子路由 магистральный подмаршрут

基群接口 интерфейс первичной группы

基群数字传输系统 первичная цифровая система передачи 〈略〉ПЦСП

基群数字中继接口 интерфейс сервисных цифровых СЛ 〈略〉E1

基群速率 первичная скорость

基群速率接口 интерфейс первичной скорости 〈略〉PRI

基群速率接入 интерфейс первичного доступа, доступ первичной скорости 〈略〉PRA

基于 2048 kbit/s 体系的数字网络的抖动和漂移的控制 контроль джиттера и вандера цифровой сети 2048 кбит/с

基于 ATM 的语音传送和电话业务 речь и телефония через ATM 〈略〉VTOA

基于 DWDN 的多业务传送平台 MSTP на основе DWDM

基于 SDH 的传送网架构 архитектура транспортных сетей на базе SDH

基于 SDH 的光纤电缆数字线路系统 цифровые линейные системы на основе SDH для использования на оптических линиях

基于 WEB 的呼叫中心,集成呼叫中心 осуществляемый в WEB центр обработки вызовов 〈略〉WECC

基于非屏蔽双绞线的串接标准 8 针插头 стандартный 8-контактный разъём для последовательных соединений на основе неэкранированной витой пары 〈略〉RJ-45

基于服务的本地策略 локальная политика на базе услуг 〈略〉SBLP

基站 базовая станция 〈略〉BS

基站(代)码 код базовой станции 〈略〉BSC

基站测试板 плата тестирования базовой станции 〈略〉TSL

基站传输系统 система передачи на базовой станции 〈略〉BTS

基站单元 блок базовой станции 〈略〉BSU

基站覆盖区半径 радиус зоны охвата базовой станции

基站接口设备 интерфейсное оборудование базовой станции 〈略〉BIE

基站控制单元 блок управления базовой станцией 〈略〉BSU

基站控制功能 функция управления базовой станцией 〈略〉BCF

基站控制和维护系统应用部分 прикладная часть системы управления и обслуживания базовых станций

基站控制器 контроллер базовых станций 〈略〉BSC

基站控制器的 GSM 监控处理机架 статив обработки управления GSM BSC 〈略〉GBCR

基站控制器的 GSM 业务处理机架 статив управления услуг GSM BSC 〈略〉GBSR

基站控制器与基站间接口 интерфейс между котроллером базовых станций и базовой станцией

基站控制系统应用部分 прикладная часть системы управления базовыми станциями

基站群 групповая базовая станция

基站设备(BSC + BTS) оборудование базовой станции (BSC + BTS) 〈略〉BSS

基站设备远程诊断子系统 подсистема дистанционной диагностики оборудования базовой станции 〈略〉RBDS

基站识别码 идентификационный код базовой станции 〈略〉BSIC

基站收发台 базовая приемопередающая (трансиверная) станция 〈略〉BTS

基站收发台模块 модуль базовой приемопередающей (трансиверной) станции 〈略〉BTSM

基站系统 система базовой станции 〈略〉BSS

基站指示灯 индикатор базовой станции

基站子系统 подсистема базовой станции 〈略〉BSS

基站子系统 GPRS 协议 протокол GPRS подсистемы базовых станций

基站子系统操作与维护应用部分 прикладная часть эксплуатации и техобслуживания подсистемы базовой станции

基站子系统移动应用部分 прикладная

часть подвижной связи подсистемы базовых станций 〈略〉BSSMAP
基站子系统应用部分 прикладная часть подсистемы базовой станции 〈略〉BSSAP
基准,标准,规格,校准器 эталон
基准单元 базовый блок
基准电流发生器 генератор опорного тока 〈略〉ГОТ
基准电压 основное напряжение
基准电源 опорный источник
基准定位寄存器数据库模块 модуль базы данных опорного регистра местоположения 〈略〉HDU
基准频率发生器板 плата генератора эталонной частоты
基准时钟,参考时钟 опорный тактовый сигнал, эталонный тактовый генератор
基准时钟速率 эталонная частота
基准时钟信号 эталонный тактовый сигнал
基准信号 опорный сигнал
基准信号源输入接口板 плата интерфейса входа опорного источника сигналов
基准信号指示 индикатор опорного сигнала 〈略〉REF
基准钟 эталонный генератор
激光唱片 лазерная пластинка
激光发射器事故 авария лазерного передатчика
激光防护安全锁 система защитного отклонения лазера
激光器功率平均值 среднее значение мощности лазера 〈略〉LPAVG
激光器功率最大值 максимальное значение мощности лазера 〈略〉LPMAX
激光器功率最小值 минимальное значение мощности лазера 〈略〉LPMIN
激光器偏流监视 контроль тока смещения лазера 〈略〉LSBCM
激光器偏置电流平均值 среднее значение тока смещения лазера 〈略〉LBAVG
激光器偏流最大值 максимальное значение тока смещения лазера 〈略〉LBMAX
激光器偏置电流最小值 минимальное значение тока смещения лазера 〈略〉LBMIN
激光器自动关闭(断开) автоматическое отключение лазера 〈略〉ALS
激光视盘 лазерный видеодиск
激活,启发,激发 активация
激活/去激活的控制信号 управляющие сигналы активизации/деактивизации
级联 каскадное соединение
级联菜单 интерактивное меню
级联方式 каскадный способ
即插即用 «Включи и работай», «Подключай и работай» 〈略〉PnP
即插即用的 ориентированный на простое включение в сеть
即时帮助 оперативная помощь, справка
即时传真 факс по запросу 〈略〉FOD
即时服务系统长途交换台 междугородный коммутатор немедленной системы обслуживания 〈略〉МКНС
即时连接 спонтанное соединение
即时业务 обслуживание по запросу 〈略〉ODS
极、极点 полюс
极化接收继电器 поляризованное приемное реле 〈略〉ПП
极小的电磁辐射 низкий уровень электромагнитного излучения
极性 полярность
极性倒换,极性反转 инверсия полярности
极性相反 противоположная полярность
极性转换 переполюсовка

急促音　учащенный звуковой сигнал
急救　скорая медицинская помощь
急需维护告警　аварийная сигнализация о необходимости немедленного техобслуживания　〈略〉PMA
集成，综合，一体化，积分(法)　интеграция
集成 **RM** 单元　интегрированный элемент RM　〈略〉IRU
集成产品开发　разработка комилексной продукции　〈略〉IPD
集成电路　интегральная схема　〈略〉IC, ИС
集成化软件　интегральное программное обеспечение
集成接入设备　интегрированное устройство доступа　〈略〉IAD
集成接入设备管理系统　система управления интегрированным устройством доступа, система управления IAD　〈略〉IADMA
集成运算放大器　интегральный операционный усилитель　〈略〉ИОУ
集成注入逻辑　инжекционная интегральная логика　〈略〉И2Л
集成组合管理团队　бригада по управлению портфелем　〈略〉IPMT
集电极(结)　коллектор, электрод коллектора
集合　совокупность
集合(参数)　наборный　〈略〉OX31
集合论　теория множеств
集群的　транкинговый
集群通信　транкинговая связь
集群通信系统　транкинговая система связи
集群网　транкинговая сеть
集群系统　групповая система
集群移动通信　транкинговая подвижная связь
集线比　коэффициент концентрации линий
集线器　концентратор, концентратор линий
集线器保障供电装置　устройство гарантированного питания концентраторов　〈略〉УГПК
集有线无线交换功能于一体　интеграция функции проводной и беспроводной коммутации
集中的大容量局　централизованная станция большой емкости
集中管理，集中控制　централизованное управление
集中计费　централизованный биллинг, централизованное начисление оплаты
集中式光结构　централизованная оптическая архитектура　〈略〉COA
集中式网络　централизованные сети
集中式自动电话计费　централизованный автоматический учет стоимости　〈略〉CAMA
集中收号单元　блок централизованного приемника номеров
集中维护监控板　плата централизованного обслуживания и контроля　〈略〉MIS
集中用户群　централизованная абонентская группа
计次表　счетчик, таблица счетчиков
计次脉冲消息　сообщение счетных импульсов　〈略〉MPM
计次软表　программный регистр
计次硬表　аппаратный счетчик
计费　тарификация, учет стоимости, начисление оплаты, биллинг
计费处理　обработка биллинга, обработка тарификации, обработка учета стоимости
计费单位　тарифная единица
计费方式　режим биллинга, метод биллинга
计费费用通知　извещение о расходах по тарификации　〈略〉AoCC
计费分组　биллинговый пакет
计费脉冲单价　стоимость единичного интервала между импульсами

计费脉冲数 количество тарифных импульсов
计费器 аппаратура учёта стоимости 〈略〉АУС
计费情况 статус биллинга
计费设备 устройство учета стоимости, устройство тарификации
计费申告 жалоба по оплате
计费数据 биллинговые данные
计费数据表 таблица биллинговых данных
计费数据登记单元 блок регистрации данных тарификации 〈略〉UCDR
计费数据记录 запись данных тарификации 〈略〉CDR
计费数据收集功能 функция сбора данных тарификации 〈略〉CCF
计费通知 извещение о тарификации 〈略〉AoC, AOC
计费统计 статистика биллинга
计费网关 шлюз тарификации 〈略〉CG
计费网关功能 функция шлюза тарификации 〈略〉CGF
计费系统 система начисления оплаты, система тарификации, система учета стоимости
计费消息（暂不用） сообщение об учете стоимости（пока не используется）〈略〉CHG
计费信号 тарифный сигнал
计费信息 биллинговая информация, информация об учете стоимости 〈略〉CRG
计费信息通知 информационное сообщение о тарификации 〈略〉AoCI
计费与话单 биллинг и квитанция
计费域 домен биллинга 〈略〉BD
计费源码 исходный билинговый код, исходный код начисления оплаты
计费中心 биллинговый центр, центр биллинга 〈略〉BC
计费终端 терминал начисления оплаты
计时器,定时器,时钟 таймер 〈略〉T
计时器/计数器 таймер/счетчик
计数变量 подсчитываемая переменная
计数记录 запись счета 〈略〉ACR
计数器,计算员 счетчик 〈略〉Сч
计算机,电脑 вычислительная машина, компьютер 〈略〉ВМ
计算机、计算装置 счетно-вычислительное устройство 〈略〉СВУ
计算机、网络设备和软件生产厂家 компания-производитель компьютеров, сетевого оборудования и программного обеспечения 〈略〉HP
计算机保护协会 институт компьютерной защиты
计算机电话 компьютерная телефония 〈略〉КТ
计算机辅助软件工程 разработка（техника）программного обеспечения с помощью компьютера 〈略〉CASE
计算机复制系统 компьютерная система воспроизведения 〈略〉CAS
计算机和外围设备之间接口 интерфейс между ЭВМ и периферийным устройством
计算机－交换机传输接口 интерфейс передачи ЭВМ — станция
计算机联网 сеть PC
计算机入侵检测系统 система обнаружения злоупотребления компьютера 〈略〉CMDS
计算机台 компьютерный стол
计算机网 компьютерная сеть
计算机网络技术 технология компьютерных сетей
计算机与电话集成,计算机电话一体化 компьютерно-телефонная интеграция 〈略〉CTI
计算机之间高速通信 высокоскоростная связь между компьютерами
计算机之间通信设备 устройство межмашинной связи
计算机之间中继线设备 устройство

межмашинных соединительных линий

计算机终端 компьютерный терминал 〈略〉CBT

计算机主机 главный блок компьютера

计算技术设备 средства вычислительной техники 〈略〉CBT

计算器、计算员 калькулятор

计算误码率的告警信号 сигнал аварийной сигнализации для расчета коэффициента ошибок

计算系统 вычислительная система 〈略〉BC

计算业务用 GSM 扩展处理单元 GSM-блок расширенной обработки для услуг расчета 〈略〉GXPUM

计算中心 вычислительный центр 〈略〉BЦ

记发器、寄存器 регистр

记发器信令 сигнализация регистра

记发器信令子系统模块 модуль подсистемы регистровой сигнализации 〈略〉RSIG

记录覆盖 перезапись предыдущего файла

记录头，写头 головка записи 〈略〉ГЗ

记忆能力 запоминающая способность

记帐管理点 пункт управления квитанциями 〈略〉BMP

记帐卡呼叫 вызов по расчетной карте 〈略〉ACC

技术 техника

技术安全规程 правила технической безопасности 〈略〉ПТБ

技术安全和劳动保护 техника безопасности и охрана труда 〈略〉ТБ и ОТ

技术操作，技术维护，技术管理 техническая эксплуатация 〈略〉ТЭ

技术操作规程 правила технической эксплуатации 〈略〉ПТЭ

技术方案 техническое решение

技术服务和操作模块 модуль технического обслуживания и эксплуатации 〈略〉МТОЭ

技术服务系统，维护系统 система технического обслуживания

技术规格（特性） техническая спецификация（специофика） 〈略〉TS

技术鉴定 техническая экспертиза

技术说明书，技术登记卡 технически паспорт

技术经济核算 технико-экономический расчет 〈略〉ТЭР

技术经济论证，可行性论证 технико-экономическое обоснование 〈略〉ТЭО

技术经济指标 технико-экономические показатели 〈略〉ТЭП

技术设备 техническое устройство

技术设计 технический проект 〈略〉ТП

技术手册 технический справочник 〈略〉TR

技术说明 техническое описание 〈略〉ТО

技术条件，技术规程 технические условия 〈略〉ТУ

技术维护中心 центр технической эксплуатации 〈略〉ЦТЭ

技术维修站 ремонтно-технический пункт 〈略〉РТП

技术信号 технический сигнал 〈略〉ТС

技术要求 технические требования 〈略〉TR，TT

技术状态 техническое состояние，технические ситуации 〈略〉ТС

技术总要求 общие технические требования 〈略〉ОТТ

继电器 реле 〈略〉RLY

继电器连接电路 канал соединения реле

继电器连接端口 порт соединения реле 〈略〉RLP

继电器无电位转换接点 беспотенциальные переключающие контакты ре-

ле
继电器转换系统 система релейной коммутации 〈略〉RSS
继电器组 набор реле, релейный комплект
寄存器 регистр 〈略〉рег.
寄存器检验台 пульт проверки регистров 〈略〉ППР
寄存器信令 регистровая сигнализация
寄存器选择,记发器选择 регистровое искание 〈略〉РИ
加,比,选 добавление, сравнение, выбор 〈略〉ACS
加电 питание, включение питания 〈略〉PWR
加固层 армирующий слой
加密 шифровка, шифрация, сохранение в тайности
加密功能 шифрация, шифрованная функция
加密信号 шифрованный сигнал
加牌环 эстафетное кольцо
加强策略点 точка усиления политики 〈略〉PEP
加强三级 3-й усовершенствованный класс
加强型 2 级时钟 тактовый генератор усовершенствованного второго уровня
加权、衡量 взвешивание
加权平均值 средневзвешенное значение
加权随机先期检测 взвешенно-циклический механизм раннего обнаружения 〈略〉WRED
加权循环队列管理算法 взвешенно-циклический алгоритм управления очередями 〈略〉WRR
加权杂音计噪声 взвешенный псофометрический шум
加权终端损耗 взвешенные оконечные потери
加速器 акселератор
加速数据 срочные данные 〈略〉ED
加载,装入,装载,装料,下载 загрузка
加载电缆 загрузочный кабель
加载管理程序 программа управления загрузкой
加载或写入内存 загрузка или запись в ОЗУ
加载开关,加载键 переключатель загрузки, ключ загрузки
加载描述文件 файл описания загрузки
加载模块,装入模块 загрузочный модуль 〈略〉LM
加载网络数据 загрузка данных в сеть
加载引导程序 загружающая направляющая программа
加载主控程序 загрузка программ главного процессора
家居办公 малый/домашний офис, компьютеры домашнего применения и малого бизнеса 〈略〉SOHO
家庭代理人 домашний агент 〈略〉HA
家庭用户服务器 сервер домашних абонентов 〈略〉HSS
夹塞 вставка в очередь
假面板,假拉手条 фальшпанель, заглушка
假墙 фальшстена
假设,假说,假定 гипотеза
假设参考电路 гипотетическая эталонная цепь 〈略〉ГЭЦ
假设参考连接 гипотетическое опорное соединение 〈略〉HRX
假设参考数字段 гипотетическая опорная цифровая секция 〈略〉HRDS
假设参考数字链路 гипотетическая опорная цифровая линия связи 〈略〉HRDL
假设参考通道 гипотетический опорный тракт 〈略〉HRP
假设的 гипотетический
假线,仿真线 искусственная линия 〈略〉ИЛ

假想参考电路 гипотетическая эталонная цепь 〈略〉ГЭЦ
假信号 ложный сигнал
价格变化 вариация стоимости 〈略〉CV
架空通信线路 воздушная линия связи 〈略〉ВЛС
架子 стеллаж, опорная нога
间隔时间 периодичность, интервал
间隙 зазор
间隙呼叫控制 управление вызывными интервалами
兼容,相吻,重合,匹配 совмещение
兼容槽位 совместимые разъемы
兼容传输设备 совместимое устройство передачи
兼容机 совместимый компьютер
兼容式设计 совместимое проектирование
兼容性测试 испытание на совместимость
兼容子架 совместимый подстатив
监督帧 супервизорный кадр
监控 мониторинг контроль
监控单元粗调 грубая наладка модуля контроля
监控分析器 монитор-анализатор
监控后台 контрольный управляющий вычислительный комплекс
监控模块 модуль-мониторинг
监控器,监视器,监督程序 монитор
监控信号接口 интерфейс сигналов контроля
监视 контрольное наблюдение
监听 контрольное прослушивание
减少内存碎片 уменьшение фрагментирования памяти
剪切按钮,剪切键 кнопка «Вырезать»
剪片,剪下部分 вырезка
剪切 вырез
剪贴板 панель наклейки, буфер обмена, вставка
检测点 пункт обнаружения 〈略〉DP
检测计算装置 измерительно-контрольносчетный аппарат 〈略〉ИКСА
检测诊断电路 контрольно-диагностический комплект 〈略〉КДК
检查机关 инспекционный контроль
检验点,控制点 контрольная точка 〈略〉КТ
检验电路 контрольная цепь, проверочная цепь
检验配置 проверка конфигурации
检验台 пульт проверки
检验之和,校验之和 контрольная сумма 〈略〉CUSUM
检验指示 индикация проверки 〈略〉CMP
简单参数变元 простая переменная параметра
简单队列机制 механизм простой очереди 〈略〉FIFO
简单对象访问协议 простой протокол доступа к объектам 〈略〉SOAP
简单网关控制协议 упрощенный протокол шлюзового контроля 〈略〉SGCP
简单网络时间协议 простой протокол сетевого времени 〈略〉SNTP
简单邮件传送协议 протокол передачи простой почты 〈略〉SMTP
简化传输控制协议 упрощенный протокол контроля передачи 〈略〉SCTP
简化的后管理模块 упрощенный управляющий вычислительный комплекс
简化设备结构 упрощение структуры оборудования
简化设计过程 упрощение процесса проектирования
简化时分多址帧号 упрощенный цикловой номер TDMA 〈略〉RFN
简化网管协议 упрощенный протокол управления сетью 〈略〉SNMP
建立接续系数 коэффициент установленных соединений 〈略〉ASR
建立有移动对象的蜂窝式网络 созда-

ние сотовых сетей с подвижными объектами
建立专网 построение специализированной сети
建链和拆(离)链的认可 непронумерованное подтверждение 〈略〉UA
建筑标准与法规 строительные нормы и правила 〈略〉СНиП
鉴定 экспертиза
鉴定,评级 аттестация
鉴频 частотная дискриминация
鉴频器,鉴别器 дискриминатор
鉴权(验证)向量 вектор аутентификации 〈略〉AV
鉴权、授权和计费 аутентификация, авторизация и учет, идентификация, полномочия и тарификация 〈略〉AAA
鉴权,验证 аутентификация, верификация
鉴权保密机制 система аутентификации и обеспечения секретности
鉴权码 код аутентификации
鉴权算法 алгоритм аутентификации 〈略〉A3
鉴权中心 центр аутентификации 〈略〉AUC
键出 выход клавишей
键控器 манипулятор
键盘 клавиатура 〈略〉КЛ
键盘/视频/鼠标 клавиатура/видео/мышь 〈略〉KVM
键盘/视频/鼠标切换器 переключатель «клавиатура/видео/мышь» 〈略〉KVMS
键盘和显示器 блок клавиатуры и дисплей 〈略〉БКД
键盘键 клавиша 〈略〉КМ
键盘锁定 блокировка клавиатуры
键盘定义 определение клавиатуры
键入 ввод с кнопок, вход клавишей, ввод с клавиатуры
键值过滤技术 техника фильтрования кодового значения кнопок
降序 режим по убыванию
交叉侧发送时钟丢失 потеря тактового сигнала при передаче на стороне кросс-соединений 〈略〉TLOC
交叉侧信号丢失 потеря сигнала на стороне кросс-соединений 〈略〉TLOS
交叉汇编程序 кросс-ассемблер
交叉节点 узел кросс-соединения
交叉连接 кросс-соединение
交叉连接板 плата кросс-соединений
交叉连接单元 блок кросс-соединений 〈略〉XC
交叉连接矩阵 матрица кросс-соединений 〈略〉CM
交叉能力 функция кросс-соединений
交叉失真 перекрестное искажение
交叉式的 кроссировочный
交叉网 сеть кросс-соединений
交互式操作平台 интерактивная платформа
交互式多媒体通信新设备 новые интерактивные услуги мультимедиа
交互式网络 взаимоувязанная сеть, взаимодействующая сеть
交互式语音应答 интерактивный голосовой ответ 〈略〉IVRS
交互式语音应答系统 система интерактивного голосового ответа 〈略〉IVRS
交互调制,交调 интермодуляция
交互作用 взаимодействие, интеракция
交互作用边界网关功能 функция граничного шлюза взаимодействия 〈略〉CBGF
交换 коммутация 〈略〉К
交换(机)单元 блок коммутации (коммутатора) 〈略〉SWU
交换电路 коммутационная схема 〈略〉КС
交换和路由处理单元 блок обработки коммутации и маршрутизации 〈略〉SRPU
交换和通信电子系统保障供电装置

устройство гарантированного питания электронных систем коммутации и связи 〈略〉УГПЭ

交换机 АТС, станция, коммутатор

交换机侧 сторона станции

交换机代码分析程序分配器 распределитель АКС 〈略〉РАКС

交换机代码分析器，交换机代码分析程序 анализатор кода станции 〈略〉АКС

交换机振荡器主频率 основная частота генератора станции

交换机装机时间记录 хронология установки АТС

交换接口单元，交换机接口单元 блок коммутируемых интерфейсов, блок интерфейса коммутатора 〈略〉SWI

交换接续 коммутируемое соединение

交换节点 коммутационный узел 〈略〉КУ

交换局 коммутационная станция 〈略〉КС

交换链路 звенья коммутации

交换模块 коммутационный модуль, модуль коммутации 〈略〉SM, SWV

交换模块网板 сетевая плата коммутационного модуля

交换模块用户接口单元 абонентский интерфейсный блок SM 〈略〉SLB

交换模块中的主控板 плата главного управления в коммутационном модуле

交换群 коммутационная группа 〈略〉КГ

交换设备 коммутационное оборудование 〈略〉КО

交换设备维护中心 центр технического обслуживания коммутационного оборудования

交换设备拥塞信号 сигнал перегрузки коммутационного оборудования 〈略〉SEC

交换设备终端 терминал коммутационного оборудования 〈略〉ET

交换式虚连接 коммутационное виртуальное соединение 〈略〉SVC

交换台呼叫排队记录器 регистр ступени распределения вызовов по коммутаторам 〈略〉РР

交换台值班操作员 дежурный оператор станции 〈略〉ДОС

交换网 коммутируемая сеть

交换网络控制 управление коммутационным полем 〈略〉УКП

交换系统 коммутационная система

交换虚拟电路 коммутируемый виртуальный канал 〈略〉SVC

交换与服务功能过程分离 разделение процессов коммутации и сервисных функций

交换中心 коммутационный центр 〈略〉SC

交换终端 коммутационный терминал 〈略〉ET

交换装置 коммутационное устройство 〈略〉КУ

交换子网 коммутационная подсеть 〈略〉КПС

交换子系统 подсистема коммутации 〈略〉SSS

交接试验 приемосдаточные испытания 〈略〉ПСИ

交流电 переменный ток 〈略〉AC

交流电最大有效值 эффективная величина максимального переменного тока

交流分量 переменные составляющие

交流负载 нагрузка в режиме переменного тока

交流告警 аварийная сигнализация о переменном токе

交流可调电源 регулируемый источник переменного тока 〈略〉РИПТ

交流配电板 щит переменного тока 〈略〉ЩПТ

交流配电粗调 грубая наладка распределения переменного тока

交流配电柜 распределительный шкаф

переменного тока
交流市电 напряжение сети питания переменного тока
交流调压器 уравнитель напряжения переменного тока
交钥匙工程 проект под ключ
焦点访谈 организация телефонных совещаний по интересующим вопросам с возможностью свободного подключения желающих
教育云 облако образования
校时 сверка времени
校验码 проверочный код (бит) 〈略〉CK
校验字 проверочное слово 〈略〉VW
校正，校准 калибровка, коррекция, корректировка
阶乘 факториал
阶梯负载 ступенчатое изменение нагрузки
阶跃性电压变化 скачкообразное изменение напряжения
接插件 разъемы, соединитель
接插件类型 тип разъемов
接插式装置 устройство вставного типа
接触电阻 контактное сопротивление
接触放电 контактный разряд
接触簧片 контактная пружина
接触片 контактная пластинка
接地 заземление, земля 〈略〉GND
接地插座 евророзетка
接地电阻仪 заземленный омметр
接地簧片 пружина заземления
接地回路 заземляющий контур
接地接点 контакт заземления
接地片 пластинка заземления
接点、触点、接触、联系、交往 контакт
接合抖动 комбинированный джиттер
接警服务台 сервисная станция приема аварийных сигналов
接口，对接 стык, стыковка
接口，界面 интерфейс
接口板，插件 интерфейсная плата
接口部件 блок сопряжения 〈略〉БС
接口电路 цепь интерфейса
接口规范 спецификация интерфейса
接口汇接局 интерфейсный узел 〈略〉ИУ
接口卡 интерфейсная карта
接口设备 устройство сопряжения 〈略〉УС
接口设备单元 ячейка устройства сопряжения 〈略〉ЯУС
接口数据 интерфейсные данные 〈略〉RXD
接口说明语言 язык описания интерфейса 〈略〉IDL
接入（访问）权限级别 класс полномочий доступа 〈略〉ARC
接入（访问）权限描述 описание полномочий доступа 〈略〉ARD
接入（访问）权限识别符 идентификатор полномочий доступа 〈略〉ARI
接入（访问）限制数据控制服务 услуга управления данными ограничения доступа
接入 CAMEL 业务用的识别信息 идентификационные данные, необходимые для завершения доступа к услугам CAMEL 〈略〉T-CSI
接入板 плата доступа
接入层 уровень доступа
接入程序 программа доступа
接入错误率 коэффициент ошибочного доступа 〈略〉FAR
接入单元 блок доступа 〈略〉AU
接入底层 конечный уровень доступа
接入点，访问点 пункт доступа 〈略〉AP
接入点名称 наименование точки доступа 〈略〉
接入点识别符 идентификатор пункта доступа 〈略〉APID
接入电路 подключающий комплект 〈略〉ПК
接入方式 режим доступа
接入节点控制协议 протокол управле-

ния узлом доступа 〈略〉ANCP
接入拒绝信号 сигнал «доступ запрещен» 〈略〉ACB
接入距离为…… доступ на расстоянии до…
接入控制设备 протокол контроля доступа 〈略〉ACP
接入类 класс доступа 〈略〉AC
接入录音电话 подключение к диктофону 〈略〉ПАД
接入设备 оборудование доступа
接入适配卡 карта адаптера доступа
接入网 сеть доступа, 〈略〉AN
接入网关 шлюз доступа 〈略〉AG
接入网关模块 модуль шлюза доступа 〈略〉AGM
接入网网管系统 система управления сетью доступа 〈略〉AN-NMS
接入网系统管理功能 функция управления системой AN 〈略〉AN-SMF
接入系统 система доступа, система подключения
接入新用户 подключение новых абонентов
接入自动应答器 подключение к автоответчику
接收E4信号帧错误 ошибка кадра сигнала приема E4 〈略〉RFE, RFECOUNT
接收FIFO溢出 переполнение приема FIFO 〈略〉RFIFOE
接收变量 приём переменной
接收标志 флаг приема
接收侧时空转换级之间接口 интерфейс между пространственной и временной ступенями коммутации со стороны приема
接收侧时钟丢失 потеря тактового сигнала на стороне приема 〈略〉RLOC
接收侧信号丢失 потеря сигнала на стороне приема 〈略〉RLOS
接收侧帧丢失 потеря кадра (цикла) на стороне приема 〈略〉RLOF
接收侧帧失步 потеря сигнализации кадра (цикла) на стороне приема 〈略〉ROOF
接收电路 приемная цепь
接收电平,接收强度 уровень приема
接收分路器 разделитель приема
接收高速通道 приемный высокоскоростной тракт 〈略〉RHW
接收机 приемник 〈略〉RX
接收机侧主信道接口 интерфейс основного тракта на стороне приемника
接收继电器 приемное реле 〈略〉Пр
接收寄存器 приемный регистр 〈略〉РгПР
接收就绪 готовность к приему 〈略〉RR
接收拒绝(要求重发信息帧) отказ приема (запрос на повторную выдачу информационного кадра)
接收灵敏度 чувствительность к приему, чувствительность приема
接收脉冲计数器 счетчик приема импульсов 〈略〉PC
接收设备 приемное устройство 〈略〉ПУ
接收时间转换器 временной коммутатор приема
接收时间转换器板 плата временного коммутатора приема
接收时间转换器地址存储器 адресная память временного коммутатора приема
接收时钟 тактовый сигнал приема
接收时钟,A端口 прием такта, порт A 〈略〉RXCA
接收数据 прием данных 〈略〉RD, RXD
接收锁相环时钟丢失 потеря тактового сигнала схемы фазовой синхронизации приема 〈略〉RPLOC
接收天线 принимающая антенна
接收调制解调器中数据的接口线路 линия интерфейса приема данных из модема 〈略〉RXD

接收通道 тракт приема
接收未准备好 не готов к приему 〈略〉RNR
接收误码 прием ошибочных битов
接收线路侧帧失步 потеря сигнализации кадра на стороне приема 〈略〉ROOF
接收信号错误 ошибка сигнала приема 〈略〉RSERR
接收信号电平(强度) уровень принимаемого сигнала 〈略〉RTLEV
接收信号强度显示 индикация уровня принимаемого сигнала 〈略〉RSSI
接收拥塞 перегрузка при приеме
接收站 приемная станция
接收帧丢失 потеря кадра при приеме 〈略〉RLOF
接收主干总线 приемная магистральная шина
接收转换接口板 интерфейсная плата коммутации приема
接收转换器接口 интерфейс коммутатора приема
接听电话阶段 фаза ответа на вызов
接通 приключение, замыкание
接通,已完成接续 установленное соединение
接通次数 число состоявшихся разговоров
接通电源 подключение к сети питания
接通率 процент состоявшихся разговоров
接通状态(回应状态) активное состояние
接头,插头,端子,槽位,接合面,接合处 разъем
接头插针 контакт разъема
接头柱,端子板 плинт
接线板 соединительная колодка, клеммная плата
接线板(不接地) колодка клемм(без заземления)
接线端子上的氧化膜 оксидная пленка на клеммах
接线工 монтер
接线盒,插座 розетка
接线排 соединительный плинт
接线器 линейный соединитель
接线区,连线区 зона соединений
接线铜鼻 соединительная зажимка
接线铜排 медные соединительные сборные шины
接线柱座 клеммодержатель
接续 установление соединения
接续查询 опрос соединений
接续的定时跟踪观察 хроническое наблюдение за соединением
接续过程 процесс соединений
接续建立消息 сообщение об установлении соединения
接续确认 подтверждение соединения 〈略〉CC
接续速度 скорость установления соединения
接续提示音 сигналы-подсказки для установления соединения
接续网络,交换网络 коммутационное поле 〈略〉КП
接续网络第一支路 первая ветвь коммутационного поля
接续网络和电路的控制和分配设备 устройство управления и распределения коммутационным полем и комплектами
接续网络可靠性设备 устройство надежности коммутационного поля
接续网络零支路 нулевая ветвь коммутационного поля
接续线识别限制 запрет идентификации подключенной линии 〈略〉COLR
接续信号 сигнал соединения
接续中断 нарушение соединения
接续转话务员 передача соединения оператору 〈略〉ПСО
接续转其他用户 передача соединения другому абоненту

接续转移　передача соединения 〈略〉Хепд-овер
接续自动转移　автоматическая передача соединения 〈略〉ПАС
节点对节点消息　сообщение «узел-узел» 〈略〉NNM
节点机远程连接　удаленное подключение узлового оборудования
节点控制板　плата управления узлом 〈略〉NOD
节点控制设备　устройство управления узлом 〈略〉NCU
节点失效　отказ узлов
节点通信　узловая связь 〈略〉NOD
节假日前一天　предпраздничный день
节假日全天半价　круглосуточный половинный тариф в праздники
节省线路投资　сокращение затрат на прокладку проводных линий
结构工艺考究　продуманная структура
结构化对话　структурный диалог, структурированный диалог
结构紧凑　компактность
结构框图　структурная схема
结构请求语言　язык структурированных запросов 〈略〉SQL
结果穿孔机　перфоратор результатов 〈略〉ПР
结露　конденсация влаги, капельная конденсация
结束标记　метка конца
结束号　конечный номер
截面,截面图　сечение
截听呼叫,呼叫代答　перехват вызова
截听相关信息　перехват релевантной информации 〈略〉IRI
截止频率　частота отсечки (среза)
截止状态　запертое состояние
解除闭塞　разблокировка, снятие блокировки
解除闭塞信号　сигнал разблокировки 〈略〉UBL
解除闭塞证实信号　сигнал подтверждения разблокировки 〈略〉UBA
解除链路禁止信号　сигнал снятия запрета звеньев 〈略〉LUN
解除链路禁止证实信号　сигнал подтверждения снятия запрета звеньев 〈略〉LUA
解除门限　порог разблокировки
解封装,拆开　распаковка
解码,码破解　раскрытие кода
解扰器　дескремблер
解释码　интерпретируемый код
解释语言　интерпретативный язык
解调器　демодулятор
解调算法　алгоритм демодуляции
解压　раскрытие компрессии, декомпрессия, разуплотнение, разархивация
解压度　кратность раскрытия компрессии
介质访问控制层　уровень управления доступом к среде 〈略〉MAC
界面介绍　описание интерфейса
金属锯,弓形锯　ножовка
金属实线　физическая проводная линия
金属芯电缆通道的组织　организация трактов на базе кабелей с металлическими жилами
紧凑外围组件互连　взаимосвязь компактных периферийных компонентов 〈略〉CPCI
紧急(普通)告警灯　индикатор экстренных (обычных) аварийных сигналов
紧急倒换命令信号　сигнал команды «аварийное переключение» 〈略〉ECO
紧急倒换消息　сообщение аварийного переключения 〈略〉ECM
紧急倒换证实信号　сигнал подтверждения аварийного переключения 〈略〉ECA
紧急呼叫　экстренный вызов
紧急呼叫观察数据　данные текущего контроля экстренных вызовов
紧急呼叫中心　центр экстренных вы-

зовов 〈略〉EC

紧急开关,应急开关 аварийный выключатель 〈略〉AB

紧急控制 экстренное управление

紧急前转 срочная переадресация 〈略〉EF

紧急情况 экстренная ситуация

紧急通信 экстренная связь

近端串音 перекрестная наводка на ближнем конце 〈略〉NEXT

近端话务台端口 порт пульта оператора на ближнем конце (на стороне станции)

近期15分钟寄存器 15-минутный регистр предыдущих данных

近台维护方式 локальный режим техобслуживания станции

进程、过程、工艺、法 процесс

进程标识符 идентификатор процесса 〈略〉PID

进入服务 ввод в обслуживание, войти в обслуживание

进入路由百分比 процент маршрутизации по данному маршруту

进位 перенос

进位信号 сигнал переноса 〈略〉СП

进线－封装绝缘强度 прочность изоляции входа-корпуса

进行查问 наведение справки 〈略〉НСП

禁止、允许和受限传递的消息 сообщение запрещенной, разрешенной и ограниченной доставки

禁止传递信号 сигнал запрета доставки 〈略〉TFP

禁止脉冲 импульс запрета 〈略〉ИЗ

经网络可交换的实时双向对话能力 возможность коммутируемой двунаправленной телефонной связи через сеть в реальное времея

晶体,结晶,芯片 кристалл

晶体管－晶体管逻辑电路 транзисторно-транзисторная логика 〈略〉TTL, ТТЛ

晶体时钟 кварцевый генератор тактовых импульсов

晶体振荡器 кристаллический генератор

精度从高到低顺序(时钟) в порядке убывания точности (тактовых сигналов)

精简指令集计算机 компьютер с сокращенным набором команд 〈略〉RISC

精确读数 точный отсчет 〈略〉TO

警报系统 тревожная система

警报信号 сигнал тревоги

净荷类型 тип полезной нагрузки

净荷型标志 метка полезной нагрузки

净容量 полезная емкость

径向并行改型接口 интерфейс радиальный параллельный модифицированный 〈略〉ИРПР-М

径向并行接口 интерфейс радиальный параллельный 〈略〉ИРПР

径向串行接口 интерфейс радиальный последовательный 〈略〉ИРПС

静电场测试仪 прибор для тестирования электростатического поля

静电放电 электростатический разряд 〈略〉ESD

静态功能诊断 статическое функциональное диагностирование

静态数据 статические данные

静态随机存贮器 статическое запоминающее устройство с произвольной выборкой 〈略〉SRAM

静态系统 статическая система 〈略〉CC

静态相位误差 статическая фазовая ошибка 〈略〉СФО

静态诊断法 статический метод диагностирования 〈略〉СМД

静音 приглушение

镜象卡 карта изображения

镜像通道,镜像电路 зеркальный канал

久叫不应 неответ в течение длительного времени, длительное отсутствие ответа

酒店电话通信 телефонная связь в гостиницах

酒店管理系统 система управления гостиницей 〈略〉PMS

就绪标志 флаг готовности

就绪时间 время готовности канала 〈略〉AS

就绪态 состояние готовности

就绪相对时间 относительное время готовности канала 〈略〉AS(%)

居中 выравнивание по центру

局部排风 местная вытяжка

局部照明 местное освещение

局端板 станционная оконечная плата 〈略〉LCT

局号,局名代码 код станции

局(站)级 уровень станции

局间的 межстанционный

局间呼叫信令 сигнализация для межстанционного вызова

局间互通 межстанционные соединения

局间扩容 наращивание емкости между станциями

局间通信 межстанционная связь 〈略〉MCC

局间通信数字系统 цифровая система межстанционной связи 〈略〉ЦСМС

局间通信线路 межстанционная линия связи

局内电话电缆 станционный телефонный кабель

局内规程 станционные правила

局内四端网络 станционный четырехполюсник

局内信令规范 внутристанционные сигнальные правила

局向 станционное направление, направление станции

局向设定 установка станционного направления

局型 тип станции

局域通信网,本地通信网 локальная (местная) сеть связи 〈略〉LCN

局域网 локальная сеть, локальная вычислительная сеть 〈略〉LAN, ЛВС

局域网仿真 эмуляция ЛВС, эмуляция локальной вычислительной сети 〈略〉LANE

局域网仿真服务器 эмуляционный сервер ЛВС, эмуляционный сервер локальной вычислительной сети 〈略〉LES

局域网互连 межсоединение LAN

局域网互通 взаимодействие лакальных сетей

矩阵墨盒 матричный картридж

矩阵网卡 матричная сетевая карта

拒绝 отказ 〈略〉REJ

拒绝更新位置数据消息 сообщение отказа в обновлении данных местоположения 〈略〉LUR

拒绝接入错误率 коэффициент ошибочного отказа в допуске 〈略〉FRR

拒绝连接,呼叫拒绝 отказ в соединении 〈略〉CREF

具有…权限的用户 пользователь, имеющий компетенцию чего

具有光放大器的单通道 SDH 系统和 STM-64 系统的光接口 оптические интерфейсы для одноканальной системы SDH с оптическими усилителями и систем STM-64 〈略〉G-SCS (03/96)

具有扩展功能的高级串行通信控制器 высокоуровневой последовательный коммуникационный контроллер с расширенными функциями 〈略〉HSCX

具有中继驱动功能的自动报音板 плата автоматического речевого сообщения с функцией привода СЛ 〈略〉SPT

锯齿波信号 пилообразный сигнал

锯齿形电压发生器 генератор пилообразного напряжения 〈略〉ГПН

绝对的 абсолютный 〈略〉абс.

绝对路径 абсолютный путь

绝对群延迟 абсолютная групповая задержка

绝对射频信道号 абсолютный номер радиочастотного канала 〈略〉ARFCN

绝对位移操作存储器存入 запись операционного регистра по абсолютному смещению 〈略〉ЗАС

绝缘、隔离 изоляция

绝缘层 изолирующий слой

绝缘电阻 сопротивление изоляции

绝缘弧络 перекрытие изоляции

绝缘偏差,绝缘破坏 нарушение изоляции

绝缘摇表(兆欧计) изоляционный меггер

军品级产品 продукция оборонной категории

均充,均衡充电 уравнительный заряд

均充电流 ток уравнительного заряда

均充电压 напряжение уравнительного заряда

均方根值 среднее квадратическое значение 〈略〉RMS

均衡 выравнивание

均衡方式 симметричный режим

均衡器控制板 плата управления эквалайзера 〈略〉CEB,BTS

均流二芯口 двухпроводной порт для распределения нагрузки

均流设备 устройство равномерного тока

均匀差错检测 равномерное обнаружение ошибок 〈略〉EED

均匀能量段 разговорный энергетический спектр

K

卡号台 терминал (пульт) обработки карт,пульт обслуживания карт,пульт номеров по карте

卡号台接入码 код доступа к терминалу обработки карт,код доступа к пульту обслуживания карт

卡号用户 абонент карточного телефона

卡接 врезное соединение

卡接簧片 пружина врезного соединения

卡接式 врезной тип

卡接式配线架 кросс врезного типа

卡片 вкладка,карточка

开发平台 платформа разработки

开放标准通信架构 архитектура связи на базе открытых стандартов 〈略〉OSTA

开放式分布过程 открытый распределенный процесс 〈略〉ODP

开放式接口架构 архитектура на базе открытых интерфейсов 〈略〉OSTA

开放式接口 интерфейс открытого типа

开放式最短路径优先 первоначальная маршрутизация по открытому кратчайшему пути 〈略〉OSPF

开放系统互连 взаимосвязь открытых систем 〈略〉OSI,ВОС

开放系统互连基准模型 эталонная модель взаимодействия открытых систем 〈略〉OSIRM,ЭМВОС

开工 ввод в эксплуатацию,вход в рабочее состояние,функционирование

开工板 работающая плата

开关电路,选通电路 ключевая схема

开关电路,转换电路 коммутируемый канал 〈略〉CS

开关脉冲发生器 импульсный генератор переключателя

开关频率 частота переключения

开关占空比 коэффициент скважности переключения

开机 включение

开局 установка станции,ввод станции

в эксплуатацию, подключение станции к сети, включение станции в сеть
开口 подхват
开口垫 открытая подкладка
开路,断路 разомкнутая цепь, размыкание
开路触点,断路触点 размыкающий контакт
开路塞,断路插塞 размыкающий штепсель
开路无线传输 открытая радиопередача
开通随路信令 обеспечение ВСК
开箱检验 вскрытие ящиков и проверка груза
开销 заголовок 〈略〉OH
开销板配置 конфигурация платы обработки заголовка
开销处理 обработка заголовков
开销处理板 плата обработки заголовка 〈略〉OHP
开销处理单元 блок обработки заголовков 〈略〉OHP
开销处理器 **RAM** 时钟丢失 потеря тактовой синхронизации RAM в обработчике заголовка 〈略〉RAM-LOC
开销处理芯片 чип для обработки заголовка
开销监视功能 функция контроля заголовка
开销接入 доступ к заголовку 〈略〉OHA
开销信道 канал связи заголовка 〈略〉OHC
开销终端功能 функция окончания заголовка
开销字节 байты заголовка
开销字节的贯通和终结 транзит и окончание байтов заголовка
看门狗定时器 сторожевой таймер 〈略〉WDT
看门狗定时器电路 сторожевая схема аппаратных средств, схема сторожевого таймера
抗传导干扰性 устойчивость к кондуктивным помехам 〈略〉CS
抗多点失效能力 устойчивость к многоточечным отказам
抗辐射干扰性 устойчивость к излучаемым помехам 〈略〉RS
抗干扰能力强 высокая помехоустойчивость
抗干扰性 помехоустойчивость, устойчивость к помехам
抗误码设备 устройство защиты от ошибок 〈略〉УЗО
抗纳秒脉冲干扰性 устойчивость к наносекундным импульсным помехам (НИП) 〈略〉EFT
考核 проверка квалификации
科研生产联合体 научно-производственное объединение 〈略〉НПО
可编程的 программируемый
可编程间隔计时器 программируемый интервальный таймер 〈略〉ПИТ
可编程逻辑阵列 программируемая логическая матрица 〈略〉ПЛМ
可编程逻辑器件 программируемое логическое устройство 〈略〉PLD
可编程外围接口 программируемый периферийный интерфейс 〈略〉ППИ
可编程芯片 программируемая микросхема
可编程信号微处理器 программируемый сигнальный микропроцессор 〈略〉ППС
可编程只读存储器 программируемое постоянное ЗУ 〈略〉PROM
可编程中断控制器 программируемый контроллер прерываний 〈略〉PIC
可编微程微处理机 микропрограммируемый микропроцессор 〈略〉МПМ
可变比特率 переменная скорость передачи битов 〈略〉VBR
可变参数 переменный параметр

可变长编码 код переменной длины 〈略〉VLC
可变长度 переменная длина
可变长子网掩码 маска подсети с изменяемой длиной 〈略〉VLSM
可变的 переменный
可变幅度均衡器 переменный амплитудный корректор 〈略〉ПАК
可变焦镜头 регулируемый объектив
可变收敛比的集线功能 функции концентрации с переменным отношением конвергенции
可擦可编程逻辑器件 стираемый программируемый логический элемент 〈略〉EPLD
可擦可编程只读存储器 стираемое программируемое постоянное запоминающее устройство 〈略〉EPROM,СППЗУ
可重编程只读存储器 репрограммируемое постоянное запоминающее устройство 〈略〉РПЗУ
可重构的光分插复用器 реконфигурируемый（перестраиваемый）оптический мультиплексор ввода/вывода 〈略〉ROADM
可分析通道状况的集体接入 коллективный доступ с анализом состояния канала 〈略〉CSMA
可服务性 обслуживаемость 〈略〉DFS
可换头镊子 пинцет со сменными наконечниками
可监控电路数量 количество контролируемых схем
可见信号 видимый сигнал
可交换的 перекоммутируемый
可靠性模块 блок надежности 〈略〉БН
可控半导体整流器 управляемый полупроводниковый выпрямитель 〈略〉SCR
可控硅整流装置 тиристорнее выпрямительное устройство 〈略〉ВУТ
可控智能调节器 управляемый интеллектуальный регулятор
可利用度 уровень доступности
可确定的转发 гарантированная переадресация 〈略〉AF
可生产性 производимость 〈略〉DFM
可识别载波和检测冲突多路访问 коллективный доступ с опознаванием несущей и обнаружением конфликтов 〈略〉КДОН/ОК
可视电话 визуальный телефон
可视图文 видеотекст
可视图文业务 услуга видеотекста
可调比特 бит возможного выравнивания 〈略〉JOB
可调集线比 регулируемый коэффициент концентрации
可维修,便于维修 ремонтопригодность
可闻度 слышимость
可闻信号 слышимый сигнал
可选,任选 опция
可移植性 переносимость
可用的建议 приемлемая рекомендация,практическая рекомендация
可用度 доступность
可执行文件 исполняемый файл
可转发的信令转接点 транзитный пункт сигнализации с переприемом 〈略〉SPR
客户端 сторона клиента
客户关系模块 модуль отношений с клиентами 〈略〉CRM
客户管理点 пункт управления клиентами 〈略〉CMP
客户规定的记录通知 извещение о записи по условиям клиента 〈略〉CRA
客户规定的振铃 посылка вызова по условиям клиента（заказчика）〈略〉CRG
客户活动计划 программа мероприятий у клиентов 〈略〉CCP

客户机 клиентор
客户机/服务器模式 режим клиентор-сервера
空白处 свободное поле
空白记录 пустая запись
空板,光板,裸板 голая печатная плата, пустая плата 〈略〉PCB
空错号 неназначенный или неправильный номер
空分复用 пространственное уплотнение
空格 пробел
空格行 пробельная строка
空号 номер неназначенный, несуществующий номер
空号信号 сигнал «неназначенный номер» 〈略〉UNN
空间分集接收技术 техника пространственно разнесенного приема
空间接口 беспроводной интерфейс
空间疏散 пространственное разнесение 〈略〉SD
空间转换器 пространственный коммутатор
空间转换器可靠性设备 устройство надежности пространственного коммутатора
空气断路器,熔断器 воздушный выключатель
空气放电 воздушный разряд
空气开关 воздушный переключатель
空闲,空闲状态,初始状态 исходное состояние 〈略〉ИС
空闲队列 очередь освобождения
空闲通路码 код свободного канала
空闲信道 незанятый канал связи
空行 пустая строка
空值 пустое значение
空中信道 радиоканал
空转,空载 холостой ход 〈略〉XX
空转时间 незагруженное время
空转状态 холостой режим
孔格,单元,单位,网元,网格,网眼 ячейка
孔形网 ячеистая сеть
控方挂机 отбой управляющей стороны
控制(命令)字寄存器 регистр управляющего слова 〈略〉PгУС,РУС
控制标志 управляющий флаг
控制部件,控制程序块 управляющий блок 〈略〉УБ
控制存储器 управляющая память, память управления, управляющее ЗУ 〈略〉УП,CM
控制单元 контрольный блок, блок управления 〈略〉КБ,CU
控制电话设备 управляющее телефонное оборудование 〈略〉УТО
控制电路 контрольная схема
控制电路 управляющий комплект 〈略〉УК
控制读出 управляющее чтение
控制段 поле управления
控制对象 объект управления 〈略〉ОУ
控制管理单元 контрольный управляющий блок 〈略〉КУБ
控制和告警 управление и аварийная сигнализация 〈略〉C&A
控制和观测点 точка управления и наблюдения 〈略〉PCO
控制和通信单元 блок управления и связи 〈略〉MCU
控制和同步单元 блок управления и синхронизации
控制回路 контур управления
控制(用)计算机 управляющая вычислительная машина 〈略〉УВМ
控制(用)计算系统 управляющая вычислительная система 〈略〉УВС
控制寄存器 регистр управления 〈略〉РУ
控制逻辑 логика управления
控制模块 модуль управления 〈略〉МУ
控制频率、导频 контрольная частота 〈略〉КЧ

控制器 контроллер
控制软件 программные средства контроля 〈略〉ПСК
控制设备 управляющее оборудование, устройство управления, управляющее устройство 〈略〉УО, УУ
控制台 пульт управления, управляющий пульт 〈略〉CP, ПУ, УП
控制系统功能块 функциональный блок системы управления
控制系统接口 интерфейс управляющих систем 〈略〉ИУС
控制信道,控制通路 канал управления 〈略〉CCH
控制信号接收器 приёмник сигналов управления 〈略〉ПСУ
控制信号序列 последовательность управляющих сигналов 〈略〉ПУС
控制信号总线 шина сигнала управления 〈略〉ШСУ
控制信息协议 протокол контрольных сообщений 〈略〉ICM
控制元件 управляющий элемент 〈略〉УЭ
控制中心 центр управления
控制终端 управляющий терминал
控制装置 контрольное устройство 〈略〉КУ
控制字 управляющее слово 〈略〉CW
控制总线 магистраль управления, шина управления 〈略〉МУ
口令,密码 пароль
库(仑) кулон 〈略〉Кл
库函数 библиотечная функция
跨度 пролет
跨区漫游 трансзоновый роуминг
块标记 метка блока
快捷菜单 сокращенное меню
快捷键,助记符 быстрая клавиша, горячая клавиша, мнемокод
快进 ускоренная перемотка вперед
快绕,快速重绕 ускоренная перемотка
快速包交换 быстрая коммутация пакетов 〈略〉FPS
快速处理数据确认 подтверждение срочных данных 〈略〉EA
快速动态反应 высокоскоростная динамическая реакция
快速傅里叶变换 быстрое преобразование Фурье 〈略〉БПФ
快速路由收敛 быстродействующая концентрация маршрутов 〈略〉FRB
快速频移键控 быстродействующая частотная манипуляция 〈略〉FFSK
快速随路控制信道 быстродействующий совмещенный канал управления 〈略〉FACCH
快速随路控制信道/全速率 быстродействующий совмещенный канал управления/полная скорость 〈略〉FACCH/F
快速文件传送 высокоскоростная передача файлов
快速信息交换设备 быстродействующее устройство коммутаций сообщений
快速以太网 быстрый Ethernet 〈略〉FE
快速以太网传输技术 технология передачи быстрого Ethernet
快速以太网接口 интерфейс быстрого Ethernet
快速重路由 быстродействующая повторная маршрутизация 〈略〉FRR
快速转换电脉冲 электрический быстрый переходный импульс 〈略〉EFT
快退 ускоренная перемотка назад
宽(频)带) широкая полоса
宽部 широкая часть
宽带网 широкополосная сеть
宽带 **ISDN** широкополосная ЦСИО 〈略〉B-ISDN
宽带 **ISDN** 用户部分 подсистема пользователя широкополосной ЦСИО 〈略〉B-ISUP
宽带传输 широкополосная передача

宽带交换网插框 полка широкополосного коммутационного поля 〈略〉BNET
宽带交换系统 широкополосная система коммутации 〈略〉ШСК
宽带接入 широкополосный доступ
宽带接入服务器 сервер широкополосного доступа 〈略〉BAS
宽带码分多址 широкополосный множественный доступ с кодовым разделением каналов 〈略〉WCDMA
宽带通道 широкополосный канал 〈略〉WBC
宽带网各层间信令协议 протокол сигнализации между уровнями широкополосных сетей 〈略〉BISOP
宽带网管系统 система управления широкополосной сетью 〈略〉BMS
宽带网络终端 широкополосное сетевое окончание 〈略〉B-NT
宽带网络终端 1 широкополосное сетевое окончание 1 〈略〉B-NT1
宽带网络终端 2 широкополосное сетевое окончание 2 〈略〉B-NT2
宽带网综合管理系统 интегрированная система управления широкополосной сетью 〈略〉BMS
宽带无线通信信号发送网关 шлюз сигнализации широкополосной беспроводной связи 〈略〉WBSG
宽带线路终端 широкополосное линейное окончание 〈略〉B-LT
宽带信令网关 шлюз широкополосной сигнализации 〈略〉BSG
宽带信号装置 блок широкополосной сигнализации
宽带业务 широкополосные услуги
宽带业务处理模块 модуль обработки широкополосных услуг 〈略〉BPM
宽带远程接入服务器 сервер удаленного широкополосного доступа 〈略〉BRAS
宽带终端设备 широкополосное терминальное оборудование 〈略〉B-TE, ШТО
宽带终端适配器 широкополосный терминальный адаптер 〈略〉B-TA
宽频杂音 широкополосный шум
框,盒,暗盒,磁带盒 кассета
框灯 блочная лампа
框数据模块 модуль данных полки 〈略〉SDM
框图、流程图 блок-схема 〈略〉БС
捆绑呼叫 связанные вызовы
扩充存储规格说明 спецификация расширенной памяти 〈略〉XMS
扩充应答消息指示 индикация сообщения расширенного ответа 〈略〉EAM
扩容 наращивание емкости
扩容方便 удобное наращивание емкости, удобство наращивания емкости
扩散层 диффузионный слой
扩展,延长,伸长 растягивание
扩展标记码 расширенный код тега
扩展标志语言 расширяемый язык разметки 〈略〉XML
扩展存储器前 64 千字节 первые 64 килобайта расширенной памяти 〈略〉HMA
扩展存贮 расширенная память
扩展单元 расширенная ячейка
扩展的 TACS, 扩展的模拟蜂窝系统 TACS с расширением, аналоговая сотовая система с расширением 〈略〉E-TACS
扩展的先进电信计算架构 расширенная современная архитектура телекоммуникационных вычислений 〈略〉ATCAI
扩展工具板 расширенная панель инструментов
扩展集群系统 расширенная магистральная система связи 〈略〉ETS
扩展加密标准 расширенный стандарт шифрования 〈略〉AES
扩展接口 расширительный интерфейс
扩展类,扩展型 расширенная катего-

рия 〈略〉ECFTEGORY
扩展器 расширитель
扩展线路单元 расширенный линейный блок 〈略〉ELU
扩展型通用无线分组业务协议 расширенный протокол GPRS 〈略〉EGPRS
扩展型系统 расширительная система
扩展性 расширяемость
扩展业务 расширенные услуги
扩展业务用的 GSM 数据处理单元 GSM-блок обработки данных для расширенной услуги 〈略〉GDPUX
扩展应用领域 расширение областей применения
扩展子架 подстатив расширения
扩展字节 расширенный байт
扩张,扩展 экспандирование

L

拉手条,面板 лицевая панель
拉锁 шпингалет
拉远 вынос
拉远的二线终端 вынесенное двухпроводное окончание
来电档案库 архив входящих звонков
来电号码,主叫电话号码 поступивший номер
来电显示,自动号码识别 автоматическое определение номера вызывающего абонента 〈略〉ANI,AOH
来话 входящий разговор
来话成组选择 входящее групповое искание 〈略〉ВГИ
来话导通检验 проверка непрерывности входящего вызова 〈略〉CCI
来话电路 входящий комплект 〈略〉ВК
来话分组选择器 входящий групповой искатель 〈略〉ВГИ
来话过滤 выбор входящего разговора
来话呼叫处理进程 процесс обработки входящих вызовов 〈略〉INLOC
来话呼叫禁止(限于闭合用户群) запрет входящих вызовов (внутри CUG) 〈略〉ICB
来话呼叫限制 ограничение входящей связи 〈略〉OBC
来话汇接局 узел входящих сообщений 〈略〉УВС
来话记发器接入电路. подключающий комплект входящих регистров 〈略〉ПКВ
来话记发器选择级 ступень регистрового искания входящих регистров 〈略〉РИВ
来话接续 входящее соединение
来话留言 входящее сообщение
来话绳路 входящий шнуровой комплект 〈略〉ВШК
来话事务处理识别符 идентификатор входящей транзакции 〈略〉DTID
来话线 входящая линия
来话线路单元 блок входящих линий 〈略〉БВЛ
来话线路识别器 определитель входящих линий 〈略〉ОВЛ
来话限制标志 флаг запрета входящей связи
来话中断 отказ от входящего разговора
来话中继继电器 реле СЛ входящих 〈略〉РСЛВ
来话转答录机 передача входящего вызова на автоинформатор
来话转话务员 передача входящего вызова оператору
来话转其它终端用户机(地址变更) передача входящего вызова в другое оконечное абонентское устройство (переадресация)
来自交换机外的信令 сигнал вне коммутационной системы
浪涌 выброс,сброс-наброс
浪涌电压 выбросное напряжение, сброс-набросное напряжение

勒(克斯) люкс 〈略〉лк
雷达站、雷达 радиолокационная станция 〈略〉РЛС
雷击 громовой удар, молниеудар
雷击电流 громовой ток
雷击试验 испытание при громовом ударе
类别更新/增值业务消息 сообщение обновления категории/ дополнительных услуг 〈略〉CSU
类型合格码 код одобрения типа 〈略〉TAC
累积呼叫计量器 измеритель суммированных вызовов 〈略〉ACM
累计分布函数 функция куммулятивного определения 〈略〉CDE
累计脉冲次数 подсчет периодических импульсов
厘米、公分 сантиметр 〈略〉см
厘米波 сантиметровые волны 〈略〉CMB
离散,取样,取离散值 дискретизация
离散多频音线路编码 кодировка линий с дискретными мультитональными сигналами 〈略〉DMT
离散反射 дискретное отражение, дисперсионное отражение
离散反射系数 дискретный коэффициент отражения
离散傅里叶变换 дискретное преобразование Фурье 〈略〉ДПФ
离散脉冲 дискретизирующий импульс
离散频率 дискретная частота, частота дискретизации
离散信号 дискретный сигнал, дискретизированный сигнал
离散信息传输 передача дискретной информации 〈略〉ПДИ
离散余弦变换 дискретное косинусное преобразование 〈略〉DCT
离散杂音 шум дискретизации, дискретный шум
理想对称电路 идеально симметричные схемы 〈略〉ИСС
历史告警库 база исторических данных аварийной сигнализации
历史数据属性 исторические данные атрибутов
立即打印 немедленная распечатка
立即计费 немедленное начисление оплаты
立即计费板,营业厅计费板 плата немедленного учета стоимости разговоров
立即热线 немедленная горячая линия
立即提供通道消息 сообщение о немедленном предоставлении каналов 〈略〉IMM
立即跳表 непосредственный подсчет импульсов
立即跳表用户 абонент с немедленным счетчиком
立即跳表用户呼叫 абонентский вызов типа «немедленный счетчик»
利用计算机技术改进的长途通信体系架构 усовершенствованная архитектура дистанционной связи с использованием компьютерных технологий
利用率 процент (коэффициент) использования
例行测试 регламентное тестирование
连接(具有 **ACM + ANM** 功能) соединение (с функцией ACM + ANM) 〈略〉CON
连接,接续,接头,连接线,化合 соединение
连接,结合,配合,共轭 сопряжение
连接不成功信号 сигнал неудачи в соединении 〈略〉CNS
连接不可能信号 сигнал невозможности соединения 〈略〉CNP
连接成功信号 сигнал удачи соединения 〈略〉CSS
连接点 пункт соединения 〈略〉CP
连接方式 режим с установлением соединения 〈略〉CM
连接管理 управление соединением 〈略〉CM

连接建立时计费通知 извещение о тарификации во время установления соединения 〈略〉AoCS
连接路由 соединительный путь
连接器,偶合器,接插件,接头,接线器 соединитель
连接请求,接续请求 запрос на соединение 〈略〉CR
连接时计费通知 извещение о тарификации во время соединения 〈略〉AoCD
连接设备 устройство сопряжения
连接完成时计费通知 извещение о тарификации при завершении соединения 〈略〉AoCE
连接网络用 8 线连接器 8-проводной коннектор, используемый для сетевых подключений 〈略〉RJ-45
连接线 соединительный провод, соединительный кабель
连接线对 соединительная пара
连接相关功能 связанная с соединением функция 〈略〉CRF
连接协议 протокол соединения (подключения) 〈略〉CP
连接证实 подтверждение соединения 〈略〉CONNACK
连接支板 соединительная опорная планка
连体架 соединение статива
连通性 сообщаемость
连续编号 сквозная нумерация
连续供电装置 устройство бесперебойного питания 〈略〉УБП
连续空格 неразрывный пробел
连续连字符 неразрывный дефис
连续信号 непрерывный сигнал
连续选择电路 комплект серийного искания 〈略〉КСИ
连续严重误码秒 последовательные секунды с серьезными ошибками, последовательные секунды с большим числом ошибок 〈略〉CSES
连续严重误码秒计数 подсчет последовательных секунд с серьезными ошибками 〈略〉CSES
连字符 дефис
联调环境 ассоциативно регулируемое окружение
联动的,组合的 агрегатный
联动装置,机组,附件 агрегат
联合观察组 групна совместного наблюдения
联合检测 совместное обнаружение 〈略〉JD
联合监控 смешанный контроль
联合控制服务单元 сервисный элемент ассоциативного управления, сервисный элемент ассоциативного уровня 〈略〉ACSE
联机,在线 режим онлайн
联机帮助 интерактивная справка, справка в режиме онлайн
联机的 неавтономный
联机设定 установка в режиме онлайн
联机状态 неавтономный режим, оперативный режим работы, режим онлайн
联锁状态,锁定状态 состояние блокировки
联网 неавтономная сеть
联网方式 неавтономный способ
联网设备 неавтономное устройство
廉价冗余磁盘陈列 массив недорогих жестких дисков с избыточностью 〈略〉RAID
链表 цепной список
链接,耦合,连接 сцепление
链接算法 цепной алгоритм
链路 звено, канал связи, линия связи
链路层数据 данные канального уровня
链路层协议处理板 плата обработки протокола канального уровня
链路定位 локализация звеньев
链路负荷能力 нагрузочная способность звена
链路管理协议 протокол управления

звеном 〈略〉LMP

链路基群速率接入 доступ к линии связи с первичной скоростью 〈略〉LPRA

链路集 набор звеньев

链路接入规程(协议) процедура(протокол) доступа к звену 〈略〉LAP

链路接入协议第五版本 протокол доступа к звену V5 〈略〉LAPV5

链路禁止信号 сигнал запрета звеньев 〈略〉LIN

链路禁止否认信号 сигнал отрицания запрета звеньев 〈略〉LIP

链路禁止证实 сигнал подтверждения запрета звеньев 〈略〉LIA

链路释放 режим разъединения 〈略〉DM

链路系统 канальная система

链路状态数据库 база данных состояния звеньев 〈略〉LSDB

链路状态信令单元 сигнальная единица состояния звена 〈略〉LSSU

两个信道捆绑成一个逻辑信道使用 использовать два канала вместе в качестве одного логического сигнального канала

两路交流输入口 порт двух цепей переменного тока

两路市电 две цепи питания от сети

两位或三位的缩位拨号 сокращенный двух- или трехзначный номер, сокращение двух или трех единиц номера

亮 свечение

亮出 высвечивание

亮灯 загорание

量化 квантование

量化器 квантователь

量化噪声测量仪 измеритель шумов квантования 〈略〉ИШК

列,柱 столб, столбец

列表框对象 объект списского окна

列灯 столбец ламп

列告警板 колоночная предупредительная плата

邻道选择器 селектор соседних каналов

邻道选择性 селективность соседних каналов

邻道噪声抑制 подавление уровня помех между соседними каналами, ослабление уровня помех от соседнего канала

邻居发现协议 протокол обнаружения соседа 〈略〉ND

临界温度 критическая температура 〈略〉KT

临界状态 предельный режим

临时测试 предварительное испытание

临时存储器,临时内存 временная память

临时的 временный 〈略〉TEMP

临时呼入限制 временный запрет входящей связи

临时内部交换信令协议 временный протокол внутрикоммутационной сигнализации 〈略〉ISP

临时琐定 временная блокировка

临时限制 временный запрет

临时移动用户识别符 временный идентификатор мобильного абонента 〈略〉TMSI

临时有选择地限制呼入 временный запрет всех входящих вызовов за исключением выбранных дополнительных услуг

临时转移 временная переадресация

灵活的配置方式 гибкость вариантов конфигурации

灵活的组网方式 гибкий способ организации сети

灵敏元件 чувствительный элемент

铃流 вызывной ток

铃流电路板 плата генератора вызывного тока 〈略〉BEL

铃流模块 модуль генератора вызывного тока

铃流模块电源 блочный источник вызывного тока

铃流信号 вызывной сигнал
铃流信号发生器 генератор вызывного сигнала
零部件 детали и узлы
零次群 нулевые пучки
零级空分转接板 плата нулевой степени пространственной коммутации
零时隙 нулевой временной интервал
零通道时隙 нулевой канальный интервал 〈略〉ОКИ
零位 разряд нуля
零线,中线 нулевой провод, нулевая линия, средний провод
令牌环网 эстафетное кольцо, кольцевая сеть с маркером
浏览 просмотр, листание
浏览及定位告警 просмотр и фиксация аварийной сигнализации
浏览器,翻阅器 браузер
浏览器/服务器 браузер/сервер 〈略〉B/S
浏览日志 просмотр файла регистрации
流标签 потоковая метка
流程实例 экземпляр процесса
流程自动处理 автоматическая обработка процесса
流服务器 потоковый сервер
流量 поток
流量控制 контроль потока, управление потоком
流密码算法 алгоритм поточного шифрования 〈略〉A5
流明 люмен 〈略〉лм
流式磁带存储器接口 интерфейс НМЛ потокового типа 〈略〉ИНМЛ-П
流行结构 общепринятая структура
留存备查 сохранение для последующего наведения справок
留言 сообщение, голосовое сообщение
留言簿 гостевая книга
楼板负载 нагрузка на перекрытия
楼板,盖板,重叠,覆盖,飞弧 перекрытие
漏电,漏电流 утечка тока
漏电补偿 компенсация утечки в батарее
漏电流 ток утечки
漏斗 дырявое ведро
漏水告警 аварийная сигнализация о проникновении(утечке)воды
露头处,突出部分 выступ, выступающая часть
陆地移动通信系统 система сухопутной подвижной радиосвязи 〈略〉ССПР
录放地址 адрес записи-чтения
录像机 видеофон
录音机,录音电话机 диктофон
滤波器 фильтр
滤波器调整步长越限 Регулировка фильтра превышает порог шага. 〈略〉FILTER-STEPOVER
滤波器峰值搜索 поиск пикового значения фильтра 〈略〉FILTER-SEARCH
滤波器双电子元件 двойной радиоблок фильтрации 〈略〉DRFU
路径保护 защита тракта, резервирование тракта
路时隙,时隙,通道时隙 канальный интервал
路由(选择)交换机 маршрутизирующий коммутатор
路由 маршрут, путь, трасса, направление
路由标记 этикетка маршрутизации
路由处理单元 блок обработки маршрута 〈略〉RPU
路由分配 распределение маршрутов
路由器 маршрутизатор
路由器识别符 идентификатор маршрутизатора 〈略〉RID
路由区 зона маршрутизации 〈略〉RA
路由数据 данные маршрутизации
路由协议单元 блок протокола марш-

рутизации 〈略〉RPU

路由信息 информация маршрутизации

路由信息发送 отправка маршрутной информации 〈略〉SRI

路由信息协议 протокол информации о маршруте 〈略〉RIP

路由选择,选路径 маршрутизация

路由选择和前转模块 модуль маршрутизации и переадресации 〈略〉RFM

路由选择信息协议 протокол информации о маршрутизации 〈略〉RIP

路由选择源码 исходный код маршрутизации

路由追踪识别符 идентификатор трассировки временного (текущего) маршрута 〈略〉TTI

逻辑,逻辑学,逻辑电路 логика

逻辑"0"状态 логический нуль 〈略〉«0»

逻辑"1"状态 логическая единица 〈略〉«1»

逻辑 IP 子网 логическая IP-подсеть 〈略〉LIS

逻辑变换 логическое преобразование

逻辑程序诊断法 программно-логический метод диагностирования 〈略〉ПЛМД

逻辑单元,逻辑部件,逻辑块 блок логики, логический блок 〈略〉БЛ

逻辑可重编设备 устройство с перепрограммируемой логикой 〈略〉EPLD

逻辑控制部件 блок логического управления

逻辑链路控制 управление логическим каналом 〈略〉LLC

逻辑链路控制层 уровень управления логическим каналом 〈略〉LLC

逻辑通道代码 код логического канала 〈略〉LOC

逻辑通信电路 логический канал связи

逻辑衔接 логическая связь

逻辑信道 логический сигнальный канал

逻辑序列号 логический порядковый номер

逻辑元件,逻辑单元 логический элемент 〈略〉ЛЭ

逻辑运算 логическая операция 〈略〉ЛО

逻辑装置 логическое устройство 〈略〉ЛУ

裸板,光板 голая плата без компонентов

裸线头 голый линейный зажим

M

码分多址 множественный доступ с кодовым разделением каналов 〈略〉CDMA, МДКР

码分-时分多址 множественный доступ с временным и кодовым разделением каналов 〈略〉CTDMA, МДКР

码和号 код и номер

码间干扰 межсимвольная интерференция 〈略〉ISI, МСИ

码脉调制接口模块 интерфейсный модуль кодово-импульсной модуляции 〈略〉PIM

码收发处理 обрабока приема и передачи кодов

码速率变换与子复用器 преобразование скорости кодирования и субмультиплексор 〈略〉TCSM

码型变换器 преобразователь кода

码元 кодовый элемент

码型转换和速率适配单元 блок транскодирования и адаптации скорости 〈略〉TRAU

码转换器和子复用器 кодовый преобразователь и субмультиплексор 〈略〉TCSM

脉冲,脉动,冲击 импульс

脉冲/双频选择 импульсный / двухто-

нальный выбор, р/т выбор
脉冲/音频拨号、**P/T** 兼容拨号　импульсный/тональный набор
脉冲按键　кнопка импульсов
脉冲包　импульсный пакет　〈略〉ИП
脉冲包发生器　генератор пачек импульсов　〈略〉ГПИ
脉冲包信令　сигнализация «импульсный пакет»
脉冲编码拨号　импульсно-кодовый набор
脉冲拨号　импульсный набор, набор номера импульсный　〈略〉DP, HHИ
脉冲串　цепочка импульсов, импульсы в серии, серия импульсов
脉冲串间隔　длительность импульсного пакета
脉冲电平,脉冲级　уровень импульсов
脉冲电子传感器　электронный датчик импульсов　〈略〉ЭДИ
脉冲发生器　генератор импульса 〈略〉PG, ГИ
脉冲发生器　датчик импульсов　〈略〉ДИ
脉冲分配器　блок распределения импульсов
脉冲分析器　анализатор импульса 〈略〉АИ
脉冲幅度调制,脉幅调制　амплитудно-импульсная модуляция　〈略〉PAM, АИМ
脉冲过渡函数　импульсная переходная функция　〈略〉ИПФ
脉冲后沿　задний фронт импульса
脉冲互控　импульсный челнок
脉冲互控多频代码　многочастотный код методом «импульсный челнок» 〈略〉MF-PS, МЧ-ИЧ
脉冲互控信令　сигнализация «импульсный челнок»
脉冲话机　импульсный телефонный аппарат
脉冲击穿电压　импульсное пробивное напряжение
脉冲计费　учет стоимости по тарифным импульсам
脉冲计数器　счетчик импульсов 〈略〉PC
脉冲间隔　пробел между импульсами
脉冲宽度,脉冲持续时间　длительность импульса
脉冲宽度和间隔　ширина и периодичность импульсов
脉冲宽度调制器　модулятор ширины импульсов　〈略〉МШИ
脉冲滤波　фильтрация импульса
脉冲前沿　передний фронт импульса
脉冲强度　интенсивность импульсов
脉冲时间调制　временная импульсная модуляция　〈略〉ВИМ
脉冲索引　импульсный коэффициент
脉冲特性曲线计算　расчёт импульсной характеристики　〈略〉SRI
脉冲相位控制系统　система импульсно-фазового управления　〈略〉СИФУ
脉冲相位调制,脉位调制　фазоимпульсная модуляция　〈略〉ФИМ
脉冲样板　шаблон импульса
脉冲重复周期　период следования импульсов
脉动电流　пульсирующий ток
脉动频谱组成　спектральный состав пульсаций
脉动杂音值　псофометрическое значение пульсации
脉宽　ширина импульса
脉宽调制　широтно-импульсная модуляция　〈略〉PWM, ШИМ
脉宽调制技术　метод широтно-импульсной модуляции
脉码调制,脉冲编码调制　импульсно-кодовая модуляция　〈略〉PCM, ИКМ
脉码调制复用器　ИКМ-мультиплексор
满配置　полная конфигурация
满足不同容量的组网要求　удовлетворение различных требований к емко-

сти сети
慢速随路控制信道 медленный совмещенный канал управления 〈略〉SACCH
慢速跳频 медленные скачки частоты 〈略〉SFH
漫游 роуминг
漫游信号消息 сигнальные сообщения роуминга 〈略〉RSM
忙时 в час наибольшей нагрузки
忙时呼叫次数 количество попыток вызова в час наибольшей нагрузки 〈略〉BHCA
忙音 сигнал занятости
忙音时间监视 контроль временного сигнала занятости
忙音信号 сигнал «занято»
盲区键 кнонка «мертвая зона»
毛重,总重 брутто 〈略〉бр..
媒介访问(存取)控制 управление доступом к среде передачи данных 〈略〉MAC
媒介设备 промежуточное оборудование
媒体,媒介 носитель,среда
媒体服务器标记语言 язык маркировки медиа-сервера 〈略〉MSML
媒体汇聚服务器 сервер конвергенции среды 〈略〉MCS
媒体接入控制 контроль доступа к среде 〈略〉MAC
媒体网关 медиа-шлюз 〈略〉MG, MGW
媒体网关互连控制功能 функция управления медиа-шлюзами взаимных соединений 〈略〉I-MGCF
媒体网关控制功能 функция управления медиа-шлюзом 〈略〉MGCF
媒体网关控制器 контроллер медиашлюза 〈略〉MGC
媒体网关控制协议 протокол управления медиа-шлюзом 〈略〉MGCP
媒体网关输出控制功能 функция управления выходом медиа-шлюза 〈略〉BGCF
媒体中心 медиа-центр
媒体资源服务器 сервер медиаресурсов 〈略〉MRS
每 **30** 条信道的集群 группа по 30 каналам
每端容量 емкость каждого модуля/блока
每秒试呼次数 количество попыток вызовов в секунду 〈略〉CAPS
每秒有 **B1** 误码帧数过限 превышение порога количества ошибок кадров B1 за каждую секунду
美国电话电报公司 Американская компания телефонии и телеграфии 〈略〉AT&T
美国国家标准学会 Американский национальный институт стандартов 〈略〉ANSI
美国信息交换标准码 американский стандартный код для обмена информацией 〈略〉ASCII
门电路 вентиль
门禁电话,宅内与大门外对讲机 домофон
门禁对讲系统 охранно-переговорная система
门禁监控 контроль охранной сигнализации
门禁系统 система контроля доступа
门限监测 контрольное измерение порогового значения
门限下载 загрузка порогов
米 метр 〈略〉м
秘书服务 услуга секретаря
秘书台 пульт секретаря
秘书台服务 услуга пульта секретаря
密封 уплотнение,герметизация
密封保温 герметичная теплоизоляция
密封接点继电器,笛簧继电器 герконовые реле
密封免维护铅酸蓄电池 герметичный необслуживаемый свинцовый аккумулятор

密封型双组蓄电池 двухгруппная батарея с аккумуляторами герметизованного типа
密级,密件字样 гриф секретности
密集模式多址传输的脱机状态 автономный режим плотной многоадресной передачи 〈略〉PIM-DM
密码,代码,代号 шифр
密码服务 услуга по паролю
密码关键字 ключ шифрования 〈略〉Kc
密码关键字形成算法 алгоритм формирования ключа шифрования 〈略〉A8
密码关键字序号,密钥序列号 порядковый номер ключа шифрования 〈略〉CKSN
密码号 код-пароль
密码呼叫 вызов по паролю
密码留言 шифрованные сообщения
密码认证协议 протокол аутентификации пароля 〈略〉PAP
密码通信 шифросвязь
密码验证 проверка пароля
免编码转换操作 операция свободного транскодирования 〈略〉TrFO
免打扰,免打扰服务 запрет входящей связи 〈略〉ЗВС
免费电话,免费呼叫 бесплатный вызов, бесплатная связь типа Freephone 〈略〉FPH
免费呼叫 вызовы без начисления оплаты
免提 без поднятия трубки, при положенной трубке
免提通话 громкая связь, связь при положенной трубке
免维护的,无人值守的 необслуживаемый
面板布线 монтаж панелей
面向对象 объектно-ориентированный 〈略〉OO
面向对象的 C ++ 语言 объектно-ориентированные языки программирования C ++
面向对象的程序设计 объектно-ориентированное программирование 〈略〉OOP
面向对象的方法学 объектно-ориентированная методика 〈略〉OOM
面向对象的网管系统 объсктно-ориентированная система управления сетью
面向对象设计 объектно-ориентированное проектирование 〈略〉OOD
面向连接的业务控制 управление услугами, ориентированными на соединение 〈略〉SCOC
面向连接网络协议 сетевой протокол, ориентированный на установление соединений 〈略〉CONP
面向连接网络服务 сетевой сервис, ориентированный на установление соединений 〈略〉CONS
面向连接原语 примитив, ориентированный на соединение
面向目标方法 объектно-ориентированный подход 〈略〉ООП
面向问题的应用软件 проблемно-ориентированная прикладная программа 〈略〉ППП
面向业务用户的设计 ориентированный на обслуживание абонентов дизайн
面向用户的设计 дизайн с ориентацией на пользователя 〈略〉UCD
描述 описание, формулировка
描述数据 описательные данные
描述文件 файл описания
名址表 таблица имен-адресов
命令,指令,指挥,队,组 команда
命令的解释编译 интерпретация и компиляция команд
命令解释 интерпретация команд
命令行,指令行 командная строка
命令语言,指令语言 командный язык
命令执行模块 модуль выполнения команд

模板 шаблон
模糊 размытие
模糊的,含糊的 размытый, нечетный, расплывчатый
模块 модуль
模块电源 блочный источник питания
模块叠加 добавление модулей
模块化(的) модульность (модульный)
模块化程序设计 модульное программирование
模块化基站 модульная базовая станция 〈略〉MBS
模块化结构 модульная конструкция
模块化结构 модульная структура
模块化设计 модульный дизайн, модульное конструирование, модульная архитектура
模块间并行接口 межмодульный параллельный интерфейс 〈略〉МПИ
模块间收敛 концентрация между модулями
模块间收敛比 соотношение конвергенции между модулями
模块交换网络 коммутационное поле модуля, модульное коммутационное поле
模块均/浮充 уравнительный/непрерывный заряд модуля
模块均/浮充转换 переключение уравнительного заряда/непрерывного подзаряда модуля
模块控制单元 блок модульного управления, блок управления модулями 〈略〉MCU
模块控制设备 управляющее устройство модуля 〈略〉УУМ
模块列表 поле (окно) списка модулей
模块内部集成 интеграция в соответствующие модули
模块内通信主节点 внутримодульный главный узел связи 〈略〉NOD
模块内通信主控制点 главный узел управления межмодульной связью
模块输出告警 аварийная сигнализация о выходном напряжении модуля
模块搜索队列 очередь поиска модуля
模块通信板 плата межмодульной связи
模块通信和控制板 плата модульной связи и управления 〈略〉MCC
模块限流 ограничение тока модуля
模拟 имитация, аналог
模拟测试 имитационное тестирование
模拟传输系统 аналоговая система передачи 〈略〉АСП
模拟单元 аналоговый блок
模拟定时输出板,模拟信号输出接口板 плата вывода аналоговых синхросигналов, плата выходного интерфейса аналоговых сигналов 〈略〉TOA
模拟分析器 симулятор-анализатор, имитатор-анализатор.
模拟呼叫器 имитатор вызовов, имитатор нагрузки
模拟激光器 аналоговый лазер
模拟计算机 аналоговая вычислительная машина 〈略〉АВМ
模拟器 имитатор
模拟数据链路 аналоговое звено передачи данных
模拟信号电平 уровень аналогового сигнала
模拟用户板 аналоговая абонентская плата, плата аналоговых абонентских линий
模拟用户电路板 плата аналоговых абонентских комплектов
模拟用户线 аналоговая абонентская линия 〈略〉ASL
模拟用户信令系统 система сигнализации аналоговых абонентов 〈略〉ASS
模拟语音信号 аналоговый речевой сигнал
模拟运输台 стенд имитации транспортировки

模拟中继 аналоговая соединительная линия 〈略〉АТ

模拟中继接口框 интерфейсный блок аналоговых СЛ 〈略〉АТВ

模数变换器,模数转换器 аналого-цифровой преобразователь 〈略〉АЦП

模数打印机 аналого-цифровое печатающее устройство 〈略〉АЦПУ

模数设备 аналого-цифровое оборудование 〈略〉АЦО

模数准电子系统 аналого-цифровая квазиэлектронная система

抹掉两位号码 гашение двух единиц номеров

末端选组器 последний групповой искатель 〈略〉ПГИ

墨盒 картридж

默认 1 по умолчанию-1

默认故障报表打印文件 файл печати отчетов о неисправности по умолчанию 〈略〉alm-rpt. prn

默认日志报表打印文件 файл печати отчетов о файле регистрации по умолчанию 〈略〉op-rpt. prn

默认性能报表打印文件 файл печати отчетов о характеристиках по умолчанию 〈略〉perf-rpt. prn

母板插框 полка с материнской платой,

母局,中心局 опорная станция, центральная станция 〈略〉ОПС, ЦАТС-В

母线,总线 шина

目标,对象,实体,工程 объект

目标程序 объектная программа

目标代码 объектный код

目标环境 объектное окружение

目标机 целевая машина, объектная машина

目标描述语言 язык описания объекта 〈略〉ODL

目标设备 объектная аппаратура 〈略〉ОА

目标通信装置 устройство связи с объектом 〈略〉УСО

目标指示区 зона целеуказания 〈略〉ЗЦУ

目的端用户 пользователь терминала назначения

目的号码限呼数据 данные ограничения вызовов для номера назначения

目的码 код пункта назначения, код назначения

目的码计费 учет стоимости разговоров по кодам назначения

目的信令处理模块 SPM-адресат

目的信令点编码 код пункта назначения, код пункта сигнализации назначения 〈略〉DPC

目的用户 адресат

目的终端机 оконечная машина назначения

目录 директория

目录访问简化协议 упрощенный протокол доступа к каталогу

N

纳(诺)(10^{-9}) нано... 〈略〉н

纳米, 毫微米, 10^{-9} 米 нанометр 〈略〉нм

内部 D 信道链路接入规程 внутренняя процедура LAPD 〈略〉ILAPD

内部处理机通信 межпроцессорная связь 〈略〉IPC

内部电话 внутренний телефон

内部定时分配及接口板 внутреннее распределение тактовой синхронизации и его интерфейсная плата 〈略〉FSY

内部定时源 внутренний источник синхронизации

内部发送时钟, A 端口 выход такта, порт А 〈略〉TC1A

内部计费功能 внутренняя функция учета стоимости

内部通信开销 непроизводительные затраты на внутреннюю связь

内部网　интранет

内部网关路由选择协议　внутренний протокол маршрутизации шлюза 〈略〉IGRP

内部网关协议　протокол внутреннего шлюза 〈略〉IGP

内部协议　внутренний протокол

内部振荡器　внутренний генератор

内藏式的，内置式的　встроенный，внутриположенный

内插法　метод интерполирования

内存　оперативная память

内存池　пул оперативной памяти

内存储器，操作存储器，内存　внутренняя память 〈略〉ВП

内存错误　ошибка памяти 〈略〉MEMERR

内存读写错误　ошибка чтения и записи в память 〈略〉RAM-ERR

内存扩充　расширение памяти

内存使用率　коэффициент использования памяти

内存碎片　фрагменты памяти

内存映射　отображение внутренней оперативной памяти

内存映像技术　техника（метод）отображения памяти，техника（метод）отображения внутренней оперативной памяти（для повышения скорости доступа к изображениям）

内定时　внутренняя синхронизация

内码　внутренний код

内容　содержание，содержимое

内容的安全封装　безопасное закрытие содержания 〈略〉ESP

内容字段　поле содержимого

内外跳线　внутренний и внешний кроссировочный провод

内外线跳线端子　клемма внутренних и внешних проводов и кроссировок

内线测试模块　модуль тестирования внутренней линии 〈略〉TIL

内线模块　блок модулей подключения станционный 〈略〉БМПС

内线直拨　автоматическая внутренняя связь 〈略〉ABC

内置拨号器　встроенная звонилка

内置裸光纤盘　внутрипоставленная катушка для намотки запаса длины световодов

内装式测试　встроенный тест 〈略〉BIT

闹钟服务　автоматическая «побудка»

能耗低、耗电量小　низкое потребление электроэнергии，низкое энергопотребление

能力，产量，产能，生产率　производительность

能力成熟度模型　модель зрелости возможностей 〈略〉CMM

能力组－1　набор возможностей -1 〈略〉CS-1

逆变电源　инвертируемое питание

逆变器　инвертор

逆变器及模块电源　инвертор и модульные источники питания

逆电流限流保护　защита с ограничением обратного тока

逆向维护　техобслуживание в обратном направлении

逆页序打印　распечатка в обратном порядке

牛顿（物理学单位）　ньютон 〈略〉Н

农村初级网　сельская первичная сеть 〈略〉СПС

农村－市郊汇接局　сельско-пригородный узел 〈略〉СПУ

农村－市郊通信汇接局　узел сельско-пригородной связи，сельско-пригородный узел 〈略〉УСП

农话交换机　сельская АТС 〈略〉САТС

农话网　сельская телефонная сеть 〈略〉СТС

农话用户电路　сельский АК 〈略〉САК

O

欧亚大陆转接　транзит между Европей

и Азией, транзит «Европа-Азия»
欧洲5号信令 европейская сигнализация № 5 〈略〉No. 5
欧洲电信标准 европейские стандарты по электросвязи, европейский телекоммуникационный стандарт 〈略〉ETS
欧洲电信标准组织 Европейский институт стандартов по электросвязи, Европейский институт стандартов по электросвязи 〈略〉ETSI
欧洲广播联盟 Европейский союз радиовещания 〈略〉ECP
欧洲经济联盟 Европейский экономический союз
欧洲谅解备忘录 европейский меморандум о взаимопонимании 〈略〉MOU
欧洲数字无绳电话 европейский цифровой бесшнуровой телефон, цифровая европейская система беспроводного телефона 〈略〉DECT
欧洲数字用户1号信令 европейская сигнализация №1 для цифрового абонента 〈略〉EDSSI
欧洲四向(正交)接口 четырехсторонний европейский интерфейс 〈略〉QEI
欧洲无线通信传输系统 европейская система передачи радиосообщений 〈略〉ERMES
欧洲邮政电话管理委员会 Комитет европейских администраций почт и телефонии 〈略〉КЕПТ
欧洲邮政电信会议 Европейская конференция администраций почты и телекоммуникаций 〈略〉CEPT
耦合端口 порт сопряжения
耦合器 соединитель

P

帕尔姆-雅科别乌斯公式 формула Пальма-Якобеуса 〈略〉GPJ
帕尔姆-雅科别乌斯修改公式 модифицированная формула Пальма-Якобеуса 〈略〉GMPJ
帕(斯卡) паскаль 〈略〉Па
拍叉 кратковременное нажатие на рычаг, нажатие кнопки R 〈略〉«Hook-flash»
拍叉转话 передача вызова стуком по рычагу
排除故障 устранение неисправности
排队 организация очередей, установление очереди, установление последовательности
排队机集中收号框 полка центральных приемников набора номера на автораспределителе вызовов 〈略〉DRB
排队机语音处理卡 карта обработки речи на автораспределителе вызовов 〈略〉ADP
排队机座席通信板(主机侧) плата связи с рабочими местами автораспределителя вызовов (на стороне хоста) 〈略〉AIT
排队机座席通信卡(座席侧) плата связи с рабочими местами автораспределителя вызовов (на стороне рабочего места) 〈略〉APC
排队模块,自动呼叫分配模块 модуль автораспределения вызовов 〈略〉ACM
排队问题,队列问题 задача очереди
排序包交换 коммутация упорядоченных пакетов 〈略〉SPX
排序第五位 пятая очередь
排序分段 сегмент упорядочения
判定,确定 фиксация, определение, решение
判定反馈均衡器 эквалайзер с решающей обратной связью 〈略〉DFE
判决,决策 принятие решения, решение
判决反馈 решающая обратная связь

〈略〉POC
判优电路 арбитратор, схема принятия решения
旁波瓣电平 уровень боковых лепестков
旁路 обходный путь
配电系统 система распределения питания
配电箱,配电盘 распределительная коробка, распределительный щит
配套件 комплектующие изделия
配线保护架 щит рядовой защиты 〈略〉ЩРЗ
配线电路图 схема монтажа проводов
配线架 кросс 〈略〉DF
配线架柜 кроссовый шкаф
配线架设备 оборудование кросса
配线架系统 кроссовая система
配线接头 разъем для монтажа проводов
配置 конфигурация, компоновка, размещение, расстановка
配置错误 ошибка конфигурации 〈略〉CONFIGERR
配置方式 вариант конфигурации
配置管理 управление конфигурацией 〈略〉C
配置管理设置 установка управления конфигурацией
配置计次表 обеспечение счетчика
配置控制程序 программа управления конфигурацией 〈略〉CONFIG
配置灵活 гибкая конфигурация
配置面板 панель конфигурации
配置命令队列 массив команд конфигурирования, массив команд конфигурации
配置数据 данные конфигурации
配置数据丢失 потеря данных конфигурации 〈略〉CONEDATA-LOS
配置响应 реакция на конфигурирование
配置溢出 переполнение конфигурации 〈略〉CFG-Overflow
喷墨墨盒 струйный картридж
碰电力线 замыкание с электропроводом
碰撞,冲突 конфликт
碰撞检测 обнаружение столкновений 〈略〉CD
批处理方式 пакетный режим
批发管理系统 система управления оптовыми продажами 〈略〉WMS
批量处理操作系统 операционная система пакетной обработки
批量生产 серийный выпуск
批量增加业务 пакетное увеличение услуг
皮(可)(10^{-12}) пико… 〈略〉п
皮(可)蜂窝 пикосоты
皮法(拉),微微法(拉) пикофарада 〈略〉пф
匹配的 согласующий
匹配电阻 согласованное сопротивление
匹配设备远程监控 дистанционный контроль согласующих устройств
匹配装置 согласующее устройство 〈略〉СУ
匹配装置检测台 пульт проверки согласующего оборудования 〈略〉ППСО
匹配装置控制台 пульт контроля согласующих устройств
匹配阻抗 согласующий импеданс
片段复合 рекомбинация сегмента
片选单元 блок чип-селектора
片选信号 сигнал выбора, сигнал чип-селектора
偏差 отклонение, разброс, дивергенция, дисперсия
偏振模色散 поляризационно-модовая дисперсия 〈略〉PMD
偏置电流 ток смещения
偏置电压 напряжение смещения
漂移转移 передача вандера
飘移,游动 вандер, дрейф, блуждание
拼写错误 орфографическая ошибка

拼写法,正字法,拼字法 орфография
频程 частотный цикл
频带,波段 диапазон частот, частотный диапазон,полоса частот
频带宽 ширина диапазона частот
频带利用率 коэффициент использования полосы частот
频道合成器 синтезатор частот
频段 частотный диапазон, частотная полоса
频分多址 множественный доступ с частотным разделением каналов 〈略〉FDMA,МДЧР
频分多址技术 техника множественного доступа с частотным разделением каналов
频分复用 частотное разделение каналов, частотное мультиплексирование 〈略〉FDM,ЧРК
频分双工系统 дуплексная система с разделеннем частот
频幅调制 амплитудно-частотная модуляция 〈略〉ЧМ
频率 частота
频率标记 метка частоты
频率-对比度特性 частотно-контрастная характеристика 〈略〉ЧКХ
频率重调 перестройка частоты
频率分配 распределение частот
频率分配和动态信道分配 распределение частот и распределение динамических каналов
频率规划 планирование частот
频率合成板 плата синтеза частот
频率和脉码调制复用设备 аппаратура уплотнения частотной модуляции и ИКМ
频率计 частотомер
频率间隔 разнос частот
频率校正突发 активация корректирования частоты 〈略〉FCB
频率校正信道 канал корректировки частоты 〈略〉FCCH
频率脉冲 частотный импульс
频率脉冲调制 частотно-импульсная модуляция 〈略〉ЧИМ
频率漂移、频偏 уход частоты
频率牵引范围 диапазон затягивания частоты
频率容差、容许频偏 частотный допуск
频率容限 допустимое отклонение частот передачи и приема
频率收发机 частотный приемопередатчик 〈略〉ЧПП
频率疏散 частотное разнесение 〈略〉FD
频率特性 частотная характеристика
频率调制的 частотно-модуляционный
频率为**1800MHz**的**GSM**系统 система GSM, работающая на 1800МГц 〈略〉GSM 1800
频率为**900MHz**的**GSM**系统 система GSM,работающая на 900МГц 〈略〉GSM 900
频率温度系数 температурный коэффициент частоты 〈略〉ТКЧ
频率稳定度 стабильность частоты
频率相位自动微调 фазовая автоподстройка частоты 〈略〉ФАПЧ
频率相位自动微调系统 система ФАПЧ, система фазовой автоподстройки частоты
频率信号发送板 плата передатчиков сигналов частот
频率阈值 значение порога частоты
频率振荡器 частотно-модулируемый генератор 〈略〉ЧМГ
频率自动微调 автоматическая подстройка частоты 〈略〉AFC
频率组合 комбинация частот
频偏 частотное отклонение,частотная девиация,девиация частоты
频谱 спектр частот
频移,频道偏移 частотное перемещение
频域规划 частотно-территориальное планирование
平垫 плоская шайба

平方米，平米　квадратный метр 〈略〉кв. м
平衡接口　симметричный интерфейс
平衡链路接入协议　сбалансированный протокол доступа к линии связи 〈略〉LAPB
平滑过渡　плавный переход
平滑扩容　плавное наращивание емкости
平滑演变　плавная эволюция
平均忙时功耗　потребляемая мощность в час средней нагрузки
平均停机时间　среднее время простоя 〈略〉MAIDT
平均修复时间　среднее время восстановления после отказа 〈略〉MTTR
平均无故障时间，平均故障间隔时间　среднее время наработки на отказ, средняя наработка на отказ, среднее время безотказной работы, среднее время между отказами 〈略〉MTBF, СВБР
平面发光二极管　планарный светодиод
平面切换　переключение плоскостей
平面图　план
平铺窗口　мозаичное окно
平齐对拢　заподлицо-примкнутый
屏蔽　экранирование, маска
屏蔽层　экранный слой
屏蔽的，隔离的　экранированный
屏蔽结构　структура экранирования
屏蔽码　код маски
屏蔽双绞线　экранированная витая пара 〈略〉STP, ЭВП
屏蔽性，防护性，遮蔽性，安全性　защищенность
屏幕保护，屏保　хранитель экрана
屏幕共享　разделение экрана
屏幕锁定　блокировка экрана
瓶颈　«Узкое место», бутылочное горлышко, пробка
破坏点　точка разрушения
破损线　поврежденный кабель
普通电话机，普通话机　обычный телефонный аппарат
普通呼叫设备　услуги для обычных вызовов
普通话机用户　обычный телефонный абонент
普通局内脉冲发生器　общестанционный датчик импульсов 〈略〉ДИ
普通老式电话业务　простая старая телефонная служба 〈略〉POTS
普通同心园　обычные концентрические круги 〈略〉GUO
普通文件传送协议　простейший протокол передачи файлов 〈略〉TFTP
普通夜间服务　общее ночное обслуживание
普通用户　обычный абонент 〈略〉OA
普通中继继电器　реле СЛ общее 〈略〉TRRC, РСЛО
谱宽　ширина спектра

Q

七位号　семизначный телефонный номер
齐纳二极管，雪崩二极管　зенеровский диод
奇偶数，奇偶性　четность, паритет
企业计算机电话论坛　форум корпоративной компьютерной телефонии 〈略〉ECTF
企业内部互联网　сеть Интернет внутри предприятия 〈略〉INTRANET
企业通信支持系统　система поддержки корпоративной связи 〈略〉BSS
企业文化　корпоративная культура
启动　пуск, активизация
启动按钮，启动键　кнопка «Пуск»
启动测试板　активация платы тестирования
启动程序　запуск программы
启动冲击电流　пусковой ударный ток

启动电流 пусковой ток
启动定时 активизировать оборудование таймирования
启动过程输出无过冲 отсутствие броска напряжения на выходе при запуске
启动号 активизирующий номер
启动监视 запуск контроля
启动前准备 подготовка к запуску
启动任务 инициирующая задача
启动信号 пусковой сигнал
启动业务的 CAMEL 识别信息 идентификационные данные CAMEL, необходимые для инициирования доступа к услугам 〈略〉O-CSI
启用信令链路 активизация звеньев сигнализации
起尘 взметание пыли
起点设备 оборудование на исходном пункте
起弧 зажигание
起始标记 метка начала
起始地址消息 сообщение о исходном адресе 〈略〉LAM
起始点 точка начала 〈略〉POI
起始定位 первоначальное позиционирование
起始信道 начальный канал
起始终端地址信息 начальное и конечное адресное сообщение 〈略〉IFAM
起源点 исходный пункт
起源端用户 пользователь исходящего терминала
起止信号 стартстопный сигнал
气密区 зона герметизации
气体放电管 газовый разрядник
气珠胶袋 пузырчатый упаковочный полиэтилен, антиударная (амортизирующая) полиэтиленовая упаковка
器件,仪表,仪器 прибор
千(10^3) кило… 〈略〉к
千赫(兹) килогерц 〈略〉кГц
千升 килолитр 〈略〉кл
千瓦 киловатт 〈略〉kW, кВт
千兆(10^9) гига… 〈略〉Г
千兆赫 гигагерц 〈略〉ГГц
千兆位,10^9 位 гигабит 〈略〉Gb
千兆位交换路由器 гигабитный коммутируемый маршрутизатор, маршрутизатор гигабитной коммутации 〈略〉GSR
千兆位无源光网络 пассивная оптическая гигабитная сеть 〈略〉GPON
千兆位以太网 гигабитный Ethernet 〈略〉GE
千兆位以太网交换机 гигабитный коммутатор Ethernet
千兆位以太网接口 интерфейс гигабитной Ethernet 〈略〉GEI
千兆字节,10^9 字节 гигабайт
签约定位器功能 функция локатора подписки 〈略〉SLF
前/后向信号 сигнал в прямом /обратном направлении
前顶盖 передняя насадка
前端(数据初步处理系统) передний край (система первичной обработки данных) 〈略〉FE
前端处理机 фронтальный процессор
前端电脑 фронтальный компьютер
前管理模块 передний (основной) административный модуль 〈略〉FAM
前后台之间通信 связь между FAM и BAM
前向 прямое направление, прямая связь
前向拆线信号 сигнал разъединения в прямом направлении 〈略〉CLF
前向传输应用部分 прикладная часть прямой передачи 〈略〉DTAP
前向地址消息 адресное сообщение в прямом направлении 〈略〉FAM
前向发和后向收 посылка в прямом направлении и прием в обратном направлении
前向呼叫指示码 код индикации вызова в прямом направлении

前向接入电路 канал прямого доступа 〈略〉КПД
前向纠错 прямое исправление ошибок 〈略〉FEC
前向类别消息 сообщение прямого направления о категории 〈略〉CSF
前向连接消息 сообщение об установлении связи в прямом направлении 〈略〉FSM
前向位置数据消息 сообщение прямого направления о данных местоположения 〈略〉LDF
前向信号 сигнал прямой связи
前向序号 прямой порядковый номер, порядковый номер в прямом направлении 〈略〉FSN, GRA
前向指示比特 бит индикации прямого направления 〈略〉FIB
前向转移,前向传递 передача в прямом направлении
前向转移信号 сигнал передачи в прямом направлении 〈略〉FOT
前一状态寄存器 регистр предыдущего состояния 〈略〉РгПС
前置标志,前缀,子冠 префикс
前置通信处理器 фронтальный связной процессор
前转号码 переадресованный номер 〈略〉FtN
前转后面号码 переадресация последующих вызовов 〈略〉FM
前转时间 время переадресации 〈略〉ВП
前缀激活 активизация префиксов
前缀解码方案 план расшифровки префикса
钳位,固定,锁定 фиксация
钳位电位 схема фиксации
钳位二极管 демпфирующий диод, фиксирующий диод
钳位器,定位器 фиксатор
钳位器开关 переключатель фиксаторов 〈略〉ПФ
钳子 пассатижи, губцы
欠费通知 оповещение абонентов о задолженностях, уведомление о задолженностях
嵌入式的,内置式的 встроенный, внутриположенный
嵌入式控制通道 встроенный канал управления 〈略〉ECC
嵌入式控制微处理器 встроенный управляющий микропроцессор
嵌入式控制系统 встроенная система управления 〈略〉ECS
嵌入式实时操作系统 встроенная операционная система реального времени
嵌入信息 встроенная информация
嵌套信息结构 вложенная информационная структура
腔体谐振器 гармонический генератор-резонатор
强插,抢占 принудительное включение, принудительное подключение
强拆 принудительное разъединение, принудительное отключение
强电线路 линия сильного тока
强度调制 – 直接调制 модуляция интенсивности — прямая модуляция 〈略〉IM-DM
强雷击 мощный грозовой заряд
强制重选路由 принудительная перемаршрутизация
强制倒换 принудительное переключение
强制解除链路禁止信号 сигнал принудительного снятия запрета звеньев 〈略〉LFU
墙挂式话机 настенный ТА
墙面 поле стены
抢占 принудительное включение, захват
抢占市场 быстрый выход на рынок
抢占线路 захват линии
抢占证实信号 сисгнал подтверждения захвата 〈略〉ПЗ
桥路 мостовая цепь

桥式整流器　мостиковый выпрямитель

切点　точка соприкосновения

切断呼叫联络　разъединение связи

切换　переключение

切换到的第三方移动交换中心　MSC, на который происходит последующее переключение　〈略〉MSC-C'

切换到的移动交换中心　MSC, на который происходит базовое переключение　〈略〉MSC-B

切换过程(漫游时)　процедура хэндовер

氢钟　водородный генератор

轻量目录访问协议　упрощённый протокол доступа к каталогам　〈略〉LDAP

轻微告警　малозначащий аварийный сигнал

清除(复位)信号　сигнал сброса　〈略〉СБ

清除,擦去　стирание　〈略〉CTS

清除 **FIFO** 发送　сброс FIFO передачи　〈略〉TFRST

清除 **FIFO** 接收　сброс FIFO приема　〈略〉RFRST

清除发送　сброс передачи

清除发送, **A** 端口　сброс передачи, порт A　〈略〉CTSA

清除门限值　сброс пороговых значений

清稿、清样　беловик

清理告警库　очистка базы аварийной сигнализацин

清理输入标准信号　очистка входного эталонного сигнала

清理邮箱中垃圾邮件　очистка почтового ящика от «спама»

清算　ликвидация

清算委员会　ликвидационная комиссия

清晰的　четкий, внятный

清晰度　четкость

清洗盘　чистящая дискета

清洗液　промывочная жидкость

请求,查询,询问　запрос　〈略〉REQ

请求发送接口线路　линия интерфейса «запрос на передачу»　〈略〉RTS

请求导通检验信号　сигнал запроса на проверку непрерывности　〈略〉CCR

请求发送　запрос на передачу　〈略〉RTS

求和后取值　извлечение значения после суммирования

区别振铃　различные вызывные сигналы, отличительные вызывные сигналы

区电话局　районная телефонная станция

区电话小交换机　учрежденческо-производственная районная телефонная станция　〈略〉УПРТС

区号　код зоны, код направления

区话网　районная телефонная сеть　〈略〉РТС

区内网　внутризоновая сеть

区内用户号　внутризоновый номер абонента

区通信中心站,区通信汇接局　районный узел связи　〈略〉РУС

区网　зоновая сеть

区域,区　область, зона

区域边缘路由器　зоновый граничный маршрутизатор　〈略〉ABR

区域传输维护中心　районный центр технического обслуживания устройств передачи　〈略〉TMC

区域电话汇接局　зоновый телефонный узел　〈略〉ЗТУ

区域电话网　зоновая телефонная сеть　〈略〉ЗТС

区域管理者,区域管理程序　региональный менеджер　〈略〉RM

区域呼叫　зоновый вызов

区域交换系统　зоновая коммутационная система

区域网　районная сеть

区域网的互通　взаимодействие лока-

льных сетей
区域性签约区域识别　зональная идентификация региональной подписки 〈略〉RSZI
区自动电话局　районная АТС 〈略〉РАТС
区自动电话通信设备　аппаратура автоматической зональной телефонной связи 〈略〉АЗТС
驱动板,双音驱动板　плата драйвера 〈略〉DRV
驱动报音板　плата драйвера речевого сообщения 〈略〉SPT
驱动程序,驱动器　драйвер
驱动电路　возбуждающая схема
趋同子层　подуровень конвергенции 〈略〉CS
曲率半径　радиус закругления ,радиус кривизны
取出模块　удаление модуля из системы
取消　отмена,снятие
取消所有服务(业务)　отмена всех услуг,снятие всех услуг
取消位置数据消息　сообщение отмены данных местоположения 〈略〉LCM
取消位置数据证实消息　сообщение подтверждения отмены данных местоположения 〈略〉LCA
取样频率　дискретная частота,частота дискретизации
去话　исходящий разговор
去话本地呼叫　исходящий местный вызов 〈略〉OTLOC
去话成组选择　исходящее групповое искание 〈略〉ИГИ
去话代码通信　исходящая связь с кодом 〈略〉ИСК
去话电路　исходящий комплект 〈略〉ИК
去话方控制单元　блок управления вызывающей стороной 〈略〉CCU
去话方向限制　ограничение направлений исходящей связи 〈略〉ОНС
去话呼叫处理进程　процесс обработки исходящих вызовов 〈略〉OTLOC
去话呼叫限制　ограничение исходящей связи 〈略〉ОИС
去话汇接局　узел исходящего сообщения 〈略〉УИС
去话接入电路　подключающий комплект выходящий 〈略〉ПКИ
去话接续　исходящее соединение
去话来话汇接局　узел исходящего и входящего сообщений 〈略〉УИВС
去话来话三线实线电路　комплект исходящих и входящих трех проводных физических линий
去话绳路　исходящий шнуровой комплект 〈略〉ИШК
去话事务处理识别符　идентификатор исходящей транзакции 〈略〉OTID
去话提示　исходящая подсказка
去话线　исходящая линия
去话线路单元　блок исходящих линий 〈略〉БИЛ
去话中继继电器　реле СЛ исходящих 〈略〉РСЛИ
去激活　деактивация
去加重　завал верхних частот
去扰频　дескремблирование
去同步　рассинхронизация
去往汇接局子路由　субмаршрут к MS
去往母局的中继电路　СЛ в направление опорной станции
全(向)双工　полный дуплекс,полнодуплексный
全部中继线占线　все магистрали заняты 〈略〉АТВ
全程　полный путь,на всем расстоянии
全电阻模块,阻抗模块　модуль полного электрического сопротивления
全方位的网络解决方案　всестороннее решение для сетей
全方位云台　универсальное поворотное устройство
全分散控制结构　полностью распределенная структура управления

全国自动电话通信系统 общегосударственная система автоматическной телефонной связи 〈略〉ОГСТфС

全监视 полный контроль

全入网通信系统（欧洲模拟通信系统） система связи с полным доступом (европейская система аналоговой связи) 〈略〉TACS

全局标题 глобальный заголовок, общий заголовок, 〈略〉GT

全局服务逻辑 общая сервисная логика, глобальная логика услуг 〈略〉GSL

全局链表数据 глобальные данные цепных таблиц

全局码 полный код 〈略〉OXO6

全局描述表 глобальная таблица дискриптов

全局名翻译 трансляция глобальных заголовков 〈略〉GTT

全局数据 глобальные данные

全局数据分布描述表 общая (глобальная) таблица дескрипторов 〈略〉GDT

全开放的 полностью открытый

全控制，全监视 полный контроль

全连接标记 глобальная метка соединения

全欧集群通信系统 общеевропейская система транкинговой связи 〈略〉TETRA

全球的，全局的，世界的，总的 глобальный

全球定位系统 глобальная система позиционирования (объекта), глобальная система местоопределения 〈略〉GPS

全球卫星导航系统 глобальная система спутниковой навигации 〈略〉GLONASS

全球卫星定位接收机 приемник позиционирования глобальной спутниковой системой 〈略〉GPR

全球移动通信系统 глобальная система подвижной (мобильной) связи 〈略〉GSM

全散装件 детали и узлы в полностью разобранном виде 〈略〉CKD

全色电视信号 полный цветной телевизионный сигнал 〈略〉ПЦТС

全速代码转换器 полноскоростной транскодер 〈略〉XCDR

全速率（语音）编码 полноскоростное (речевое) кодирование 〈略〉FR

全速率数据 TCH(2.4 kbit/s) полноскаростной TCH для передачи данных(2.4 кбит/с) 〈略〉TCH/F

全速率 TCH полноскоростной TCH 〈略〉TCH/F

全速率话音 TCH полноскоростной речевой TCH 〈略〉TCH/FS

全套技术设备 комплекс технических средств 〈略〉KTC

全套数字计算设备 цифровой вычислительный комплекс 〈略〉ЦВК

全天候防尘罩 всепогодный пылезащитный кожух

全网改为智能化 преобразование всей сети в интеллектуальную сеть

全网络统一调度 унифицированная диспетчеризация целых сетей

全向天线 всенаправленная антенна

全选上报模式 выбор всех режимов сообщения

权限和格式识别符 идентификатор полномочий и формата 〈略〉AFI

权限模板 модуль полномочий

权重值，加权值 весовое значение

缺省，默认 умолчание

缺省值，默认值 значение по умолчанию

缺省状态 состояние по умолчанию

缺席用户服务 услуга «абонент отсутствует», услуга при отсутствии вызываемого абонента

缺陷滤波 фильтрация аварийных сигналов

缺陷滤波器 фильтр аварийных сигналов

缺相 перекос фазы

确认模式 режим подтверждения 〈略〉AM

确认式信息传递服务 услуга передачи информации с подтверждением приема 〈略〉AITS

群变频器 групповой преобразователь частоты 〈略〉ГПЧ

群号 номер группы

群呼 массовый вызов

群机,成组设备 групповое устройство,группмашина 〈略〉УРСг

群机矩阵 матрица группового устройства

群集,分组,分类 кластеризация

群集的 кластерный 〈略〉ГУУ

群控装置 групповое управляющее уст-во 〈略〉ГУУ

群路板 плата линейных групп

群内拨号 внутригрупповой набор номера

群内呼出 исходящий вызов из группы

群内呼入 входящий вызов из группы

群内通信 внутригрупповая связь

群内用户 внутригрупповой абонент

群时延 групповая задержка, групповое время прохождения

群调制器 групповой модулятор 〈略〉ГМ

群外呼出 исходящий вызов вне группы

群外呼入 входящий вызов вне группы

群延迟时间 время групповой задержки

群业务系统 система массового обслуживания 〈略〉СМО

群用户线 групповая абонентская линия 〈略〉ГАЛ

群组 набор групп

群组号 номер набора групп

R

扰码,扰频 скремблирование

扰码器,扰频器 скремблер

绕射 дифракция, огибание сигналом препятствий

热备份 горячий резерв,горячее резервирование

热备份方式 режим горячего резерва

热备份路由器协议 протокол маршрутизатора в режиме горячего резерва 〈略〉HSRP

热插拔和控制无线板 беспроводная плата горячей замены и управления 〈略〉WHSC

热处理 термообработка 〈略〉ТО

热线,连线通 вызов без набора номера 〈略〉Meet-me

热线服务 прямой вызов, соединение без набора номера, услуга «горячая линия»

人工长途电话局 ручная междугородная телефонная станция 〈略〉РМТС

人工打开 ручное вскрытие

人工倒换模式 режим ручного переключения

人工复位 ручной сброс

人工干预 вмешательство персонала

人工回音 искусственное эхо

人工校正 ручная коррекция

人工修复 ручное восстановление

人工智能 искусственный интеллект 〈略〉AI

人工智能元件 элементы искусственного интеллекта

人机对话语言 язык общения оператора с ЭВМ 〈略〉MML

人机界面,人机接口 интерфейс «человек-машина» 〈略〉HMI

人机适配 адаптация «человек-машина», человеко-машинная адаптация

〈略〉HMA

人机通信 связь «человек-машина» 〈略〉MMC

人机系统 человек-машинная система 〈略〉ЧМС

人机语言 язык «человек-машина» 〈略〉MML

人机语言命令 команда языка «человек-машина»

人机终端 терминал «человек-машина» 〈略〉H-M

人口稠密地区 место с большой плотностью населения

人口密度小 маленькая плотность населения

人造地球卫星 искусственный спутник земли 〈略〉ИСЗ

认证、授权和计费 аутентификация, полномочия и тарификация 〈略〉AAA

认证和密钥协商 аутентификация и соглашение о ключе 〈略〉AKA

任务查询 запрос задачи

任务的启动和暂停 запуск и приостановка задачи

任务调度 планирование задач, организация выполнения задач

任务调派(器) диспетчер задач

任务分配监控器 монитор- распределитель задач

任务管理 управление задачами

任务栏 панель задач

任务优先级 приоритет задач

任选/自由选择 произвольный/свободный выбор

任选参数 необязательный параметр

日常检验 текущий контроль

日常维护 регламентное техобслуживание, текущее техобслуживание

日常业务检验 текущий контроль услуг

日后备查 для последующих запросов

日后引用 для ссылки на … в будущем

日记,运行日记,操作日记 файл регистрации, файл операции

日期类型 тип даты

日晒 воздействия солнечной радиации

日志,杂志,记录本 журнал

日志文件 файл регистрации

日志文件报表 отчет о файле регистрации

日志文件大小 объем файла регистрации

日志文件管理 управление файлом регистрации

容差,余量 припуск

容错,容错性 отказоустойчивость

容错处理 обработка отказоустойчивости

容错的 отказоустойчивый

容错功能 функция с исправлением ошибок

容抗 емкостное сопротивление

容量,电容,容积 емкость 〈略〉емк.

容量分配 распределение емкости 〈略〉CA

容量分配确认 подтверждение распределенной емкости 〈略〉CAA

容量释放 освобождение емкости 〈略〉CD

容量释放确认 подтверждение освобождения емкости 〈略〉CDA

容器 контейнер 〈略〉C

熔断器,易熔保险丝 плавкий предохранитель

熔丝故障信息采集设备板 плата устройства для сбора аварийных сигналов с плавких предохранителей

冗余 избыточность, резервирование

冗余及容错技术设计 избыточный и отказоустойчивый дизайн

冗余数组控制器 контроллер массивов с избыточностью 〈略〉RDAC

柔性自动化车间 гибкий автоматический цех 〈略〉ГАЦ

柔性自动化生产 гибкое автоматическое производство 〈略〉ГАП

肉眼能见度 прямая видимость
铷 рубидий
铷原子钟,铷钟 рубидиевый генератор тактовой частоты
铷钟板,铷原子振荡器板 плата рубидиевого генератора 〈略〉RBD
入局 входящая станция
入局电路群 группа входящих комплектов
入侵检测系统 система обнаружения атак 〈略〉IDS
入侵检测组合 консорциум обнаружения атак
入网测试 сертификационные испытания
入网电信设备和服务许可证信息库 банк информации о сертифицированном телекоммуникационном оборудовании и лицензиях на предоставление услуг 〈略〉СОТСБИ
入中继(线) входящая соединительная линия
软磁盘 гибкий магнитный диск 〈略〉ГМД
软磁盘存储器 накопитель на гибком магнитном диске 〈略〉НГМД
软磁盘存储器接口 интерфейс накопителя на гибком магнитном диске 〈略〉ИГМД
软回音抑制器 мягкий эхозаградитель
软件 программное обеспечение, софт 〈略〉SW, ПО
软件安装 установка софта, установка программы, инсталляция софта
软件版本号和移动通讯设备识别号 номер версии ПО и международный идентификационный номер оборудования мобильной связи 〈略〉IMEI-SV
软件编制手段 средства подготовки ПО
软件产生的群闭塞解除消息 сообщение о снятии программно-сгенерированной блокировки группы 〈略〉SGU
软件产生的群闭塞解除证实消息 сообщение подтверждения снятия программно-сгенерированной блокировки группы 〈略〉SUA
软件产生的群闭塞消息 сообщение о программно-сгенерированной блокировке группы 〈略〉SGB
软件产生的群闭塞证实消息 сообщение о подтверждении программно-сгенерированной блокировки группы 〈略〉SBA
软件工程 техника математического обеспечения
软件功能的改进 усовершенствование функции программного обеспечения
软件功能系统 функциональная подсистема ПО
软件环境 программное окружение, программная среда
软件接口 программный интерфейс
软件可移植性 переносимость программного обеспечения
软件列表 листинг ПО
软件模块 блок ПО 〈略〉MS
软件平台 программная платформа
软件锁相方式 программный метод фазовой синхронизации
软件维护 сопровождение ПО
软件无线电技术 программная радиотехника
软件系统 система программного обеспечения 〈略〉СПО
软件许可证协议 лицензионное соглашение программного обеспечения
软件运行 использование ПО, эксилуатация ПО
软件中心 центр программного обеспечения 〈略〉ЦПО
软交换机 программный коммутатор
软开关 мягкое выключение с широтно-импульсной модуляцией, программное переключение 〈略〉PWM
软连线、软跨接线 гибкая перемычка

软盘、软磁盘 дискета, дискетка, гибкий диск, флоппи-диск

软盘存储器 накопитель на гибком магнитном диске 〈略〉НГМД

软盘存储器接口 интерфейс накопителя на гибком магнитком диске 〈略〉ИНГД

软盘驱动器，软驱 драйвер (дисковод) на гибком магнитном диске 〈略〉FDD

软启动软恢复技术 технология мягкого запуска и мягкого восстановления

软硬件升级 обновление версий аппаратного и программного обеспечения

软永久虚连接 гибкое постоянное соединение 〈略〉SPVC

弱电流电磁继电器 реле электромагнитное слаботочное 〈略〉РЭС

弱电线路 линия слабого тока

S

三次群光纤 оптический кабель третичной группы

三次群光纤连接 оптоволоконное соединение третичной группы

三次谐波 третья гармоника «гармоника третьего порядка»

三方会议电话 конференц-связь трех абонентов

三方通话 трехсторонняя телефонная связь, трехсторонний телефонный разговор, связь трех участников

三防(防火、防潮、防水)标志 бирка «противопожарная, непромокаемая, водонепроницаемая»

三击 тройной щелчок

三击鼠标 тройной щелчок мышью

三级避雷器 трехступенчатый разрядник

三级分散控制 трехуровневая система распределенного управления

三级干扰电平调节 трехступенчатая регулировка уровня помех

三级交换网 трехступенчатая коммутируемая сеть

三级时钟 тактовый генератор класса (уровня) 3, тактовая синхронизация класса (уровня) 3

三级时钟板 плата троичного такта 〈略〉СК3

三级时钟信号 тактовый сигнал класса (уровня) 3

三阶互调抑制 ослабление уровня интермодуляционной помехи (по составляющим третьего порядка)

三路满载 полная нагрузка на трех выходах

三态(高频，低频，高阻) высокочастотное, низкочастотное и высокоомное состояние

三网合一 интеграция трех сетей в одну, объединение функций трех сетей

三位数码管 трехразрядный характрон

三位数码管全灭 выключение всех трех разрядов на характроне

三线模拟中继 трехпроводная аналоговая СЛ 〈略〉TWA

三线中继信令 сигнализация трех проводной СЛ 〈略〉3W

三相交流输入 трехфазный вход переменного тока

三相四线制 трехфазная четырехпроводная система

三相五线制 трехфазная пятипроводная система

三相失衡 дисбаланс фаз

三种接地方式：工作地，保护地，防雷地 три типа заземления: рабочее заземление, защитное заземление и заземление грозозащиты (молниезащиты)

三组件终端连接 оконечное соединение трех компонентов

散放线 болтающийся кабель

扫描 сканирование, развертка

扫描单元控制寄存器 регистр управле-

ния блоком сканирования 〈略〉РгУБС
扫描寄存器 регистр сканирования 〈略〉РгСК
扫描器 сканер 〈略〉С
扫描器矩阵 матрица сканера 〈略〉МС
扫描系统 сканирующая система
色度信号自动增益控制 автоматическая регулировка усиления сигнала цветности
色散 рассеяние
色散补偿曲线,色散倾斜补偿 кривая компенсация дисперсии, коэффициент компенсации наклона дисперсии
杀毒软件,病毒防治 антивирус
删除,消除,排除 удаление
删除标记 маркер удаления
删除单个任务 удаление отдельной задачи
删除环路 удаление шлейфа
删除监控对象 удаление объекта контроля
删除链路 удаление звена
删除任务 удаление задачи
删除日志文件 удаление файла регистрации
删除所有增值业务 удаление всех видов дополнительных услуг 〈略〉Cancel all VAS
删除网元 удаление сетевого элемента
删除网元用户 удаление абонента сетевого элемента
删除子网 удаление подсети
闪存,闪烁存储器 флэш-память 〈略〉FLASH
闪存单元 блок памяти Flash 〈略〉UFSU
闪烁 мигание, мерцание
闪烁显示 индикация миганием (мерцанием)
扇区,段,科,室 сектор
商务中心 бизнес-центр
商务智能服务解决方案 решение интеллектуальных коммерческих услуг
商务主控单元 блок главного управления бизнесом 〈略〉MBCU
商业活动密集区 район высокой деловой активности
商业区 торговый район
商业通信网 коммерческая сеть связи 〈略〉BCN
商业用户 бизнес-абонент
上报/不上报 сообщение/несообщение
上层 RSA главный RSA
上层协议标识符 идентификатор протокола верхнего уровня 〈略〉HLPI
上出线 верхний монтаж
上次文件重写 перезапись предыдущего файла
上电 включение тока, включение питания
上电工作模式 рабочий режим по включению питания
上电加载 загрузка при включении питания
上电自检 самопроверка при включении питания
上级时钟基准源 тактовый сигнал от эталонного источника вышестоящего уровня
上级站 вышестоящая станция
上级自动电话局 АТС верхнего уровня
上路,上线 включение в линию, вход в линию
上路 140M 告警指示信号 AIS входного сигнала 140M 〈略〉C4TLAIS
上路 J1 信号丢失 потеря входного сигнала J1 〈略〉ALOJ1
上路总线时钟丢失 потеря тактовой синхронизации шины ввода 〈略〉ALOC
上前盖板 лицевая панель блока аварийной сигнализации
上网 доступ в Интернет, выход в Интернет, доступ в сеть, выход в сеть, работа в сети
上围框 верхняя рамка

上下路 ввод и вывод
上下文菜单 контекстное меню
上下信号状态 состояние входных и выходных сигналов
上限值 верхнее значение
上行高速通道 восходящий высокоскоростной тракт 〈略〉UHW
上行链路接收信号强度 уровень принимаемого сигнала линии «вверх» 〈略〉RXLEV-U
上行链路接收信号质量 качество принимаемого сигнала на линии «вверх» 〈略〉RXQUAL-D
上行线 восходящая линия
上一层协议 протокол верхнего уровня
上一级子网 подсеть вышестоящего уровня
上溢、溢出 переполнение
上走线 верхняя прокладка кабелей, верхнее протяжение линии
烧坏(保险丝) перегорание (предохранителя)
设备,装置 оборудование, устройство, аппаратура
设备安装 инсталляция оборудования
设备标识寄存器 регистр идентификации оборудования 〈略〉EIR
设备更新 перевооружение
设备级单元保护 резервирование блока на уровне оборудования, защита блоков на аппаратном уровне
设备监视器查询(请求) запрос сторожевой схемы устройства 〈略〉DWR
设备监视器应答 ответ сторожевой схемы устройства 〈略〉DWA
设备旁路 обход устройства
设备配置 конфигурация оборудования
设备设计目标 объект проектирования оборудования 〈略〉EDO
设备生产厂家代码 код производителя оборудования 〈略〉EMC
设备数据库 база данных оборудования
设备运行情况 рабочее состояние оборудования
设备中断维修结束指令 команда завершения обслуживания аппаратного прерывания 〈略〉EOI
设计构想 концепция разработки
设计试验工作 опытно-конструкторские работы
设计项目管理系统 система управления проектом 〈略〉PMS
设计资料 конструкторская документация
设置,安装 установка
设置保护倒换 установка защитного переключения
设置恢复时间 установка времени восстановления
设置监测时间 установка времени контроля
设置接入端口 порт доступа конфигурации 〈略〉CAP
设置扩展的异步平衡模式 установление расширенного асинхронного балансного режима 〈略〉SABME
设置门限 установка пороговых значений
设置设备系统时间 установка системного времени оборудования
设置时间段 установка временной секции
设置网元用户 установка абонента сетевого элемента
设置性能时间 установка времени характеристик
设置业务下载指示 индикация загрузки установленных услуг
设置异步平衡模式 установление асинхронного балансного режима 〈略〉SABM
射钉枪 гвоздезабиватель
射极耦合逻辑 эмиттерно-связанная логика 〈略〉ECL, ЭСЛ
射流 струйное течение 〈略〉CT

射频，射电频率 радиочастота 〈略〉RF
射频单元 радиочастотный блок
射频的 радиочастотный
射频反射 отражение радиочастот
射频检测口 гнездо для контроля радиочастоты
射频频响 радиочастотная реакция
射频识别 радиочастотная идентификация 〈略〉RFID
射频输入 Радиочастотный вход
射频跳频 скачок регулируемых радиочастот
射散位移 дисперсионный сдвиг
摄像机 видеокамера 〈略〉ВК
摄像机云台 поворотное устройство видеокамеры
摄像机云台及镜头控制器 блок управления поворотным устройством и объективом видеокамеры
申告单格式 формат жалобы
申请作业记录簿 журнал заявленных работ 〈略〉ЖЗР
身份证 ID-карта
神州行业务 служба предоплаты с общенациональным（всекитайским）роумингом «Шэнчжоусин»
升级 модификация
升序 режим по возрастанию
升压机电路 цепь бустера
生产能力，生产量 производственная мощность
生产印制电路板的表面贴装线 линия поверхностного монтажа по производству печатных плат
生成程序，生成器，发生器 генератор
生成话单 генерация квитанции
生成树快速算法协议 протокол скоростного алгоритма связующего дерева 〈略〉RSTP
生成树协议 протокол связующего дерева 〈略〉STP
生存能力，使用期限 жизнеспособность
声光报警，声光告警 аудиовизуальная аварийная сигнализация，звуковой и визуальный аварийный сигнал
声光报警设备 устройство аудиовизуальной аварийной сигнализации
声光处理机 акустооптический процессор 〈略〉АОП
声光告警，可闻可视告警 звуковая и световая сигнализация，звуковая и визуальная аварийная сигнализация
声回路电容 емкость звуковой цепи
声卡 звуковая карта
声频信号，声响信号 аудиосигнал
声强 интенсивность звука
声响标志 звуковая метка
声像告警显示 аудиовизуальная индикация аварии
声音信号 звуковой сигнал
绳路 шнуровой комплект 〈略〉ШК
绳路检验台 пульт проверки шнуровых комплектов 〈略〉ПШК
剩余电流 остаточный ток
剩余电平 уровень остатков
剩余时间标志 метка остаточного времени 〈略〉RTS
失步 рассинхронизация，потеря синхронизации
失控 потеря контроля
失配 рассогласование
失误率 частота ошибок
失效保护告警开关 аварийный переключатель для защиты от отказа
失效处理源码 исходный код обработки отказов
失效次数，故障次数，失效计数 число отказов，подсчет отказов 〈略〉FC
失效率，故障率 коэффициент отказов，интенсивность отказов，частота отказов
失序 нарушение последовательности
失真 искажение
失真拨号 искаженный набор
失真总量 суммарный уровень искажений

湿度仪 прибор для измерения влажности, влагомер
十进制步进式的 декадно-шаговый 〈略〉ДШ
十进制步进式交换机,十进制步进式交换局 декадно-шаговая станция
十进制步进式交换机来话记发器 входящий регистр для связи от декодно-шаговой АТС
十进制步进式自动电话交换机,十进制步进式自动电话局 декадно-шаговая АТС 〈略〉АТСДШ
十进制的 десятичный
十进制来话记发器 входящий регистр декадный 〈略〉ВРД
十位数 цифра разряда десятков, в позиции десятков
十亿(10^9) миллиард 〈略〉млрд(.)
十字槽沉头自攻螺钉 утопленный самонарезной болт с внутренним четырехгранником
石英谐振器 кварцевый резонатор
石英震荡器,晶体时钟 кварцевый генератор
时标,时间标记 метка времени
时差 разница времени
时长,持续时间 длительность
时分多路通信 многоканальная связь с разделением времени
时分多址 множественный доступ с временным разделением каналов 〈略〉TDMA, МДВР
时分复用,时分多路复用 временное мультиплексирование, временное разделение каналов 〈略〉TDM, ВРК
时分复用母板 объединительная плата временного мультиплексирования
时分交换单元 блок коммутации с временным разделением каналов
时分交换网板 плата коммутационного поля с временным разделением каналов
时分交换网络 поле коммутации с временным разделением каналов 〈略〉TDNW
时分双工 дуплексирование с временным разделеннем каналов 〈略〉TDD
时分双工传输 дуплексная передача с временным разделением каналов
时间标记 отметка времени
时间方差 дисперсия времени (продолжительности) 〈略〉TVAR
时间基准 эталон времени
时间间隔误差 ошибка временного интервала 〈略〉TIE
时间脉冲 временной импульс
时间脉冲继电器单元标记 маркер блока РИВ 〈略〉МРИВ
时间脉冲继电器单元输出译码器 дешифратор выходов блока РИВ 〈略〉ДшВ
时间脉冲继电器单元输入译码器 дешифратор входов блока РИВ 〈略〉ДшА
时间偏移(差) временное отклонение 〈略〉TDEV
时间频率特性 временная частотная характеристика 〈略〉ВЧХ
时间同步系统 система синхронизации времени
时间同步信号监控板 плата контроля тактовых синхросигналов 〈略〉TSM
时间转换单元和标志设备间接口 интерфейс между блоками временной коммутации и устройством маркировки
时间转换器 временной коммутатор
时间转换器可靠性设备 устройство надежности временного коммутатора
时区,时间段 часть суток, время суток, отрезок времени
时隙,时间间隔 временной интервал, канальный интервал 〈略〉TS, ВИ
时隙分配 распределение временных интервалов
时隙分配器 распределитель времен-

ных интервалов 〈略〉PBИ

时隙号 номер временного интервала 〈略〉TN

时隙交换 коммутация временных интервалов 〈略〉TSI

时隙配置 конфигурация временных интервалов

时隙配置报表 отчет о конфигурации временных интервалов

时隙顺序完整性 целостность последовательности временных интервалов 〈略〉TSSI

时隙占用 занятие временного интервала 〈略〉TSA

时隙资源 ресурсы временных интервалов

时限管理 управление временными ограничениями, управление временными пределами, управление интервалом

时序 временная последовательность

时序控制 управление временной последовательностью

时延补偿 компенсация времени запаздывания

时延抖动 вариация задержки

时延界值 граничные значения задержек

时延优先级 степень приоритета временной задержки

时域，空间域 временное поле, пространственное поле

时域反射仪 рефлектометр временной области 〈略〉TDR

时钟 тактовый генератор, тактовая синхронизация, тактовый сигнал 〈略〉CLK

时钟板 плата тактовой синхронизации, плата тактового генератора 〈略〉SYN

时钟板配置 конфигурация платы тактового генератора

时钟板配置报表 отчет о конфигурации платы тактового генератора

时钟测试仪 прибор для проверки часов (системы хронометрирования)

时钟单元 блок тактового генератора

时钟倒换 переключение источника тактовых сигналов

时钟发生器 тактовый генератор

时钟分配单元 блок распределения тактовой синхронизации

时钟合成 синтезирование тактового сигнала

时钟和卫星图通用部件 универсальный блок синхронизации и спутниковой карты 〈略〉USCU

时钟集中监控板 плата централизованного контроля связи в тактовой системе, плата централизованного контроля тактового генератора

时钟技术数据 тактико-технические данные

时钟框 полка (кассета) тактового генератора, полка (кассета) тактовой синхронизации, кассета тактовых генераторов 〈略〉CKB

时钟框母板 объединительная плата блока тактового генератора 〈略〉CKB

时钟脉冲 тактовый импульс 〈略〉TИ

时钟脉冲发生器 генератор тактовых импульсов 〈略〉ГТИ

时钟脉冲分配器 устройство распределения тактовых импульсов

时钟频率选择 выделение тактовой частоты

时钟时隙 тактовый интервал 〈略〉TИ

时钟输入 тактовый вход, вход тактовых сигналов

时钟输入信号 тактовый входной сигнал

时钟锁相 фаза синхронизации, фазовая тактовая синхронизация

时钟提取 выделение тактового сигнала

时钟同步信号 тактовый синхросигнал
时钟无线接口单元 беспроводной интерфейсный блок синхронизации 〈略〉WCKI
时钟系统,时钟同步系统 система тактовой синхронизации, тактовая система
时钟信号 тактовый сигнал
时钟信号输出端口 порт вывода тактового сигнала
时钟信号输入端口 порт ввода тактового сигнала
时钟性能 характеристики сигналов тактовой синхронизации
时钟源,定时源,同步时钟源 источник тактовой синхронизации, источник тактовых импульсов, источник тактовых синхро сигналов
时钟源丢失 потеря (сигнала от) источника тактовых сигналов, потеря уровня сигнала синхронизации 〈略〉SYN-LOS
时钟源劣化 ухудшение источника тактовых сигналов 〈略〉SYN-BAD
时钟源设置 установка источника тактовых сигналов
时钟源优先级表中高优先级源丢失 потеря источника высшего приоритета в таблице приоритетов источников тактовых сигналов
时钟中断 прерывание тактовых сигналов
时钟子系统 подсистема тактовой синхронизации
时钟总线 шина тактовой синхронизации
识别 идентификация, распознавание
识别标识 опознавательный знак
识别号,用户号 идентификационный номер
识别码 код идентификации
识别请求 запрос на идентификацию 〈略〉IDR
识别响应 реагирование на идентификацию 〈略〉IRS
实(虚)关系 реальное (виртуальное) отношение
实测稳态幅度 измеренная амплитуда в стабильном состоянии
实际元组数 фактическое число кортежей
实况转播 прямая трансляция
实时 реальное время, реальный (истинный) масштаб времени 〈略〉RT, PMB
实时保存数据 сохранение данных в реальное время
实时操作系统 операционная система реального времени 〈略〉RTOS, OCPB
实时传输 передача в реальном масштабе времени
实时传输控制协议 протокол управления передачей в реальное время 〈略〉RTCP
实时计费功能 функция тарификации в реальное время
实时控制 управление в реальное время
实时流传输协议 протокол потоковой передачи в реальное время 〈略〉RTSP
实时时钟 тактовая синхронизация в реальное время 〈略〉RTC
实时压缩协议 сжатый протокол в реальное время 〈略〉CRTP
实时遥控 дистанционный контроль в реальное время
实时诊断 диагностика в реальное время
实体集 набор объектов
实现 **CS2** 智能业务拨号的互联管理 управление взаимосвязью для реализации набора интеллектуальных услуг CS2 〈略〉CS2-I0
实现个人通信 реализация персональной связи
实现联锁 осуществление блокировки

实现数据库快速检索 обеспечение быстрого доступа к базам данных

实线 физическая линия

实线电路对接单元 блок стыка с комплектами, работающими по физическим линиям 〈略〉СФЛ

实线中继线 физическая соединительная линия

实验室测试 лабораторное испытание

使合法化,批准 санкционировать

使用 CAMEL 的短消息服务识别信息 идентификационные данные для работы с SMS при использовании CAMEL 〈略〉SMS-CSI

使用 CAMEL 的移动性管理识别信息 идентификационные данные для управления мобильностью при использовании CAMEL 〈略〉M-CSI

使用 CAMEL 前转呼叫时的信息转换指示符 указатель трансляции информации в случае переадресования вызова при использовании CAMEL 〈略〉TIF-CSI

使用 CAMEL 业务通知启动 GSM 补充业务的识别信息 идентификационные данные для уведомления SCP об активации дополнительных услуг GSM при использовании услуг CAMEL 〈略〉SS-CSI

使用访问移动交换中心用的 CAMEL 识别信息 идентификационные данные CAMEL, необходимые для VMSC 〈略〉VT-CSI

市电 городское электропитание, сетевое питание

市电(网) сеть городского переменного тока

市话局,市话交换机 городская АТС, городская телефонная станция 〈略〉LE,LS,ГАТС

市话局间中继网 городская межстанционная сеть соединительных линий

市话网 городская телефонная сеть 〈略〉ГТС

市话中继继电器 реле СЛ городских 〈略〉РСЛГ

市郊自动电话局 пригородная АТС 〈略〉ПАТС

市内和长途电话卡业务,200 服务 служба по вызывной телефонной карте для городской и междугородной связи, услуга 200 〈略〉ААВ

市网传输设备 транспортное оборудование для городских сетей 〈略〉MTP

市域网,城域网 общегородская сеть 〈略〉MAN,ОГС

示波器 осциллограф

示意图,线路图,接线图,简图 схема

事故,故障 авария, неисправность, сбой

事故导致控制点亮灯的控制点存储器 память контрольных точек, авария в которых вызывает зажигание ламп

事故故障电路 аварийно-поврежденный комплект 〈略〉АПК

事故显示信号 сигнал индикации аварии 〈略〉СИА

事故信号状态存储器 память состояний аварийных сигналов

事故照明 аварийное освещение

事件发送标识符 идентификатор посылки события

事件告警(信号) аварийная сигнализация (сигнал) о событии

事件告警窗口 окно аварийной сигнализации

事件检测点 пункт обнаружения событий 〈略〉EDP

事件实时响应 реакция на событие в реальное время

事务标识符 идентификатор транзакции 〈略〉TI

事务处理,事务管理 транзакция

事务处理能力 емкость транзакции, возможность транзакции 〈略〉TC

事务处理能力应用部分 прикладная часть возможностей транзакции,

подсистема возможностей транзакции 〈略〉TCAP

事务处理信息组元 информационный элемент порции транзакции 〈略〉TPIE

事务处理语言-1 язык транзанций-1 〈略〉TL1

事务处理子层 подуровень транзакции 〈略〉TSL

事务管理层 уровень транзакции 〈略〉BML

事务管理子层能力 емкость (возможности) подуровня транзакции 〈略〉TSC

视觉识别手段 средства визуальной идентификации

视频,视像 видео

视频编解码器 видеокодек

视频播放器 видеопроигрыватель 〈略〉ВП

视频参数 параметр видеочастоты

视频传输 видеопередача

视频单元 блок видеопередачи 〈略〉VTU

视频点播 видео по запросу, видео по заказу 〈略〉VOD

视频电话,可视电话 видеотелефон, видеотелефонная связь

视频电子标准协会 Ассоциация по видеоэлектронной стандартизаций 〈略〉VESA

视频服务器,视像服务器 видеосервер 〈略〉VS

视频监控器 видеомонитор, видеоконтрольное устройство 〈略〉ВКУ

视频监视 видеоконтроль

视频聊天 видеочат

视频图形适配器 видеографический адаптер 〈略〉VGA

视频网关 видеошлюз

视频显示器 видеодисплей

视频信号 видеосигнал

视频信号处理板 плата обработки видеосигналов

视频终端 видеотерминал

视图 вид

视像点播 видео по запросу, видео по заказу 〈略〉VOD

视像转播业务 услуга передачи видеоизображения

视在功率 кажущаяся мощность

试生产 сдача в опытное производство, опытное производство

试验,测试 испытание, тест, тестирование

试验局 пилотная станция, опытная станция

试验诊断 тестовое диагностирование 〈略〉ТД

试验装置 пробное устройство 〈略〉ПУ

试运行 опытная эксплуатация

试运转工作,起动调试工作 пуско-наладочные работы

饰板 декоративная панель

室内型设备 оборудование комнатного типа

室外型设备 оборудование наружного типа

适度噪声发生器 генератор комфортных шумов 〈略〉CNG

适配单元 адаптивное устройство 〈略〉AU

适配卡,语音处理卡 адаптивная карта, карта речевой обработки, карта адаптера 〈略〉ADP

适配器 адаптер

适应能力 адаптируемость

适应能力强 высокий уровень адаптируемости

适应性强 высокая адаптируемость, широкая приспособляемость

释放 освобождение 〈略〉REL

释放保护定时 защитный интервал освобождения

释放控制方式码 код режима контроля освобождения

释放连接 «Разъединен» 〈略〉RLSD

释放完毕 завершение разъединения, окончание разъединения 〈略〉RLC,RLS
收到的响应 полученный отклик 〈略〉SRES
收到新指针 прием нового указателя 〈略〉NEWPOINTER
收端 приемный конец
收发单元 приёмопередающий элемент 〈略〉ППЭ
收发机,信道机,收发设备 трансивер, приемопередатчик, приемопередающее устройство 〈略〉TRX,ППУ
收发机控制板 плата управления приемопередатчиком 〈略〉XCB
收发机中继电路 релейный комплект приемопередатчика
收发基站 приемопередаточная базовая станция 〈略〉ППБС
收发器,收发两用机 приемопередатчик
收发信号单元 блок приема-передачи сигналов
收发站 приемопередаточная станция
收号 кнопка «отбой»
收号机 приемник набора номера
收号器 приёмник сигналов
收敛比 отношение сходимости, отношение конвергенции
收敛时间 время сходимости
收敛系数 коэффициент сходимости
收录机,收录两用机 магнитола
收缩 усадка, сжатие
收益率 норма выручки
收音机 радио, радиоприемник
手电钻 ручная электродрель
手动液压叉车 ручной гидравлический автопогрузчик
手动自动两用打包机 ручно-автоматическая заверточная машина 〈略〉
手机 мобильный телефон, ручной телефон, сотовый телефон, мобильник 〈略〉HS,PT
手机位置管理 контроль местоположения подвижных терминалов
首地址 начальный адрес
首位号码 начальная цифра номера
寿命 время жизни
寿命试验,使用期试验 испытание на срок службы
受保护数据单元 блок защищенных данных 〈略〉PDU
受话器,听筒 телефонная трубка
受激拉曼散射 вынужденное рамановское рассеяние 〈略〉SRS
受控传递 управляемая передача
受控传递信号 сигнал контролируемой доставки 〈略〉TFC
受理申告 обработка поступающих жалоб
受限传递信号 сигнал ограниченной доставки 〈略〉TFR
受限号码 ограничиваемый (запрещенный) номер
受限数字信息 ограниченная цифровая информация 〈略〉RDI
受影响的子系统 воздействованная подсистема
授权 делегирование, уполномочие
授权标签代码 уполномоченный код тега 〈略〉
书面交谈 обмен текстовыми сообщениями
书签 закладка
书签名 имя закладки
枢纽结构 узловая структура
枢纽楼 здание узла
枢纽网 узловая сеть
输出(端),出口,退出 выход
输出(端),引出(端),引线,抽头,结论 вывод
输出/输入阻抗 выходной/входной импеданс
输出 **E4 AIS** 信号 вывод сигнала E4 AIS 〈略〉TLAIS
输出波形 форма выходного сигнала
输出打印 вывод на печать
输出单元 блок вывода

输出到终端 вывод на терминал
输出电压的电噪声反馈 электрическая шумовая абратная связь по выходному напряжению
输出抖动 джиттер на выходе
输出端防反灌保护 защита от обратного тока на выходе
输出端口 порт вывода, выводной порт 〈略〉Пвыв
输出端同步失步 потеря синхронизации на выходе 〈略〉LTI
输出端子 выходной зажим
输出功率抖动 джиттер выходной мощности 〈略〉OUTPOWER-UND
输出功率异常 ненормальная выходная мощность 〈略〉OUTPOWER-ABN
输出功率 выходная мощность 〈略〉OUTPOWER
输出功率波动 колебание выходной мощности 〈略〉OUTPOWER-UNDULATE
输出功率过小 чрезмерно малая выходная мощность 〈略〉OUTPOWER-FAIL
输出功率小于额定值 Выходная мощность меньше номинального значения. 〈略〉OUTPOWER-LESS
输出光纤放大器 выходной оптический усилитель 〈略〉OBA
输出过流保护 защита от сверхтока
输出过压保护 защита по выходному перенапряжению
输出过载保护 защита по выходной перегрузке
输出控制 управление по выходу
输出框 кассета выходных сигналов
输出滤波器 выходной фильтр
输出设备 устройство вывода 〈略〉УВыв
输出纹波 пульсация на выходе
输出信号监控测试板 плата контроля и тестирования выходных сигналов 〈略〉OMC
输出源管理 управление источниками выходных сигналов
输出正弦交流电 синусоидальный выходной переменный ток
输出自动控制 автоматическая регулировка выхода 〈略〉AOC
输入(端),入口,登录 вход
输入(端),引入(端),引线,入口,进线 ввод
输入(更改)或取消个人密码 ввод (замена) или отмена личного кода-пароля
输入/输出 ввод / вывод 〈略〉I/O
输入/输出过压指示 индикация перенапряжения на входе/выходе
输入/输出欠压指示 индикация пониженного напряжения на входе/выходе
输入 E3/DS3(E4)信号丢失 потеря входного сигнала E3/DS3 (E4) 〈略〉EXT-LOS
输入参数 входные параметры
输入单元 блок ввода
输入的 E4 信号丢失 потеря входного сигнала E4 〈略〉EXTLOS
输入电路 входная цепь 〈略〉IC
输入端口 порт ввода, входной порт 〈略〉ПВв
输入端子 входная клемма
输入格式 формат ввода
输入功率 входная мощность 〈略〉INPOWER
输入功率小于额定值 Входная мощность меньше номинального значения. 〈略〉INPOWER-LESS
输入功率异常 ненормальная входная мощность 〈略〉INPOWER-ABN
输入过压 превышение входного напряжения
输入基准信号 входной эталонный сигнал
输入监控板 плата входного контроля 〈略〉IMC
输入监控接头 входной контрольный разъем 〈略〉IMC

输入交流工作电压　входное рабочее напряжение переменного тока
输入控制　управление по входу
输入框　кассета входных сигналов
输入连接　входное соединение
输入欠压　снижение входного напряжения
输入设备　устройство ввода　〈略〉Увв
输入识别器　определитель входов
输入－输出　ввод-вывод　〈略〉ВВ
输入输出处理器　процессор ввода-вывода　〈略〉ПВВ
输入输出接口　интерфейс ввода-вывода　〈略〉ИВВ
输入输出控制器　контроллер ввода-вывода　〈略〉КВВ
输入输出设备　устройство ввода-вывода　〈略〉УВВ
输入输出通道　канал ввода-вывода　〈略〉КВВ
输入数据流帧丢失　потеря кадра потока входных данных　〈略〉SFP-LOS
输入信号抖动漂移容限　допуск джиттера и вандера входных сигналов
输入信号监控板　плата контроля входных сигналов　〈略〉IMC
输入信号源　источник входных сигналов
输入信息　ввод сведения
输入信息相位抖动消除逻辑板　плата логики устранения фазового дрожания приходящей информации
输入域　поле ввода
输入支路信号丢失　потеря входного трибутарного сигнала　〈略〉ALOS
输入直流电压　входное напряжение постоянного тока
鼠标，鼠标器　«мышь»
鼠标板　подкладка мыши
鼠标键　кнопка мыши
鼠标拖动，鼠标拖拽　буксировка мыши，протаскивание мыши，перетаскивание мыши
鼠标定义　определение мыши
属性　атрибут，свойство
属性配置　конфигурирование атрибутов
术语　термни
树形的　древовидный
树形结构　древовидная структура
树型查找算法　древовидный алгоритм поиска
树型与表格型相结合的表示法　комбинированные древовидные и табличные нотации　〈略〉TTCN
树状网　древовидная сеть
数据，资料　данные
数据/电话/视频　данные/телефон/видео　〈略〉DTV
数据采集器　система приобретения данных
数据采集系统　система сбора данных　〈略〉ССД
数据操纵库　библиотека манипулирования данными　〈略〉DML
数据操纵语言　язык манипулирования данными　〈略〉DML
数据操作管理　управление операциями с данными
数据查询接口　интерфейс запроса данных
数据处理系统　система обработки данных　〈略〉DPS，СОД
数据处理中心　центр обработки данных　〈略〉ЦОД
数据传输，数据通信　передача данных　〈略〉ПД
数据传送介质访问控制　управление доступом к среде передачи данных
数据从输入设备向 **BP** 机的传输　передача данных от устройства ввода（источника）к пейджинг-терминалу
数据存储板　плата памяти данных
数据存取　доступ к данным
数据打印　вывод данных на принтер
数据电报　датаграмма
数据电报方式　датаграммный режим
数据电路终端设备　оконечкое устрой-

ство каналов передачи данных 〈略〉DCE

数据定义库 библиотека определения данных 〈略〉DDL

数据定义语言 язык определения данных 〈略〉ЯОД

数据动态配置接口 интерфейс динамического конфигурирования данных 〈略〉DBMI

数据对称多处理机处理 симметрическая мультипроцессорная обработка данных

数据发送,A 端口 передача данных, порт A 〈略〉TXDA

数据发送准备就绪 готовность к передаче данных 〈略〉DSR

数据发送信号 сигнал выдачи данных 〈略〉ВД

数据发送准备就绪,A 端口 готовность к передаче данных, порт A 〈略〉DSRA

数据峰值速率 пиковая скорость данных 〈略〉PIR

数据格式 1 формат данных 1 〈略〉DT1

数据格式 2 формат данных 2 〈略〉DT2

数据共享 совместное использование данных

数据管理台 пульт управления данными

数据管理系统 система управления данными 〈略〉DMS, СУД

数据混合单元 гибридный блок данных 〈略〉DH

数据或数据流 данные или поток данных 〈略〉DATA

数据集 дейтасет

数据交换接口(ATM 与 LAN 间) интерфейс обмена данных (между ATM и LAN) 〈略〉DXI

数据交换应答 ответ обмена данными 〈略〉CEA

数据接入 доступ с передачей данных

数据库 база данных 〈略〉DB, БД

数据库安全系统 система безопасности базы данных 〈略〉DBSS

数据库策略管理程序板 плата менеджера политик с базой данных 〈略〉PDU

数据库单元 блок базы данных 〈略〉DBU

数据库段 сегмент базы данных

数据库访问(接入)控制 контроль доступа к базе данных 〈略〉APP

数据库管理程序 администратор баз данных 〈略〉DBA, АБД

数据库管理系统 система управления базами данных 〈略〉DBMS, СУБД

数据库管理系统关键部分 ключевая часть системы управления базами данных 〈略〉DBCSN

数据库管理系统核心 ядро системы управления базами данных

数据库检索服务 услуга поиска в базе данных

数据库语言 язык базы данных

数据库组织系统 система организации баз данных 〈略〉DBOS

数据块 блок данных

数据链路层 уровень канала передачи данных 〈略〉DL

数据链路层协议处理 обработка протокола канального уровня данных

数据链路连接标识符 идентификатор подключения к линии передачи данных, идентификатор соединения канала передачи данных 〈略〉DLCI

数据流 поток данных

数据路由单元 блок маршрутизации данных 〈略〉DRU

数据描述字 слово описания данных 〈略〉DDW

数据区,数据域 область данных

数据设定顺序 последовательность установки данных

数据索引 индекс данных

数据锁存器 регистр для фиксации

данных
数据提取 извлечение данных
数据通道,数据通路 канал данных
数据通道设备 аппаратура канала данных 〈略〉АКД
数据通信多路复用器 мультиплексор передачи данных 〈略〉МПД
数据通信功能 функция передачи данных 〈略〉DCF
数据通信设备 аппаратура передачи данных 〈略〉DCE,АПД
数据通信速率变换板 плата преобразователя скорости передачи данных 〈略〉DRC
数据通信网 сеть передачи данных 〈略〉DCN
数据通信信道,数据传输信道 канал передачи данных 〈略〉DCC,КПД
数据通信终端设备 оконечное устройство передачи данных
数据维护 сопровождение данных
数据文件,数据文卷 файл данных 〈略〉ФД
数据误码率 коэффициент ошибок в данных
数据显示控制 управление индикацией данных 〈略〉DDC
数据溢出 переполнение данных
数据用户部分 подсистема пользователя данных 〈略〉DUP
数据载波,A端口 несущая данных, порт А 〈略〉DCDA
数据证实 подтверждение данных 〈略〉АК
数据终端就绪 готовность термынала данных 〈略〉DTR
"数据终端就绪"接口线路 линия интерфейса «готовность терминала данных» 〈略〉DTR
数据终端就绪,A端口 готовность терминала данных,порт А 〈略〉DTRA
数据终端设备 оконечное оборудование данных, оконечная установка данных 〈略〉DTE,ООД,ОУД
数据转换 преобразование данных
数据准备设备 устройство подготовки данных 〈略〉УПД
数据自动处理 автоматическая обработка данных 〈略〉АОД
数据总线 магистраль данных, шина данных 〈略〉МД
数据组,数据集 набор данных 〈略〉НД
数控、数字程序控制 цифровое программное управление 〈略〉ЦПУ
数量级 порядок величины
数模变换器 цифроаналоговый преобразователь 〈略〉D/A,ЦАП
数模混合网 гибридные цифро/аналоговые сети
数学期望值 математическое ожидание
数值孔径 числовая апертура 〈略〉NA
数字 цифра,число
数字本地线路 цифровая местная линия 〈略〉DLL
数字比特流 цифровой поток битов
数字程控交换机,数控交换机 цифровая АТС с программным управлением
数字传输系统 цифровая система передачи 〈略〉ЦСП
数字传真机 цифровой факсимильный аппарат 〈略〉ЦФА
数字串 серия цифр
数字存取与交叉连接系统 система цифрового доступа и кросс-соединений 〈略〉DACS
数字电子交换机 цифровая электронная станция
数字蜂窝系统 цифровая сотовая система 〈略〉DCS
数字共路信令 цифровая общеканальная сигнализация
数字和射频收发两用模块 двойной приемопередаточный модуль цифровых и радиочастот 〈略〉DDRM
数字贺卡,电子贺卡 цифровая фотог-

рафическая открытка
数字化 цифровизация
数字化时代 эпоха цифровизации
数字话机 цифровой телефонный аппарат 〈略〉ЦТА
数字计算机 цифровая вычислительная машина 〈略〉ЦВМ
数字交叉连接设备 цифровое устройство кроссового соединения 〈略〉DXC, ЦКУ
数字交叉转换器 цифровой кроссовый коммутатор 〈略〉DCC
数字交换模块 цифровой коммутационный модуль 〈略〉DSM
数字交换元件 цифровой коммутационный элемент 〈略〉ЦКЭ
数字接口单元 блок интерфейса цифровой передачи 〈略〉DIU
数字接入 цифровой доступ
数字接续网络 цифровое коммутационное поле 〈略〉ЦКП
数字录音带 цифровая аудиолента 〈略〉DAT
数字录音话机 цифровой ТА с автоответчиком 〈略〉DTAM
数字滤波器 цифровой фильтр 〈略〉ЦФ
数字配线架 цифровой кросс 〈略〉DDF
数字钳位器 фиксатор цифры 〈略〉ФЦ
数字式交换机 цифровая АТС 〈略〉АТСЦ
数字式衰减器 цифровой аттенюатор
数字式无线电广播 цифровое радиовещание 〈略〉ЦРВ
数字式无线接口板 цифровая плата радиоинтерфейса 〈略〉DRI
数字式噪音过滤器 цифровой фильтр шума
数字数据传输业务 служба передачи цифровых данных 〈略〉DDS
数字数据网 цифровая сеть передачи данных 〈略〉DDN
数字通道 цифровой канал
数字通信复用器 цифровой коммуникационный мультиплексор 〈略〉DCM
数字通信转换设备 оборудование преобразования для цифровой связи
数字万用表 цифровой ампервольтомметр
数字网络接口板 цифровая сетевая интерфейсная плата 〈略〉DNIC
数字微波通信 цифровая микроволновая связь
数字微波线路 цифровая СВЧ-линия
数字微分分析仪 цифровой дифференциальный анализатор 〈略〉ЦДА
数字微蜂窝通信 цифровая микросотовая связь
数字微蜂窝网络 цифровая микросотовая сеть 〈略〉DMC,
数字微蜂窝系统 цифровая микросотовая система 〈略〉DECT
数字无线中继线路 цифровая радиорелейная линия 〈略〉ЦРРЛ
数字显示盘 цифровое табло 〈略〉ЦТО
数字线路信令 цифровая линейная сигнализация 〈略〉DL
数字线路终端设备 оконечное оборудование линейного цифрового тракта
数字信号处理机，数字信号处理器 процессор обработки цифровых сигналов 〈略〉DSP, ЦСП
数字信号处理器 GSM 板（P/O BSC） GSM-плата цифрового процессора сигналов（P/O BSC）〈略〉GDB
数字信号分析仪 цифровой сигнальный анализатор, прибор для анализа цифрового сигнала 〈略〉DSA
数字信号格式 формат цифровых сигналов
数字序列接口物理/电气特性 физическая/электрическая характеристика интерфейсов цифровой иерархии.

〈略〉G. 703(04/91)

数字序列完整性 целостность цифровой последовательности 〈略〉DSI

数字延迟模块 цифровой модуль задержки 〈略〉ЦМЗ

数字用户 абонент цифрового телефона

数字用户电路板 плата цифровых абонентских комплектов

数字用户交换机 цифровая абонентская станция, цифровой абонентский коммутатор, цифровая абонентская АТС

数字用户模块 цифровой абонентский модуль, модуль цифровых абонентов 〈略〉DCM

数字用户网 цифровая абонентская сеть 〈略〉ЦАС

数字用户线 цифровая абонентская линия 〈略〉DSL

数字用户线 x цифровая абонентская линия x 〈略〉xDSL

数字用户线路接入复用器 мультиплексор доступа по цифровой абонентской линии 〈略〉DSLAM

数字指示器 цифровой указатель 〈略〉DAN

数字中继线 цифровая соединительная линия 〈略〉ЦСЛ, DT

数字中继链路 звено цифровых СЛ

数字中继模块 модуль цифровых СЛ 〈略〉DTM

数字中继匹配设备 устройство согласования цифровых СЛ 〈略〉УСЦ

数字中继线接口板 интерфейсная плата цифровых СЛ

数字中继线接口单元 интерфейсный блок цифровых СЛ 〈略〉DTU

数字中继信令模拟分析仪 имитатор-анализатор сигнализации по цифровым СЛ

数字终端设备 цифровой терминал 〈略〉DTU

数字专线信令系统(小交换机与公网接口用的 BT 标准) система сигнализации цифровой частной сети (стандарт BT для интерфейса частной АТС с выходом в общую сеть) 〈略〉DPNSS

数字组 группа цифр

数–模转(变)换器 цифро-аналоговый преобразователь 〈略〉D/A, ЦАП

刷新测试任务状态 обновление статуса тестовых задач

衰减 затухание

衰减器 затухатель, ослабитель

衰减系数 коэффициент затухания 〈略〉

衰减与近端串音比 отношение затухания к NEXT 〈略〉ACR

衰落边界 запас на замирание, границы замирания

双备份 двойное резервирование

双备份方式配置 резервированная конфигурация

双备份容错处理 отказоустойчивая обработка с двойным резервированием

双备份总线 шина с двойным резервированием

双波段网 двух диапазонная сеть

双层玻璃窗 окно с двойным остеклением

双层网 двухуровневая сеть

双层中空玻璃 стеклопакет

双方交谈录音 запись двухстороннего разговора

双工,双联 дуплекс

双工的 дуплексный

双工方式 дуплексный режим

双工线 дуплексная линия

双击 двойной щелчок

双击鼠标 двойной щелчок мышью

双机倒换 переключение активного и резервного процессоров

双机倒换板 плата двухпроцессорного переключения, дублированная плата

переключения процессоров
双机配置 дублированная конфигурация
双机热备份 два процессора в режиме горячего резерва
双机双总线形式 дублированный процессор и дублированная шина
双极性晶体管 биполярный транзистор 〈略〉БТ
双极性破坏点 нарушение биполярности 〈略〉BPV
双绞电缆 кабель витой пары
双绞铜线 медная витая пара
双接口板 плата двойного интерфейса
双漏斗算法 алгоритм «двойное дырявое ведро»
双路光功率放大器板 плата двухканального усилителя оптической мощности
双排拔取头 двухрядный теребильный наконечник
双频信令系统来话电路 входящий комплект с двухчастотной системой сигнализации
双位手动开关 двухпозиционный переключатель ручного управления
双稳态元件 двустабильный элемент 〈略〉ДЭ
双系统设计 двухсистемный дизайн
双向测试业务量 двунаправленный тестовый трафик
双向传输 двусторонняя передача
双向的 двунаправленный
双向电路 двусторонний канал
双向去话呼叫率 процент двусторонних исходящих вызовов
双向呼叫 двусторонний вызов, дуплексная связь
双向滤波器独立模块 автономный дуплексный модуль фильтра 〈略〉STDM
双向通信功能 функция двусторонней связи
双向通用中继线 двухсторонняя универсальная СЛ 〈略〉BCT
双向业务 двунаправленные услуги
双向转发检测 двунаправленное обнаружение переадресации 〈略〉BFD
双协议 двоичный протокол
双音多频拨号 двухтональный многочастотный набор номера 〈略〉DTMF
双音多频拨号/音频拨号 двухтональный многочастотный набор/тональный набор
双音多频方式 режим «DTMF»
双音多频话机 ТА с DTMF
双音多频收号器 приемник двухтонального многочастотного набора
双音多频信令 двухтональная многочастотная сигнализация
双音收发号器 приемопередатчик двухтональных сигналов
双音收号器 приемник двухтонального набора
双指针 двойной указатель
水晶头 пластиковый коннектор, пластиковый (контактный) разъем
水平云台 горизонтальное поворотное устройство
水准仪,水平(测试)仪 ватерпас, нивелир
顺序,序列 последовательность, порядок
顺序传递 последовательная передача
顺序存储方式 режим последовательного запоминания
顺序号 порядковый номер, номера по порядку 〈略〉SN
顺序号保护 защита порядкового номера 〈略〉SNP
顺序控制 управление последовательностью 〈略〉SN
顺序控制参数 параметр управления последовательностью 〈略〉SEQ
顺序写入 последовательная запись
顺序信号,序列信号 последовательный сигнал 〈略〉

瞬变偏差　переходное отклонение
瞬时传送的 ABT　ABT с мгновенной передачей　〈略〉ABT/IT
瞬时电流　мгновенный ток
瞬时高话务量　мгновенное появление пика трафика
瞬态抑制二极管　диод в режиме мгновенного подавления
说明描述语言　язык спецификаций и описания　〈略〉SDL
说明字幕,叠印字幕　субтитр
私有云　частное облако
死机　зависание
死循环,不断循环　«мертвое» зацикливание,зацикливание
四电位符号　Quat-символ
四端网络　четырехполюсник
四分之一通用中间格式　общий промежуточный формат «1/4»　〈略〉QCIF
四级传输协议　транспортный протокол четвертого класса　〈略〉TP4
四级防雷系统　четырехуровневая система грозозащиты
四极管　тетрод
四进位的　четверичный
四类传真机　факсимильный аппарат группы 4
四轮平板小车　четырехколесная тележка
四位发光二极管显示器　4-разрядный LED-дисплей
四纤双向复用段保护　защита четырехволоконного двунаправленного мультиплексного сегмента
四纤双向复用段共享保护环　четырехволоконное двунаправленное защитное кольцо с совместным пользованием мультиплексной секцией
四线电路　четырехпроводной канал
四线控制板　плата управления 4 каналами　〈略〉QCL
四线载波中继线　несущая четырехпроводная соединительная линия　〈略〉AT4
四芯光纤　четырехжильный оптический кабель
送出　выдача
送话器、传声器　микрофон
送忙音　посылка тонального сигнала «занято»
送受话器　микротелефонная трубка
送音测试　тестирование посылки речевого сигнала
搜索方式　режим поиска
搜索域　отыскиваемый домин
诉讼执行机构　судебный исполнительный орган　〈略〉LEA
速率偏差　отклонение скорости
速率适配　адаптация скорости　〈略〉RA
宿主环境,主机环境　окружение хоста,окружение главной вычислительной машины
宿主用户　пользователь хоста
塑料扎扣　пластиковый хомут
塑料周转箱　пластмассовый（пластиковый）ящик для оборота
算法框图　граф-схема алгоритма　〈略〉ГСА
算术逻辑单元　арифметико-логическое устройство　〈略〉ALU,АЛУ
随带软件　сопутствующее ПО
随机存取存储器　оперативная память с произвольной выборкой　〈略〉RAM,ЗУПВ
随机存取总线　шина со случайным доступом　〈略〉ШСД
随机的　случайный,произвольный
随机动态的瞬间差错　случайные динамические кратковременные ошибки
随机接入控制通道　канал управления произвольным доступом　〈略〉RACCH
随机接入信道　канал произвольного доступа　〈略〉RACH
随机接入总线　шина со случайным доступом　〈略〉ШСД

随机数 случайный номер (число) 〈略〉RAND
随机信号 случайный сигнал
随机信号发生器 генератор случайных сигналов 〈略〉ГСС
随路控制信道,兼容管理通道 совмещенный канал управления 〈略〉ACCH
随路信令 сигнализация по выделенному каналу 〈略〉CAS,ВСК
随路信令 1 сигнализация по одному выделенному каналу 〈略〉1ВСК, CAS срег1
随路信令 2 сигнализация по двум выделенным каналам 〈略〉2ВСК, CAS 2
随时查询 опрос в любой моменг времени 〈略〉ATI
碎片 фрагменты
碎片整理 сортировка фрагментов
隧道二极管 туннельный диод 〈略〉ТД
隧道终结识别符 идентификатор окончания туннеля 〈略〉TEID
损耗,损失,丢失 потеря
损耗率 частота потери
损坏电阻 сопротивление повреждения
损坏件清单 акт о повреждении груза
损益表,损益报告 отчет о прибылях и убытках
缩短保护倒换时间 сокращение времени переключения на резерв
缩放 увеличение и уменьшение масштаба
缩合,叠合 свертывание
缩位编号 сокращенная нумерация
缩位拨号 сокращенный набор 〈略〉ABD,CHA
缩写,缩略语 аббревиатура
所跟外部源抖动过大 слишком сильное дрожание отслеживаемого внешнего источника тактовых сигналов 〈略〉G703-DJAT
索引表 таблица индекса
索引号 номер индекса
索引文件 индексный файл
索引域 поле индекса
锁定 блокировка, запирание арретирование
锁定倒换 блокировка переключения
锁定键盘 блокировка клавиатуры
锁定应用 блокировка приложения
锁紧扣板 подтягивание крепящей скобы
锁舌,卡锁,锁键 защелка
锁相,相位同步 фазовая синхронизация, синхронизация по фазе
锁相环(电路) схема (цепь) фазовой синхронизации 〈略〉PLL
锁相框 полка запирания фазы синхронизации
锁相模式 режим заблокированной фазы

T

台式 ADSL 接入模块 модуль доступа по ADSL настольного исполнения 〈略〉DSLAM
台式电脑 настольный ПК, настольный комиьютер
台式放大镜 настольная лупа
抬高地面 подъем пола
弹出菜单 всплывающее меню, появление меню
弹出窗口,活动窗口 всплывающее окно
炭精粉 угольный порошок
炭精送话器 угольный микрофон
探针,探头 зонд, пробник
碳(精)粒送话器 углезернистый микрофон
碳粉 тонер
陶瓷柱状球删陈列封装 установка керамического корпуса матрицы роликовой решетки 〈略〉CCBGA

淘汰,报废　вывод из эксплуатации
套,成套,设备,装置,电路　комплект
特别移动组　специальная мобильная группа　〈略〉GSM
特定对话标识号　специфический номер идентификации диалога
特定业务会聚子层　подуровень конвороенции для конкретной службы　〈略〉SSCS
特服　специальные услуги, спецслужба　〈略〉SS
特服话单数据库　база данных квитанций спецслужб　〈略〉D2
特服去话电路　исходящий комплект линий спецслужб　〈略〉ИКС
特快专递　экспресс-почта　〈略〉EMS
特殊拨号音　сигнал «готовность к приему информации»
特殊接入码　специальный код доступа
特殊域部分　специфическая часть домена　〈略〉DSP
特性(曲线)　характеристика　〈略〉х-ка
特性阻抗　характеристический импеданс
特征交互管理/呼叫管理　управление взаимодействием признаков / управление вызовами　〈略〉FIM/CM
特征数值　характеристическое значение
特征相互作用管理　управление взаимодействием признаков　〈略〉FIM
特种业务汇接局　узел спецслужб　〈略〉УСС
提高高频　подъем верхних частот
提高可靠性　повышение надежности
提供的漫游号码　предоставленный роуминговый номер　〈略〉PRN
提供技术指导　предоставление инструктажа (персонала)
提供商终端设备　оконечное оборудование провайдера　〈略〉PE
提交指令,出示指令　предъявление команды
提取,扣除　удержание, отчисление
提取器,分离器,分离符　экстрактор
提示,语音提示　речевая подсказка, подсказывание, напоминание
提示向导　мастер подсказок
提示信息　информация подсказки
提示性告警　напоминающий аварийный сигнал
提示音　сигналы-подсказки, указательный сигнал
提醒被叫用户　подсказчик вызываемому абоненту　〈略〉DUP
提醒操作员重呼　напоминание оператору　〈略〉HHC
提醒主叫用户　подсказчик вызывающему абоненту　〈略〉OUP
体积小巧　миниатюрность
体视显微镜　стереомикроскоп
天馈部分　антенно-фидерная часть
天馈系统,天线馈线系统　антенно-фидерная система　〈略〉АФС
天气预报　прогноз погоды
天气预报台　служба погоды
天线杆　антенная опора
天线馈线系统　антенно-фидерный тракт
天线指向范围　диапазон наведения антенны　〈略〉ДНА
添加　добавление
填充码　код-заполнитель
填充频率　частота заполнения
填充信号单位　заполняющая сигнальная единица　〈略〉FISU
条码读出　считывание штриховых кодов
条码识别器　распознаватель штриховых кодов
调幅,幅度调制　амплитудная модуляция　〈略〉AM
调节比例　процент регулировки
调节系统　система регулирования　〈略〉CP
调解功能　медиаторная функция　〈略〉MF

调频,频率调制　частотная модуляция 〈略〉ЧМ
调试程序　отладчик
调相　фазовая модуляция 〈略〉ФМ
调压器　регулятор напряжения
调音台　пульт тоновой настройки
调整　юстирование, юстировка, регулировка
调整,调定,调试　настройка, наладка
调整步长　шаг регулирования
调整控制比特　бит управления выравниванием 〈略〉JCB
调整螺母　регулирующая гайка
调制　модуляция
调制方式　система модуляции
调制幅度　амплитуда модуляции
调制解调器　модем, модулятор-демодулятор
调制频偏　отклонение частоты модуляции
调制器　модулятор
跳表计次　переход счетчика, подсчет импульсов, измерение счетчика, инкрементирование счетчика
跳频　скачки частоты
跳频单元　блок скачков частоты
跳频技术　техника скачков частоты
跳频序列号　номер последовательных скачков частоты 〈略〉HSN
跳线,跨接线　кроссировка, перемычка
跳线的,跨接的　кроссировочный
跳线柱　кроссировочный штырь
跳线走线槽　монтажный желоб (паз) для перемычек
跳越原则　принцип пропуска
贴片机　установка для поверхностного монтажа компонентов на плате (с применением клеящей пасты)
贴装　прикрепление
铁路交换机之间通信　связь между железнодорожными коммутационными станциями
铁路通信中继站　промежуточная станция связи железной дороги
听觉　слух
停电　прерывание питания, отказ электропитания
停机　простой машины, перебой, стоп, останов
停铃　отключение вызывного тока, отключение звонка
停止位　стоповый бит
停止信号　сигнал остановки
通带,通频带　полоса пропускания
通道(电路)成组选择　групповое искание каналов (комплектов) 〈略〉ГИК
通道,信道,电路　канал 〈略〉кан.
通道保护　резервирование тракта
通道层　уровень тракта
通道分配器　распределитель каналов, блок распределения каналов 〈略〉БРК
通道集聚控制协议　протокол управления агрегацией канала 〈略〉LACP
通道开销　заголовок тракта, маршрутный заголовок, трактовый заголовок, вспомогательная информация о тракте 〈略〉POH
通道控制器　каналлер
通道批发租赁业务　услуга оптовой аренды каналов
通道取向　ориентация канала
通道同步逻辑板　плата логики синхронизации тракта
通道信号标记失配　рассогласование сигнальных знаков канала 〈略〉SLM
通道选择单元　ячейка выбора канала 〈略〉ЯВК
通道远端误块　ошибка блока на дальнем конце тракта 〈略〉PFEBE
通道终端　трактовый терминал 〈略〉PT
通道终结点　пункт трактового терминала 〈略〉PTP
通道组　канальная группа
通电话率　процент обеспечения теле-

фонной связью
通风/冷却系统故障 неисправность системы вентиляции/охлаждения 〈略〉FAN-ALARM
通过电流，容许电流 пропускаемый ток
通过能力，通信容量 пропускная способность，производительность
通过速率为 **64kbits/s** 的传输 передача с пропускной способностью 64 кбит/с
通话 разговор
通话保持状态 сохранение вызова в режиме ожидания
通话保持状态查询第三方 запрос у третьей стороны в режиме удержания вызова
通话电流 разговорный ток
通话段频带 полоса частоты разговорного спектра
通话费用 тарифы за соединение
通话分组计费 учет стоимости разговоров по группам
通话计次制式 система учета числа разговоров
通话计时器 таймер разговора
通话纪录 запись разговоров
通话阶段 фаза разговора
通话时长 длительность разговора
通话时间 продолжительность разговора
通话时进行查询 наведение справки во время разговора
通话统计 учет разговоров 〈略〉УИР
通话中呼叫传送 передача вызова во время разговора
通话状态 разговорный режим
通配符 общепринятый символ
通信，联系，联络，耦合，联杆 связь
通信不畅 затруднение в связи
通信测试板 плата тестирования связи
通信程序 программа связи
通信触发器功能内容 содержимое функции триггера связи 〈略〉CCTF
通信电缆线 кабельная линия связи 〈略〉КЛС
通信电源 источник питания для средств связи
通信电源装置 установка электропитания связи 〈略〉УЭПС
通信对话 сеанс связи
通信服务付费帐单 составление счета к оплате за услуги связи 〈略〉BILLING
通信服务器 связной сервер，сервер связи
通信光缆 оптический кабель связи 〈略〉ОКС
通信和互联网汇聚业务及组织先进通信网络协议 конвергированная услуга связи и Интернета，а также протоколы для организации современных сетей связи 〈略〉TISPAN
通信互联网 взаимоувязанная сеть связи 〈略〉ВСС
通信交换矩阵单元 блок коммутирующей матрицы связи 〈略〉CMU
通信接口 связной интерфейс
通信接口板 плата интерфейса связи
通信接入服务器 сервер доступа к коммуникации
通信距离 дальность соединения
通信控制板 плата управления связью
通信链路控制接入应用协议 прикладной протокол доступа к управлению каналом связи 〈略〉ALCAP
通信量参数测量 измерение параметров трафика 〈略〉TMM
通信楼综合定时供给系统 встроенная система синхронизации，интегрированная система синхронизации для узла связи 〈略〉BITS
通信密钥 ключ блокировки связи 〈略〉Kc
通信模块 модуль связи，связной модуль 〈略〉CM
通信容量 пропускная способность связи

通信设备 аппаратура связи, средства связи, устройство связи

通信设备生产厂家联合会 Ассоциация производителей оборудования связи 〈略〉АПОС

通信网 сеть связи

通信网络管理系统 система управления сетью связи 〈略〉TMS

通信网络链路处理器 процессор линии сети связи 〈略〉NLK

通信网运营商 оператор сетей связи

通信系统 система связи

通信协调委员会 Координационный комитет по связи 〈略〉CCH

通信协议 протокол связи

通信信道内容 содержимое канала связи 〈略〉CC

通信用户 клиентура связи

通信终端设备 терминальное оборудование связи

通用的,万能的 универсальный

通用(唯一)接入号码 универсальный (уникальный) номер доступа 〈略〉UAN

通用 Blade 处理器 универсальный Блейд-процессор 〈略〉UPB

通用 E1/T1 避雷装置 универсальный блок молниезащиты E1/T1 〈略〉UELP

通用 FE 避雷装置 универсальный блок молниезащиты FE 〈略〉UFLP

通用部分会聚子层 подуровень сведения (конвергенции) общей части 〈略〉CPCS

通用部分指示器 индикатор общей части 〈略〉CPI

通用传输标识符 обобщенный идентификатор передачи

通用串联总线 универсальная шина последовательного соединения 〈略〉USB

通用电源和环境接口单元 универсальный блок интерфейсов питания и окружающей среды 〈略〉UPEU

通用分组无线接口传输业务 универсальные услуги пакетной передачи по радиоинтерфейсу

通用服务维护 универсальное сервисное обслуживание 〈略〉УСО

通用个人通信 универсальная персональная связь 〈略〉UPT, УПС

通用公共无线接口 общий общественный радиоинтерфейс 〈略〉CPRI

通用话务量 общий телефонный трафик

通用环境接口单元 универсальный блок интерфейсов окружающей среды 〈略〉UEIU

通用基础网平台 универсальная платформа базовой сети 〈略〉CNUP

通用基频无线接口单元 универсальный блок радиоинтерфейсов базовых частот 〈略〉UBRI

通用交换格式 единый формат взаимообмена 〈略〉CIF

通用交换路由器 универсальный коммутирующий маршрутизатор 〈略〉USR

通用接口部件 универсальных интерфейсов 〈略〉VIU

通用可靠性检测仪 прибор контроля достоверности универсальный 〈略〉ПКДУ

通用口 универсальный порт

通用路由封装 универсальная инкапсуляция маршрутизации 〈略〉GRE

通用路由平台 универсальная платформа маршрутизации 〈略〉VRP

通用媒体网关 универсальный медиашлюз 〈略〉UMG

通用时隙交叉板 универсальная плата кросс-соединений временных интервалов 〈略〉GTC

通用时隙交叉连接板 плата кросс-соединения универсальных интервалов, универсальная плата кросс-соединения временных интервалов 〈略〉GTC

通用网络终端　универсальное сетевое окончание　〈略〉NTU

通用无线分组业务　универсальная пакетная радиоуслуга　〈略〉GPRS

通用协调时间　универсальное скоординированное время　〈略〉UTC

通用信令接入单元　универсальный блок доступа сигнализации　〈略〉USAU

通用信元速率算法　общепринятый алгоритм скорости передачи ячеек 〈略〉GCRA

通用业务处理单元　универсальный блок обработки услуг　〈略〉USP

通用业务接口单元　универсальный блок сервисных интерфейсов　〈略〉USI

通用移动特性系统电源板　плата электропитания UMSC　〈略〉UPWR

通用移动通信系统　универсальная система мобильной связи　〈略〉UMTS

通用移动通信系统地面无线接入网　сеть наземного радиодоступа UMTS 〈略〉UTRAN

通用移动通信系统基站　базовая станция UMTS　〈略〉Node B

通用移动通信系统无线接入　радиодоступ UMTS　〈略〉UTRA

通用移动通信系统用户识别模块　модуль идентификации абонента UMTS 〈略〉USIM

通用移动通信系统终端　терминал универсальной системы мобильной связи

通用异步收发机、通用异步收/发信机　универсальный асинхронный приемопередатчик　〈略〉UART, УАПП

通用运算器　универсальное автоматическое устройство　〈略〉УАУ

通用中间图像格式　общий промежуточный формат изображения　〈略〉CIF

通用资源指示器　универсальный указатель ресурса　〈略〉URL

通用组件　универсальный компонент

通知,通知书　извещение　〈略〉ANNC

通知性去话呼叫　уведомляющий исходящий вызов

通知音　речевое извещение

同步　синхронизация

同步传输模式　синхронный режим передачи　〈略〉STM

同步传输模式－1　синхронный режим передачи-1　〈略〉STM-1

同步传输模式－n　синхронный режим передачи-n　〈略〉STM-n

同步传输信号　синхронный транспортный сигнал　〈略〉STS

同步带　полоса синхронизации

同步单元　блок синхронизации 〈略〉UCKI

同步定时发生器　генератор тактовой синхронизации　〈略〉STG

同步定时发生器板　плата генератора тактовой синхронизации

同步复用器　синхронный мультиплексор　〈略〉SM, SMUX

同步跟踪模式　режим отслеживания синхронизации

同步骨干网　синхронная магистральная сеть　〈略〉SBS

同步光纤网　синхронная оптическая сеть　〈略〉SONET

同步光纤网/**SDH**　синхронная оптическая сеть/SDH　〈略〉SONET/SDH

同步光纤网 1 级光载波　оптическая несущая первого уровня иерархии SONET

同步接口单元　блок синхронного интерфейса　〈略〉SIU

同步接口规范　стандарт синхронных интерфейсов

同步链路　синхронное звено

同步码组　синхрогруппа

同步模式　режим синхронизации

同步切换　синхронное переключение

同步设备　синхронное оборудование, синхронизирующее устройство

同步设备定时发生器 генератор тактовых сигналов синхронного оборудования 〈略〉SETG

同步设备定时物理接口 физический интерфейс хронирующего источника синхронного оборудования, физический интерфейс синхронизации синхронного оборудования 〈略〉SETPI

同步设备定时源 хронирующий источник синхронного оборудования, источник тактовых синхросигналов синхронного оборудования, источник тактовых сигналов оборудования 〈略〉SETS

同步设备管理 управление синхронным оборудованием

同步设备管理功能 функция управления синхронным оборудованием 〈略〉SEMF

同步剩余时间标志 сихронная остаточная временная метка 〈略〉SRTS

同步时钟发生器 генератор тактовой синхронизации

同步时钟发生器板 блок тактовой синхронизации 〈略〉STG

同步时钟接口 интерфейс тактовой синхронизации

同步时钟源 источник тактовых синхросигналов, источник тактовой синхронизации

同步输入端口 порт входа синхросигналов

同步数据传输电路 канал синхронной передачи данных 〈略〉CDS

同步数字复用器 синхронный цифровой мультиплексор 〈略〉SDM

同步数字序列 синхронная цифровая иерархия 〈略〉SDH, СЦИ

同步网络 синхронная сеть, сеть синхронизации 〈略〉SYNC

同步无线中继 синхронный радиотранкинг 〈略〉SRT

同步无线中继线路 синхронная радиорелейная линия 〈略〉SR

同步物理接口 синхронный физический интерфейс 〈略〉SPI

同步线路 синхронная линия 〈略〉SL

同步线路电接口板 плата электрического интерфейса синхронной линии, плата электрического синхронного линейного интерфейса 〈略〉SLE

同步线路复用器 синхронный линейный мультиплексор 〈略〉SLM

同步线路管理单元信号处理板 плата обработки синхронных линейных сигналов административных единиц 〈略〉ASP

同步线路光接口板 синхронный оптический линейный интерфейс, плата оптического синхронного линейного интерфейса 〈略〉SLI

同步线路双电接口板 плата двойного электрического синхронного линейного интерфейса

同步线路双光接口板 плата двойного оптического синхронного линейного интерфейса

同步线路再生器 синхронный линейный регенератор 〈略〉SLR

同步信道 канал синхронизации 〈略〉SCH

同步信号 синхросигнал, сигнал синхронизации 〈略〉CX

同步信号输入端口 порт входа синхросигналов

同步信息骨干系统 магистральная система синхронной информации

同步源(信号)丢失 потеря источника (сигнала) синхронизации 〈略〉LTI

同步源参考点 опорная точка источника синхронизации 〈略〉T

同步源劣化 ухудшение сигнала источника синхронизации 〈略〉SYNBAD

同步整流 синхронное выпрямление

同步状态参考点 опорная точка синхронизации 〈略〉Y

同步状态二进制消息 битовое сообщение о статусе синхронизации 〈略〉SSMB

同步状态消息 сообщение о статусе синхронизации 〈略〉SSM

同步字节 байт синхронизации

同等群标题 заголовок равной группы 〈略〉PGL

同段双工系统 дуплексная система на одной полосе частот

同级汇接 одноуровневой транзит

同类型链路层协议 протокол канального уровня между одинаковыми уровнями

同上 то же

同位素 изотоп

同向接口 сонаправленный интерфейс 〈略〉СНИ

同向数据接口 сонаправленный интерфейс данных

同心圆网状结构 сеть из концентрических зон

同型号的 однотипный

同序列呼叫号码 сквозной номер вызова

同轴传输 коаксиальная передача

同轴电缆 коаксиальный кабель

同轴电缆头,同轴接插件 коаксиальный разъем

同轴头(在母板上) коаксиальный коннектор (на обединителькой плате)

同轴线对 коаксиальная пара

同轴中继自环电缆 коаксиальный соединительный шлейфный кабель

同组代答 перехват вызова абонентом той же группы

统计 статистика, сбор статистики 〈略〉STAT

统计复用 статистическое мультиплексирование

统计复用/解复用 статистическое мультиплексирование/демультипллексирование

统计话单 статистический отчет

统计项目 объект статистики, пункт, требующий сбора статистики

统计指标 статистический показатель 〈略〉СП

统一管理 единообразное управление, унифицированное управление

统一计算机系统 единая вычислительная система 〈略〉ЕВС

统一交换平台 единая коммутационная платформа

统一接入平台 единая платформа доступа

统一设计文件系统 единая система конструкторской документации 〈略〉ЕСКД

统一体系结构,统一架构 единая архитектура 〈略〉EA

统一消息交换媒体 единая среда обмена сообщениями 〈略〉UM

统一业务量监控 унифицированный контроль трафика

统一资源识别器 унифицированный идентификатор ресурсов 〈略〉UPEU

统一自动化通信系统 единая автоматизированная система связи 〈略〉EACC

头戴式送收话器 головная микротелефонная трубка

投币式公用电话 монетный автомат

投资回收保证 гарантия возврата инвестиций 〈略〉ROI

透明传输 прозрачная передача

透明传输光缆 оптический кабель прозрачной передачи

透明方式传输 передача в прозрачном режиме

透明通道 прозрачный канал

透明信息传递 прозрачная передача информации

突发性 порывистость

突发周期 период пакетной передачи 〈略〉BP

突破观念 уход от концепции

图标　иконка, значок, пиктограмма
图表　график, диаграмма
图例　легенда, условные обозначения
图文　текст и график
图文电视，电视文字广播，电视字幕广播　телетекст
图文摄像机，图文摄像仪　видеотекстовая камера
图像　изображение
图像采集系统　система сбора изображения
图像传输设备　услуги передачи изображений
图像存储器　видеопамять
图像输入　графический ввод 〈略〉ГВ
图像输入/输出　вход/выход изображения
图像通道　канал изображения
图像压缩处理　компрессионная обработка изображения
图像业务接入　доступ с передачей изображений
图形，图　граф
图形化显示　отображение результатов в графической форме
图形化用户接口　графический интерфейс пользователя
图形界面　графический интерфейс
图形识别和自动识别　графическая идентификация и автоидентификация 〈略〉GINA
图形视频适配器　адаптер «графический видеомассив» 〈略〉VGA
图形用户界面（接口）　графический абонентский интерфейс, графический интерфейс пользователя 〈略〉GUI
图元编辑　пиктограмма, редакция графического элемента (иконки)
图纸　чертеж
推荐照度　рекомендуемая освещенность
推进单板到位　заталкивание платы
退出服务　вне обслуживания, вывод из обслуживания 〈略〉OSS
退出服务标志　флаг «вне обслуживания»
退出忙状态　выход из состояния занятости
退出信令链路　деактивация звеньев сигнализации
退役，已过使用期　выработка ресурса
拖拉，拖拽　буксировка, перетаскивание
拖尾时间　время размазывания
脱机的，独立的　автономный
脱机计费　автономный биллинг, тарификация в автономном режиме
脱机计费系统　система тарификации в автономном режиме
脱机状态　автономный режим работы, режим фаалайн
拓扑　топология
拓扑对象　топологический объект
拓扑图　топологическое отображение

W

瓦(特)　ватт 〈略〉W, Вт
外部电缆连接　подключение внешних кабелей
外部定时信号　внешний тактовый сигнал
外部观察　внешний осмотр
外部交换局　внешняя коммутационная станция 〈略〉FXO
外部交换站　внешний коммутационный пункт 〈略〉FXS
外部接口　внешний интерфейс 〈略〉EI
外部设备，外围设备　периферия, внешнее устройство, периферийное устройство 〈略〉ВУ
外部设备表　таблица внешних устройств 〈略〉ТВУ
外部设备读出信号　сигнал чтения из внешних устройств 〈略〉ЧВ

外部设备接口 внешний машинный интерфейс 〈略〉EMI
外部设备控制,外部设备管理 управление внешними устройствами 〈略〉УВУ
外部条件模拟装置 имитатор внешних условий 〈略〉ИВУ
外部信号丢失 потеря внешнего сигнала 〈略〉EXT-LOS
外部源抖动过大 чрезмерный джиттер внешнего источника 〈略〉G703-DJ-AT
外部组件互连 межсоединение периферийных компонентов 〈略〉PCI
外出留言 исходящее сообщение
外存储器,外存 внешнее запоминающее устройство, внешняя память 〈略〉ВЗУ,ВП
外存储器程序块 блок внешней памяти 〈略〉БВП
外定时 внешняя синхронизация
外定时源 внешний источник синхронизации
外发送定时 внешняя тактовая сигнализация
外观设计 промышленный образец
外接单元 блок для внешних подключений 〈略〉AUX
外界干扰 влияние помехи окружающей среды
外径 наружный диаметр
外壳,机壳,封装,机箱,机体,大楼 корпус
外壳程序 внешняя программная оболочка
外设管理,外围设备管理 управление периферийным оборудованием
外设交换处理器 периферийно-коммутационный процессор 〈略〉ПКП
外设接口 интерфейс периферийных устройств 〈略〉PI
外时钟系统同步 синхронизация системы внешнего такта
外同步时钟信号 внешние сигналы тактовой синхронизации
外围处理机 периферийный процессор 〈略〉ПП
外围处理机与机器通信的专用装置 специальное устройство связи периферийного процессора с машиной 〈略〉УСМ
外围可编程作标记设备 периферийное программируемое устройство маркировки 〈略〉ППМ
外围控制设备 периферийное управляющее устройство 〈略〉ПУУ
外围逻辑装置 устройство логики периферии 〈略〉ЛП
外围设备接口 интерфейс периферийных устройств
外围转接处理机 периферийно-коммутационный процессор 〈略〉ПКП
外线 внешняя линия
外线测试模块 модуль тестирования внешней линии
外线模块 блок модулей подключения линейный 〈略〉БМПЛ
外形美观大方 элегантный внешний вид
外置的,外设的,可伸出的 выносной
外置的回波抵消功能 внешняя функция нейтрализации обратной волны
外置式用户多路复用设备 абонентский мультиплексор выносной 〈略〉AMB
完成接续 установление соединений
完全备份 полное копирование
完全合取范式 совершенная конъюнктивная нормальная форма 〈略〉СКНФ
完全析取范式 совершенная дизъюнктивная нормальная форма 〈略〉СДНФ
完整性 полнота,целостность
万门机 АТС на 10 тысяч номеров
万维通 экспресс-станция WWW «Ваньвэйтун»
万维通系统服务器 сервер системы

WWW

网板　сетевая плата с временным разделением

网板锁定时钟源设置　установка источника тактовых сигналов, синхронизируемого сетевой платой

网标志　сетевой флаг

网虫　интернетовский фанатик, сетевой червь

网格形的　ячеистый

网关　шлюз　〈略〉Gateway

网关接口　межсетевой переход, межшлюзовой интерфейс

网关局　шлюзовая станция

网关网元　шлюзовой сетевой элемент

网关网元,网间接口单元　шлюзовой сетевой элемент, шлюзовой элемент сети　〈略〉GNE

网关移动交换中心　щдюзовой коммутационный центр мобильной связи 〈略〉GMSC

网关状态指示　указание состояния шлюза

网关状态指示条操作　операция панели индикации состояния шлюза

网管动作　действия по управлению сетью

网管系统,网络管理系统　система управления сетью　〈略〉NMS

网管系统的初始化文件存放目录　каталог для размещения ini-файлов системы управления сетью

网管系统的可执行文件存放目录　каталог для размещения используемых файлов системы управления сетью

网管系统的启动命令　команда запуска системы управления сетью　〈略〉Start

网管系统可执行程序　исполняемая программа системы управления сетью　〈略〉Rms

网管系统使用的资源　ресурсы, используемые системой управления сетью 〈略〉RMSApp

网管系统通信程序　программа связи системы управления сетью　〈略〉Rmscom

网管中心,网络管理中心　центр управления сетью, система администрирования управления сетью　〈略〉NMC

网间包交换,网间分组交换　межсетевая пакетная коммутация　〈略〉IPX

网间边界网关功能　функция межсетевого пограничного шлюза　〈略〉I-BGF

网间互通功能　функция межсетевого взаимодействия

网间互通设备　оборудование мажсетевого взаимодействия

网间接口局　межсетевая шлюзовая станция

网间控制报文协议　межсетевой протокол контрольных сообщений

网间网内交换信令协议　протокол коммутации межсетевой и внутрисетевой сигнализации　〈略〉IISP

网间移动交换中心　межсетевой центр коммутации подвижной станции 〈略〉IWMSC

网卡,网板　сетевая карта, сетевая плата

网络、网　сеть

网络保护装置　агрегат защиты сети 〈略〉АЗС

网络背景图等图形文件存放目录　каталог для размещения файлов PCX, например, фоновая карта сети и т. д.

网络标识　идентификация сети

网络操作维护管理　эксплуатация, техобслуживание и администрирование сети　〈略〉NOMA

网络操作和维护中心　центр эксплуатации и техобслуживания сети 〈略〉NOMC

网络操作系统　сетевая операционная система　〈略〉NOS

网络操作中心　сетевой операционный центр　〈略〉NOC

网络层 сетевой уровень
网络层分组模块 пакетный модуль слоя сетевого уровня 〈略〉NLP
网络层管理 управление сетевым уровнем
网络层信令 сигнализация сетевого уровня 〈略〉NLS
网络层转发 ретрансляция на сетевом уровне 〈略〉NLR
网络处理机单元 блок сетевого процессора 〈略〉NPU
网络处理模块 модуль обработки сети 〈略〉NPU
网络处理器 сетевой процессор 〈略〉NP
网络单元,网元 сетевой элемент, элемент сети
网络导航 навигация по сети
网络导航树窗口 окно дерева навигации сети
网络地址转换 трансляция сетевых адресов 〈略〉NAT
网络地址转换–协议转换 преобразование сетевых адресов-преобразование протоколов 〈略〉NAT-PT
网络电路 сетевая схема
网络分组交换 межсетевой обмен пакетами 〈略〉IPX
网络服务 сетевой сервис 〈略〉NS
网络服务接入点 точка (узел) доступа сетевого сервиса 〈略〉NSAP
网络服务接入点识别符 идентификатор точки доступа к услугам сети 〈略〉NSAPI
网络服务器操作系统 система управления сервисом сети 〈略〉SOS
网络服务数据单元 блок данных службы сети 〈略〉NSDU
网络服务提供厂商 поставщик услуг сети 〈略〉NSP
网络服务虚连接 виртуальное соединение сетевых услуг 〈略〉NS-VC
网络服务子系统 подсистема сетевого обслуживания 〈略〉NSP
网络功能 сетевая функция 〈略〉NF
网络管理 управление сетью, сетевое управление 〈略〉NM
网络管理层 уровень управления сетью 〈略〉NML
网络管理功能 функция управления сетью 〈略〉NMF
网络管理站(系统) станция (система) управления сетью 〈略〉NMS
网络广告 реклама на сайте
网络基本输入输出系统 сетевая базовая система ввода-вывода 〈略〉NetBIOS
网络级业务保护 резервирование трафика на уровне сети, защита трафика на сетевом уровне
网络加速器 сетевой акселератор
网络架构 архитектура сети, сетевая архитектура
网络接口 сетевой интерфейс 〈略〉NI
网络接口板 сетевая интерфейсная плата 〈略〉NMI
网络接口单元 блок сетевого интерфейса 〈略〉NIU
网络接口驱动程序 драйвер сетевого интерфейса 〈略〉NDIS
网络接入(访问、存取)方式 режим сетевого доступа 〈略〉NAM
网络接入服务器 сервер сетевого доступа 〈略〉NAS
网络接入设备 устройство сетевого доступа
网络接入子系统 подсистема подключения к сети 〈略〉NASS
网络节点 сетевой узел 〈略〉CY
网络节点接口 интерфейс сетевого узла 〈略〉NNI
网络经济效益管理系统 система управления экономической эффективностью сети 〈略〉BOS
网络控制点 пункт сетевого управления 〈略〉NCP
网络控制协议 протокол сетевого уп-

равления 〈略〉NCP
网络连接配置功能 функция конфигурации сетевого доступа 〈略〉NACF
网络聊天,网上聊天 вебчат
网络能力配置 конфигурирование сетевых возможностей 〈略〉NCC
网络确定用户忙 абонент занят по причине сети 〈略〉NDUB
网络设备配置系统 система построения сетевого оборудования 〈略〉NEBS
网络设备配置一览表 спецификация построения сетевого оборудования
网络生存能力 жизнеспособность сети
网络时间协议 протокол сетевого времени 〈略〉NTP
网络实体 сетевой объект 〈略〉NE
网络视图 сетевой вид
网络视图操作 операция сетевого вида
网络适配卡 плата сетевого адаптера
网络适配器 сетевой адаптер 〈略〉NA,CA
网络数据库 база сетевых данных
网络体系结构 архитектура сети, сетевая архитектура
网络通信模块 модуль сетевой связи
网络通信子模块 субмодуль сетевой связи 〈略〉LAN
网络拓扑 сетевая топология, топология сети
网络拓扑管理,网络拓扑控制 топологическое управление сетью
网络拓扑图窗口 окно топологии сети
网络拓扑隐藏 скрытие топологии сети 〈略〉THIG
网络－网络接口、网间接口、 интерфейс «сеть-сеть», межсетевой интерфейс 〈略〉NNI
网络文件服务器 сетевой файловый сервер
网络文件系统 система сетевых файлов 〈略〉NFS
网络无线终端 сетевой радиотерминал 〈略〉RNT
网络线缆 сетевой кабель
网络协议数据单元 сетевой протокольный блок данных 〈略〉NPDU
网络性能目标 объект производительности сети 〈略〉NPO
网络需求 потребность сетей
网络选择 выбор сети 〈略〉NSEL
网络拥塞 перегрузка сети
网络优化 оптимизация сети
网络运行环境 рабочая среда сетевого управления
网络运行状态 состояние эксплуатации сети
网络指示符 сетевой индикатор 〈略〉NI
网络终端 сетевое окончание, сетевой терминал 〈略〉NT
网络终类型 **1** сетевое окончание типа 1 〈略〉NT1
网络终类型 **2** сетевое окончание типа 2 〈略〉NT2
网络资源 ресурсы сети
网络资源管理 управление сетевыми ресурсами 〈略〉NRM
网络子层 сетевой подуровень 〈略〉NS
网络自愈能力 способность сети к самовосстановлению
网内共享通道 внутренний тракт совместного использования
网桥 сетевой мост
网同步子系统 подсистема сетевой синхронизации 〈略〉NSS
网外呼叫 вызов во внесетевом режиме 〈略〉ONC
网外接入 доступ во внесетевом режиме 〈略〉OFA
网线 пачкорд
网页 веб-страница
网元 сетевой элемент, элемент сети 〈略〉NE
网元 **E1** 接口输入信号丢失 потеря входного сигнала на интерфейсе E1 〈略〉ALOS

网元单板不在位告警 аварийная сигнализация отсутствия платы сетевого элемента в гнезде, аварийный сигнал «плата сетевого элемента отсутствует» 〈略〉BDSTATUS

网元单板写读芯片寄存器失败 не удачная запись и чтение регистра чипа на плате сетевого элемента

网元告警数据上传 загрузка данных об авариях сетевого элемента

网元功能 функция сетевого элемента 〈略〉NEF

网元功能模块 блок, выполняющий функции элемента сети

网元管理层 уровень управления сетевыми элементами 〈略〉EML

网元管理系统 система управления сетевыми элементами 〈略〉NES

网元控制系统 система управления элементом сети 〈略〉EOS

网元配置 конфигурация сетевого элемента

网元配置报表 отчет о конфигурации сетевого элемента

网元时钟 тактовый генератор сетевого элемента

网元图标 иконка сетевого элемента

网元已发生保护倒换指示 индикация события защитного переключения

网元用户 абонент сетевого элемента

网元用户管理 управление абонентами сетевого элемента

网元主控板检测告警 аварийный сигнал тестирования платы центрального блока управления сетевым элементом 〈略〉SCCALM

网元属性 атрибут сетевого элемента

网站 сайт, веб-сайт

危急告警 срочный аварийный сигнал

危险电压峰值 опасное пиковое значение напряжения

微(10^{-6}) микро… 〈略〉мк

微安(倍) микроампер 〈略〉мкА

微波单片集成电路 СВЧ-монолитная интегральная схема 〈略〉СМИС

微波中继枢纽站 узловая радиорелейная станция 〈略〉УРС

微程序控制部件 блок микропрограммного управления 〈略〉БМУ

微博 миниблог

微程序控制器 контроллер микропрограммного управления 〈略〉КМУ

微处理机控制部件 блок управления микропроцессором

微处理机控制设备 микропроцессорное управляющее устройство 〈略〉МУУ

微处理器,微处理机,微处理机单元 микропроцессор, блок микропроцессора 〈略〉MPU

微处理器电路 микропроцессорный комплект 〈略〉МПК

微处理器系统 микропроцессорная система 〈略〉МПС

微带线 микрополосковая линия 〈略〉МПЛ

微电路,微型电路 микросхема 〈略〉

微电子技术 микроэлектроника

微动开关、微型开关 микровключатель 〈略〉мкВ

微法(拉) микрофарада 〈略〉мкФ

微分放大器 дифференциальный усилитель 〈略〉ДУ

微分相位 дифференциальная фаза 〈略〉ДФ

微蜂窝 микросот

微蜂窝网 микросотовая сеть

微伏(特) микровольт 〈略〉мкВ

微机仿真器板 плата эмулятора микро-ЭВМ

微机故障寄存器 регистр аварии микро-ЭВМ

微机接口卡 интерфейсная карта микро-ЭВМ 〈略〉PCI

微机内存储器和只读存储器板 плата ОЗУ и ПЗУ микро-ЭВМ

微控制器 микроконтроллер 〈略〉МК

微米　микрометр　〈略〉мкм
微软事务处理服务器　сервер транзакции Microsoft　〈略〉MTS
微调　подстройка, точная наладка, точная регулировка
微瓦(特)　микроватт　〈略〉мкВт
微微蜂窝，皮(可)蜂窝　пикосоты
微微蜂窝结构　пикосотовая структура
微信　мы-чат
微型集成电路　интегральная микросхема　〈略〉ИМС
微指令寄存器　регистр микрокоманд　〈略〉РМК
唯一标识　уникальная идентификация
唯一性　уникальность
维测模块　модуль техобслуживания и тестирования　〈略〉MT
维护、技术服务　техобслуживание, техническое обслуживание　〈略〉MAINT, TO
维护操作　эксплуатационная операция　〈略〉ЭО
维护测试　тестирование при техобслуживании
维护的电路闭塞发送信息块　блок передачи связанной с обслуживанием блокировки комплектов　〈略〉MBS
维护的电路闭塞接收信息块　блок приема связанной с обслуживанием блокировки комплектов　〈略〉MBR
维护的电路群闭塞发送信息块　блок передачи связанной с техобслуживанием блокировки группы комплектов　〈略〉MGBS
维护的电路群闭塞接收信息块　блок приема связанной с техобслуживанием блокировки группы комплектов　〈略〉MGBR
维护的群解除闭塞消息　сообщение о снятии связанной с техобслуживанием блокировки группы　〈略〉MGU
维护的群解除闭塞证实消息　сообщение о подтверждении снятия связанной с техобслуживанием блокировки группы　〈略〉MUA
维护的群闭塞消息　сообщение о связанной с техобслуживанием блокировке группы　〈略〉MGB
维护的群闭塞证实消息　сообщение о подтверждении связанной с техобслуживанием блокировки группы　〈略〉MBA
维护功能(**GSM12.00**)　функция техобслуживания (GSM12. 00)　〈略〉MEF
维护管理　техобслуживание и управление, управление техобслуживанием
维护管理控制板　плата контроля техобслуживания и управления　〈略〉MIS
维护管理终端　терминал техобслуживания и управления
维护管理终端通信接口板　интерфейсная плата связи для терминала техобслуживания и управления
维护和操作　техобслуживание и эксплуатация
维护和故障查找　обслуживание и поиск неисправностей　〈略〉M&TS
维护简单　удобство в обслуживании
维护日志　эксплуатационный журнал　〈略〉ЭЖ
维护台　пульт технического обслуживания　〈略〉MAT
维护系统　система техобслуживания
维护终端　терминал обслуживания
维护总线　шина техобслуживания　〈略〉Mbus
维护作业　эксплуатационная работа　〈略〉ЭР
维护作业描述　описание эксплуатационных работ　〈略〉ОЭР
维修模块　блок ремонта　〈略〉БР
维修台　пульт для ремонта
维修中心　центр ремонта　〈略〉ЦР
伪随机测试信号　псевдопроизвольный тестовый сигнал
伪随机二进制序列　псевдослучайная

двоичная последовательность 〈略〉PRBS

伪随机序列发生器 генератор псевдослучайных последовательностей 〈略〉ГПСП

伪同步的 псевдосинхронный

伪同步切换 псевдосинхронное переключение

伪消息 псевдосообщение

伪帧同步信号 ложный цикловой синхросигнал

尾数进位寄存器 регистр переносов мантисс 〈略〉РПМ

尾注 конечные сноски

卫星通信系统 система спутниковой связи 〈略〉CCC

卫星通信线路 линия спутниковой связи

卫星同步信号接收板 плата приема спутниковых синхронизирующих сигналов 〈略〉GPR

卫星信道、卫星电路 спутниковый канал

未安装 неустановленность

未定义 не используется, не определено

未挂机信号,提示听筒未放好的连续信号 сигнал о безотбойном состоянии, беспрерывный сигнал для напоминания о необходимости положить трубку

未挂机状态 безотбойное состояние

未纠错码 некорректирующийся код

未来公用地面移动通信系统 перспективная наземная мобильная система связи общего пользования 〈略〉FPLMTS

未来通信业务管理协议 протокол управления перспективными службами связи 〈略〉ADCCP

未配备线路的识别码 код опознавания необорудованных схем 〈略〉UCIC

未屏蔽双绞线 неэкранированная витая пара 〈略〉UTP

未确认信号 неподтвержденный сигнал

未提供数字通路信号 сигнал отсутствия цифрового тракта 〈略〉DPN

未知数 искомое значение

未装载 состояние «не оборудован» 〈略〉UNEQ

未作限制的 без ограничений

位间隔 битовый интервал

位同步 синхронизация битов

位完整性 побитовая целостность

位于本地网或甚至在本地网范围外的业务 службы, расположенные на местной сети или, даже за ее пределами

位置,配置,布局,分布 расположение

位置寄存器 регистр положения 〈略〉LR

位置区 зона местоположения 〈略〉LA

位置区号 номер кода зоны (района) 〈略〉LAI

位置区域识别 идентификация зоны расположения 〈略〉LAI

位组合,二进制位组合 битовая комбинация

温度偏移 температурное смещение

温度系数 температурный коэффициент

温湿度告警 аварийная сигнализация температуры и влажности

文本框 текстовое окно

文件,文档 документ

文件安全传送协议 протокол безопасной передачи файлов 〈略〉SFTP

文件标记 метка файла

文件传输、访问和管理 передача, доступ и управление файлами 〈略〉FTAM

文件传送 передача(пересылка) файлов

文件夹 папка

文件交换 коммутация файлов

文件类型定义 определение типов документов 〈略〉DTD

文件描述扩展语言 расширенный язык описания документов 〈略〉 XML

文件摄像机，文本摄像机 текстовая видеокамера

文件头 заголовок файла

文卷标记 метка тома

文字编辑 текстовый редактор

问候语 приветствия

问题码 код проблемы

涡流 вихревой поток

握手状态 режим квитирования

无编号确认 непронумерованное подтверждение 〈略〉UA

无操作员控制台 пульт без оператора

无单证格式 бездокументальная форма

无多路复用 отсутствие мультиплектности

无缝接入 «Бесшовное» подключение

无缝隙方式 «бесшовный» режим

无缝越区切换 «бесшовное» трансрайонное переключение, мягкое переключение

无根据命令 немотивированная команда

无故障工作时间 наработка на отказ

无光路 отсутствие оптического канала

无光显示 отсутствие оптической индикации

无焊料的 беспаечный

无级扩容 бесступенчатое наращивание емкости

无级联操作 бестандемная операция 〈略〉TFO

无间隙包法多频代码 многочастотный код методом «безынтервальный пакет» 〈略〉MF-NP, МЧ-БП

无交换连接能力 некоммутируемые соединения

无连接方式 режим без установления соединения 〈略〉CLM

无连接服务功能 функция услуги без соединения 〈略〉CLSF

无连接服务控制 управление услугами без установления соединений 〈略〉 SCLC

无连接网络服务 сетевой сервис режима без установления соединений 〈略〉CLNS

无连接网络接入协议 протокол доступа к сети без соединения 〈略〉CL-NAP

无连接网络协议 сетевой протокол режима без установления соединений 〈略〉CLNP

无连接原语 примитив, неориентированный на соединение

无偏置使用 применение без смещения

无确认式信息服务 услуга передачи информации без подтверждения приема 〈略〉UITS

无人值守 необслуживание техническим персоналом

无人值守放大站 необслуживаемый усилительный пункт 〈略〉НУП

无人值守运行 эксплуатация в необслуживаемом режиме, необслуживаемая эксплуатация

无人值守再生中继站 необслуживаемый регенерационный пункт 〈略〉 НРП

无人值守站 необслуживаемая станция

无绳电动螺丝刀 бесшнуровая электроотвертка

无绳电话 бесшнуровой телефон, радиотелефон

无时钟输入 отсутствие входа тактового сигнала 〈略〉BUSLOC

无输入功率 отсутствие входной мощности 〈略〉INPOWER-FAIL

无数据，无资料 нет данных 〈略〉 Н/Д, н. д.

无条件处理 безусловная обработка

无条件呼叫前转 безусловная переадресация вызова 〈略〉CFU

无条件转语音邮箱 безусловная переадресация вызовов на речевой почтовый ящик

无误码时长(分) минуты безошибочной передачи, безошибочная передача по минутам

无线保真 точность воспроизведения при беспроводной связи 〈略〉WiFi

无线本地环路 беспроводной абонентский доступ, беспроводной местный шлейф, абонентский радиодоступ, система радиодоступа 〈略〉WLL

无线本地环路无线接入系统 система радиодоступа WLL

无线标记语言 беспроводной язык разметки 〈略〉WML

无线测试设备的射频处理部件 радиочастотный блок обработки тестового радиооборудования

无线测试设备的数字式处理部件 блок цифровой обработки тестового радиооборудования 〈略〉RTD

无线传输层安全 безопасность уровня беспроводной передачи 〈略〉WTLS

无线电测量仪表 радиоизмерительный прибор 〈略〉РИП

无线电电子仪表 радиоэлектронная аппаратура 〈略〉РЭА

无线电电子元件 электронный радиоэлемент 〈略〉ЭРЭ

无线电发射,无线电辐射,射电辐射 радиоизлучение

无线电发射台 радиоэмиссионная станция 〈略〉РЭС

无线电辐射敏感度 восприимчивость к радиоизлучению 〈略〉RS

无线电广播 радиовещание 〈略〉PB

无线电话应用 приложения беспроводной телефонии 〈略〉WTA

无线电搜索 радиопоиск

无线电载体 радионоситель 〈略〉RAB

无线端口识别符 идентификатор радиопорта 〈略〉RFPI

无线固定部分 стационарная радиочасть 〈略〉RFP

无线会话协议 беспроводной сеансовый протокол 〈略〉WSP

无线基站 базовая радиостанция

无线基站控制器 контроллер базовых радиостанций 〈略〉RBC

无线交换控制器 контроллер беспроводной коммутации 〈略〉RSC

无线接口、空中接口 радиоинтерфейс 〈略〉Um

无线接入 радиодоступ, беспроводной доступ, бесшнуровой доступ

无线接入环路 беспроводная петля доступа

无线接入网 сеть радиодоступа 〈略〉RAN

无线接入网控制器 контроллер сети радиодоступа 〈略〉RNC

无线接入网平台 платформа сети радиодоступа 〈略〉iRAN

无线接入网应用部分 прикладная часть сети радиодоступа 〈略〉RAN-AP

无线接入系统 система радиодоступа

无线链路 радиоканал 〈略〉RL

无线链路层协议 протокол радиоканального уровня 〈略〉RLP

无线链路单元 блок радиоканала 〈略〉RCU

无线链路控制 управление радиоканалами 〈略〉RLC

无线上网 беспроводной доступ в Интернет 〈略〉WiFi

无线设备子系统 подсистема радиооборудования 〈略〉RSS

无线事务处理协议 протокол беспроводной транзакции 〈略〉WTP

无线收发信道 беспроводные приемопередающие каналы, радиоканалы приема и передачи

无线数据报协议 протокол беспроводной датаграммы 〈略〉WDP

无线通信 **Wi-Fi** 标准 стандарт Wi-Fi

на беспроводную связь

无线通信告警单元 блок аварийной сигнализации беспроводной связи 〈略〉WALU

无线通信交换中心与基站设备接口 интерфейс между центром коммутации подвижной связи и оборудованием базовой станции

无线通信局域网 локальная сеть беспроводной связи 〈略〉WLAN

无线通信系统接口单元 блок системных интерфейсов беспроводной связи 〈略〉WSIU

无线网络 беспроводная сеть 〈略〉WiFi

无线网络 IP 信号传输模块 модуль передачи сигналов IP в беспроводной сети 〈略〉WIFM

无线网络控制器 контроллер радиосети 〈略〉RNC

无线信道分配 распределение радиоканалов

无线信道接入网 Сеть с доступом по радиоканалу

无线信道控制单元 блок управления радиоканалами сигнализации

无线信令链路 радиолиния сигнализации 〈略〉RSL

无线寻呼服务 пейджинговые услуги

无线寻呼系统 пейджинговая система

无线业务接入 беспроводной доступ к услугам 〈略〉WSA

无线移动通信 подвижная радиосвязь, беспроводная подвижная связь

无线应用协议 протокол беспроводных приложений 〈略〉WAP

无线用户交换系统 беспроводная система абонентской коммутации

无线用户框 блок радиоабонентов

无线用户小交换机 бесшнуровая УПАТС 〈略〉WPBX

无线预约时间协议 беспроводной сеансовый протокол 〈略〉WSP

无线智能网 беспроводная интеллектуальная сеть 〈略〉WIN

无线中继传输系统 радиорелейная система передачи 〈略〉РРСП

无线中继系统 радиорелейная система 〈略〉WRS

无线中继线路 радиорелейная линия 〈略〉РРЛ

无线中继站,微波中继站 радиорелейная станция

无线转发站,无线转播台 радиоретрансляционная станция 〈略〉РРС

无线资源管理 управление радиоресурсами 〈略〉RRC

无线子系统管理 управление беспроводной подсистемой 〈略〉RSM

无限测试设备的射频单元 радиочастотный блок обработки тестового радиооборудования 〈略〉RTE

无效呼叫 неверный вызов

无效数字 незначащая цифра

无效消息 недействительное сообщение

无效占用数量 количество неэффективных занятий 〈略〉КНЗ

无效值 незначащее значение

无效指针指示 поле индикации нулевого указателя 〈略〉NPI

无压缩存取 доступ без концентрации

无应答呼叫前转 переадресация вызова при отсутствии ответа 〈略〉CF-NR

无应答呼叫前转补充业务 дополнительная услуга «переадресация вызова при отсутствии ответа» 〈略〉CFNRs

无应答呼叫前转码 код переадресации вызова при отсутствии ответа 〈略〉CFNRC

无源光(接入)网络 пассивная оптическая сеть (доступа), сеть пассивного доступа 〈略〉PON

无源光分配网络 пассивная оптическая респределительная сеть 〈略〉ODN

无源接入接口板 плата интерфейса пассивного доступа 〈略〉PAT

无源平台 пассивная платформа

无源总线 пассивная шина
无载波幅相调制 фазово-амплитудная модуляция без несущей 〈略〉CAP
无纸技术 безбумажная технология
无阻塞 отсутствие блокировки
无阻塞的 безблокировочный, неблокирующий
无阻塞共享存储交换网络 безблокировочное коммутационное поле, реализованное с помощью памяти совместного использования
无阻塞交换 неблокирующая коммутация, безблокировочная коммутация
无阻塞全开放式交换机 неблокирующий (безблокировочный) полнооткрытый коммутатор
五位二进制 пятиразрядная двоичная система
物理层 физический уровень 〈略〉PH, PHY
物理层会聚协议 протокол конвергенции физического уровня 〈略〉PLCP
物理触点 физический контакт 〈略〉PC
物理介质相关子层 подуровень связи с физической средой
物联网 Интернет неодушевленных предметов 〈略〉IOT
误差 погрешность
误块率 частота появления блочных ошибок 〈略〉BLER
误码次数过多 слишком большое количество ошибок по битам
误码次数多 большое количество ошибок по битам
误码块 блок с ошибками 〈略〉EB
误码率,比特差错率 коэффициент ошибок по битам, частота появления ошибок по битам 〈略〉BER
误码率测试仪 измеритель коэффициента ошибок 〈略〉ИКО
误码秒 секунды с ошибками, длительность поражения сигнала ошибками по секундам 〈略〉ES
误码秒率 коэффициент ошибок по секундам 〈略〉ESR
误码数 число ошибок в коде 〈略〉CODE ERR
误码位数,差错位数 число ошибок по битам 〈略〉ERR BIT
误码仪 прибор для измерения ошибок по битам
误帧率 частота кадровых ошибок 〈略〉FER

X

吸动时间、动作时间、起动时间 время срабатывания
硒鼓 селеновый барабан
稀疏模式多址传输的脱机状态 автономный режим разреженной многоадресной передачи 〈略〉PIM-SM
细调、微调 точная настройка 〈略〉
系列号 серийный номер 〈略〉SNR
系统 система 〈略〉SYS
系统安装文件目录 каталог для размещения файлов, используемых при установке системы
系统不可用度 неготовность системы
系统菜单 системное меню
系统参数数据 данные о системных параметрах
系统测试(精调) тестирование (точная наладка) системы
系统的保密性 конфиденциальность системы
系统的设置程序 программа для настройки системы 〈略〉Setup
系统调用 системный вызов
系统服务、运行和处理能力支持 обслуживание, эксплуатация и поддержка работоспособности системы 〈略〉CMOS
系统负荷控制 контроль нагрузки системы

系统概览　просмотр системы
系统构成　компоновка системы
系统管理　управление системой
系统管理板　плата системного управления, плата управления системой 〈略〉SMB
系统管理程序　системный администратор
系统管理单元　блок управления системой 〈略〉SMU
系统管理点　пункт управления системой 〈略〉SMP
系统管理模块　модуль управления системой 〈略〉SMM
系统管理无线板　беспроводная плата управления системой 〈略〉WSMU
系统管理总线　шина управления системой 〈略〉SMBus
系统级设备保护　защита оборудования на уровне системы
系统交叉连接机终端设备　терминальный блок системного кросс-коммутатора 〈略〉TSW
系统接口　системный интерфейс 〈略〉СИ
系统结构　структура системы 〈略〉СС
系统均流电压　напряжение уравнительного заряда системы
系统控制板　плата управления системой 〈略〉SCB
系统控制和通信　управление и связь системы 〈略〉SCC
系统模块　системный модуль
系统容错　отказоустойчивость системы
系统上电　включение системы в сеть питания
系统生成　генерация системы (поколение) 〈略〉SYSGEN
系统时间　системное время
系统识别符　системный идентификатор 〈略〉SID
系统通信控制板　плата управления связью системы
系统网络体系结构　системная сетевая архитектура 〈略〉SNA
系统稳定性　устойчивость системы 〈略〉УС
系统无线接口板　беспроводная плата интерфейсов системы 〈略〉MSIU
系统验收　приёмка системы
系统运行实时显示　отображение работы системы в реальном масштабе времени
系统运行须知　инструкция по пуску системы
系统帧(**SFP**)丢失　потеря кадра системы (SFP) 〈略〉SFP-LOS
系统值班操作员　дежурный оператор системы 〈略〉ДОС
系统主控单元　центральный блок управления системой 〈略〉SCC
系统主干　системная магистраль 〈略〉CM
下变频器、降频变换器　даунконвертер, понижающий преобразователь с понижением частоты
下标　метка нижнего регистра
下层公钥加密算法　подчиненный RSA
下出线　нижний монтаж
下划线　подчеркивание
下级站　нижестоящая станция
下拉菜单　ниспадающее меню, спускающееся меню, вскрывающееся меню
下拉列表　разворачивающий вниз список
下路,下线　выключение из линии, выход из линии
下路 **140M** 告警指示信号　AIS выходного сигнала 140M 〈略〉C4RLAIS
下路指针丢失　потеря указателя тракта высокого порядка на стороне приема 〈略〉HP-RLOP
下路总线 **J1** 丢失　потеря синхронизации шины вывода J1 〈略〉DLOJ1
下路总线时钟丢失　потеря тактовой сигнализации шины вывода

下前盖板　вентиляционная панель

下围框　нижняя рамка

下限值　нижнее значение

下行高速通道　нисходящий магистральной тракт　〈略〉DHW

下行链路　нисходящая линия связи 〈略〉DL

下行链路接收信号强度　уровень принимаемого сигнала линии «вниз» 〈略〉RXLEVD

下行链路接收信号质量　качество принимаемого сигнала на линии «вниз» 〈略〉RXQUAL-D

下行线　нисходящая линия

下一代路由信息协议　RIP следующего поколения　〈略〉RIPng

下一代网络　сеть следующего поколения　〈略〉NGN

下一地址寄存器　регистр следующего адреса　〈略〉PCA

下一级子网　подсеть нижестоящего уровня

下一信息域　поле следующей информации　〈略〉SIF

下溢　пропадание

下载文件　загрузка файлов, скачивание файлов

下走线　нижняя прокладка (проводка) кабелей

夏季时间　летнее время　〈略〉DST

先进电信计算架构　современная архитектура телекоммуникационных вычислений　〈略〉ATCA

先进的智能外设　усовершенствованная интеллектуальная периферия 〈略〉AIP

先进后出　первым пришел — последним обслужен, режим «первым пришел, последним обслужен»　〈略〉FILO

先进先出　первым пришел — первым обслужен, режим «первым пришел — первым обслужен», дисциплина ФИФО, обработка в порядке поступления, обратный магазин　〈略〉FIFO, ФИФО

先进智能网　современная интеллектуальная сеть　〈略〉AIN

显存　память видеокарты

显卡　видеокарта

显示,映射　отображение

显示,指示　индикация

显示功能　функция презентации 〈略〉PF

显示卡　графическая карта, видеокарта

显示器　дисплей, индикатор

显示器尺寸　размер индикатора, размер дисплея

显示设备,显示器　устройство индикации　〈略〉УИ

显示设置　установка дисилея

显式溢出告警　явное предупреждение о переполнении　〈略〉EFCN

显像管　кинескон

县区监控中心　центр контроля уезда и района

现场可编程门阵列　матрица логических элементов с эксплуатационным программированием　〈略〉FPGA

线,电线,导线　провод

线鼻柄　втулка клеммы

线槽　желоб для проводных соединений

线电压波形崎变率　коэффициент искажения формы волны линейного напряжения

线对　пара линии

线夹,接线柱,接线端子　зажим

线径　диаметр провода

线扣,扣环　пряжка

线扣间距　промежуточное расстояние между стяжками

线缆支架　стойки для прокладки проводных соединений

线路板　линейная плата, плата линий

线路板配置报表　отчет о конфигурации линейной платы

线路侧单板　плата на линейной стороне

线路传输 передача по линии

线路单元 линейный блок 〈略〉LU

线路单元信号 сигнал линейного блока

线路动态控制 динамическое управление линией 〈略〉DLM

线路和线路交叉连接 кросс-соединение между линейными потоками

线路和支路交叉连接 кросс-соединение между линейными и трибутарными потоками

线路环回 закольцовывание линии

线路交换设备 линейно-коммутационное оборудование 〈略〉ЛКО

线路交换网 сеть с коммутацией каналов 〈略〉SCN

线路接口 линейный интерфейс

线路接口处理单元 блок обработки линейного интерфейса 〈略〉LPU

线路接口单元 блок линейного интерфейса 〈略〉LIU

线路均衡器 линейный выравниватель 〈略〉ЛВ

线路容量 емкость линии

线路设备 линейное оборудование, линейный комплекс, оборудование линейного тракта 〈略〉ОЛТ, ЛК, ЛО

线路设备模块 модуль линейных комплектов 〈略〉LM

线路失效信号 сигнал «линия вне обслуживания» 〈略〉LOS

线路时隙 линейные временные интервалы

线路时钟 линейный тактовый поток

线路误码 код ошибки линии

线路信号,线性信号 линейный сигнал

线路信令电路 линейный комплект сигнализации 〈略〉ЛК

线路远端误码 ошибки по битам на дальнем конце линии 〈略〉LFEBE

线路终端 линейный терминал 〈略〉LT

线膨胀系数 коэффициент линейного расширения 〈略〉КЛР

线圈 намотка

线束 пучок линий

线头阻塞 блокировка, создаваемая первой ячейкой в линии 〈略〉HOL

线性调整率 коэффициент линейной регулировки

线性放大设备 линейно-усилительное оборудование

线性滤波器,线路滤波器 линейный фильтр 〈略〉ЛФ

线性码型 тип линейного кода 〈略〉nBmB

线性调频 линейная частотная модуляция 〈略〉ЛЧМ

线性预测编码 линейное кодирование с предсказанием 〈略〉LPC

线性再生器 линейный регенератор 〈略〉LR

限幅器 ограничитель амплитуды 〈略〉OA

限流 ограничение тока

限流保护 защита с ограничением тока

限流点 точка ограничения тока

限流电阻 ограничивающее сопротивление

限流器 ограничитель тока

限流特性 характеристика ограничения тока

限制 PLMN 归属网外漫游的入局呼叫 запрет входящих вызовов при роуминге за пределами домашней сети PLMN 〈略〉BIC-ROAM

限制操作员插入标志 флаг запрета вмешательства оператора

限制出局访问(闭合用户群补充业务) подавление исходящего доступа (дополнительная услуга «замкнутая группа пользователей») 〈略〉SOA

限制国际出局呼叫 запрет исходящих международных вызовов 〈略〉BOIC

限制国际出局呼叫(除 PLMN 归属网国家外) запрет исходящих международных вызовов (кроме адресованных стран домашней сети PLMN) 〈略〉BOIC – exHC

限制国际入局呼叫(除PLMN归属网国家外) запрет входящих международных вызовов (кроме адресованных стран домашней сети PLMN) 〈略〉BIC – exHC

限制抢占信号 сигнал «запрет захвата» 〈略〉ЗЗ

限制所有出局呼叫 запрет всех исходящих вызовов 〈略〉BAOC

限制所有入局呼叫 запрет всех входящих вызовов 〈略〉BAIC

限制用户应用 запрет абонентских приложений 〈略〉SAB

限制子系统 подсистема запрещена 〈略〉SSP

相差调制 фазоразностная модуляция 〈略〉ФРМ

相对湿度 относительная влажность 〈略〉RN

相对时限服务 услуга относительного временного предела

相对位置 относительное расположение

相对相位调制 относительная фазовая модуляция 〈略〉ОФМ

相隔相当远 расположение на достаточно большом удалении друг от друга

相关(联系)控制业务单元 сервисный элемент ассоциированного управления

相关数据库 реляционная база данных

相关性较大的用户线 абонентская линия, имеющая большую релятивность

相间电流失衡 межфазовый дисбаланс тока

相间电压失衡 межфазовый дисбаланс напряжения

相交环 взаимопересекающие кольца, перекрещивающиеся сети

相邻电路 межная схема

相邻局 соседняя станция

相邻模块 смежный модуль

相邻通道,相邻信道 соседний канал

相切环 взаимокасательные (кольца) сети

相同硬件 единые аппаратные средства

相位,相,阶段 фаза

相位比较和计数 сравнение и счет фаз

相位抖动 фазовое дрожение 〈略〉ФД

相位抖动和漂移 фазовый джиттер и вандер

相位放大 фазовое усиление

相位跟随电路 схема фазовой автоподстройки

相位频率特性 фазочастотная характеристика 〈略〉ФЧХ

相位瞬变 время захвата фазы

香港电信管理局 Управление телекоммуникаций Гонконга 〈略〉OFTA

香港回铃音 сигнал контроля посылки вызова Гонконг 〈略〉HKRBT

箱体门/箱门 дверца корпуса

详细过程,具体操作 подробная процедура

详细话单 подробная квитанция

响度,音量 громкость

响应,反应 реакция

响应(反应)时间 время реакции

响应报文,响应消息,应答消息 ответное сообщение

响应超时 тайм-аут ответа

响应地址 адрес ответа 〈略〉RA

响应队列 массивы реакций

向导,助手,工长 мастер

向上兼容 совместимость с предыдущими версиями

向下游插入 вставка в нисходящее направление, вставка в нисходящий поток

象征名 символическое имя

像数 количество пикселей

消防设备 устройство пожаротушения

消息,信息,报文,通知 сообщение

消息包　пакет сообщений
消息编码　кодирование сообщения
消息处理接口　интерфейс обработки сообщений
消息处理模块　модуль обработки сообщений
消息处理系统　система обработки сообщений 〈略〉MHS
消息传递部分　часть передачи сообщений 〈略〉MTP
消息发送器　передатчик сообщений
消息发送者　отправитель сообщения 〈略〉SNDR
消息格式　формат сообщений
消息管理方式　режим управления сообщениями
消息机　машина сообщений
消息鉴别　распознавание сообщений
消息鉴别码　код аутентификации сообщений 〈略〉MAG
消息屏蔽功能　функция маскирования сообщения
消息通信功能　функция передачи сообщений 〈略〉MCF
消息信令单元　значащая сигнальная единица 〈略〉MSU
肖特基二极管　диод Шотки 〈略〉ДШ
肖特基二极管的晶体管－晶体管逻辑元件　транзисторно-транзисторная логика с диодами Шотки 〈略〉ТТЛШ
肖特基势垒二极管　диод с барьером Шотки 〈略〉ДБШ
小隔间　кабинка
小规模集成电路　малая интегральная схема 〈略〉МИС
小规模扩容　незначительное наращивание емкости
小计算系统串行接口　серийный привязанный интерфейс малых вычислительных систем 〈略〉SAS
小区　сот，малая зона
小区标识　ндектификация сот 〈略〉CI
小区广播信道　канал ретрансляции по сотам 〈略〉CBCH
小区频率分配　распределение сотовых частот 〈略〉CA
小区制　режим маленькой зоны охвата，ражим охвата малых площадей
小容量交换机　коммутатор малой ёмкости
小型本地网　малая локальная сеть 〈略〉МЛС
小型化，最小化　минимизация
小型计算机　малая ЭВМ
小型计算系统接口　интерфейс малых вычислительных систем 〈略〉SCSI
小型交叉连接系统　мини-система кросс-соединений
小型设备　оборудование малой емкости
小型数字交义连接器　DXC малой емкости
小型延迟线　малогабаритная линия задержки
效率降低系数　коэффициент снижения эффективности 〈略〉КСЭ
校园卡　система（вузовских）абонентских карт，обслуживание по абонентским картам для студенческих городов 〈略〉Calling card
协处理器　сопроцессор
协调、配合　коодинация，согласование
协调单元　согласующий блок
协调点　пункт координации，точка координации 〈略〉CP
协调功能　медиаторная функция 〈略〉MF
协调中心　координационный центр 〈略〉КЦ
协议　протокол，соглашение
协议标识符　идентификатор протокола，дискриминация протокола
协议差错　ошибка протокола
协议处理单元　блок обработки протоколов 〈略〉PPU
协议处理软件包　пакет программного

обеспечения протокола

协议功能 функция протокола 〈略〉PF

协议管理控制板 плата протокольного управления и контроля 〈略〉PMC

协议鉴别器 дискриминатор протокола

协议实现附加测试信息 дополнительная информация по тестированию реализации протокола 〈略〉PIXIT

协议数据单元 блок данных протокола, протокольный блок данных 〈略〉PDU

协议数据单元错误 ошибка единицы данных протокола 〈略〉ERR

协议综合处理板 плата интегративной обработки протоколов 〈略〉PIU

斜口钳 бокорезы

斜体 курсив

谐波 гармоника

谐波成分(分量) гармонические составляющие

谐波系数 коэффициент гармоники

写入,记录 запись

写入长度,记录长度 длина записи

写入存储器 запись в память

写入缓存 запись в буферную память

写入外部设备信号 сигнал записи во внешние устройства 〈略〉ЗВ

写入芯片寄存器失败 неудачная запись в регистрципа 〈略〉WR-FAIL

泄露 разглашение

卸载 деинсталляция

心跳,心悸 сердцебит

心跳路径 путь серцебиения

芯片,硅片,片 чип

芯片设计 разработка чипов

新风量 подача свежего воздуха в объеме

新服务提示 подсказки новых услуг

新来话呼叫通知 уведомление о поступлении нового вызова

新数据标识(志) флаг новых данных 〈略〉NDF

新数据标志计数 подсчет NDF 〈略〉NDF

新业务 новая услуга

新业务拨号规定 правила набора номера для новых услуг

信贷控制请求 запрос управления кредитом 〈略〉CCR

信贷控制应答 ответ управления кредитом 〈略〉CCA

信道,通信通道 канал связи 〈略〉КС

信道/信道信令装置 канал / устройство сигнализации канала

信道板 плата каналов 〈略〉CTL

信道编码器 канальный кодер

信道单元 канальный блок

信道段 сегмент каналов

信道间隔 интервал между каналами

信道交换核心网域 домен базовой сети с коммутацией каналов 〈略〉CN-CS

信道控制板 плата управления каналами 〈略〉CHC

信道控制单元 блок управления каналами

信道控制柜 кассета управления каналами

信道译码器 канальный декодер

信道转接 транзит каналов

信道准备就绪时间 время готовности канала 〈略〉AS

信号 сигнал

信号(脉冲)极性交替变换码 двоичный код с изменением полярности сигнала, код с чередованием полярности импульсов 〈略〉AMI

信号板,信号盘 сигнальная панель 〈略〉СП

信号变换装置 устройство преобразования сигнала 〈略〉УПС

信号标记失配 несовпадение типа сигнала, рассогласование метки сигнала 〈略〉SLM

信号重复频率 частота следования по-

сылок
信号处理单元 блок обработки сигнала 〈略〉БОС
信号处理芯片 чип для обработки сигналов
信号传输通道 сигнальный канал 〈略〉СК
信号单元,信号部件 блок сигнализации
信号的确定性进入 детерминированное поступление сигналов
信号灯,信号机 семафор 〈略〉СЛ
信号地,信号地线 сигнальная земля 〈略〉GND
信号电平,信号强度 уровень сигнала
信号丢失 потеря сигнала 〈略〉LOS
信号丢失秒 длительность потери сигнала 〈略〉LOSS
信号短路 короткое замыкание сигналов
信号发送间隔延续时间 длительность паузы между посылками сигнала
信号反转码 кодированная инверсия единиц 〈略〉CMI
信号方式 режим сигнализации
信号峰峰值 размах сигнала 〈略〉Lpp
信号过载电平 уровень сигнальной перегрузки
信号呼叫设备 сигнально-вызывное устройство 〈略〉СВУ
信号机信号传输 сигнализация семафора
信号接口 интерфейс сигналов
信号接收机 приемник сигналов
信号进入流 поток поступления сигнала
信号链路定位 позиционирование сигнальных звеньев
信号链路码 код звена сигнализации 〈略〉SLC
信号量(幅度) амплитуда сигнала
信号劣化 ухудшение качества сигнала 〈略〉SD
信号劣化指示 индикация ухудшения (качества) сигнала 〈略〉B2-SD
信号流 поток сигналов
信号盘 табло
信号绕射 дифракция сигнала, огибание сигналом препятствий
信号通路接收器 приемник сигнального канала 〈略〉ПСК
信号位 сигнальный бит
信号无阻塞全交叉 безблокировочное кросс-соединение сигналов
信号信息 сигнальная информация
信号信息单元 сигнальная информационная единица 〈略〉IE
信号信息字段 поле сигнальной информации 〈略〉SIF
信号业务流量控制消息 сообщение контроля сигнального потока трафика 〈略〉FCM
信号音板 плата тональных сигналов 〈略〉SIG
信号音源 источник тональных сигналов
信号源 источник сигналов
信令,信号装置,信号传输 сигнализация
信令板 панель сигнализации 〈略〉ПСИГ
信令标准 стандарт на сигнализацию
信令捕获(监视) контроль сигнализации в радиоканале
信令处理模块 модуль обработки (системы) сигнализации 〈略〉SPM
信令传输 передача сигнализации 〈略〉SIGTRAN
信令单元 сигнальная единица
信令单元定位 выравнивание сигнальных единиц
信令点 пункт сигнализации 〈略〉SP
信令点编码 кодирование пункта сигнализации 〈略〉SPC
信令点再启动 перезапуск пункта сигнализации
信令点状态 состояние пункта сигна-

лизации 〈略〉DS

信令负载能力 пропускная способность сигнализации

信令监控器 монитор сигнализации

信令交换网板 плата сигнального коммутационного поля 〈略〉SNT

信令交换网络 сеть коммутации сигнализации, сигнальное коммутационное поле

信令接口 интерфейс сигнализации

信令接入单元 блок доступа к сигнализации 〈略〉SAU

信令控制功能 функция управления данными 〈略〉SCDF

信令控制器单元 блок контроллера сигнализации

信令控制器模块 модуль контроллера сигнализации

信令连接控制部分 подсистема управления соединением (соединениями) сигнализации 〈略〉SCCP

信令链路编码 код звена сигнализации 〈略〉SLC

信令链路编码发送 отправка кода звена сигнализации 〈略〉SLCS

信令链路管理程序 программа управления звеньями сигнализации 〈略〉SLM

信令链路检验消息 сообщение проверки звена сигнализации 〈略〉SLTM

信令链路检验证实 подтверждение проверки звена сигнализации 〈略〉SLTA

信令链路效率 эффективность звена сигнализации

信令链路选择 выбор звена сигнализации 〈略〉SLS

信令链路选择码 поле селекции звена сигнализации, код выбора звена сигнализации 〈略〉SLS

信令路由 маршрут сигнализации

信令路由网络管理程序 сетевой администратор маршрутов сигнализации 〈略〉SRNM

信令路由组测试消息 сообщение тестирования группы маршрутов сигнализации

信令路由组测试信号 сигнал тестирования группы маршрутов сигнализации

信令路由组拥塞监控 контроль перегрузки группы маршрутов сигнализации

信令路由组拥塞测试消息 сообщение тестирования перегрузки группы маршрутов сигнализации 〈略〉RCT

信令目的点 пункт назначения сигнализации 〈略〉DSP

信令配合 координация сигнализации, сигнальное взаимодействие, взаимодействие сигнализации

信令设备 устройство сигнализации

信令时隙 интервал сигнализации

信令数据链路 звено данных сигнализации 〈略〉SDL

信令数据链路连接顺序消息 сообщение последовательности соединения сигнальных каналов передаци данных 〈略〉DLM

信令数据链路连接顺序信号 сигнал последовательности соединение сигнальных каналов передаци данных 〈略〉DLC

信令通道 канал сигнализации 〈略〉Dm

信令网 сеть сигнализации

信令网关 шлюз сигнализации 〈略〉SG

信令网关过程 процесс шлюза сигнализации 〈略〉SGP

信令系统 система сигнализации

信令消息起点 начальная точка сообщений сигнализации

信令协议 протокол сигнализации

信令业务流量控制 управление потоком трафика сигнализации

信令与话音处理电路(图) схема обработки сигнализации и речевых сигналов

信令终端点 оконечный пункт сигнализации 〈略〉SEP

信令转换器(架),信令转换设备 конвертор сигнализации, устройство преобразования сигнализации 〈略〉STE,KC

信令转接点 транзитный пункт сигнализации 〈略〉STP

信码 код сигнала

信使业务 курьерская служба

信宿 приемник информации

信头差错控制 контроль ошибок в заголовке (ячейки) 〈略〉HEC

信息 информация 〈略〉INF

信息包 информационный пакет

信息包处理 обработка информационных пакетов

信息查询 запрос информации

信息查询和预约业务 справочно-информационная и заказная служба 〈略〉СИЗС

信息处理系统 система обработки информации 〈略〉СОИ

信息传递信道 канал передачи информации 〈略〉ITC

信息传输 передача информации 〈略〉ПИ

信息传送服务 услуга переноса информации

信息串行传送的线路通信接口 интерфейс линейной связи с последовательной передачей информации 〈略〉ИЛПС

信息单元 информационная единица

信息丢失率 процент потери ячеек

信息段,信息字段 информационный сегмент

信息反馈 информационная обратная связь 〈略〉ИОС

信息高速公路 информационная супермагистраль, высокоскоростной тракт передачи данных 〈略〉SHW

信息功能单元 информационный функциональный блок, функциональный элемент информации 〈略〉IFU

信息广播 ретрансляция информационных сообщений

信息过滤和压缩 фильтрация и компрессия информации

信息基础设施 информационная инфраструктура

信息计算网 информационная вычислительная сеть 〈略〉ИВС

信息技术 информационная технология 〈略〉IT

信息技术协定 соглашение информационной технологии 〈略〉ITA

信息寄存器 регистр информации 〈略〉РгИнф

信息加工、信息处理 обработка информации 〈略〉ОИ

信息检索 поиск сообщения

信息检验装置 устройство контроля информации 〈略〉УКИ

信息交换 обмен информацией 〈略〉ОИ

信息交换用扩充二进制编码 расширенный двоично-кодируемый код для обмена информацией 〈略〉EBCDIC

信息结构标准应用推广组织 организация по внедрению стандартов структурирования информации 〈略〉OASIS

信息结构图 структурно-информационная схема 〈略〉СИС

信息库 информационная база 〈略〉ИБ

信息栏 информационный столбец, столбец информации

信息量 объем переданной информации, информационный трафик

信息量交换 обмен трафика

信息流 информационный поток

信息流失通道 канал утечки информации

信息密码保护系统 система криптографической защиты информации 〈略〉СКЗИ
信息模型 информационная модель 〈略〉IM
信息平台 информационная платформа
信息请求,信息查询 информационный запрос 〈略〉INR
信息请求和接收装置 устройство запроса и приема информации 〈略〉УЗПИ
信息算法容量 информационная ёмкость алгоритма 〈略〉ИЕА
信息吞吐量 объем входной и выходной информации
信息网 информационная сеть
信息显示系统 система отображения информации 〈略〉СОИ
信息消息 информационное сообщение
信息消息广播 ретрансляция информационных сообщений
消息消息帧 информационный кадр сообщений
信息压缩 уплотнение информации
信息页 страница информации
信息元 информационная ячейка
信息帧 информационный цикл 〈略〉I
信息指示 средства индикации информации
信息转换功能 функция преобразования информации 〈略〉ICF
信息转移模式 режим передачи информации
信息总线 информационная шина 〈略〉ИШ
信息组、信息块 порция информации
信用卡呼叫 вызов (разговор) по кредитной карте 〈略〉CCC, CRED
信用卡话单 квитанция для кредитной карты
信元传送时延 задержка передачи ячейки 〈略〉CTD
信元丢失率 коэффициент потри ячеек 〈略〉CLR
信元丢失优先级 приоритет потери ячеек 〈略〉CLP
信元误插率 коэффициент ошибок во вставке ячеек 〈略〉CMR
信源 источник информации
信源编码器 исходный кодер
信源编译码器 исходный кодек
信源译码器 исходный декодер
信噪比 отношение «сигнал-шум» 〈略〉SNR, ОСШ
星形的 звездообразный
星形分布 распределение по звездообразной схеме
星形网 звездообразная сеть
行波放大器 усилитель с бегущей волной 〈略〉УБВ
行政管理信息 сообщение управления и администрации 〈略〉MAM
性价比,性能价格比 соотношение цены и качества
性能,特征,特性(曲线) характеристика 〈略〉х-ка
性能参数测试 тестирование функциональных параметров
性能管理 управление рабочими параметрами, управление характеристиками 〈略〉P
性能监视 контроль характеристик
性能拒绝 отказ предоставления средств 〈略〉FRJ
性能门限 пороговое значение характеристик
性能请求 запрос средств 〈略〉FAR
性能请求接收 принятие запроса средств 〈略〉FAA
性能数据,特性数据 данные характеристики
性能数据库 база данных характеристик
休眠态 состояние останова
休眠状态 состояние бездействия

修版　ретушь
修补，插入，补入码　заплата
修复（相对购置新制件而言）　сопровождение ремонта
修改登记　регистрация изменения
修正量　величина поправок　〈略〉ВП
虚电路服务　услуга виртуальных каналов
虚调用，虚拟呼叫　виртуальный вызов　〈略〉VC
虚焊　непропаянное соединение
虚路径隧道　туннель виртуального тракта　〈略〉VPT
虚路由和变址　виртуальная маршрутизация и переадресация　〈略〉VPF
虚拟操作系统　виртуальная операционная система　〈略〉VOS
虚拟存储器　виртуальное хранилище
虚拟存取控制地址　виртуальный MAC-адрес　〈略〉VMAC
虚拟的第**3**层专网　виртуальная частная сеть 3-го уровня　〈略〉L3VPN
虚拟电话　визуальный телефон　〈略〉VP
虚拟服务器　виртуальный сервер
虚拟计算机　виртуальная вычислительная машина
虚拟交换机　виртуальный коммутатор, виртуальная станция
虚拟接口　виртуальный интерфейс
虚拟接收机　виртуальный приемник
虚拟路径标识符　идентификатор виртуального пути　〈略〉VPI
虚拟路径连接　соединение виртуального тракта　〈略〉VPC
虚拟路径隧道　туннель виртуального тракта　〈略〉VPC
虚拟路由器冗余协议　протокол резервирования виртуального маршрутизатора　〈略〉VRRP
虚拟路由选择和传输　виртуальная маршрутизация и передача　〈略〉VRF
虚拟脉冲组（群）　виртуальная пачка (пакет) импульсов
虚拟内存　виртуальная память
虚拟通路，虚通路　виртуальный тракт　〈略〉VP, BT
虚拟通信线路　виртуальная линия связи　〈略〉VCL
虚拟网　виртуальная сеть
虚拟小交换机　виртуальная мини-АТС
虚拟信道服务　услуги виртуальных каналов
虚拟以太网专线　виртуальная частная линия Ethernet　〈略〉EVPL
虚拟用户交换机，集中式用户交换机　виртуальный абонентский коммутатор　〈略〉Centrex, CTX, Центрекс
虚拟源　виртуальный источник　〈略〉VS
虚拟专线业务　услуга виртуальной частной линии　〈略〉VPWS
虚拟专用网　виртуальная частная сеть　〈略〉VPN
虚拟专用网信息传输协议包　пакет протоколов для передачи информации в виртуальных частных сетях　〈略〉IPsec
虚容器　виртуальный контейнер　〈略〉VC
虚通（信）道连接，虚拟通（信）道连接　соединение виртуального канала　〈略〉VCC
虚通道识别符　идентификатор виртуального канала　〈略〉VCI, ИВК
虚线　пунктирная линия, штриховая линия
虚线框　штриховая рамка
虚信道，虚拟信道　виртуальный канал　〈略〉VC, ВК
许可证管理　лицензионное управление　〈略〉УЛ
序号、流水号　порядковый номер
序列参数　последовательный　〈略〉OX30
序列消息图　диаграмма последовательных сообщений　〈略〉MSC
蓄电池　аккумулятор　〈略〉A

蓄电池点火 аккумуляторное зажигание

蓄电池连接线 провод для подключения аккумулятора

蓄电池组 аккумуляторная батарея

蓄电池组管理系统 система управления аккумуляторными батареями

旋转式号盘话机 ТА с дисковым номеронабирателем

选路算法的自适应性调整 адаптивное преобразование алгоритма маршрутизации

选频电压表 селективный вольтметр

选频器 частотный селектор

选色钮 кнопка выбора цвета

选通、选择脉冲 стробирование

选线方式 режим поиска линии

选线器 линейный искатель 〈略〉ЛИ

选择、选取 выбор

选择电路保留控制 выбор управления резервированием каналов

选择可用性 селективная доступность 〈略〉SA

选择框 окно опции

选择器 искатель, селектор

选择权值 весовое значение выбора

选择事件方式 режим выбора события

选择通道 селективный канал 〈略〉СК

选择性的控制措施 выборочные действия по управлению

选择性噪声 селективный шум

选择仪 селективный прибор

选组接入器 подключатель группового искания 〈略〉ПГИ

选组器 групповой искатель, групповыбиратель 〈略〉ГИ, ГВ

雪崩二极管 лавинный диод

雪崩光电二极管 лавинный фотодиод 〈略〉APD, ЛФД

雪崩光电检波器 лавинный фотодетектор 〈略〉ЛФД

寻呼和准许接入信道 канал пейджинга и разрешенного доступа 〈略〉PAGCH

寻呼台 пейджинговая станция

寻呼通道 канал персонального вызова 〈略〉PCH

寻呼系统协议 протокол пейджинговой системы

寻呼信令 поисковая сигнализация

寻呼站(台) пейджинговая станция

寻线 поиск линии 〈略〉LH

寻找秘书线路 искание линии секретаря 〈略〉ИЛС

寻址方式 способ адресации

寻址空间 адресуемое пространство

寻址能力 возможность адресации

循环和定时扫描 циклическое и регулярное сканирование

循环路由 зацикливание маршрута

循环冗余码 циклический избыточный код 〈略〉CRC

循环冗余码校验 контроль с помощью циклического избыточного кода

循环冗余码误码率 частота появления ошибок CRC 〈略〉CRC RATE

循环冗余码误码数 число ошибок CRC 〈略〉CRC ERR

循环选择 циклический выбор

训练序列码 порядковый код обучения 〈略〉TSC

Y

压电陶瓷谐振器 пьезокерамический резонатор 〈略〉ПКР

压电效应 пьезоэлектрический эффект 〈略〉ПЭЭФ

压合接头, 无焊料触点 беспаечный контакт

压降, 电压降 падение напряжеия

压接工具, 打线枪 инструмент для обжимного соединения (вставитель кабеля)

压控晶体振荡器 кристаллический генератор, управляемый напряжением

〈略〉VCXO

压控石英振荡器时钟丢失　потеря тактовой синхронизации управляемого напряжением кварцевого генератора 〈略〉VCXOLOC

压控振荡器　генератор, управляемый напряжением　〈略〉VCO

压扩　компандирование

压力瓶　баллон, напорная бутылка

压敏电阻　пьезосопротивление

压缩　компрессия, уплотнение, архивация, сжатие

压缩/解压　компрессия/декомпрессия

压缩的,紧凑的　компактный

烟雾告警　аварийная сигнализация о задымлении

延迟秒数　длительность задержки в секундах

延迟清除　задержка разъединения

延迟释放信号　сигнал задержки освобождения　〈略〉DRS

延期　отсрочка

延期维修　отложенное обслуживание

延伸命令　команда удлинения

延伸线,连接线插线板　удлинитель

延时　выдержка времени　〈略〉BB

延续时间　время задержки

严重程度　степень серьезности

严重扰动期　период серьезного дефекта　〈略〉SDP

严重误码秒率　коэффициент серьезных ошибок по секундам　〈略〉SESR

严重误码秒　секунды с серьезными ошибками, секунды с большим числом ошибок　〈略〉SES

严重信元误块比　отношение блоков с серьезными ячеистыми ошибками 〈略〉SECBR

沿双向作用线数字式单比特十进制信令　цифровая однобитовая декадная сигнализация по линиям двухстороннего действия　〈略〉EUND

沿双向作用线数字式双比特十进制信令　цифровая двухбитовая декадная сигнализация по линиям двухстороннего действия　〈略〉DUND

沿信号路由的信息传递　передача информации по сигнальному маршруту 〈略〉PAM

掩模,掩码,屏蔽,面具　маска

眼图　глаз-диаграмма

验收表格　бланк приемки

验证,鉴权　аутентификация, верификация　〈略〉AUTC

扬声器联络　громкоговорящая связь

阳极　анод　〈略〉A

样板,模板　шаблон, маска, модуль

样式库　библиотека стилей

遥测,远距离测量　телеизмерение

遥测的　телеметрический, телеизмерительный

遥感　дистанционное зондирование

遥控,远距离控制　дистанционное управление　〈略〉ДУ

遥控器,遥控台,远距离控制台　пульт дистанционного управления　〈略〉ПДУ

遥控设备　устройство дистанционного управления　〈略〉УДУ

遥控状态　режим дистанционного управления

要项,应填事项　реквизиты

野蛮装卸　неаккуратная погрузка и разгрузка

野外光端站　оптическое окончание наружного типа

业务板　плата услуг

业务板带电热插拔　вставка и извлечение плат услуг без отключения питания

业务板混插　смешаниая установка плат услуг

业务策略决策功能　функция выбора политики на основе услуг　〈略〉SPDF

业务层　уровень услуг

业务处理　обработка услуг　〈略〉

业务处理插框　полка обработки услуг 〈略〉SDM

业务单元　блок обслуживания（интерфейсов）〈略〉SU

业务登记编码　код регистрации услуги

业务电路　служебный комплект 〈略〉CK

业务独立构件集　сборник независимых сервисных элементов

业务独立模块　независимый сервисный блок 〈略〉SIB

业务方向　направление услуг

业务分插功能　функция ввода-вывода услуг

业务分配　распределение услуг

业务分流　разделение услуг

业务公告协议　протокол представления услуг, протокол извещения об услугах 〈略〉SAP

业务功能　сервисная функция 〈略〉SF

业务故障　нарушение обслуживания

业务管理层　уровень управления службами 〈略〉SML

业务管理点　пункт управления услугами（обслуживанием）, пункт（узел）администрирования услуг 〈略〉SMP

业务管理功能　функция управления службами 〈略〉SMF

业务管理接入　доступ к управлению услугами

业务管理接入点　узел доступа к администрированию услуг, пункт доступа к управлению услугами（обслуживанием）〈略〉SMAP

业务管理接入功能　функция доступа к управлению службами 〈略〉SMAF

业务管理控制点　пункт управления и контроля услуг（служб）〈略〉SMCP

业务管理系统　система управления услугами（обслуживанием）〈略〉SMS

业务管理子功能　подфункция управления службами 〈略〉SMSF

业务广播功能　функция ретрансляционного соединения

业务和运营支撑系统　система поддержки бизнеса и эксплуатации 〈略〉BOSS

业务互通　взаимная передача трафика

业务汇聚点　пункт концентрации услуг

业务混插板　смешанная установка плат услуг

业务集中　концентрация услуг

业务鉴权　аутентификация услуг

业务交付平台　платформа предоставления услуг 〈略〉SDP

业务交换点　пункт коммутации услуг связи, узел коммутации услуги 〈略〉SSP

业务交换功能　функция коммутации услуг 〈略〉SSF

业务交换管理　управление коммутацией услуг 〈略〉SSM

业务交换管理实体　объект управления коммутацией услуг 〈略〉SSME

业务交换与控制点　пункт коммутации и управления услугамы 〈略〉SSCP

业务接口和协议处理单元　блок сервисных интерфейсов и обработки протокола 〈略〉SIPP

业务接口模块　модуль сервисных интерфейсов 〈略〉SIM

业务接入点,服务访问点　точка доступа к услугам 〈略〉SAP

业务接入点标识符　идентификатор точки доступа к услугам 〈略〉SAPI

业务节点　узел услуг 〈略〉SN

业务节点接口　интерфейс узла предоставления услуг 〈略〉SNI

业务控制点　пункт управления обслуживанием（услугами）, узел управления услугами 〈略〉SCP

业务控制功能　функция управления службами 〈略〉SCF

业务控制功能单元　функциональный элемент управления услугами

业务控制管理实体　объект контрольного управления службами　〈略〉SCME
业务控制状态机　конечный автомат для управления службами　〈略〉SC-SM
业务连接框　кассета соединения с услугами
业务量分配　распределение трафика
业务流程　процесс услуг
业务流量和流向　поток и направление услуг
业务逻辑　логика услуг, служебная логика
业务逻辑处理　обработка служебной логики　〈略〉SLP
业务逻辑处理实例　экземпляр обработки служебной (сервисной) логики　〈略〉SLI, SLPI
业务逻辑控制　управление логикой услуги
业务逻辑执行环境　окружение исполнения служебной логики, исполнительное окружение логики услуг　〈略〉SLEE
业务码　служебный код　〈略〉SC
业务描述表　таблица описания услуг　〈略〉SDT
业务配置窗口　окно конфигурации услуг
业务配置网关　шлюз конфигурирования услуг　〈略〉SPG
业务取消代码　код отмены услуги
业务生成　генерация услуг
业务生成环境，业务创建环境　среда генерарации услуг, среда создания услуг　〈略〉SCE
业务生成环境点　пункт среды генерации услуг　〈略〉SCEP
业务生成环境功能　функция среды генерации услуг　〈略〉SCEF
业务实时控制　контроль услуг в реальном времени
业务属性　сервисный атрибут
业务数据单元　служебный блок данных　〈略〉SDU
业务数据单元，数据处理业务单元　блок обработки данных услуг, блок услуг обработки данных　〈略〉DSU
业务数据点　пункт (узел) данных услуг　〈略〉SDP
业务数据功能　функция служебных данных　〈略〉SDF
业务数据管理　управление служебными данными　〈略〉SDM
业务台　служебный пульт, терминал службы, сервисный пульт
业务特定面向连接协议　протокол, ориентированный на конкретное подключение к услугам　〈略〉SSCOP
业务特定协调功能　функция конкретной координации услуг　〈略〉SSCF
业务通信台　пульт служебной связи　〈略〉ПСС
业务网络侧接口　интерфейс служебной сети　〈略〉SNI
业务下载指示　индикация загрузки услуг
业务限权处理　обработка ограничения полномочий
业务信道　канал трафика, информационный канал　〈略〉TCH
业务信息8位位组(八位字节)　октет служебной информации　〈略〉SIO
业务信息字段　поле служебной информации　〈略〉SIF
业务需求　потребность в услугах
业务选择站点　портал выбора услуг　〈略〉SSP
业务验证　проверка услуг
业务用户信息　информация пользователя услуги　〈略〉USI
业务与网管分离　разделение услуг и сетевого управления
业务云　облако услуг
业务再启动允许消息　сообщение разрешения перезапуска трафика　〈略〉TRM

业务再启动允许信号 сигнал разрешения перезапуска трафика 〈略〉TRA
业务支撑数据 данные поддержки служб 〈略〉SSD
业务支撑系统 система поддержки бизнеса 〈略〉BSS
业务支持服务器 сервер поддержки услуг 〈略〉SCS
业务指示符(码) сервисный индикатор 〈略〉SI
业务重组 перегруппировка услуг
业务属性 сервисный атрибут
业务资源处理板 плата обработки ресурсов услуг 〈略〉SRU
业务资源功能 функция ресурсов услуг 〈略〉SRF
叶结点 узел листа
页脚 нижний колонтитул
页码 колонцифра
页眉 верхний колонтитул
页眉页脚 колонтитулы
页面调用 вызов страницы 〈略〉BC
页面文件 страничный файл
夜间服务 ночное обслуживание
夜间服务分机号 добавочный номер ночного обслуживания
夜间服务功能 функция ночного обслуживания
液晶显示,液晶显示器 жидкокристаллический дисплей 〈略〉LCD,ЖКД
液晶显示器 жидкокристаллический индикатор 〈略〉ЖКИ
一般(普通)请求消息 сообщение общего запроса 〈略〉GRQ
一般流量控制 управление общим потоком 〈略〉GFC
一般代码 общий код 〈略〉OXA0
一般前向建立信息消息 общее информационное сообщение об установлении связи в прямом направлении 〈略〉GSM
“一次编写,到处运行”原则 принцип «Написано однажды — работает везде.» 〈略〉WORA
一次电源模块 блок (модуль) первичного электропитания, электропитание AC/DC
一次群及以上速率国际恒定比特率数字通道的参数实体误码特性 характеристики ошибок и целевые параметры для международных цифровых трактов с постоянной скоростью передачи уровня первичной скорости и выше 〈略〉G.826(08/96)
一次群速率 первый порядок скорости
一次群速率接入 первичный доступ 30B + D 〈略〉PRA
一次群中继接口 интерфейс СЛ первичной группы
一次网,主网络 первичная сеть
一定性密码,一次性口令 одноразовый пароль 〈略〉OTP
一定冗余 определенная избыточность
一对高速数字用户线 однопарная высокоскоростная цифровая абонентская линия 〈略〉SHDSL
一对一原则 принцип «каждая с каждой»
一号通(**801** 服务) предоставление различных услуг посредством набора назначенного телефонного номера (служба 801)
一级菜单 меню 1-го уровня
一级防雷接地 заземление первого уровня от грозовых разрядов
一级基准时钟 первичный эталонный генератор 〈略〉PRC,ПЭГ
一级基准时钟源 первичный опорный источник тактовых сигналов
一级基准源 первичный эталонный источник 〈略〉PRS
一级空分转接板 плата первой степени пространственной коммутации
一级同步 первый уровень синхронизации
一排按钮 строка кнопок
一体化机柜 совмещенный шкаф
一体化接入设备 интегрированные ус-

тройства доступа 〈略〉IAD

一体化网管系统 интегрированная система управления сетью 〈略〉iManager

一体化网络平台 интегрированная сетевая платформа

一系列阻碍大部分改变的原因 ряд причин, препятствующих большинству изменений

一线多号 входящий вызов нескольких номеров по одной АЛ

一线通 предоставление разных услуг по одной паре линии

一致的 одинаковый

一致性 согласованность, соответствие, непротиворечимость

一字批，一字螺丝刀 плоская отвертка

仪表组 группа приборов

仪器器械，全套器具 инструментарий

移动IP мобильный IP 〈略〉MIP

移动部分（DECT网中用户台） портативная часть (абонентская станция в сети DECT) 〈略〉PS

移动电话系列号 серийный номер портативного телефона 〈略〉PSN

移动电信系统的一种标准，450 MHz - один из стандартов системы подвижной электросвязи, 450 МГц 〈略〉NMP

移动访问捕获 поиск доступа к подвижной связи 〈略〉MAH

移动分配索引 распределенный индекс в системе подвижной связи 〈略〉MAI

移动分配信道号 распределенный номер канала в системе подвижной связи 〈略〉MACN

移动分配指针偏移 распределенный сдвиг указателя в системе подвижной связи 〈略〉MAIO

移动号码可移植性 переносимость мобильных номеров 〈略〉MNP

移动键 клавиша «Стрелка», кнопка «Стрелка»

移动交换中心 центр коммутации подвижной связи 〈略〉MSC, ЦКП

移动交换中心/访问位置寄存器 центр коммутации подвижной связи/визитный регистр местоположения 〈略〉MSC/VLR

移动控制中心 подвижный контрольный центр

移动目标的数据传输 передача данных на подвижные объекты 〈略〉

移动台 мобильная (подвижная) станция 〈略〉MS

移动台国际ISDN号码 международный номер ISDN подвижной станции 〈略〉MSISDN

移动台接入权限关键码 ключ полномочий доступа портативной станции 〈略〉PQARK

移动台漫游号 номер блуждающей подвижной станции, номер роуминга 〈略〉MSRN

移动台频率分配 распределение частот по подвижным станциям

移动台用户号码 номер пользователя портативной станции 〈略〉PUN

移动台用户类型 категория пользователя портативной станции 〈略〉PUT

移动台终端设备 оконечное оборудование подвижной станции

移动台准备 подготовка подвижной станции

移动通信部分 подсистема подвижной связи 〈略〉MAP

移动通信电话局 телефонная станция подвижной связи 〈略〉MTX

移动通信设备 оборудование для подвижной связи

移动通信网代码 код сети подвижной связи 〈略〉MNC

移动通信网关交换中心 Шлюзовой коммутационный центр мобильной связи 〈略〉GMSC

移动通信网扩展逻辑的应用 приложе-

ния для расширенной логики сетей мобильной связи
移动通信系统 система подвижной радиосвязи 〈略〉СПР
移动通信系统国家代码 код страны в системе подвижной связи 〈略〉MCC
移动通信用分布式电子交换机 распределенный электронный коммутатор для связи с подвижными объектами
移动通信运营商 оператор мобильной связи 〈略〉MHO
移动通信专家组 группа экспертов подвижной связи 〈略〉GSM
移动网 мобильная сеть
移动网络增强逻辑的客户化应用 пользовательские приложения для усовершенствованной логики мобильной связи 〈略〉CAMEL
移动无线电通信系统 система подвижной радиосвязи
移动无线电信管理局 управление подвижной беспроводной электросвязи 〈略〉УПБЭС
移动性管理 управление подвижностью 〈略〉MM
移动虚拟专用网 виртуальная частная сеть мобильной связи 〈略〉MVPN
移动虚拟专用网运营商 оператор виртуальной частной сети мобильной связи 〈略〉MVNO
移动应用部分 прикладная часть подвижной связи 〈略〉MAP
移动业务交换中心 центр коммутаций мобильных услуг 〈略〉MSC
移动用户 абонент подвижной связи
移动用户记录器 регистратор подвижных абонентов 〈略〉HLR
移动用户来话呼叫 входящий вызов мобильного абонента 〈略〉MTC
移动用户识别号码 идентифицирующий номер подвижного абонента 〈略〉MSIN
移动用户无线电台通过蜂窝移动通信系统基站与固定自动电话局用户的自动连接 автоматическое соединение подвижной абонентской радиостанции с абонентом стационарной АТС через базовую станцию ССПС 〈略〉OACSU
移动用户无应答呼叫前转 переадресация вызова при отсутствии ответа подвижного абонента 〈略〉CFNRy
移动用户与电话公网用户连接的移动无线通信系统 система подвижной радиосвязи, обеспечивающая соединение подвижных абонентов с абонентами телефонной сети общего пользования 〈略〉RARM
移动智能网 мобильная интеллектуальная сеть
移动终端，移动通信终端 терминал подвижной связи 〈略〉MT
移行，进位 перенос
移频键控－键控频率 частотная манипуляция 〈略〉FSK，ЧМ
移位寄存器 регистр сдвига 〈略〉РС
移植，转移 перенесение
以前增值业务登记/撤消消息 сообщение регистрации / отмены предыдущих дополнительных услуг 〈略〉PSR
以太网供电 питание поверх Ethernet 〈略〉POE
以太网交换机 коммутатор-Ethernet
以太网接入设备 устройство доступа в Ethernet 〈略〉EAU
以太网上运行点对点协议 PPP поверх Ethernet 〈略〉PPPOE
以太网无源光网络 пассивная оптическая сеть Ethernet 〈略〉EPON
以太网线路 линия Ethernet 〈略〉E-Line
以太网专线 частная линия Ethernet 〈略〉EPL
异步传输模式 Асинхронный режим передачи, режим асинхронной пере-

дачи 〈略〉ATM
异步关联性 асинхронная ассоциация
异步接口 асинхронный интерфейс
异步切换 асинхронное переключение
异步时分 асинхронное временное разделение 〈略〉ATD
异步收发机透明接口 прозрачный интерфейс асинхронного приемопередатчика 〈略〉TAXI
异步数据传输电路 канал асинхронной передачи данных 〈略〉CDA
异步无接续信道 асинхронный канал без установления соединения 〈略〉ACL
异步显示方式 асинхронный режим отображения 〈略〉AMM
异步映射 асинхронное отображение
异步适配层 уровень асинхронной адаптации
异常 аномалия
异地呼叫无条件转移 дистанционная безусловная переадресация вызовов
异地呼叫无应答转移 дистанционная переадресация вызова в случае неответа абонента
异地呼叫遇忙转移 дистанционная переадресация вызова в случае занятости абонента
译成密码的 зашифрованный
译码器 декодер, дешифратор 〈略〉ДШ
译码算法 алгоритм декодирования
抑止，扼止，消音 заглушение
溢出到…… вывод в режиме переполнения на…
阴极射线管（视频显示终端） электронно-лучевая трубка (видеотерминал дисплея) 〈略〉ЭЛТ, CRT, СКЕ
阴极射线管控制器 контроллер электронно-лучевой трубки 〈略〉CRTC
阴影 затенение
阴影部分 заштрихованные элементы
音调 тональность
音节清晰度 слоговая разборчивость
音量 громкость, волюм
音频 тональная частота 〈略〉VF, ТЧ
音频编解码器 аудиокодек
音频编码 кодирование звуковой частоты
音频拨号来话电路 входящий комплект тонального набора 〈略〉ВКТН
音频拨号去话电路 исходящий комплект тонального набора 〈略〉ИКТН
音频参数 параметр звуковой частоты
音频电路 канал тональной частоты 〈略〉КТЧ
音频和脉冲拨号 тональный и импульсный набор номера
音频话机 тональный телефонный аппарат
音频接口 тональный интерфейс
音频收号器 приемник тонального набора 〈略〉ПТН
音频数据 данные голосовой частоты
音频线接口 проводной интерфейс тональной частоты
音频信号，音信号 тональный сигнал
音频信号发送板 плата передатчиков тональных сигналов
音频信号分配器 распределитель тональных сигналов
音频信号内存 память тональных сигналов
音频信息业务 звуковые информационные услуги
音频业务 тональная служба
音频振荡器 тональный генератор
音色，音质 тон, тембр, тональное качество
音箱 звуковая ялейка
音响系统 акустическая система 〈略〉AC
音响效果 акустический эффект
音响信号，声信号 акустический сигнал
音响信号装置 устройство звукового сигнала

音响寻呼信令 поисковая акустическая сигнализация 〈略〉ПАС
音质,音响质量 качество звука, тембр
银行信息传输网 сеть передачи банковской информации 〈略〉СПБИ
引导 начальная загрузка
引导程序 программа самозагрузки, направляющая программа
引导自动加载 инициальная самозагрузка
引脚 вывод, контакт, ножка
引入,导入,引言 введение
引入人为误差 введение искусственной ошибки
引入新业务 введение новых видов услуг
引示线号码 номер-индикаиор, показательный номер
隐藏文件 скрытый файл
隐含值 неявное значение
隐显功能 функция отображения/скрытия
印制部件 узел печатный 〈略〉УП
印制电路板 печатная плата 〈略〉PCB
印制电路布线 печатный монтаж
英特尔架构 архитектура Intel
英制 дюймовая система
营运管理机构 хозяйственно-управленческая структура
影印机墨盒 копиров
应答,回答,答案 ответ
应答查询过程 процедура ответ-запроса 〈略〉ПОЗ
应答次数 число ответов
应答等待队列 очередь ожидания ответов
应答地址总线 ответная адресная шина 〈略〉ОАШ
应答前的 предответный
应答向导 мастер ответов
应答信号,计费 ответный сигнал, с оплатой 〈略〉ANC
应答信号,未分类 ответный сигнал, неклассифицированный 〈略〉ANU
应答信号,免费 ответный сигнал, без оплаты 〈略〉ANN
应答信息总线 ответная информационная шина 〈略〉ОИШ
应答用户 отвечающий абонент 〈略〉OA
应答帧,回执帧 кадр ответа
应用 приложения, применение
应用层 прикладной уровень
应用层接口 интерфейс прикладного уровня
应用程序 прикладная программа, программа прикладного назначения
应用程序包 пакет прикладных программ 〈略〉ППП
应用程序接口 прикладной программный интерфейс, интерфейс прикладных программ 〈略〉API
应用程序系统 система прикладных программ 〈略〉APS
应用服务器 сервер приложений 〈略〉AS
应用服务器功能 функция сервера приложений 〈略〉ASF
应用服务器进程 процесс сервера приложений 〈略〉ASP
应用进程,应用过程 прикладной процесс 〈略〉AP
应用模快 прикладной модуль
应用平台的集中管理 централизованное управление прикладной платформой 〈略〉
应用软件 прикладное программное обеспечение, прикладное ПО
应用上下文 прикладной контекст 〈略〉AC
应用实体 прикладной объект 〈略〉AE
应用协议数据单元 прикладной протокольный блок данных 〈略〉APDU
应用业务单元,应用服务单元 сервисный элемент прикладного уровня,

набор прикладных элементов, прикладной сервисный элемент 〈略〉ASE
应用业务码 код использования услуги
应用云 облако приложений
应用云化解决方案 решение соблаком приложений
英制 дюймовая система
营业厅（指电话局） переговорный пункт, операционный зал, эксплуатационный зал
营运管理机构 хозяйственно-управленческие структуры
映射 упаковка, отображение
映射内存管理描述 спецификация управления отображаемой памятью 〈略〉EMS
硬板配置状态面板 панель конфигурации аппаратных средств
硬币箱收币 инкассирование копилки
硬件 аппаратное обеспечение, аппаратные средства, железо 〈略〉HW
硬件的电路闭塞发送信息块 блок передачи связанной с аппаратным обеспечением блокировки комплектов 〈略〉HBS
硬件的电路闭塞接收信息块 блок приема связанной с аппаратным обеспечением блокировки комплектов 〈略〉HBR
硬件的电路群闭塞发送信息块 блок передачи связанной с аппаратными средствами блокировки группы комплектов 〈略〉HGBS
硬件的电路群闭塞接收信息块 блок приема связанной с аппаратными средствами блокировки группы комплектов 〈略〉HGBR
硬件故障 аппаратный отказ
硬件故障的群解除闭塞消息 сообщение о снятии связанной с аппаратными отказами блокировки группы 〈略〉HGU
硬件故障的群解除闭塞证实消息 сообщение о подтверждении снятия связанной с аппаратными отказами блокировки группы 〈略〉HUA
硬件故障的群闭塞消息 сообщение о связанной с аппаратными отказами блокировке группы 〈略〉HGB
硬件故障的群闭塞证实消息 сообщение о подтверждении связанной с аппаратными отказами блокировки группы 〈略〉HBA
硬件环境 аппаратная среда
硬件加速 железный разгон, разгон железа
硬件平台 аппаратная платформа
硬盘 жесткий диск
硬盘存储器 накопитель на жестком магнитном диске 〈略〉НЖМД
硬盘加速 железный разгон, разгон железа
硬盘驱动器 драйвер (дисковод) на жестком магнитном диске 〈略〉HDD
硬盘阵列 массив жестких дисков
硬占用点 жесткая точка занятия
硬占用设备 принудительное занятие оборудования
硬中断 «принудительное прерывание», «принудительная приостановка»
拥塞 блокировка, перегрузка
拥塞忙音 «Занято из-за перегрузки.»
永久相位变化 постоянный фазовый сдвиг
永久虚信道 постоянный виртуальный канал 〈略〉PVC
永久虚呼叫 постоянный виртуальный вызов 〈略〉PVC
永久虚通路 постоянный виртуальный тракт 〈略〉PVP
用传真方式 посредством факсимильной связи
用服中心，客户服务中心 сервис-центр, центр обслуживания клиентов
用附件形式发信 отпрвка писма

прикренленным файлом

用复用设备的随路信令双向感应电路 комплекты, двусторонние индуктивные для работы через аппаратуру уплотнения с выделенным сигнальным каналом 〈略〉ДКИ

用工统计表,考勤统计 табельный учет

用户 абонент

用户/服务器比 отношение «клиент/сервер»

用户/服务器结构 структура «клиент/сервер»

用户/中继混装模块 комбинированный модуль абонентских / соединительных линий 〈略〉UTM

用户/中继模块 коммутационный модуль абонентских/соединительных линий

用户板,终端板 абонентская плата

用户板 плата абонентских комплектов

用户板测试仪 прибор для тестирования абонентских плат

用户本地忙信号 сигнал «абонент занят местной связью» 〈略〉SLB

用户边界设备 граничное оборудование абонента 〈略〉CE

用户标记 метка пользователя

用户拨打长途 выход абонента на междугородную связь

用户不可及呼叫前转 переадресация вызова при недоступности абонента 〈略〉CFNRc

用户部分 подсистема пользователей 〈略〉UP

用户部分测试 тестирование подсистемы пользователя 〈略〉UPT

用户侧接口 интерфейс на стороне абонентов

用户长忙信号 сигнал «абонент занят междугородной связью» 〈略〉STB

用户出线 выход абонента

用户传真,电传 телефакс

用户代理人 пользовательский агент 〈略〉UA

用户单元 абонентский блок

用户电报 телекс

用户电报网 телексная сеть

用户电路 абонентский комплект 〈略〉АК

用户电路板 плата абонентских комплектов

用户电路测试板 плата тестирования абонентских комплектов

用户端光接点 оптический узел на стороне абонента

用户端口 абонентский порт 〈略〉UNI

用户端设备 оборудование, размещаемое в помещении пользователя 〈略〉CPE

用户分布分散 малая плотность абонентов, рассредоточение абонентов

用户分散的地区 область со сравнительно невысокой плотностью абонентов

用户服务器 абонентский сервер 〈略〉SS

用户服务中心 центр обслуживания клиентов

用户高度集中 большая концентрация абонентов, большая плотность абонентов

用户高频装置 абонентская высокочастотная установка 〈略〉АВУ

用户个人识别号访问(存取) доступ по персональному идентификационному номеру абонента 〈略〉SPINA

用户共享无线单元 совместное использование одного радиоблока абонентами

用户挂机拆线 разъединение по отбою от абонента

用户管理单元 блок управления абонентами 〈略〉SMU

用户管理功能代理人 агент функции управления абонентами 〈略〉SMF-Agent

用户光纤电路 абонентский оптоволо-

конный канал 〈略〉АОК
用户光纤接入网 оптическая сеть абонентского доступа
用户号 абонентский номер 〈略〉SN
用户号码确定 определение номера абонента
用户环回时间 время нахождения абонентского шлейфа
用户环路电阻 сопротивление абонентского шлейфа
用户机 клиентор, учрежденческая АТС, абонентттское устройство 〈略〉PBX
用户集线级模块 модуль ступени абонентской концентрации 〈略〉МАК
用户集线器 абонентский концентратор
用户计次表 счетчик на абонентской стороне
用户计费 начисление оплаты на абонента
用户技术服务中心 служба технического обслуживания абонентов 〈略〉СТОА
用户寄存器选择级 ступень регистрового искания абонентских регистров 〈略〉РИА
用户交换级模块 модуль степени абонентской коммутации
用户交换模块 абонентский коммутационный модуль, модуль коммутации абонентских линий, коммутационный модуль АЛ 〈略〉USM
用户接口(界面) абонентский интерфейс, интерфейс пользователя 〈略〉UI
用户接口单元 блок абонентского интерфейса
用户接入模块 модуль абонентского доступа 〈略〉UAM
用户局 абонентская станция
用户具体设备运行状态确定信息 определенная информация о режиме работы конкретного оборудования пользователя 〈略〉UESBI
用户框 кассета абонентского оборудования
用户框灯 индикатор на абонентских платах
用户类别 категория абонента 〈略〉CAT
用户忙信号 сигнал «абонент занят» 〈略〉SSB
用户密度 абонентская плотность
用户密集区 густонаселенный район
用户模块 коммутационный модуль абонентских линий
用户模块计次表 счетчик абонентского модуля
用户排队 установление пользовательских очередей
用户容量 абонентская емкость
用户商业网业务 служба коммерческой абонентской сети
用户设备 абонентское оборудование 〈略〉UE, AO
用户设备号 позиционный номер абонентского оборудования
用户设定 персонификация
用户申告 жалобы от абонентов
用户申告纪录与故障话机测试报告数据库 база данных записей жалоб на неисправности и отчетов тестирования неисправных ТА 〈略〉D1
用户身份加密 конфиденциальность личности абонента
用户身份鉴权密钥,鉴别用户身份关键字 индивидуальный (персональный) ключ аутентификации абонента 〈略〉Ki
用户识别符 идентификатор абонента
用户识别码 код идентификации пользователя 〈略〉КИП
用户识别模块 модуль идентификации абонентов (SIM-карта) 〈略〉SIM
用户适配器 адаптер пользователя
用户手册 руководство пользователя
用户数较少的社区 район с низкой

плотностью абонентов

用户数据 данные пользователя, пользовательские данные 〈略〉UD

用户数据报协议 протокол пользовательских датаграмм 〈略〉UDP

用户数据库 база абонентских данных 〈略〉D4

用户数字集线器 абонентский цифровой концентратор 〈略〉АЦК

用户数字终端 абонентское цифровое окончание 〈略〉ФЦО

用户锁定 запрет исходящей и входящей связи 〈略〉Park on

用户锁定(除紧急呼叫外) запрет исходящей и входящей связи кроме связи с экстренными службами

用户网 абонентская сеть

用户网,用户家庭网 пользовательская сеть, домашняя сеть пользования 〈略〉CPN

用户-网络接口 интерфейс «пользователь-сеть»А 〈略〉UNI

用户网络接口 сетевой интерфейс пользователя

用户网络接口信令 сигнализация сетевого интерфейса пользователя

用户维护终端 пользовательский терминал техобслуживания

用户文本提示显示 дисплей с текстовыми подсказками пользователю

用户无应答呼叫前转 переадресация вызова в случае неответа абонента

用户线 абонентская линия 〈略〉АЛ,SL

用户线单元 блок АЛ, блок абонентских линий 〈略〉БАЛ

用户线电路测试板 плата тестирования абонентских комплектов 〈略〉TSS

用户线故障 отказ абонентских линий

用户线接口电路 цепь интерфейса абонентской линии 〈略〉SLIC

用户线接口控制器 контроллер интерфейса абонентской линии 〈略〉SLIC

用户线路板用独立电源板 плата независимого источника питания для платы абонентских линий

用户线路高频复用设备 аппаратура высокочастотного уплотнения абонентских линий 〈略〉АВУ

用户线数据自动设置装置 устройство автоматической установки данных АЛ 〈略〉АУД

用户线增容 наращивание емкости абонентских линий, уплотнение АЛ 〈略〉Pair Gain

用户小交换机,用户级交换机 учрежденческая телефонная станция 〈略〉PBX,УТС

用户小交换机集团用户 группа абонентов учрежденческой станции

用户信息数据 данные информации пользователя 〈略〉UID

用户选择 абонентское искание 〈略〉АИ

用户延伸线 абонентский удлинитель 〈略〉АУ

用户-用户信令 сигнализация «пользователь-пользователь» 〈略〉UUS

用户-用户信息 информация «пользователь-пользователь» 〈略〉USR

用户友好界面 дружественный пользовательский интерфейс

用户语音接口 речевой интерфейс пользователя 〈略〉VUI

用户早释 преждевременное разъединение со стороны абонента

用户占线或拆线 занятие или разъединение соединения с абонентом

用户指示灯 абонентский индикатор

用户终端 абонентский терминал 〈略〉АТ

用户终端安装 установка абонентских блоков

用户终端设备 абонентское оконечное

устройство 〈略〉АОУ
用户终端业务 услуги абонентских терминалов
用户状态 статус абонента
用户总分布图 общий профиль пользователя 〈略〉GUP
用簧片锁定 фиксация с помощью пружинной защедки
用交换机的通信设备 устройство связи с коммутационным оборудованием
用鼠标点击…… нажатие «мышью»…
用于鉴权的随机数 случайное число, используемое для аутентификации 〈略〉RAND
用于接数据传输网的传输系统 транспортная система для выхода на сеть передаги данных
优化系统 оптимизация системы
优先调度 приоритетное планирование
优先队列,优先权队列 очередь по приоритету 〈略〉PQ
优先服务 приоритетное обслуживание 〈略〉MLPP
优先级 приоритет, уровень приоритета
优先级倒置 инверсия приоритета
优先级号 номер приоритета
优先级继承 наследование приоритета
优先级选择码 код выбора класса (уровня) приоритета
优先用户 приоритетный абонент
优选 преимущественный выбор
由被叫号码进行的鉴别 аутентификация вызываемым номером 〈略〉CAN
邮电部 Министерство связи, Министерство почт и телекоммуникаций
邮电局 контора почты и телеграфии, почтово-телеграфное отделение 〈略〉PTA
邮电企事业单位 предприятия, учреждения и организации связи
邮电企业,电信企业 предприятия связи
邮电用户 пользователь связи
邮电支局用户 абонент подстанции почты и телеграфии
邮件 почтовые отправления
邮箱,信箱 почтовый ящик 〈略〉п/я
邮箱服务器 сервер почтовых ящиков
邮箱通信 связь через почтовый ящик
邮箱通信模块 модуль почтового ящика
邮箱总线通信 связь через шину почтового ящика
邮政、电话和电报 почта, телефония и телеграфия 〈略〉PTT
邮政通信 почтовая связь
邮政通信代码标准化咨询小组 консультативная группа стандартизации кодов почтовой связи 〈略〉POCSAG
油化 обмасливание
油漆脱落 скол лакокрасочных покрытий
游标 ползунок
游标卡尺 штангенциркуль с нониусом
游戏机 игровой компьютер
有 50 多个拨打公用电话的端口 наличие более 50 портов с выходом на ТФОП
有 ISDN 功能的自动用户小交换机 УПАТС с функцией ISDN 〈略〉ISPBX
有差别服务标志段 поле маркировки дифференцированных услуг 〈略〉DSCP
有坏道的磁盘 бэднутая дискета
有明显指定路由的标签分发协议 протокол распределения меток с явно заданным маршрутом 〈略〉CR-LDP
有偏置使用 применение со смещением
有人值守 обслуживание техническим персоналом

有人值守的 обслуживаемый
有人值守站 обслуживаемая станция
有时延传送的ABT ABT с задержкой передачи 〈略〉ABT/DT
有条件呼叫前转 условная переадресация вызова 〈略〉CCF
有线传输 кабельная передача
有线电话 проводной телефон
有线电视 кабельное телевидение 〈略〉CATV, КТВ
有线电视网 телевизионная кабельная сеть 〈略〉ТКС
有线广播 проводное вещание 〈略〉ПВ
有线调制解调器终端系统 терминальная система кабельных модемов 〈略〉CMTS
有线通信 проводная связь
有线无线一体化 интеграция проводного и беспроводного доступа
有限波段最短路径预选 предпочтительный выбор кратчайшего пути в ограниченном диапазоне 〈略〉CSPF
有限消息机，有限信息机 машина с конечными сообщениями 〈略〉FMM
有限状态机，有限自动机，终端自动装置 конечный автомат 〈略〉FSM, КА
有向图 направленная диаграмма
有效的，有用的，有益的 полезный
有效负荷、纯栽荷 полезная нагрузка 〈略〉PL
有效功率 полезная (эффективная) мощность
有效码段 кодограмма
有效全向辐射功能 эффективная мощность изотропного излучения 〈略〉EIRP
有效手段 эффективное средство
有效性测试 испытание работоспособности
有效值 эффективное значение, действующее значение
有形老化设备 физически устаревшее оборудование
有序的，规整的，有条理的 упорядоченный
有序无连接服务 упорядоченная услуга, неориентированная на соединение
有选择限制通信 избирательное ограничение связи
有源无源一体化 интеграция активного и пассивного доступа
有再启动信息的消息 сообщение с информацией о рестарте
有诊断故障和为恢复通信进行网络重新配置的功能 функциональные возможности по диагностике аварийных ситуаций и последующей реконфигурации сети для восстановления связи
有专用信令信道的电路对接单元 блок стыка с комплектами, работающими с выделенным сигнальным каналом
右对齐 выравнивание по правому краю
迂回 обходная маршрутизация, организация обходного маршрута, передача в обход, направление в обход
迂回到…… вывод путем организации обходного маршрута на..., направление в обход на..., передача путем обхода на...
迂回路由 обходный маршрут, альтернативный маршрут
迂回通信接点 узел обходной связи 〈略〉УОС
与SIU通信接口 интерфейс связи с SIU 〈略〉SCI
与编码收发器通信单元 блок связи с КПП 〈略〉СКПП
与串音连接 соединение с переходными помехами
与存储器连接设备 устройство сопряжения с ЗУ 〈略〉УСЗУ
与第三方系统互通 связь с системой третьей стороны
与国际标准接轨 состыковано с миро-

вым стандартом

与计算中心互连作业记录簿 журнал учета работ по взаимодействию с ВЦ 〈略〉ЖУВЦ

与交换机设备互通单元 блок взаимодействия с приборами станции 〈略〉ВПС

与模块控制单元通信接口 интерфейс связи с MCU 〈略〉MCI

与上级网管中心互通 взаимодействие с центром управления более высокого уровня

与输送介质无关的呼叫控制 управление вызовами, независимое от среды доставки 〈略〉BICC

与数字通路对接单元 блок стыка с цифровыми трактами 〈略〉СЦТ

与图纸对比 сличение с чертежами

与外网互连的网关控制功能 функция управления шлюзом взаимодействия с внешней сетью 〈略〉BGCF

与外围通信的装置 устройство связи с периферией 〈略〉УСП

与硬件无关的执行环境 аппаратно-независимая среда исполнения

与远端局通道中断信号 сигнал обрыва тракта от удаленной станции

语句(算符) фраза, оператор

语义 семантика

语义模型 семантическая модель

语音、话音 речь, голос

语音、视频和综合数据架构 архитектура для голоса, видео и интегральных данных

语音编码技术 техника речевого кодирования

语音编码专家组 экспертная группа по речевому кодированию 〈略〉SCEG

语音拨号 речевой набор

语音拨号器窗口 окно голосового номеронабирателя

语音处理 обработка речевых сигналов 〈略〉VP

语音处理单元 блок обработки речевых сигналов 〈略〉VPU

语音处理台 терминал обработки речевых сигналов

语音存贮器 память речевых сигналов 〈略〉SM

语音的相互转换 взаимное преобразование речи

语音电路 речевой канал

语音服务 речевая услуга

语音广播服务 услуга голосового широковещания 〈略〉VBS

语音合成 синтез речи

语音呼入 голосовой вызов

语音加密 шифрация речи

语音接口模块 модуль речевых интерфейсов 〈略〉VAM

语音模块 модуль речевого сообщения 〈略〉AVM

语音启动拨号 голосовой набор

语音群呼服务 услуга групповых голосовых вызовов 〈略〉VGCS

语音识别 распознавание речи

语音提示信号 звуковой сигнал подсказки

语音通信 речевая связь

语音消息传送 передача речевых сообщений 〈略〉VOX

语音消息收听 прослушивание голосовых сообщений 〈略〉VMR

语音信号 речевой сигнал

语音信号处理装置 установка для обработки речевых сигналов

语音信号激活的交换 коммутация, активизируемая речевым сигналом 〈略〉VAS

语音压扩 компандирование речи

语音业务 речевая служба

语音邮箱、语音信箱 речевая (голосовая) почта, речевой (голосовой) почтовый ящик 〈略〉VM

语音邮箱接口板 интерфейсная плата речевой почты 〈略〉AVM

语音邮箱系统 система речевой почты

语音质量清晰　высокое качество передачи речи
语音转换　речевое преобразование
预防非法操作　предотвращение несанкционированного доступа
预防性措施　профилактическая мера
预防循环重发方法　режим предотвращения циклической повторной передачи
预分配　предораспределение　〈略〉FA
预付卡呼叫　вызов по карте предоплаты　〈略〉ACC
预付费　предварительная оплата, предоплата　〈略〉PPC
预付费电话服务　телефонная услуга с предоплатой　〈略〉PPT
预付费服务　услуга предоплаты　〈略〉PPS
预览，打印预览　предварительный просмотр
预留节点通信线路　резервные узловые линии связи
预热区　зона предварительного нагрева, подогревательная зона
预同步切换　предсинхронное переключение
预选器　предварительный искатель　〈略〉ПИ
预选择　предварительное искание　〈略〉ПИ
预译位数　предварительно транслируемые цифры
预约用户呼叫，叫醒服务　вызов абонента по заказу, автоматическая побудка　〈略〉ВЗА
预置程序，初始程序　инициированная программа, программа инициализации
预置跟踪呼叫　инициализация прослеживания вызовов
域　поле, область, домен
域码　код поля
域名服务　служба доменных имен
域名服务器　сервер доменных имен　〈略〉DNS
域名系统　система доменных имен　〈略〉DNS
域数目　количество полей
阈值，门限，门限值　порог, пороговое значение
阈值门　пороговый вентиль　〈略〉ПВ
阈值元件　пороговый элемент　〈略〉ПЭ
遇忙/无应答呼叫前转　переадресация вызова при занятости / неответе　〈略〉CFC
遇忙/无应答时有选择呼叫前转　выборочная переадресация при занятости/ отсутствии ответа　〈略〉SCF
遇忙呼叫前转　переадресация вызова при занятости　〈略〉CFB, ПЗА
遇忙回叫　ожидание с обратным вызовом, установка на ожидание освобождения вызываемого абонента
遇忙记存呼叫　повторный вызов без набора номера
遇忙用户呼叫完成　завершение вызова к занятому абоненту　〈略〉CCBS
遇忙转移　передача вызова в случае занятости абонента
元件管理层　уровень управления элементами　〈略〉EM-Layer
元件管理系统　система управления элементами　〈略〉EMS
元器件　элементы и приборы, элементы и узлы
元素，元件，项，电池，单元　элемент
元组　кортеж, группа кортежей
园区网，校园网　кампусная сеть
原被叫号码　первоначальный вызываемый номер
原本，原始文本　исходный текст
原材料　сырьевые материалы
原地址，起始地址　исходный адрес
原理框图　принципиальная блок-схема, функциональная блок-схема
原理图　принципиальная схема
原始文件，原始文献　первичный доку-

мент 〈略〉ПД
原型,基元 примитив
原语 примитив, язык примитивов
源,起源 источник 〈略〉OR
源程序 исходная программа
源程序编目 листинг исходной программы
源点码,源信令点编码 код исходного пункта, код пункта источника, код исходящего пункта сигнализации 〈略〉OPC
源端机 исходная оконечная машина
源服务访问点 пункт доступа к обслуживанию источника 〈略〉SSAP
源功率因数校正 коррекция коэффициента мощности источника электропитания
源计费组 исходящая биллинговая группа
源码,源代码 исходный код
远程/集中操作和维护接口 интерфейс дистанционной/централизованной эксплуатации и техобслуживания 〈略〉R1/C1
远程安装服务(指软件) услуга дистанционной установки 〈略〉RIS
远程操作服务单元 сервисный элемент дистанционных операций, сервисный элемент удаленной обработки 〈略〉ROSE
远程定位网络寻呼协议 телелокализационный сетевой пейджинговый протокол 〈略〉CTNPP
远程工作站 удаленная рабочая станция 〈略〉RWS
远程广播 дистанционная ретрансляция
远程话务台 дистанционный пульт оператора
远程监控 дистанционный мониторинг 〈略〉RMON
远程检测负触点 отрицательный контакт дистанционного детектирования
远程教学 дистанционное обучение
远程接入服务器 сервер дистанционного доступа 〈略〉RAS
远程局,远程站 удаленная станция
远程控制论坛 форум по телеуправлению 〈略〉TMF
远程控制盘 щит дальнего управления 〈略〉ЩДУ
远程联网接口 дистанционный интерфейс неавтономной сети 〈略〉CCP
远程视频监控系统 система дистанционного видеоконтроля
远程数据处理 телеобработка данных 〈略〉ТД
远程通信 дистанционная связь
远程通信标准化组织 Сектор стандартизации телекоммуникаций 〈略〉TSS, ССЭ
远程通信服务器 сервер дальней связи 〈略〉LAN-ROVE
远程无线电转播站 удаленный радиоузел 〈略〉RRU
远程信令 телесигнализация 〈略〉TC
远程医疗 дистанционное медицинское обслуживание
远程诊断 дистанционная диагностика
远程终端 удаленный терминал 〈略〉RT
远程终端单元 дистанционный оконечный блок 〈略〉RTU
远端串音 перекрестная наводка на дальнем конце 〈略〉FEXT
远端的,远程的 удаленный, дистанционный
远端电源馈送 обеспечение дистанционного питания
远端电源模块 модуль дистанционного питания
远端告急信号显示 индикация удаленного сигнала тревоги 〈略〉FAS RAI
远端告警信号 дистанционный аварийный сигнал 〈略〉DC, ДС
远端供电,远端电源 дистанционное питание 〈略〉ДП
远端供电传输机架 стойка передачи

дистанционного питания 〈略〉СДП

远端过程调用 удаленный вызов процедуры 〈略〉RPC

远端和近端集中维护功能 функция удаленного и локального централизованного техобслуживания

远端环回 закольцовывание на дальнем конце

远端交换模块 удаленный коммутационный модуль 〈略〉RSM

远端交换模块（电接口） удаленный коммутационный модуль（электрический интерфейс）

远端交换模块（光接口） удаленный коммутационный модуль（оптический интерфейс）

远端接入电路 подключающий комплект удалённый 〈略〉ПКУ

远端接入局域网 дистанционный доступ к локальной сети

远端接收失效 неисправность приема на дальнем конце, сбой при приеме на дальнем конце 〈略〉FERF

远端块误码 ошибка в блоке на дальнем конце, блок с ошибками на дальнем конце, ошибки блока на дальнем конце 〈略〉FEBE

远端连续严重误码秒 последовательные секунды с серьезными ошибками на дальнем конце 〈略〉FECSES

远端模块 удаленный модуль 〈略〉RM

远端缺陷指示 дистанционная индикация дефекта, индикация дефекта на дальнем конце 〈略〉RDI

远端商务服务交换系统 удаленная коммутационная система с бизнес-услугами 〈略〉RBSS

远端位置 удаленная позиция

远端无源光网络 пассивная оптическая сеть удаленная 〈略〉PON-R

远端一体化模块 удаленный интегрированный модуль 〈略〉RIM

远端用户单元 удаленный абонентский блок 〈略〉RSU, УАБ

远端用户单元板 плата удаленного абонентского блока 〈略〉LCT

远端用户电路 комплект удаленного абонента 〈略〉КУА

远端用户多路复用器 удаленный абонентский мультиплексор 〈略〉УАМ

远端用户接入模块，远端用户模块 удаленный модуль абонентского доступа 〈略〉RSA

远端用户模块板 плата удаленного абонентского модуля 〈略〉RSA

远端站（台）故障指示 индикация аварийной сигнализации от удаленной станции

远端站（台）频率 частота удаленной станции

远郊和乡村 удаленные пригороды и села

远景方案 перспективный вариант

远距离接入 удаленный доступ

远距离控制台 пульт дистанционного управления 〈略〉ПДУ

约定的包尺寸 согласованный размер пакета 〈略〉CBS

约定的被叫号码 условное обозначение вызываемого номера

约定传输速率 согласованная скорость передачи 〈略〉CIR

约定接入速率 согласованная скорость доступа 〈略〉CAR

跃迁移 миграция перехода

越区切换 межсекторное переключение, межсотовое переключение

越区无线漫游 межзоновый беспроводной роуминг

越限处理 обработка превышения порога

云操作系统 облачная оперативная система, облачная ОС

云存储 облачное хранилище

云服务 облачная услуга

云服务层次　уровень облачных услуг
云呼叫中心　облачный центр обработки вызовов
云计算　облачные вычисления
云计算资源　ресурсы облачных вычислений
云平台　облачная платформа
云数据中心　облачный центр обработки данных
云数据中心解决方案　решение с облачным центром обработки данных
云终端　облачный терминал
允许,许可,分辨率,清晰度　разрешение
允许/禁止报警　разрешение/запрет аварийной сигнализации
允许传递信号　сигнал разрешенной доставки 〈略〉TFA
允许的用户子系统　разрешенная подсистема пользователя 〈略〉UPA
允许读出信号　сигнал разрешения чтения 〈略〉СРЧ
允许接入的信(通)道　канал разрешенного доступа 〈略〉AGCH
允许类别/增值业务消息　сообщение о доступных категориях/дополнительных услугах 〈略〉CSA
运动,移动,动作　движение
运动补偿　компенсация движения 〈略〉MC
运动估值　оценка движения 〈略〉ME
运输管理中心自动化系统　автоматизированная система центров управления перевозками 〈略〉АС ЦУП
运算放大器　операционный усилитель, решающий усилитель 〈略〉ОУ, РУ
运算扩展器,运算器扩展部件　арифметический расширитель 〈略〉AP
运算逻辑部件,运算部件　арифметико-логический блок 〈略〉АЛБ
运算器　арифметическое устройство 〈略〉АУ
运行环境　рабочее окружение
运行温度,工作温度　рабочая температура
运行指示灯　контрольно-эксплуатационная лампа 〈略〉RUN
运行中监控　мониторинг в процессе обслуживания 〈略〉ISM
运行状态　состояние работы 〈略〉RUN
运营商,操作员,话务员　оператор
运营商决定的闭锁　блокировка в зависимости от оператора 〈略〉ODB
运营支撑系统　система операционной поддержки, система поддержки эксплуатации 〈略〉OSS
运营支出,运营成本　эксплуатационные затраты 〈略〉OPEX

Z

杂凑函数　хеш-функция 〈略〉HASH
杂散幅射　побочное излучение
杂散抑制　ослабление рассеиваемого излучения, подавление рассеиваемого излучения
杂音、噪声　шум
杂音峰峰值　размах напряжения взвешенного шума
杂音功率(级)　псофометрическая мощность
杂音计　псофометр, измеритель шумов
杂音计噪声　псофометрический шум
载波　несущая
载波标准通信运营商协会　Ассоциация операторов связи по стандартам 〈略〉ECSA
载波背板　объединительная плата несущей 〈略〉CUB
载波机　несущее устройство
载波监听多路访问　множественный доступ с контролем несущей 〈略〉CSMA

载波检测 обнаружение несущей
载波检测器 детектор несущей 〈略〉CD
载波频率,载频 несущая частота
载波识别多址接入 множественный доступ с контролем несущей 〈略〉CSMA
载波识别符 идентификатор несущей
载波通道 канал несущей 〈略〉BC
载波同步 синхронизация несущей частоты
载频同步系统 система сигнализации несущей 〈略〉CCH
载体,介质 носитель
载体接口控制器板 плата контроллера интерфейса носителя
载体设备 услуги носителя
再充电、补充充电 подзаряд
再定时 ресинхронизация, восстановление синхронизации
再定义关系 переопределяемое отношение
再启动,重新启动 перезапуск
再启动信息证实消息 сообщение подтверждения информации о рестарте 〈略〉REA
再生段 регенераторная секция 〈略〉RS
再生段 B1 误码 ошибка B1 регенераторной секции
再生段 B1 误码过限 преваншение порога ошибок B1 регенераторной секции 〈略〉B1-OVER
再生段 DCC 通路参考点 опорная точка канала DCC для регенераторной секции 〈略〉N
再生段不可用时间告警 аварийная сигнализация недоступного времени регенераторной секции 〈略〉RSUATEVENT
再生段开销 заголовок регенераторной секции 〈略〉RSOH
再生段每秒钟含有 B1 误码的帧数 число кадров регенераторной секции, содержащих ошибки B1, в секунду 〈略〉BIB
再生段数据通信信道(通道) канал передачи данных для регенераторной секции 〈略〉DCCR
再生段性能参数越限告警 аварийная сигнализация выхода параметров характеристики регенераторной секции за установленные пределы 〈略〉RSCROSSTR
再生段终端 окончание регенераторной секции 〈略〉RST
再生放大器 регенерационный усилитель, усилитель регенерации 〈略〉РУ, УР
再生器 регенератор 〈略〉R, REG
再生器定时发生器 генератор синхронизации регенератора 〈略〉RTG
再生器远程控制台 пульт дистанционного контроля регенераторов 〈略〉ПДКР
再应答信号 сигнал повторного ответа 〈略〉RAN
在本地网级互连 взаимодействие на уровне местных сетей
在电信网上运行 эксплуатация в сети связи
在紧急情况下 в экстренных ситуациях, в экстренном случае
在现今电信发展阶段 на текущем этапе развития электросвязи
在线 режим онлайн, оперативный режим работы, неавтономный режим
在线保持 удержание вызова
在线测试 тест в режиме онлайн
在线调试 онлайновая отладка
在线计费网关 шлюз учета стоимости в режиме онлайн 〈略〉OCG
在线计费系统 система тарификации в режиме онлайн 〈略〉OCS
在线卡线操作 проведение операции врезания на месте
在线求助功能 функция запроса на помощь в режиме онлайн

在线升级 модификация в режиме онлайн

在线系统诊断 диагностирование системы в режиме онлайн

在线增值业务 дополнительные услуги на линии

在线资源 онлайновые ресурсы

暂存文件 временный файл

暂态过程，瞬态过程 переходный процесс

暂停，间歇，停顿 пауза

暂行规定，暂行规范 временные нормативы

噪声比 отношение шумов

噪声测量仪 измеритель шумов

噪声传导发射 кондуктивная помехоэмиссия 〈略〉CE

噪声发生器 шумовой генератор 〈略〉ШГ

噪声计 псофометр

噪声系数 коэффициент шума 〈略〉КШ

噪声抑制器 эхоподавитель 〈略〉EC

噪音传输 передача шума

噪音抑制 шумоглушение

增加（删除，修改，验证）呼叫允许目的码 добавление（удаление，изменение，проверка）разрешенного вызываемого номера

增加模块扩容 наращивание（увеличение）емкости путем увеличения числа модулей

增加网元用户 добавление абонента сетевого элемента

增量，增加 инкремент

增量调制 дельта-модуляция 〈略〉ДМ

增强的单位数据 расширенные данные блока 〈略〉XUDT

增强的单位数据业务 услуга расширенных данных блока 〈略〉XUDTS

增强光纤，加固光纤 армированное оптическое волокно 〈略〉AOB

增强型 GPRS 网关支持节点 усовершенствованный узел поддержки шлюза GPRS 〈略〉GGSN +

增强型 GPRS 服务支持节点 усовершенствованный узел поддержки услуг GPRS 〈略〉SGSN +

增强型动态键控 усиленная динамическая манипуляция

增强型交换信道的数据传输 усиленная передача данных с коммутацией каналов 〈略〉ECSD

增强型内部网关路由选择协议 усовершенствованный внутренний протокол маршрутизации шлюза 〈略〉EIGRP

增强型全速率语音编码、扩展型全速率语音编码译码器 усовершенствованное полноскоростное речевое кодирование，расширенный полноскоростной речевой кодек 〈略〉EFR

增益，放大 усиление

增益天线 усиливающая антенна

增音站 усилительный пункт 〈略〉УП

增值业务 дополнительная услуга 〈略〉ДУ

增值业务登记/取消消息 сообщение регистрации / отмены дополнительных услуг 〈略〉SRM

增值业务登记消息 сообщение регистрации дополнительных услуг 〈略〉SRA

增值业务网 сеть с дополнительными услугами

增值业务预登记/撤消证实消息 сообщение предварительной регистрации дополнительных услуг / подтверждения отмены 〈略〉PSA

增值业务种类 дополнительные виды обслуживания（услуг） 〈略〉ДВО，VAS

扎带，捆绑，定位 привязка

扎线扣工具 инструмент для привязки кабелей

扎线框　отверстие для привязки кабелей
扎线区　зона связки
摘机　снятие трубки　〈略〉Off-Hook
摘机检测　тестирование в режиме поднятия трубки　〈略〉DET
摘录　выписка
窄(频)带　узкая полоса
窄带交换网络,窄带接续网络　узкополосное коммутационное поле　〈略〉CNET
窄带调频　узкополосная частотная модуляция　〈略〉УЧМ
窄带业务　узкополосные услуги
窄带综合业务数字网　узкополосная цифровая сеть с интеграцией услуг 〈略〉N-ISDN
窄脉冲发生器　генератор коротких импульсов　〈略〉ГКИ
窄选择脉冲　узкий селекторный импульс　〈略〉УСИ
展开,扫描　развертывание
占空比,通断比　скважность, отношение занятость/освобождение
占空系数、开关时间比　отношение включения и паузы
占用/被占用　занятие/занятость
占用 **B** 信道数　число (количество) занятых В-каналов
占用标志　флаг занятости
占用率(忙闲度)　коэффициент занятия, коэффициент занятости
占用显示　индикация занятия　〈略〉SZ-IND
占用证实　подтверждение занятия
栈指针　указатель стека　〈略〉УС
站点　пункт и станция　〈略〉SITE
帐务管理　управление счетами
召集式会议电话(呼叫)　конференцсвязь с последовательным сбором участников
找回密码　восстановление пароля
兆(10^6)　мега…　〈略〉M
兆比特,10^6 比特　мегабит (10^6 бит)　〈略〉Мбит
兆赫(兹),10^6 赫(兹)　мегагерц (10^6 Гц)　〈略〉MHz, МГц
兆欧表　мегомметр, меггер
兆兆比特,太拉比特,10^{12} 比特　терабит (10^{12} бит)　〈略〉Тбит
照明　подсветка
照明钮　кнопка подсветки
照明设备　осветительное оборудование
折射指数分布图　профиль показателя преломления　〈略〉ППП
针床　игольница
侦查作业措施系统　система оперативно-розыскных мероприятий　〈略〉SOSM, СОРМ
诊断　диагностика
诊断程序　программа диагностики
振荡器　генератор　〈略〉OSC
振动试验台　вибростенд
振幅　амплитуда колебания
振铃,铃流发送　посылка вызовов 〈略〉ПВ
振铃方式　режим вызывного сигнала
振铃继电器　реле вызывного тока
振铃接收器　приемник посылок вызывного тока　〈略〉ППВТ
振铃提前关闭　преждевременное отключение вызывного сигнала
振铃消息　сообщение посылки вызова 〈略〉RNG
振铃延迟　задержка посылки вызова
振铃指示灯　индикатор вызывного сигнала
整个使用期内　в течение всего срока службы
整机引导程序　машинная загружающая направляющая программа
整流充电和保持装置　устройство выпрямительного заряда и содержания 〈略〉УВЗС
整流电压　выпрямленное напряжение
整流柜　выпрямительный шкаф
整流机组　выпрямительный агрегат
整流模块　выпрямительный модуль

整流模块粗调 грубая наладка выпрямительного тока
整流器 выпрямитель
整流器单元 выпрямительный блок 〈略〉ВБ
整套 целый комплект
整体模型 глобальные модели 〈略〉ГМ
正常备用格式 нормальный альтернативный формат 〈略〉BNF
正触点 положительный контакт
正电平 плюс
正极 положительный полюс, плюс
正极线 провод плюс, плюсовый провод, положительный провод
正极性 прямая полярность
正交幅度调制 квадратурная амплитудная модуляция 〈略〉QAM, КАМ
正脉冲 положительный импульс
正确计费 корректность взымаемой оплаты
正式造册 открыть и вести официальный реестр
正视图 фасад
正温度系数 положительный температурный коэффициент 〈略〉PTC
正温度系数热敏电阻 позистор (термо резистор) с положительным температурным коэффициентом 〈略〉PTCR
正文串 строка текста
正弦波(载波) синусоидальная волна (несущая) 〈略〉PSW
正弦波测试信号 синусоидальный тестовый сигнал
正弦波畸变 искажение синусоиды
正弦曲线 синусоидальная кривая
正向传输应用部分 прикладная часть прямой передачи 〈略〉DTAP
正向维护 техобслуживание в прямом направлении
正向转换 положительный переход
证实,确认 подтверждение
证实信息传送方式 режим передачи информации с подтверждением
证书创建向导 мастер создания грамоты
帧 цикл, кадр, фрейм
帧处理单元 блок цикловой обработки 〈略〉FPU
帧处理器 процессор цикловой обработки, обработчик циклов 〈略〉FH
帧单元 цикловая единица 〈略〉FU
帧单元控制器 контроллер цикловой единицы 〈略〉FUC
帧定位 кадровая синхронизация
帧丢失 потеря кадра (цикла), потеря фрейма 〈略〉LOF
帧对告 взаимное предупреждение о потери кадровой синхронизации
帧对齐/同步丢失 потеря выравнивания / синхронизации фрейма 〈略〉LFA
帧对齐信号 сигнал выравнивания фрейма 〈略〉FAS
帧分割 разделение цикла
帧告警秒 длительность неисправности в цикловой структуре 〈略〉FALM
帧号 номер цикла, номер кадра 〈略〉FN
帧号为偶数的帧 кадр с четными порядковыми номерами
帧计数器 счетчик циклов 〈略〉СчЦ
帧检验序列 проверочная последовательность кадров 〈略〉FCS
帧交换板 плата коммутации кадров 〈略〉PMC
帧阶跃信号 сигнал наличия скачка цикла
帧结构误差 ошибка цикловой структуры 〈略〉FAS ERR
帧频 частота кадров
帧失步,帧同步丢失 потеря синхронизации кадра 〈略〉OOF
帧失步计数 подсчет количества выходов за границы кадра
帧失步秒 секунды, содержащие сиг-

нал OOF 〈略〉OFS
帧失步误码率 коэффициент ошибок потери цикловой синхронизации
帧时隙 кадровый интервал 〈略〉КИ
帧同步 цикловая синхронизация, кадровая синхронизация, синхронизация цикла (фрейма)
帧同步码 код цикловой синхронизации
帧同步器 цикловой синхронизатор
帧同步三倍串损信号 сигнал трехкратной последовательной потери синхрокодов
帧同步信号 цикловой синхросигнал 〈略〉ЦС
帧同步装置 устройство кадровой синхронизации
帧透明传送 прозрачная ретрансляция кадров
帧中继 фрейм реле, ретрансляция кадров 〈略〉FR
帧中继单元 блок фрейма реле, блок ретрансляции кадров 〈略〉FRU
帧中继接口 интерфейс ретрансляции кадров, интерфейс фрейма реле 〈略〉FRI
帧中继网 сеть ретрансляции кадров
支撑网 сеть поддержки
支持单板的程序包 пакет программ для поддержки плат 〈略〉BSP
支持环境 среда поддержки
支持系统 система поддержки 〈略〉SE
支持系统功能 функция системы поддержки 〈略〉SEF
支付信息消息 информационное сообщение об оплате 〈略〉CAI
支架,底座 опора, постамент, подставка
支架绝缘垫 изолирующая шайба постамента
支架绝缘套 изолирующая оболочка постамента
支架条 планка постамента
支架支脚 опорные ножки
支脚 ножка
支局 подстанция
支路 ответвление, трибутарный канал, трибутарный поток, ветка
支路A通信设备 устройство связи ветки А 〈略〉УСПА
支路B通信设备 устройство связи ветки В 〈略〉УСПВ
支路板 трибутарная плата
支路板配置 конфигурация трибутарных плат
支路板位 гнездо трибутарного потока
支路板位 позиция трибутарных плат
支路侧 трибутарная сторона
支路侧单板 плата на трибутарной стороне
支路单元 трибный блок, трибутарный блок, трибутарная единица 〈略〉TU
支路单元2 трибный блок, соответствующий виртуальному контейнеру VC-2 в иерархии мультиплексирования SDH 〈略〉TU-2
支路单元n трибный блок, соответствующий виртуальному контейнеру уровня n (n = 1, 2, 3) 〈略〉TU-n
支路单元复帧丢失 потеря мультикадра TU 〈略〉TU-LOM
支路单元接入点 точка доступа трибного блока 〈略〉TUAP
支路单元净荷处理 обработка полезной нагрузки трибутарного блока 〈略〉TUPP
支路单元告警指示信号 сигнал индикации аварии TU 〈略〉TU-AIS
支路单元指针 указатель трибного блока, указатель трибутарной единицы 〈略〉TUP, TU PTR
支路单元指针丢失 потеря указателя трибутарной единицы 〈略〉TU-LOP
支路单元指针负调整 отрицательное выравнивание указателя TU 〈略〉

TU-NPJE

支路单元指针正调整 положительное выравнивание указателя TU 〈略〉TU-PPJE

支路单元组 группа трибных блоков, группа трибутарных блоков (единиц) 〈略〉TUG

支路端口名称编辑 редактирование наименования трибутарного порта

支路和支路交叉连接 кросс-соединение между трибутарными потоками

支路环回 закольцовывание трибутарного канала

支路接口 трибутарный интерфейс, компонентный интерфейс

支路接口单元 блок трибных интерфейсов 〈略〉TIU

支路接入 трибутарный доступ

支路净负荷处理器 обработчик полезной трибутарной нагрузки

支路连接 трибутарное соединение

支路时隙 трибутарные временные интервалы

支路时钟 трибутарный тактовый поток

支路通道 трибутарный канал

支柱产业 опорная промышленность

枝接点 узел ветви

知识产权 право интеллектуальной собственности, право собственности знаний

执行地址寄存器 регистр исполнительного адреса 〈略〉РИА

执行模块 модуль выполнения 〈略〉EM

执行态 состояние выполнения

直拨电话交换机 прямой телефонный коммутатор 〈略〉DTE

直达局向 прямое станционное направление

直达路由 прямой маршрут

直达路由呼叫率 процент вызовов с прямой маршрутизацией

直达通信 прямая связь

直达信令链路 прямое сигнальное звено

直观显示参数 наглядная индикация параметров

直接拨打分机号 прямой набор добавочного номера 〈略〉DID

直接拨入 прямой входящий набор 〈略〉DDI, ПВН

直接传输应用部分 прикладная часть прямой передачи 〈略〉DTAP

直接传送路由 маршрут для прямой передачи

直接存取存储器 запоминающее устройство прямого доступа 〈略〉ЗУПД

直接电视广播系统 система непосредственного телевизионного вещания 〈略〉СНТВ

直接访问存储器单元 блок прямого доступа в память

直接数字式频率合成 прямой цифровой синтез 〈略〉DDS

直接外拨 прямой исходящий набор 〈略〉DOD

直接序列扩频 расширение спектра частот по методу прямой последовательности 〈略〉DSSS

直接序列码分多址 прямая последовательность-множественный доступ с кодовым разделением каналов 〈略〉DS- CDMA

直接用户 прямой абонент 〈略〉ПА

直联方式 связанный режим

直联工作方式 связанный рабочий режим

直流 постоянный ток 〈略〉DC

直流充电 зарядка постоянного тока

直流电配电装置 блок распределения питания постоянного тока 〈略〉DC-PDU, DCDU

直流电压变换器 преобразователь постоянного напряжения 〈略〉ППН

直流电压稳压器 стабилизатор постоянного напряжения 〈略〉СПН

直流放大器 усилитель постоянного тока 〈略〉УПТ

直流分量 постоянные составляющие тока

直流分量平衡脉冲 импульсы для выравнивания постоянных составляющих тока

直流告警 аварийная сигнализация о постоянном токе

直流汇流(母)排 сборная шина постоянного тока

直流击穿电压 пробивное напряжение постоянного тока

直流脉冲信号传输 сигнализация импульсами постоянного тока

直流母排 главная шина постоянного тока

直流配电的蓄电池接入 подключение батареи для распределения постоянного тока

直流配电柜 распределительный шкаф постоянного тока

直流配电盘 распределительный щит постоянного тока

直流输出开关 переключатель выхода постоянного тока

直流应急电源 источник аварийного питания постояниым током

直路 прямой путь 〈略〉ПП

直视视距 расстояние прямой видимости

直通报警服务 услуга сквозной аварийной сигнализации

直线米,延米 погонный метр 〈略〉пм

值班工作日志 оперативный журнал

值班台 пульт дежурного

值域,取值范围 диапазон значений

职权,权限 полномочия,компетенция

只读存储器 постоянное ЗУ 〈略〉ПЗУ,ROM

只读光盘,只读光驱 компактный диск только для чтения 〈略〉CD-ROM

指导,指示,提示 инструктаж

指导文件 руководящий документ 〈略〉РД

指导性技术文件 руководящий технический материал 〈略〉РТМ

指点标存取总线 шина с маркерным доступом 〈略〉ШМД

指定代答 перехват вызова указанного номера

指定路由器 назначенный маршрутизатор 〈略〉DR

指定中继电路呼出 исходящий вызов по назначенной СЛ

指令操作 операция команды 〈略〉ОК

指令处理器 командный процессор

指令代码 код команды 〈略〉КК

指令等待队列 очередь ожидания команд

指令地址 адрес команды 〈略〉АК

指令地址部件 блок адреса команды 〈略〉БАК

指令队列 очередь команд

指令计数器 счетчик команд 〈略〉СК

指令寄存器 регистр команд 〈略〉РК

指令控制部件 блок управления командами 〈略〉БУК

指令控制系统 система управления по командам 〈略〉CCS

指令输入输出设备 устройство ввода-вывода команд 〈略〉УВВК

指令系统 система команд

指令译码器 дешифратор команд 〈略〉ДШК

指令执行时间 время выполнения команд 〈略〉ВВК

指示器,指示灯,指示符,显示器 индикатор

指示位 указательный бит

指数,索引 индекс 〈略〉инд.

指数分布 экспоненциальное распределение

指纹识别单元 блок идентификации отпечаток пальцев 〈略〉FIU

指纹自动识别系统 система автоматической идентификации отпечаток пальцев 〈略〉AFIS

指针,光标,索引,目录,指示字,指示符 указатель 〈略〉PTR

指针处理单元 блок обработки указателей 〈略〉PPU

指针调整(定位)事件 событие выравнивания указателя 〈略〉PJE

指针调整计数 счет выравниваний указателя 〈略〉PJC

指针丢失 потеря указателя 〈略〉LOP

指针发生器 генератор указателя 〈略〉PG

指针负调整计数 счет отрицательных выравниваний указателя 〈略〉NPJC

制表 табуляция

制动继电器 реле торможения 〈略〉PT

制冷电流 ток охлаждения, ток системы охлаждения

制冷电流超过额定值 Ток системы охлаждения больше номинального значения. Ток охлаждения превышает номинальное значение. 〈略〉COOLCURRENT OVER

质检,质量检查,质量检验 проверка качества, контроль качества

质检台 пульт проверки качества 〈略〉QC

质检席 рабочее место качественного контроля

质降分钟数 число минут деградации качества 〈略〉DGRM

质量保证体系 система обеспечения качества

质量管理 управление качеством 〈略〉QM

质量监督中心 центр надзора за качеством

质量控制部,质检部 отделение контроля качества

质量指标体系 система показателей качества 〈略〉СПК

致命消息 фатальное сообщение

智能报警系统 интеллектуальная охранная система

智能柴油发电机 интеллектуальный дизель-генератор

智能大楼 корпус, обеспеченный интеллектуальными услугами

智能电源 интеллектуальное оборудование электропитания

智能调度台 интеллектуальный диспетчерский пульт

智能高频开关电源系统 интеллектуальная система электропитания с высокочастотным преобразованием

智能呼叫分配 интеллектуальное распределение вызовов 〈略〉ICD

智能化 интеллектуализация

智能化供电系统 интеллектуальная система электропитания

智能键盘 умная клавиатура

智能化设计 интеллектуальное проектирование

智能交换模块 интеллектуальный коммутационный модуль 〈略〉INSM

智能平台管理总线 шина управления интеллектуальной платформой 〈略〉IPMB

智能同步复用器 интеллектуальный синхронный мультиплексор 〈略〉ISM

智能外设,智能外围设备 интеллектуальное внешнее устройство, интеллектуальное периферийное устройство, интеллектуальная периферия 〈略〉IP

智能网 интеллектуальная сеть 〈略〉IN

智能网概念模型 модель концепции интеллектуальной сети 〈略〉INCM

智能网交换管理 управление коммутацией интеллектуальной сети 〈略〉

IN-SM

智能网能力组1 набор возможностей интеллектуальной сети-1 〈略〉IN-CS-1

智能网应用部分 прикладная часть интеллектуальной сети 〈略〉INAP

智能网应用协议 протокол приложений интеллектуальной сети 〈略〉INAP

智能业务节点 узел интеллектуальных услуг 〈略〉ISN

智能业务收号板 плата приема сигналов для интеллектуальной услуги 〈略〉DRV-IN

智能业务系统 система интеллектуальных услуг

智能用户电报(电话) телетекс

智能增值模块 интеллектуальный модуль с дополнительными услугами 〈略〉ISM

智能终端 интеллектуальный терминал 〈略〉ИТ

置零,补零 обнуление

置信度,置信概率 доверительная вероятность

中波 средние волны 〈略〉СВ

中断,吞音,断续音 прерывание

中断处理子程序 подпрограмма обработки прерывания

中断方式 режим прерываний

中断服务信号 сигнал обслуживания прерывания 〈略〉ОП

中断服务子程序 подпрограмма обслуживания прерываний 〈略〉ISR

中断拒绝 отказ прерывания

中断脉冲(信号) импульс (сигнал) прерывания

中断请求 запрос на прерывание 〈略〉IRQ

中断向量表 таблица векторов прерываний 〈略〉ТВП

中断允许信号 сигнал разрешения прерывания 〈略〉РП

中断子程序 подпрограмма прерывания

中规模集成电路 средняя интегральная схема 〈略〉СИС

中国电子行业百强 сотня крупнейших электронных предприятий Китая

中国频点 принятый в Китае стандарт частоты

中国智能网络应用程序 прикладная процедура китайской интеллектуальной сети 〈略〉CATMAP

中继板 плата соединительных линий

中继传送设备,继电器发送设备 релейное передающее устройство 〈略〉РПУ

中继单元 блок СЛ 〈略〉БСЛ

中继电路 комплект соединительных линий 〈略〉КСЛ

中继电路测试板 плата тестирования комплектов СЛ 〈略〉TST

中继继电器 реле СЛ 〈略〉TRR, РСЛ

中继继电器电路检验台 пульт проверки комплектов РСЛ 〈略〉ПРСЛ

中继继电器-转发器 реле СЛ-транслятор 〈略〉TRRT, РСЛТ

中继交换模块 модуль коммутации СЛ

中继框 полка соединительных линий, полка СЛ

中继零次群去话汇接局 узел исходящего сообщения нулевых пучков СЛ 〈略〉УИС-0

中继媒体网关 медиа-шлюз СЛ 〈略〉TMG

中继模块 коммутационный модуль соединительных линий

中继器,转发器 транслятор 〈略〉TRK

中继器间光纤链路 волоконно-оптическая линия связи между повторителями 〈略〉FOIRL

中继驱动板 плата драйвера СЛ 〈略〉TKD

中继去话电路 исходящий комплект СЛ 〈略〉ИКСЛ

中继全忙 перегрузка СЛ

中继群 группа СЛ
中继群组 набор групп СЛ
中继双向收费 биллинг двунаправленного соединительной линии
中继通道试验设备 испытательное оборудование транкинговых каналов 〈略〉SAGE
中继通信 транкинговая связь
中继同抢 одновременное занятие СЛ
中继线 соединительная линия 〈略〉CL, СЛ
中继线闭塞 блокировка СЛ
中继线单元 блок СЛ 〈略〉БСЛ
中继线群 группа соединительных линий, группа СЛ
中继线状态 состояние СЛ 〈略〉AIS
中继线自动控制子系统 подсистема автоматического контроля СЛ
中继站、中继台 релейная станция
中间存储器、缓冲存储器 промежуточное запоминающее устройство 〈略〉ПЗУ
中间分路 промежуточное выделение каналов 〈略〉ПВК
中间分组选择器 промежуточный групповой искатель 〈略〉ПГИ
中间寄存器 промрегистр 〈略〉ПР
中间旁路 обходный промежуточный путь 〈略〉ОПП
中间配线架、跳线架 промщит
中间设备 промежуточное оборудование
中间系统 промежуточная система 〈略〉IS
中间系统通信协议 протокол связи между промежуточными системами 〈略〉IS-IS
中间线路 промежуточная линия 〈略〉ПЛ
中间线去话电路 исходящий комплект ПЛ 〈略〉ИКПЛ
中间站，中继站 промежуточная станция
中间装置，中继装置 промежуточное устройство
中介 посредническая деятельность
中频，中间频率 промежуточная частота 〈略〉IF, ПЧ
中频放大器 усилитель промежуточной частоты
中线电流 ток нулевого провода
中心交换网 центральное коммутационное поле
中心交换网板 плата центрального коммутационного поля 〈略〉CTN
中心局 центральная станция 〈略〉ЦС
中心频率 центральная частота
中心时分交换网络 центральное коммутационное поле с временным разделением
中心无源光网络 пассивная оптическая сеть центральная 〈略〉PON-C
中央长途电话台 центральная междугородная телефонная станция 〈略〉ЦМТС
中央处理单元 блок центрального процессора
中央处理机 центральный процессор 〈略〉CPU, ЦП
中央管理服务器 сервер центрального управления
中央控制设备 центральное управляющее устройство 〈略〉ЦУУ
中央时钟单位 блок центрального генератора синхросигнала 〈略〉CCU
中央数据库单元 блок центральной базы данных 〈略〉CDB
中转呼叫 транзитный вызов 〈略〉
中转节点，转接节点 транзитный узел 〈略〉TR
终点设备 оборудование на пункте назначения
终端 окончание, терминал
终端/转接混合局 комбинированная оконечная /транзитная станция
终端(控制)接口板 плата терминального (контрольного) интерфейса 〈略〉TCI

终端/转接局 оконечная / транзитная станция 〈略〉LE/TX
终端操作平台 рабочая платформа терминалов
终端测试模块 модуль тестирования терминала 〈略〉TBL
终端处理器 оконечный процессор
终端电缆分线箱 оконечный кабельный бокс
终端电子序列号 электронный серийный номер терминала
终端电阻 конечное сопровождение, терминальное сопротивление
终端端点标识符，终端设备标识符 идентификатор оконечного пункта терминала, идентификатор терминального оборудования 〈略〉TEI
终端复用器 оконечный мультиплексор 〈略〉TM, OM
终端环回 закольцовывание окончания
终端集中器 терминальный концентратор 〈略〉TC
终端交换局 станция назначения
终端就绪 «Терминал готов» 〈略〉TR
终端控制接口 терминальный контрольный интерфейс 〈略〉TCI
终端来话筛选 селекция входящих вызовов 〈略〉TCS
终端连接点 пункт соединения терминала 〈略〉TCP
终端模块 терминальный модуль
终端驱动 драйвер терминала, управление терминалами
终端设备 терминальное устройство (оборудование), оконечное устройство (оборудование) 〈略〉OУ, TE
终端时钟丢失 потеря тактовой синхронизации терминала 〈略〉TLOC
终端适配器 адаптер терминала, терминальный адаптер 〈略〉TA
终端系统 система терминалов, конечная система 〈略〉ES
终端系统与中间系统互连协议 протокол связи (взаимодействия) конечной системы с промежуточной системой 〈略〉ES-IS
终端寻找 оконечное искание 〈略〉ИСО
终端业务 терминальные услуги
终端用户 конечный пользователь
终端用户电话设备 оконечное абонентское телефонное устройство〈略〉OATY
终端再生转换板 панель оконечных регенеративных трансляций 〈略〉ПОРТ
终端站 оконечный пункт 〈略〉OП
终端转接端口 терминальный порт коммутации 〈略〉EWP
终端转接站 оконечно-транзитная станция 〈略〉OTC
终接器，选线器 линейный искатель 〈略〉ЛИ
终结字节 выполнение окончания байтов
重点新产品试制鉴定计划 план освоения и экспертизы новой важной продукции
重要告警 важный аварийный сигнал
周期脉冲测量 измерение периодических импульсов
周期任务 периодическая задача
周期性检验 циклическая проверка
周期性绝对时限服务 услуга циклического абсолютного временного предела
周围噪音 шум в окружении
逐渐扩大服务范围 постепенное расширение сферы обслуживания
主/备双备份配置 дублированная конфигурация «активная/резервная»
主板，主机板 материнская плата
主备(用)方式 режим резервирования
主备板 активная/резервная плата
主备倒换，保护倒换 защитное переключение, переключение активное/резервное 〈略〉PS
主备信令链路 звено сигнализации в

режиме активном/резервном

主菜单条,主操作条 главное меню

主测试组件 мастер-тест компонента 〈略〉MTC

主处理器 главный процессор 〈略〉GPU

主处理器单元 главный процессорный блок 〈略〉MPU

主从式中央处理器 ведущий и ведомый CPU

主存 основная память

主电路,主回路 главная цепь 〈略〉ГЦ

主机 хост, главная вычислительная машина

主机话单缓冲池 буферный пул квитанций хоста

主机计费 биллинг хоста

主机切换控制板 плата управления переключением хоста 〈略〉EMA

主交换网络、主接续网络 главное коммутационное поле

主叫方属性 атрибут вызывающего абонента

主叫号码识别 идентификация вызывающего номера, отображение номера вызывающего абонента

主叫号码显示(识别)限制 запрет отображения (идентификации) вызывающего номера (CIDR)

主叫号码显示限制超越 отмена запрета отображения (идентификации) вызывающего номера

主叫号码自动识别,来电显示 автоматическое определение номера 〈略〉AOH, ANI

主叫计费组 группа учета стоимости разговоров с оплатой вызывающим абонентом

主叫显示电话 телефон с определением (индикацией) вызывающего номера

主叫线路识别 идентификация вызывающей линии 〈略〉CLI

主叫线路识别显示 предоставление идентификации вызывающей линии 〈略〉CLIP

主叫线路识别限制 запрет идентификации вызывающей линии 〈略〉CLIR

主叫移动台,出局呼叫移动台 вызывающая мобильная станция, исходящая подвижная станция 〈略〉MO

主叫用户 вызывающий абонент

主叫用户挂机 отбой вызывающего абонента 〈略〉CCL

主叫用户挂机检测器 детектор отбоя вызывающего абонента 〈略〉ДОВА 3

主叫用户挂机信号 сигнал разъединения вызывающего абонента 〈略〉CCL

主叫用户号码 номер вызывающего абонента 〈略〉NA

主叫用户类别 категория вызывающего абонента 〈略〉KA

主叫用户应答检测器 детектор ответа вызывающего абонента 〈略〉ДОВА 1

主叫用户再摘机信号 сигнал повторного снятия трубки вызывающим абонентом 〈略〉CRA

主节点 главный узел

主节点板(作为二级控制) плата главного узла (в качестве вторичного управления) 〈略〉NOD

主节点通信 связь главного узла

主界面 основной интерфейс

主控/非主控(中继选线方式) режим «основной / второстепенный»

主控板 плата главного управления, плата центрального блока управления

主控单元,主控框 блок (полка) главного управления 〈略〉MCU

主控方/非主控方 главная сторона / неглавная сторона

主控柜母板 объединительная плата

шкафа главного управления
主控机架 статив главного управления
主控框 кассета центрального блока управления
主控框二次电源板 плата вторичного электропитания в блоке (полке) главного управления 〈略〉PWC
主控软件 ПО главного процессора, основное управляющее ПО
主控振荡器 задающий генератор 〈略〉ЗГ
主控制点 главный узел управления, контролирующая точка, главный контрольный узел
主框架 несущая конструкция
主设备机架 стойка генерального оборудования 〈略〉СГ
主摄像机 главная видеокамера
主时钟板 плата ведущего тактового генератора 〈略〉MCK
主数据库 главная база данных 〈略〉ГБД
主谐波有效值 действующее значение основной гармоники
主信令网关 мастер-шлюз сигнализации
主要数字通道 основной цифровой канал 〈略〉ОЦК
主要直接置位信息消息群 группа сообщений основной прямой установочной информации
主页,首页 главная страница, стартовая страница
主用半电路 основной полукомплект 〈略〉ПК0
主站 задающая станция
主振荡器,主发电机 основной генератор
主振荡器板 плата ведущего генератора
主钟 ведущий тактовый генератор
主子架 основной подстатив
属性 атрибут, свойство
属性配置 конфигурирование атрибутов
助焊剂 флюс, флюсующая добавка
助焊区 зона флюсования
注脚,脚注 сноска
注释 комментарий
注释行,解释行 строка примечаний
驻波 стоячая волна
驻波系数 коэффициент стоячей волны 〈略〉КСВ
驻极体 электрет
驻留技术 техника резиденции
专家平均估计 средняя экспертная оценка 〈略〉MOS
专门夜间服务 индивидуальное ночное обслуживание
专门应用系统 специализированная прикладная система 〈略〉ASE
专网,专用网 ведомственная сеть, специализированная сеть, частная сеть
专网和全国网的连接 объединение ведомственных сетей с общегосударственными
专网运营商设备 оборудование оператора ведомственной сети
专线备用 резервирование выделенных сетей
专线会议厅 конференц-зал прямой связи
专业网管系统 специализированная система управления сетями
专业资源 функция специализированных ресурсов
专用编号计划 план частной нумерации 〈略〉PNP
专用产品 специальное изделие 〈略〉SP
专用的 выделенный
专用电话通信汇接局 узел ведомственной телефонной связи 〈略〉УВТС
专用电话网 ведомственная телефонная сеть 〈略〉PN
专用电源 специальное электропитание

专用后管理模块 специальный управляющий вычислительный комплекс 〈略〉СУВК

专用集成电路 специализированная прикладная нтегральная схема, заказные микросхемы 〈略〉ASIC

专用集群移动通信网 частная сеть транкинговой подвижной связи 〈略〉PMR

专用寄存器 регистр специального назначения

专用交换机汇接局 узел ведомственных телефонных станций 〈略〉УВТС

专用控制机 специализированная управляющая машина 〈略〉СУМ

专用控制信道 выделенный канал управления 〈略〉DCCH

专用脉宽调制器 специфическая широтно-импульсная модуляция 〈略〉SPWM

专用数据 частные данные

专用通信网 ведомственная сеть связи

专用网规范 нормативы ведомственных сетей

专用网间接口托拓状态元素 элемент топологического состояния PNNI 〈略〉PTSE

专用物理控制信道 выделенный физический канал управления 〈略〉DPCCH

专用物理信道 выделенный физический канал 〈略〉DPCH

专用信道 выделенный сигнальный канал

专用信令链路 выделенное звено сигнализации

专用业务信道 выделенный канал трафика 〈略〉DTCH

专用资源功能 функция специальных ресурсов 〈略〉SRF

专用资源管理实体 объект управления специальными ресурсами 〈略〉SRME

专用资源状态机 конечный автомат специальных ресурсов 〈略〉SRSM

专用自动电话交换机 частная АТС

专有技术,技术诀窍 ноу-хау

转储 дамп, дампфирование

转储和清除 дамп и удаление

转发工作 транзитная передача

转发号码 номер переадресации

转发器 ретранслятор

转发器中继继电器 реле СЛ-транслятор 〈略〉РСЛТ

转换器 конвертор

转换器、换接器 коммутатор, переключатель 〈略〉SW

转换效率 КПД преобразования

转换序列号 номер последовательности переключений

转换装置 переходное устройство 〈略〉ПУ

转接 переприем, транзитное соединение

转接保护功能 функция защиты транзита

转接交换机 транзитный коммутатор

转接节点时钟 таймер транзитного узла 〈略〉TNC

转接局、中转局 транзитная станция 〈略〉TC

转接器 коммутатор, переключатель

转接设备 аппаратура переприема

转接适配器和标志器间接口板 плата интерфейса между адаптером коммутации и маркером

转接头 переходник

转接网 транзитная сеть

转接站 переприемная станция

转移,过渡 переход

转移表 таблица переходов

转移的呼叫 переадресованный вызов

装机率 процент удовлетворения абонента в установлении телефонной линии

装配和分布式计算部件 блок сборки и распределённого вычисления 〈略〉

DCCU

装纸 заправка бумаги

装置,设备,器件 устройство, оборудование, прибор 〈略〉DEV

状态变化 изменение состояния

状态标志 флаг состояния

状态寄存器 регистр статуса

状态控制接口 интерфейс управления статусом 〈略〉SCI

状态栏 столбец состояния

状态信息条 панель состояния и информации

状态指示灯 ламповый индикатор состояния

状态字 слово состояния

状态字段 поле состояния 〈略〉SF

追踪识别符失配 несовпадение идентификатора трассировки, рассогласование идентификатора трассировки 〈略〉TIM

准备信号 сигнал готовности 〈略〉ГТ

准电子长途自动电话局 AMTC квазиэлектронного типа 〈略〉AMTCKЭ

准电子交换机,准电子交换局 квазиэлектронный коммутатор, квазиэлектронный АТС 〈略〉АТС КЭ

准电子来话汇接局 квазиэлектронный узел входящего сообщения 〈略〉УВСКЭ

准电子式的 квазиэлектронный 〈略〉КЭ

准电子自动电话局,准电子交换局 квазиэлектронная АТС 〈略〉АТС КЭ

准三进位制修正代码 модифицированный квазитроичный код

准同步数字序列 плезиохронная цифровая иерархия 〈略〉PDH, ПЦИ

准直联方式 квазисвязанный режим

准直联工作方式 квазисвязанный рабочий режим

桌面会议电话系统 настольная система конференц-связи

桌面会议电视系统 система настольной видеоконференц-связи

桌面上 на рабочем столе

桌面视频 настольное видео

桌面视像传送系统 настольная система передачи видеоизображений

桌面图象系统 настольные системы передачи изображений

桌面系统 настольная система

咨询服务 консультативная услуга

咨询呼叫 вызов консультации 〈略〉COC

资本性支出 капитальные затраты 〈略〉CAPEX

资料处理单位 блок управления данными 〈略〉DMU

资源策略控制系统 система управления ресурсами и политиками 〈略〉RM9000

资源产能 производительность ресурсов

资源处理板 плата обработки ресурсов 〈略〉RPU

资源单元 блок ресурсов 〈略〉RU

资源共享 совместное пользование ресурсами

资源管理模块 модуль управления ресурсами 〈略〉RMM

资源管理器 администратор ресурсов, эксплорер 〈略〉RM

资源管理子系统 подсистема управления ресурсами 〈略〉RMS

资源和访问控制功能、访问和访问资源控制功能 функция управления ресурсами и доступом, функция контроля доступа и ресурсов доступа 〈略〉A-RACF

资源和访问控制子系统 подсистема управления ресурсами и доступом 〈略〉RACS

资源控制点 пункт управления ресурсами 〈略〉RCP

资源连接启动协议 протокол инициирования соединения ресурсов 〈略〉

RCIP
资源申请 запрос ресурсов
资源文件目录 каталог для размещения ресурсных файлов
资源预留协议 протокол с резервированием ресурсов 〈略〉RSVP
子标题 подзаголовок
子菜单 подменю
子层 подуровень
子程序 подпрограмма 〈略〉ПП
子窗口 подокно
子地址寻址 подадресация, субадресация 〈略〉SUB
子复用器 субмультиплексор 〈略〉SMUX
子功能连接表 таблица сцепления подфункций
子机 носимая телефонная трубка
子集 поднабор, подмножество
子架 подстатив, подстойка
子架供电单元 блок питания полки 〈略〉SPIU
子架前板 передняя планка подстатива
子结点 дочерняя вершина, дочерний узел
子路由溢出控制 управление значением переполнения субмаршрута
子模块 субмодуль
子模块管理模块 модуль административного управления субмодулями 〈略〉SAM
子母机, 无绳子母机 радиотелефон, бесшнуровой ТА с носимой телефонной трубкой
子目录 субдиректория
子目录下的子目录 подкаталог в подкаталоге
子区段 подзона
子速率接口板 плата интерфейсов субскорости 〈略〉SPX
子网 подсеть
子网连接保护 защита соединения подсети, резервирование соединения подсети 〈略〉SNCP
子网相关会聚功能 функция конвергенции в зависимости от подсети 〈略〉SNDCF
子网相关会聚协议 протокол конвергенции в зависимости от подсети 〈略〉SNDCP
子系统号码 номер подсистемы 〈略〉SSN
子系统可用 подсистема доступна 〈略〉SSA
子系统中断请求 запрос на вывод подсистемы из обслуживания 〈略〉SOR
子系统中断允许 разрешение на вывод подсистемы из обслуживания 〈略〉SOG
子系统状态 состояние подсистемы 〈略〉US
子系统状态测试 тестирование состояния подсистемы 〈略〉SST
子业务字段 поле подслужб 〈略〉SSF
子帧, 备用帧 субфрейм 〈略〉SF
子状态 субсостояние
字标记 метка слова
字符串 строка знаков, строка (цепь, цепочка) символов, символьная цепочка
字符集 набор символов
字符命令 символьная команда
字符终端 символьный терминал
字冠, 前缀 префикс
字冠分析 анализ префикса
字号 размер шрифта
字节, (二进)位组 байт
字节串 строка байтов
字节复用 побайтовое мультиплексирование
字节同步映射方式 байт-синхронный режим отображения 〈略〉BSMM
字节业务显示器 индикатор службы в байте
字码管, 显字管 характрон
字幕 титр

字体格式化 форматирование шрифта

自备电源 автономный источник питания

自定格式 автоформат

自动(直接)拨入 автоматическая входящая связь 〈略〉ABC

自动保护切换 автоматическое защитное переключение (на резервный блок) 〈略〉APS

自动报音电路 схема автоматических речевых извещений

自动闭塞 автоматическая блокировка

自动闭锁装置 автоматическое блокирующее устройство 〈略〉АБУ

自动编号 автонумерация

自动操作电路板 схемная плата для автоматического оператора

自动操作台板 плата пульта автоматического оператора

自动操作装置 операционный автомат 〈略〉ОА

自动测试仪 тестер-автомат

自动重发请求,自动重复请求 автоматический запрос повторения 〈略〉ARQ

自动的 автоматический

自动电话,自动电话机,自动收费公用电话 телефон-автомат

自动电话交换机自动应答器 автоответчик АТС 〈略〉АО-АТС

自动电话局,自动电话交换机 автоматическая телефонная станция 〈略〉АТС

自动定焦 автофокус 〈略〉AF

自动定时器 автомат времени 〈略〉АВ

自动方式 автоматический режим 〈略〉AUTO

自动分配终端设备接口的用户设备 устройство пользователя с автоматическим назначением TEI

自动更换记帐 автоматическая замена квитанций 〈略〉AAB

自动工作站 автоматизированная рабочая станция

自动呼叫分配 автоматическое распределение вызовов 〈略〉ACD

自动呼叫卡业务 служба автоматического вызова по карте 〈略〉ACCS

自动呼叫排队机,自动呼叫分配系统 автораспределитель вызовов, система автораспределения вызовов

自动呼叫设备 автоматическое вызывное устройство 〈略〉АВУ

自动化柴油机发电站 автоматизированная дизельная электростанция 〈略〉АДЭС

自动化充电单元 блок автоматического заряда 〈略〉БАЗ

自动化的 автоматизированный

自动化管理系统存储器 память автоматизированной системы управления 〈略〉ПАСУ

自动化集成制造技术 техника комплексно-автоматизированное производство 〈略〉CIMS

自动化检验设备 автоматическая проверочная аппаратура 〈略〉АПА

自动进线配电盘 щит вводно-распределительный автоматизированный 〈略〉ЩВРА

自动化设计系统 система автоматизированного проектирования 〈略〉САПР

自动化信息测量系统 автоматизированная информационно-измерительная система 〈略〉АИИС

自动化信息检索系统 автоматизированная информационно-поисковая система 〈略〉АИПС

自动化信息中心、自动化情报中心 автоматизированный информационный центр 〈略〉АИЦ

自动回叫 автоматический обратный вызов 〈略〉ACB

自动计数消息 автоматическое сообщение о счете 〈略〉AMA

自动监控装置 устройство автоматического контроля 〈略〉УАК

自动检索装置 система автоматического поиска 〈略〉САП

自动交换汇接局 узел автоматической коммутации 〈略〉ASN, УАК

自动交换系统 автоматическая система коммутации 〈略〉АСК

自动均/浮充转换 режим автоматического переключения уравнительного заряда/ непрерывного подзаряда

自动均流 автономное распределение нагрузки

自动开关，自动断路器 автоматический выключатель 〈略〉АВ

自动控制机 управляющий автомат 〈略〉УА

自动控制系统，自动化管理系统 автоматизированная система управления, система автоматического управления 〈略〉АСУ, САУ

自动馈线变压器 автоматический фидерный трансформатор 〈略〉АФТ

自动联锁装置 автоблокировка 〈略〉АБ

自动漫游 автоматический роуминг

自动扫描 автоматическое сканирование

自动上报告警选择 автоматический выбор сообщения аварийной сигнализации

自动声讯台 автоматическая справочно-информационная служба

自动识别 автоматическое распознание

自动数据处理系统 система автоматической обработки данных 〈略〉ADPS

自动提示均充 автоматическое напоминание об уравнительном заряде

自动调节设备 устройство автоматического регулирования 〈略〉УАР

自动调节系统 система автоматического регулирования 〈略〉САР

自动调频 автоматическая регулировка частоты 〈略〉АРЧ

自动通信长途电话记发器 исходящий междугородный регистр автоматической связи 〈略〉ИМРА

自动图文集表格 таблица автотекста

自动温控电扇 вентилятор с автоматическим контролем температуры

自动稳压 автоматическая стабилизация

自动稳压限流充电设备 зарядное оборудование с функцией автоматической стабилизации напряжения и ограничения тока

自动寻呼 автоматический пейджинг 〈略〉АР

自动音量控制 автоматический волюмконтроль 〈略〉АВК

自动应答 автоматический ответ 〈略〉АА

自动应答器，答录机 автоответчик 〈略〉АО

自动拥塞控制信息报告 информационное сообщение автоматического управления перегрузкой 〈略〉АСС

自动用户小交换机，私用自动交换分机 учрежденческо-производственная АТС, частная АТС с выходом в общую сеть 〈略〉PABX, УПАТС

自动越区切换 автоматическое межсекторное переключение

自动噪声抑制器 автоматический заградитель шума 〈略〉АЗШ

自动增益控制 автоматическая регулировка усиления 〈略〉AGC, APY

自动转接 автоматическое транзитное соединение

自发的，自生的 спонтанный

自放电 саморазряд

自环 обратная петля, замкнутая петля, замкнутое кольцо, завертывание тракта на себя

自环测试 тест (тестирование) с закольцовыванием, проверка замкнутым кольцом

自环灯 индикатор петли

自激（的） самовозбуждение，самовозбуждающийся
自检 самопроверка，автотест
自检内存 самопроверка памяти，автотест памяти
自控数据 данные самоконтроля
自然空气对流冷却 естественное конвекционное охлаждение
自上而下的主从同步方式 вертикальный иерархический способ «ведущий/ведомый»
自身状态 собственный статус
自适应差分脉码调制 адаптивная дифференциальная（разностная）импульсно-кодовая модуляция 〈略〉ADPCM
自适应多速率方法 адаптивный многоскоростной режим 〈略〉AMR
自适应多速状态 адаптивный многоскоростной режим 〈略〉AMR
自适应脉码调制 адаптивная дифференциальная ИКМ 〈略〉АДИКМ
自适应调制 адаптивная модуляция 〈略〉AM
自适应信道均衡技术 техника адаптивного выравнивания каналов
自适应增量调制 адаптивная дельта-модуляция 〈略〉АДМ
自我诊断和恢复 самодиагностика и восстановление
自由时钟 свободная синхронизация
自由振荡 свободное колебание，свободная генерация
自由振荡模式 режим свободных колебаний
自由状态频率准确度 точность частоты в режиме свободных колебаний
自愈功能 функция самовосстановления
自愈环 самовосстанавливающееся кольцо
自愈环网 кольцевая сеть с функцией самовосстановления
自愈环形组网方式 топология самовосстанавливающейся замкнутой петли
自愈能力 способность（функция）самовосстановления
自主核心技术 потенциалы собственных технологий（компании）
自主知识产权 право интеллектуальной собственности
综合机架管理单元 блок управления интегрированным стативом 〈略〉iRMU
综合检测器/前置放大器 интегрированный детектор/предусилитель 〈略〉IDP
综合交换系统 интегрированная коммутационная система 〈略〉ИКС
综合接警席 рабочее место комплексного приёма аварийных сигналов
综合解决 комбинированное решение
综合开发环境 интегрированная среда разработки 〈略〉IDE
综合数字通信网 интегральная цифровая сеть связи 〈略〉ИЦСС
综合数字网 интегральная цифровая сеть 〈略〉IDN，ИЦС
综合调制方式 режим интегральной модуляции
综合通信设备 комилексное оборудование связи
综合信令转接点 интегрированный STP
综合信息计算网 комплексная информационно-вычислительная сеть 〈略〉КИВС
综合业务 интегральные услуги
综合业务接口和协议处理单元 интегрированный блок интерфейсов услуг и обработки протокола 〈略〉iSIPP
综合业务数字网 цифровая сеть с интеграцией услуг，цифровая сеть интегрированного обслуживания 〈略〉ISDN，ЦСИО
综合业务用户接入网 сеть абонентского доступа с интеграцией услуг

综合夜间服务 универсальное ночное обслуживание
总编号计划(方案) общий план нумерации
总部 штаб-квартира, головной офис
总电流强度 общая сила тока
总电源板 общая плата электропитания
总检验器 общее проверочное устройство 〈略〉ОПУ
总配线槽 желоб (паз) шинопроводов
总配线架 главный кросс 〈略〉MDF
总配线架框 каркас главного кросса 〈略〉MDF
总时钟同步板-系统同步脉冲源 плата общей синхронизации — источник синхроимпульсов системы 〈略〉GCLK
总体结构 общая архитектура, общая структура, комплексная структура
总同步传输 общая синхронизации передачи 〈略〉СТС
总图,全视图 общий вид
总线端接负载 оконечная нагрузка шины 〈略〉BT
总线端接负载卡 плата оконечной нагрузки шины 〈略〉BTC
总线隔离 изоляция шины
总线连接点 узел объединения шин 〈略〉УОШ
总线配置失败 ошибка конфигурации шины 〈略〉BUSCFG-FAIL
总线时钟丢失 потеря тактовой сигнализации шины
总线型接口冲突(碰撞)检测 проверка на противоречие (столкновение) интерфейсов шинного типа
总线译码器 дешифратор шин 〈略〉ДШ
总线主控制器 главный контроллер шин 〈略〉BMC
总线转换板 плата шинного преобразования
总线转换电路 схема переключения шины
总线转接电路/总线分配板 схема переключения шины/плата распределения шины
总协议转换器 преобразователь общего протокола
纵棒 вертикальный стержень
纵横制 координатная система
纵横制分局 координатная подстанция 〈略〉ПСК
纵横制汇接自动电话局 АТС координатная узловая 〈略〉АТСКУ
纵横制交换机,纵横制电话局 координатная АТС 〈略〉АТСК
纵横制来话汇接局 координатный узел входящего сообщения 〈略〉УВСК
纵横制去话汇接局 координатный узел исходящего сообщения 〈略〉УИСК
走道,通道,通路,通过 проход
走线,布线,架线 прокладка проводов
走线槽 желоб, монтажный желоб, монтажный паз
走线槽(架),电缆(托)架 кабельрост
走线糟口 вход желоба
租用网 арендованная (арендуемая) сеть
租用线 арендная линия
租用信道 арендованный канал
阻抗 импеданс
阻抗匹配 согласование импеданса
阻抗特性 импедансная характеристика
阻燃 огнестойкость
组,族,聚类 кластер
组播设备 услуги групповой трансляции 〈略〉
组合电路 комбинированная схема 〈略〉КС
组合框 поле со списком
组合逻辑电路 комбинационная логическая схема 〈略〉КЛС

组合音响 музыкальный центр
组件,构件,部件,元件 компонент
组件参考标记器 опорный обозначитель компонента 〈略〉CRD
组件和器件 компоненты и приборы
组网,建网 построение сети, организация сети, создание сети
组网方式 режим организации (построения) сети
组网趋势 тенденция к созданию сетей
组网图 схема организации (построения) сети
组元 элемент порции
组织单元 организационная единица 〈略〉OU
组织结构 организационная структура
钻头 сверло, долото, дрель
最大承载量(过载容量) максимальная нагрузка (уровень перегрузки)
最大传输单元 блок максимальной передачи 〈略〉MTU
最大传输功率 максимальная мощность передачи
最大的 максимальный 〈略〉макс.
最大公约数 общий наибольший делитель
最大化 максимизирование, разворачивание
最大匹配 максимальное совпадение
最大偏差、最大偏移 максимальная девиация
最大时间间隔误差 максимальная ошибка временных интервалов 〈略〉MTIE
最大数据包尺寸 максимальный размер пакета данных 〈略〉EBS
最大相对时间间隔误差 максимальная ошибка относительного временного интервала 〈略〉MRTIE
最大元组数 максимальное число кортежей
最大值,最高值,峰值 максимум 〈略〉макс.
最低比特 младший бит
最低位 самый младший разряд
最低位的比特 самый младший бит
最短路径优先 первоначальная маршрутизация по кратчайшему пути 〈略〉SPF
最高可用频率 максимальная применимая частота 〈略〉МПЧ
最高优先级任务 наивысшая задача по приоритету
最好方式 наилучшим образом 〈略〉BE
最佳传输能力方式 режим оптимально возможной передачи 〈略〉BE
最忙小时 час наибольшей нагрузки 〈略〉ЧНН
最小窗口 минимизированное окно
最小的 минимальный 〈略〉мин.
最小公倍数 общее наименьшее кратное число
最小平方法 метод наименьших квадратов 〈略〉LMS
最小限度,最低限度 минимум 〈略〉мин.
最小移频键控 манипуляция с минимальным частотным сдвигом 〈略〉MSK
最小值,最低值 минимум 〈略〉мин.
最终测试 окончательное испытание
最终产品 конечный продукт
最终成分 конечная компонента
最终选择路径 путь последнего выбора 〈略〉ППВ
左对齐 выравнивание по левому краю
左高右低 левый — старший, правый — младший
座机 фиксированный телефон
座席,工作场所 рабочее место 〈略〉PM
座席管理模块 блок управления рабочими местами 〈略〉OP
座席接口电路板 схемная плата интерфейса рабочих мест 〈略〉ASB
10千兆位小型插入式光模块 малога-

баритный сменный оптический модуль 10 Гбит/с 〈略〉XFP

12 级同步传输信号 синхронный транспортный сигнал 12-го уровня 〈略〉STS-12

140 Mbit/s 电接口支路板 плата электрического трибутарного интерфейса 140 Мбит/с 〈略〉PL4

140 ×2 Mbit/s 双电接口支路板 плата электрического трибутарного интерфейса 140x2 Мбит/с 〈略〉PD4

155Mbit/s 同步线路电接口板 плата электрического синхронного линейного интерфейса 155 Мбит/с 〈略〉SLE

155Mbit/s 同步线路光接口板 плата оптического синхронного линейного интерфейса 155 Мбит/с 〈略〉SL1

155Mbit/s 同步线路双电接口板 плата электрического синхронного линейного интерфейса 155x2 Мбит/с 〈略〉SL2

155Mbit/s 同步线路双光接口板 плата оптического синхронного линейного интерфейса 155x2 Мбит/с 〈略〉SL2

16/32 路 2048kbit/s 电接口板 плата электрического интерфейса 16/32 x 2048 кбит/с 〈略〉PDI

160 综合信息服务系统 система интегрированных справочно-информационных служб (служба №160)

16x 2Mbit/s 电接口支路板 плата электрического трибутарного интерфейса 16x2 Мбит/с 〈略〉PL1

16 位循环码校验位 16 битов для циклического контроля

170 话费查询系统 система запроса о счете за телефонные разговоры (служба №170)

180 工程客户投诉系统 система приема жалоб от абонентов (служба № 180)

189 业务受理系统 система подтверждения заказа услуг (служба № 189)

1 个阶段 1 个请求的脉冲包法多频代码 многочастотный код методом «импульсный пакет» за один этап по одному запросу 〈略〉МЧ-ИП1, MF-PP1

1 号数字用户信令(系统) цифровая абонентская система с сигнализации №1 〈略〉DSS1, ЦАС1

1 类负载 нагрузка рода 1

1 秒滤波器 односекундный фильтр

2 x STM-1 电接口单元 блок электрического соединения 2 x STM-1 〈略〉SE2

2 x STM-1 光接口单元 блок оптического соединения 2 x STM-1 〈略〉SL2

2.048MHz 模拟信号输出接口板 плата интерфейса выхода аналоговых сигналов 2.048 МГц 〈略〉TOG

2.5G 低阶交叉连接板 плата кросс-соединений низкого порядка 2.5 Гбит/с 〈略〉TXC

2.5G 高阶交叉连接板 плата кросс-соединений высокого порядка 2.5 Гбит/с 〈略〉X16

2.5Gbit/s 同步线路发送光接口板 плата оптического синхронного линейного интерфейса передачи 2.5 Гбит/с 〈略〉T16

2.5Gbit/s 同步线路接收光接口板 плата оптического синхронного линейного интерфейса приема 2.5 Гбит/с 〈略〉R16

2/4 线音频线服务 проводные услуги тональной частоты 2/4-пр.

2/4 线语音频率接口板 плата интерфейсов речевой частоты (2/4-проводных.) 〈略〉VFB

20 位地址 20-разрядный адрес

220V 交流电 питание напряжением 220В переменного тока

24 小时内,一昼夜内 в течение суток

25 针插头 25-контактный (штырьковый) разъем

2B + D(基本速率)结构网 сеть со

структурой 2B + D

2B + D 座席板 плата интерфейса рабочих мест 2B + D

2M 端口无输入信号 отсутствие входного сигнала в порт 2M 〈略〉TU-ALOS

2M 接口发送时钟丢失 потеря тактовой синхронизации 2M-интерфейса 〈略〉T-LOTC

2M 接口模拟信号丢失 потеря аналогового сигнала 2M-интерфейса 〈略〉T-ALOS

2M 接口数字信号丢失 потеря цифрового сигнала 2M-интерфейса 〈略〉T-DLOS

2M 接口外时钟丢失 потеря внешней тактовой синхронизации 2M-интерфейса 〈略〉T-LOXC

2M 线路信号丢失指示 индикация потери линейного сигнала 2M 〈略〉E1-LOS

2M 告警指示信号 сигнал индикации аварии 2M 〈略〉E1-AIS

2 层管理环节 звено управления уровня 2 〈略〉L2ML

2 层中继线路 линия ретрансляции уровня 2 〈略〉L2R

2 号数字用户信令系统 система цифровой абонентской сигнализации №2 〈略〉DSS2, ЦАС2

300 号各类电话卡业务、300 服务 служба по вызывной карте для всех видов телефонной связи №300, услуга 300

30B + D(基群速率)结构的接口 доступ, определяемый структурой 30B + D

30B + D 协议处理板 плата обработки протокола 30B + D

30B + D 信令接口板 интерфейсная плата сигнализации 30B + D

32x2Mbit/s 电接口支路板 плата электрического трибутарного интерфейса 32x2 Мбит/с

3A 服务、认证计费授权服务 услуга аутентификации, тарификации и уполномочий

3x34/45Mbit/s 电接口支路板 плата электрического трибутарного интерфейса 3x34/45 Мбит/с 〈略〉PL3

3 级管理单元 административный блок уровня 3 〈略〉AU-3

4 级管理单元 административный блок уровня 4 〈略〉AU-4

4 路分组接口协议处理 обработка протокола 4 интерфейсов пакетного уровня

600 服务 услуга 600

622Mbit/s 光接口板 плата оптического интерфейса для 622 Мбит/с 〈略〉OI4

622Mbit/s 同步线路光接口板 плата оптического синхронного линейного интерфейса 622 Мбит/с 〈略〉SL4

64 kbit/s 数据通信接口板 плата интерфейсов передачи данных 64 кбит/с 〈略〉DIU

64kbit/s 同向数据接口(9 针 D 型插座) сонаправленный интерфейс данных 64кбит/с (D-соединитель с 9 контактами) 〈略〉F1

64 kbit/s 同向数据接口设备 интерфейсное устройство 64кбит/с сонаправленных данных

64 方会议电话 одновременная конференц-связь до 64 абонентов 〈略〉64 PTY

64 告警点信息采集逻辑板 плата логики сбора информации с 64 аварийными точками

6600 多媒体资源控制器 контроллер мультимедийных ресурсов 6600 〈略〉MRC6600

700 服务 услуга 700

75Ω 阻抗片配板 плата согласования импеданса 75Ω

7 号共路信令系统 система общеканальной сигнализации №7, система сигнализации по общему каналу №7 (ОКС-7) для телефонных сетей 〈略〉SS7

7 号信令、7 号共路信令 общеканальная сигнализация № 7 〈略〉CCS7, ОКС 7

7 号信令接入处理板 плата обработки подключения ОКС N 7 〈略〉LAP N7

7 号信令链路处理单元 блок обработки звеньев сигнализации SS7 〈略〉USSC

7 号信令链路接口板 интерфейсная плата звена ОКС 7

7 号信令系统电话用户部分 подсистема телефонных пользователей ОКС7

7 号信令协议处理板 плата обработки протокола ОКС N 7

7 号信令中继板 плата СЛ ОКС7

7 号信令转接点信令系统 система сигнализации STP ОКС7

800 服务 услуга 800

8 路导通检验设备 8-канальное устройство контроля непрерывности тракта

8 位号码 восьмизначный номер

900 服务 услуга 900

A8018 互联网接入服务器 сервер доступа к Internet A8018

A-bis 接口信道 сигильный канал A-bis интерфейса 〈略〉SCH

A-bis 接口业务信道 канал трафика A-bis интерфейса 〈略〉SDC

A-bis 用 GSM E1/T1 接口部件 GSM-блок интерфейса E1/T1 для A-bis 〈略〉GEIUB

ATM 反向多路复用 инверсное мультиплексирование ATM 〈略〉IMA

ATM 骨干网 магистральная сеть ATM

ATM 接入交换机 коммутатор доступа ATM

ATM 适配层 уровень адаптации ATM 〈略〉AAL

ATM 适配类型 1 уровень адаптации ATM типа 1 〈略〉AALI

ATM 适配类型 2 уровень адаптации ATM типа 2 〈略〉AAL2

ATM 适配模块 модуль ATM-адаптера, модуль ATM-интрерфейсов 〈略〉AAM

ATM 网复用器 мультиплексор сети ATM 〈略〉ANET

ATM 网上运行点对点协议 PPP поверх ATM 〈略〉PPPoA

ATM 网上运行多种协议 множественный протокол через сеть ATM

ATM 网上运行经典 IP 协议 классический протокол IP поверх (через) ATM 〈略〉CIP

ATM 线路接口模块 модуль интерфейса линии ATM 〈略〉ALIM

ATM 信令适配层 уровень адаптации сигнализации ATM 〈略〉SAAL

A 接口,MSC 与基站设备之间接口 A-интерфейс, интерфейс между MSC и оборудованием базовой станции 〈略〉A-interface

A 律 закон A

A 用 GSM E1/T1 接口部件 GSM-блок интерфейса E1/T1 для A 〈略〉GEIUA

A 用户号码请求"过程" процедура запроса на номер абонента A 〈略〉AON

a 线对地 провод a-земля

B1、B2、B3 协议堆栈 стеки протоколов B1, B2, B3

B1 误码过限 превышение порога ошибок B1 〈略〉B1-OVER

B2 过限 превышение порога B2 〈略〉B2-EXC

B2 协议堆栈的 Q 接口 Q-интерфейс, испольэуюший стек протоколов B2 〈略〉GB2

B2 信号劣化指示 индикация ухудшения сигнала B2 〈略〉B2-SD

B2 误码过限 слишком большое количество ошибок B2, превышение порога ошибок B2 〈略〉B2-OVER

B3 块误码 ошибка блока B3 〈略〉B3EB

B3 块误码计数 подсчет ошибок блока B3 〈略〉B3EB-COUNT

BAM 和 SMU 模块 модули BAM и SMU 〈略〉BSU

BCH 算法 алгоритм BCH, кодовый алгоритм с исправлением ошибок

BIP-2 校验误码 коррекция ошибок BIP-2 〈略〉BIP-2

BMS 系列 ATM 系统 система ATM серии BMS

BP 机、传呼机、寻呼机 пейджер 〈略〉BP, ПД

BP 机数据传输设备 аппаратура передачи данных ПД 〈略〉PAMC

BP 机通信操作员 оператор по пейджинговой связи

BSC 与 BS 之间接口 интерфейс между BSC и BS

BSS GPRS 协议 BSS GPRS протокол 〈略〉BSSGP

BSSGP 虚连接 виртуальное соединение BSSGP

BTS DDRM 电源模块 модуль электропитания BTS DDRM 〈略〉DPSM

BTS DDRM 用的双联模块 двойной дуплексный модуль объединения для BTS DDRM, двойной дуплексный модуль для BTS DDRM 〈略〉DDCM, DDPU

BTS DDRM 主控板 главный модуль управления BTS DDRM 〈略〉DMCM

BTS DTRU 用的天线前端模块 фронтальный модуль антенны для BTS DTRU 〈略〉DAFM

BTS3002E 模块连接板 объединительная плата модуля BTS3002E 〈略〉EBMB

B 接口, MSC 与 VLR 之间接口 B-интерфейс, интерфейс между MSC и VLR 〈略〉B-interface

B 模块独立局 независимая (автономная) станция на базе B-модуля

B 信道连接控制 управление соединением B-канала 〈略〉BCC

B 信道数 количество B-каналов

C&C08 ATM 交换系统 коммутационная система C&C08 с ATM

C&C08 ISDN 数字自动用户小交换机 цифровая УПАТС C&C08 с ISDN

C&C08 №7 信令系统 система OKCN7 C&C08

C&C08 STP 信令转接点 транзитный пункт сигнализации C&C08 STP

C&C08 集中维护系统 система централизованной технической эксплуатации C&C08

C&C08 数字程控交换机 цифровое коммутационное оборудование с программным управлением C&C08

C&C08 一体化网络平台 интегрированная сетевая платформа C&C08

C&C08-1 综合智能业务系统 комплексная интеллектуальная сервисная система C&C08-1

C&C08-CT2 公用数字无绳电话系统 цифровая бесшнуровая телефонная система общего пользования C&C08-CT2

C&C08-ETS 无线接入系统 система радиодоступа C&C08-ETS

C&C08-Q 智能排队机 интеллектуальный автораспределитель вызовов C&C08-Q

C&C08-S 调度系统 диспетчерская система C&C08-S

C-12 虚容器 виртуальный контейнер, соответствующий контейнеру C-12 〈略〉VC-12

C3 类传真 факсимильная связь категории C3

CAMEL 的 GPRS 服务订购信息 информация о подписке на услуги GPRS CAMEL 〈略〉GPRS-CSI

CAMEL 业务用户识别信息 идентификационные данные об использовании услуг CAMEL 〈略〉CSI

CAMEL 应用子系统 прикладная подсистема CAMEL 〈略〉CAP

CDMA 处理和传输主部件 основной блок обработки и передачи CDMA 〈略〉CMPT

CDMA 射频单元 радиочастотный блок CDMA 〈略〉CRFU

CD 块标志器(标识器) маркер блока CD 〈略〉MCD

CID 主叫识别多功能话机 многофункциональный телефонный аппарат с определением вызывающего номера CID

CMI 修改码 модифицированный код CMI 〈略〉MCMI

CN 核心网络 базовая сеть 〈略〉CN

CSTA 协议 протокол CSTA, применение телекоммуникации с помощью компьютера

CTM-1 交义连接单元 блок кросс-соединения CTM-1 〈略〉XC1

CTM-4 交义连接单元 блок кросс-соединения CTM-4 〈略〉XC4

C 版本电源模块 блок питания версии C 〈略〉PWC

C 接口、MSC 与 HLR 之间接口 C-интерфейс, интерфейс между MSC и HLR 〈略〉C-interface

DC/DC 二次电源模块 модуль вторичного электропитания DC/DC

DE/TM03017-3, 同步网内飘移和抖动控制(ETSI 标准) контроль вандера и джиттера в синхронной сети DE/TM03017-3

DE/TM03017-4, 适合于 PDH 与 SDH 设备的时钟性能 характеристика тактовых сигналов для оборудования PDH и SDH, DE/TM03017-4

DIN 输入端无信号(无输入数据) отсутствие сигнала на входе DIN (отсутствие входных данных) 〈略〉DIN-LOS

DMC1900 数字微蜂窝系统 цифровая микросотовая система DMC1900

DTAM 数字录音话机 TA с автоответчиком DTAM,

DTMF 收发及驱动板 плата приемопередатчика DTMF и драйвера 〈略〉DRV

DWDM320G 频谱复用系统 система спектрального уплотнения DWDM320G 〈略〉BWS320G

D 信道链路接入规程 процедура доступа к звену по D-каналу 〈略〉LAPD

D 形 25 芯接插件 разъем D-типа с 25 контактами

E/M 中继接口板 интерфейсная плата E/M 〈略〉E&M

E. 164 号码向 URI 地址转换 преобразование номеров E. 164 в адреса URI 〈略〉ENUM

E1 电路仿真和用户－网络接口 схемная эмуляция E1 и интерфейс «абонент-сеть» 〈略〉EUI

E1 电路仿真接口 интерфейс с аппаратной эмуляцией E1

E1 定时输出板, E1 信号输出接口板 плата интерфейса выхода сигнализации E1, плата вывода синхросигналов E1 〈略〉TOE

E1 接口板 интерфейсная плата E1

E1 接口处理单元 интерфейсный блок обработки E1 〈略〉UEPI

E1 接口存储区无线单元 беспроводной блок пула интерфейсов E1 〈略〉WEPI

E1 信号线 сигнальная линия E1

EAST 8000 数字程控自动用户小交换机 цифровая УПАТС с программным управлением EAST 8000

EI ATM 无线传输模块 беспроводной модуль передачи ATM E1 〈略〉WEAM

EI 租用线 арендуемая соединительная линия EI

ETS1900 无线接入系统 система радиодоступа ETS1900

ETS450 无线接入系统 система радиодоступа ETS450

FLASH 读写错误 ошибка записи/считывания FLASH-памяти

F 接口通信失败 авария связи интерфейса F, авария связи F-интерфейса 〈略〉F-FAIL, FIFAIL

G.703 2.048MHz 输出板 плата выходного интерфейса сигналов 2048КГц (G.703) 〈略〉TOG

G.703,分层数字接口电气和物理特性要求 требования к электрическим и физическим свойствам иерархических цифровых интерфейсов (G.703)

G.704,链路帧结构定义 определение структуры синхронных кадров каналов

G.811,准同步国际数字信道一级基准时钟定时要求(SYNLOCK 时钟系统 ITU-T 标准) требования к временным параметрам на выходах первичных опорных тактовых генераторов, применяемых для эксплуатации международных цифровых каналов в плезиохронном режиме (G.811)

G.812,准同步国际数字信道从钟定时要求 требования к временным параметрам на выходах ведомых тактовых генераторов, применяемых для эксплуатации международных цифровых каналов в плезиохронном режиме (G.812)

G.823,E1 接口漂移和抖动要求 требования к вандеру и джиттеру интерфейса E1 (G.823)

G3 类传真,三类传真 факсимильная связь группы G3

G4 传真机,四类传真机 факсимильный аппарат группы 4

GB 接口单元 интерфейсный блок GB 〈略〉UGBI

Gb 用 GSM E1/T1 分组传送部件 GSM-блок пакетной передачи E1/T1 для Gb 〈略〉GEPUG

G-PON 封装方式 режим инкапсуляции G-PON 〈略〉GEM

GPRS 隧道协议 протокол туннелирования GPRS 〈略〉GTP

GPRS 隧道协议部分控制盘 панель управления части протокола туннелирования GPRS 〈略〉GTP-C

GPRS 隧道协议用户面 плоскость пользователя протокола туннелирования GPRS 〈略〉GTP-U

GPRS 业务交换功能 функция коммутации услуг GPRS 〈略〉gprsSSF

GPRS 服务支持节点 узел поддержки услуг GPRS 〈略〉SGSN

GPRS 支持节点 узел поддержки GPRS 〈略〉GSN

GR-1244-CORE,同步网时钟总要求(Bellcore 标准) общие требования к тактовым сигналам синхронной сети (PRC)

GR-2830-CORE,同步网原始参考时钟总要求 общие требования к первичным опорным тактовым сигналам синхронной сети

GSM/EDGE 无线接入网 сеть радиодоступа GSM/EDGE 〈略〉GERAN

GSM 900/1800 蜂窝通信设备 оборудование сотовой связи GSM 900/1800

GSM 900/1800 系统 система GSM 900/1800 〈略〉GSCU

GSM 操作与维护部件 GSM-блок эксплуатации и техобслуживания 〈略〉GOMU

GSM 设备变码器插框 полка транскодера для GSM-оборудования 〈略〉GTCS

GSM 设备扩展处理框 расширенная полка обработки для GSM-оборудования 〈略〉GEPS

GSM 设备通用时钟单元 общий блок синхронизации для GSM-оборудования 〈略〉GGCU

GSM 设备用的主处理机框 полка главного процессора для GSM-оборудования 〈略〉GMPS

GSM 设备用时分复用中央交换网络单元 блок центрального коммутационного поля TDM для GSM-оборудования 〈略〉GTNU

GSM 天线和安装在天线杆上的放大器控制模块 антенна GSM и модуль управления TMA 〈略〉GATM

GSM 系统光通信接口光电转换极 плата фотоэлектрического преобразования интерфейса связи системы GSM 〈略〉GFBC

GSM 演进用的增强型数据速率 усовершенствованная скорость передачи данных для эволюции GSM 〈略〉EDGE

GSM 业务控制功能 функция управления службами GSM 〈略〉gsmSCF

GSM 总处理器板 GSM-плата общего процессора 〈略〉GPROC

GTP 协议处理板 плата обработки протокола GTP 〈略〉UGTP

GTP 前转单元 блок переадресации GTP 〈略〉UGFU

GT 码偶数位求和取值 извлечение значения после суммирования четных разрядов кодов GT

GT 码平方后求和取值 извлечение значения после суммирования квадратов кодов GT

GT 码奇数位求和取值 извлечение значения после суммирования нечетных разрядов кодов GT

H3B3 数据编码差错 ошибки кода данных H3B3

HERT 信道处理模块 модуль обработки каналов HERT 〈略〉HCPM

HERT 信道处理增强模块 усовершенствованный модуль обработки каналов HERT 〈略〉HECM

HLR 数据库 база данных HLR 〈略〉HDB

HONET™ 综合业务接入网 сеть доступа с интеграцией услуг HONET™

HONET-DDN 接入 доступ HONET-DDN

HONET-INTERNET 接入 доступ HONET-INTERNET

HONET 综合业务光接入网 оптическая сеть доступа с интеграцией услуг HONET

IMS 计费网关 шлюз тарификации IMS 〈略〉ICG

IMS 网关功能 функция шлюза IMS 〈略〉IMS-GWF

IMS 业务控制 управление услугами IMS 〈略〉ISC

InfoLink™-CATV 光传输系统 система оптической передачи Infolink™-CATV

InfoLink™-CATV 光传输系统 система оптической передачи InfoLink™-ATV

Inter 8086 补充段寄存器 дополнительный сегментный регистр процессора Inter 8086 〈略〉ES

Internet 网接入服务器 серверы доступа в Интернет

Internet 呼叫等待 ожидание Интернет-вызова 〈略〉ICW

Internet 架构委员会 совет архитектуры Internet 〈略〉IAB

Internet 协议安全性 безопасность Интернет-протокола 〈略〉IPSec

Intess-112 集中测试系统 система централизованного тестирования Intess-112

Intess-114 电话号码查讯系统 система справки о номерах телефонов 〈略〉Intess-114

Intess-160 综合信息服务系统 система интегрированных справочно-информационных услуг Intess-160

Intess VMAX Ⅱ 语音邮箱 система речевой почты Intess VMAX Ⅱ

INtess 万维通多媒体数据服务系统 система мультимедийных услуг данных на экспресс-станции WWW «Ваньвэйтун» Intess

IP 包、IP 数据包 IP-пакет

IP 传输板 плата IP-передачи 〈略〉IFM

IP 传输无线模块 беспроводной модуль IP-передачи 〈略〉WIFM

IP 电话、网络电话（用户间通过互联网通话） IP-телефония（телефонные разговоры между абонентами через сеть Internet）

IP 电视、网络电视 IP-телевидение

IP 多媒体业务交换功能 функция коммутации услуг IP-мультимедиа 〈略〉IM-SFF

IP 多媒体子系统 подсистема IP-мультимедиа 〈略〉IMS

IP 控制面 плоскость управления IP 〈略〉IPCP

IP 类业务 IP-вид услуг 〈略〉IP TOS

IP 网 сеть IP

IP 网被叫付费的呼叫 вызов за счет вызываемого абонента в IP-сети 〈略〉IP-FPH

IP 网多媒体数据传输子系统 подсистема передачи мультимедийных данных по IP-сетям

IP 网中的广域 Centrex глобальный Центрекс в сети IP 〈略〉IP WAC

IP 网络传输传真消息 передача факсимильных сообщений через сеть по протокему IP 〈略〉FoLP

IP 网络传输话音 передача речи поверх（через）IP 〈略〉VOIP，VoIP

IP 业务处理 обработка IP-услуг 〈略〉IPSP

IP 业务预付费 предварительная оплата IP-услуг 〈略〉PPIP

ISDN PRI 协议处理板 плата обработки протокола ISDN PRI 〈略〉LAPA

ISDN Q. 921 用户适配层 уровень адаптации абонента- ISDN Q. 921 〈略〉IUA

ISDN 高比特率通路 высокоскоростной канал ISDN 〈略〉H1

ISDN 接入口 интерфейс доступа к ISDN 〈略〉IP

ISDN 接入适配卡 карта адаптера доступа к ISDN

ISDN 网络终端 сетевой терминал ISDN

ISDN-用户网络接口 сетевой интерфейс ISDH-пользователя

ISDN 用户部分 подсистема пользователя ISDN，подсистема пользователя ЦСИО，пользовательская часть ISDN 〈略〉ISUP

ISDN 网基本接入 базовый доступ к ЦСИО 〈略〉БД ЦСИО

ISO9001 质量体系认证证书 сертификат системы качества стандартов ISO9001

iTELLIN IP 智能网 интеллектуальная сеть IP iTELLIN 〈略〉iTELLIN IP

JAVA 运行环境 окружение JAVA 〈略〉JRE

K1、K2 字节接收失败 авария приема байтов K1，K2 〈略〉RAPS

LAN-SWITCH 板 плата LAN-SWITCH 〈略〉ULAN

LAN 互联 взаимоувязанные LAN

LAN 交换机 коммутатор ЛВС

LAPD 内部程序 внутренняя процедура LAPD 〈略〉ILAPD

LONIIC 大号量模拟呼叫器牌号 марка имитатора для генерирования контрольных вызовов ЛОНИИСа 〈略〉Авистен-2

MAP 处理器 процессор MAP 〈略〉MAPP

MAP 功能 функция MAP 〈略〉MAPF

MRFC DPU 扩展单元 блок расширения MRFC DPU 〈略〉MCD

MSC 短消息服务网关 шлюз службы коротких сообщений MSC 〈略〉SMS-GMSC

MSC 网关中心 шлюзовой центр MSC

〈略〉GMSC

MSC 与 BSC 之间接口 интерфейс между MSC и BSC 〈略〉A-interface

MTP 测试用户子系统 тестовая подсистема пользователей MTP 〈略〉MTUP

MTP 第二级用户适配层 уровень адаптации пользователей MTP2 〈略〉M2UA

MTP 第三级用户适配层 уровень адаптации пользователей MTP3 〈略〉M3UA

MTP 路由验证测试 тест для проверки маршрутизации MTP 〈略〉MRVT

MTP 路由验证确认 подтверждение проверки маршрутизации MTP 〈略〉MRVA

MTP 选路结果 результат маршрутизации MTP 〈略〉MRVR

N + 1 的热备份 режим горячего резерва N + 1

NASS 群鉴定 групповая аутентификация NASS 〈略〉NBA

NDIS WAN 广域网接口驱动程序 драйвер интерфейса глобальной сети (WAN) NDIS

NEAX61 交换端口模板 порт коммутации NEAX61

Net BIOS 扩展用户接口 расширенный абонентский интерфейс Net BIOS 〈略〉Net BEUI

Net Engine 骨干交换路由器 магистральный коммутирующий маршрутизатор Net Engine 〈略〉NE

n 级管理单元 административный блок уровня n (n = 3,4) 〈略〉AU-n

n 级容器 контейнер уровня n (n = 1,2,3 и 4) 〈略〉C-n

n 级虚容器 виртуальный контейнер уровня n 〈略〉VC-n

n 组支路单元 группа трибных блоков уровня n (n = 2,3) 〈略〉TUG-n

OMAP 服务应用单元 сервнсный прикладной элемент OMAP 〈略〉OMA-SE

OMU 本地维护终端 локальный терминал техобслуживания OMU 〈略〉OMU-LMT

Optix™ 光传输系统 система оптической передачи Optix™

OSA 业务支持服务器 сервер поддержки услуг OSA 〈略〉OSA-SCS

Pb 用 GSM E1/T1 接口部件 GSM-блок интерфейса E1/T1 для Pb 〈略〉GEIUP

Pb 用 GSM 光接口部件 GSM-блок оптического интерфейса для Pb 〈略〉GOIUP

PCI 工控机生产集团 группа производителей промышленных компьютеров PCI 〈略〉PICMG

PCM 30 数字集群系统对接电路 комплект стыка с цифровым групповым трактом ИКМ 30 〈略〉СГТ

PCM 30 信道数字集群系统 30-канальный цифровой групповой тракт ИКМ-30 〈略〉ГТ

PCM 编码规律 правило кодирования ИКМ

PCM 通道识别信号 сигнал идентификации тракта ИКМ

PCM 系统 тракт ИКМ, интерфейс ИКМ (в модуле или на плате), поток PCM (для выделения тактового сигнала)

PC 型光缆接插件 соединитель для ВОК типа PC 〈略〉PC

PDH 和 SDH 网络通信系统 система связи PDH и SDH сетей 〈略〉PSM

PDH 接口告警指示信号 сигнал индикации аварии PDH-интерфейса 〈略〉PAIS

PDH 接口信号丢失 потеря сигнала PDH-интерфейса 〈略〉PLOS

PDH 接口信号输入时钟丢失 потеря входного такта сигнала PDH-интерфейса 〈略〉PLOC

PDH 物理接口 физический интерфейс PDH 〈略〉PP1

PLMN 查询 запрос PLMN 〈略〉1PLMN

PLMN 专网 специальная сеть PLMN 〈略〉PLMNSS

PMS 代理人模块(板) модуль (плата) агента PMS 〈略〉PAU

PSMS 设备及环境集中监控系统 система централизованного контроля оборудования электропитания и параметров окружающей среды PSMS

PSM 报警信号版 плата аварийной сигнализации PSM 〈略〉UALU

PSM 电源板 блок электропитания PSM 〈略〉UPWR

PSM 后接口板 задняя интерфейсная плата PSM 〈略〉UBIU

PS 系列智能高频开关电源系统 интеллектуальная система электропитания с высокочастотным преобразованием серии PS

PS 业务用 GSM 数据处理单元 GSM-блок обработки данных для PS-услуг 〈略〉GDPUP

Q3 接口低层协议 протокол интерфейса Q3 низкого уровня

Q3 接口高层协议 протокол интерфейса Q3 высокого уровня

QAF 与受控对象间 TMN 网参考点 опорная точка сети TMN между QAF и управляемым объектом

Quidway Net Engine80 系列路由器 маршрутизаторы серии Quidway Net Engine80

Quidway 系列数据通信设备 оборудование передачи данных серии Quidway

Quidway™ ISDN 终端系列产品 серия терминальных устройств ISDN Quidway™

Quidway™ R2501 分路路由器 маршрутизатор ответвлений Quidway™ R2501

Quidway™ T800 ISDN 网络终端 сетевой терминал ISDN Quidway™ T800

Quidway™ T810 ISDN 数字话机 цифровой телефонный аппарат ISDN Quidway™ T810

Quidway™ T830/T831 ISDN 接入适配器卡 карта адаптера доступа ISDN Quidway™ T830/T831

Quidway™ U/S TA 128 终端适配器 терминальный адаптер U/S TA 128 Quidway™

Quidway™路由器系列 маршрутизатор серии Quidway™

Q 接口适配器 интерфейсный адаптер Q 〈略〉QA

Q 适配器 Q-адаптер 〈略〉QA

Q 适配器功能 функция Q-адаптера 〈略〉QAF

Q 适配器功能块 функциональный блок Q-адаптера 〈略〉QAF

Radium A25 2.5G 接入交换机 коммутатор доступа Radium A25 2.5G

Radium LO1、以太网接入交换机 коммутатор доступа к сети Ethernet

Radium™系列 ATM 交换机 коммутатор ATM серии Radium™

RNC 服务控制器 обслуживающий RNC 〈略〉SRNC

RSU 近端接口板 интерфейсная плата RSU на стороне станции 〈略〉LCT

SBS 传输设备网管系统 система сетевого управления серии SBS 〈略〉SBSMN

SBS™光同步传输系统 система оптической синхронной передачи SBS™

SBS™-68SPDH 光传输系统 система оптической передачи SBS™-68SPDH

SBS™-HDSL 高速数字用户线 высокоскоростная цифровая абонентская линия SBS™-HDSL

SBS™管理子网 подсеть управления SBS™ 〈略〉SMS

SCCP 路由管理 управление маршрутизацией SCCP 〈略〉SCRC

SCCP 路由验证测试 проверка и тест для проверки маршрутизации SCCP 〈略〉SRVT

SCCP 用户适配器 адаптер пользователя SCCP 〈略〉SUA

SCCP 状态控制 управление состоянием SCCP 〈略〉SCMG

SCTP 私人用户适配层 уровень адаптации частного пользователя SCTP 〈略〉SPUA

SDH/DWDM 光传输系统 система оптической передачи SDH/DWDM

SDH 分插复用器 SDH мультиплексор ввода-вывода 〈略〉SMA

SDH 复用器 мультиплексор SDH 〈略〉SMUX

SDH 管理 управление SDH 〈略〉G. 784(01/94)

SDH 管理网 сеть управления SDH 〈略〉SMN

SD 管理子网 подсеть управления SDH 〈略〉SMS

SDH 光缆线路系统测试方法(中国国家技术监督局) методика тестирования волоконно-оптических кабелей SDH (Государственное управление технического надзора Китая) 〈略〉GB/T16814 – 1997

SDH 光缆线路系统进网要求(中国国家技术监督局) требования к системе оптических кабелей системы SDH (Государственное управление технического надзора Китая) 〈略〉GB/T15941/1995

SDH 接入网 сеть доступа-SDH 〈略〉AN-SDH

SDH 上进行分组交换 пакетная коммутация поверх SDH 〈略〉POS

SDH 设备从时钟定时特性 характеристика тактовой синхронизации для ведомых тактовых генераторов оборудования SDH 〈略〉G. 813 (08/96)

SDH 设备功能块特性 характеристика функциональных блоков оборудования SDH 〈略〉G783 (01/94)

SDH 设备和系统光接口 оптический интерфейс для оборудования и систем, связанных с SDH 〈略〉G. 957

SDH 设备结构建议 структура рекомендаций по оборудованию синхронной цифровой иерархии 〈略〉G. 781(01/94)

SDH 设备类型和一般特性 тип и общая характеристика оборудования SDH 〈略〉G. 782 (01/94)

SDH 设备时钟 тактовый сигнал оборудования SDH 〈略〉SEC

SDH 数字网络的抖动和漂移的控制 контроль джиттера и вандера цифровой сети SDH 〈略〉G. 825 (08/93)

SDH 网络保护结构的类型和特性 тип и характеристика структуры защиты сети SDH 〈略〉G/841(07/95)

SDH 网络节点接口 интерфейс сетевых узлов синхронной цифровой иерархии 〈略〉G. 707(03/96)

SDH 网元级网络管理信息模型 информационная модель управления сетью SDH на уровне сетевых элементов 〈略〉G. 774. 1 – 5 (11/94 ~ 07/95)

SDH 网元控制和管理系统 система управления и адмнинстрирования элементов сетей SDH

SDH 物理接口 физический интерфейс SDH 〈略〉SPI

SDH 系列传输设备 серия системы передачи SDH

SDH 中继线设备 устройство соединительных линий SDH 〈略〉STU

SDH 自愈式双向双纤环网接收单元 приемный блок самовосстанавливающегося двунаправленного двухволоконного кольца SDH 〈略〉SNC-P

SIGTRAN 处理单元 блок обработки SIGTRAN 〈略〉USIG

SL4 板其它告警 другие аварийные

сигналы платы SL4 〈略〉SL4-ALM

SS7 STP 信令系统 система сигнализации STP ОКС7

STM-1 光接口单元 блок оптического интерфейса синхронной линии 155 Мбит/с (STM-1) 〈略〉SL1

STM-4 光接口单元 блок оптического интерфейса синхронной линии 622 Мбит/ с (STM-4) 〈略〉SL4

Synlock™ 时钟同步系统 система тактовой синхронизации Synlock™

Synlock™ 通信楼综合定时供给系统 интегрированная система подачи синхросигналов внутри здания станции SynlockTM™ 〈略〉BITS

TDM 调制解调器接口扳 модемная интерфейсная плата TDM 〈略〉TMI

T1 处理接口板 интерфейсная плата обработки T1 〈略〉UTPI

TCP/IP 协议,传输控制协议/互连网协议 протокол TCP/IP, протокол управления передачей / Интернет-протокол 〈略〉TCP/IP

TELLIN™ 智能网 интеллектуальная сеть TELLIN™

TOA、TOE、TOG 等输出接口板的统称 общее название интерфейсных плат вывода TOA, TOE, TOG 〈略〉TOX

T 形螺母 тавровая гайка

T 字内六角扳手 торцовый ключ, ключ с шестигранным гнездом

UNIX 系统 система UNIX 〈略〉UNIX system

U 口控制单元 блок управления U-порта

U 盘 U диск

V5.2 接口板 плата интерфейса V5.2

V5.2 接口协议处理板 плата обработки протокола интерфейса V5.2

V5 协议处理及主控板 плата обработки протокола V5 и главного управления

Veritas 服务器组 групповой сервер Veritas 〈略〉VCS

VERITAS 容器经理 менеджер емкости VERITAS 〈略〉VxVM

ViewPoint™1000 会议电视系统(会议视频系统、视频会议系统) система видеоконференц-связи View-Point™ 1000

Viterbi 算法 алгоритм витерби 〈略〉VA

VLR 数据库 база данных VLR 〈略〉VDB

VLR 与 VLR 之间的接口 интерфейс между VLR и VLR

VPN 加密标准 стандарт шифрования VPN

Web 业务描述语言 язык описания Web-служб 〈略〉WSDL

Windows 终端服务器 сервер терминала Windows 〈略〉WTS

WSF 和用户间 TMN 网参考点 опорная точка сети TMN между WSF и пользователем 〈略〉G

X.25 传输话音 передача речи через X.25

Z 接口 интерфейс Z

μ 律 закон μ

AB 单元标记 маркер блока AB 〈略〉MAB

ГИ-3 单元标记 маркер блока ГИ-3 〈略〉МГИ-3

ГИК-40 单元标记 маркер блока ГИК-40 〈略〉МГИК-40

附录 1　英语电信缩略语汉俄译语

A	地址	адрес
A	系统可用度	доступность системы
A	帐务管理	управление счетами (отчетностью)
A/D	模－数转换器	аналого-цифровой преобразователь
A3	鉴权算法 A3	алгоритм аутентификации A3
A5	流密码算法	алгоритм поточного шифрования
A5/1	加密算法 A5/1	алгоритм шифрования A5/1
A5/2	加密算法 A5/2	алгоритм шифрования A5/2
A8	密码关键字形成算法	алгоритм формирования ключа шифрования
AA	自动应答	автоматический ответ
AAA	认证、授权和计费	аутентификация, полномочия и тарификация
AAB	自动记帐更换	автоматическая замена квитанций
AAL	异步传输模式适配层	уровень адаптации ATM
AAL1	异步传输模式适配层类型 1	уровень адаптации ATM типа 1
AAL2	异步传输模式适配层类型 2	уровень асинхронной адаптации ATM типа 2
AAM	异步传输模式适配器模块	модуль адаптеров ATM
ab	后向比特 a	бит a в обратном направлении
AB	地址总线	адресная шина(АШ)
ABD	缩位拨号	сокращенный набор
ABR	可用比特率	доступная скорость передачи (битов)
ABR	区域边缘路由器	зоновый граничный маршрутизатор
ABT/IT	ABT 瞬间传送	ABT с мгновенной передачей
ABT	异步传输模式块传送	передача блока ATM
AC	交流电	переменный ток
AC	接入类	класс доступа
AC	系统维护管理模块	блок управления техобслуживанием системы
AC	音频编解码器	тональный кодек
AC	应用上下文	прикладной контекст
AC	用户局、终端局	абонентская станция
ACB	访问控制块	блок управления доступом
ACB	接入拒绝信号	сигнал «доступ запрещен»
ACB	自动回叫	автоматический обратный вызов
ACB	自动远程测试机	блок автоматического дистанционного тестирования (Auto Control Box)
ACC	对登记号计费的通信业务	услуга связи с начислением оплаты на зарегистрированный номер

ACC	公司电话卡	корпоративная телефонная расчетная карта
ACC	记帐卡呼叫	вызов по расчетной карте
ACC	预付卡呼叫	вызов по карте предоплаты
ACC	自动拥塞控制信息消息	информационное сообщение автоматического управления перегрузкой
ACCH	随路控制信道、兼容控制信道	выделенный канал управления, совмещенный канал управления
ACCS	自动呼叫卡业务	служба автоматического вызова по карте
ACD	自动呼叫分配	автоматическое распределение вызовов
ACK	辅助时钟板(副机架配置副时钟单元)	плата дополнительного тактового генератора
ACK	接收确认	подтверждение приема
ACL	访问控制列表	список контроля доступа
ACL	异步无接续信道	асинхронный канал без установления соединения
ACM	地址全消息	сообщение о полном адресе
ACM	累积呼叫计量器	измеритель суммированных вызовов
ACM	排队模块,自动呼叫分配模块	модуль автораспределения вызовов
ACM	自适应时钟恢复	востановление адаптивного тактового сигнала
ACMM	累积呼叫计量器最大值	максимальное значение измерителя суммированных вызовов
ACOM	天线合并器	антенный комбайнер
ACP	接入控制设备	протокол контроля доступа
ACR	计数记录	запись счета, учетная запись
ACR	衰减与近端串音比	отношение затухания к NEXT
ACS	加,比,选	добавление, сравнение, выбор
ACSE	联合控制服务单元	сервисный элемент ассоциативного управления, сервисный элемент ассоциативного уровня
ACTA	美国通信网络运营商协会	ассоциация американских операторов сетей связи
AD	广告	реклама
ADC	地址全,计费	полный адрес, с оплатой
ADC	模-数变换器,模拟数字转换器	аналого-цифровой преобразователь (АЦП)
ADC	付款通知	извещение об оплате, сообщение об оплате
ADC	行政管理中心	административный центр

ADCCP	未来通信业务管理协议	протокол управления перспективными службами связи
ADI	按位交替转换码	код с поразрядно-чередующейся инверсией
ADI	地址不全信号	сигнал неполного адреса
ADL	非对称数字用户线接口板	интерфейсная плата ADSL
ADL	非对称数字用户线业务接入板	плата доступа к услуге ADSL
ADM	分插复用器	мультиплексор с выделением каналов, мультиплексор ввода/вывода, мультиплексор вставки/выделения (МВК)
ADM	自(愈)环网	кольцевая сеть с функцией самовосстановления
ADMF	管理功能	функция администрирования
ADP	排队机语音(言)处理卡	карта обработки речи (речевых сигналов) на автораспределителе вызовов
ADP	适配卡,语音处理卡	адаптивная карта, карта адаптера, карта речевой обработки
ADP	语音处理板	плата обработки речи
ADPCM	自适应差分脉码调制	адаптивная дифференциальная (разностная) импульсно-кодовая модуляция (АДИКМ)
ADPS	自动数据处理系统	система автоматической обработки данных
ADR	美国存款收据	американская депозитная расписка (квитанция)
ADSL	非对称数字用户线	асимметрическая цифровая абонентская линия
ADT	自适应动态阈值	адаптивная динамическая пороговая величина
ADX	地址全,公用电话用户	полный адрес, абонент таксофона
AE	应用实体	прикладной объект, прикладное существо
AED	语音编解码器	речевой кодек
AES	扩展加密标准	расширенный стандарт шифрования
AF	保证前转	гарантированная переадресация
Af	前向比特 a	бит а в прямом направлении
AF	应用功能	Функция применения
AF	自动定焦	автофокус

AFC	频率自动微调	автоматическая подстройка частоты
AFEC	增强型前向纠错	усовершенствованное прямое исправление ошибок
AFI	权限和格式标识符	идентификатор полномочий и формата
AFIS	指纹自动识别系统	система автоматической идентификации отпечаток пальцев
AFN	地址全,空闲,免费	полный адрес, свободный, без оплаты
AFX	地址全,空闲,计费	полный адрес, свободный, с оплатой
AFX	地址全,空闲,公用电话用户	полный адрес, свободный, абонент таксофона
AG	接入网关	шлюз доступа
AGC	自动增益控制	автоматическая регулировка усиления (АРУ)
AGCH	准予接入的信道	канал разрешения (разрешенного) доступа
AGM	接入网关模块	модуль шлюза доступа
Ah	安时,安培小时	ампер · час (А · ч)
AH	处理器通用寄存器	регистр общего назначения процессора
AHW	音频母线	тональная шина (высокоскоростная линия передачи данных)
AI	动作指示符	индикатор действия
AI	空间接口、空中接口	радиоинтерфейс между БС и АС
AI	人工智能	искусственный интеллект
AIM6300	附加数据管理系统	система управления прикрепляемыми данными
AIN	先进智能网	современная интеллектуальная сеть
A-interface	A 接口、MSC 与基站设备之间接口	А-интерфейс, интерфейс между MSC и оборудованием базовой станции
AIP	先进的智能外围设备	усовершенствованная интеллектуальная периферия
AIS	告警指示信号	сигнал индикации аварии(СИА)
AIS	中继线状态	состояние СЛ
AISS	告警指示信号时延	задержка сигнала индикации аварийного состояния
AIT	排队机座席通信板(主机侧)	плата связи с рабочими местами автораспределителя вызовов (на стороне хоста)
AITS	确认式信息传递服务	услуга передачи информации с подтверждением приема
AK	数据证实	подтверждение данных

AKA	认证和密钥协商	аутентификация и соглашение о ключе
ALC	自动功率控制	автоматическое управление уровнем мощности
ALCAP	通信链路控制接入应用协议	прикладной протокол доступа к управлению каналом связи
ALD	天线线路设备	оборудование на антенной линии
ALF	告警风扇框	полка аварийной сигнализации и вентиляции
ALIM	异步传输模式线路接口模块	модуль интерфейса линии АТМ
ALM	告警信号收集板	плата сбора аварийной сигнализации
ALMZ	告警箱	блок аварийной сигнализации
Alm-rpt. prn	默认故障报表打印文件	файл печати отчетов о неисправности по умолчанию
ALOC	上路总线时钟丢失	потеря тактовой синхронизации шины ввода
ALOJ1	上路 J1 信号丢失	потеря входного сигнала J1
ALOS	输入支路信号丢失	потеря входного трибутарного сигнала
ALOS	网元 E1 接口输入信号丢失	потеря входного сигнала на интерфейсе E1
ALS	备选服务	услуга альтернативных услуг
ALS	告警秒	аварийная секунда
ALS	激光器自动断开	автоматическое отключение лазера
ALS	激光器自动关闭	автоматическое отключение лазера
ALU	算术逻辑单元	арифметико-логическое устройство (АЛУ)
AM	管理模块	административный модуль, модуль управления
AM	计费管理	управление учетом стоимости
AM	确认模式	режим подтверждения
AM	调幅,振幅调制	амплитудная модуляция
AM	关联存储器	ассоциативная память, ассоциативное запоминающее устройство (АЗУ)
AM	自适应调制	адаптивная модуляция
AM/CM	管理和通信模块	модуль упровления и связи
AMA	自动计数消息	автоматическое сообщение о счете
AMG	接入网关	шлюз доступа
AMI	信号(脉冲)极性交替变换码	двоичный код с изменением полярности сигнала, код с чередованием полярности импульсов
AMM	异步显示方式	асинхронный режим отображения

AMPS	移动电话通信先进系统	усовершенствованная система мобильной телефонной связи (американский стандарт)
AMR	自适应多速率方法	адаптивный многоскоростной режим
AN	接入网	сеть доступа,
ANC	应答信号,计费	ответный сигнал, с оплатой
ANCP	接入节点控制协议	протокол управления узлом доступа
AND	地址全,免费	полный адрас, без оплаты
ANET	异步传输模式网复用器	мультиплексор сети ATM
ANI	自动号码识别,来电显示	автоматическое определение номера (AOH)
ANM	"应答"消息	сообщение «ответ»
ANM	被叫用户响应(摘机)	ответ вызываемого абонента (снятие трубки)
ANN	应答信号,免费	ответный сигнал, без оплаты
ANNC	通知,通知书	извещение
ANSI	美国国家标准学会	Американский национальный институт стандартизации
ANU	应答信号,未分类	ответный сигнал, неклассифицированный
AN-NMS	接入网网管系统	система управления сетью доступа
AN-SDH	同步数字序列接入网	сеть доступа — SDH
AN-SMF	接入网系统管理功能	функция управления системой AN
AoC, AOC	计费通知	уведомление об оплате
AOC	输出自动控制	автоматическая регулировка выхода
AoCC	计费费用通知	извещение о расходах по тарификации
AoCD	连接时计费通知	извещение о тарификации во время соединения
AoCE	连接完成时通知	извещение о тарификации при завершении соединения
AoCI	计费信息通知	информационное сообщение о тарификации
AoCS	连接建立时计费通知	извещение о тарификации во время установления соединения
AON	A 用户号码请求过程	процедура запроса на номер абонента A
AON	有源光网络	активная оптическая сеть
AOU	告警输出模块	блок вывода аварийных сигналов
AP	辅助处理机	вспомогательный процессор
AP	接入点、访问点	пункт доступа
AP	应用进程、应用过程	прикладной процесс

AP	自动寻呼	автоматический пейджинг
APC	APC公司全球服务	глобальный сервис APC
APC	排队机座席通信卡（座席侧）	плата связи с рабочими местами автораспределителя вызовов（на стороне рабочего места）
APC	自动功率控制	автоматическое управление мощностью
APD	雪崩光电二极管	лавинный фотодиод（ЛФД）
APDH	改进的准同步数字序列	современная PDH
APDU	应用协议数据单元	прикладной протокольный блок данных
APE	自动光功率均衡	автоматическое выравнивание уровня мощности
API	应用程序接口	прикладной программный интерфейс, интерфейс прикладных программ
APID	接入点识别符	идентификатор пункта доступа
APM	改进的电源模块	усовершенствованный модуль электропитания
APN	接入点名称	наименование точки доступа
APON	异步传输模式无源光网络	пассивная оптическая сеть ATM
APP server	附件服务器	сервер приложений
APP	数据库访问（接入）控制	контроль доступа к базе данных
APS	应用程序系统	система прикладных программ
APS	自动保护切换	автоматическое защитное переключение（на резервный блок）
APSFAIL	保护倒换失败指示	индикация неудачного защитного переключения
APSINDI	保护倒换指示	индикация защитного переключения
APU	语音处理单元	блок обработки речевых сигналов
A-RACF	资源和访问控制功能、访问和访问资源控制功能	функция управления ресурсами и доступом, функция контроля доступа и ресурсов доступа
ARC	接入（访问）权限级别	класс полномочий доступа
ARD	接入（访问）权限描述	описание полномочий доступа
ARFCN	绝对无线载频号	абсолютный радиочастотный номер
ARI	接入（访问）权限识别符	идентификатор полномочий доступа
ARP	地址解析协议	протокол разрешения адресов
ARQ	重复传输标志	признак повторной передачи

ARQ	自动重发请求，自动重复请求	автоматический запрос повторения, автоматический запрос на повторную передачу
AS	接入服务器	сервер доступа
AS	就绪时间	время готовности канала
AS	应用服务器	сервер приложений
ASA	对话中断应答	ответ на прерывание сессии
ASB	座席电路板	схемная плата интерфейса рабочих мест
ASCEND	朗讯公司接入服务器	сервер доступа фирмы Lucent
ASCII	美国信息交换标准码	американский стандартный код для обмена информацией
ASE	应用业务单元、应用服务单元	сервисный элемент прикладного уровня, набор прикладных элементов, прикладной сервисный элемент
ASE	专门应用系统	специализированная прикладная система
ASF	应用服务器功能	функция сервера приложений
ASIC	专用集成电路	специализированная прикладная интегральная схема, заказные микросхемы
ASL	模拟用户线	аналоговая абонентская линия (ААЛ)
ASN	自动交换汇接局	узел автоматической коммутации (УАК)
ASN. 1	抽象语法标记 1	нотация абстрактного синтаксиса-1, абстрактно-синтаксическая нотация 1
ASON	自动光交换网络	автоматически коммутируемая сеть оптической коммутации
ASP	同步线路管理单元信号处理板	плата обработки синхронных линейных сигналов AU
ASP	接入服务提供商	провайдер услуг доступа
ASP	抽象业务原语	абстрактные сервисные примитивы
ASP	管理单元信号处理板	плата обработки сигнала AU
ASP	应用服务器进程	процесс сервера приложений
ASP	应用服务提供商	поставщик услуг приложений
ASR	对话中断请求	запрос на прерывание сессии
ASR	建立接续系数	коэффициент установленных соединений
ASS	模拟用户信令系统	система сигнализации аналоговых абонентов
AT&T	美国电话电报公司	американская компания телефонии и телеграфии

AT	模拟中继	аналоговая соединительная линия (АСЛ)
AT	用户终端	абонентский терминал
AT	主测系统	активный тестер
AT2	二线实线模拟中继线	физическая двухпроводная аналоговая соединительная линия
AT4	四线载波中继线	несущая четырехпроводная соединительная линия
ATAE	先进的交换设备介质	усовершенствованная среда телекоммуникационного оборудования
ATB	模拟中继接口框	интерфейсный блок аналоговых СЛ
ATB	全部干线占线	все магистрали заняты
ATCA	先进电信计算架构	современная архитектура телекоммуникационных вычислений
ATCAI	扩展的先进电信计算架构	расширенная современная архитектура телекоммуникацнонных вычислений
ATD	异步时分	асинхронное временное разделение
ATE	自动电话局，自动电话交换机	автоматическая телефонная станция (АТС)
ATI	随时查询	опрос в любой момент времени
ATM HUB	快速交换信息设备	быстродействующее устройство коммутации сообщений
ATM	异步传输模式	асинхронный режим передачи
ATO	环路中继，环路中继板	двухпроводная соединительная линия, плата двухпроводных СЛ
ATPC	传输功率自动控制	автоматический контроль мощности передачи
ATS	先进的电话服务器	усовершенствованный сервер телефонии
ATTE	长途自动电话局	автоматическая междугородная телефонная станция (АМТС)
AU	管理单元	административный блок
AU	接入单元	блок доступа
AU	适配单元	адаптивное устройство
AU PTR, AUP	管理单元指针	указатель административной единицы
AU-3	3级管理单元	административная единица уровня 3
AU-4	4级管理单元	административная единица уровня 4
AU-AIS	管理单元告警指示信号	сигнал индикации аварийного состояния AU
AUC	鉴权中心	центр аутентификации
AUG	管理单元组	группа административных единиц
AU-LOP	管理单元指针丢失	потеря указателя AU

AU-n	n 级管理单元	административная единица уровня n.
AU-NPJE	管理单元指针负调整	отрицательное выравнивание указателя AU
AU-PPJE	管理单元指针正调整	положительное выравнивание указателя AU
AUTC	验证、鉴权	аутентификация, верификация
AUTO	自动方式	автоматический режим
AUX	辅助接口板	вспомогательная интерфейсная плата
AUX	外接单元	блок для внешних подключений
AV	鉴权(验证)向量	вектор аутентификации
AVM	语音模块	модуль речевого сообщения
AVM	语音邮箱接口板	интерфейсная плата речевой почты
AVVID	音频、视频和综合数据结构	архитектура для голоса, видео и интегральных данных
B/S	浏览器/服务器	браузер/сервер
B1-OVER	B1 误码过限	слишком большое количество ошибок B1, превышение порога ошибок B1
B2COUNT	复用段 B2 误码计数	подсчет количества ошибок B2 мультиплексной секции
B2-EXC	B2 过限	превышение порога B2
B2-OVER	B2 误码过限	слишком большое количество ошибок B2, превышение порога ошибок B2
B2-SD	B2 信号劣化指示	индикация ухудшения сигнала B2
B3COUNT	高阶通道 B3 误码计数	подсчет количества ошибок B3 тракта высокого порядка
B3EB	B3 块误码	ошибка блока B3
B3EB-COUNT	B3 块误码计数	подсчет ошибок блока B3
BA	带宽分配器	распределитель пропускной способности
BA	广播控制信道	размещение канала BCCH
BA2	双路光功率放大器板	плата двухканального усилителя оптической мощности
BACK-CURRENT	光模块背光电流	встречный (обратный) ток оптического модуля
BAIC	限制所有入局呼叫	запрет всех входящих вызовов
BAIC-Roam	限制 PLMN 归属网外漫游的入局呼叫	запрет входящих вызовов при роуминге за пределами домашней сети PLMN
BAM	后管理模块、后台	управляющий вычислительный комплекс(УВХ)
BAOC	限制所有出局呼叫	запрет всех исходящих вызовов

BAS	比特率分配信号	сигнал распределения битовой скорости
BAS	宽带接入服务器	сервер широкополосного доступа
BAU	话单服务器单元	блок для сервера счетов
BAU	话单管理单元	блок управления биллингом (счетами)
BAU	宽带接入单元	блок широкополосного доступа
bb	后向比特 b	бит b в обратном направлении
BBE	背景块误码，背景块差错	блок с фоновыми ошибками
BBER	背景块误码比，背景块差错比	коэффициент блоковых ошибок, коэффициент фоновых ошибок блока
BBTG	问题研究小组	группа по изучению вопросов
BBU	基带处理单元	блок обработки полосы групповых частот
BC	计费中心	центр биллинга
BC	载波通道	канал несущей
BC1	宽带 C1 级	широкая полоса уровня C1
BC2	宽带 C2 级	широкая полоса уровня C2
BCC	B 信道连接控制	управление соединением B-канала
BCC	承载信道连接	соединение канала переноса
BCC	通信互联网	взаимоувязанная сеть связи
BCCH	广播控制信道	канал управления ретрансляцней
BCD	二进制编码的十进制	двоично-кодированная запись десятичной цифры
BCF	基站控制功能	функция управления базовой станцией
BCH	广播信道	канал ретрансляции
BCH	突发信道	канал пакетной передачи
BCIE	承载能力标识单元	элемент идентификации способности переноса
BCM	基本呼叫管理	управление базовыми вызовами
BCN	商业通信网	коммерческая сеть связи
BCP	基本呼叫处理	обработка основных вызовов
BCR	信元块速率	скорость передачи блока ячейки
BCSM	基本呼叫状态模型	модель состояния базового вызова
BCT	双向通用中继线	двухсторонняя универсальная СЛ
BCV	字节代码校验器	устройство проверки байт-кода
BD	计费域	домен биллинга
BDD	商务发展部	департамент коммерческого развития
BDR	备用指定路由器	резервный назначенный маршрутизатор
BDSTATUS	网元单板不在位告警	аварийная сигнализация отсутствия

		платы сетевого элемента в гнезде, аварийный сигнал «плата сетевого элемента отсутствует»
BE	最好方式	наилучшим образом
BE	最佳光纤传输方式	режим оптимально возможной передачи
BEL	铃流电路板	плата генератора вызывного тока
BELL-CORE	北美电信标准	телекоммуникационный стандарт Северной Америки
BER	误码率,比特差错率	коэффициент ошибок по битам, частота появления ошибок по битам
bf	前向比特 b	бит b в прямом направлении
BFD	双向转发检测	двунаправленное обиаружение переадресации
BFI	坏帧标志	индикация плохого цикла
BG	边界网关	пограничный шлюз
BGA	球删阵列封装	установка корпуса матрицы шариковой решетки
BGCF	边界网关控制功能	функция управления граничным шлюзом
BGCF	媒体网关输出控制功能	функция управления выходом медиашлюза
BGCF	与外网互连的网关控制功能	функция управления шлюзом с внешней сетью
BGF	边界网关功能	функция граничного шлюза
BGP	边界网关协议	протокол граничного шлюза
BGW	话单采集机	аппарат для сбора телефонных счетов
BHCA	忙时试呼次数	число（кол-во）попыток вызова в часы наибольшей нагрузки（ЧНН）
BIB	后向指示比特	бит индикации обратного направления
BIB	再生段每秒钟含有 B1 误码的帧数	число кадров регенераторной секции, содержащих ошибки B1, в секунду
BICC	与输送介质无关的呼叫控制	управление вызовами, независимое от среды доставки
BIC-exHC	限制国际入局呼叫（除 PLMN 归属网国家外）	запрет входящих международных вызовов（кроме адресованных стран домашней сети PLMN）
BIC-Roam	限制 PLMN 归属网外漫游的入局呼叫	запрет входящих вызовов при роуминге за пределами дамашней сети PLMN
BICSI	电缆工业行业龙头单位	ведущая отраслевая организация кабельной промышленности

BID	话务台拨入	входящий набор через пульт оператора
BIE	基站设备接口板	плата интерфейса оборудования базовой станции, интерфейсное оборудование базовой станции
BIL-LING	通信服务付费帐单	составление счета к оплате за услуги связи
BIN	双协议	двоичный протокол
BIND	伯克莱互联网名称域	домен именований Internet Berkeley
B-interface	B 接口, MSC 与 VLR 之间接口	B-интерфейс, интерфейс между MSC и VLR
BIOS	基本输入输出系统	базовая система ввода-вывода
BIP-2	BIP-2 校验误码	коррекция ошибок BIP-2
BIP-N	比特间奇偶校验 N 位码	N-код с четностью чередующихся битов
B-ISDN	宽带 ISDN	широкополосная ЦСИО
B-ISOP	宽带网各层间信令协议	протокол сигнализации между уровнями широкополосных сетей
B-ISUP	宽带 ISDN 用户部分	подсистема пользователя широкополосной ЦСИС(ISDN)
BITS	通信楼综合定时供给系统	встроенная система синхронизации, интегрированная система синхронизации для узла связи
BIU	分支光接口板	блок интерфейса ответвления
BLA	闭塞证实信号	сигнал подтверждения блокировки
BLC	拆线证实	подтверждение разъединения
BLER	误块率	частота появления блочных ошибок
BLLD	B 信道驱动模块	блок драйвера B-канала
BLO	闭塞信号	сигнал блокировки
BLR	基本位置寄存器	основной регистр местоположения
B-LT	宽带线路终端	широкополосное линейное окончание
BM	基本模块	базовый модуль
BMC	磁泡存储控制器	контроллер памяти на ЦМД (цилиндрический магнитный домен)
BMC	广播/组播控制	управление широковещанием/групповой передачей.
BMC	突发模式控制器	контроллер форсированного режима
BMC	无线电广播/立体声广播控制协议	протокол управления радиовещанием/стереофоническим вещанием
BMC	主(母)板管理控制器	контроллер управления объединительной (материнской) платой
BML	事务管理层	уровень транзакции

BMP	记帐管理点	пункт управления квитанциями
BMS	宽带网管系统	система управления широкополосной сетью
BNET	宽带交换网插框	полка широкополосного коммутационного поля
BNF	正常备用格式	нормальный альтернативный формат
B-NT	宽带网络终端	широкополосный сетевой терминал
B-NT1	宽带网络终端 1	широкополосный сетевой терминал 1
BOC	开放系统互联	взаимосвязь открытых систем
BOCC	光板偏差校正相机	фотоаппарат для корректировки отклонения платы
BOD	按需提供通频带	полоса пропускания по требованию
BOIC	限制国际出局呼叫	запрет исходящих международных вызовов
BOIC-exHC	限制国际出局呼叫(除 PLMN 归属网国家外)	запрет исходящих международных вызовов (кроме адресованных стран домашней сети PLMN)
BOM	物料清单	перечень материалов
BORSCHT	电源、保护、振铃、监控、编译码、变换、测试七种功能的简称	сокращенное наименование функций питания, защиты (схема защиты от высоких напряжений и перенапряжений), посылка вызова, контроль (состояния абонентского шлейфа), кодирование и декодирование, преобразование (с линий 2/4) и тестирование
BOS	网络经济效益管理系统	система управления экономической эффективностью сети
BOSS	业务运营支撑系统	система поддержки бизнеса и эксплуатации
BP	BP 机、寻呼机	пейджер
BP	处理器基极指针寄存器	регистр-указатель базы процессора
BP	突发周期	период пакетной передачи
BPA	光功率前置放大器板	плата предварительного усилителя оптической мощности
BPM	宽带业务处理模块	модуль обработки широкополосных услуг
bps	比特/秒	бит/сек
BPV	双极性破坏点	нарушение биполярности
BQFP	"凸台"方形扁平封装	установка плоского корпуса квадратного типа «выпуклая ступень»
BRA	基本速率接入	базовый доступ

BRA	基本速率适配	адаптация основных скоростей
BRAS	宽带远程接入服务器	сервер удаленного широкополосного доступа
BRI	基本速率接口	интерфейс базовой скорости
BRI-ISDN	综合业务数字网基本速率接入接口	интерфейс базового доступа к ISDN
BRU	桥路处理单元	блок мостикового процессора
BS	基站	базовая станция
BSC	基站(代)码	код базовой станции
BSC	基站控制器	контроллер базовых станций
BSD	贝克莱软件分配	распределение ПО Berkeley
BSD/OS	贝克莱软件分配/操作系统	распределение ПО Berkeley/операционная система
BSDI	贝克莱软件设计	дизайн ПО Berkeley
BSG	基本业务组	группа базовых услуг
BSG	基站群	групповые базовые станции
BSG	宽带信令网关	шлюз широкополосной сигнализации
BSIC	基站识别码	идентификационный код базовой станции
BSM	后向接续消息	сообщение об установлении связи в обратном направлении
BSMM	字节同步映射方式	байт-синхронный режим отображения
BSN	后向序号	обратный порядковый номер
BSN	宽带交换网络、宽带接续网络	широкополосное коммутационное поле
BSP	支持单板的程序包	пакет программ для поддержки плат
BSS	基站系统(BSC + BTS)	система базовых станций (BSC + BTS)
BSS	基站子系统	подсистема базовых станций
BSS	企业通信支持系统	система поддержки корпоративной связи
BSS	业务支撑系统	система поддержки бизнеса
BSSAP	基站子系统应用部分	прикладная часть подсистемы базовых станций
BSSGP	基站子系统 GPRS 协议	протокол GPRS подсистемы базовых станций
BSSMAP	基站子系统移动应用部分	прикладная часть подвижной связи подсистемы базовых станций
BSU	BAM 和 SMU 模块	модули BAM и SMU
BSU	发送宽带信号单元	блок широкополосной сигнализации
BSU	基站单元	блок базовой станции
BSU	基站控制单元	блок управления базовой станцией

BSVC	广播信令虚拟通道	вещательный виртуальный канал сигнализации
BT	总线端接负载	оконечная нагрузка шины
B-TA	宽带终端适配器	широкополосный терминальный адаптер
BTC	总线端接负载卡	плата оконечной нагрузки шины
BT-E	宽带终端设备	широкополосное терминальное оборудование
BTS	基站传输系统	система передачи на базовой станции
BTS	基站收发台	базовая приемопередающая (трансиверная) станция
BTSM	基站收发台模块	модуль базовой приемопередающей (трансиверной) станци
BUF-ERR	单板缓冲区错误	ошибка буфера платы, ошибка в буфере хранения на плате
BUG	基本用户群	базовая группа пользователей
BUS	母线、总线	шина
BUSCFG-FAIL	总线配置失败	ошибка конфигурации шины
BUSLOC	无时钟输入	отсутствие входа тактового сигнала
BUS-ERR	单板总线错误	ошибка шины платы
BVC	BSSGP 虚连接	виртуальное соединение BSSGP
BWS320G	DWDM320G 频谱复用系统	система спектрального уплотнения DWDM320G
C	成本	себестоимость
C	出局话务量	исходящий трафик
C	控制	управление, контроль
C	配置管理	управление конфигурацией
C	容器	контейнер
C&A	控制和告警	управление и аварийная сигнализация
C&C08	华为公司交换机商标	торговая марка коммутационного оборудования компании «Huawei»
C&C08 iNET	华为公司 C&C08 综合平台商标	торговая марка компании «Huawei» для интегрированной платформы C&C08
C/R	命令/响应比特	бит в области «команда/реакция»
C4RLAIS	下路 140M 告警指示信号	AIS выходного сигнала 140M
C4TLAIS	上路 140M 告警指示信号	AIS входного сигнала 140M
CA	容量分配	распределение емкости
CA	呼叫协调人	посредник вызовов
CA	小区频率分配	распределение сотовых частот
CAA	容量分配确认	подтверждение распределенной ем-

		кости
CAC	呼叫接入控制、呼叫权限控制	управление доступом вызовов, управление правами на вызовы
CAC	连接允许控制	контроль допуска на соединение
CAI	支付信息消息	информационное сообщение об оплате
CAMA	集中式自动电话计费	централизованный автоматический учет стоимости
CAMEL	移动网络增强逻辑的客户化应用	пользовательские приложения для усовершенствованной логики мобильной связи
CAP	CAMEL 应用部分	прикладная часть CAMEL
CAP	设置接入端口	порт доступа конфигурации
CAP	无载波幅相调制	амплитудно-фазовая модуляция без передачи несущей, модуляция фазы амплитуды без несущей
CAPEX	基本建设支出	капитальные затраты
CAPS	用户以秒计的每小时话务量	секунды абонентского трафика за час
CAPS	每秒试呼次数	количество попыток вызовов в секунду
CAR	约定接入速率	согласованная скорость доступа
CAS	计算机复制系统	компьютерная система воспроизведения
CAS	随路信令	сигнализация по выделенному каналу (ВСК)
CAS 1	1 位信令码元的随路信令	сигнализация по одному выделенному каналу (1 ВСК)
CAS 2	2 位信令码元的随路信令	сигнализация по двум выделенным каналам (2ВСК)
CASE	计算机辅助软件工程	автоматизированное проектирование ПО, разработка (техника) программного обеспечения с помощью компьютера
CAT	用户类别	категория абонента
CATMAP	中国智能网络应用程序	прикладная процедура китайской интеллектуальной сети
CATV	有线电视	кабельное телевидение (КТВ)
CAV	等角速	постоянная угловая скорость
CB	小区广播	ретрансляция по сотам
CBA	倒回证实信号	сигнал подтверждения обратного переключения
CBCH	小区广播信道	канал вещания на соты, канал ретра-

		нсляции по сотам,
CBD	倒回说明信号	сигнал описания обратного переключения
CBGA	陶瓷球删阵列封装	установка керамического корпуса матрицы шариковой решетки
C-BGF	核心边界网关功能	функция граничного шлюза ядра
CBGF	交互作用边界网关功能	функция граничного шлюза взаимодействия
CBK	后向拆线信号	сигнал разъединения в обратном направлении
CBR	恒定比特率、恒定传输率	постоянная скорость передачи (битов)
CBS	约定的包尺寸	согласованный размер пакета
CBSM	可广播的短消息	вещаемое короткое сообщение
CBU	反向连接	блок обратного соединения
CBUS	控制总线	шина управления
CBWFQ	按量级(加权)公平排队	взвешенная равноправная постановка в очередь на основании классов
CC	国家代码	код страны
CC	呼叫控制	управление вызовом
CC	接续确认	подтверждение соединения
CC	通信信道内容	содержимое канала связи
CCA	信贷控制应答	ответ управления кредитом
CCAF	呼叫控制接入功能	функция доступа к управлению вызовами
CCAP	呼叫控制接入点	пункт доступа к управлению вызовами
CCB	呼叫控制模块	блок управления вызовами
CCBGA	陶瓷柱状球删阵列封装	установка керамического корпуса матрицы роликовой решетки
CCBS	遇忙用户呼叫完成	завершение вызова к занятому абоненту
CCC	信用卡呼叫	вызов по кредитной карте
CCCH	公共控制信道	общий канал управления
CCF	有条件呼叫前转	условная переадресация вызова
CCF	呼叫控制功能	функция управления вызовами
CCF	簇控制功能	функция управления кластером
CCF	导通故障信号	сигнал нарушения непрерывности
CCF	计费数据收集功能	функция сбора данных тарификации
CCH	控制信道	канал управления
CCH	通信协调委员会	Координационный комитет по связи
CCI	来话导通检验	проверка непрерывности входящего вызова

CCIR	国际无线电咨询委员会	Международный консультативный комитет по радио и телевидению (МККРТ)
CCITT	国际电报电话咨询委员会	Международный консультативный комитет по телеграфии и телефонии (МККТТ)
CCL	主叫用户挂机	отбой вызывающего абонента
CCL	主叫用户挂机信号	сигнал разъединения вызывающего абонента
CCM	管理通信模块	модуль управления и связи
CCM	电路监视消息	сообщение контроля каналов
CCO	导通去话检验	проверка непрерывности исходящего вызова
CCP	呼叫远程控制接口	интерфейс дистанционного управления вызовами
CCP	中央通信处理板	центральный коммуникационный процессор, плата центральной обработки данных, поступающих по линии связи
CCP	公用通信权限	полномочия на связь общего пользования
CCP	客户合同计划	план по осуществлению контракта клиента (покупателя)
CCP	客户活动计划	программа мероприятий у клиентов
CCP	远程联网接口	дистанционный интерфейс неавтономной сети
CCR	信贷控制请求	запрос контроля кредита
CCR	导通测试请求	запрос на проверку непрерывности
CCR	请求导通检验信号	сигнал запроса на проверку непрерывности
CCS	指令控制系统	система управления по командам
CCS	共路信令	общеканальная сигнализация
CCS7	7 号信令、7 号共路信令	общеканальная сигнализация №7 (ОКС7)
CCTF	通信触发器功能内容	содержимое функции триггера связи
CCU	去话方控制单元	блок управления вызывающей стороной
CCU	中央时钟单位	блок центрального генератора синхросигнала
CD	容量释放	освобождение емкости
CD	呼叫转向	отклонение вызова
CD	碰撞检测	обнаружение столкновений
CD	呼叫分配	распределение вызовов

CD	载波检测器	детектор несущей
CDA	容量释放确认	подтверждение освобождения емкости
CDA	异步数据传输电路	канал асинхронной передачи данных
CDB	中央数据库单元	блок центральной базы данных
CDC	总线转接分配板	плата распределения транзитных соединений HW
CDCA	连续的动态信号分配	непрерывное динамическое распределение сигналов
CDE	公共桌面环境	общее настольное окружение
CDF	累计分布函数	функция куммулятивного распределения
CDMA	码分多址	множественный доступ с кодовым разделением каналов(МДКР)
CDR	电话呼叫记录	регистрация телефонных вызовов
CDR	呼叫详细记录	подробная запись о вызове
CDR	计费数据记录	запись данных тарификации
CDS	同步数据传输电路	канал синхронной передачи данных
CDV	信元时延抖动	вариация задержки ячейки
CDVT	信元抖动容限	допуск вариации задержки ячейки
CD-ROM	只读光盘,只读光驱	компактный диск только для чтения
CE	电路仿真	схемная эмуляция
CE	通信实体	оборудование связи,объект связи
CE	用户边缘设备	граничное оборудование абонента
CE	噪声传导发射	кондуктивная помехоэмиссия
CE1	E1 子接口	подинтерфейс E1
CEA	数据交换应答	ответ обмена данными
CEB	均衡器控制板	плата управления эквалайзера (BTS)
CEI	连接端点标识符	индикатор конца соединения
CELP	码激励线性预测	линейное предсказание с кодовым возбуждением
Centrex, CTX	虚拟用户交换机,集中用户小交换机	виртуальный абонентский коммутатор (Центрекс)
CEO	首席执行官	главное исполнительное лицо
CEPT	欧洲邮政电信会议	Европейская конференция администраций почты и телекоммуникаций
CER	参数交换请求	запрос обмена параметрами
CER	信元差错率	коэффициент ячеистых ошибок
CES	电路仿真系统	система схемной эмуляции
CES	电路仿真业务	услуга схемной эмуляции
CES	连接端点后缀	суффикс конца соединения
CESPSN	分组交换网络电路仿真业务	услуга эмуляции канала в сети пакетной коммутации

CEU	电路仿真单元	блок схемной эмуляции
CF	处理器进位特征	флаг переноса процессора
CF	核心功能	функция ядра, ключевая функция
CFB	遇忙呼叫前转	переадресация вызова при занятости
CFC	遇忙/无应答呼叫前转	переадресация вызова при занятости / неответе
CFD	呼叫失败前转	переадресация вызова по умолчанию
CFG-DATA-LOSS	单板芯片寄存器数据丢失	потеря данных в регистре чипа на плате
CFG-Overflow	配置溢出	переполнение конфигурации
CFL	呼叫故障信号	сигнал отказа установления соединения
CFNR	无应答呼叫前转	переадресация вызова при отсутствии ответа
CFNRC	无应答呼叫前转码	код переадресации вызова при отсутствии ответа
CFNRc	用户不可及呼叫前转	переадресация вызова при недоступности абонента
CFNRs	无应答前转补充业务	дополнительная услуга «Переадресация вызова при отсутствии ответа»
CFNRy	移动用户无应答呼叫前转	переадресация вызова при отсутствии ответа подвижного абонента
CFU	无条件呼叫前转	безусловная переадресация вызова
CG	计费网关	шлюз тарификации
CGA	彩色图形适配器	цветной графический адаптер
CGB	电路群闭塞(阻断)	блокировка группы каналов
CGBA	电路群闭塞(阻断)证实	подтверждение блокировки группы каналов
CGC	电路群拥塞信号	сигнал перегрузки группы каналов
CGF	计费网关功能	функция шлюза тарификации
CGI	全球小区识别	глобальная идентификация малой зоны
CGL	Linux 操作级技术	технология операторского класса Linux
CGRR	电路群复原接收信息块	блок приема сброса группы каналов
CGRS	电路群复原发送信息块	блок передачи сброса группы каналов
CGU	电路群阻断解除	разблокировка группы каналов
CGUA	电路群阻断解除证实	подтверждение разблокировки группы каналов
CH	呼叫保持	удержание вызова
CH	呼叫中断和恢复	прерывание и возобновление вызова

CHA	成分处理	обработка компонентов
CHA	带通知的呼叫保持	удержание вызова с извещением
CHAP	访问握手认证协议	протокол аутентификации по квитированию вызовов
CHC	信道控制板	плата управления каналами
CHG	计费消息（暂不用）	сообщение об учете стоимости（пока не используется）
CHM	倒换和倒回消息	сообщение переключения и обратного переключения
CHR	呼叫历史记录	запись архива вызовов
CI	CUG 索引	индекс CUG
CI	小区标识	идентификация сот
CIC	操作员（话务员）识别码	код идентификации оператора
CIC	电路识别码	код идентификации канала
CID	呼叫实例数据	данные экземпляров вызовов
CID	主叫号码显示（识别）	идентификация вызывающего номера, отображение номера вызывающего абонента
CID2	显示第三方主叫号码	идентификация вызывающего номера третьей стороны, отображение номера вызывающего абонента третьей стороны
CIDFP	呼叫实例数据字段指示语	указатель фрагмента файла данных экземпляров вызовов
CIDR	主叫号码显示（识别）限制	запрет отображения（идентификации）вызывающего номера
CIF	公用中间格式、通用中间图像格式	общий промежуточный формат
CIF	通用交换格式	единый формат взаимообмена
CIMS	自动化集成制造技术	техника комплексно-автоматизированного поизводства
C-interface	C 接口、MSC 与 HLR 之间接口	C-интерфейс, интерфейс мужду MSC и HLR
CIP	中央综合处理机板	плата центрального интегрального процессора
CIP	ATM 网上运行经典 IP 协议	классический протокол IP поверх（через）ATM
CIR	约定传输速率	согласованная скорость передачи
CJSC	对内股份公司	закрытое акционерное общество（ЗАО）
CK	校验码	проверочный код（бит）
CK2	二级时钟板	плата тактового генератора класса

		(уровня) 2, плата вторичного такта
CK3	三级时钟板	плата тактового генератора класса (уровня) 3, плата троичного такта
CKB	时钟框	полка (кассета) тактовых генераторов, полка (кассета) таковой синхронизации
CKB	时钟框母板	объединительная плата полки (кассеты) тактовых генераторов
CKD	全散装件	детали и узлы в полностью разобранном виде
CKE	阴极射线管	электронно-лучевая трубка
CKS	时钟板	плата синхронизации, плата тактового генератора
CKSN	密码关键字序号、密钥序列号	порядковый номер ключа шифрования
CKSUM	检验之和,校验之和	контрольная сумма
CKV	交换网时钟信号放大板	плата усиления сигналов синхронизации (синхросигналов) коммутационного поля
CKV	同步驱动板	драйвер синхронизации
CL	类别装入程序	загрузчик классов
CL	中继线	соединительная линия(СЛ)
CLCC	陶瓷无引脚封装载体	носитель для установки керамического корпуса без выводов
CLD	被叫号码	вызываемый номер
CLF	前向拆线信号	сигнал разъединения в прямом направлении
CLF	会话定位与存储功能	Функция ориентации сеанса и хранения
CLI	指令行解释程序	интерпретатор командной строки
CLI	主叫线路识别	идентификация вызывающей линии
CLIP	主叫线路识别提供	предоставление идентификации вызывающей линии
CLIR	主叫线路识别限制	запрет идентификации вызывающей линии
CLK	时钟	синхросигналы, тактовая синхронизация, тактовый генератор
CLM	无连接方式	режим без установления соединения
CLNAP	无连接网络接入协议	протокол доступа к сети без соединения
CLNP	无连接网络协议	сетевой протокол режима без установления соединений
CLNS	无连接网络服务	сетевой сервис режима без установле-

		ния соединений
CLP	信元丢失优先级	приоритет потери ячеек
CLR	信元丢失率	коэффициент потерь ячеек
CLSF	无连接业务功能	функция услуги без соединения
CLV	等线速	постоянная линейная скорость
CM	连接管理	управление соединением
CM	通信模块	модуль связи
CM	呼叫管理	управление вызовами
CM	交叉连接矩阵	матрица кросс-соединений
CM	控制存储器	управляющая память, управляющее ЗУ
CM	连接方式	режим с установлением соединения
CM	配置管理	управление конфигурацией
CMC	呼叫改变完成	завершение модификации соединения（вызова）
CMC	呼叫管理中心	центр управления вызовами
CMC	连接管理模块	блок управления соединением
CMD	合同管理处	отдел управления контрактами
CMDS	计算机入侵检测系统	система обнаружения злоупотребления компьютера
CMI	编码信号反转、信号反转码	инверсия кодовых посылок, кодированная инверсия единиц
CMI	编码信号反转、信号反转码	кодирование с инверсией кодовых маркеров, инверсия кодовых посылок, кодированная инверсия единиц
CMIP	公共管理信息协议	протокол общей управляющей информации, общий протокол передачи управляющей информации
CMIS	公共管理信息服务	сервис общей управляющей информации
CMISE	公共管理信息业务单元	служебный элемент общей управляющей информации
CMM	能力成熟度模型	модель зрелости возможности
CMN	呼叫协调节点	узел-посредник вызовов
CMOS	系统服务、运行和处理能力支持	обслуживание, эксплуатация и поддержка работоспособности системы
CMP	检验指示	индикация проверки
CMP	客户管理点	пункт управления клиентами
CMPT	CDMA 处理和传输主部件	основной блок обработки и передачи CDMA
CMR	呼叫改变请求	запрос модификации соединения（вызова）
CMR	信元误插(入)率	коэффициент ошибок во вставке яче-

		ек
CMRJ	呼叫改变拒绝	отказ от модификации соединения
CMTS	有线调制解调器终端系统	терминальная система кабельных модемов
CMU	通信交换矩阵	блок коммутирующей матрицы связи
C-n	n 级容器	контейнер уровня n
CN	核心网	базовая сеть
CNA	网络集中管理体系结构	архитектура сети с централизованным управлением
CN-CS	核心网电路交换域	домен базовой сети с коммутацией каналов
CNET, CSN	电路交换网络	поле коммутации каналов
CNG	适度噪声发生器	генератор комфортных шумов
CNM	电路网管理消息(群)	сообщение управления сетью с коммутацией каналов, группа сообщений управления сетью с коммутацией каналов
CNP	连接不可能信号	сигнал невозможности соединения
CN-PS	核心网－信道交换域	базовая сеть — домен с коммутацией каналов
CNS	连接不成功信号	сигнал неудачи в соединении
CNUP	通用基础网平台	универсальная платформа базовой сети
COA	倒换证实信号	сигнал подтверждения переключения
COA	集中式光结构	централизованная оптическая архитектура
COB	板上芯片	чип на плате
COC	协商呼叫、咨询呼叫	вызов консультации
CODE ERR	误码数	число ошибок в коде
CODES	编码译码器, 编译码器	кодек, кодер-декодер
COLI	被叫线路识别	идентификация подключенной линии
COLP	被叫线路识别提供	предоставление идентификации подключенной линии
COLR	被叫线路识别限制	запрет идентификации подключенной линии
COM	分路器板	плата разделителей, плата ответвителей, плата разветвителей
COM	构件对象模型	объектная модель компонентов
COM / DCOM	构件对象模型/分布式构件对象模型	объектная модель программных компонентов/ распределенная объектная модель программных компонентов
COMM	通信	коммуникация

CON	连接（具有 ACM + ANM 功能）	соединение （с функцией ACM + ANM）
CON	综合光纤网络	сложная оптическая сеть
CONF	会议电话	конференц-связь, телефон конференц-связи
CONF	会议电话通道	канал конференц-связи
CONF	会议呼叫	конференц-вызов, конференц-связь с расширением
CONFDATA-LOS	配置数据丢失	потеря данных конфигурации
CONFIG	配置控制程序	программа управления конфигурацией
CONFIGERR	配置错误	ошибка конфигурации
CONG-IN	传送连接路由占用信号指令	команда на передачу сигнала о занятости соединительных путей
CONNACK	连接证实	подтверждение соединения
CONP	面向连接网络协议	сетевой протокол. ориентпрованный на установление соединений
CONS	面向连接网络服务	сетевой сервис, ориентпрованный на установление соединений
COO	倒换命令信号	сигнал команды «переключение»
COOL-CURRENT	光模块制冷电流	ток системы охлаждения оптического модуля
COOLCURRENT OVER	制冷电流超过额定值	Ток охлаждения превышает номинальное значение. Ток системы охлаждения больше номинального значения.
COPS	公共开放策略服务	общая открытая служба политик
CORBA	公用对象请求代理结构	общая архитектура с передачей запросов к объекту через посредника
CoS	服务级	класс услуги
COT	导通、导通信号	непрерывность, сигнал непрерывности
COT	导通测试结束	завершение тестирования непрерывности
COT	局终端	станционный терминал （полукомплект）
CP	连接协议	протокол соединения （подключения）
CP	呼叫处理	обработка вызова
CP	控制点	пункт управления
CP	连接点	пункт соединения
CP	协调点	пункт координации, точка координации

CPB	多任务实时系统	мультизадачная система в реальное время
CPC	呼叫处理控制	управление обработкой вызовов
CPCH	公共分组信道	общий пакетный канал
CPCI	紧凑外围组件互连	взаимосвязь компактных периферийных компонентов
CPCS	通用部分汇聚子层	подуровень сведения общей части, подуровень конвергенции общей части
CPE	用户端设备	оборудование, размещаемое в помещении пользователя
CPG	呼叫进展	ход вызова
CPI	通用部分指示器	индикатор общей части
CPICH	公共导频信道	общий пилотный канал
CPLD	复杂可编程逻辑器件	сложное программируемое логическое устройство
CPM	被叫用户空闲信号	сигнал незанятости вызываемого абонента
CPM	客户进行管理	управление процессом клиентов
CPM	中心主处理模块	центральный модуль главного процессора
CPN	用户网、用户家庭网	пользовательская сеть, домашняя сеть пользования
CPRI	通用公共无线接口	общий общественный радиоинтерфейс
CPU	中央处理机	центральный процессор（ЦП）
CQ	定制队列	пользовательская очередь
CQM	电路群询问	справка о группе каналов
CQR	电路群询问响应	ответ на справку о группе каналов
CQR	电路询问接收信息块	блок приема запроса каналов
CQS	电路询问发送信息块	блок передачи запроса каналов
CQT	呼叫质量测试	проверка качества вызова
CR	连接请求,接续请求	запрос на соединение
CR	修改申请	регистрация изменения
CR	用户侧控制块	блок управления на стороне абонента
CRA	客户规定的记录通知	извещение о записи по условиям клиента
CRA	主叫用户再摘机信号	сигнал повторного снятия трубки вызывающим абонентом
CRBT	个性化回铃音	персонифицированный сигнал контроля посылки вызова
CRC	循环冗余码	циклический избыточный код
CRC ERR	循环冗余误码数	число ошибок CRC

CRC RATE	循环冗余误码率	частота появления ошибок CRC
CRCR	导通再检验接收信息块	блок приема повторной проверки непрерывности
CRCS	导通再检验发送信息块	блок передачи повторной проверки непрерывности
CRD	组件参考标记器	опорный обозначитель компонента
CRD	重选呼叫路由分布	перераспределение маршрутизации вызовов
CRED	信用卡呼叫	вызов（разговор）по кредитной карте
CREF	拒绝连接,呼叫拒绝	отказ в соединении
CRF	连接相关功能	связанная с соединением функция
CRFU	CDMA 射频部分	радиочастотный блок CDMA
CRG	计费信息	биллинговая информация, информация об учете стоимости
CRG	客户规定的振铃	посылка вызова по условиям клиента
CRG	收费通知	сообщение об оплате
CR-LDP	有明显指定路由的标记分发协议	протокол распределения меток с явно заданным маршрутом
CRM	闭合用户群选择和确认响应消息	сообщение искания и подтверждения реакции замкнутой группы абонентов
CRM	客户关系管理部	департамент по управлению отношениями с клиентами
CRM	客户关系模块	модуль отношений с клиентами
CRM-HS	高速无线通信蜂窝系统调制解调器	модем сотовой системы радиосвязи высокоскоростной
CRM-LS	低速无线通信蜂窝系统调制解调器	модем сотовой системы радиосвязи низкоскоростной
CRR	电路复原接收信息块	блок приема сброса комплектов
CRS	电路复原发送信息块	блок передачи сброса комплектов
CRT	阴极射线管（视频显示终端）	электронно-лучевая трубка（видеотерминал дисплея）
CRTC	阴极射线管控制器	контроллер электронно-лучевой трубки
CRTP	实时压缩协议	сжатый протокол в реальное время
CRZ	线性调频	линейная модуляция частоты
CS	处理器代码段寄存器	сегментный регистр кода процессора
CS	基础网	базовая сеть
CS	抗传导干扰性	устойчивость к кондуктивным помехам
CS	趋同子层	подуровень конвергенции
CS	电路交换	коммутация каналов（КК）
CS2-IO	实现 CS2 智能业务拨	управление взаимосвязью для реали-

	号的互联管理	зации набора интеллектуальных услуг CS2
CSA	允许类别/增值业务消息	сообщение о доступных категориях/ дополнительных услугах
CSB	公共资源板	плата общих ресурсов
CSB	后向类别/增值业务消息	сообщение обратного направления о категории/ дополнительных услугах
CSC	电路测试控制	управление контролем комплектов
CSCF	呼叫会话控制功能	функция управления сессией вызова
CSD	电路交换数据业务	услуга передачи данных с коммутацией каналов
CSDN	电路交换数据网	сеть передачи данных с коммутацией каналов
CSES	连续严重误码秒计数	подсчет последовательных секунд с серьезными ошибками
CSES	连续严重误码秒	последовательные секунды с серьезными ошибками, последовательные секунды с большим числом ошибок
CSF	蜂窝基站功能控制	управление функцией сотовой базовой станции
CSF	前向类别消息	сообщение прямого направления о категории
CSI	CAMEL 业务用户识别信息	идентификационные данные об использовании услуг CAMEL
CSI	计算机保护协会	Институт компьютерной защиты
CSL	成分子层	компонентный подуровень
CSM	呼叫监视消息	сообщение контроля вызова
CSMA	可分析通道状况的集体接入	коллективный доступ с анализом состояния канала
CSMA	载波监听多路访问	множественный доступ с контролем несущей
CSMA/CA	防冲突多路访问/冲突避免	множественный доступ с защитой от конфликта / избежание конфликта
CSN	电路交换网络、电路接续网络	поле коммутации каналов
CSP	同尺寸的芯片封装	установка корпуса чипов одинакового размера
CSPDN	电路交换公用数据网	сеть общего пользования для передачи данных с коммутацией каналов
CSPF	有限波段最短路径预选	предпочтительный выбор кратчайшего пути в ограниченном диапазоне
CSS	连接成功信号	сигнал удачи соединения
CSTA	CSTA 协议、计算机支	протокол CSTA, применение телеком-

	持的电信应用协议	муникации с помощью компьютера
CSU	类别更新/增值业务消息	сообщение обновления категории/дополнительных услуг
CS-1	能力组－1,能力集－1	набор возможностей -1
CT, CF	呼叫转移、呼叫前转	переадресация вызова
CT0	电脑话务员电路板	плата пульта компьютерного оператора
CT1	第一代无绳电话（大哥大）	беспроводной телефон 1 （первого поколения）
CT2	第二代无绳电话（二哥大）	беспроводной телефон 2; беспроводной телефон, вторая генерация стандарта; бесшнуровой телефон второго поколения
CTB	中继框	полка СЛ
CTC	通信测试接口处理器	процессор тестового интерфейса связи
CTC	总同步传输	общая синхронизации передачи
CTCH	公共业务信道	общий информационный канал
CTD	信元传送时延	задержка передачи ячейки
CTDMA	码分时分多址	множественный доступ с временным и кодовым разделением каналов
CTE	热膨胀系统	система теплового расширения
CTI	计算机与电话集成,计算机电话一体化,使用计算机电话一体化的软件模块	компьютерно-телефонная интеграция, программный модуль, использующий технологию компьютерно-телефонной интеграции
CTIA	移动电信工业协会（美国）	Промышленный институт сотовых телекоммуникаций（США）
CTL	信道板	плата каналов
CTN	中心交换网板	плата центрального коммутационного поля
CTNPP	远程定位网络寻呼协议	телелокализационный сетевой пейджинговый протокол
CTO	技术开发经理	директор по развитию технологий
CTS	清除发送	стирание передачи
CTSA	清除发送复位, A 端口	сброс передачи, порт A
CU	控制单元、控制和同步单元	блок управления, блок управления и синхронизации（компании Nokia）
CUB	载波背板	объединительная плата несущей
CUG	闭合用户群	замкнутая группа пользователей
CV	编码违例	нарушение регулярной кодовой по-

		следовательности
CV	价格变化	вариация стоимости
CVM	闭合用户群确认检验消息	сообщение подтверждения проверки группы замкнутых абонентов
CVS	闭合用户群选择和确认检验请求消息	сообщение запроса на искание и подтверждение проверки группы замкнутых абонентов
CW	呼叫等待	вызов на ожидании, вызов с ожиданием
CW	控制字	управляющее слово
CWDM	粗波分复用	грубое волновое мультиплексирование, грубое мультиплексирование с разделением по длинам волн
CWID	呼叫等待识别	идентификация вызова на ожидании
C-1,2,3,4	1、2、3、4 级容器	контейнеры первого, второго, третьего и четвертого уровня
C-INAP	中国智能网应用子系统	китайская прикладная подсистема интеллектуальной сети
C-interface	C 接口, 移动通信中心与归属位置寄存器之间的接口	С-интерфейс, интерфейс между MSC и HLR
C-n	n 级容器	контейнер уровня n
D/A	数－模转换器	цифро-аналоговый преобразователь
D1	用户申告纪录与故障话机测试报告数据库	база данных записей жалоб на неисправности и отчетов тестирования неисправных ТА
D2	特服话单数据库	база данных квитанций спецслужб
D3	操作纪录数据库	база данных записей операций
D4	用户数据库	база абонентских данных
DACS	数字存取与交叉连接系统（设备）	система цифрового доступа и кросс-соединений
DAFM	BTS DTRU 用的天线前端模块	фронтальный модуль антенны для BTS DTRU
DAMA	按需分配多址	множественный доступ по потребностям, разделение каналов по потребностям
DAN	数字指示器	цифровой указатель
DAT	数字录音带	цифровая аудиолента
DATA	数据或数据流	данные или поток данных
Data-bypass	不用公网的互联网接入	доступ к Internet, минуя ТФОП
DAU	DECT 接入设备	устройство доступа DECT
DB	数据库	база данных（БД）

DB	虚拟脉冲组(群)	виртуальная пачка (пакет) импульсов
DBA	动态通频带分配	динамическое распределение полосы пропускания
DBA	数据库管理程序	администратор баз данных(АБД)
DBC	数据库用户	клиент базы данных
DBCSN	数据库控制系统核心	ключевая часть системы управления базой данных, ядро системы управления базой данных
DBF, dbf	话务员转接	переадресация вызова через оператора
DBF	数据库格式	формат базы данных
dBmW	毫瓦分贝	милливаттный децибел(дБмВт)
DBMI	数据动态配置接口	интерфейс динамического конфигурирования данных
dBmO	毫欧分贝	миллиомный децибел (дБмО)
DBMS	数据库管理系统	система управления базами данных
DBOS	数据库组织系统	система организации баз данных
DBOX	电源分配箱	блок распределения электропитания
dBR, dBr	相对分贝数	относительный децибел
DBS	分布式基站系统	распределенная система базовых станций
DBSS	数据库安全系统	система защиты базы данных
DBU	数据库单元	блок базы данных
DBUS	数据总线	шина данных
DC	远端告警信号	дистанционный аварийный сигнал
DC	直流	постоянный ток
DC	直流信令	сигнализация постоянным током
DCA	动态信道分配	динамическое распределение каналов
DCC	数据通信信道、数据传输信道	канал передачи данных(КПД)
DCC	数字交叉转换器	цифровой кроссовый коммутатор
DCCC	动态信道配置控制	управление динамической конфигурацией каналов
DCCH	专用控制信道	выделенный канал управления
DCCR	再生段数据通信信道(通道)	канал передачи данных для регенераторной секции
DCCU	装配和分布式计算部件	блок сборки и распределённого вычисления
DCD	数据载体保护	защита носителя данных
DCDA	数据载波 A 端	несущая данных, порт A
DCE	数据电路终端设备	оконечное устройство каналов передачи данных

DCE	数据通信设备	аппаратура передачи данных（АПД）
DCF	色散补偿光纤	волокно компенсации дисперсии
DCF	数据通信功能	функция передачи данных
DCH	默认呼叫处理	обработка вызовов по умолчанию
DCH	专用信道	выделенный канал
DCM	数字通信复用器	цифровой коммуникационный мультиплексор
DCM	色散补偿模块	модуль компенсации дисперсии
DCM	数字用户模块	цифровой абонентский модуль
DCN	分布式计算机网络	распределенная сеть ЭВМ
DCN	数据通信网	сеть передачи данных
DCN	数字通信网	цифровая коммуникационная сеть
DCN	远端话务台端口	порт дистанционного пульта оператора
DCOM	分布式构件对象模型	распределенная объектная модель компонентов
DCP	远端控制处理机	процессор дистанционного управления
DC-PDU，DCDU	直流电配电装置	блок распределения питания постоянного тока
DCR	按目标选择呼叫路由	маршрутизация вызовов по назначению
DCS	数字蜂窝系统	цифровая сотовая система
DCS1800	1800MHz 频段的数字蜂窝系统	цифровая сотовая система 1800МГц
DCT	离散余弦变换	дискретное косинусное преобразование
DDC	数据显示控制	управление индикацией данных
DDD	长途直拨	междугородный прямой набор
DDE	动态数据交换	обмен динамических данных
DDI	直接拨入	прямой входящий набор（ПВН）
DDL	数据定义语言	язык определения данных
DDN	数字数据网	цифровая сеть передачи данных
DDNS	动态域名服务器	динамический сервер именования доменов
DDP	完税后交货	поставка груза с оплатой пошлины
DDR	按所选路径拨号	набор номера по запрошенной маршрутизации
DDRM	数字和射频双收发两用模块	двойной приемопередаточный модуль цифровых и радиочастот
DDS	数字数据业务	услуга передачи цифровых данных
DDS	直接数字式频率合成	прямой цифровой синтез
DDS1	1 号数字用户信令系	система сигнализации цифровых або-

	统	нентов №1
DDW	数据描述字	слово описания данных
DDCM, DDPU	BTS DDRM 用的双联模块	двойной дуплексный модуль объединения для DDRM BTS, двойной дуплексный модуль для DDRM BTS
DEC	图像解码器板	декодер изображения
DECT	欧洲数字无绳电话	европейский цифровой бесшнуровой телефон
DECT	欧洲数字无绳电信	цифровая европейская система беспроводного телефона, цифровая усовершенствованная бесшнуровая связь
DECT	数字微蜂窝系统	цифровая микросотовая система
DECT	增强型数字无绳通信	цифровая усовершенствованная бесшнуровая связь
DET	分离	отделение
DET	摘机检测、摘机测试	тестирование в режиме поднятия трубки
DEV	装置,设备,器具	устройство, оборудование, прибор
DF	传送功能	функция доставки
DF	配线架	кросс
DFB	分布式反馈	распределенная обратная связь
DFBL	分布式反馈激光器	лазер с распределенной обратной связью
DFE	判定反馈均衡器	эквалайзер с решающей обратной связью
DFM	可生产性	производимость
DFS	分布式文件系统	распределенная файловая система
DFS	可服务性	обслуживаемость
DGRM	质降分钟数	число минут деградации качества
DH	数据混合单元	гибридный блок данных
DHCP	动态主机配置协议	протокол динамической конфигурации хоста
DHW	下行母线	нисходящая магистральная шина
DI	处理器目的变址寄存器	индекс-регистр назначения процессора
DID	直接拨打分机号	прямой набор внутреннего номера, прямой набор добавочного номера
DiffServ	差分服务	дифференцированная услуга
DIGITS	号码位数	цифры номера
D-interface	D 接口、访问位置寄存器与归属位置寄存器之间的接口	D-интерфейс, интерфейс между VLR и HLR
DIN-LOS	DIN 输入端无信号	отсутствие сигнала на входе DIN (от-

	（无输入数据）	сутствие входных данных）
DIP	双列直插封装	двухрядная вертикальная установка корпуса
DISA	系统的直接接入	прямой доступ к системе
DISC	拆线、断连	разъединение
DIS-IND	拆线显示	индикация разъединения
DIU	64kbit/s 数据通信接口板	плата интерфейсов передачи данных 64 кбит/с
DIU	数字接口单元	блок интерфейса цифровой передачи
DIU	信号转换接口	интерфейс переключения сигналов
DL	数字线路信令	цифровая линейная сигнализация
DL	数据链路层	канальный уровень
DL	下行链路	нисходящая линия связи
DLC	数字分配（配线）网	цифровая распределительная сеть
DLC	信令数据链路连接顺序信号	сигнал последовательности соединения сигнальных каналов передачи данных
DLCI	数据链路连接标识符	идентификатор соединения канала передачи данных, идентификатор подключения к линии передачи данных
DLI	DECT 线路接口	линейный интерфейс DECT
DLL	动态链接库	библиотека динамических связей
DLL	数字本地线路	цифровая местная линия
DLM	线路动态控制	динамическое управление линией
DLM	信令数据链路连接顺序消息	сообщение о последовательности соединения сигнальных каналов передачи данных
DLOJ1	下路总线 J1 丢失	потеря синхронизации шины вывода J1
Dm	信令通道	канал сигнализации
DM	断开模式	режим разъединения
DM4	支路接口板（Honet）	мультиплексор данных 4（для Honet）
DMBS	数据库管理系统	система управления базой данных
DMC	数字微蜂窝网络	цифровая микросотовая сеть
DMCM	BTS DDRM 主控板	главный модуль управления DDRM BTS
DMD	差分模式时延	дифференциальная модовая задержка
DML	数据操纵语言	язык манипулирования данными
DMO	两个用户局的直接接口	интерфейс непосредственного соединения двух абонентских станций
DMS	数据管理系统	система управления данными（СУД）
DMT	离散多频调制	дискретная многочастотная модуля-

		ция
DMT	离散多频音线路编码	кодировка линий с дискретными мультитональными сигналами
DMU	资料处理单位	блок управления данными
DMU	数字调制解调单元	блок цифрового модема
DN	经理办公室电话	номер директории
DNHR	动态无级路由选择	динамическая безыерархическая маршрутизация
DNI	互通业务保护	защита обмена трафика
DNIC	数字网络接口板	цифровая сетевая интерфейсная плата
DNS	域名服务器	сервер доменных имен
DNS	域名系统	система доменных имен
DOD	直接外拨	прямой исходящий набор
DOD1	听一次拨号音直接拨出	прямой исходящий набор 1
DOD2	听二次拨号音直接拨出	прямой исходящий набор 2
DOPRA	分布式面向对象的可编程实时架构	распределенная объектно-ориентированная программируемая архитектура в реальное время
DoS	拒绝服务	отказ в обслуживании
DP	检测点	пункт обнаружения
DP	脉冲拨号	импульсный набор
DP12	终端试呼鉴权	аутентификация попытки вызова
DPC	目的地信令点编码	код пункта назначения, код пункта сигнализации назначения
DPCCH	专用物理控制信道	выделенный физический канал управления
DPCH	专用物理信道	выделенный физический канал
DPCM	差分脉码调制	дифференциальная ИКМ(ДИКМ)
DPH	DECT 电话	DECT-телефония
DPI	分组的严格检验	строгая проверка пакетов
DPI	分组的综合分析	комплексный анализ пакета
DPLL	数字锁相环	схема цифровой фазовой синхронизации
DPMU	电源和环境状况监控单元	блок мониторинга электропитания и состояния окружающей среды
DPN	不提供数字通路信号	сигнал отсутствия цифрового тракта
DPNSS	数字专线信令系统(小交换机与公网接口用的 BT 标准)	система сигнализации цифровой частной сети (стандарт BT для интерфейса частной АТС с выходом в общую сеть)

DPPS	数据后处理系统	система последующей обработки данных
DPR	断开对方请求	запрос на отключение противоположной стороны
DPS	数据处理系统	система обработки данных（СОД）
DPSM	BTS DDRM 电源模块	модуль электропитания BTS DDRM
DPT	动态分组传送	динамическая пакетная передача
DPU	调度单元	блок диспетчеризации
DQDB	分布式排队双总线	двойная шина с распределенными очередями
DQPSK	差分四相移键控	относительная квадратурная фазовая манипуляция
DR	指定路由器	назначенный маршрутизатор
DRAM	动态随机存取存储器	динамическая оперативная память с произвольной выборкой
DRB	排队机集中拨号框	полка централизованных приемников набора номера на автораспределителе вызовов
DRBD	分布式复制块器件	блочное устройство распределенной репликации
DRC	数据通信速率变换板	плата преобразователя скорости передачи данных
DRCU	差分接收装备	устройство разнесенного приема
DRDBMS	分布式相关数据库	распределенная реляционная база данных
DRFU	滤波器双电子元件	двойной радиоблок фильтрации
DRI	数字式无线接口板	цифровая плата радиоинтерфейса
DRS	延迟释放信号	сигнал задержки освобождения
DRU	数据路由单元	блок маршрутизации данных
DRV	DTMF 收发及驱动板	плата трансивера DTMF и драйвера
DRV	双音收号驱动板、双音频收发号驱动板	плата приемопередатчиков DTMF
DRV-IN	智能业务收号板	плата приема сигналов для интеллектуальной услуги
DRX	非连续接收	прерывистый прием
DS	处理器数据段寄存器	сегментный регистр данных процессора
DS	信令点状态	состояние пункта сигнализации
DSA	数字信号分析仪	цифровой сигнальный анализатор, прибор для анализа цифрового сигнала
DSB	双边带载波抑制调制	двухполосная модуляция с подавлением несущей

DS-CDMA	直接序列码分多址	прямая последовательность-множественный доступ с кодовым разделением каналов
DSCP	差分服务代码点	кодовая точка дифференцированных услуг
DSCR	色散补偿曲线、色散倾斜补偿系数	кривая компенсации дисперсии, коэффициент компенсации наклона дисперсии
DSI	数字序列完整性	целостность цифровой последовательности
DSL	数字用户线	цифровая абонентская линия
DSLAM	数字用户线路接入复用器	мультиплексор доступа по цифровой абонентской линии
DSLAM	台式 ADSL 接入模块	модуль доступа по ADSL настольного исполнения
DSM	光谱动态控制	динамическое управление спектром
DSM	数字交换模块	цифровой коммутационный модуль
DSP	数字信号处理机、数字信号处理器	процессор обработки цифровых сигналов（ЦСП）
DSP	特殊域部分	специальная часть домена（занимает три поля в структуре адреса NSAP）
DSP	信令目的点	пункт назначения сигнализации
DSR	数据发送准备就绪	готовность к передаче данных
DSRA	数据发送准备就绪，A 端口	готовность к передаче данных, порт A
DSS1	1 号数字用户信令系统	система цифровой абонентской сигнализации №1（ЦАС 1）
DSS2	2 号数字用户信令系统	система цифровой абонентской сигнализации №2（ЦАС 2）
DSSS	直接序列扩频	расширение спектра частот по методу прямой последовательности
DST	夏季时间	летнее время
DSU	业务数据单元、数据处理业务单元	блок данных услуг, блок услуг обработки данных
DT	数字中继线	цифровая соединительная линия（ЦСЛ）
DT1	数据形式 1	формат данных 1
DT2	数据形式 2	формат данных 2
DTAM	数字录音话机	цифровой ТА с автоответчиком
DTAP	前向传输应用部分	прикладная часть прямой передачи
DTC	数字中继板	плата цифровых СЛ
DTCH	专用业务信道	выделенный канал трафика
DTD	文件类型定义	определение типов документов

DTE	数据传输设备	оборудование (устройство) для передачи данных
DTE	数据终端设备	оконечное оборудование данных , оконечная установка данных (ООД, ОУД)
DTE	直拨电话交换机	прямой телефонный коммутатор
DTID	来话事务处理识别符	идентификатор входящей транзакции
DTM	数字中继模块	модуль цифровых СЛ
DTMF	双音多频拨号	двухтональный многочастотный набор номера
DTR	“数据终端就绪”接口线路	линия интерфейса «готовность терминала данных»
DTR	数据终端就绪	готовность терминала данных
DTR	双音收发号器	двухтональный приемопередатчик (трансивер)
DTRA	数据终端就绪,A 端	готовность терминала данных, порт A
DTRU	数字和射频收发两用模块	двойной приемопередаточный модуль цифровых и радиочастот
DTU	数字中继线接口单元	интерфейсный блок цифровых СЛ
DTV	数据/电话/视频	данные / телефон / видео
DTX	非连续发送	прерывистая передача
DUND	沿双向作用线数字式双比特十进制信令	цифровая двухбитовая декадная сигнализация по линиям двухстороннего действия
DUP	数据用户部分	подсистема пользователя данных
DUP	提醒被叫用户	подсказчик вызываемому абоненту
DUT	数据用户测试器	тестер для пользователя данных
DVB-ASI	数字电视广播－异步串行接口	цифровое телевещание – асинхронный последовательный интерфейс
DWA	设备监视器应答	ответ сторожевой схемы устройства
DWDM	高密度波分复用,密集波分复用	высокоплотное волновое мультиплексирование, высокоплотное мультиплексирование с разделением по длинам волн, высокоплотное спектральное уплотнение
DWR	设备监视器查询(请求)	запрос сторожевой схемы устройства
DXC	数字交叉连接设备	цифровое устройство кроссового соединения(ЦКУ)
DXI	数据交换接口(ATM 与 LAN 间)	интерфейс обмена данными (между ATM и LAN)
E&M	E/M 中继接口板	интерфейсная плата E/M

E/M	E / M 中继(板)	СЛ E/M
E1	基群数字中继接口	интерфейс сервисных цифровых СЛ
E1-AIS	2M 告警指示信号	сигнал индикации аварии 2M
E1-LOS	2M 线路信号丢失指示	индикация потери линейного сигнала 2M
E^2PROM	电可擦编程只读存储器	электростираемая программируемая постоянная память(ЭСППЗУ)
E3M	E3 子复用设备	субмультиплексор E3
EA	地址扩展	расширение адреса
EA	快速处理数据确认	подтверждение срочных данных
EA	早指配	раннее размещение, предраспределение
EA-DFB	电吸收分布反馈	электрическая абсорбция – распределенная обратная связь
EACC	统一自动通信网、统一自动化通信系统	единая автоматизированная сеть связи, единая автоматизированная система связи
EAM	电吸收调制	модуляция электрического поглощения
EAM	扩充应答消息指示	индикация сообщения расширенного ответа
EAPE	增强型自动光功率均衡	усиленное автоматическое выравнивание уровня мощности
EAU	以太网接入设备	устройство доступа в Ethernet
Eb/NO	比特能/最低噪声级	энергия бита / минимальный уровень шума
EB	块误码	блок с ошибками
EBCDIC	信息交换用扩充二进制编码	расширенный двоично-кодируемый код для обмена информацией
EBMB	BTS3002E 模块连接板	объединительная плата модуля BTS3002E
EC	紧急呼叫中心	центр экстренных вызовов
ECA	紧急倒换证实信号	сигнал подтверждения аварийного переключения
ECFTEGORY	扩展类、扩展型	расширенная категория
ECL	射极耦合逻辑	эмиттерно-связанная логика(ЭСЛ)
ECM	紧急倒换消息	сообщение аварийного переключения
ECO	工程修改单	уведомление о инженерных изменениях
ECO	紧急倒换命令信号	сигнал команды «аварийное переключение»
ECOPT	统一的业务中继通信系统	единаая система оперативной транкинговой связи

ECS	嵌入式控制系统	встроенная система управления
ECSA	载波标准通信运营商协会	Ассоциация операторов связи по стандартам
ECSD	增强型交换信道的数据传输	усиленная передача данных с коммутацией каналов
ECTF	企业计算机电话论坛	форум корпоративной компьютерной телефонии
ECU	环境控制器	блок контроля параметров окружающей среды
ECUR	单元预留收费	тарификация с резервацией блока
ED	加速数据	срочные данные
EDC	差错检测码	код обнаружения ошибок, код с обнаружением ошибок
EDC	图像编解码控制单元	управление кодированием и декодированием (изображения)
EDFA	掺铒光纤放大器	оптический усилитель с присадкой эрбия, усилитель на волокне с добавками эрбия
EDGE	全球移动通信系统演进用的增强型数据速率	повышенная скорость передачи данных для эволюции GSM
EDO	设备设计目标	объект проектирования оборудования
EDP	事件检测点	пункт обнаружения событий
EDSSI	欧洲数字用户 1 号信令	европейская сигнализация № 1 для цифрового абонента
EED	均匀差错检测	равномерное обнаружение ошибок
EEPROM	电可擦可编程永久存储器	электрически стираемое программируемое постоянное запоминающее устройство
EF	基本功能	элементарная функция
EF	紧急前转	срочная переадресация
EFCI	显式前向拥塞指示	явная индикация блокировки в прямом направлении
EFCN	显式溢出告警	явное предупреждение о переполнении
EFR	增强型全速率语音编码、扩展型全速率语音编码译码器	усовершенствованное полноскоростное речевое кодирование, расширенный полноскоростной речевой кодек
EFT	抗纳秒脉冲干扰性	устойчивость к наносекундным импульсным помехам (НИП)
EFT	快速转换方式//瞬时电压突变	быстрый переходный режим/кратковременный скачок напряжения

EG	千兆比特以太网	гигабит Ethernet
EGA	高级图形适配器	усовершенствованный графический адаптер
EGPRS	扩展型通用无线分组业务协议	расширенный протокол GPRS
EI	外部接口	внешний интерфейс
EIA	美国电子工业协会	Ассоциация электронной промышленности США
EIGRP	增强型内部网关路由选择协议	усовершенствованный внутренний протокол маршрутизации шлюза
EIR	设备标识寄存器	регистр идентификации оборудования
EIRP	有效全向辐射功率	эффективная мощность изотропного излучения
EIU	E1 接口板	интерфейсная плата E1, блок интерфейса E1
ELAN	仿真局域网	эмуляционная локальная сеть
E-Line	以太网线路	линия Ethernet
ELU	扩展线路单元	расширенный линейный блок
EM	执行模块	модуль выполнения
EMA	主机切换控制板	плата управления переключением хоста
EMC	电磁兼容性	электромагнитная совместимость (ЭМС)
EMC	设备生产厂家代码	код производителя оборудования
EMI	电磁干扰	электромагнитные помехи
EMI	外机接口	внешний машинный интерфейс
EML	网元管理层	уровень управления сетевыми элементами
EM-Layer	元件管理层	уровень управления элементами
eMLPP	最优先服务	высокоприоритетное обслуживание
EMS	先进的消息传输业务	усовершенствованная услуга передачи сообщений
EMS	单元管理系统	система управления сетевыми элементами
EMS	电磁敏感性	электромагнитная чувствительность
EMS	电磁屏蔽	электромагнитный экран
EMS	特快专递	экспресс-почта
EMS	映射内存管理描述	спецификация управления отображаемой памятью
EN	环境	окружающая среда
ENUM	E. 164 号码向 URI 地址转换	преобразование номеров E. 164 в адреса URI

EOC	标记、长度、内容	тег, длина, содержимое
EOC	嵌入式(内置)控制通道	встроенный канал управления
EOI	设备中断维修结束指令	команда завершения обслуживания аппаратного прерывания
EOS	网元控制系统	система управления элементом сети
EOW	工程联络线	инженерный провод связи
EPD	早期分组(包)丢失	ранний сброс пакетов
EPL	以太网专线	частная линия Ethernet
EPLD	可擦可编程逻辑器件	стираемый программируемый логический элемент
EPLD	逻辑可重编设备	устройство с перепрограммируемой логикой
EPON	以太网无源光网络	пассивная оптическая сеть Ethernet
EPROM	可擦可编程只读存储器	стираемое программируемое постоянное запоминающее устройство (СППЗУ)
ERL, erl	厄朗	эрланг (Эрл)
ERMES	欧洲无线通信传输系统	европейская система передачи радиосообщений
ERR BIT	误码位数、差错位数	число ошибок по битам
ERR	协议数据单元错误	ошибка единицы данных протокола
ES	补充段记发器	дополнительный сегментный регистр процессора
ES	回波抑止器	эхо-подавитель
ES	误码秒	секунды с ошибками, длительность поражения сигнала ошибками по секундам
ES	终端系统	конечная система
ESA	A 类误码秒	секунды с ошибками A
ESB	B 类误码秒	секунды с ошибками B
ESC	电控制信号	электрический канал управления
ESC	电子支持中心	центр электронной поддержки
ESC	环境处理板	плата обработки параметров окружающей среды
ESCON:	机关小交换机通信设备	средства связи учрежденческих систем
ESD	静电放电	электростатический разряд
ESFP	增强型小封装可插拔光模	усиленный съемный оптический модуль с установкой малого корпуса
ESN	电子序列号	электронный серийный номер
ESP	封装保护有效载荷	полезная нагрузка защиты инкапсуляции

ESP	内容的安全封装	безопасное закрытие содержания
ESR	误码秒率	коэффициент ошибок по секундам
ESSD	静电敏感器件	приборы, чувствительные к статическому электричеству
ES-IS	终端系统与中间系统互连协议	протокол связи (взаимосвязи) конечной системы с промежуточной системой
ET	交换设备终端	терминал коммутационного оборудования
ET	交换终端	коммутационный терминал
ETDN	电时分复用	электрическое временное мультиплексирование
ETNO	欧洲公用电话网运营商协会	Европейская ассоциация операторов сетей общего пользования
ETS	华为公司无线接入系统商标	торговая марка системы радиодоступа компании «Huawei»
ETS	扩展集群系统	расширенная магистральная система связи
ETS	欧洲电信标准	европейские телекоммуникационные стандарты, европейские стандарты по электросвязи
ETSI	欧洲电信标准组织	Европейский институт стандартов по электросвязи, Европейский институт телекоммуникационных стандартов
ETX	传输结束	конец передачи
EUI	E1 电路仿真及用户网络接口	схемная эмуляция E1 и интерфейс «абонент-сеть»
EUM	不成功扩充后向建立信息消息	расширенное информационное сообщение о неудаче установления связи в обратном направлении
EUND	沿双向作用线数字式单比特十进制信令	цифровая однобитовая декадная сигнализация по линиям двухстороннего действия
EVPL	虚拟以太网专线	виртуальная частная линия Ethernet
EWP	终端转接端口	терминальный порт коммутации
EXC	差错过多	слишком много ошибок
exp	报文头	заголовка
EXT-LOS	输入 E3/DS3(E4)信号丢失	потеря входного сигнала E3/DS3 (E4)
EXT-LOS	外部信号丢失	потеря внешнего сигнала
E-Abis	高级基站控制器与基站间接口	усовершенственный интерфейс между котроллером базовой станции и базовой станцией

E-interface	MSC 与 MSC 之间的接口	E-интерфейс, интерфейс между MSC и MSC
E-TACS	扩展的 TACS、扩展的模拟蜂窝系统	TACS с расширением, аналоговая сотовая система с расширением
F	标志码	флаг
F	汇接话务量	узловой трафик
F	灵活性	гибкость
F1	64kbit/s 同向数据接口(9 针 D 型插座)	сонаправленный интерфейс данных 64кбит/с (D-соединитель с 9 контактами)
FA	灵活接入模块	блок гибкого доступа
FAA	性能请求接收	прием запроса сервисной функции, прием запроса средств
FAC	工厂装配码	код заводской сборки
FACCH	快速随路控制信道	быстродействующий совмещенный канал управления
FACCH/F	快速随路控制信道/全速率	быстродействующий совмещенный канал управления/полная скорость
FAI	试样报告	оценка пробных экземпляров
FALM	帧告警秒	длительность неисправности в цикловой структуре
FAM	前管理模块	передний административный модуль, основной административный модуль
FAM	前向地址消息	адресное сообщение в прямом направлении
FAN	风扇盒、风机盒、风机箱	блок вентиляторов
FANFAIL	风扇故障	неисправность вентилятора
FAN-ALARM	通风/冷却系统故障	неисправность системы вентиляции/охлаждения
FAR	接入错误率	коэффициент ошибочного допуска
FAR	性能请求	запрос сервисной функции, запрос средств
FAS	光纤接入系统	система оптоволоконного доступа
FAS	帧对齐信号	сигнал выравнивания фрейма
FAS ERR	帧误码	ошибка по кадрам
FAS RAI	远端告急信号显示	индикация удаленного сигнала тревоги
FAU	本板故障	неисправность собственной платы
FAU	固定接入设备	стационарное устройство доступа
FB	频率校正突发	активация корректирования частоты
FBC	按流量计费	тарификация по потоку
FBC	光电转换板	плата фотоэлектрического преобразо-

		вания
FBC	光通信接口光电转换板	плата оптоэлектронного преобразователя интерфейса оптической связи
FBI	反馈信息	информация в обратной связи
FBI	光纤接口板	плата волоконно-оптического интерфейса
FC	分布褶积滤波器	фильтр свертки распределений
FC	光传输接口	интерфейс оптической передачи
FC	光纤传输技术	технология передачи по оптоволокну
FC	光纤信道	оптический канал
FC	光纤信道标准	стандарт оптических каналов
FC	失效次数、故障次数、失效计数	число отказов, подсчет отказов
FCB	频率校正突发	активация корректирования частоты
FCC	联邦通信委员会(美国)	Федеральная комиссия по связи (США)
FCCH	频率校正信道	канал корректировки частоты
FCD	光纤直接转移通信业务设备	устройство прямой транспортировки трафика по волоконно-оптическим линиям
FCI	端子压接机	машина для обжимного соединения терминала (клеммы)
FCI	光纤信道接口	интерфейс оптического канала
FCIP	封装倒装片	установка корпуса вверх дном
FCM	信号业务流量控制消息	сообщение контроля сигнального потока трафика
FCN	频率通道号	номер частотного канала
FCOB	板上倒装片	чип на плате, установленный вверх дном
FCP	远端控制点(模块)	пункт дистанционного управления
FCP	光纤信道协议	протокол волоконно-оптического канала
FCS	光纤信道标准	стандарт на волоконно-оптический канал
FCS	帧检验序列	последовательность проверки кадров
FC-SW	光纤信道交换台	коммутатор волоконно-оптических каналов
FD	频率疏散	частотное разнесение
FD	软盘	флоппи-диск, дискет, дискетка
FDD	频分双工	дуплекс с частотным разделением
FDD	软盘驱动器,软驱	драйвер (дисковод) на гибком магнитном диске
FDDI	光纤分布式数据接口	волоконно-оптический распределен-

		ный интерфейс данных, распределенный интерфейс передачи данных по волоконно-оптическому кабелю
FDM	频分复用	частотное разделение каналов ,частотное мультиплексирование(ЧРК)
FDMA	频分多址	множественный доступ с частотным разделением каналов(МДЧР)
FE	功能实体	функциональный объект, функциональное существо
FE	快速以太网	быстрый Ethernet
FE	前端(数据初步处理系统)	передний край (система первичной обработки данных)
FEA	功能实体动作	действие функционального объекта
FEAM	功能实体接入管理	управление доступом к функциональному объекту
FEBE	远端块误码	ошибки в блоке на дальнем конце, блок с ошибками на дальнем конце
FEC	前向纠错	прямое исправление ошибок
FEES	远端误码秒	секунды с ошибками на дальнем конце
FEP	全氟酸异丙烯	фтористокислый изопропилен
FEP	通信前置机、前端处理模块	фронтальный процессор, препроцессор, буферный процессор
FER	误帧率	частота кадровых ошибок
FERF	远端接收失效	неисправность приема на дальнем конце, сбой при приеме на дальнем конце
FEXT	远端串音	перекрестная наводка на дальнем конце
FECSES	远端连续严重误码秒	последовательные секунды с серьезными ошибками на дальнем конце
F-FALL, FIFALL	F 接口通信失败	авария связи интерфейса F, авария связи F-интерфейса
FFIO	通信模块接口框	полка интерфейсов модуля связи
FFSK	快速频移键控	быстродействующая частотная манипуляция
FH	跳频	скачок частоты
FH	帧处理器	обработчик циклов, процессор цикловой обработки
FHSS	跳频扩频	скачкообразная перестройка частоты
FHU	跳频单元	блок скачков частоты
FH-CDMA	跳频码分多址连接	CDMA со скачкообразной перестройкой частоты

FH-TDMA	跳频时分多址连接	TDMA со скачкообразной перестройкой частоты
FIB	前向指示比特	бит индикации прямого направления
FICON	光纤连接	волоконно-оптическое соединение
FIFO	简单队列机制	механизм простой очереди
FIFO	先进先出	Первым пришел — первым обслужен. режим «Первым пришел — первым обслужен. »
FILO	先进后出	Первым пришел — последним обслужен. режим «Первым пришел — последним обслужен. »
FILTER-SEARCH	滤波器峰值搜索	поиск пикового значения фильтра
FILTER-STEPOVER	滤波器调整步长越限	Регулировка фильтра превышает порог шага.
FIM	特征交互管理	управление взаимодействием признаков
FIM/CM	特征交互管理/呼叫管理	управление взаимодействием признаков / управление вызовами
FISU	填充信号单位(元)	заполняющая сигнальная единица
FITL	光纤环路	оптический абонентский шлейф
FIU	光纤接口单元	блок волоконно-оптического интерфейса
FIU	指纹识别单元	блок идентификации отпечаток пальцев
FLASH	闪存,闪烁存储器	флэш-память
FLC	光纤环路转换器	преобразователь для абонентской линии,использующей ВОК
FM	故障管理	управление неисправностями
FM	前转后面号码	переадресация последующих вызовов
FM	调频、频率调制	частотная модуляция
FMC	固网和移动网融合	конвергенция мобильных и фиксированных сетей
FMD	跟我转移	сопровождающее переключение
FMEA	故障性质和后果分析	анализ характера и последствий отказов
FMM	有限消息机,有限信息机	машина с конечными сообщениями
FMUA	风扇工作状态监控	мониторинг состояния работы вентиляторов
FN	功能节点	функциональный узел
FN	优先号业务	услуга «приоритетный номер»
FN	帧号	номер цикла,номер кадра
FOADM	静态光分插复用(器)	фиксированный оптический мультиплексор ввода/вывода

FOD	即时传真	факс по запросу
FoIP	IP 网络传输传真消息	передача факсимильных сообщений через сеть по протоколу IP.
FOIRL	中继器间光纤链路	волоконно-оптическая линия связи между повторителями
FOT	前向转移	передача в прямом направлении
FOT	前向转移信号,前向传递信号	сигнал передачи в прямом направлении
FP	传真处理	факсимильная обработка
FP	传真台	факсимильная периферия
FPGA	现场可编程门阵列	матрица логических элементов с эксплуатационным программированием
FPH	被叫付费的呼叫	вызов за счет вызываемого абонента
FPH	被叫集中付费（800）	периодическая оплата вызываемым абонентом（800）
FPH	免费呼叫,免费电话	бесплатный вызов, бесплатная связь типа freephone
FPLMTS	未来公用地面移动通信系统	перспективная наземная мобильная система связи общего пользования
FPS	快速包交换	быстрая коммутация пакетов
FPU	帧处理单元	блок цикловой обработки
FR	帧中继	ретрансляция кадров, фрейм реле
FR	全速率(语音)编码	полноскоростное（речевое）кодирование
FRAD	帧中继接入设备	устройство доступа к фрейму реле
FRB	快速路由收敛	быстродействующая концентрация маршрутов
FRI	帧中继接口	интерфейс ретрансляции кадров, интерфейс фрейма реле
FRJ	性能拒绝	отказ от предоставления сервисной функции, отказ от предоставления средств
FRR	拒绝接入错误率	коэффициент ошибочного отказа в допуске
FRR	快速重路由	быстродействующая повторная маршрутизация
FRU	帧中继单元	блок фреймя реле, блок трансляции кадров
FS	固定填充器	фиксированный наполнитель
FSD	静电放电	электростатический разряд
FSK	频移键控	частотная манипуляция
FSM	前向连接消息	сообщение об установлении связи в прямом направлении

FSM	有限状态机、有限自动机、终端自动装置	конечный автомат（КА）
FSN	前向序号	прямой порядковый номер
FSU	传真交换设备	факсимильный коммутационный аппарат
FSU	单用户固定单元（单用户固定台）	одноабонентский неподвижный блок
FSY	频率合成器板	плата синтезатора частот
FT	功能测试仪	прибор для функционального тестирования
FTAM	文件传输、访问和管理	передача，доступ и управление файлами
FTMR	试用3个月报告	отчет по истечении первых трех месяцев
FTN	前转号码	переадресованный номер
FtN	前转号码	переадресованный номер
FTP	文件传输协议	протокол передачи файла
FTTB	光纤到大楼	оптоволокно до здания，доведение оптического волокна до здания
FTTC	光纤到路边	оптоволокно до краю дороги，доведение оптического волокна до краю дороги
FTTF	光纤到楼层	оптоволокно до этажа，доведение оптического волокна до этажа
FTTH	光纤到家庭	оптоволокно до дома，доведение оптического волокна до дома
FTTO	光纤到办公室	оптоволокно до офиса，доведение оптического волокна до офиса
FTTV	光纤到乡村	оптоволокно до деревни，доведение оптического волокна до деревни
FU	功能块	функциональный блок
FU	帧单元	цикловая единица
FUC	帧单元控制器	контроллер цикловой единицы
FUNI	基于帧的 UNI	пользовательский порт（UNI）на основе фрейма
FUNT	帧传送用户网络接口	пользовательский сетевой интерфейс передачи кадров
FWN	4混波效应	эффект 4-х волнового смешения
FWT	固定式无线终端	стационарный беспроводный терминал
FXO	对外信息交换站	внешняя станция обмена информацией
FXO	二线模拟接口（用户	аналоговый двухпроводный интер-

	线用）	фейс（для АЛ）
FXO	外部交换局	внешняя коммутационная станция
FXS	对外消息交换站用户	абоненты внешней станции обмена информацией
FXS	二线模拟接口（话机用）	аналоговый двухпроводный интерфейс（для ТА）
FXS	外部交换站	внешний коммутационный пункт
G703 – DJAT	所跟外部源抖动过大	слишком сильное дрожание отслеживаемого внешнего источника
G. 703（04/91）	数字序列接口物理/电气特性	физическая/электрическая характеристика интерфейсов цифровой иерархии
G. 707（03/96）	SDH 网络节点接口	интерфейс сетевых узлов SDH
G. 773（03/93）	传输系统管理的 Q 接口协议	протокол управления интерфейсом Q системы передачи
G. 774. 1 – 5（11/94 ~ 07/95）	SDH 网元级网络管理信息模型	информационная модель управления сетью SDH на уровне сетевых элементов
G. 781（01/94）	SDH 设备结构建议	структура рекомендаций по оборудованию SDH
G. 782（01/94）	SDH 设备类型和一般特性	тип и общая характеристика оборудования SDH
G. 783(01/94)	SDH 设备功能块特性	характеристика функциональных блоков оборудования SDH
G. 784（01/94）	SDH 管理	управление SDH
G. 803（03/93）	基于 SDH 的传送网结构	архитектура транспортных сетей на базе SDH
G. 813（08/96）	SDH 设备从时钟定时特性	характеристика тактовой синхронизации для ведомых тактовых генераторов оборудования SDH
G. 821（08/96）	构造 SDH 的国际数字连接端误码性能	характеристика ошибок секции международного цифрового соединения ISDN
G. 823（11/93）	基于 2048 kbit/s 体系的数字网络的抖动和漂移的控制	контроль джиттера и вандера цифровой сети 2048 кбит/с
G. 825（08/93）	SDH 数字网络的抖动和漂移的控制	контроль джиттера и вандера цифровой сети SDH
G. 826（08/96）	一次群及以上速率国际恒定比特率数字通道的参数实体误码特性	характеристика ошибок и целевой параметр для международных цифровых трактов с постоянной скоростью передачи уровня первичной скорости и выше

G.841(07/95)	SDH网络保护结构的类型和特性	тип и характеристика структуры защиты сети SDH
G.957 (03/93)	SDH设备和系统光接口	оптический интерфейс для оборудования и систем, связанных с SDH
G.958 (11/94)	基于SDH的光纤电缆数字线路系统	цифровая линейная система на основе SDH для использования на оптических линиях
G703-DJAT	外部源抖动过大	чрезмерный джиттер внешнего источника
GALM	GSM告警板	плата аварийной сигнализации системы GSM
GAN	全球地区通信网	глобальная территориальная сеть
GAP	呼叫间隙	вызывной интервал
GAP	通用接入协议	общий протокол доступа
GARP	同类属性登录协议	протокол регистрации аналогичных атрибутов
Gateway	网关	шлюз
GATM	GSM天线和TMA控制模块	антенна GSM и модуль управления TMA
GATR	地面天线传输接收	наземная антенная передача и прием
Gb	吉比特、千兆比特、10^9比特	гигабит
GB/T15941/1995	SDH光缆线路系统进网要求(中国国家技术监督局)	требования к системе оптических кабелей SDH (Государственное управление технического надзора Китая)
GB/T16814－1997	SDH光缆线路系统测试方法(中国国家技术监督局)	методика тестирования волоконно-оптических кабелей SDH (Государственное управление технического надзора Китая)
GBCR	基站控制器的GSM监控处理机架	статив обработки управления GSM BSC
GBIC	千兆位接口转换器	преобразователь гигабитных интерфейсов
GBSR	基站控制器的GSM业务处理机架	статив управления услуг GSM BSC
GCKS	系统时钟板	плата тактовой синхронизации системы GSM
GCLK	总时钟同步板－系统同步脉冲源	плата общей синхронизации — источник синхроимпульсов системы
GCRA	通用信元速率算法	общепринятый алгоритм скорости передачи ячеек
GCTN	GSN中央时分交换网络板	плата центрального временного коммутационного поля системы GSM

GDB	GSM 数字信号处理器板(P/O BSC)	GSM-плата цифрового процессора сигналов (P/O BSC)
GDMO	管理对象定义指导原则	руководящий принцип определения управляемых объектов
GDPUP	PS 业务用 GSM 数据处理部件	GSM-блок обработки данных для PS-услуг
GDPUX	扩展业务用 GSM 数据处理部件件	GSM-блок обработки данных для расширенной услуги
GDT	全局数据分布描述表	общая (глобальная) таблица дескрипторов
GDTM	GSM 系统数字中继线模块	модуль цифровых СЛ системы GSM
GE	千兆位以太网	гигабитный Ethernet
GEI	千兆位以太网接口	интерфейс гигабитного Ethernet
GEIF	厄朗第三公式	третья формула Эрланга
GEIUA	A 用 GSM E1/T1 接口部件	GSM-блок интерфейса E1/T1 для A
GEIUB	A-bis 用 GSM E1/T1 接口部件	GSM-блок интерфейса E1/T1 для A-bis
GEIUP	Pb 用 GSM E1/T1 接口部件	GSM. блок интерфейса E1/T1 для Pb
GEM	G-PON 封装方式	режим инкапсуляции G-PON
GEMA	故障自动倒换板	плата автоматического переключения при аварийных ситуациях
GEPS	GSM 设备扩展处理框	расширенная полка обработки для GSM-оборудования
GEPUG	Gb 用 GSM E1/T1 分组传送部件	GSM-блок пакетной передачи E1/T1 для Gb
GERAN	GSM/EDGE 无线接入网	сеть радиодоступа GSM/EDGE
GFBC	GSM 系统光通信接口光电转换板	плата фотоэлектрического преобразования интерфейса оптической связи системы GSM
GFBI	全球移动通信系统光接口板	плата оптического интерфейса системы GSM
GFC	一般流量控制	управление общим потоком
GFGUA	A 用 GSM Ethternet 和 Giga-bit Ethernet 部件	GSM-блок Internet и Gigabit Ethernet для A
GFSK	综合频移键控	обобщенная частотная манипуляция
G-FSK	高斯平滑频移键控	частотная манипуляция с гауссовским сглаживанием
GGCU	GSM 设备通用时钟单元	общий блок синхронизации для GSM-оборудования

GGSN	网关 GPRS 支持节点	узел поддержки шлюза GPRS
GGSN +	增强型 GPRS 网关支持节点	усовершенствованный узел поддержки шлюза GPRS
GHz	千兆赫	гигагерц, 10^9 Гц (ГГц)
GII	全局信息基础设施	глобальная информационная инфраструктура
GINA	图形识别和自动识别	графическая идентификация и автоидентификация
G-interface	G 接口, VLR 与 VLR 之间接口	G-интерфейс, интерфейс между VLR и VLR
GLONASS	全球卫星导航系统	глобальная система спутниковой навигации
GMC2	GSM 系统双链路模块间通信板	плата межмодульной связи системы GSM на два звена
GMCC	GSM 系统模块间通信控制板	плата управления межмодульной связью системы GSM
GMCC	广东移动通信有限责任公司	ООО подвижной связи провинции Гуандун
GMEM	GSM 系统存储板	плата памяти системы GSM
GMPJ	帕尔姆－雅科别乌斯修改公式	модифицированная формула Пальма-Якобеуса
GMPS	GSM 设备用的主处理机插框	полка главного процессора для GSM-оборудования
GMPU	GSM 系统主控板	плата главного процессора системы GSM
GMSC	网关移动交换中心	шлюзовой коммутационный центр мобильной связи
GMSK	高斯滤波最小频移键控	гауссовая манипуляция с минимальным частотным сдвигом
GND	"逻辑 0"接口线路	линия интерфейса RS-232C «логический нуль»
GND	接地	заземление, земля
GND	信号地、信号地线	сигнальная земля
GNE	网关网元、网间接口单元	шлюзовой сетевой элемент, шлюзовой элемент сети
GNET	GSM 系统交换网络板	плата коммутационного поля системы GSM
GNOD	GSM 系统节点控制板	плата управления узлами системы GSM
GOGUA	A 用 GSM Gigabit Ethernet光接口部件	GSM-блок оптического интерфейса Gigabit Ethernet для A
GOGUB	A-bis 用 GSM Gigabit Ethernet 光接口部件	GSM-блок оптического интерфейса Gigabit Ethernet для A-bis

GOIUA	A 用 GSM 光接口部件	GSM-блок оптического интерфейса для A
GOIUB	A-bis 用 GSM 光接口部件	GSM-блок оптического интерфейса для A-bis
GOIUP	Pb 用 GSM 光接口部件	GSM-блок оптического интерфейса для Pb
GOMU	GSM 操作与维护部件	GSM-блок эксплуатации и техобслуживания
GPJ	帕尔姆－雅科别乌斯公式	формула Пальма-Якобеуса
GPON	千兆位无源光网络	пассивиая оптичесная гигабитная сеть
GPR	全球卫星定位接收机	приемник позиционирования глобальной спутниковой системой
GPR	卫星同步信号接收板	плата приема спутниковых синхронизирующих сигналов
GPROC	GSM 总处理器板	GSM-плата общего процессора
GPRS	通用无线分组业务	универсальная пакетная радиоуслуга
GPRS-CSI	CAMEL 的 GPRS 服务订购信息	информация о подписке на услуги GPRS CAMEL
gprsSSF	GPRS 业务交换功能	функция коммутации услуг GPRS
GPS	全球定位系统	глобальная система позиционирования (объекта), глобальная система местоопределения
GPU	主处理器	главный процессор
GQR	电路群询问响应	ответ на запрос группы комплектов
GRA	电路群复原证实	подтверждение сброса группы каналов
GRA	电路群复原证实消息	сообщение подтверждения сброса группы комплектов
GRA	前向序号	порядковый номер в прямом направлении
GRE	通用路由封装	универсальная инкапсуляция маршрутизации
GRM	电路群监控消息	сообщение контроля группы каналов
GRQ	一般(普通)请求消息(TUP)	общее сообщение о запросе
GRS	电路群复原	сброс группы каналов
GRS	电路群复原消息	сообщение сброса группы каналов
Gs	高斯	гаусс
G-SCS(03/96)	具有光放大器的单通道 SDH 系统和 STM-64 系统的光接口	оптический интерфейс для одноканальной системы SDH с оптическими усилителями и систем STM- 64
GSCU	GSM 控制与交换单元	GSM-блок управления и коммутации

GSL	全局服务逻辑	общая сервисная логика, глобальная логика услуг, логика служб общего назначения
GSM	全球移动通信系统	глобальная система подвижной (мобильной) связи
GSM	一般前向建立信息消息	общее информационное сообщение об установлении связи в прямом направлении
GSM	移动通信专家组	группа экспертов подвижной связи
GSM1800	频率为1800MHz的GSM系统	система GSM, работающая на 1800МГц
GSM900	频率为900MHz的GSM系统	система GSM, работающая на 900МГц
GSMP	全局交换管理协议	протокол управления общей коммутацией
gsmSCF	GSM业务控制功能	функция управления службами GSM
GSN	GPRS支持节点	узел поддержки GPRS
GSNT	GSM系统信令交换网络	коммутационное поле сигнализации системы GSM
GSR	千兆位交换路由器	гигабитный коммутируемый маршрутизатор, маршрутизатор гигабитной коммутации
GT	全局标题	общий заголовок, глобальный заголовок
GTC	通用时隙交叉连接板	универсальная плата кросс-соединения временных интервалов, плата кросс-соединения универсальных интервалов
GTCS	GSM设备变码器插框	полка транскодера для GSM-оборудования
GTNU	GSM设备TDM中央交换网络部件	блок центрального коммутационного поля TDM для GSM-оборудования
GTP	GPRS隧道协议	протокол туннелирования GPRS
GTP-C	GPRS隧道协议部分控制板	панель управления части протокола туннелирования GPRS
GTP-U	GPRS隧道协议用户面	плоскость пользователя протокола туннелирования GPRS
GTT	全局名翻译	трансляция глобальных заголовков
GUI	图形用户界面	графический пользовательский интерфейс, графический интерфейс пользователя
GUP	用户总分布图	общий профиль пользователя
GVRP	GARP虚拟局域网登	протокол регистрации виртуальной

	录协议	локальной сети GARP
GW	网关	шлюз
GXPUM	计算业务用 GSM 扩展处理部件	GSM-блок расширенной обработки для услуг расчета
GXPUT	传输用 GSM 扩展处理部件	GSM-блок расширенной обработки для передачи
H1	ISDN 高比特率通路 1	высокоскоростной канал ISDN
HA	高可用性	высокая готовность
HA	家庭代理人	домашний агент
HACMP	高可用性的群组多道程序处理	кластерная многопроцессорная обработка с высокой готовностью
HASH	杂凑函数	хеш-функция
HAU	高可用性部件	блок высокой доступности
HBA	硬件故障的群闭塞证实消息	сообщение о подтверждении связанной с аппаратными отказами блокировки группы
HBA	总线适配器	шинный адаптер
HBR	硬件的电路闭塞接收信息块	блок приема связанной с аппаратным обеспечением блокировки комплектов
HBS	硬件的电路闭塞发送信息块	блок передачи связанной с аппаратным обеспечением блокировки комплектов
HC/HY COM	混合器	гибридный комбайнер
HCPM	HERT 信道处理模块	модуль обработки каналов HERT
HCS	分层蜂窝结构	иерархическая структура сот
HCS	高阶 VC 连接监控	контроль соединения VC высокого порядка, контроль соединения VC верхнего уровня
HD	硬盘	жесткий диск
HDB	高密度双极性	высокоплотная биполярность
HDB	HLR 数据库	база данных HLR
HDBC	高密度双极性码	биполярный код высокой плотности, высокоплотный биполярный код
HDD	硬盘驱动器	драйвер (дисковод) на жестком магнитном диске
HDLC	高级数据链路控制	высокоуровневое управление каналом передачи данных
HDSL	高速数字用户线	высокоскоростная цифровая абонентская линия
HDT	前端数字终端	передний цифровой терминал
HDTV	高清晰度电视	телевидение высокой четкости, телевидение с высоким разрешением

		(ТВВЧ)
HDU	基准定位寄存器数据库模块	модуль базы данных опорного регистра местоположения
HEC	信头差错控制	контроль ошибок в заголовке (ячейки)
HECM	HERT 信道处理增强模块	усовершенствованный модуль обработки каналов HERT
HF	高频	высокая частота
HFC	混合光纤同轴、光纤同轴混合电路(接入)	оптико-коаксиальный гибрид, гибридное оптоволоконно-коаксиальное решение
HFC	混合光纤同轴网	гибридная оптоволоконно-коаксиальная сеть
HGB	硬件故障的群闭塞消息	сообщение о связанной с аппаратными отказами блокировки группы
HGBR	硬件的电路群闭塞接收信息块	блок приема связанной с аппаратными средствами блокировки группы комплектов
HGBS	硬件的电路群闭塞发送信息块	блок передачи связанной с аппаратными средствами блокировки группы комплектов
HGMP	华为公司集群管理协议	протокол группового управления компании «Huawei»
HGU	硬件故障的群解除闭塞消息	сообщение о снятии связанной с аппаратными отказами блокировки группы
HIC	高速接口板	плата высокоскоростного интерфейса, плата интерфейса высокой скорости
HIPPI	高速并行接口	высокоскоростной параллельный интерфейс
HJC	温度指示卡	карта с индикацией температуры
HKRBT	香港回铃音	сигнал контроля посылки вызова Гонконг
HLC	高层兼容性	совместимость высоких уровней
HLPI	高层协议互通	взаимодействие протоколов высокого уровня
HLPI	上层协议标识器	идентификатор протокола верхнего уровня
HLR	归属位置寄存器	оригинальный (домашний) регистр местоположения (ОРМ)
HLR	移动用户记录器	регистратор подвижных абонентов
HMA	人机适配	адаптация «человек-машина», челове-

		ко-машинная адаптация
HMA	扩展存储器前 64 千字节	первые 64 килобайта расширенной памяти
HMI	人机界面、人机接口	интерфейс «человек-машина»
HOA	高阶组装器	сборка VC (виртуального контейнера) верхнего уровня, блок сборки высокого порядка
HOAPID	高阶通道接入点识别符	идентификатор пункта доступа высокого порядка
HOFL	高速光纤链路	высокоскоростное волоконно-оптическое звено
HOI	高阶接口	интерфейс высокого порядка, интерфейс верхнего уровня
HOL	线头阻塞	блокировка, создаваемая первой ячейкой в линии
HOLB	线另一端阻塞、排头阻塞	блокировка передачи на другом конце линии
HOLD	呼叫保持	удержание вызова
HOLD	呼叫保持补充业务	дополнительная услуга « Удержание вызова»
HON	切换号码	номер переключения
HONET™	华为公司 ISDN 商标	торговая марка компании « Huawei » для IDSN
HOVC	高阶虚容器	виртуальный контейнер верхнего уровня
HO-TCM	高阶通道串联连接监视器	монитор последовательного соединения тракта высокого порядка
HP	计算机、网络设备和软件生产厂家	компания-производитель компьютеров, сетевого оборудования и программного обеспечения
HPA	高功放板	плата усиления высокой мощности
HPA	高阶通道适配	адаптация тракта высокого порядка
HPADCROSSTR	高阶通道适配性能参数越限	выход параметров характеристики адаптации тракта высокого порядка за установленные пределы
HP-AIS	高阶通道告警指示信号	сигнал индикации аварии тракта высокого порядка
HPC	高阶通道连接	соединение нескольких VC высокого порядка, подключение тракта высокого порядка
HPC	袖珍计算机	«карманный» компьютер
HPCROSSTR	高阶通道性能参数越限告警	аварийная сигнализация выхода параметров характеристики тракта высо-

		кого порядка за установленные пределы
HPLMN	归属公用陆地移动网	домашняя сеть PLMN, исходящая сеть PLMN
HP-LOM	高阶通道复帧丢失	потеря мультикадра на стороне кросс-соединений тракта высокого порядка
HPOM	高阶通道开销监视(器)	мониторинг(монитор) трактового заголовка высокого порядка, контроль заголовка тракта высокого порядка
HPP	高阶通道保护	защита тракта высокого порядка
HP-RDI	高阶通道远端缺陷指示	индикация дефекта (аварии) на дальнем конце тракта высокого порядка, дистанционная индикация дефекта в тракте высокого порядка
HP-RE1	高阶通道远端差错(误码)指示	индикация ошибки на дальнем конце тракта высокого порядка, дистанционная индикация ошибки в тракте высокого порядка
HP-RFIFO	高阶通道接收侧 FIFO 溢出	переполнение FIFO на стороне приема тракта высокого порядка
HP-RLOP	下路指针丢失	потеря указателя тракта высокого порядка на стороне приема
HP-SLM	高阶通道信号标记失配	рассогласование меток сигнала тракта высокого порядка
HPT	高阶通道终端	окончание тракта высокого порядка
HP-TFIFO	高阶通道发送侧 FIFO 溢出	переполнение FIFO на стороне передачи тракта высокого порядка
HP-TIM	高阶通道追踪识别符失配	рассогласование идентификатора трассировки тракта высокого порядка
HP-UATEVENT	高阶通道不可用时间告警	аварийная сигнализация недоступного времени тракта высокого порядка
HPUNEQ	高阶通道卸载状态	состояние «необорудован» тракта высокого порядка
HR	半速率	полускорость
HRDL	假设参考数字链路	гипотетическая опорная цифровая линия связи
HRDS	假设参考数字段	гипотетическая опорная цифровая секция
HRP	华为公司冗余协议	протокол резервирования компании «Huawei»
HRP	假设参考通路(路径)	гипотетический эталонный тракт
HRX	假设参考连接	гипотетическое опорное соединение

HS	高速	высокая скорость
HS	手机	мобильный телефон, ручной телефон
HSB	热备份	горячее резервирование
HSC	高速通道	высокоскоростной канал
HSC	高稳晶体	высокостабильный кристалл
HSCX	具有扩展功能的高级串行通信控制器	высокоуровневый последовательный коммуникационный контроллер с расширенными функциями
HSDPA	高速下行链路分组接入	высокоскоростной пакетный доступ по нисходящей линии связи
HSN	跳频序列号	номер последовательности скачков частоты
HSRP	热备份路由器协议	протокол маршрутизатора в режиме горячего резерва
HSS	归属用户服务器	сервер домашних абонентов
HSS	用户数据服务器	сервер абонентских данных
HSSI	高速串行接口	высокоскоростной последовательный интерфейс
HSTP	高级信令转接点	транзитный пункт сигнализации высокого уровня
HSUT	高阶通道监控未装载终端	необорудованное окончание контроля тракта высокого порядка
HTML	超数据报语言	гипертекстовый язык
HTTP	超文本传输协议	протокол передачи супертекста
HUA	硬件故障的群解除闭塞证实消息	сообщение о подтверждении снятия связанной с аппаратными отказами блокировки группы
HUG	高价卸载虚容器生成器	генератор незагруженного VC высокого порядка（верхнего уровня）
HW	干线,总线,高速通道	могистраль, магистральная шина, высокоскоростной тракт
HW	硬件	аппаратное обеспечение
HYCOM	混合合路器	гибридный сумматор
H-M	人机终端	терминал «человек-машина»
I/O	输入/输出	ввод / вывод
I	标准局内再生段标志	обозначение стандартной внутристанционной регенераторной секции
I	信息	информация
I	信息帧	информационный цикл
IA	英特尔架构	архитектура Intel
IA5	国际 5 号字母 – 数字代码	международный алфавито-цифровой код 5
IAB	Internet 架构委员会	Совет архитектуры Internet

IAD	集成接入设备	интегрированные устройства доступа
IADMS	集成接入设备管理系统	система управления IAD, система управления интегрированными устройствами доступа
IAI	带有附加信息的初始地址消息	начальное адресное сообщение с дополнительной информацией
IAM	初始地址消息	начальное адресное сообщение, сообщение инициализации адреса
IAM	互联网接入模块	модуль доступа к Интернету, модуль доступа к Internet
IAR	“文本不回应”消息接受定时器	таймер приема сообщения «текст неактивности»
IAS	“文本不回应”消息发送定时器	таймер передачи сообщения «текст неактивности»
IAU	互联网接入单元	блок доступа в Интернет(Internet)
I-BCF	边界互通控制功能	функция управления пограничным взаимодействием
I-BGF	网间边界网关功能	функция межсетевого пограничного шлюза
IC	互联码(闭合用户群补充业务)	код блокировки (дополнительная услуга «Замкнутая группа пользователей»)
IC	集成电路	интегральная схема
IC	输入电路	входная цепь
ICB	可呼入单元	блок входящего вызова
ICB	来话呼叫禁止(限于闭合用户群)	запрет входящих вызовов (внутри CUG)
ICB	入局呼叫禁止(限于闭合用户群)	запрет входящей связи (внутри CUG)
ICD	智能呼叫分配	интеллектуальное распределение вызовов
ICF	信息转换功能	функция преобразования информации
ICG	IMS 计费网关	шлюз тарификации IMS
ICM	控制信息协议	протокол контрольных сообщений
ICMP	互联网控制报文协议	протокол контрольных сообщений Интернет(Internet)
ICP	互联网内容提供商	поставщик контента (содержания) Интернет(Internet)
ICSA	国际计算机安全协会	Международная ассоциация по безопасности компьютеров
I-CSCF	查询 CSCF	опрос-CSCF
ICW	Internet 呼叫等待	ожидание Интернет-вызова

ID	标识,识别	идентификация, идентичность
ID	标识符、识别符、识别器	идентификатор
IDC	绝缘位移式连接器	изолирующий коннектор типа смещения
IDC	入侵检测联盟	консорциум обнаружения атак
IDD	国际长途直拨	международный прямой набор
IDE	综合开发环境	интегрированная среда разработки
IDI	初始域标识符	начальный идентификатор домена
IDL	接口说明语言	язык описания интерфейса
IDN	综合数字网	интегральная цифровая сеть (ИЦС)
IDP	初始域部分	начальная часть домена
IDP	综合检测器/前置放大器	интегрированный детектор/предусилитель
IDR	识别请求	запрос на идентификацию
IDS	入侵检测系统	система обнаружения атак
IDT	内部中继	внутренняя СЛ
IDT	中断描述表	таблица дескрипторов прерывания
IE	信号信息单元	сигнальная информационная единица
IEC	国际电工委员会	международная электротехническая комиссия (МЭК)
IEEE	电气和电子工程师协会	Институт инженеров по электротехнике и электронике
IETF	互联网工程任务组	инженерная проблемная группа Интернет(Internet)
IF	中频、中间频率	промежуточная частота(ПЧ)
IFAM	起始终端地址信息	начальное и конечное адресное сообщение
IFM	IP 传输板	плата IP-передачи
IFR	传真交互应答	интерактивный ответ по факсу
IFU	互通功能单元	функциональный блок взаимодействия
IFU	信息功能单元	информационный функциональный блок, функциональный элемент информации
IGMP	互联网群组管理协议	протокол управления группами в Интернете
IGP	内部网关协议	внутренний протокол шлюза
IGRP	内部网关路由选择协议	внутренний протокол маршрутизации шлюза
IISP	网间网内交换信令协议	протокол коммутации межсетевой и внутрисетевой сигнализации
ILAPD	LAPD 内部程序	внутренняя процедура LAPD

ILMI	集成本地网管接口（原称临时本地网管接口）	интерфейс интегрированного локального управления сетью （интерфейс временного локального управления сетью）
ILS	互联网定位器服务	служба локализатора Интернет（Internet）
IM	存储管理	управление запасами
IM	信息模型	информационная модель
IM	智能管理	интеллектуальное управление
IMA	ATM 反向多路复用	инверсное мультиплексирование ATM
IMACS	登录和控制智能系统	интеллектуальная система регистрации и управления
iManager	一体化网管系统	интегрированная система управления сетью
IMC	输入监控接头	входной контрольный разъем
IMC	输入信号监控板	плата контроля входных сигналов
IMC	中间化合物	промежуточное соединение
IMEI	国际移动设备识别	международная идентификация оборудования подвижной связи
IMEISV	软件版本号和移动通讯设备识别号	номер версии ПО и международный идентификационный номер оборудования мобильной связи
IMG	综合媒体网关	интегрированный мультимедийный шлюз
I-MGCF	媒体网关互连控制功能	функция управления медиа-шлюзами взаимных соединений
IMM	立即提供通道消息	сообщение о немедленном предоставлении каналов
IMS	IP 多媒体子系统	подсистема IP-мультимедиа
IM-SFF	IP－多媒体业务交换功能	функция коммутации услуг IP-мультимедиа
IMS-GWF	IMS 网关功能	функция шлюза IMS
IMSI	国际移动台识别	международная идентификация подвижной станцин
IM-DM	强度调制－直接调制	модуляция интенсивности — прямая модуляция
IN	智能网	интеллектуальная сеть связи（ИСС）
INAD	广告业务	рекламная услуга
INAP	智能网应用部分	прикладная часть интеллектуальной сети
INAP	智能网应用协议	протокол приложений интеллектуальной сети

INCM	智能网概念模型	модель концепции интеллектуальной сети
INCS-1	智能网能力组 1	набор возможностей интеллектуальной сети-1
INF	信息	информация
INLOC	本地来话呼叫处理模块	блок обработки входящих местных вызовов
INLOC	来话呼叫处理进程	процесс обработки входящих вызовов
INM	综合网络管理	интегрированное сетевое управление
INMAP-SAT	国际移动卫星系统	международная мобильная система спутниковой связи
INPOWER	输入功率	входная мощность
INPOWER-ABN	输入功率异常	ненормальная входная мощность
INPOWER-FAIL	无输入功率	отсутствие входной мощности
INPOWER-LESS	输入功率小于额定值	Входная мощность меньше номинального значения.
INR	信息请求,信息查询	информационный запрос
INSM	智能交换模块	интеллектуальный коммутационный модуль
IN-SM	智能网交换管理	управление коммутацией интеллектуальной сети
INT	国际长途转接局	международная транзитная станция
Internet	互联网,国际互联网,因特网	сеть Интернет(Интернет)
INtess™	华为公司呼叫中心商标	торговая марка компании «Huawei» для центра обработки вызовов
Intranet	企业内部互联网	Internet внутри предприятия
INU	安装单元	монтажный блок, установочный блок
INV	操作调用	вызов операции
ION	按需综合服务网	сеть интегрированного обслуживания по требованию
IOT	物联网	Интернет неодушевленных предметов
IP	智能外设	интеллектуальная периферия
IP	ISDN 接入口	интерфейс доступа к ISDN
IP	互联网协议	Интернет-протокол, протокол Internet
IPA	智能功率调节	интеллектуальная регулировка мощности
IPC	内部处理机通信	межпроцессорная связь
IPCP	IP 控制面	плоскость управления IP
IPD	集成产品开发	разработка комплексной продукции

IPEI	国际便携式设备识别	международная идентификация портативного оборудования
IP-FPH	IP 网被叫付费的呼叫	вызов за счет вызываемого абонента в IP-сети
IPLMN	PLMN 查询	запрос PLMN
IPMB	智能平台管理总线	шина управления интеллектуальной платформой
IPMT	集成组合管理团队	команда по комплексному управлению портфелем
IPOA	ATM 承载 IP	IP поверх（через）ATM
IPOS	SDH 承载 IP	IP поверх（через）SDH
IPOx	x 承载 IP	IP поверх（через）x
IPP	互联网打印协议	протокол печатания Интернет（Internet）
IPQC	在线过程质量控制	контроль качества в режиме онлайн
IPSec	Internet 协议安全性	безопасность Интернет-протокола
IPSP	IP 业务处理	обработка IP-услуг
IPTV	IP 电视	IP-телевидение
IPUI	国际移动用户识别	международная идентификация подвижного абонента
IPv4	互联网协议版本 4	версия 4 Интернет-протокола
IP WAC	IP 网广域 Centrex	глобальный Центрекс в сети IP
IPX	网间包交换，网间分组交换	межсетевая пакетная коммутация
IPXCP	IPX 控制协议	протокол контроля IPX
IQC	来料检验	проверка поступающих материалов
iRAN	无线接入网平台	платформа сети радиодоступа
IRB	投资评审委员会	Комиссия по оценке капиталовложений
IRI	截听相关信息	перехват релевантной информации
iRMU	综合机架管理单元	блок управления интегрированным стативом
IRQ	中断请求	запрос на прерывание
IRS	识别响应、识别应答	реагирование на идентификацию, ответ на идентификацию
IRU	集成 RM 单元	интегрированный элемент RM
IS	智能业务	интеллектуальная услуга
IS	中间系统	промежуточная система
ISA	工业标准体系结构	архитектура промышленного стандарта
ISC	IMS 业务控制	управление услугами IMS
ISC	国际交换中心	Международный центр коммутации（МЦК）

ISC	互联网软件联盟	Консорциум по программному обеспечению Интернета
ISC	集成供应链	звено интегрированного снабжения
ISCP	干扰信号码功率	интерференция мощности сигнального кода
ISD	设计师交互系统	интерактивная система проектировщика
ISDN	综合业务数字网	цифровая сеть с интеграцией услуг, цифровая сеть интегрированного обслуживания（ЦСИО）
ISI	码间干扰	межсимвольная интерференция（МСИ）
ISI	系统间接口	межсистемный интерфейс
iSIPP	载体分配单元	блок распределения носителей
iSIPP	综合业务接口和协议处理单元	интегрированный блок интерфейсов услуг и обработки протокола
IS-IS	中间系统间通信协议	протокол связи между промежуточными системами
ISM	工业、科研和医疗设备	промышленное, научное и медицинское оборудование
ISM	服务过程监控	мониторинг в процессе обслуживания
ISM	智能同步复用器	интеллектуальный синхронный мультиплексор
ISM	智能增值模块	интеллектуальный модуль с дополнительными услугами
ISN	智能业务节点	узел интеллектуальных услуг
ISO	国际标准化组织	Международная организация по стандартизации
ISP	互联网服务提供商	провайдер（поставщик）услуг интернет（Internet）
ISP	临时内交换信令协议	временный протокол внутрикоммутационной сигнализации
ISPBX	综合业务数字网专用小交换机	учрежденческая телефонная станция с исходящей и входящей связью с функцией ISDN, частная телефонная станция с выходм в общую сеть с функцией ISDN
ISR	中断服务子程序	подпрограмма обслуживания прерывания
ISUP	ISDN 用户部分	подсистема пользователя ЦСИО（ISDN）, пользовательская часть ЦСИО（ISDN）

IS-IS	中间系统间通信协议	протокол связи между промежуточными системами
IT	不回应测试、不活动性测试	тест неактивности
IT	信息技术	информационная технология
ITA	信息技术协定	соглашение информационной технологии
ITC	信息处理能力	канал передачи информации
iTELLIN	iTELLIN IP 智能网	интеллектуальная сеть IP iTELLIN
ITU	被测系统	тестируемая система
ITU	国际电信联盟(国际电联)	Международный союз по электросвязи (МСЭ)
ITU-T	国际电信联盟远程通信标准化组织	Сектор стандартизации телекомнуникаций ITU
IT-SSP	IP 电话业务交换点	пункт коммутации услуг IP-телефонии
IUA	ISDN Q. 921 用户适配层	уровень адаптации абонента-ISDN Q. 921
IUT	可测执行过程	тестируемая реализация
IVC	只有来话的虚拟电路(通道)	только входящий виртуальный канал
IVF	带内单频线路信令	внутриполосная одночастотная линейная сигнализация
IVPN	国际虚拟专网	международная виртуальная частная сеть
IVR	交互式语音应答	интерактивный речевой (голосовой) ответ
IVRS	交互式语音应答系统	система интерактивного голосового ответа
IWE	互通设备	оборудование взаимодействия
IWF	互通功能	функция межсетевого взаимодействия
IWMSC	网间移动交换中心	межсетевой центр коммутации подвижной связи
IWU	互通装置	блок взаимодействия
J2	复帧开销 J2	заголовок мультифрейма J2
JCB	调整控制比特	бит управления выравниванием
JD	联合检测	совместное обнаружение
JOB	可调比特	бит возможного выравнивания
JPEG	固定图象压缩算法和文件格式	алгоритм компрессии неподвижного изображения и формат файлов
JRE	JAVA 运行环境	окружение JAVA
JVM	Java 虚拟机	виртуальная Java-машина

k	千(10^3)	кило
kb	千比特	килобит
kbit/s,kbps	千比特/秒	килобит/с,кбит/с
Kc	密码关键字	ключ шифрования
Kc	密钥C	ключ блокировки С
Kc	通信密钥	ключ блокировки связи
kHz	千赫兹	килогерц,кГц (103Гц)
Ki	单个用户身份鉴权密钥、鉴别用户的单个关键字	индивидуальный ключ аутентификации абонента
KPA	关键过程域	поле ключевых процессов
KPB	关键过程行为	поведения ключевых процессов
KPC(I)	关键过程案例	пример ключевого процесса (или индекса)
KPI	关键绩效指标	показатель ключевых результатов
KT	计算机电话	компьютерная телефония
KVM	键盘-视频-鼠标	клавиатура-видео-мышь
KVMS	键盘/视频/鼠标切换器	переключатель «клавиатура/видео/мышь»
kW	千瓦	киловатт(кВт)
K-1920	频分系统K-1920	система частотного разделения К-1920
L	标准长局间再生段标志	обозначение стандартной длинной межстанционной регенераторной секции
L1	第一层(物理层)	уровень 1(физический уровень)
L2	第二层(数据链路层)	уровень 2 (уровень канала передачи данных)
L2ML	2层管理环节	звено управления уровня 2
L2R	2层中继线路	линия ретрансляции уровня 2
L2TP	2层隧道协议	протокол туннеля уровня 2
L3	第三层(网络层)	уровень 3(сетевой уровень)
L3VPN	虚拟的第3层专网	виртуальная частная сеть 3-го уровня
LA	位置区	зона местоположения
LAC	位置区号	номер кода зоны
LACP	通道集聚控制协议	протокол управления агрегацией канала
LAI	位置区域识别	идентификация зоны (района) расположения
LAM	起始地址消息	сообщение о исходном адресе
Lama	本地自动电话计费系统	местная система автоматического учета стоимости
LAN	局域网	локальная сеть,локальная вычислите-

		льная сеть(ЛВС)
LANE, LE	局域网仿真	эмуляция LAN
LAN-ROVE	远程通信服务器	сервер дальней связи
LAP	链路接入规程(协议)	процедура(протокол) доступа к звену
LAPA	ISDN PRI 协议处理板	плата обработки протокола ISDN PRI
LAPB	平衡链路接入协议	сбалансированный протокол доступа к линии связи
LAPD	D 信道链路接入规程	процедура доступа к звену по D-каналу
LAP-Dm	Dm 信道链路接入协议、采用 Um 接口的 L2 协议	протокол доступа к звену по Dm-каналу, протокол L2 на основе интерфейса Um
LAPD MAIL	LAPD 邮箱	почтовый ящик LAPD
LAPV5	链路接入协议第五版本	протокол доступа к звену V5
LAS	传输线服务系统	система обслуживания линии передачи
LBA	光放大器	оптический усилитель
LBAVG	激光器偏置电流平均值	среднее значение тока смещения лазера
LBMAX	激光器偏置电流最大值	максимальное значение тока смещения лазера
LBMIN	激光器偏置电流最小值	минимальное значение тока смещения лазера
LC	控制通道	канал управления
LCA	取消位置数据证实消息	сообщение подтверждения отмены данных местоположения
LCC	无引线芯片载体	носитель чипа без выводов
LCD	液晶显示、液晶显示器	жидкокристаллический дисплей (ЖКД)
LCM	取消位置数据消息	сообщение отмены данных местоположения
LCN	局域通信网, 本地通信网	локальная сеть связи, местная сеть связи
LCP	链路控制协议	протокол контроля звена
LCS	低阶 VC 连接监控	контроль соединения VC низкого порядка, контроль соединения VC нижнего уровня
LCS	定位业务	услуга определения местоположения
LCT	本地用户终端	локальный терминал пользователя
LCT	局端板	станционная оконечная плата
LCT	RSU 近端接口板	интерфейсная плата RSU на стороне

		станции
LCT	远端用户单元板	плата удаленного абонентского блока
LDAP	轻量目录访问协议	упрощённый протокол доступа к каталогам
LDB	后向位置数据消息	сообщение обратного направления о данных местоположения
LDF	前向位置数据消息	сообщение прямого направления о данных местоположения
LDP	标签分发协议	протокол распределения меток
LDT	局部描述符表	таблица локальных дескрипторов
LDTV	低清晰度电视	телевизионная система с малым числом строк
LD-CELP	低时延码本激励线性预测	возбужденное линейное предсказание книги кодов с низкой задержкой
LE, LS	市话交换机,市话局	городская АТС, местная телефонная станция (ГАТС)
LE/TX	终端/转接局	оконечная / транзитная станция
LEA	诉讼执行机构	судебный исполнительный орган
LEC	局域网仿真客户	эмуляционный клиент LAN
LECS	局域网仿真配置服务器	сервер эмуляционной конфигурации LAN
LED	发光二级管	светодиод, светоизлучающий диод (СИД)
LES	局域网仿真服务器	эмуляционный сервер LAN
LF	低频	низкая частота
LF	电路馈电	питание линии
LF	换行	перевод строки
LFA	帧对齐/同步丢失	потеря выравнивания / синхронизации фрейма
LFEBE	线路远端误码	ошибка по битам на дальнем конце линии
LFU	强制解除链路禁止信号	сигнал принудительного снятия запрета звеньев
LH	寻线	поиск линии
LI	长度指示码	индикатор длины
LI	合法截听	санкционированный перехват вызовов
LIA	链路禁止证实信号	сигнал подтверждения запрета звеньев
LIAN	合法截听管理节点	узел администрирования санкционированного перехвата вызовов
LIC	呼叫合法截听中心	центр санкционированного перехвата вызовов

LICI	呼叫合法收听中心	центр санкционированного прослушивания вызовов
LIM	呼叫限制	ограничение связи
LIN	链路禁止信号	сигнал запрета звеньев
LIP	链路禁止否认信号	сигнал отрицания запрета звеньев
LIS	逻辑 IP 子网	логическая IP-подсеть
LIS	逻辑 IP 子网	подуровень логического IP
LIU	线路接口单元	блок линейного интерфейса
LLC	逻辑链路控制	управление логическим каналом
LLC	低层兼容性	совместимость низкого уровня
LLC	逻辑链路控制层	уровень управления логическим каналом
LLME	低层管理实体	объект управления низким уровнем
Lm	半速率信道、通信通道(半速)	полускоростной канал трафика, канал трафика（полускоростного）
LM	管理通道	канал управления
LM	加载模块、装入模块	загрузочный модуль
LM	线路设备模块	модуль линейных комплектов
LMDS	本地多点分配系统	локальная система многоточечного распределения
LMP	链路管理协议	протокол управления звеном
LMS	最小平方法	метод наименьших квадратов
LMSI	本地移动用户识别符	идентификатор местного подвижного абонента
LMT	本地维护终端	локальный терминал техобслуживания
LNA	低噪声放大器	усилитель с низким уровнем шума
LNC	本地节点时钟	таймер локального（местного）узла
LNMC	本地网网管中心	центр управления местной сетью
LOC	逻辑通道代码	код логического канала
LOCKCUR-FAIL	工作电流锁定失效	отказ рабочего тока от синхронизации
LOCK-FAIL	工作电流失控	потеря управления рабочим током, потеря контроля рабочего тока
LOF	帧丢失	потеря кадра（цикла）, потеря фрейма
LOFL	低速光纤链路	низкоскоростное волоконно-оптическое звено
LOG	呼叫纪录、呼叫登记	регистрация（запись）вызова
LOI	低阶接口	интерфейс низкого порядка, интерфейс нижнего уровня
LOM	复帧丢失	потеря мультифрейма
LONIIC	列宁格勒部门邮电	Ленинградский отраслевой научно-

	(科学)研究所	исследовательский институт (ЛОНИИС)
LOP	指针丢失	потеря указателя
LOS	线路失效信号	сигнал «линия вне обслуживания»
LOS	信号丢失	потеря сигнала
LOSS	信号丢失秒	длительность потери сигнала
LOVC	低阶虚容器	виртуальный контейнер нижнего уровня
LOWBAT-ALARM	电池电压过低	недонапряжение батареи
LO-TCM	低阶通道串联连接监视器	монитор последовательного соединения тракта низкого порядка
LPA	低阶通道适配	адаптация тракта низкого порядка
LPA	环回证实	подтверждение шлейфа
LP-AIS	低阶通道告警指示信号	сигнал индикации аварии тракта низкого порядка
LPAVG	激光器功率平均值	среднее значение мощности лазера
LP-BIP	低阶 BIP 误码	ошибка BIP в тракте низкого порядка
LPC	低阶通道连接	подключение тракта низкого порядка, соединение нескольких VC нижнего порядка (нижнего уровня),
LPC	线性预测编码	линейное кодирование с предсказанием
LP-CROSSTR	低阶通道性能参数越限告警	аварийная сигнализация выхода параметров характеристик тракта низкого порядка за установленные пределы
LPLMN	本地公共陆地移动通信网、本地 PLMN	местная сеть общеконтинентальной мобильной связи, местная PLMN
LPMAX	激光器功率最大值	максимальное значение мощности лазера
LPMIN	激光器功率最小值	минимальное значение мощности лазера
LPOM	低阶通道开销监视(器)	мониторинг (монитор) трактового заголовка низкого порядка
LPP	低阶通道保护	защита тракта низкого порядка
Lpp	信号峰峰值	размах сигнала
LPR	本地一级基准	локальный первичный эталон
LPRA	链路基群速率接入	доступ к линии связи с первичной скоростью
LPRC	本地原始基准时钟	местный первичный опорный тактовый генератор
LP-RDI	低阶通道远端接收告警指示	индикация аварии приема на дальнем конце тракта низкого порядка, диста-

		нционная индикация дефекта тракта низкого порядка
LP-REI	低阶通道远端差错指示	индикация ошибки на дальнем конце тракта низкого порядка, дистанционная индикация ошибки тракта низкого порядка
LP-RFI	低阶通道远端失效指示	индикация отказа на дальнем конце тракта низкого порядка
LP-RFIFO	低阶通道接收侧 FIFO 溢出	переполнение FIFO тракта низкого порядка на стороне приема
LP-SIZEERR	低阶通道 V5 标记失配	рассогласование идентификатора V5 тракта низкого порядка
LP-SLM	低阶通道信号标志失配(不匹配)	рассогласование (несовпадение) меток сигнала тракта низкого порядка
LPT	低阶通道终端	окончание тракта низкого порядка
LP-TFIFO	低阶通道发送侧 FIFO 溢出	переполнение FIFO тракта низкого порядка на стороне передачи
LP-TIM	低阶通道追踪识别符失配	рассогласование идентификатора трассировки тракта низкого порядка
LPU	线路接口处理单元	блок обработки линейного интерфейса
LP-UATEVENT	低阶通道不可用时间告警	аварийная сигнализация недоступного времени тракта низкого порядка
LP-UNEQ	低阶通道未装载指示	индикация состояния «не оборудован» тракта низкого порядка
LR	位置寄存器	регистр положения
LR	线性再生器	линейный регенератор
LS	端局	оконечная станция
LSBCM	激光器偏流监视	контроль тока смещения лазера
LSDB	链路状态数据库	база данных состояния звеньев
LSI	线路连接局接口	интерфейс подключения диспетчерских пультов к контроллерам БС
LSP	标签交换路由	маршрут с коммутацией меток
LSR	标签交换路由器	маршрутизатор коммутации маркировок
LSS	序列同步丢失	потеря последовательной синхронизации
LSSU	链路状态信令单元	сигнальная единица состояния звена
LSTP	低级信令转接点	транзитный пункт сигнализации низкого уровня
LSUT	低阶通道监控未装载终接	необорудованное окончание контроля тракта низкого порядка
LT	低层测试仪	низкий тестер

LT	线路终端	линейный терминал
LTC	本地终端控制器	локальный терминальный контроллер
LTE	长期演变	долгосрочная эволюция
LTI	输出端同步失步	потеря синхронизации на выходе
LTI	同步源(信号)丢失	потеря источника (сигнала) синхронизации
LTMC	本地传输维护中心	местный центр технического обслуживания устройств передачи
LTU	线路终端设备	линейное окончание, линейный полукомплект
LU	线路单元	линейный блок
LUA	更新位置数据证实消息	сообщение подтверждения обновления данных местоположения
LUA	解除链路禁止证实信号	сигнал подтверждения снятия запрета звеньев
LUG	低阶通道未装载虚拟容器生成	генерация незагруженного VC тракта низкого порядка (нижнего уровня)
LUM	更新位置数据消息	сообщение обновления данных местоположения
LUN	解除链路禁止信号	сигнал снятия запрета звеньев
LUNI	局域网仿真用户网络接口	сетевой интерфейс эмуляционного клиента LAN
LUR	拒绝更新位置数据消息	сообщение отказа в обновлении данных местоположения
LXC	本地交叉交换台	локальный кросс-коммутатор
M	兆(10^6)	мега …(10^6)
M&TS	维护和故障查找	обслуживание и поиск неисправностей
M. 3010 series (04/95)	电信管理网的一般原则	общие принципы управления электросвязью
M2UA	MTP 第二级用户适配层	уровень адаптации пользователя MTP2
M3UA	MTP 第三级用户适配层	уровень адаптации пользователя MTP3
MAB	存储器地址总线	адресная шина памяти
MAC	介质访问控制层	уровень управления доступом к среде
MAC	媒体接入控制	контроль доступа к среде
MAC	消息鉴别码	код аутентификации сообщений
MACF	多重联系控制功能	функция многократного ассоциативного управления
MACN	移动分配信道号	распределенный номер канала в системе неподвижной связи

MADM	多分插复用器	множественный мультиплексор с выделением каналов
MAF	管理应用功能	прикладная админпетративпя функция
MAF	协调应用功能	функция медиаторного приложения
MAH	移动访问捕获	поиск доступа к подвижной связи
MAI	移动分配索引	распределенный индекс в системе подвижной связи
MAIDT	平均停机时间	среднее время простоя
MAINT	维护、技术服务	техобслуживание（ТО）
MAIO	移动分配指针偏移	распределенный сдвиг указателя в системе подвижной связи
MAL	恶意呼叫识别信号	сигнал идентификации （определения）злонамеренного вызова
MAM	行政管理信息	сообщение управления и администрации
MAN	市域网，城域网	общегородская сеть（ОГС）
MAP	移动应用部分	прикладная часть подвижной связи
MAPF	MAP 功能	функция MAP
MAPP	MAP 处理器	процессор MAP
MAS	批呼叫，大众呼叫	массовый вызов
MAT	维护台	пульт технического обслуживания
Mb	兆比特，10^6 比特	мегабит，10^6 бит
MBA	维护的群闭塞证实消息	сообщение о подтверждении связанной с техобслуживанием блокировки группы
MBCU	商务主控单元	блок главного управления бизнесом
MBMC	多突发模式控制器	контроллер мультиформированного режима
MBMS	多媒体广播组播服务	услуга мультимедийного широковещания/групповой передачи
mbnb	单元码类别标志	общее назначение класса блочных кодов
MBR	维护的电路闭塞接收信息块	блок приема связанной с техобслуживанием блокировки комплектов
MBS	维护的电路闭塞发送信息块	блок передачи связанной с техобслуживанием блокировки комплектов
MBS	模块化基站	модульная базовая станция
MBS	最大速度	максимальная скорость
MBus	维护总线	шина техобслуживания
MC	管理和通信	управление и связь
MC	运动补偿	компенсация движения
MC2	双信道通信接口板	двухканальная плата интерфейсов

		связи
MCB	交换模块主控框	блок главного управления коммутационным модулем
MCC	模块通信和控制板	плата модульной связи и управления
MCC	移动通信系统国家代码	код страны в системе подвижной связи
MCD	CD 块标志器	маркер блока CD
MCD	MRC DPU 扩展单元	блок расширения MRFC DPU
MCF	管理和控制功能	функция управления и контроля
MCF	消息通信功能	функция передачи сообщений
MCGA	"多色区"适配器	адаптер «многоцветной массив»
MCI	与模块控制单元通信接口	интерфейс связи с MCU
MCI(D)	恶意呼叫识别(追踪)	идентификация (трассировка) злонамеренного вызова
MCK	主时钟板	главная плата синхронизации, плата ведущего тактового генератора
MCM	多芯片组件	мультичипный блок
MCMI	CMI 修改码	модифицированный код CMI
MCP	后台通信板	плата связи с управляющим вычислительным комплексом
MCR	最小信元速率	минимальная ячеистая скорость
MCS	介质汇聚服务器	сервер конвергенции среды
M-CSI	使用 CAMEL 的移动性管理识别信息	идентификационные данные для управления мобильностью при использовании CAMEL
MCT	恶意呼叫追查(跟踪)	отслеживание(трассировка) злонамеренного вызова
MCU	多点控制单元	многоточечный контрольный блок
MCU	控制和通信单元	блок управления и связи
MCU	模块控制单元	блок модульного управления (модулями)
MCU	主控单元	блок главного управления
MD	多业务分配单元	многоуслуговый блок распределения
MD	移动目标的数据传输	передача данных на подвижные объекты
MDB	管理数据库	управленческий банк данных(УБД)
MDF	用户配线架	абонентский кросс
MDF	总配线架	главный кросс
MDF	总配线架框	каркас главного кросса
MDSL	多速率数字用户线	многоскоростная цифровая абонентская линия
MDU	多线单元	многолинейный блок

ME	生产工程师	инженер по производству
ME	运动估值	оценка движения
MELF	金属端柱形封装	установка металлического корпуса типа торцевого столба
MEMERR	内存错误	ошибка памяти
MF	调解功能	медиаторная функция
MF	多频的(声信令形式)	многочастотный (тип тональной сигнализации)
MFAL	复帧告警	продолжительность неисправности в сверхцикловой структуре
MFAS ERR	复帧误码	ошибка по мультикадрам
MFAS	复帧对齐信号	сигнал выравнивания мультифрейма
MFC	多频互控板	плата многочастотной взаимоконтролируемой сигнализации
MFC	多频记发器信号	многочастотный регистровый сигнал
MFC	多频脉冲收发,多频收/发板	многочастотный прием/передача, плата многочастотного приема/передачи
MFD	单模光纤直径	диаметр оптической энергии в одномодовом волокне
MFP	多频脉冲包	многочастотный импульсный пакет
MFP	脉冲包	импульсный пакет (ИП)
MFPB	多频按键	многочастотный тастатурный набор, многочастотная тастатура
MFR	多频收发器	многочастотный приемопередатчик (трансивер)
MFS	"脉冲互控"多频信令功能块	блок многочастотной сигнализации «импульсный челнок»
MFS	复帧同步	синхронизация мультифрейма
MF-NP	无间隙包法多频代码	многочастотный код методом «безынтервальный пакет» (МЧ-БП)
MF-PP1	1 个阶段 1 个请求的脉冲包法多频代码	многочастотный код методом «импульсный пакет» за один этап по одному запросу (МЧ-ИП1)
MF-PP2	分阶段请求的脉冲包法多频代码	многочастотный код методом «импульсный пакет» по запросам в несколько этапов (МЧ-ИП2)
MF-PS	脉冲互控多频代码	многочастотный код методом «импульсный челнок» (МЧ-ИЧ)
MG, MGW	媒体网关	медиа-шлюз
MGB	维护的群闭塞消息	сообщение о связанной с техобслуживанием блокировке группы
MGBR	维护的电路群闭塞接	блок приема связанной с техобслужи-

	收信息块	ванием блокировки группы комплектов
MGBS	维护的电路群闭塞发送信息块	блок передачи связанной с техобслуживанием блокировки группы комплектов
MGC	媒体网关控制器	контроллер медиа-шлюза
MGCF	媒体网关控制功能	функция управления медиа-шлюзом
MGCP	媒体网关控制协议	протокол управления медиа-шлюзом
MGMT	管理系统	система управления
MGU	维护的群解除闭塞消息	сообщение о снятии связанной с техобслуживанием блокировки группы
MGW	媒体网关	медиа-шлюз
MHS	消息处理系统	система обработки сообщений
MHz	兆赫(兹)	мегагерц, 10^6 Гц (МГц)
MIB	管理信息库	база информации управления
Mibinit	管理信息库初始化程序	программа инициализации MIB
MID	多路复用方式识别	распознавание способов мультиплексирования
MID	消息标识	идентификация сообщения
MIM	管理禁止信息	сообщение запрета управления
MIN	多级互联网	многоуровневая взаимоувязанная сеть
MIN	移动智能网	мобильная интеллектуальная сеть
MIP	移动 IP	мобильный IP
MIS	集中维护监控板	плата централизованного обслуживания и контроля
MIS	维护管理控制板	плата контроля техобслуживания и управления
MIS	系统维护接口板	плата интерфейса централизованного техобслуживания
MIU	光接口单元	оптический интерфейсный блок
MLCC	金属无引脚(线)封装载体	носитель для установки металлического корпуса без выводов
MLM	多纵模	мультипродольная мода
MLP	多层协议	многоуровневый протокол
MLPP	优先服务	приоритетное обслуживание
MM	移动性管理	управление мобильностью (подвижностью)
MMC	汇聚式会议电话	встречная конференц-связь
MMC	人机通信	связь «человек — машина»
MMD	多媒体域	мультимедийный домен

MMF	多模光纤	многомодовое（оптическое）волокно
MMI	人机界面、人机接口	интерфейс человек-машина
MML	人机对话语言	язык общения оператора с ЭВМ
MML	人机语言	язык «человек — машина»
MMS	多媒体多点服务器	мультимедийный многопунктовый сервер
MMU	复用和管理单元	блок мультиплексирования и управления
MMU	管理控制单元	блок администрирования и управления
MNC	移动通信网代码	код мобильной сети（сети подвижной связи）
MNO	移动通信运营商	оператор мобильной связи
MNP	移动号码可移植性	переносимость мобильных номеров
MO	主叫移动台、出局呼叫移动台	вызывающая мобильная станция, исходящая подвижная станция
MO	操作员模块	модуль оператора
MO	管理对象、控制对象	объект управления, управляемый объект（ОУ）
MO/PP	点到点移动用户消息直接传送	прямая передача сообщений от подвижного абонента «точка-точка»
MOC	管理对象类别	класс управляемых объектов
MOKC	国际宇航通信组织	Международная организация космической связи
MON	监控模块	модуль-мониторинг, монитор
MOS	场效应管、场效应晶体管	полевой транзистор, полевой тетрод
MOS	专家平均评估	средняя экспертная оценка
MOU	谅解备忘录	меморандум о взаимопонимании
MOU	欧洲(900MHz 数字蜂窝移动通信标准的)谅解备忘录	европейский меморандум о взаимопонимании
MP	多种协议	множественный протокол
MP	合并点	точка объединения
MPC	主控板	плата（блок）главного управления
MPEG	活动图像专家组	группа специалистов по движущимся изображениям
MPI-R	接收机侧主信道接口	интерфейс основного тракта на стороне приемника
MPI-S	发送机侧主信道接口	интерфейс основного тракта на стороне передатчика
MPLS	多协议标签交换	многопротокольная коммутаиця по меткам

MPM	计次脉冲消息	сообщение счетных импульсов
MPOA	ATM 上运行多种协议	множественный протокол поверх (через) ATM (технология распределенной маршрутизации)
MPPR	微软点对点压缩	компрессия «точка-точка» Microsoft
MPR	多协议路由器	маршрутизатор множественного протокола (фирмы Novell)
MPTY	多方通话补充业务	дополнительная услуга « многосторонний разговор»
MPTY	多方通信	многосторонняя связь
MPU	微处理器,微处理机,微处理器单元	микропроцессор, блок микропроцессора
MPX	多路传输的,复用的	уплотненный, мультиплексный
MR	测量报告	отчет об измерении
MRC6600	6600 多媒体资源控制器	контроллер мультимедийных ресурсов 6600
MRF	多媒体资源功能	функция ресурсов мультимедиа
MRFC	多媒体资源功能控制器	контроллер функции ресурсов мультимедиа
MRFP	多媒体资源功能处理机	процессор функции ресурсов мультимедиа
MRS	介质资源服务器,媒体资源服务器	сервер медиаресурсов
MRS6000	多媒体资源服务器 MRS6000	сервер мультимедийных ресурсов MRS6000
MRTIE	最大相对时间间隔误差	максимальная ошибка относительного временного интервала
MRU	最大传输单元	максимальный блок передачи
MRVA	MTP 路由验证确认	подтверждение проверки маршрутизации MTP
MRVR	MTP 选路结果	результат маршрутизации MTP
MRVT	MTP 选路验证测试	тест для проверки маршрутизации MTP
ms	毫秒,0.001 秒	милисекунда, 10^{-3} сек. (мс)
MS	软件模块	блок ПО
MS	复用段	мультиплексная секция
MS	管理方案	управленческое решение
MS	汇接局	узел, узловая станция
MS	移动台	мобильная (подвижная) станция
MSA	复用段适配	адаптация (на уровне) мультиплексной секции
MSADCROSSTR	复用端适配性能参数越限告警	аварийная сигнализация выхода параметров характеристики адаптации му-

		льтиплексной секции за установленные пределы
MS-AIS	复用段告警指示信号	сигнал индикации аварии мультиплексной секции
MS-ATEVENT	复用段不可用时间告警	аварийная сигнализация недоступного времени мультиплексной секции
MSC	序列消息图	диаграмма последовательных сообщений
MSC	移动交换中心	центр коммутации подвижной связи (ЦКП)
MSC	移动业务交换中心	центр коммутации мобильных услуг
MSC/VLR	移动交换中心/访问位置寄存器	центр коммутации подвижной связи/визитный регистр местоположения
MSC-A	发起切换的主控移动交换中心	управляющий MSC, инициирующий переключение
MSC-B	切换到的移动交换中心	MSC, на который происходит базовое переключение
MSC-C	切换到的第三方移动交换中心	MSC, на который происходит последующее переключение
MSCG	多业务控制网关	мультисервисный шлюз управления
MS-CROSSTR	复用端性能参数越限告警	аварийная сигнализация выхода параметров характеристик мультиплексной секции за установленные пределы
MSDSL	多速 SDSL	многоскоростная SDSL
MSI	多串行接口板	плата множественного последовательного интерфейса
MSIN	移动用户识别号	идентификационный номер подвижного абонента
MSISDN	移动台国际 ISDN 号码	международный номер ISDN подвижной станции
MSIU	系统无线接口板	беспроводная плата интерфейсов системы
MSK	最小频移键控	манипуляция с минимальным частотным сдвигом
MSM	MSC 子速率信道复用器	мультиплексор канала субскорости MSC
MSML	媒体服务器标记语言	язык маркировки медиа-сервера
MSN	多用户号码	мультиплексированный абонентский номер
MSOH	复用段开销	заголовок мультиплексной секции
MSP	复用段保护	защита мультиплексной секции, резервирование мультиплексной секции

MSRN	移动台漫游号	номер роуминга, номер блуждающей подвижной станции
MST	复用段终端	окончание мультиплексной секции
MSTP	多生成树算法协议	протокол нескольких алгоритмов связующего дерева
MSTP	多业务传送平台	мультисервисная транспортная платформа, платформа мультисервисной передачи
MSU	多用户单元	многоабонентский блок
MSU	消息信令单元	сигнальная единица сообщения, значащая сигнальная единица
MS-RDI	复用段远端缺陷指示	индикация дефекта на дальнем конце мультиплексной секции, дистанционная индикация дефекта мультиплексной секции
MS-REI	复用段远端差错指示	дистанционная индикация ошибки мультиплексной секции, индикация дефекта на дальнем конце мультиплексной секции
MT/PP	点到点移动通信消息直接传送	прямая передача сообщений «точка-точка» в подвижной связи
MT	被叫移动台，入局呼叫移动台	вызываемая мобильная станция, входящая подвижная станция
MT	维测模块	модуль техобслуживания и тестирования
MT	移动终端、移动通信终端	терминал подвижной связи
MTA	多端口适配	многотерминальная адаптация
MTBF	平均故障间隔时间、平均无故障时间	среднее время наработки на отказ, средняя наработка на отказ, среднее время между отказами, среднее время безотказной работы（СВБР）
MTC	移动电信系统公司	компания «Мобильные ТелеСистемы»
MTC	移动用户来话呼叫	входящий вызов мобильного абонента
MTC	主测试组件	мастер-тест компонента
MTI	恶意呼叫识别	идентификация злонамеренного вызова
MTIE	最大时间间隔误差	максимальная ошибка временных интервалов
MTK	磁石中继	СЛ системы местной батареи
MTP	市网传输设备	транспортное оборудование для горо-

		дских сетей
MTP	消息传递部分	часть передачи сообщений
MTP3	第三级消息传递部分	часть передачи сообщений третьего уровня
MTP3B	第三级消息传递部分（宽带）	часть передачи сообщений третьего уровня（широкополосная）
MTS	复用器定时源	источник тактовой синхронизации мультиплексора
MTS	微软事务处理服务器	сервер транзакции Microsoft
MTTR	平均修复时间	средняя наработка до ремонта, среднее время до ремонта
MTU	最大传输单元	блок максимальной передачи
MTUP	MTP 测试用户子系统	тестовая подсистема пользователей MTP
MTX	移动通信电话局	телефонная станция подвижной связи
MUA	维护的群解除闭塞证实消息	сообщение о подтверждении снятия связанной с техобслуживанием блокировки группы
MUX	复用器，多路复用器，多路复用设备	мультиплексор
MVIP	多厂商设备综合协议	протокол интеграции оборудования различных поставщиков
MVNO	移动虚拟专用网运营商	оператор виртуальной частной сети мобильной связи
MVPN	移动虚拟专用网	виртуальная частная сеть мобильной связи
MWC	多方呼叫	многосторонний вызов
N. C.	未定义	Не определено.
N	再生段 DCC 通路参考点	опорная точка канала DCC для регенераторной секции
NA	数值孔径	числовая апертура
NA	网络适配器	сетевой адаптер（СА）
NA	主叫用户号码	номер вызывающего абонента
NACF	网络接入配置功能	функция конфигурации сетевого доступа
NAEA	北美平等接入	равноправный доступ по Северной Америке
NAM	国内地区使用消息	сообщение для национального применения
NAM	网络存取方式	режим сетевого доступа
NAS	网络接入服务器	сервер сетевого доступа
NASS	网络接入子系统	подсистема подключения к сети

NAT	本国协议实体	объект национального соглашения
NAT	网络地址转换	трансляция сетевых адресов
NAT-PT	网络地址转换－协议转换	преобразование сетевых адресов — преобразование протоколов
NB	被叫用户号码	номер вызываемого абонента
NB	常规突发	нормальная активация
NBA	NASS 群鉴定	групповая аутентификация NASS
NBMA	非广播多路接入	неретрасляционный множественный доступ
nBmB	线性码型	тип линейного кода
NCB	国内呼叫监视消息	сообщение контроля вызовов внутри страны
NCC	网络能力配置	конфигурирование сетевых возможностей
NCD	非法访问	несанкционированный доступ
NCP	网络核心协议	протокол ядра сети
NCP	网络控制处理机	процессор сетевого управления
NCP	网络控制点	пункт сетевого управления
NCP	网络控制协议	протокол сетевого управления
NCU	节点控制设备	устройство управления узлом
ND	邻居发现协议	протокол обнаружения соседа
NDC	国内目的地代码	национальный код назначения
NDD	国内长途直拨	прямой междугородный набор
NDF	新数据标志	флаг новых данных
NDF	新数据标志计数	подсчет NDF
NDFA	掺铌光纤放大器	усилитель на волокне с добавками ниобия, оптический усилитель с присадкой ниобия
NDIS	网络接口驱动程序	драйвер сетевого интерфейса
NDIS	网络设备接口规范	спецификация интерфейса сетевого оборудования
NDPS	网威公司(美国)分布式打印业务	услуга распределенной распечатки фирмы Novell
NDS	网威公司(美国)查询业务	справочная служба фирмы Novell
NDUB	网络确定用户忙	абонент занят по причине сети
NE	网络实体	сетевой объект
NE	网元	сетевой элемент
NEBS	网络设备配置系统	система построения сетевого оборудования
NEF	网元功能	функция сетевого элемента
NES	网元管理系统	система управления сетевыми элементами

NetBEUI	NetBIOS 扩展用户接口	расширенный абонентский интерфейс NetBIOS
NetBIOS	网络基本输入输出系统	сетевая базовая система ввода-вывода
NetKey™	华为公司电信管理网系统商标	торговая марка системы управления электросвязью компании «Huawei»
NEWPOINTER	收到新指针	прием нового указателя
NEXT	近端串音	перекрестная наводка на ближнем конце
nF	纳法	нанофарада
NF	网络功能	сетевая функция
NFS	网络文件系统	система сетевык файлов
NG	下一代	следующее поколение
NGN	下一代网络	сеть следующего поколения
NI	国别指示符	национальный индикатор
NI	国内网	национальная сеть
NI	网络指示符	сетевой индикатор
NI	网络接口	сетевой интерфейс
NIC	网络接口板	плата сетевого интерфейса
NIU	网络接口单元	блок сетевого интерфейса
NLP	非线性处理器	нелинейный процессор
NLP	网络层分组模块	пакетный модуль сетевого уровня
NLR	号码位置寄存器	регистр местоположения номеров
NLR	网络层转发	ретрансляция на сетевом уровне
NLS	网络层信令	сигнализация сетевого уровня
NLSP	网络链路服务协议	протокол обслуживания сетевого звена
NM	网络管理	управление сетью, сетевое управление
NMC	网管中心, 网络管理中心	центр управления сетью
NMD	国家导弹防御系统	государственная система ракетной обороны
NMF	网络管理功能	функция управления сетью
NMI	网络接口板	сетевая интерфейсеая плата
NMI	网络中心接口	интерфейс сетевого центра
NML	网络管理层	уровень управления сетью
NMP	移动电信系统的一种标准, 450 MHz	один из стандартов системы подвижной электросвязи, 450 МГц
NMS	网管系统, 网络管理系统	система управления сетью
NMSI	国内移动用户识别号	национальный идентификационный номер подвижного абонента
NMT	北欧移动电话系统	скандинавская система подвижной

		телефонной связи
NNC	国内网拥塞信号	сигнал перегрузки национальной сети
NNE	非SDH网部分的网元	элемент, не являющийся частью сети SDN
NNI	网络-网络接口,网间接口	интерфейс «сеть-сеть», межсетевой интерфейс
NNI	多频板	многочастотная плата
NNI	网络节点接口	интерфейс сетевого узла
NNM	节点对节点消息	сообщение «узел-узел»
No. 1	中国一号信令	китайская сигнализация No. 1
No. 5	欧洲5号信令	европейская сигнализация № 5
No. 7	7号共路信令	общеканальная сигнализация №7
NOC	网络操作中心	сетевой операционный центр
NOD	节点控制板	плата управления узлом
NOD	节点通信	узловая связь
NOD	模块内通信主节点板	внутримодульный главный узел связи
NOD	通信接口板	плата интерфейча связи
NOD	主节点板(作为二级控制)	плата главных узлов (в качестве вторичного управления)
Node B	UMTS基站	базовая станция UMTS
NOMA	网络操作维护管理	эксплуатация, техобслуживание и администрирование сети
NOMC	网络操作和维护中心	центр эксплуатации и техобслуживания сети
NOS	网络操作系统	сетевая операционная система
Novell IPX	网威公司(美国)网间包交换协议	протокол IPX фирмы Novell
NP	号码通,移机不改号,号码移动性	переносимость номера
NP	网络保护	защита сети
NP	网络处理器	сетевой процессор
NPC	网络参数控制	управление сетевыми параметрами
NPDU	网络协议数据单元	сетевой протокольный блок данных
NPI	号码计划识别码	идентификатор плана нумерации
NPI	无效指针指示	поле индикации нулевого указателя
NPJC	指针负调整计数	счет отрицательных выравниваний указателя
NPO	网络性能目标	объект производительности сети
NPU	网络处理机部件	блок сетевого процессора
NPU	网络处理模块	модуль обработки сети
NRM	网络资源管理	управление сетевыми ресурсами
NRZ	不归零码	код без возврата к нулю

NS	网络服务	сетевой сервис
NS	网络服务器	сетевой сервер
NS	网络子层	сетевой подуровень
NSAP	网络服务接入点	точка доступа сетевого сервиса
NSAPI	网络服务接入点识别符	идентификатор точки доступа к услугам сети
NSB	国内后向建立成功消息	национальное сообщение об успешном установлении связи в обратном направлении
NSDU	网络服务数据单元	блок данных службы сети
NSEL	网络选择	выбор сети
NSF	不停的传输	передача без остановки
NSP	网络服务提供商	поставщик услуг сети
NSP	网络服务子系统	подсистема сетевого обслуживания, сетевая сервисная подсистема
NSS	网络子系统、网同步子系统	сетевая подсистема, подсистема сетевой синхронизации
NSS	网威公司(美国)存储设备	услуги хранения фирмы «Novell»
NSVC	网络服务虚接续	виртуальное соединение сетевых услуг
NT	网络终端	сетевое окончание, сетевой терминал
NT1	网络终端类型 1	сетевое окончание типа 1
NT2	网络终端类型 2	сетевое окончание типа 2
NTI	网络端接口	интерфейс сетевого терминала
NTI	网络终端接口	интерфейс сетевого терминала
NTP	网络时间协议	протокол сетевого времени
NTU	通用网络终端	универсальное сетевое окончание
NUB	国内后向建立不成功消息	национальное сообщение о неудаче установления связи в обратном направлении
NUB	国内后向接续不成功消息	сообщение неудачи в установлении соединений обратной связи внутри страны
NUMA	非均匀存储器结构	неоднородная архитектура памяти
NW	网络	сеть
nW	纳瓦、毫微瓦	нановатт (нВт)
NWI	等待消息信息	информация об ожидающих сообщениях
NWK	网络层	сетевой уровень
NZ-DSF	非零散位移光纤	оптическое волокно с ненулевым рассредоточенным сдвигом
N-ISDN	窄带综合业务数字网	узкополосная цифровая сеть с интеграцией услуг

O&M	操作和维护	эксплуатация и техобслуживание
O/E	光/电接口	оптический/электрический интерфейс
OA	光放大单元	блок оптического усилителя
OA	普通用户	обычный абонент
OACSU	移动用户无线电台通过蜂窝移动通信系统基站与固定自动电话局用户的自动连接	автоматическое соединение подвижной абонентской радиостанции с абонентом стационарной АТС через базовую станцию ССПС
OADM	光分插复用器	оптический мультиплексор ввода-вывода
OAI	段开销存取接口	интерфейс доступа к секционному заголовку
OAM	操作、管理和维护	эксплуатация, администрирование и техобслуживание
OAM&P	操作、管理、维护和保障	эксплуатация, администрирование, обслуживание и обеспечение
OAMAgent	操作、管理和维护代理商	агент эксплуатации, администрирования и технического обслуживания
OAMS	光纤线路自动监控系统	автоматическая система мониторинга оптоволоконной линии
OAN	光接入网	сеть оптического доступа
OASIS	信息结构标准应用推广组织	Организация по внедрению стандартов структурирования информации
OAU	段开销接入单元	блок доступа к секционному заголовку SOH
OB	外地广播	внешнее（внестудийное）вещание
OBA	光输出放大器	выходной оптический усилитель
OBD	光分支器	оптическое ответвительное устройство
OC	光载波	оптическая несущая
OCB	去话呼叫单元	блок исходящего вызова
OCG	在线计费网关	шлюз учета стоимости в режиме онлайн
OCL	长途出中继	заказно-соединительная линия（ЗСЛ）
OCS	发端去话筛选	контроль исходящей связи
OCS	光核心转换器	опорный оптический коммутатор
OCS	在线计费系统	система тарификации в режиме Online
O-CSI	启动 CFMEL 业务的识别信息	идентификационные данные CAMEL, необходимые для инициирования доступа к услугам
OCWR	光连续波反射计	рефлектометр оптических непрерыв-

		ных волн
OCXD	高级高稳定时钟	высокоуровневой генератор с высокой стабильностью
OC-1	同步光纤网 1 级光载波	оптическая несущая первого уровня иерархии SONET (51.84 Мбит/с)
OC-3	3 级光信道(STM-1 的另一种表达方式)	оптический канал уровня 3
OC-N	光载波级 N	оптоволоконная линия связи уровня N
OD	光解复用	оптический демультиплексор
ODB	操作员决定的锁定	блокировка в зависимости от оператора
ODCH	ODMA 专用信道	ODMA опециализованный канал
ODF	光纤配线架	оптический кросс, оптический распределительный кросс
ODI	开放数据链路接口	открытый интерфейс канала передачи данных
ODL	目标描述语言	язык описания объекта
ODMA	机会驱动多址接入	множественный доступ с приводом возможности
ODN	光分配网络	оптическая распределительная сеть
ODP	开放分布进程	открытый распределенный процесс
ODR	发端路径选择	маршрутизация с исходящей стороны
ODS	即时业务	обслуживание по запросу
ODT	光远端终端	оптическое удаленное окончание
ODUk	光通道数据通信单元 k	блок k передачи данных оптического канала
OE	订单成套流程,订单录入流程	процесс ввоза заказов
OECD	经济合作与发展组织	организация экономического сотрудничества и развития(ОЭСР)
OED	边界光纤设备	граничное оптическое устройство
OEIC	光电集成电路	оптоэлектронная интегральная схема
OEM	原设备制造商	оригинальная фирма-изготовитель оборудования
OFA	光纤放大器	оптический усилитель
OFA	呼叫前转号码分析源	источник для анализа номера, на который переадресовывается вызов
OFA	网外接入	доступ во внесетевом режиме
Off-Hook	摘机	снятие трубки
OFL	负荷率	процент нагрузки
OFL	光纤链路	волоконно-оптическое звено
OFS	帧失步秒	секунды, содержащие сигнал OOF

OFTA	香港电信管理局	Управление телекоммуникаций Гонконга
OH	开销	заголовок
OHA	开销接入(功能)	доступ к заголовку, функция доступа к заголовку
OHC	开销信道	канал связи заголовка
OHP	开销处理	обработка заголовка
OHP	开销处理单元,开销处理板	блок обработки заголовка, плата обработки заголовка
OI4	622Mbit/s 光接口板	плата оптического интерфейса 622Мбит/с
OIB	光接口板	плата оптического интерфейса
OLA	光路放大器	оптический линейный усилитель
OLC	过载控制	контроль перегрузки
OLE	对象连接与嵌入	соединение и вставление объекта
OLE	远端交换模块侧光接口板	оптическая интерфейсная плата на стороне удаленного коммутационного модуля
OLI	光纤线路接口	интерфейс волоконно-оптической линии
OLM	过负荷	перегрузка
OLP	光纤线路保护	защита волоконно-оптической линии
OLS	出局电路群	группа исходящих комплектов
OLT	光纤线路终端	оптическое линейное окончание, терминал оптической линии
OM	光复用	оптическое мультиплексирование
OM, O&M	操作与维护	эксплуатация и техобелуживанше
OMAP	操作、维护和管理部分	подсистема эксплуатации, технического обслуживания и административного управления
OMASE	OMAP 服务应用单元	сервисный прикладной элемент OMAP
OMC	输出信号监控测试板	плата контроля и тестирования выходных сигналов
OMC	操作维护中心	центр эксплуатации и техобслуживания
OMCI	光纤网终端管理和控制接口	интерфейс управления терминалами оптической сети
OMC-G	操作维护中心 - GPRS	Центр эксплуатации и техобслуживания — GPRS
OMC-R	操作维护中心 - 无线部分	центр эксплуатации и техобслуживания — радиочасть
OMC-S	操作维护中心 - 交换	центр эксплуатации и техобслужива-

	部分	ния — коммутационная часть
OMG	对象管理集团	группа управления объектом
OML	操作维护链路	линия управления и обслуживания
OMP	操作和维护处理机	процессор эксплуатации и технического обслуживания
OMS	光复用段	оптическая мультиплексная секция
OMS	操作和维护系统	система эксплуатации и техобслуживания
OMSS	操作和维护支撑系统	система поддержки эксплуатации и техобслуживания
OMT	对象建模技术	техника объектного моделирования
OMT	操作维护终端	терминал（окончание）эксплуатации и техобслуживания
OMU	操作和维护单元	блок эксплуатации и техобслуживания
OMU-LMT	OMU 本地维护终端	локальный терминал техобслуживания OMU
ON, OPN	光节点	оптический узел
ONC	网外呼叫	вызов во внесетевом режиме
ONT	光纤网络终端	оптическое сетевое окончание
ONU	光纤网络单元	оптический сетевой блок
OO	面向对象的	объектно-ориентированный
OOD	面向对象设计	объектно-ориентированное проектирование
OOF	帧失步，帧同步丢失	потеря синхронизации кадра（цикла）
OOM	面向对象的方法学	объектно-ориентированная методика
OOP	面向对象的编程	объектно-ориентированное программирование
OOS	操作故障	сбой в работе（не обслуживается）
OP	座席管理模块	блок управления рабочими местами
OPA	光预放大器	предварительный оптический усилитель
OPC	源点码，源信令点编码	код исходного пункта, код пункта источника, код исходящего пункта сигнализации
OPEX	运营支出，运营成本	эксплуатационные расходы
OPR	话务员信号	сигнал от оператора
OPR	人工受理台	пульт оператора
OPS	操作员业务	операторная служба
OPT	交换模块侧光接口板	плата оптического интерфейса, оптическая интерфейсная плата на стороне коммутационного модуля
Optix OSN 3800	Optix OSN 3800 智能	интеллектуальная оптическая плат-

	光传送平台	форма транспортной системы передачи Optix OSN 3800
Optix OSN 6800	Optix OSN 6800 智能光传送平台	интеллектуальная оптическая платформа транспортной системы передачи Optix OSN 6800
op-rpt. prn	默认日志报表打印文件	файл печати отчетов о файле регистрации по умолчанию
OR	源,起源	источник
ORC	中央处理器占用率	коэффициент занятия CPU
ORE	全程参考当量	опорные эквиваленты на полном пути
ORL	光回波损耗	потеря оптических обратных волн
OS	操作系统	операционная система
OS	操作支持系统	система поддержки операции
OSA	对外服务体系结构	архитектура открытых услуг
OSA-SCS	OSA 业务支持服务器	сервер поддержки услуг OSA
OSC	光监控通道	оптический канал управления
OSC	光监控信道板	плата оптически контролируемых каналов
OSC	振荡器	генератор
OSF	操作系统功能	функция операционной системы
OSI	开放系统互连	взаимосвязь открытых систем (ВОС)
OSI/NMF	开放系统互连/网管论坛	OSI/форум сетевого управления
OSIRM	开放系统互连基准模型	эталонная модель взаимосвязи (взаимодействия) открытых систем (ЭМВОС)
OSN	光交换节点	оптический узел коммутации
OSN9000	光交叉连接系统	система оптического кросс-коннекта
OSNR	光信噪比	отношение «оптический сигнал-шум»
OSPF	开放式最短路径优先	первоначальная маршрутизация по открытому кратчайшему пути
OSS	不服务,退出服务	вне обслуживания, вывод из обслуживания
OSS	话务员业务系统	операторная сервисная система
OSS	运营支撑系统	система поддержки эксплуатации
OSTA	开放标准通信架构	архитектура связи на базе открытых стандартов
OSTA	开放式接口架构	архитектура на базе открытых интерфейсов
OSU	光纤接口服务单元	сервисный блок волоконно-оптического интерфейса
OSU	光业务单元	оптический сервисный блок

OTDM	光时分复用	оптическое временное мультиплексирование
OTDR	光时域反射仪	рефлектометр оптической временной области
OTHBD-STATUS	备份板(另一块板)状态变化	изменение состояния резервной платы (другой платы)
OTH-BD	对板不在位	противоположная плата не включена
OTID	去话事务处理识别符	идентификатор исходящей транзакции
OTLOC	去话本地呼叫	исходящий местный вызов
OTLOC	去话呼叫处理过程	процесс обработки исходящих вызовов
OTM	光传送模块	оптический транспортный модуль
OTM	光端复用器	оптический терминальный мультиплексор
OTN	光传送网	оптическая транспортная сеть
OTP	一次性密码,一次性口令	одноразовый пароль
OTRD	光学反射计,光反射仪	оптический рефлектометр
OTS	光传输段	секция оптической передачи
OTU	光波长转换单元	блок оптического транспондера
OU	组织单元	организационные единицы
OUP	提醒主叫用户	подсказчик вызывающему абоненту
OUT	光支路单元	оптический трибутарный блок
OUTPOWER	输出功率	выходная мощность
OUTPOWER-ABN	输出功率异常	ненормальная выходная мощность
OUTPOWER-FAIL	输出功率过小	чрезмерно малая выходная мощность
OUTPOWER-UND	输出功率抖动	джиттер выходной мощности
OUTPOWER-UNDULATE	输出功率波动	колебание выходной мощности
OVC	只有去话的虚拟电路(通道)	только исходящий виртуальный канал
Overlap	重叠发送	передача с перекрытием
OVF(1VF)	单音频信道	одночастотная сигнализация
OWI	公务电路接口	интерфейс служебных каналов
OX30	序列参数	последовательный параметр
OX31	集合参数	наборный параметр
OXA0	一般代码	общий код
OXA1	调用问题(代码)	проблема вызова

OXA2	返回结果问题(代码)	проблема результата возврата
OXA3	返回差错(代码)	ошибка возврата
OXC	光交叉连接器	оптический кросс-коннектор
OXO2	本地码	локальный код
OXO6	全局码	полный код
P	复用段数据通信信道参考点	опорная точка канала DCC для мультиплексной секции
P/S	并－串行代码转换	преобразование параллельного кода в последовательный
P2P	点到点连接	соединение «точка-точка»
PA	功率放大器	усилитель мощности (УМ)
PABX	自动用户小交换机,私用自动交换分机	учрежденческо-производственная АТС, частная АТС с выходом в общую сеть(УПАТС)
PAD	分组装配/拆卸	сборка/разборка пакетов
PADSL	速度可变数字用户线	цифровая абонентская линия с изменяемой (подстраиваемой) скоростью
PAGCH	寻呼和准许接入信道	канал пейджинга и разрешенного доступа
Pair Gain	用户线增容	наращивание емкости абонентских линий, уплотнение АЛ
PAIS	PDH 接口告警指示信号	сигнал индикации аварии PDH-интерфейса
PAM	脉冲幅度调制,脉幅调制	импульсно-амплитудная модуляция (АИМ)
PAM	信息传送	передача информации
PAM	沿信号路由的信息传递	передача информации по сигнальному маршруту
PAMA	专用自动电话计费系统	специальная система автоматического учета стоимости
PAMC	BP 机数据传输设备	аппаратура передачи данных ПД
PAP	密码认证协议	протокол аутентификации пароля
PARK	移动用户接入权限密钥	ключ полномочий подвижного абонента к доступу
PASSED	测试结束	тест прошел
PAT	端口级网络地址转发	трансляция сетевых адресов на уровне портов
PAT	无源接入接口板	плата интерфейса пассивного доступа
Path HOVC	高阶虚容器路径	маршрут виртуальных контейнеров верхнего уровня
Path LOVC	低阶虚容器路径	маршрут виртуальных контейнеров нижнего уровня
PAU	PMS 代理人模块(板)	модуль (плата) агента PMS

PAVAS	提供宽带通信业务平台	платформа для предоставления широкополосных услуг связи
PBGA	塑料焊球阵列封装	установка пластикового корпуса матрицы шариковой решетки
PBX	用户小交换机,用户级交换机	учрежденческая телефонная станция (УТС)
PC	脉冲接收计数器	счетчик приема импульсов
PC	PC 型接插件	соединитель для ВОК типа PC
PC	点码,信令点编码	код пункта
PC	个人计算机	персональный компьютер, персональная ЭВМ (ПЭВМ)
PC	脉冲计数器	счетчик импульсов
PC	物理接点	физический контакт
PC	永久连接	постоянное соединение
PCA	按密码容许呼叫	доступ к вызову по паролю
PCB	空板,光板,裸板	голая печатная плата, пустая плата
PCB	印制电路板	печатная плата
PCBA	成品印制电路板	ансамбль печатной платы
PCC	按个人代码呼叫	вызов по персональному коду
PCC	策略控制和计费	управление политиками и тарификация
PCD	保护倒换时间	длительность (определенного) защитного переключения
PCDR	呼叫效率详细记录	подробная запись о производительности вызова
PCEF	策略和计费执行功能	функция применения политик и тарификации
PCF	分组控制功能	функция управления пакетами
PCH	寻呼信道	канал пейджинга
PCI	外部组件互连	межсоединение периферийных компонентов
PCI	外设接口	интерфейс периферийных устройств
PCI	微机接口卡	интерфейсная карта микро-ЭВМ
PCM	脉码调制、脉冲编码调制	импульсно-кодовая модуляция (ИКМ)
PCN	个人通信网	сеть персональной связи
PCO	控制和观测点	точка управления и наблюдения
PCR	信元峰值速率	пиковая ячеистая скорость
PCRF	策略和计费规则功能	функция правил применения политик и тарификации
PCS	个人通信业务	служба персональной связи
PCS	用户识别卡个人化中心	центр персонализации абонентской карты идентификации

P-CSCF	代理CSCF	прокси-CSCF
PCU	分组控制单元	блок управления пакетами
PD	电源装置	устройство электропитания, электропитающая установка(ЭПУ)
PDA	个人数字助手	персональный цифровой помощник
PDB	电源分配箱	блок распределения электропитания
PDF	便携文件格式	формат портативного документа
PDF	电源分配框	полка распределения электропитания
PDF	策略决策功能	функция выбора политики
PDFA	掺镨光纤放大器	оптический усилитель с присадкой празеодима, усилитель на волокне с добавками празеодима
PDH	准同步数字序列	плезиохронная цифровая иерархия (ПЦИ)
PDN	公用数据网	сеть передачи данных общего пользования (СПДОП)
PDN	分组数据传输网	сеть пакетной передачи данных
PDP	分组数据协议	протокол пакетных данных
PDP	策略决策点	точка принятия решения о политике
PDSN	分组数据服务节点	узел услуг пакетных данных
PDT	产品开发团队	бригада по разработке продукции
PDU	对话控制	управление диалогом
PDU	受保护数据单元	блок защищенных данных
PDU	数据库策略管理程序板	плата менеджера политик с базой данных
PDU	协议数据单元	блок данных протокола, протокольный блок данных
PE	提供商终端设备	оконечное оборудование провайдера
PEM	电源输入模块	модуль ввода электропитания
PEP	加强策略点	точка усиления политики
Perf-rpt. prn	默认性能报表打印文件	файл печати отчетов о характеристиках по умолчанию
PF	协议功能	функция протокола
PFC	功率因数校正	коррекция коэффициента мощности
PFEBE	通道远端误块	ошибка блока на дальнем конце тракта
PG	脉冲发生器	генератор импульса
PG	指针发生器	генератор указателя
PGA	阵列引脚封装	установка корпуса матрицы выводов
PGL	同等群标题	заголовок равной группы
PGND	保护地,保护接地	защитная земля, защитное заземление
PH, PHY	物理层	физический уровень
PH	分组处理	обработка пакетов

PH	分组处理器	процессор обработки пакетов, обработчик пакетов (пакета)
PHB	按节点传输	поузловая передача
PHI	分组处理接口	интерфейс обработки пакетов, интерфейс пакетной обработки
PHONE	公务电话接口	интерфейс служебного телефона
PI	外设接口	интерфейс периферийных устройств
PIC	个人标识码	персональный идентификационный код
PIC	功率集成电路	интегральная схема мощности
PIC	呼叫点	точка вызова
PIC	可编程中断控制器	программируемый контроллер прерываний
PICMG	PCI 工控机生产集团	группа производителей промышленных компьютеров PCI
PID	分组标识符	идентификатор пакетов
PID	进程标识符	идентификатор процесса
PIM	码脉调制接口模块	интерфейсный модуль кодово-импульсной модуляции
PIM-DM	密集模式多址传输的脱机状态	автономный режим плотной многоадресной передачи
PIM-SM	稀疏模式多址传输的脱机状态	автономный режим разреженной многоадресной передачи
PIN	个人识别号码	персональный идентификационный номер
PIP	画中画	«экран в экране», «картина в картине»
PIR	数据峰值速率	пиковая скорость данных
PITP	策略信息传输协议	протокол передачи информации о стратегиях
PIU	协议综合处理板	плата интегративной обработки протоколов
PIX	半格式化板并行接口扩展器	расширитель параллельного интерфейса на полуформатной плате
PIXIT	协议实现附加测试信息	дополнительная информация по тестированию реализации протокола
PJC	指针调整计数	счет выравнивания указателя
PJCHIGH	AU 指针正调整计数	подсчет положительных регулировок указателя AU
PJCLOW	AU 指针负调整计数	подсчет отрицательных регулировок указателя AU
PJE	指针调整(定位)事件	факт выравнивания указателя
PL	有效载荷,纯载荷	полезная нагрузка

PL	语言选择	выбор языка
PL1	16x 2Mbit/s 电接口支路板	плата электрического трибутарного интерфейса 16x2 Мбит/с
PL3	3x34/45Mbit/s 电 接口支路板	плата электрического трибутарного интерфейса 3x34/45 Мбит/с
PL4	140 Mbit/s 电接口支路板	плата электрического трибутарного интерфейса 140 Мбит/с
PLCC	不见引脚的塑膜封装载体	носитель для установки корпуса из пленки пластмасс без выводов
PLCP	物理层会聚协议	протокол конвергенции физического уровня
PLD	可编程逻辑器件	программируемое логическое устройство
PLL	锁相环	фазовая автоподстройка частоты （ФАПЧ）, схема（цепь）фазовой синхронизации
PLL	永久逻辑链路	постоянный логический канал
PLMN	公用陆地移动网	сеть связи наземных подвижных объектов общего пользования
PLMNSS	PLMH 专网	специальная сеть PLMN
PLOC	准同步数字序列接口信号输入时钟丢失	потеря входного такта сигнала PDH-интерфейса
PLOS	准同步数字序列接口信号丢失	потеря сигнала PDH-интерфейса
PLP	分组级协议	протокол пакетного уровня
PLS	策略服务器	сервер политик
PM	物理媒介子层	подуровень физической среды
PM	性能管理	управление характеристиками
PMA	急需维护告警	аварийная сигнализация о необходимости немедленного техобслуживания
PMBS	分组信息传递服务	услуга доставки информации в пакетном режиме
PMC	生产物料控制	контроль производственных материалов
PMC	协议管理控制板	плата протокольного управлении контроля
PMC	帧交换板	плата коммутации кадров
PMD	偏振模色散	поляризационно-модовая дисперсия
PMD	物理介质相关子层	подуровень связи с физической средой, зависимый от физической среды подуровень
PMR	专用集群移动通信网	частная сеть транкинговой подвиж-

		ной связи
PMS	酒店管理系统	система управления гостиницей
PMS	策略管理程序子系统	подсистема менеджеров политик
PMU	策略管理程序板	плата менеджера политик
PN	个人编号	персональная нумерация
PN	专用电话网	ведомственная телефонная сеть
PNNI, P-NNI	专用网间接口	NNI ведомственной сети
PnP	即插即用	включи и работай
PNP	专用编号计划	план частной нумерации
POCSAG	邮政通信代码标准化咨询小组	консультативная группа стандартизации кодов почтовой связи
PoE	以太网供电	питание поверх Ethernet
POH	通道开销	маршрутный заголовок, трактовый заголовок, вспомогательная информация о тракте
POI	起始点	точка начала
PON	无源光网络	пассивная оптическая сеть
PON-C	中心无源光网络	пассивная оптическая сеть центральная
PON-R	远端无源光网络	пассивная оптическая сеть удаленная
POP	存在点	присутствующий пункт
POR	返回点	точка возврата
POS	商业和销售点管理	бизнес и управление точками сбыта
POS	SONET/SDH 承载分组交换	пакетная коммутация поверх SONET/SDH
POS	销售管理系统	система управления сбытом
POTS	普通老式电话业务	простая старая телефонная служба
POW	电源模块	блок питания
POWER-ALARM, POWERFAIL	电源故障	отказ электропитания, неисправность источника питания
PP	点到点	точка-точка
PP	通路保护	защита тракта
PPC	预付费	предварительная оплата
PPD	部分包丢失	сброс остатков пакетов
PPDU	表示层协议数据单元	блок представления данных протокола
PPI	PDH 物理接口	физический интерфейс PDH
PPIP	IP 业务预付费	предварительная оплата IP-услуг
PPJC	指针正调整计数	подсчет положительных выравниваний указателя
PPP	点到点协议	двухточечный протокол, протокол «точка-точка»
PPPoA	ATM 网上运行点对点	PPP поверх ATM

	协议	
PPPoE	以太网上运行点对点协议	PPP поверх Ethernet
PPS	程序准备系统	система подготовки программ
PPS	预付费服务	услуга предоплаты
PPT	预付费电话服务	телефонная услуга с предоплатой
PPTP	点到点隧道协议	протокол туннеля «точка-точка»
PPU	协议处理单元	блок обработки протоколов
PPU	指针处理单元	блок обработки указателей
PQ	优先队列	очередь по приоритету
PQARK	移动台接入权限关键码	ключ полномочий доступа портативной станции
PQC	质量控制	контроль качества
PR	附加费用	добавленная стоимость
PRA	基群速率接入	доступ первичной скорости
PRA	30B + D 一次	первичный доступ 30B + D
PRA	基群速率适配	адаптация первичной скорости
PRBS	伪随机二进制序列	псевдослучайная двоичная последовательность
PRC	一级基准时钟	первичный эталонный генератор (ПЭГ)
PRI	打印机接口卡	интерфейсная карта принтера
PRI	基群速率接口	интерфейс первичной скорости
PRI-ISDN	ISDN 基群速率接口	интерфейс первичной скорости к ISDN
PRMC	附加计费	дополнительная оплата
PRN	提供的漫游号码	предоставленный роуминговый номер
PROM	可编程只读存储器	программируемое постоянное ЗУ (ППЗУ)
PRS	一级基准源	первичный эталонный источник
PRT	打印机	принтер
ps	每秒	каждую секунду
PS	电源	источник питания
PS	分组交换域	домен с коммутацией пакетов
PS	口令	пароль
PS	移动部分(DECT 网中用户台)	портативная часть (абонентская станция в сети DECT)
PS	主备倒换,保护倒换	защитное переключение, переключение активное/резервное
PSA	增值业务预登记/撤消证实消息	сообщение предварительной регистрации дополнительных услуг / подтверждения отмены

PSAP	公用事业服务访问点	пункт доступа к коммунальным услугам
PSC	保护倒换计数	подсчет кол-ва защитных переключений
PSD	保护切换时延	длительность защитного переключения
PSDN	分组交换数据网	сеть передачи данных с коммутацией пакетов
PSI	公共服务标识	идентификация общедоступных услуг
PSM	分组数据处理模块	модуль обработки пакетных данных
PSM	PDH 和 SDH 网络通信系统	система связи PDH и SDH сетей
PSMS	电源设备及环境参数集中监控系统	система централизованного контроля оборудования электропитания и параметров окружающей среды
PSN	分组交换网	сеть пакетной коммутации
PSN	移动电话系列号	серийный номер портативного телефона
PSP	程序段前缀	префикс сегмента программы
PSPDN	分组交换公共数据网	сеть передачи данных общего пользования с коммутацией пакетов
PSR	以前增值业务登记/撤消消息	сообщение регистрации / отмены предыдущих дополнительных услуг
PSTN	公用电话交换网	телефонная сеть общего пользования (ТФОП)
PSU	电源装置	блок источника питания
PSW	正弦波（载波）	синусоидальная волна（несущая）
PT	净荷类型	тип полезной нагрузки
PT	手机、移动终端	мобильный телефон, ручной телефон, подвижный терминал
PT	通道终端	трактовый терминал
PTA	邮电管理局	администрация почты и телекоммуникаций
PTC	并行测试成分	параллельная тестовая компонента
PTC	正温度系数	положительный температурный коэффициент
PTCR	正温度系数热敏电阻	позистор（терморезистор）с положительным температурным коэффициентом
PTI	净荷型标识器	идентификатор типа полезной нагрузки
PTN	分组传输网	сеть передачи пакетов
PTN	个人通信号码	персональный номер связи

PTO	公用电信运营商	оператор системы связи общего пользования
PTP	通道终结点	пункт трактового терминала
PTR	指针	указатель
PTSE	专网网间接口拓扑状态元件	элементы топологического состояния PNNI
PTT	按键通话服务	услуга «Push-to-talk»
PTT	邮政、电话和电报	почта, телефония и телеграфия
PUN	移动台用户号码	номер пользователя портативной станции
PUNI	专网用户网络接口	интерфейс «пользователь-сеть» ведомственной сети
PUT	移动台用户类型	категория пользователя портативной станции
PVC	永久虚信道	постоянный виртуальный канал
PVC	永久虚呼叫	постоянный виртуальный вызов
PVC	永久虚连接	постоянное виртуальное соединение
PVCR	程序可变信元中继	программируемое ячейковое реле
PVP	永久虚通路	постоянный виртуальный тракт
PWB	电源告警板	плата аварийной сигнализации
PWB	电源母板	объединительная плата питания
PWB	空板、光板、印制电路板	пустая плата, печатная плата
PWC	C 版本电源模块	блок питания версии C
PWC	电源控制板、电源板	плата электропитания, плата включения/выключения питания
PWC	二次电源板(主控框)	плата вторичного электропитания (в блоке главного управления)
PWM	脉宽调制	широтно-импульсная модуляция
PWR	功率	мощность
PWR	加电	питание, включение питания
PWS	电源板	плата (источника) питания
PWS	电源系统	система источника электропитания
PWT	公放电源板	плата питания усилителя мощности
PWX	带铃流二次电源板	плата вторичного источника питания с вызывным током
PWX	用户框二次电源板	плата вторичного электропитания абонентской полки
Q	质量	качество
QA	Q 适配器	Q-адаптер
QAF	Q 适配器功能块	функциональный блок Q-адаптера
QAF	Q 接口适配器功能	функция интерфейсного адаптера Q
QAM	正交幅度调制	квадратурная амплитудная модуля-

		ция(КАМ)
QB2	B2 协议堆栈的 Q 接口	Q-интерфейс, использующий стек протокола B2
QC	质检台	пульт проверки качества
QCIF	四分之一通用中间格式	общий промежуточный формат «1/4»
QCL	四线控制板	плата управления 4 каналами
QEI	欧洲四向(正交)接口	четырехсторонний европейский интерфейс
QFP	方形扁平封装	установка плоского корпуса квадратного типа
QM	质量管理	управление качеством
QoD	按要求的服务质量	QoS по требованию (запросу)
QoS	服务质量	качество обслуживания, качество предоставляемых услуг
QOS	服务质量数据集	набор параметров качества услуг
QPSK	四相移频键控	квадратурная фазовая манипуляция
QS	高速开关	высокоскоростной переключатель
QSELP	Qualcome 公司码驱动线性预测	линейное подсказывание с кодовым возбуждением фирмы «Qualcome»
QSOP	缩成 1/4 的小外型封装	установка малого внешнего корпуса с сокращением размера в 4 раза
QUE	呼叫排队	установление очереди вызовов, распределение вызовов по очереди(РВО)
Quidway™	华为公司路由器系列商标	торговая марка серии маршрутизаторов компании «Huawei»
R16	2.5Gbit/s 同步线路接收光接口板	плата оптического синхронного линейного интерфейса приема 2.5 Гбит/с
Ra	a 线对地电阻	сопротивление между линией a и землей
RA	路由区	зона маршрутизации
RA	速率适配	адаптация скорости
RA	响应地址	адрес ответа
Rab	a 线对 b 线电阻	сопротивление между линиями a и в
RACCH	随机接入控制通道	канал управления произвольным доступом
RACH	随机接入信道	канал произвольного доступа
RACS	资源和访问控制子系统	подсистема управления ресурсами и доступом
RADIUS	远程用户拨号认证系统	услуга удаленной аутентификации пользователя при входящей связи
RADSL	速率可变数字用户线	ЦАЛ с изменяемой скоростью

RAID	廉价冗余磁盘陈列	массив недорогих жестких дисков с избыточностью
RAM	随机存取存储器	запоминающее устройство с произвольной выборкой(ЗУПВ)
RAM-LOC	开销处理器 RAM 时钟丢失	потеря тактовой синхронизации RAM в обработчике заголовка
RAM-ERR	内存读写错误	ошибка чтения и записи в память
RAN	无线接入网	сеть радиодоступа
RAN	再应答信号	сигнал повторного ответа
RANAP	无线接入网应用部分	прикладная часть сети радиодоступа
RAND	随机数(用于鉴权)	случайный число, используемое для аутентификации
RAPS	K1、K2 字节接收失败	авария приема байтов K1,K2
RARM	移动用户与电话公网用户连接的移动无线通信系统	система подвижной радиосвязи, обеспечивающая соединение подвижных абонентов с абонентами телефонной сети общего пользования
RARP	反向地址转换协议	протокол обратного адресного преобразования
RAS	远程接入服务器	сервер дистанционного доступа
Rax	传输速率适配	адаптация по скорости передачи
Rb	b 线对地电阻	сопротивление между линией b и землей
RBC	无线基站控制器	контроллер базовых радиостанций
RBD	铷原子振荡器板, 铷钟板	плата рубидиевого генератора
RBDS	基站设备远程诊断子系统	подсистема дистанционной диагностики оборудования базовой станции
RBER	残余比特差错率	коэффициент ошибок остаточных битов
RBS	无线基站	базовая радиостанция
RBSS	远端商务服务交换系统	удаленная коммутационная система с бизнес-услугами
RBT	回铃音	контроль посылки вызова, сигнал контроля посылки вызова
RCIP	资源连接启动协议	протокол инициирования соединения ресурсов
RCLK	接收时钟	принимающий тактовый генератор
RCP	资源控制点	пункт управления ресурсами
RCT	信令路由组拥塞测试消息	сообщение тестирования перегрузки группы маршрутов сигнализации
RCU	无线控制单元	блок радиоконтроля
RCVR	接收机	приемник

RD	接收数据	прием данных
RDAC	冗余数组控制器	контроллер массивов с избыточностью
RDBMS	关系数据库管理系统	система управления реляционной базой данных(СУРБД)
RDI	受限数字信息	ограниченная цифровая информация
RDI	远端缺陷指示	дистанционная индикация дефекта, индикация дефекта на дальнем конце
RE	辐射干扰信号	излучаемые сигналы помех
RE	回送差错(成分)	возврат ошибки, возврат компоненты ошибки
RE	无线电发射,无线电辐射,射频辐射	радиоизлучение
REA	再启动信息证实消息	сообщение подтверждения информации о рестарте
REF	基准信号指示	индикатор опорного сигнала
REI	远端差错指示	дистанционная индикация ошибки, индикация ошибки на дальнем конце
REJ	拒绝	отказ
REL	释放	освобождение
RELP	残余激励线性预测编码	кодирование линейного предсказания по остаточному возбуждению
RELP-LTP	长期残余激励线性预测编码	долговременный RELP-прогноз
REQ	请求,查询,询问	запрос
RES	复位,复原,置零,清除	сброс, возврат в исходное состояние
REV	对方付费,反向收费	плата вызываемой стороной
REVC	反向计费	начисление оплаты в обратном направлении
RF	射频,射电频率	радиочастота
RFC	参数遥控	удаленное управление параметрами
RFC	请求注释	запрос на комментарии
RFE	接收 E4 信号帧错误	ошибка кадра сигнала приема E4
RFECNT	接收定帧差错计数	подсчет ошибок кадрирования приема
RFI	信息查询	запрос информации
RFI	远端失效指示	дистанционная индикация отказа, индикация отказа на дальнем конце
RFIFOE	接收 FIFO 溢出	переполнение приема FIFO
RFN	简化的时分多址帧号	упрощенный цикловой номер TDMA
RFP	请求建议	запрос о предложениях
RFP	无线固定部分	стационарная радиочасть

RFPI	无线端口识别符	идентификатор радиопорта
RFRST	清除 FIFO 接收	сброс приема FIFO
RGW	接收网关,R 网关	принимающий шлюз
RHW	接收高速通道	приемный высокоскоростной тракт
RI	调用指示符接口线路	линия интерфейса «индикатор вызова»
RI	铃指示器	вызывающий индикатор
RI/CI	远程/集中操作和维护接口	интерфейс дистанционной / централизованной эксплуатации и техобслуживания
RID	路由器识别符	идентификатор маршрутизатора
RIL3	无线接口第 3 层	радиоинтерфейс уровня 3
RIM	远端综合模块	удаленный интегрированный модуль
RIP	路由选择信息协议	протокол информации о маршрутизации
RIP2	第二代路由信息协议	протокол информации о маршруте второго поколения
RIPng	下一代路由信息协议	RIP следующего поколения
RIS	远程安装服务(指软件)	услуга дистанционной установки
RISC	精简指令集计算机	компьютер с сокращенным набором команд
RL	无线链路	радиоканал
RLB	远端环回	удаленное закольцовывание
RLC	释放完毕	завершение разъединения
RLC	无线链路控制	управление радиоканалами
RLG	释放监护信号	сигнал контроля исходного состояния
RLG-IN	传送"释放监护"信号指令	команда на передачу сигнала «контроль исходного состояния»
RLM	无线链路管理	управление радиоканалом (радиоканалами)
RLOC	接收侧时钟丢失	потеря тактового сигнала на стороне приема
RLOF	接收侧帧丢失	потеря кадра (цикла) на стороне приема
RLOS	光路无光信号输入	отсутствие входного оптического сигнала в оптическом канале
RLOS	接收侧信号丢失	потеря сигнала на стороне приема
RLP	继电器连接端口	порт соединения реле
RLP	无线链路层协议	протокол радиоканального уровня
RLR-H	话筒接收音响指标	показатель громкости приема микротелефонной трубки
RLS	释放完毕	окончание разъединения

RLSD	发送释放连接消息	посылка сообщения разъединения
RLSD	释放连接	«Разъединен»
RLY	继电器	реле
RM ACK	预留肯定确认	позитивное подтверждение резервирования
RM NACK	预留拒绝确认	подтверждение отказа резервирования
RM	查询模块	модуль запросов
RM	区域管理程序	региональный менеджер
RM	远端模块	удаленный модуль
RM	资源管理器	администратор ресурсов, эксплорер
RM9000	资源策略控制系统	система управления ресурсами и политиками
RMM	资源管理模块	модуль управления ресурсами
RMON	远程监控	дистанционный мониторинг
RMP	远端主处理机	удаленный главный процессор
Rms. ini	初始化参数文件	ини-файлы параметров
RMS	地区网管系统	региональная система управления сетью
RMS	均方根值	среднеквадратическое значение
Rms	网管系统可执行程序	исполняемая программа системы управления сетью
RMS	资源管理子系统	подсистема управления ресурсами
RMSApp	网管系统使用的资源	ресурсы, используемые системой управления сетью
Rmscom	网管系统通信程序	программа связи системы управления сетью
RMT	对端故障	неисправность противоположной стороны
RMU9	9 端口 ROADM 合波板	9-ти портовой мультиплексор ROADM
RN	相对湿度	относительная влажность
RNC	无线网络控制器	контроллер радиосети
RNG	铃流发送消息	сообщение посылки вызова
RNL	光路接收(指示)	прием оптического канала
RNR	接收未准备好	не готов к приему
RNT	网络无线终端	сетевой радиотерминал
RNT	远端网络终端	удаленный сетевой терминал
RNU	远端网络单元	удаленный сетевой блок
RO	返回选择	возврат в опции
ROADM	可重构的光分插复用器	реконфигурируемый (перестраиваемый) оптический мультиплексор ввода/вывода

ROI	投资回收保证	гарантия возврата инвестиций
ROM	只读存储器	постоянная память, постоянное ЗУ (ПЗУ)
ROOF	接收侧帧失步	потеря синхронизации кадра (цикла) на стороне приема
ROSE	远端操作业务单元	сервисный элемент дистанционных операций, сервисный элемент удаленной обработки
RPC	远端过程调用	удаленный вызов процедуры
RPE-LTP	规则脉冲激励长期预测	регулярное импульсное возбуждение-долгосрочное прогнозирование
RPLOC	接收锁相环时钟丢失	потеря тактового сигнала схемы фазовой синхронизации приема
RPR	分组传输的双链路	двойное кольцо передачи пакетов
RPR	重发器、再生器	повторитель, регенератор
RPS	报表服务器	сервер отчетности
RPU	路由处理单元	блок обработки маршрута
RPU	路由协议单元	блок протокола маршрутизации
RPU	资源处理板	плата обработки ресурсов
RR	返回原因	причина возврата
RR	回送结果	результат возврата
RR	接收就绪	готовность к приему
RR	重编路由	перенумерация маршрута
RR	无线接收设备	радиоприемное устройство
RR	无线资源	радиоресурсы
RRC	无线资源管理	управление радиоресурсами
RRE	接受参考当量	опорный эквивалент приема
RRU	远程无线电转播站	удаленный радиоузел
RR-L	回送结果－最终结果成分	возврат результата -последняя компонента результата
RR-NL	回送结果－非最终结果成分	возврат результата — непоследняя компонента результата
RS	抗辐射干扰性	устойчивость к излучаемым помехам
RS	推荐标准	рекомендуемый стандарт
RS	无线电辐射敏感度	восприимчивость к радиоизлучению
RS	再生段	регенераторная секция
RSA	公钥加密算法、李维斯特－沙米尔－阿德莱曼算法	алгоритм Rivest-Shamir-Adleman
RSA	远端用户接入模块	удаленный абонентский модуль доступа
RSA	远端用户模块板	плата удаленного абонентского модуля

RSB	RSA 母板	объединительная плата RSA, материнская плата RSA
RSC	电路复原	сброс комплекта
RSC	电路复原信号	сигнал сброса комплекта
RSC	电路复原证实	подтверждение сброса комплектов
RSC	无线交换控制器	контроллер беспроводной коммутации
RSCROSSTR	再生端性能参数越限告警	аварийная сигнализация выхода параметров характеристики регенераторной секции за установленные пределы
RSERR	接收信号错误	ошибка сигнала приема
RSIG	记发器信令子系统模块	модуль подсистемы регистровой сигнализации
RSL	无线信令链路	звено сигнализации радиоканала
RSM	远端交换模块	удаленный коммутационный модуль
RSM	无线子系统管理	управление беспроводной подсистемой
RSM	漫游信号消息	сигнальные сообщения роуминга
RSOH	再生段开销	заголовок регенераторной секции
RSR	复原请求	запрос сброса, запрос возврата в исходное состояние
RSS	继电器转换系统	система релейной коммутации
RSS	无线设备子系统	подсистема радиооборудования
RSSI	接收信号强度指示	индикация уровня принимаемого сигнала
RST	再生段终端	окончание регенераторной секции
RSTP	生成树快速算法协议	протокол скоростного алгоритма связующего дерева
RSU	路侧单元	блок на краю дороги
RSU	远端用户单元	удаленный абонентский блок (УАБ)
RSUATEVENT	再生段不可用时间告警	аварийная сигнализация недоступного времени регенераторной секции
RSVP	资源预留协议	протокол с резервированием ресурсов
RSZI	区域性签约区域识别	зоновая идентификация региональной подписки
RT	实时	реальный (истинный) масштаб времени, реальное время (PMB)
RT	远程终端	удаленный терминал
RTC	实时时钟	тактовая синхронизация в реальное время
RTCP	实时传输控制协议	протокол управления передачей в реальное время

RTD	无线测试设备的数字式处理部件	блок цифровой обработки тестового радиооборудования
RTE	无线测试设备	оборудование тестирования радиоканала
RTG	再生器定时发生器	генератор синхронизации регенератора
RTOS	实时操作系统	операционная система реального времени
RTP	实时传输协议	протокол передачи в реальное время
RTS	请求发送接口线路	линия интерфейса «запрос на передачу»
RTS	请求发送	запрос на передачу
RTS	剩余时间标志	метка остаточного времени
RTSP	实时流传输协议	протокол потоковой передачи в реальное время
RTU	远程终端单元	дистанционный оконечный блок
RU	机架	стойка
RU	资源单元	блок ресурсов
RUB	无线用户单元	блок радиоабонентов
RUB	远端用户模块、远端用户板	удаленный абонентский модуль
RUN	运行指示灯	контрольно-эксплуатационная лампа, контрольно-эксплуатационный индикатор
RUN	运行状态	состояние работы
RWC	接收机波长转换器	конвертер длины волны в приемнике
RWS	远程工作站	удаленная рабочая станция
RX	接收机	приемник
RXCA	接收时钟,A端口	прием такта, порт A
RXD	接口数据	интерфейсные данные
RXD	接收调制解调器中数据的接口线路	линия интерфейса приема данных из модема
RXD	接收数据	принимающие данные
RXLEV	接收信号强度、接收信号电平	уровень принимаемого сигнала
RXLEV-D	下行链路接收信号强度	уровень принимаемого сигнала линии «вниз»
RXLEV-U	上行链路接收信号强度	уровень принимаемого сигнала линии «вверх»
RXQUAL	接收信号质量	качество принимаемого сигнала
RXQUAL-D	下行链路接收信号质量	качество принимаемого сигнала на линии «вниз»
RXQUAL-U	上行链路接收信号质	качество принимаемого сигнала на

	量	линии «вверх»
RZ	单极性归零码	однополярный код с возвращением к нулю
S	安全管理	управление безопасностью
S	标准短局间再生段标志	обозначение стандартной короткой межстанционной регенераторной секции
S	服务	услуга, обслуживание, сервис
S	管理参考点	опорная точка управления
S	监控摘挂机状态	контроль состояния снятия трубки и отбоя
S/P	串－并行代码转换	преобразование последовательного кода в параллельный
SA	选择可用性	селективная доступность
SAAL	ATM 信令适配层	уровень адаптации сигнализации ATM
SAB	限止用户应用	запрет абонентских приложений
SABM	设置异步平衡模式	установление асинхронного балансного режима
SABME	设置扩展的异步平衡模式	установление расширенного асинхронного балансного режима
SACCH/C4	慢速随路控制信道/SDCCH/4	медленный совмещенный канал управления /SDCCH/4
SACCH/C8	慢速随路控制信道/SDCCH/8	медленный совмещенный канал управления /SDCCH/8
SACCH/TF	慢速随路控制信道/全速话务信道	медленный совмещенный канал управления /полноскоростной канал трафика
SACCH/T	慢速随路控制信道/话务信道	медленный совмещенный канал управления /Канал трафика
SACCH	慢速随路控制信道、	медленный совмещенный канал управления
SACF	单个联系控制功能	функция одиночного ассоциативного контроля
SAF	业务接入功能	функция доступа к услугам
SAGE	中继通道试验设备	испытательное оборудование транкинговых каналов
SAM	登记凭证管理人	диспетчер учетных записей
SAM	服务接口模块	модуль сервисных интерфейсов
SAM	后续地址消息	последующее адресное сообщение
SAM	子模块管理模块	модуль административного управления субмодулями
SAN	数据存储网	сеть хранения данных

SANC	信号区域/网络码	область сигнализации / код сети
SAO	带有一个信号的后续地址消息	последующее адресное сообщение с одним сигналом
SAO	单个联系客体	одиночный ассоциативный объект
SAP	服务公布协议	протокол извещения об услугах
SAP	业务接入点、服务访问点	точка доступа к услугам
SAPI	业务接入点标识符	идентификатор точки доступа к услугам
SAR	分段和重新组装	сегментация и повторная сборка
SAR	供应商评估报告	отчет об оценке поставщика
SAS	小计算系统串行接口	серийный привязанный интерфейс малых вычислительных систем
SASE	独立同步设备	независимое синхронное устройство
SAToP	独立结构的包传送	структурно-независимый пакетный транспорт
SAU	信令接入单元	блок доступа к сигнализации
SBA	软件产生的群闭塞证实消息	сообщение о подтверждении программно-сгенерированной блокировки группы
SBC	对话时间边界控制器	граничный контроллер сессий
SBLP	基于服务的本地策略	локальная политика на базе услуг
SBM	后向接续成功消息	информационное сообщение об успешном установлении связи в обратном направлении
SBM	子网带宽管理程序	менеджер полосы пропускания подсетей
SBP	抽样分流	выборочный байпас
SBSMN	SBS 系列传输设备网管系统	система сетевого управления серии SBS
SBS™	华为公司 SDH 骨干网商标	торговая марка синхронной магистральной сети системы SDH производства компании Huawei
SBU	独立商务单元	одиночный бизнес-блок
SB-ADPCM	单边带自适应差分脉冲编码调制	однополосная адаптивная дифференциальная импульсно-кодовая модуляция
SC	非永久连接	непостоянное соединение
SC	服务中心	центр обслуживания, сервисный центр, сервис-центр
SC	光纤电缆连接器类型	тип соединителя для ВОК (волоконно-оптического кабеля)
SC	交换中心	коммутационный центр

SC	业务码	служебный код
SC2	双路光监控信道单元	блок двунаправленного оптического управляющего канала
SCA	抽样接受呼叫	выборочный прием вызовов
SCA	接入控制电路	доступ к контрольному каналу
SCB	系统控制板	плата управления системой
SCC	串行通信控制器	последовательный контроллер связи
SCC	系统控制和通信	управление и связь системы
SCCALM	网元主控板检测告警	аварийный сигнал тестирования платы главного управления сетевого элемента
SCCP	信令连接控制部分	подсистема управления соединением сигнализации
SCDF	信令控制功能	функция управления данными
SCE	业务生成环境、业务创建环境	среда генерации услуг, среда создания услуг
SCEF	业务生成环境功能	функция среды генерации услуг
SCEG	语音编码专家组	экспертная группа по речевому кодированию
SCEP	业务生成环境点	пункт среды генерации услуг
SCF	业务控制功能	функция управления услугами (службами)
SCF	遇忙/无应答时有选择呼叫前转	выборочная переадресация при занятости/ отсутствии ответа
SCH	A-bis 接口信道	сигнальный канал A-bis интерфейса
SCH	同步信道	канал синхронизации
SCI	与 SIU 通信接口	интерфейс связи с SIU
SCI	状态控制接口	интерфейс управления статусом
SCIP	串行通信接口处理器	процессор интерфейса последовательной связи
SCLC	无连接服务控制	управление услугами без установления соединений
SCM	选择通信模式	селективный коммуникационный режим
SCME	业务控制管理实体	объект контрольного управления службами
SCMG	SCCP 状态控制	управление состоянием SCCP
SCN	电路交换网	сеть с коммутацией каналов
SCN	扫描	сканирование
SCO	同步面向接续的	синхронно-ориентированный на соединение
SCOC	面向连接的业务控制	управление услугами, ориентированными на соединение

SCP	串行通信处理机	последовательный коммуникационный процессор
SCP	业务控制点	пункт управления обслуживанием (услугами), узел управления услугами
SCR	可控半导体整流器	управляемый полупроводниковый выпрямитель
SCR	可维持信元速率	поддерживаемая ячеистая скорость
SCR	用户电路保护	защита абонентских комплектов
SCRC	SCCP 路由管理	управление маршрутизацией SCCP
SCS	业务能力(支持)服务器	сервер возможностей (поддержки) услуг
S-CSCF	服务 CSCF	сервис-CSCF
SCSI	小型计算机系统接口	интерфейс малых вычислительных систем
SCSM	业务控制状态机	конечный автомат для управления службами
SCTP	简单控制传输协议	упрощенный протокол контроля передачи
SCTP	流控制传输协议	транспортный протокол управления потоками
SCU	业务处理单元	блок обработки услуг
SCUR	保存事件的通话时间计费	тарификация сессии с резервацией блока
SD	发送数据	посылка данных
SD	空间疏散	пространственное разнесение
SD	信号劣化	ухудшение (качества) сигнала
SDC	A-bis 接口业务信道	канал трафика A-bis интерфейса
SDCCH	单机专用控制信道	автономный специализированный канал управления
SDF	业务数据功能	функция служебных данных
SDH	同步数字系列	синхронная цифровая иерархия (СЦИ)
SDL	说明描述语言	язык спецификаций и описания
SDL	信令数据链路	звено данных сигнализации
SDLC	同步数据链路控制	управление каналом синхронной передачи данных
SDM	框数据模块	модуль данных полки
SDM	同步数字复用器	синхронный цифровой мультиплексор
SDM	业务处理框	полка обработки услуг
SDM	业务数据管理	управление служебными данными
SDP	对话时间描述协议	протокол описания сессий

SDP	实时数据库	база данных в реальное время
SDP	信令分布点	пункт распределения сигнализации
SDP	业务交付平台	платформа предоставления услуг
SDP	业务数据点	пункт данных услуг（служб）
SDSL	对称数字用户线路	симметрическая цифровая абонентская линия
SDT	结构化电路仿真	структурированная канальная эмуляция
SDT	业务描述表	таблица описания услуг
SDU	对话时间处理分配板	плата обработки и распределения сессий
SDU	业务数据单元	служебный блок данных, блок служебных данных
SDXC	公用同步连接/SDH 流交叉连接系统（设备）	система（устройство）общей синхронной коммутации/кросс-коммутации SDH потоков
SE	回波抑制器控制信号	сигнал управления эхоподавителем（эхозаградителем）
SE	支持系统（GSM12.00）	система поддержки（GSM12.00）
SE2	2 x STM-1 电接口单元	блок электрического соединения 2 x STM-1
SEC	交换设备拥塞信号	сигнал перегрузки коммутационного оборудования
SEC	SDH 设备时钟	тактовый сигнал оборудования SDH
SECBR	严重信元误块比	отношение блоков с серьезными ячеистыми ошибками
SEF	支持系统功能	функция системы поддержки
SEMC	安全性管理中心	центр управления безопасностью
SEMF	同步设备管理功能	функция управления синхронным оборудованием
SEP	信令终端点	оконечный пункт сигнализации
SEQ	顺序控制参数	параметр управления последовательностью
SES	严重误块秒	секунды с серьезными ошибками, секунды с большим числом ошибок
SESR	严重误码秒率	коэффициент серьезных ошибок по секундам
SETAM	电磁式送话器	электромагнитный микрофон
SETG	同步设备定时发生器	генератор тактовых сигналов синхронного оборудования
SETPI	同步设备定时物理接口	физический интерфейс тактовой синхронизации синхронного оборудова-

		ния, физический интерфейс хронирующего источника синхронного оборудования
SETS	同步设备定时源	источник тактовых синхросигналов синхронного оборудования, хронирующий источник синхронного оборудования
Setup	系统的设置程序	программа для настройки системы
SF	单频信令	одночастотная сигнализация
SF	控制信息	управляющая информация
SF	业务功能	сервисная функция
SF	状态字段	поле состояния
SF	子帧、备用帧	субфрейм
SFH	慢速跳频	медленные скачки частоты
SFP-LOS	输入数据流帧丢失	потеря кадра потока входных данных
SFP-LOS	系统帧(SFP)丢失	потеря кадра системы (SFP)
SFRR	供应商初次调查报告	отчет о первом обзоре поставщика
SFTP	文件安全传送协议	протокол безопасной передачи файлов
SG	信令网关	шлюз сигнализации
SGB	软件产生的群闭塞消息	сообщение о программно-сгенерированной блокировке группы
SGCP	简单网关控制协议	упрощенный протокол шлюзового контроля
SGM	分段消息	сегментированное сообщение, сообщение сегмента
SGND	信号地	сигнальная земля
SGP	信令网关过程	процесс шлюза сигнализации
SGSN	GPRS 服务支持节点	узел поддержки услуг GPRS
SGSN +	增强型 GPRS 服务支持节点	усовершенствованный узел поддержки услуг GPRS
SGU	软件产生的群解除闭塞消息	сообщение о снятии программно-сгенерированной блокировки группы
SGW	发送网关、S 网关	передающий шлюз
SHDSL	高速数字用户线(一线传输)	высокоскоростная цифровая абонентская линия (передача по одной линии)
SHDSL	一对高速数字用户线	однопарная высокоскоростная цифровая абонентская линия
SHW	信息高速公路	информационная супермагистраль, высокоскоростной тракт передачи данных
SI	处理器源变址寄存器	индекс — регистр источника процес-

		сора
SI	业务指示符(器)	сервисный индикатор
SIB	独立业务的构件	независимый от услуги структурный блок
SIB	业务独立模块	независимый сервисный блок
SID	系统标识符	системный идентификатор
SIF	下一信息域	сегмент следующей информации
SIF	信号信息字段	поле сигнальной информации
SIF	业务信息字段	поле служебной информации
SIG	数字信号音板	плата цифровых тональных сигналов
SIG	信号音板	плата тональных сигналов
SIM	业务接口模块	модуль сервисных интерфейсов
SIM	用户识别模块(SIM卡)	SIM-карта, модуль идентификации абонента
SIO	业务信息 8 位位组(八位字节)	октет служебной информации
SIP	会话发起协议	протокол инициализации диалога
SIP	单列直插封装	однорядная вертикальная установка корпуса
SIPP	业务接口和协议处理单元	блок интерфейса услуг и обработки протокола
SIR	表面绝缘电阻	поверхностное сопротивление изоляции
SIU	同步接口单元	блок синхронного интерфейса
SIX	串行接口扩展器	расширитель последовательного интерфейса (перекрывает уровни интерфейса вплоть до уровней TT)
SKD	半散装件	детали и узды в частично-собранном виде
SL	同步线路	синхронная линия
SL	用户线	абонентская линия
SL1	155Mbit/s 同步线路光接口板	плата оптического синхронного линейного интерфейса 155 Мбит/с
SL1	STM-1 光接口单元	блок оптического интерфейса синхронной линии 155 Мбит/с
SL2	155Mbit/s 同步线路双电接口板	плата электрического синхронного линейного интерфейса 155x2 Мбит/с
SL2	155Mbit/s 同步线路双光接口板	плата оптического синхронного линейного интерфейса 155x2 Мбит/с
SL2	2 x STM-1 光接口单元	блок оптического соединения 2 x STM-1
SL4	622Mbit/s 同步线路光接口板	плата оптического синхронного линейного Интерфейса 622 Мбит/с

SL4	STM-4 光接口单元	блок оптического интерфейса синхронной линии 622 Мбит/с（STM-4）
SL4-ALM	SL4 板其它告警	другие аварийные сигналы платы SL4
SLA	服务水平协议	соглашение об уровне обслуживания
SLB	交换模块用户接口框	абонентский интерфейсный блок SM
SLB	用户市忙信号	сигнал «абонент занят местной связью»
SLC	信令链路编码	код звена сигнализации
SLCS	信令链路编码发送	отправка кода звена сигнализации
SLE	155Mbit/s 同步线路电接口板	плата электрического синхронного линейного интерфейса 155 Мбит/с
SLE	同步线路电接口板	плата электрического синхронного линейного интерфейса, плата электрического интерфейса синхронной линии
SLEE	业务逻辑执行环境	окружение исполнения служебной логики, исполнительное окружение логики услуг
SLF	签约定位器功能	функция локатора подписки
SLI	同步线路光口板	синхронный оптический линейный интерфейс
SLI	业务逻辑处理实例	экземпляр обработки служебной логики
SLIC	用户线接口电路	цепь интерфейса абонентской линии
SLIC	用户线接口控制器	контроллер интерфейса абонентской линии
SLIE	同步线路电口板	синхронный электрический линейный интерфейс
SLINK	串行链路	последовательная линия связи
SLIP	串行线路网际协议	IP-протокол через последовательную линию связи
SLM	单纵模	режим с одной продольной модой
SLM	通道信号标记失配	рассогласование сигнальных знаков канала
SLM	同步线路复用器	синхронный линейный мультиплексор
SLM	信号标记失配	рассогласование метки сигнала, несовпадение типа сигнала
SLM	信令链路管理程序	программа управления звеньями сигнализации
SLP	业务逻辑处理	обработка служебной логики
SLPI	业务逻辑处理实例	экземпляр обработки сервисной логики

SLR	同步线路再生器	синхронный линейный регенератор
SLR-h	话筒发送音响指标	показатель громкости передачи микротелефонной трубки
SLS	“信令链路选择码”域	поле селекции звена сигнализации, поле кода выбора звена сигнализации, код выбора звена сигнализации
SLS	信令链路选择	выбор звена сигнализации
SLTA	信令链路检验证实	подтверждение проверки звена сигнализации
SLTM	信令链路检验消息	сообщение проверки звена сигнализации
SLU	用户线单元	блок абонентских линий
SLX	同步线路复用器	синхронный линейный мультиплексор
SM	安全管理程序	менеджер безопасности（полномочий）
SM	短消息	короткое сообщение
SM	段监控	мониторинг секции
SM	对话时间控制	управление сессиями
SM	交换模块	коммутационный модуль
SM	同步复用器	синхронный мультиплексор
SM	语音存贮器	память речевых сигналов
SMA	分插同步复用器	SDH мультиплексор ввода-вывода（в обозначении компании GPT）
SMAF	业务管理接入功能	функция доступа к управлению службами
SMAP	业务管理接入点	узел доступа к администрированию услуг, пункт доступа к управлению услугами（обслуживанием）
SMB	系统管理板	плата системного управления, плата управления системой
SMBus	系统管理总线	шина управления системой
SMC	短消息中心	Центр коротких сообщений
SMCP	业务管理控制点	пункт управления и контроля услуг（служб）
SMD	表面贴装器件	компоненты（приборы）поверхностного монтажа
SMDS	交换多兆位数据服务	служба коммутируемой мультимегабитной передачи данных, служба с коммутацией мультимегабитных данных
SME	短消息实体	объект коротких сообщений
SMF	单模光纤	одномодовое（оптическое）волокно

SMF	多业务交换论坛	мультисервисный коммутационный форум
SMF	系统管理功能	функция управления системой
SMF	业务管理功能	функция управления службами
SMFAgent	用户管理功能代理人	агент функции управления абонентами
SMI	子复用器接口	интерфейс субмультиплексора
SMK	共用管理知识	совместно используемые управленческие знания
SML	业务管理层	уровень управления службами
SMM	机框管理模块	модуль управления полкой
SMM	系统管理模块	модуль управления системой
SMN	SDH 管理网	сеть управления SDH
SMP	对称多处理机	симметрический мультипроцессор
SMP	系统管理点	пункт управления системой
SMP	业务管理点	пункт управления услугами（обслуживанием）, узел（пункт）администрирования услуг
SMS	SBS™管理子网	подсеть управления SBSTM
SMS	SDH 管理子网	подсеть управления SDH
SMS	短消息服务	услуги коротких сообщений
SMS	短消息系统	система коротких сообщений
SMS	业务管理系统	система управления услугами（обслуживанием）
SMSC	短消息服务中心	центр обслуживания коротких сообщений
SMSCB	短消息小区广播	сотовая ретрансляция коротких сообщений
SMS-CSI	使用 CAMEL 的短消息服务识别信息	идентификационные данные для работы с SMS при использовании CAMEL
SMSF	业务管理子功能	подфункция управления службами
SMS-GMSC	MSC 短消息服务网关	шлюз службы коротких сообщений MSC
SMT	表面组装技术，表面贴装技术	технология поверхностной упаковки, технология поверхностного монтажа компонентов
SMTP	简单邮件传送协议	протокол передачи простой почты
SMU	系统管理单元	блок управления системой
SMU	用户管理单元	блок управления абонентами
SMUX	同步复用器	синхронный мультиплексор
SMUX	SDH 复用器	мультиплексор SDH
SMUX	子复用器	субмультиплексор

SN	顺序号	порядковый номер
SN	业务节点	узел услуг
SN	用户号	абонентский номер
SNA	共同营业网区	зона совместно эксплуатируемой сети
SNA	系统网络体系结构	системная сетевая архитектура
SNAP	子网接入点	пункт доступа к подсети
SNCP	子网连接保护	защита соединения подсети, резервирование соединения подсети
SNC-P	SDH 自愈式双向双纤环网接收单元	приемный блок самовосстанавливающегося двунаправленного двухволоконного кольца SDH
SND	发送	передача
SNDCF	子网相关会聚功能	функция конвергенции в зависимости от подсети
SNDCP	子网相关会聚协议	протокол конвергенции в зависимости от подсети
SNDR	消息发送者	отправитель сообщения
SNI	业务节点接口	интерфейс узла предоставления услуг
SNI	业务网络侧接口	интерфейс служебной сети
SNMP	简单网络管理协议	упрощенный протокол управления сетью
SNP	顺序号保护	защита порядкового номера
SNR	系列号	серийный номер
SNR	信噪比	отношение «сигнал-шум»(ОСШ)
SNR	序号码	порядковый код (номер)
SNT	信令交换网板	плата сигнального коммутационного поля
SNTP	简单网络时间协议	простой протокол сетевого времени
SO	小外引脚	малый внешний вывод
SOA	半导体光放大器	полупроводниковый оптический усилитель
SOA	限制出局访问(闭合用户群补充业务)	подавление исходящего доступа (дополнительная услуга « замкнутая группа пользователей»
SOAP	简单对象访问协议	простой протокол доступа к объектам
SoC	系统级芯片	система на чипе
SOCC	丝网偏差校正相机	фотоаппарат для корректировки отклонения шаблона
SoftX	软交换机	программный коммутатор
SOG	小外引脚封装	установка корпуса малых внешних выводов
SOG	子系统中断允许	разрешение на вывод подсистемы из

		обслуживания
SOH	段开销	секционный заголовок, заголовок секции
SOHO	家居办公	малый/домашний офис, компьютеры домашнего применения и малого бизнеса
SOIC	小外形集成电路封装	IC малого внешнего типа
SONET/SDH	同步光网络/SDH	синхронная оптическая сеть/SDH
SONET	同步光纤网	синхронная оптическая сеть
SOR	子系统中断请求	запрос на вывод подсистемы из обслуживания
SOS	网络服务器操作系统	система управления сервисом сети
SOSM	侦查作业措施系统	система оперативно-розыскных мероприятий（СОРМ）
SP	信令点	пункт сигнализации
SP	专用产品	специальное изделие
SPAM	功率放大器独立模块	автономный модуль усилителя мощности
SPC	半永久性连接	полупостоянное соединение
SPC	程控本地局	местная станция с программным управлением
SPC	分摊付费	распределение оплаты
SPC	信令点编码	кодирование пункта сигнализации
SPD	电流骤增保护装置	устройство защиты от бросков тока
SPDF	业务策略决策功能	функция выбора политики на основе услуг
SPDH	准同步数字序列	плезиохронная цифровая иерархия
SPDU	会话层协议数据单元	блок данных протокола сессии
SPF	业务端口功能	функция служебного（сервисного） порта
SPF	最短路径优先	первоначальная маршрутизация по кратчайшему пути
SPG	业务配置网关	шлюз конфигурирования услуг
SPI	SDH 物理接口	физический интерфейс SDH
SPI	同步物理接口	синхронный физический интерфейс
SPINA	用户个人识别号访问（存取）	доступ по персональному идентификационному номеру абонента
SPIU	子架供电单元	блок питания полки
SPL	分离器	разделитель
SPL	分路器板	плата ответвителя
SPM	信令处理模块	модуль обработки сигнализации
SPR	对供应商今后工作调查	обзор дальнейшей работы поставщика

SPR	可转发的信令转接点	транзитный пункт сигнализации с переприемом
SPR	重复呼叫结束	конец повторного вызова
SPSLIP	处理器当前栈顶指针存储器	регистр-указатель текущей вершины стека процессора
SPT	报音驱动板	плата драйвера речевого сообщения
SPT	具有中继驱动功能的自动报音板	плата автоматического речевого сообщения с функцией привода СЛ
SPU	业务处理单元	блок обработки услуг
SPUA	SCTP 私人用户适配层	уровень адаптации частного пользователя SCTP
SPVC	软永久虚连接	программируемое постоянное соединение
SPWM	专用脉宽调制器	специфическая широтно-импульсная модуляция
SPX	排序包交换	коммутация упорядоченных пакетов
SPX	子速率接口板	плата интерфейсов субскорости
SQ	信号质量	качество сигнала
SQL	结构式询问语言，结构查询语言	язык структурированных запросов
SR	表面电阻率	коэффициент поверхностного сопротивления
SR	同步无线中继线路	синхронная радиорелейная линия (SDH)
SRA	增值业务登记消息	сообщение регистрации дополнительных услуг
SRAM	静态随机存贮器	статическая оперативная память с произвольным доступом
SRC	二级基准时钟	вторичный эталонный генератор (ВЭГ)
SRE	发送参考当量	опорные эквиваленты передачи
SRES	收到的响应	полученный отклик
SRF	业务资源功能	функция ресурсов услуг
SRF	专用资源功能	функция специальных ресурсов
SRI	路由信息发送	отправка маршрутной информации
SRI	脉冲特性曲线计算	расчёт импульсной характеристики
SRLG	共享风险链路组	группа маршрутов с одинаковым риском.
SRM	增值业务登记/取消消息	сообщение регистрации / отмены дополнительных услуг
SRME	专用资源管理实体	объект управления специальными ресурсами
SRNC	服务 RNC	обслуживающий RNC

SRNM	信令路由网络管理器	сетевой администратор маршрутов сигнализации
SRPU	交换和路由处理单元	блок обработки коммутации и маршрутизации
SRS	受激拉曼散射	вынужденное рамановское рассеяние
SRSM	专用资源状态机	конечный автомат специальных ресурсов
SRT	同步无线中继	синхронный радиотранк инг
SRTS	同步剩余时间标志	синхронная остаточная временная отметка
SRU	业务资源处理板	плата обработки ресурсов услуг
SRVT	SCCP 路由验证测试	тест для проверки маршрутизации SCCP
SS	补充业务	дополнительная услуга, дополнительные виды услуг
SS	补充业务管理	управление дополнительными видами услуг
SS	特服	спецслужба
SS	用户服务器	абонентский сервер
SS7	7 号共路信令系统	система ОКС7, система сигнализации по общему каналу № 7（ОКС7）
SSA	子系统可用	подсистема доступна
SSAP	源服务访问点	точка доступа к обслуживанию источника
SSAP	会话层服务访问接点	пункт доступа к услугам на сеансовом уровне
SSB	单边带调制	однополосная модуляция
SSB	用户忙信号	сигнал «абонент занят»
SSCF	业务特定协调功能	функция конкретной координации услуг
SSCOP	业务特定面向连接协议	протокол, ориентированный на конкретное подключение к услугам
SSCP	业务交换与控制点	пункт коммутации и управления услугами
SSCS	特定业务会聚子层	подуровень конвергенции конкретной службы
SS-CSI	使用 CAMEL 业务通知启动全球移动通信系统补充业务的识别信息	идентификационные данные для уведомления SCP об активации дополнительных услуг GSM при использовании услуг CAMEL
SSD	共用秘密数据	совместно используемые секретные данные
SSD	业务支撑数据	данные поддержки служб

SSF	业务交换功能	функция коммутации услуг
SSF	子业务字段	поле подвида услуг, поле подслужб
SSH	安全外壳,受保护外壳	безопасная оболочка, защищенная оболочка
SSM	同步状态消息	сообщение о статусе синхронизации
SSM	系统支持机	машина для поддержки системы
SSM	业务交换管理	управление коммутацией услуг
SSMB	同步状态二进制消息	битовое сообщение о статусе синхронизации
SSME	业务交换管理实体	объект управления коммутацией услуг
SSMI	多子系统指示	индикация мульти-подсистемы
SSN	子系统号码	номер подсистемы
SSOP	窄间距小外型封装	установка компактного малого внешнего корпуса
SSP	限制子系统	подсистема запрещена
SSP	业务交换点	пункт коммутации услуг, узел коммутации услуг
SSP	业务选择站点	портал выбора услуг
SSR	供应商调查报告	отчет об обзоре поставщика
SSS	交换子系统	подсистема коммутации
SST	发送专用信息音信号	тональный сигнал посылки специальной информации
SST	子系统状态测试	тестирование состояния подсистемы
ST	段类型	тип сегмента
ST	发送号码结束	окончание передачи номера
ST	光纤电缆连接器类型	тип соединителя для ВОК
ST	模拟用户线端口	порт（интерфейс）аналогового абонента
ST	用户终端	абонентский терминал
ST	有线用户	проводной абонент
Start	网管系统的启动命令	Команда запуска системы управления сетью
STAT	统计	статистика
STB	机(器)顶盒	телеприставка, фильтр для выделения и управления телевизионными сигналами
STB	机顶盒	телеприставка, фильтр для выделения и управления телевизионными сигналами
STB	用户长忙信号	сигнал«абонент занят междугородной связью»
STDM	双向滤波器独立模块	автономный дуплексный модуль фи-

		льтра
STE	信令转换设备、信令转换架	конвертер сигнализации, устройство преобразования сигнализации,
STG	同步定时发生器	генератор тактовой синхронизации
STM	同步传输模式	синхронный режим передачи
STM-1	同步传输模式 –1	синхронный режим передачи-1
STM-16	同步传输模式 –16	синхронный режим передачи-16
STM-n	同步传输模式 –n	синхронный режим передачи-n
STOP	堆栈溢出保护	защита от переполнения буферов (стеков)
STP	屏蔽双绞线	экранированная витая пара (ЭВП)
STP	生成树协议	протокол связующего дерева
STP	信令转接点	транзитный пункт сигнализации
STS	同步传输信号	синхронный транспортный сигнал
STS-12	同步传送信号 12 级	синхронный транспортный сигнал 12-го уровня
STU	同步传送单元	синхронный транспортный блок
STU	SDH 中继线设备	устройство соединительных линий SDH
SU	单用户单元	одноабонентский блок
SU	业务单元	блок обслуживания
SUA	软件产生的群闭塞解除证实消息	сообщение подтверждения снятия программно-сгенерированной блокировки группы
SUA	信令连接控制部分用户适配器	адаптер пользователя SCCP
SUB, SubAdr	子地址	суб-адрес
SUB	分路器框背板	объединительная плата полки ответвителей
SUB	子地址寻址	подадресация, субадресация
SUC	系统支撑模块	блок поддержки системы
SUS	呼叫挂起请求	запрос перехода в состояние ожидания, запрос приостановки
SVC	交换式虚连接	комму тационное виртуальное соединения
SVC	交换虚拟电路	коммутируемый виртуальный канал
SVC	服务,业务	услуга, сервис
SVGA	高分辨率视频图形矩阵	видеографическая матрица с высоким разрешением
SW	软件	программное обеспечение, софт (ПО)
SW	帧同步字	слово кадровой синхронизации
SW	转换器,换接器	коммутатор, переключатель
SWI	交换接口单元、交换	блок коммутируемых интерфейсов,

	机接口单元	блок интерфейса коммутатора
SWIPLEX	交换多路转换器	коммутирующий мультиплексор
SWU	交换(机)单元	блок коммутации (коммутатора)
SWU	交换模块	модуль коммутации
SXC	同步交叉连接器	синхронный кросс-коммутатор
SYN	时钟板	плата тактовой синхронизации, плата тактового генератора
SYNC	同步网络	синхронная сеть
SYN-BAD	时钟劣化	ухудшение тактового сигнала
SYN-BAD	同步劣化	ухудшение синхронизации
SYN-LOCK™	华为公司 BITS 商标	торговая марка BITS компании «Huawei»
SYN-LOS	时钟源丢失	потеря источника тактовых сигналов, потеря уровня сигнала синхронизации
SYS	系统	система
SYSGEN	系统生成	генерация системы
System	UNIX 系统(一种公用操作系统)	система UNIX
SZ-IND	占用显示	индикация занятия
T	测试	тестирование
T	同步源参考点	опорная точка источника синхронизации
T1、T2…	计时器	таймер
T1	1.5M 中继接口	интерфейс СЛ (1.5M)
T16	2.5Gbit/s 同步线路发送光接口板	плата оптического синхронного линейного интерфейса передачи 2.5 Гбит/с
TA	定时提前	опережение тактовой синхронизации
TA	终端适配,终端适配器	терминальная адаптация, терминальный адаптер, адаптер терминала
TAB	自动键合封装	упаковка корпуса автоматического сцепления
TAC	类型合格码	код одобрения типа
TACS	全入网通信系统(欧洲模拟通信系统)	система связи с полным доступом (европейская система аналоговой связи)
T-ALOS	2M 接口模拟信号丢失	потеря аналогового сигнала 2M-интерфейса
TAXI	异步收发机透明接口	прозрачный интерфейс асинхронного приемопередатчика
TBD	话务员(总机)转接	переадресация вызова через телефонистку

TBL	终端测试模块	модуль тестирования терминала
TC	码变化,变码器	транскодирование, транскодер
TC	测试管理用计算机	компьютер для тестового управления
TC	传输会聚子层	подуровень конвергенции передачи
TC	码转换器	кодовый преобразователь
TC	事务处理能力	возможность транзакции, емкость транзакции
TC	终端集中器	терминальный концентратор
TC1A	内部发送时钟,A 端口	выход такта,порт A
TC2A	发送时钟,A 端口	передача такта,порт A
TCAP	事务处理能力应用部分	прикладная часть возможностей транзакций
TCAT	iManager T2000&U2000 电路自动割接工具	инструмент для автоматического переключения каналов на новую станцию iManagerT2000&U2000
TCC	长途来话呼叫	междугородный входящий вызов
TCH	业务信道	канал трафика
TCH/F	全速率 TCH	полноскоростной TCH
TCH/F2.4	全速率数据 TCH (2.4 kbit/s)	полноскоростной TCH для передачи данных (2.4 кбит/с)
TCH/FS	全速率话音 TCH	полноскоростной речевой TCH
TCH/H	半速率 TCH	полускоростной TCH
TCH/HS	半速率话音 TCH	полускоростной речевой TCH
TCI	近端话务台端口	порт пульта оператора на ближнем конце (на стороне станции)
TCI	终端(控制)接口板	плата терминального (контрольного) интерфейса
TCL	长途入中继线	входящая соединительная линия междугородная (СЛМ)
TCLK	传送时钟	передающий тактовый генератор
TCN	测试头通信节点	узел коммуникации тестовым зондом
TCN	电信网	телекоммуникационная сеть
T-CONT	传输容器	контейнер передачи
TCP/IP	TCP/IP 协议、传输控制协议/互联网协议	протокол TCP/IP, протокол управления передачей / протокол Internet
TCP	测试协调过程	процедура координации тестирования
TCP	传输控制协议	протокол управления передачей
TCP	终端连接点	пункт соединения терминала
TCR	测试继电器控制板	плата управления тестовым реле
TCS	终端呼叫筛选	селекция входящих вызовов
T-CSI	接入 CAMEL 业务用	идентификационные данные, необ-

	的识别信息	ходимые для завершения доступа к услугам CAMEL
TCSM	码速率变换与子复用器	преобразование скорости кодирования и субмультиплексор
TDD	时分双工	дуплексирование с временным разделением каналов
TDEV	时间偏移(差)	временное отклонение
T-DLOS	2M 接口数字信号丢失	потеря цифрового сигнала 2M-интерфейса
TDM	时分复用,时分多路复用	временное разделение каналов, временное мультиплексирование(ВРК)
TDMA	时分多址	множественный доступ с временным разделением каналов(МДВР)
TDNW	时分交换网络	поле коммутации с временным разделением
TDP	触发检测点	пункт обнаружения запуска
TDP-N	触发检测点通知	сообщение о пункте обнаружения запуска
TDP-R	触发检测点请求	запрос пункта обнаружения запуска
TDR	按时间选择路由	маршрутизация по времени
TDR	时域反射仪	рефлектометр временной области
TE BAR	终端密码	пароль терминала
TE	话务量生成	формирование трафика
TE	流量终端	инженерия трафика
TE	终端设备	терминальное оборудование
TE1	第一类终端设备	терминальное оборудование типа 1
TE2	第二类终端设备	терминальное оборудование типа 2
TEDB	话务量生成数据库	база данных формирования трафика
TEI	终端设备标识符、终端端点标识符	идентификатор терминального оборудования, идентификатор оконечного пункта терминала
TEI	终端设备接口	интерфейс терминального устройства
TEID	隧道终结识别符	идентификатор окончания туннеля
TEL	业务电话接口	интерфейс служебного телефона
TELLIN™	华为公司智能网系统商标	торговая марка системы интеллектуальных сетей компании «Huawei»
TEMP	临时的	временный
TEMPERATURE	环境温度	температура окружающей среды
TEMPERATURE-OVER	环境温度过高	чрезмерно высокая температура окружающей среды, слишком высокая температура окружающей среды
TEMP-OVER	工作温度过限	превышение порогового значения рабочей температуры

TEST	本地环回激活	активизация локального закольцовывания
TETRA	全欧集群通信系统	общеевропейская система транкинговой связи, трансъевропейская транкинговая радиосвязь
TF	传送格式	формат передачи
TF	传输事故	сбой при передаче, авария передачи
TF1FOE	第一个发送 FIFO 溢出	первое переполнение FIFO передачи
TFA	允许传递信号	сигнал разрешенной доставки
TFC	受控传递信号	сигнал контролируемой доставки
TFE	发送 E4 信号帧错误	ошибка кадра сигнала передачи E4
TFECNT	传送错帧计数	подсчет ошибок кадрирования передачи
TFO	无级联操作	безтанденная операция
TFP	禁止传递信号	сигнал запрета доставки
TFR	受限传递信号	сигнал ограниченной доставки
TFRST	清除 FIFO 发送	сброс FIFO передачи
TFTP	普通文件传送协议	простейший протокол передачи файлов
TH	测试头	тестовый зонд
THD	通孔插件	компонент для установки через отверстие
THIG	网络拓扑隐藏	скрытие топологии сети
THT	通孔插装技术	технология монтажа (вставки) компонентов через отверстие на плате
TI	测试指示器	тестовый индикатор
TI	事务标识符	идентификатор транзакции
TIA	电信工业协会(美国)	Ассоциация индустрии телекоммуникаций(США)
TIA	时钟参数监测板	плата контроля параметров тактовых сигналов
TIE	时间间隔误差	ошибка временного интервала
TIF-CSI	使用 CAMEL 前转呼叫时的信息转换指示符	указатель трансляции информации в случае переадресования вызова при использовании CAMEL
TIL	内线测试模块	модуль тестирования внутренней линии
TIM	追踪识别符失配	несовпадение идентификатора трассировки, рассогласование идентификатора трассировки
TISPAN	电信和互联网融合业务及高级网络协议	конвергированная услуга связи и Интернета, а также протоколы для ор-

		ганизации современных сетей связи
TIU	端站光接口板	оптическая терминальная интерфейсная плата
TIU	支路接口单元	блок трибных интерфейсов
TKD	中继驱动板	плата драйвера СЛ
TL	长途信道	междугородный канал
TL1	事务处理语言－1	язык транзакций－1
TLAIS	输出 E4 AIS 信号	выход сигнала E4 AIS
TLOC	终端时钟丢失	потеря тактовой синхронизации терминала
TLOC	发送线路侧无时钟（时钟丢失）	отсутствие тактовой синхронизации на стороне передачи, потеря тактовой синхронизации на стороне передачи
TLOC	交叉侧发送时钟丢失	потеря тактового сигнала при передаче на стороне кросс-соединений
TLOS	发送线路侧无信号输出	отсутствие выходного сигнала на стороне передачи（линии）
TLOS	交叉侧信号丢失	потеря сигнала на стороне кросс-соединений
T-LOTC	2M 接口发送时钟丢失	потеря тактовой синхронизации 2M-интерфейса
T-LOXC	2M 接口外时钟丢失	потеря внешней тактовой синхронизации 2M-интерфейса
TLS	传输层安全	безопасность уровня передачи
Tm	汇接局	узловая станция, тандемная станция, узел（УС）
TM	终端复用器	оконечный мультиплексор（ОМ）
TMA	安装在天线杆上的放大器	усилитель, установленный на антенную мачту
TMC	区域传输维护中心	районный центр технического обслуживания устройств передачи
TMF	主配线架集中监测告警模块	модуль централизованного контроля главного кросса
TMF	远程控制论坛	Форум по телеуправлению
TMG	中继媒体网关	медиа-шлюз СЛ
TMI	TDM 调制解调器接口板	модемная интерфейсная плата TDM
TMM	通信量参数测量	измерение параметров трафика
TMN	电信管理网	сеть управления телекоммуникациями, сеть управления электросвязью
TMR	传输媒体请求	запрос на передающую среду
TMS	通信网络管理系统	система управления сетью связи
TMSC	汇接移动交换中心	Центр подвижной узловой связи

TMSI	临时移动用户识别符	временный идентификатор мобильного абонента
TMU	时钟、传输和管理模块	блок синхронизации, передачи и управления
TN	时隙号	номер канального интервала
TNC	转接节点时钟	таймер транзитного узла
TOA	模拟信号输出接口板、模拟定时输出板	плата выходного интерфейса аналоговых сигналов, плата вывода аналоговых синхросигналов
TOE	E1 信号输出接口板、E1 定时输出板	плата выходного интерфейса сигналов E1, плата вывода синхросигналов E1
TOG	2. 048MHz 模拟信号输出接口板	плата выходного интерфейса аналоговых сигналов 2048 кГц (G. 703)
TOL	外线测试模块	модуль тестирования внешней линии
TON	会交网	пересекающая сеть
ToS	服务类型	тип обслуживания
TOX	TOA、TOE、TOG 等输出接口板的统称	общее название интерфейсных плат вывода TOA, TOE, TOG
TP	电话付费业务(通过电话网支付公共事业费)	услуга оплаты коммунальных услуг через телефонную сеть
TP	测试目的	цель проведения теста
TP	传输路由	маршрут передачи (тракт)
TP	电话付费	оплата по телефону
TP4	四级传输协议	транспортный протокол четвертого класса
TPDU	传送协议数据单元	блок данных о протоколе передачи
TPIE	事务处理信息组元	информационный элемент порции транзакции
TP-LOC	发送锁相环时钟丢失	потеря тактового сигнала схемы фазовой синхронизации передачи
TQFP	扁方形扁平封装	Установка плоского корпуса плосковадратного типа
TR	电话汇款	перевод денег по телефону
TR	技术手册	технический справочник
TR	技术要求	технические требования (ТТ)
TR	中转节点、转接节点	транзитный узел
TR	终端就绪	терминал готов
TRA	业务再启动允许信号	сигнал разрешения перезапуска трафика
TRAU	码型转换和速率适配单元	блок транскодирования и адаптации скорости

TRBE	国际电视广播设备专业展览会	Международная специализированная выставка профессионального оборудования и технологий для телевидения и радиовещания
TrFO	免编码转换操作	операция свободного транскодирования
TRK	中继器,中继电路	комплекты СЛ
TRM	业务再启动允许消息	сообщение разрешения перезапуска трафика
TRR	中继线继电器	реле СЛ（РСЛ）
TRR	试用报告	отчет о пробном использовании
TRRC	普通中继线继电器	реле СЛ общее（РСЛО）
TRRI-I	感应式来话中继继电器电路	индуктивный релейный комплект СЛ входящих（РСЛИ-В）
TRRI-O	感应式去话中继继电器电路	индуктивный релейный комплект СЛ исходящих（РСЛИ-И）
TRRT	中继继电器-转发器	реле СЛ-транслятор（РСЛТ）
TRX	收发板,收发信机	трансивер, приемопередатчик （плата）
TS	长途局,长途台	междугородная станция
TS	话务量统计	сбор статистики трафика
TS	技术规格(特性)	техническая спецификация（спецификa）
TS	时隙	временной интервал
TSA	时隙占用	занятие временного интервала
TSAP	传输服务访问点	пункт доступа к услугам передачи
TSC	事务管理子层能力	емкость （возможности） подуровня транзакции
TSC	训练序列码	порядковый код обучения
TSD	技术支援部	департамент технической поддержки
TSI	时隙交换	коммутация временных интервалов
TSL	基站测试板	плата тестирования базовой станции
TSL	事务处理子层	подуровень транзакции
TSM	时间同步信号监控板	плата контроля тактовых синхросигналов
TSM	中继交换模块	коммутационный модуль СЛ
TSOP	薄型外引脚封装	установка корпуса внешних выводов тонкого типа
TSP	电信服务提供	предоставление телекоммуникационных услуг
TSS	远程通信标准化组织	Сектор стандартизации электросвязи（ССЭ）
TSSI	时隙顺序完整性	целостность последовательности вре-

		менных интервалов
TSW	系统交叉连接终端设备	терминальный блок системного кросс-коммутатора
TT&C	技术条件	технические условия（ТУ）
TTC	电信技术委员会(韩国)	Комитет по технике телекоммуникаций
TTC	技术术语和条件	технические термины и условия
TTCN	树型与表格型相结合的表示法	комбинированные древовидные и табличные нотации
TTF	传送终端功能	функция транспортного терминала
TTI	传输和 ISDN 测试模块	модуль тестирования передачи и ISDN
TTI	临时(当前)路由追踪识别符	идентификатор трассировки временного（текущего）маршрута
TTL	晶体管–晶体管逻辑电路	транзисторно-транзисторная логика（ТТЛ）
TTY	电传打字机	телетайп(ТТ)
TU PTR	支路单元指针	указатель трибного блока, указатель трибутарной единицы
TU	支路单元	трибный блок, трибутарный блок, трибутарная единица
TUA	远程用户代理	агент удаленного пользователя
TU-AIS	支路单元告警指示信号	сигнал индикации аварии TU
TU-ALOS	2M 端口无输入信号	отсутствие входного сигнала в порт 2М
TUAP	支路单元接入点	точка доступа трибного блока
TUG	支路单元组	группа трибных блоков, группа трибутарных блоков（единиц）
TU-LOM	支路单元复帧丢失	потеря мультикадра TU
TU-LOP	支路单元指针丢失	потеря указателя TU
TUG-n	支路单元组 n	группа трибных блоков уровня n（n = 2, 3）
TUPP	支路单元净荷处理	обработка полезной нагрузки трибутарного блока
TU-n	支路单元 n	трибный блок, соответствующий виртуальному контейнеру VC уровня n（n = 1, 2, 3）
TU-NPJE	支路单元指针负调整	отрицательное выравнивание указателя TU
TUP	电话用户部分	подсистема телефонного пользователя, подсистема пользователя телефонии

TU-PPJE	支路单元指针正调整	положительное выравнивание указателя TU
TU-PTR	支路单元指针	указатель трибутарного блока
TV	电视	телевидение(ТВ)
TVAR	时间方差	дисперсия времени (продолжительности)
TVC	双向虚电路	двунаправленные виртуальные каналы
TWA	三线模拟中继	3-х проводная аналоговая СЛ
TWC	发送机波长转换器	конвертер длины волны в передатчике
TX	发送器	передатчик
TXC	2.5G 低阶交叉连接板	плата кросс-соединений низкого порядка 2.5 Гбит/с
TXC	低阶交叉连接板	плата кросс-соединений низкого порядка
TXD	发送数据	передающие данные
TXDA	数据发送,A 端口	передача данных,порт А
U	段开销接入参考点	опорная точка доступа к заголовку SOH
UA	无编号确认	непронумерованное подтверждение
UA	异步通道	асинхронный канал
UA	用户代理人	пользовательский агент
UACU	补充控制单元	дополнительный блок управления
UALU	PSM 报警信号版	плата аварийной сигнализации PSM
UAM	用户接入模块	модуль абонентского доступа
UAN	通用(唯一)接入号码	универсальный (уникальный) номер доступа
UAP	用户接入点	пункт абонентского доступа
UART	通用异步收/发信器、通用异步接收/发送机	универсальный асинхронный приемопередатчик, универсальный асинхронный трансивер
UAS	不可用秒	недоступные секунды
UAT	不可用时间	время недоступности
UBA	解除闭塞证实信号	сигнал подтверждения разблокировки
UBIU	PSM 后接口板	задняя интерфейсная плата PSM
UBL	解除闭塞信号	сигнал разблокировки
UBM	后向建立不成功消息	информационное сообщение о неудаче установления связи в обратном направлении
UBR	未定比特率	неспецифицированная (неназначенная) скорость передачи (битов)

UBRI	通用基频无线接口单元	универсальный блок радиоинтерфейсов базовых частот
UBSU	后存储单元	задний блок памяти
UCD	面向用户的设计	дизайн с ориентацией на пользователя
UCDR	计费数据登记单元	блок регистрации данных тарификации
UCIC	未配备的线路识别码	код опознавания необорудованных схем
UCKI	同步单元	блок синхронизации
UD	用户数据	данные пользователя
UDB	用户数据库	база данных пользователя
UDP	用户数据报协议	протокол пользовательских датаграмм
UDR	按用户的规定选路	маршрутизация по условиям пользователя
UDSL	通用数字用户线	универсальная ЦАЛ
UDT	单位数据、单元数据	данные блока
UDT	非结构化电路仿真	неструктурированная канальная эмуляция
UDTI	单位数据信息	информация данных блока
UDTS	单位数据业务	услуга данных блока
UE	用户设备	абонентское оборудование(АО)
UED	非均匀差错检测	неравномерное обнаружение ошибок
UEIU	通用环境接口	универсальный блок интерфейсов окружающей среды
UELP	通用 E1/T1 避雷装置	универсальный блок молниезащиты E1/T1
UEPI	E1 接口处理单元	интерфейсный блок обработки E1
UESBI	用户具体设备运行状态确定信息	определенная информация о режиме работы конкретного оборудования пользователя
UFCU	插框接入单元	блок подключения полки
UFLP	通用 FE 避雷装置	универсальный блок молниезащиты FE
UFSU	闪存单元	блок памяти Flash
UGBI	GB 接口单元	интерфейсный блок GB
UGFU	GTP 前转单元	блок переадресации GTP
UGTP	GTP 协议处理板	плата обработки GTP
UHF	超高频	ультравысокая частота (УВЧ)
UHW	上行高速通道	восходящий высокоскоростной тракт
UI	不编号信息	непронумерованная информация
UI	用户接口(界面)	абонентский интерфейс, интерфейс

		пользователя
UID	用户信息数据	данные информации пользователя
UITS	无确认式信息服务	услуга передачи информации без подтверждения приема
ULAN	LAN-SWITCH 板	плата LAN-SWITCH
ULEP	改进的合法截听处理模块	усовершенствованный модуль обработки санкционированных перехватов
ULIP	合法截听处理模块	модуль обработки санкционированных перехватов
Um	Um 接口（移动站和基站间）	интерфейс Um （между мобильной станцией и базовой станцией）
Um	无线接口、空中接口	радиоинтерфейс
UMG	通用媒体网关	универсальный медиа-шлюз
UMTP	通用移动通信系统	универсальная система мобильной связи
UMTS	通用移动通信系统	универсальная система мобильной связи
UNEQ	卸载状态	состояние «Не оборудован»
UNI	用户网络接口	сетевой интерфейс пользователя
UNN	空号信号	сигнал «неназначенный номер»
UOMU	分组传输业务 O&M 板	плата O&M услуг пакетной передачи
UP	用户部分	подсистема пользователя
UPA	允许的用户子系统	разрешенная подсистема пользователя
UPB	通用 Blade 处理器	универсальный Блейд-процессор
UPC	使用参数控制	управление применяемыми параметрами
UPD	用户数据报文协议	протокол передачи пользовательских датаграм
UPEU	通用电源和环境接口	универсальный блок интерфейсов питания и окружающей среды
UPF	用户端口功能	функция абонентского порта
UPIU	分组传输接口单元	интерфейсный блок пакетной передачи
UPPR	单向通道保护环	однонаправленное кольцо с защитой тракта
UPS	不间断电源	источник бесперебойного питания
UPT	通用个人通信	универсальная персональная связь （УПС）
UPT	用户部分测试	тестирование подсистемы пользователя

UPWR	PSM 电源板	блок электропитания PSM
UPWR	UMSC 电源板	плата электропитания UMSC
URCU	插框控制单元	блок управления полки
URI	通用资源识别器	унифицированный идентификатор ресурса
URL	通用资源指示器	универсальный указатель ресурса
US	数据同步交换通道	канал синхронного обмена данными
US	子系统状态	состояние подсистемы
USAU	通用信令接入单元	универсальный блок доступа сигнализации
USB	通用串联总线	универсальная шина последовательного соединения
USC	统一用户中心	единый абонентский центр
USCU	时钟和卫星图通用部件	универсальный блок синхронизации и спутниковой карты
USI	通用业务接口单元	универсальный блок сервисных интерфейсов
USI	业务用户信息	информация пользователя услуги
USIG	SIGTRAN 处理单元	блок обработки SIGTRAN
USIM	UMTS 用户识别模块	модуль идентификации абонента UMTS
USM	用户交换模块	абонентский коммутационный модуль, модуль коммутации абонентских линий, коммутационный модуль АЛ
USN	逻辑顺序号	логический порядковый номер
USP	通用业务处理单元	универсальный блок обработки услуг
USPU	分组传输业务公务信息处理单元	блок обработки служебных сигналов услуг пакетной передачи
USR	用户–用户信息	информация «пользователь — пользователь», сообщение «пользователь-пользователь»
USSC	7 号信令链路处理单元	блок обработки звеньев сигнализации SS7
USSD	非结构化补充业务数据	неструктурированные данные дополнительных услуг
U-SYS	华为公司为 NGN 开发的、用固网和移动网设备综合语音、数据和多媒体信息传输业务的解决方案	разработанное компанией «Huawei» для NGN комплексное решение по интеграции услуг передачи речи, данных и мультимедийной информации средствами сетей фиксированной и подвижной связи
UT	高层测试仪	верхний тестер

UTC	通用协调时间	универсальное скоординированное время
UTM	用户/中继混装模块	комбинированный модуль абонентских / соединительных линий
UTP	未屏蔽双绞线	неэкранированная витая пара,
UTPI	T1 处理接口板	интерфейсная плата обработки T1
UTRA	UMTS 无线接入	радиодоступ к UMTS
UTRAN	UMTS 地面无线接入网	сеть наземного радиодоступа UMTS
UTRP	传输处理通用补充组件	универсальный дополнительный блок обработки передачи
UUS	用户－用户信令（补充业务）	сигнализация «пользователь — пользователь»
UWAG	通用 ADSL 工作小组	универсальная рабочая группа ADSL
UWDM	超高密度波分复用、超密集波分复用	сверхвысокоплотное волновое мультиплексирование
V	伏(特)	вольт（В）
Va	a 线对地电压	напряжение между линией а и землей
VA	Viterbi 算法	алгоритм Витерби
Vab	a 线对 b 线电压	напряжение между линиями а и b
VAD	话音激活检测(器)	распознавание речевой активности, детектор активности речи
VAM	语音接口模块	модуль речевых интерфейсов
VAS	语音信号激活的交换	коммутация, активизируемая речевым сигналом
VAS	增值业务种类	дополнительные виды услуг(ДВУ)
VAT	增值税	налог на добавленную стоимость (НДС)
Vb	b 线对地电压	напряжение между линией а и землей
VBD	音频数据	данные голосовой частоты
VBR	可变比特率	переменная скорость передачи битов
VBR-nrt	非实时可变比特率	переменная скорость передачи (VBR) в нереальном масштабе времени
VBR-rt	实时可变比特率	переменная скорость передачи (VBR) в реальном масштабе времени
VBS	语音广播服务	услуга голосового широковещания
VC	会议电视、视频会议、电视会议	видеоконференция, видеоконференцсвязь
VC	视频编解码器	видеокодек
VC	虚调用、虚拟呼叫	виртуальный вызов
VC	虚容器	виртуальный контейнер
VC	虚通(信)道	виртуальный канал(ВК)

VC-12	C-12 虚容器	виртуальный контейнер, соответствующий контейнеру С-12
VCC	虚通(信)道连接、虚拟通(信)道连接	соединение виртуального канала
VCELP	变阶(ELP)	CELP с изменением порядков
VCI	虚通道识别符	идентификатор виртуального канала (ИВК)
VC-n	n 级虚容器	виртуальный контейнер уровня n (n =1,2,3,4)
VCO	压控振荡器	генератор, управляемый напряжением
VCO&PLL	压控振荡器和锁相环	генератор, управляемый напряжением и схема фазовой синхронизации
VCU	话音信道单元	блок речевых каналов
VCXO	压控晶体振荡器	кристаллический генератор, управляемый напряжением
VCXOLOC	压控石英振荡器时钟丢失	потеря тактовой синхронизации управляемого напряжением кварцевого генератора
VDB	VLR 数据库	база данных VLR
VDSL	超高速数字用户线	сверхвысокоскоростная ЦАЛ
VEA	极早分配	очень раннее размещение (распределение)
VERMIS-MATCH	单板软件版本失配	рассогласование версий ПО платы
VESA	视频电子标准协会	Ассоциация по видеоэлектронной стандартизации
VF	音频	тональная частота
VFB	2/4W 语音频率接口板	плата интерфейсов речевой частоты (2/4-проводных)
VFB	音频专线板	плата интерфейсов речевой частоты
VGA	视频图形适配器	видеографический адаптер
VideoGW	视频网关	видео-шлюз
VIU	通用接口部件	блок универсальных интерфейсов
VLAN	虚拟局域网	виртуальная LAN
VLC	可变长编码	код переменной длины
VLL	虚拟租用链路	виртуальное арендное звено
VLR	访问位置寄存器	визитный регистр местоположения (ВРМ)
VLSI	超大规模集成电路	сверхбольшая интегральная схема (СБИС)
VLSM	可变长子网掩码	маска подсети с изменяемой длиной
VM	语音邮箱	речевая почта, речевой п/я
VMAC	虚拟 MAC 地址	виртуальный МАС-адрес

VMS	话音邮箱系统	система речевого почтового ящика, система речевой почты
VMSC	访问移动交换中心	доступный MSC
VNIP	虚拟网络接口协议	протокол виртуального сетевого интерфейса
VOC	挥发性有机化合物	летучее органическое соединение
VOD	视频(像)点播	видео по запросу,видео по заказу
VOIP, VoIP	IP 网络传输话音	передача речи поверх (через) IP
VOS	虚拟操作系统	виртуальная операционная система
VOT	电话投票、民意测验	голосование по телефону, опрос по телефону
VOX	语音消息传送	передача речевых сообщений
VP	虚拟通道、虚通道	виртуальный тракт(ВТ)
VP	语音处理	обработка речевых сигналов
VPC	虚拟路径连接	соединение виртуального тракта
VPDN	虚拟专用拨号网	виртуальная частная сеть автоматнческая
VPF	虚拟路由和前置	виртуальная маршрутизация и переадресация
VPI	虚拟路径标识符	идентификатор виртуального пути
VPL	虚通道链路	виртуальный канал связи
VPLMN	访问公用陆地移动网	доступная сеть общеконтинентальной мобильной связи
VPLS	虚拟专用局域网业务	виртуальная частная LAN услуга
VPN	虚拟专用网	виртуальная частная сеть
Vport	虚拟端口	виртуальный порт
VPT	虚路径隧道	туннель виртуального тракта
VPU	虚拟处理单元	виртуальный блок обработки
VPU	语音处理单元	блок обработки речевых сигналов
VPWS	虚拟专线业务	служба виртуальной частной линии
VRF	虚拟路由选择和传输	виртуальная маршрутизация и передача
VRP	通用路由平台	универсальная платформа маршрутизации
VRRP	虚拟路由器冗余协议	протокол резервирования виртуального маршрутизатора
VS, V. S.	视频服务器、视像服务器	видеосервер
VS	虚拟源	виртуальный источник
VSB	残留边带调制	модуляция остаточной боковой полосы
VSI	可视交换接口	визуальный коммутационный интерфейс

VSOP	微小外型封装	установка весьма малого внешнего корпуса
V-SU	移动用户单元、移动台、车载台	подвижный абонентский блок
VSWR	电压驻波比、驻波比	коэффициент стоячей волны напряжения
VT	可视终端、显示终端	видеотерминал
VTC	虚拟培训中心	виртуальный центр обучения
VT-CSI	使用 VMSC 的 CAMEL 识别信息	идентификационные данные CAMEL, необходимые для VMSC
VTOA	基于 ATM 的语音传送和电话业务	речь и телефония через ATM
VTU	视频传输单元	блок видеопередачи
VUI	用户语音接口	речевой интерфейс пользователя
VW	校验字	проверочное слово
VXML	标志语音的扩展语言	расширенный язык маркировки речи
WAC	尝试失败计数器	счетчик ошибочных попыток
WAC	广域 Centrex	глобальный Центрекс, Центрекс для широкой области
WAC	无线接入控制器	контроллер радиодоступа
WACC	资本平均权重价格	средневзвешенная стоимость капитала
WAD	无线广告业务	услуга радиорекламы
WALU	无线通信告警单元	блок аварийной сигнализации беспроводной связи
WAN	广域网	глобальная сеть связи
WAP	无线应用协议	протокол беспроводных приложений
WAPI	无线局域网鉴别与保密基础结构	инфраструктура аутентификации и шифрования локальной вычислительной беспроводной сети
WAS	无线接入服务器	сервер беспроводного доступа
WBA	WDM 用光增压放大器	Optical Booster Amplifier for WDM
WBC	宽带信道	широкополосный канал
WBFI	后置式无线通信 FE 接口单元	интерфейсный блок FE беспроводной связи для задней установки
WBSG	宽带无线通信信号发送网关	шлюз сигнализации широкополосной беспроводной связи
WCCU	呼叫控制无线单元	беспроводной блок управления вызовами
WCDMA	宽带码分多址	широкополосный множественный доступ с кодовым разделением каналов

WCKI	时钟无线接口单元	беспроводной интерфейсный блок синхронизации
WCSU	呼叫控制和信令处理无线单元	беспроводной блок контроля вызовов и обработки сигнализации
WDM	波分复用	мультиплексирование с разделением по длинам волн
WDM	波分复用技术	техника волнового мультиплексирования
WDP	无线数据报协议	протокол беспроводной датаграммы
WDT	看门狗定时器	сторожевой таймер
WEAM	EI ATM 无线传输模块	беспроводной модуль передачи ATM E1
WECC	基于 Web 的呼叫中心,集成呼叫中心	осуществляемый в Web центр обработки вызовов
WEP	美国安全加密协议名称	название протокола США по безопасности и шифрованию
WEPI	E1 接口存储区无线单元	беспроводной блок пула интерфейсов E1
WFO	加权修正排队	установление очереди после взвешенной поправки
WHSC	热插拔和控制无线板	беспроводная плата горячей замены и управления
WiFi	无线上网	беспроводной доступ в Интернет
WiFi	无线网络	беспроводная сеть
WiFi	无线保真	точность воспроизведения при беспроводной связи
WIFM	IP 传输无线模块	беспроводной модуль IP-передачи
WIFM	无线网络 IP 信号传输模块	модуль передачи сигналов IP в беспроводной сети
WIN	无线智能网	беспроводная интеллектуальная сеть
WLAN	宽带局域网	широкополосная локальная вычислительная сеть
WLAN	无线通信局域网、无线通信局域网	беспроводная локальная сеть, локальная сеть беспроводной связи
WLL	无线本地环路	беспроводной местный шлейф
WML	无线标记语言	беспроводной язык разметки
WMS	批发管理系统	система управления оптовыми продажами
WORA	"一次编写,到处运行"原则	принцип «Написано однажды — работает везде. »
WORKCUR-OVER	工作电流过限	превышение порогового значения рабочего тока
WPA	波分复用光预放大器	оптический предусилитель для WDM
WPBX	无线用户小交换机	беспроводная УПАТС

WRED	加权随机先期检测	взвешенно-циклический механизм раннего обнаружения
WRG-BDTYBE	插板类型错误	ошибка типа вставленной платы
WRG-DTYPE	单板类型错误	ошибка типа платы
WRR	加权循环队列管理算法	взвешенно-циклический алгоритм управления очередями
WRS	无线中继系统	радиорелейная система
WR-FAIL	写入芯片寄存器失败	неудачная запись в регистр чипа
WR-FAILURE	读写单板芯片寄存器失败	неудача чтения/записи в регистр чипа на плате
WS	波峰焊	пайка волной
WS	工作站	рабочая станция
WS	工作站服务器	сервер рабочей станции
WSA	无线业务接入	беспроводной доступ к услугам
WSDL	Web 业务描述语言	язык описания Web-служб
WSF	工作站功能	функция рабочей станции
WSFB	工作站功能块	функциональный блок рабочей станции
WSIU	无线通信系统接口装置	блок системных интерфейсов беспроводной связи
WSM9	9 端口波长选择性倒换合波板	9-портовая плата выборочного демультиплексирования и коммутации спектральных каналов
WSMD4	4 维度可配置光分插复用板	четырехмерный конфигурируемый оптический мультиплексор ввода/вывода
WSMU	无线通信系统管理单元	блок системного управления беспроводной связи
WSMU	系统管理无线板	беспроводная плата управления системой
WSP	无线会话协议	беспроводной сеансовый протокол
WSP	无线预约时间协议	беспроводной сеансовый протокол
WSS	工作站服务器	сервер рабочей станции
WSS	光谱通道选择性交换	выборочная коммутация спектральных каналов
WT	无线终端	беспроводной терминал
WTA	无线电话应用	приложения беспроводной телефонии
WTLS	无线传输层安全	безопасность уровня беспроводной передачи
WTO	世界贸易组织	Международная торговая организация
WTP	无线事务处理协议	протокол беспроводной транзакции

WTS	Windows 终端服务器	сервера терминала Windows
WWW	环球信息网、万维网	глобальная гипертекстовая система Internet, всемирная «паутина», система World Wide Web
X16	2.5G 高阶交叉连接板	плата кросс-соединений высокого порядка 2.5 Гбит/с
X16	高阶交叉连接板	плата кросс-соединений высокого порядка
XC	交叉连接	кросс-соединение
XC	交叉连接单元	блок кросс- соединений
XC1	CTM-1 交义连接单元	блок кросс- соединения CTM-1
XC4	CTM-4 交义连接单元	блок кросс- соединения CTM-4
XCB	收发机控制板	плата управления приемопередатчиком (трансивером)
XCDR	全速代码转换器	полноскоростной транскодер
XDSL	各种类型数字用户线	цифровые абонентские линии различного вида
XFP	10 千兆位小型插入式光模块	малогабаритный сменный оптический модуль 10 Гбит/с
XML	文件描述扩展语言	расширенный язык описания документов
XMS	扩充存储规格说明	спецификация расширенной памяти
XUDT	增强的单位数据	расширенные данные блока
XUDTS	增强的单位数据业务	услуга расширенных данных блока
Y	同步状态参考点	опорная точка синхронизации
ZC	区域识别码	код идентификации зоны
ZINIIC	中央通信科学研究所(俄罗斯)	Центральный научно-исследовательский институт связи (ЦНИИС)
1B + D	普通座席接口	интерфейс обычного рабочего места 1B + D
2B + D	ISDN 座席接口	интерфейс рабочего места ISDN 2B + D
3B + D	网络座席接口	интерфейс рабочего места сети 3B + D
3GGMS	第三代移动通信系统	мобильная система связи третьего поколения
3GPP	第三代系统合伙方案	проект партнерства третьего поколения
3PTY	3 方通话	трехсторонняя телефонная связь, трехсторонний телефонный разговор, связь трех участников
3W	三线中继信令	сигнализация трехпроводной СЛ
64 PTY	64 方会议电话	одновременная конференц-связь до 64 абонентов

附录 2　俄汉电信缩略语词汇

A

А ампер 安、安培

А анод 阳极

А аккумулятор 蓄电池

А·ч ампер·час 安时，安培小时

ААЛ аналоговая абонентская линия 模拟用户线

АБ автоблокировка 自动联锁装置

АБД администратор базы данных (ОВА) 数据库管理程序

абс. абсолютный 绝对的

АБУ автоматическое блокирующее устройство 自动闭锁装置

АВ аварийный выключатель 紧急开关、应急开关

АВ автоматический выключатель 自动开关、自动断路器

АВ амплитуда волны 波幅

АВ автомат времени 自动定时器

Авар. СЦС потеря сверхцикловой синхронизации 复帧失步

Авистен-2 марка имитатора для генерирования контрольных вызовов ЛОНИИСа LONIIC 大号量模拟呼叫器牌号

АВК автоматический волюмконтроль 自动音量控制

АВМ аналоговая вычислительная машина 模拟计算机

АВР автоматическое включение резерва 备用电源自动合闸

АВС автоматическая внутренняя связь 内线直拨

АВУ абонентское высокочастотное уплотнение, аппаратура высокочастотного уплотнения абонентских линий 用户(线路)高频复用设备

АВУ автоматическое вызывное устройство 自动呼叫设备

АВУ абонентская высокочастотная установка 用户高频装置

АДЭ ассоциация документальной электросвязи 文件电信联合会

АДИКМ адаптивная дифференциальная (разностная) ИКМ (ADPCM) 自适应差分脉码调制

АДМ адаптивная дельта-модуляция 自适应增量调制

АДЭС автоматизированная дизельная электростанция 自动化柴油机发电站

АЗП автомат защиты питания 电源自动保护器

АЗС агрегат защиты сети 网络保护装置

АЗТС аппаратура автоматической зональной телефонной связи 区自动电话通信设备

АЗУ ассоциативное запоминающее устройство, ассоциативная память (АМ) 相联存储器、联想存储器

АЗШ автоматический заградитель шума 自动噪声抑止器

АИ анализатор импульса 脉冲分析器

АИ абонентское искание 用户选择

АИИС автоматизированная информационно-измерительная система 自动化信息测量系统

АИКМ адаптивная ИКМ 自适应脉码调制器

АИМ амплитудно-импульсная модуляция (PAM) 脉冲幅度调制、脉幅调制

АИПС автоматизированная информационно-поисковая система 自动化信息检索系统

АИС автоинформационная служба 自动化信息服务

АИЦ Автоматизированный информационный центр 自动化信息中心、自动化情报中心

АК абонентский комплект 用户电路

АК адрес команды 指令地址

АКД аппаратура канала данных 数据通道设备

АКН анализатор кодов направлений 方向代码分析器、方向代码分析程序

АКС анализатор кода станции 交换机代码分析器、交换机代码分析程序

АКС анализатор ключевых слов 关键词分析程序

АЛ абонентская линия（SL） 用户线

АЛБ арифметико-логический блок 运算逻辑部件、运算部件

АЛУ арифметико-логическое устройство 算术逻辑单元（ALU）

АМ амплитудная модуляция 调幅

АМВ абонентский мультиплексор выносный 外置式用户多路复用设备

АМНТС автоматическая международная телефонная станция 国际长途自动电话局

АМСО-У аппаратура полуавтоматической междугородной телефонной связи，одночастотная，упрощенная 单频简易半自动长途电话通信设备

АМТС автоматическая междугородная телефонная станция （ATTE） 长途自动电话局

АМТСКЭ АМТС квазиэлектронного типа 准电子长途自动电话局

АМТСЭ автоматическая электронная междугородная станция 电子长途自动电话局

АНК автонастройка контуры 回路自动调谐

АО автоответчик 自动应答器，答录机

АО абонентское оборудование 用户设备

АО-АТС автоответчик АТС 自动电话交换机自动应答器

АОВ армированное оптическое волокно 增强光纤、加固光纤

АОД автоматическая обработка данных 数据自动处理

АО МГТС АО «Московская городская телефонная сеть» 莫斯科市话网股份公司

АОН автоматическое определение номера вызывающего абонента（ANI） 来电显示、自动号码识别

АОП акустооптический процессор 声光处理机

АОУ абонентское оконечное устройство 用户终端设备

АП абонентская проводка 用户线

АП абонентский пункт 用户站，用户终端

АПА автоматическая проверочная аппаратура 自动化检验设备

АПД аппаратура передачи данных 数据通信设备（DCE）

АПК аварийно-поврежденный комплект 事故故障电路

АПКТ аппаратура предоставления канала по требованию 按请求提供通道设备

АПОС Ассоциация производителей оборудования связи 通信设备生产厂家联合会

АР арифметический расширитель 运算扩展器，运算器扩展部件

АРБ абонентский регистр с батарейным датчиком 带电池传感器的用户寄存器

АРБ абонентский радиоблок 用户无线单元

АРВ автоматическое распределение вызовов 自动呼叫分配

АРМ автоматизированное рабочее место 自动座席

АРУ автоматическая регулировка усиления 自动增益控制（AGC）

АРЧ автоматическая регулировка частоты 自动调频

АС акустическая система 音箱

АС ЦУП автоматизированная система центров управления перевозками 运输管理中心自动化系统

АСИ автоматизированная система испытаний 自动试验系统

АСК автоматическая система коммутации 自动交换系统

АСЛ аналоговая соединительная линия 模拟中继

АСП аналоговая система передачи 模拟传输系统

АСП аппаратура системы передачи 传输系统设备

АСС автоматическая складирующая подсистема 自动仓储子系统

АСУ автоматизированная система управления 自动控制系统，自动化管理系统

АСУ-ПГ автоматизированная система управления перевозками грузов 货物运输管理自动化系统

АТ абонентский телеграф 用户电报

АТС автоматическая телефонная станция 自动电话局，自动电话交换机

АТС автоматическая транспортная под система 自动传输子系统

АТСДШ декадно-шаговая АТС 十进制步进式交换机

АТСК координатная АТС, АТС координатной системы 纵横制交换机，纵横制电话局

АТСКУ АТС координатная узловая 纵横制汇接自动电话局

АТСКЭ квазиэлектронная АТС 准电子自动电话局，准电子交换机

АТСС автоматическая транспортно-складская подсистема 自动传输仓储子系统

АТСЦ цифровая АТС 数字式交换机

АТСШ шаговая АТС 步进式交换机

АТСЭ электронная АТС 电子电话交换机

АУ абонентский удлинитель 用户延伸线

АУ арифметическое устройство 运算器

АУД устройство автоматической установки данных АЛ 用户线数据自动设置装置

АУС аппаратура учёта стоимости 计费器

АУТ оборудование аутентификации 鉴权器

АФК амплитудно-фазовая конверсия 幅度相位转换

АФМ амплитудно-фазовая модуляция 调幅调相

АФС антенно-фидерная система 天线－馈线系统，天馈系统

АФТ автоматический фидерный трансформатор 自动馈线变压器

АЦК абонентский цифровой концентратор 用户数字集线器

АЦО аналого-цифровое оборудование 模数设备

АЦП аналого-цифровой преобразователь（ADC） 模数变换器，模数转换器

АЦПУ аналого-цифровое печатающее устройство 模数打印机

АЧХ амплитудно-частотная характеристика 幅频特性（曲线）

АШ адресная шина（AB） 地址总线

АШмаг адресная магистральная шина 地址主干总线

АЭУ акустический эталонный уровень 音响基准电平

Б

БАЗ блок автоматического заряда 自动化充电单元

БАК блок адреса команды 指令地址部件

БАЛ блок АЛ, блок абонентских линий 用户线单元

ББ базовый блок 基本单元

ББ блок батарей 电池单元

БВЛ блок входящих линий 来话线

路单元

БВП блок внешней памяти 外存储器程序块

БД база данных(DB) 数据库

БД ЦСИС(ЦСИО) базовый доступ к ЦСИС (ЦСИО) ISDN 网基本接入

БЗУ буферное запоминающее устройство 缓冲存储器

БИЛ блок исходящих линий 去话线路单元

БИС большая интегральная схема 大规模集成电路

БИС ОАО «Башинформсвязь» 巴什基尔信息通信对外股份公司

БК блок компаратора 比较器单元

БКД блок клавиатуры и дисплей 键盘和显示器

БКС блок коммутации и сопряжения 交换与连接单元

БЛ блок логики 逻辑单元,逻辑部件,逻辑块

БМПЛ блок модулей подключения линейный 外线模块

БМПС блок модулей подключения станционный 内线模块

БМУ блок микропрограммного управления 微程序控制部件

БН блок надежности 可靠性模块

БНК-4 базовая несущая конструкция четвертой модификации 第四次修改的基本负载结构

БОС блок обработки сигнала 信号处理单元

БОС передача одночастотных сигналов 单频信号传送

БОЧ база опорных частот 标准频率单元

БП бизнес-процессы 商务(业)过程

БП блок питания 电源模块

БПер батарейный передатчик 电池发送器

БПК блок поиска кодов 代码检索部件

БПФ быстрое преобразование Фурье 快速傅里叶变换

бр. брутто 毛重、总重

БР блок резисторов 电阻器单元

БР блок резисторный 电阻单元

БР буферный регистр 缓冲寄存器

БР блок ремонта 维修模块

БРАСС беспроводные радиораспределительные абонентские системы связи 无线电分配的无线用户通信系统

БРБ базовый радиоблок 基本无线单元

БРК блок распределения каналов 通道分配器

БС бизнес-система 商务系统

БС блок-схема 框图

БС блок сопряжения 接口部件

БС блок считывания 读出部件

БСЛ блок СЛ 中继单元

БТ биполярный транзистор 双极性晶体管

БТИ бюро технической инвентаризации 技术登记局

БУ блок управления 控制部件

БУК блок управления командами 指令控制部件

БФ бизнес-функция 商业功能

В

В вольт (V) 伏(特)

ВАХ вольтамперная характеристика 伏安特性

ВБ выпрямительный блок 整流器单元

ВВ ввод-вывод 输入–输出

ВВ выдержка времени 延时

ВВК время выполнения команд 指令执行时间

ВГИ входящий групповой искатель, **входящее групповое искание** 来话选组器,来话选组

ВД сигнал выдачи данных 数据发送信号

ВДМ вторичный дискретизатор-мультиплексор 二次多路取样器

ВЗА вызов абонента по заказу, автоматическая побудка 预约用户呼叫,叫醒服务

ВЗГ ведомый (вторичный) задающий генератор 二次主控振荡器

ВЗУ внешнее запоминающее устройство 外存储器

ВИ временной интервал 时隙,时间间隔

ВИМ временная импульсная модуляция 脉冲时间调制

ВИП вторичные источники питания 二次电源

ВК виртуальный канал(VC) 虚信道、虚拟信道

ВК входящий комплект 来话电路

ВК видеокамера 摄像机

ВКЗСЛ входящий комплект ЗСЛ 长途出中继

ВКМР комплект входящей междугородной ручной связи 国内人工长途来话电路

ВКС видеоконференц-связь 会议电视,会议视频,视频会议

ВКСЛМ входящий комплект СЛМ 长途入中继来话电路

ВКТН входящий комплект тонального набора 音频拨号来话电路

ВКУ видеоконтрольное устройство 视频监控器

ВЛС воздушная линия связи 架空通信线路

ВМ вычислительная машина, компьютер 计算机,电脑

ВМ видеомагнитофон 磁带录象机

ВОБ вероятность ошибки на бит 比特误码概率

ВОК волоконно-оптический кабель 光纤电缆,光缆

ВОЛС волоконно-оптическая линия связи 光纤通信线路

ВОС взаимосвязь открытых систем (OSI) 开放系统互连

ВОСП волоконно-оптическая система передачи 光纤传输系统

ВП величина поправок 修正量

ВП внешняя память 外存储器,外存

ВП внутренняя память 内存储器,操作存储器,内存

ВП время переадресации 前转时间

ВП внутренняя проводка в помещении абонента 用户内线,用户室内布线

ВП видеопроигрыватель 视频播放器

ВПС блок взаимодействия с приборами станции 与交换机设备互通单元

ВПТС внутрипроизводственная телефонная сеть 厂内电话网

ВРД входящий регистр декадный 十进制来话寄存器

ВРК временное разделение каналов, временное мультиплексирование (TDM) 时分复用,时分多路复用

ВРМ выделенные рабочие места телефонисток 话务员专门座席

ВРМ визитный регистр местоположения (VLR) 访问位置寄存器

ВС вызов страницы 页面调用

ВС вычислительная система 计算系统

ВС виртуальное соединение 虚连接

ВСС (**ВВС**) взаимоувязанная сеть связи 通信互联网

ВСК сигнализация по выделенному каналу (CAS) 随路信令

Вт ватт 瓦(特)

ВТ виртуальный тракт 虚拟通路,虚通路(VP)

ВТК внутрителефонная компания 内部(长途)电话公司

ВУ внешнее устройство 外部设备,

外围设备

ВУТ тиристорные выпрямительные устройства 可控硅整流装置

ВУУ вспомогательное управляющее устройство 辅助控制设备

ВЦ вычислительный центр 计算中心

ВЧ высокая частота 高频

ВЧХ временная частотная характеристика 时间频率特性

ВШК входящий шнуровой комплект 来话绳路

ВШКМ входящий шнуровой комплект междугородный 长途来话绳路

ВЭГ ведомый эталонный генератор (SRC) 二级参考时钟

ВЭД внешнеэкономическая деятельность, внешнеэкономические дела 对外经济活动(事务)

ВЭУ вторично-электронный умножитель 二次电子倍增器

ВЯ входной язык 输入语言

Г

Г гига… 千兆(10^9)

Г1 первый генератор 第一振荡器

Г2 второй генератор 第二振荡器

ГАЛ гибкая автоматическая линия 柔性自动线

ГАЛ групповая абонентская линия 群用户线

ГАП гибкое автоматизированное производство 柔性自动化生产

ГАТС городская АТС 市话局、市话交换机

ГАУ гибкий автоматический участок 柔性自动段

ГАЦ гибкий автоматический цех 柔性自动化车间

ГБД главная база данных 主数据库

ГВ графический ввоз 图像输入

ГВ, ГИ групповыбиратель, групповой искатель 选组器

ГВИ генератор высоковольтных импульсов 高压脉冲发生器

ГВЛ гипосоволокнистый лист 石膏纤维板

ГГц гигагерц 千兆赫

ГЗ головка записи 记录头,写头

ГИ генератор импульса 脉冲发生器

ГИК групповое искание каналов (комплектов), групповой искатель каналов (комплектов) 通道(电路)选组、通道(电路)选组器

ГИМ групповой искатель междугородный 长途选组器

ГИПРОСВЯЗЬ Государственный институт по изысканиям и проектированию сооружений связи 国立通信设施勘察设计院

ГИС гибридные интегральные схемы 混合集成电路

ГИЦ государственный информационный центр 国家信息中心

ГКИ генератор коротких импульсов 窄脉冲发生器

ГКЛ гипсокартонный лист 石棉硬制板

ГКРЧ государственный комитет по распределению частот 国家频率分配委员会

ГКЭС Государственный комитет по электронике и связи 国家电子通信委员会

ГМ глобальные модели 整体模型

ГМ групповой модулятор 群调制器

ГМД гибкий магнитный диск 软磁盘

ГМК городское магистральное кольцо 城市骨干环网

ГНН генератор набора номера 拨号发生器

ГО групповое оборудование 群路设备

ГОИ генератор одиночных импульсов

单脉冲发生器

ГОИ группа общих интересов 共同利益集团

Госкомсвязи Государственный комитет по связи и информатизации 国家邮电信息化委员会

ГОСТ государственный стандарт 国家标准

ГОТ генератор опорного тока 基准电流发生器

ГП РРТПЦ государственное предприятие «Республиканский радиотелевизионный передающий центр» 国营企业"共和国广播电视转播中心"

ГПИ генератор пачек импульсов 脉冲包发生器

ГПМ гибкий производственный модуль 柔性生产模块

ГПН генератор пилообразного напряжения 锯齿形电压发生器

ГПС городская первичная сеть 城市初级网

ГПС гибкая производственная система 柔性生产系统

ГПС государственная пожарная система 国家消防系统

ГПСИ государственное предприятие связи и информации 国营通信信息企业

ГПСП генератор псевдослучайных последовательностей 伪随机序列发生器

ГПЧ групповой преобразователь частоты 群变频器

ГСА граф-схема алгоритма 算法框图

ГСМ горюче-смазочные материалы 燃料和润滑油

ГСС генератор стандартных сигналов 标准信号发生器

ГСС генератор случайных сигналов 随机信号发生器

ГСС глобальная сеть связи (WAN) 广域网

ГТ 30-канальный цифровой групповой тракт ИКМ-30 PCM 30 信道数字集群系统

ГТ сигнал готовности 准备信号

ГТД генератор тестовых данных 测试数据发生器

ГТД грузовая таможенная декларация 货运报关单

ГТИ генератор тактовых импульсов 时钟脉冲发生器

ГТРК государственная телерадиовещательная компания 国营电视广播公司

ГТС городская телефонная сеть, городская телефонная станция 市话网、市话局

ГУ групповое устройство 成组设备

ГУВО главное управление вневедомственной охраны 跨部门警卫总局

ГУП государственное унитарное предприятие 国营单一制企业

ГУУ групповое управляющее устройство 群控装置

ГУЭС городское управление электросвязи 市电信管理局

ГЦ главная цепь 主电路、主回路

ГЭН генератор эталонных напряжений 基准电压发生器

ГЭЦ гипотетическая эталонная цепь 假想参考电路

Д

ДАМ динамическая амплитудная модуляция 动态调幅

дБ децибел(dB)分贝

дБмВт милливаттный децибел (dBmW) 毫瓦分贝

дБмО миллиомный децибел (dBmO) 毫欧分贝

ДБШ диод с барьером Шотки 肖特基势垒二极管

ДВО дополнительные виды обслуживания（VAS） 增值业务种类

ДВП древесноволокниская плита 纤维板、木质纤维板

ДГ дизель-генератор 柴油发电机

ДЕК декодер 译码器

ДЗУ динамическое запоминающее устройство 动态存储器

ДИ дополнительная информация 附加信息

ДИ общестанционный датчик импульсов 普通局内脉冲发生器

ДЗУ динамическое запоминающее устройство 动态存储器

ДИ датчик импульсов 脉冲发生器

ДИКМ дифференциальная ИКМ（DPCM） 差分脉码调制

ДКИ комплекты, двусторонние индуктивные для работы через аппаратуру уплотнения с выделенным сигнальным каналом 用复用设备的随路信令双向感应电路

ДМ дельта-модуляция 增量调制

ДМ дискретизатор-мультиплексор 多路取样器

ДМВ дециметровая волна 分米波

ДМУ дистанционное мобильное устройство 远端移动设备

ДН делитель напряжения 分压器

ДНА диапазон наведения антенны 天线指向范围

ДНН детектор набора номера 拨号检测器

ДНС департамент по надзору за связью и информатизацией 通信和信息监督署

ДОВА детектор ответа вызываемого абонента 被叫用户应答检测器

ДОВА 1 детектор ответа вызывающего абонента 主叫用户应答检测器

ДОВА 2 детектор отбоя вызываемого абонента 被叫用户挂机检测器

ДОВА 3 детектор отбоя вызывающего абонента 主叫用户挂机检测器

ДОП дополнительный оперативный показатель 补充操作指标

ДОС дежурный оператор системы 系统值班操作员

ДОС дежурный оператор станции 交换台值班操作员

ДОС дисковая операционная система 磁盘操作系统

ДОУ дифференциальный операционный усилитель 差动运算放大器

ДП диспетчерский пульт 调度台

ДП дистанционное питание 远端供电、远端电源

ДП дисплейный пульт оператора 操作员显示台

ДПФ дискретное преобразование Фурье 离散傅里叶变换

ДС дистанционный аварийный сигнал 远端告警信号

ДС длинный сигнал 长信号

ДС дифференциальная система 差分系统、差动系统

ДСП древесностружечная плита 刨花板

ДТС диспетчерская телефонная сеть 调度电话网

ДУ дистанционное управление 遥控、远距离控制

ДУ дифференциальный усилитель 微分放大器

ДУ дополнительная услуга 增值业务

ДФ дифференциальная фаза 微分相位

ДФО динамическая фазовая ошибка 动态相位误差

ДФП динамическая функциональная проверка 动态功能检验

ДШ дешифратор 译码器

ДШ декадно-шаговый 十进制步进式的

ДШ дешифратор шин 总线译码器

ДШ диод Шотки 肖特基二极管

ДШ КОП дешифратор кода операции 操作码译码器

ДшА дешифратор входов блока РИВ 时间脉冲继电器单元输入译码器

ДшВ дешифратор выходов блока РИВ 时间脉冲继电器单元输出译码器

ДШК дешифратор команд 指令译码器

ДЭ двустабильный элемент 双稳态元件

ДЭ дизельная электростанция 柴油发电站

ДЭС Добавленная экономическая стоимость 经济增值

ДЭС департамент электросвязи 电信司

Е

ЕА единая архитектура 统一体系结构、统一架构

ЕАСС единая автоматизированная система связи 统一自动化通信网

ЕВС единая вычислительная система 统一计算机系统

ЕИ единичный интервал 单位间隔

ЕИИС единая интегрированная информационная система 统一综合信息系统

емк. емкость 电容、容量

ЕМР единица младшего разряда 低位单位

ЕСКД единая система конструкторской документации 统一设计文件系统

ЕСН единый социальный налог 统一社会税

ЕСР Европейский союз радиовещания 欧洲广播联盟

Ж

ЖЗР журнал заявленных работ 申请作业记录簿

ЖК жидкокристаллический 液晶的

ЖКД жидкокристаллический дисплей (LCD) 液晶显示器

ЖКИ жидкокристаллический индикатор 液晶显示器

ЖКХ жилищно-коммунальные хозяйства 物业

ЖКУ жилищно-коммунальные услуги 公用事业服务

ЖУВЦ журнал учета работ по взаимодействию с ВЦ 与计算中心互通作业记录簿

ЖУТР журнал учета текущих работ группы 当前群作业记录簿

З

З задатчик 给定器,定值器

ЗАЛ занятие АЛ 用户线占用

ЗАО закрытое акционерное общество (CJSC) 对内股份公司

ЗАС запись операционного регистра по абсолютному смещению 绝对位移操作存储器存入

ЗВ сигнал записи во внешние устройства 写入外部设备信号

ЗВС запрет входящей связи 免打扰

ЗГ задающий генератор 主控振荡器

ЗЗ сигнал «запрет захвата» 限制抢占信号

ЗИП запасные части, инструменты и принадлежности 备份零件、工具和附件

ЗИУ зуммерно-индикаторные устройства 蜂音指示器

ЗКПП блок занятия кодового приёмопередатчика 编码收发器占用单元

з-п сигнал «занято-перегрузка» “占线–过载”音

ЗП сигнал записи в память 存储写入信号,存储记录信号

ЗС земная станция 地球站

ЗСЛ заказно-соединительная линия 长途出中继

ЗТС зоновая телефонная сеть 区域电话网

ЗТУ зоновый телефонный узел 区域电话汇接局

ЗУ запоминающее устройство 存储器

ЗУН запоминающее устройство номеров 号码存储器

ЗУПВ запоминающее устройство с произвольной выборкой（RAM） 随机存取存储器

ЗУПД запоминающее устройство прямого доступа 直接存取存储器

ЗЦУ зона целеуказания 目标指示区

ЗЯ запоминающая ячейка 存储单元

И

И2Л инжекционная интегральная логика 集成注入逻辑

И3Л изопланарная инжекционная интегральная логика 等平面集成注入逻辑

ИАТ автономный транзисторный инвертор 独立晶体管逆变器

ИБ информационная база 信息库

ИБД информационная база（банка）данных 数据信息库

ИБД индексная база данных 数据索引库

ИБП источник бесперебойного питания 不间断电源

ИВВ интерфейс ввода вывода 输入输出接口

ИВИ имитатор высоковольтных импульсов 高压脉冲模拟器

ИВК идентификатор виртуальных каналов（VCI） 虚通道识别符

ИВС информационная вычислительная сеть 信息计算网

ИВУ имитатор внешних условий 外部条件模拟装置

ИВЭ вторичный источник электропитания 二次电源

ИГИ исходящее групповое искание 去话成组选择

ИГН индикатор годности номеронабирателей 号盘合格指示器

ИЕА информационная емкость алгоритма 信息算法容量

ИЗ импульс запрета 禁止脉冲

ИИС измерительно-информационная система 信息测量系统

ИИС испытательно-измерительный стол，стенд измерения 测试台

ИК исследовательская комиссия 研究委员会

ИК исходящий комплект 去话电路

ИКЗСЛ исходящий комплект ЗСЛ 长途出中继去话电路

ИКМ импульсно-кодовая модуляция（PCM） 脉码调制，脉冲编码调制

ИКО измеритель коэффициента ошибок 误码率测试仪

ИКПЛ исходящий комплект ПЛ 中间线去话电路

ИКС исходящий комплект линий спецслужб 特服去话电路

ИКС интегрированная коммутационная система 综合交换系统

ИКСА измерительно-контрольно-счетный аппарат 检测计算装置

ИКСЛ исходящий комплект СЛ 中继去话电路

ИКТН исходящий комплект тонального набора 音频拨号去话电路

ИЛ искусственная линия 假线，仿真线

ИЛК инженерно-лабораторный корпус 工程试验楼

ИЛПС интерфейс линейной связи с последовательной передачей информации 信息串行传送的线路通信接口

ИЛС искание линии секретаря 寻找

秘书线路

ИМ интерфейсный модуль 接口模块

ИМРА исходящий междугородный регистр автоматической связи 自动通信长途电话记发器

ИМС интегральная микросхема 微型集成电路

ИН измерительный наконечник 测量头

ИНГД интерфейс накопителя на гибком магнитном диске 软盘存储器接口

инд. индекс 指数、索引

ИНИ измеритель нелинейных искажений 非线性失真测试仪

ИНКМД интерфейс накопителя на кассетном магнитном диске 盒式磁盘存储器接口

ИНМЛ интерфейс накопителя на магнитной ленте 磁带存储器接口

ИНМЛ-К интерфейс НМЛ типа картридж 盒式磁带存储器接口

ИНМЛ-П интерфейс НМЛ потокового типа 流式磁带存储器接口

ИНН идентификационный номер налогоплательщика 纳税人税务登记号

Интернет сеть Интернет（Internet）互联网、国际互联网、因特网

ИНЧ инфранизкая частота 超低频

ИО индивидуальное оборудование 单个设备

ИОК инфраструктура открытых ключей 公钥基础设施

ИОС информационная обратная связь 信息反馈

ИОУ интегральный операционный усилитель 集成运算放大器

ИП импульсный пакет 脉冲包

ИП испытательный прибор 测试仪器

ИП источник питания 电源

ИПВ источник повторных вызовов 重复呼叫源

ИПУ имитатор пульта управления 控制台模拟程序

ИПФ импульсная переходная функция 脉冲转移功能

ИР искатель регистра 记发选择器

ИРБИС интегрированное решение по безопасности информационных систем 信息系统安全的一体化解决方案

ИРМ интерфейс распределенной магистрали 分布式干线接口

ИРПР интерфейс радиальный параллельный 径向并行接口

ИРПР-М интерфейс радиальный параллельный модифицированный 径向并行改型接口

ИРПС интерфейс радиальный последовательный 径向串行接口

ИС интегральная схема 集成电路

ИС исходное состояние 空闲，空闲状态，初始状态

ИСЗ искусственный спутник земли 人造地球卫星

ИСК исходящая связь с кодом 去话代码通信

ИСО оконечное искание 终端寻找

ИСС интеллектуальные сети связи（IN）智能网

ИСС идеально симметричные схемы 理想对称电路

ИТ интеллектуальный терминал 智能终端

ИТ информационные технологии（IT）信息技术

ИТС ПС информационная технологическая сеть почтовой связи 邮政通信信息技术网

ИУ интерфейсный узел 接口汇接局

ИУС интерфейс управляющих систем 控制系统接口

ИЦС интегральная цифровая сеть（IDN）综合数字网

ИЦСС интегральная цифровая сеть

связи 综合数字通信网

ИШ информационная шина 信息总线

ИШК исходящий шнуровой комплект 去话绳路

ИШК измеритель шумов квантования 量化噪声测量仪

ИШКТ исходящий шнуровой комплект таксофонов 投币电话去话绳路

К

к кило… 千(10^3)

К коммутация 交换

КА категория вызывающего абонента 主叫用户类别

КА конечный автомат (FSM) 有限状态机,有限自动机,终端自动装置

КАМ квадратурная амплитудная модуляция 正交幅度调制(QAM)

кан. канал 通道,信道,电路

КАСП тип офисной АТС на 16 номеров с функцией коммутации и передачи 一种有交换、传输功能的16门以下小交换机

КАТС, АТСК координатная АТС 纵横制交换机

КБ контрольный блок 控制单元

КВВ канал ввода-вывода 输入输出通道

КВВ контроллер ввода-вывода 输入输出控制器

КВК комплект комбинированных выпрямителей 混合整流器装置

кв. м квадратный метр 平方米,平米

КВП код высокой плотности 高密度码

кВт киловатт 千瓦

КГ коммутационная группа 交换群

КГ кварцевый генератор 晶体振荡器

кГц килогерц 千赫(兹)

КД конструкторная документация 设计文件

КДК контрольно-диагностический комплект 检测诊断电路

КДН комплект дальнего набора 长途拨号电路

КДОН/ОК коллективный доступ с опознаванием несущей и обнаружением конфликтов 可识别载波和检测冲突多路访问

КЕПТ Комитет европейских администраций почт и телефонии 欧洲邮政电话管理委员会

КЗ короткое замыкание 短路

КИ канальный интервал 路时隙

КИ кадровый интервал 帧时隙

КИА контрольно-измерительная аппаратура 测试设备

КИВС комплексная информационно-вычислительная сеть 综合信息计算网

КИМ кодоимпульсная модуляция 编码脉冲调制器

КИМ контрольно-измерительная машина 测试机

КИП код идентификации пользователя 用户识别码

КИП коэффициент использования поверхности 表面利用系数

КК код команды 指令代码

КК коммутация каналов 电路交换(CS)

кл килолитр 千升

кл клавиатура 键盘

Кл кулон 库(仑)

КЛР коэффициент линейного расширения 线膨胀系数

КЛС кабельная линия связи 通信电缆线

КЛС комбинационная логическая схема 组合逻辑电路

КМУ контроллёр микропрограммного управления 微程序控制器

КНЗ количество неэффективных занятий 无效占用数量

КНМЛ кассетный накопитель на магнитной ленте 盒式磁带存储器

КО коммутационное оборудование 交换设备

КОП канал общего пользования 公用通道,公用信道

КОС коэффициент обратной связи 反馈系数

к-п код-пароль 密码

КП кодовый приёмник 编码接收器

КП коммутационное поле 接续网络,交换网络

КП коммутация пакетов 包交换、分组交换

кПа килопаскаль(кPa) 千帕

КПВ контроль посылки вызовов 回铃音

КПД канал прямого доступа 前向接入电路

КПД канал передачи данных 数据通信信道、数据传输信道(DCC)

КПД, к. п. д. коэффициент полезного действия 效率

КПП приемопередатчик кодов 编码收发器(机)

КПС коммуникационная подсеть 交换子网

КС конвертор сигнализации 信令转换器

КС коммутационная станция 交换局

КС коммутация сообщений 报文交换

КС короткий сигнал 短信号

КС канал связи 信道、通信通道

КС комбинированная схема 组合电路

КС коммутационная схема 交换电路

КС кабельная система 电缆系统

КСА конференц-связь автоматическая 会议自动呼叫

КСВ коэффициент стоячей волны 驻波系数

КСИ комплект серийного искания 连续选择电路

КСКТП кабельные сети коллективного телевизионного приема 有线集体电视收视网

КСЛ комплект соединительных линий 中继电路

КСЛ контрольная соединительная линия (MCL) 监测中继线

КСЭ коэффициент снижения эффективности 效率降低系数

КТ контрольная точка 检验点、控制点

КТ критическая температура 临界温度

КТВ кабельное телевидение (CATV) 有线电视

КТС комбинированная телефонная сеть 混合电话网

КТС комплекс технических средств 全套技术设备

КТЧ канал тональной частоты 音频电路

КУ коммутационный узел 交换节点

КУ коммутационное устройство 交换装置

КУ контрольное устройство 控制装置

КУ коммутационный узел 交换节点

КУА комплект удаленного абонента 远端用户电路

КУБ контрольный управляющий блок 控制管理单元

КЦ координационный центр 协调中心

КЧ контрольная частота 控制频率,导频

КШ коэффициент шума 噪声系数

Л

Л лист 表,页,单,板,片

ЛАЦ линейный аппаратный цех 电话转接间

ЛБ логический блок 逻辑部件

ЛВ линейный выравниватель 线路均衡器

ЛВС локальная вычислительная сеть (LAN) 局域网

ЛИ линейный искатель 终接器,选线器

ЛИМ линейный искатель междугородный 长途终接器

ЛК линейный комплект 线路设备

ЛК линейный комплект сигнализации 线路信令设备

лк люкс 勒(克斯)

ЛКО линейно-коммутационное оборудование 线路交换设备

лм люмен 流明

ЛО линейное оборудование 线路设备

ЛО логическая операция 逻辑运算

ЛОНИИС ленинградский отраслевой научно-исследовательский институт связи (LONIIC) 列宁格勒部门邮电(科学)研究所

ЛП устройство логики периферии 外围逻辑装置

ЛПМ лентопротяжный механизм 卷带机构

ЛПС локальная подсистема 本地子系统

ЛС линейный сигнал 线路信号

ЛСУД логическая схема управления декодированием 译码控制逻辑电路

ЛСУК логическая схема управления кодированием 编码控制逻辑电路

ЛТР линейный трансформатор 线路变压器

ЛУ логическое устройство 逻辑装置

ЛФ линейный фильтр 线性滤波器、线路滤波器

ЛФД лавинный фотодетектор 雪崩光电检波器

ЛФД лавинный фотодиод (APD) 雪崩光电二极管

ЛЦУ лазерный цифровой удлинитель линий 激光数字线路延伸器

ЛЧМ линейная частотная модуляция 线性调频

ЛЭ логический элемент 逻辑元件,逻辑单元

ЛЭП линия электропередачи 输电线路

M

М маркер 标志器

М мега… 兆(10^6)

м метр 米,公尺

м милли… 毫(10^{-3})

М модулятор 调制器

м. б. может быть 可能

мА миллиампер 毫安(培)

МА магистраль адреса 地址主干(线)

МА миллиамперметр 毫安表

МАВ маркер блока АВ АВ 单元标识器

МАК модуль абонентского концентратора 用户集线器模块

макс. максимальный 最大的

макс. максимум 最大值,最高值,峰值

МБП малоценные и быстроизнашивающиеся предметы 低值易耗品

мВ милливольт 毫伏

МВГИ междугородное входящее групповое искание 长途来话成组选择

МВК мультиплексор с выделением каналов, мультиплексор ввода/вывода, мультиплексор вставки/выделения (ADM) 分插复用器

мВт милливатт 毫瓦

МГ многочастотный генератор 多频振荡器

МГИ-3 маркер блока ГИ-3 гИ-3 单

元标记

МГИК-40 маркер блока ГИК-40 ГИК-40 单元标记

МГК междугородный канал 长途信道

МГТС московская городская телефонная сеть 莫斯科市话网

МГц мегагерц(MHz) 兆赫(兹)

МД магнитный диск 磁盘

МД магистраль данных 数据总线

МДВР множественный доступ с временным разделением каналов (TDMA) 时分多址

МДКР множественный доступ с кодовым разделением каналов (CDMA) 码分多址

МДЧР множественный доступ с частотным разделением каналов (FDMA) 频分多址

мин(.) минута 分(钟)

мин. минимальный 最小的

мин. минимум 最小值,最低值

МИС малая интегральная схема 小规模集成电路

МК магистральный канал 干线通道

МК микроконтроллёр 微控制器

МК мультиплексный канал 多路转换通道

МК Мобильная компания 移动通信公司

мкА микроампер 微安(培)

МКВ микровключатель 微动开关,微型开关

мкВ микровольт 微伏(特)

мкВт микроватт 微瓦(特)

МККР Международный консультативный комитет по радио 国际无线电咨询委员会

МККТТ Международный консультативный комитет по телеграфии и телефонии (CCITT) 国际电报电话咨询委员会

мкм микрометр 微米

МКНС междугородный коммутатор немедленной системы обслуживания 即时服务系统长途交换台

МКП маркер кодовых приемников 代码接收器标记

МКС многократный координатный соединитель 多次纵横制连接器

мксек микросекунда 微秒

мкф микрофарада 微法

МЛ магнитная лента 磁带

млн(.) миллион 百万(10^6)

млрд(.) миллиард 十亿(10^9)

МЛС малая локальная сеть 小型本地网

МЛЭ магнитный логический элемент 磁逻辑元件

мм миллиметр 毫米,10^{-3}米

ммк миллимикром 毫微米,10^{-9}米

ММС магистрально-модульная мультипроцессорная система 干线模块复用系统

ММТ междугородний международный телеграф 国内国际长途电话局

МН-АТС автоматическая международная телефонная станция 国际长途自动电话局

МНС Министерство налогов и сборов 税务部

МОС Международная организация по стандартизации 国际标准化组织

М. П. место печати 盖章处

МПД мультиплексор передачи данных 数据通信多路复用器

МПИ межмодульный параллельный интерфейс 模块间并行接口

МПК микропроцессорный комплект 微处理器电路

МПЛ микрополосковая линия 微带线

МПМ микропрограммируемый микропроцессор 可编微程微处理机

МПС микропроцессорная система 微处理器系统

МПЧ максимальная применимая частота 最高可用频率

МРИВ маркер блока РИВ 时间脉冲继电器单元标记

мс миллисекунда (ms) 毫秒，10^{-3}秒

МС международный стандарт 国际标准

МС местная станция 本地局

МС матрица сканера 扫描器矩阵

МСИ межсимвольная интерференция (ISI) 码间干扰

МСС магистральный спутник связи 干线通信卫星

МСС межстанционная связь 局间通信

МСС АО «Московская сотовая связь» 莫斯科移动通信股份公司

МСЭ Международный союз электросвязи (ITU) 国际电信联盟

МТОЭ модуль технического обслуживания и эксплуатации 技术服务和操作模块

МТР междугородный телефонный разговор 长途电话，长途通话

МТС междугородная телефонная станция 长途电话局

МТУСИ московский технический университет связи и информатики 莫斯科通信和信息技术大学

МУ магистраль управления 控制总线

МУ магистральный кабельный участок абонентской распределительной сети 用户配电网干线电缆段

МУ множительное устройство 乘法器

МУ модуль управления 控制模块

МУУ микропроцессорное управляющее устройство 微处理机控制设备

МФМ многофункциональный модуль 多功能模块

МЦК Международный центр коммутации (ISC) 国际交换中心

МЧ-БП многочастотный код методом «безынтервальный пакет» (MF-NP) 无间隙包法多频代码

МЧ-ИП1 многочастотный код методом «импульсный пакет» за один этап по одному запросу (MF-PP1) 1个阶段1个请求的脉冲包法多频代码

МЧ-ИП2 многочастотный код методом «импульсный пакет» по запросам в несколько этапов (MF-PP2) 分阶段请求的脉冲包法多频代码

МЧ-ИЧ многочастотный код методом «импульсный челнок» (MF-PS) 脉冲互控法多频代码

МЧС многочастотная сигнализация 多频信令

МЧС министерство по чрезвычайным ситуациям 紧急情况部

МШИ модулятор ширины импульсов 脉冲宽度调制器

МШУ малошумящий усилитель 低噪声放大器

МЭА микроэлектронный аппарат 微电子设备

МЭК Международная электротехническая комиссия (IEC) 国际电工委员会

Н

н нано… 纳(诺)(10^{-9})

Н ньютон 牛顿(物理学单位)

Н/Д, н. д. нет данных 无数据，无资料

НВП неэкранированная витая пара 非屏蔽双绞线

НГ номерная группа 号群

НГМД накопитель на гибком магнитном диске 软盘存储器

НД набор данных 数据组，数据集

НДС налог на добавленную стоимость 增值税

НЖМД накопитель на жестком магнитном диске 硬盘存储器

НИИР научно-исследовательский институт радио　无线电科研所

НИОКР　научно-исследовательские и опытно-конструкторские работы　科研试验设计工作、科研与开发

НИС　настольная издательская система　桌面出版系统

НК　накопитель и ключ　存储器和开关

НЛП　неоднородная линия передачи　非均匀传输线

нм　нанометр　纳米,毫微米,10^{-9}米

НМД　накопитель на магнитном диске　磁盘存储器

НМЛ　накопитель на магнитной ленте　磁带存储器

НН　импульс набора номера　拨号脉冲

НН1i　состояние «не норма 1i»　"非正常值"状态

ННИ　набор номера импульсный, импульсный набор (DP)　脉冲拨号

ННЧ　набор номера частотный　音频拨号

НОД　накопитель на оптическом диске　光盘存储器

НПД　неполнодоступный　不全利用的

НПЛ　накопитель на перфоленте　穿孔带存储器

НПО　научно-производственное объединение　科研生产联合体

НРАБ　неработающее состояние　非工作状态

НРП　необслуживаемый регенерационный пункт　无人值守再生中继站

нс　наносекунда　纳(诺)秒,10^{-9}秒

НС　начальное состояние　初始状态

НСИ　нормативно-справочная информация　标准参考信息

НСН　набор собственного номера　拨本机号码

НСП　наведение справки　进行查问

НСП　накопитель стандартных программ　标准程序存储器

НСС　национальная сеть связи　国内通信网

НТД　нормативно-техническая документация　标准技术文件

НТП　норма технологического проектирования　工艺设计标准

НУП　необслуживаемый усилительный пункт　无人值守放大站

нФ　нанофарада　纳(诺)法(拉)

НЧ　низкая частота　低频

О

ОА　объектная аппаратура　目标设备

ОА　ограничитель амплитуды　限幅器

ОА　операционный автомат　自动操作装置

ОА　отвечающий абонент　应答用户

ОАЛ　освобождение АЛ　用户线释放

ОАТУ　офисное автоматическое телефонное устройство　办公自动电话设备

ОАТУ　оконечное абонентское телефонное устройство　终端用户电话设备

ОАШ　ответная адресная шина　应答地址总线

ОБ　оперативный блок　操作部件、运算部件

ОБП　однобоковая полоса　单边带

ОВ　определитель вызова　呼叫识别器

ОВ　оптическое волокно　光纤

ОВВ　общественная выдержка времени　公共时延

ОВЛ　определитель входящих линий　来话线路识别器

ОВС　ограничение входящей связи　来话呼叫限制

ОВЧ　очень высокая частота　甚高频

ОГС　общегородская сеть (MAN)　市

域网、城域网

ОГСТфС общегосударственная система автоматизированной телефонной связи 全国自动电话通信系统

ОДЛК однополярный двухуровневый линейный код 单向双电平线性码

ОЖ сигнал ожидания 等待信号

ОЗУ оперативное запоминающее устройство 操作存储器,内存储器,内存

ОЗУ оптическое ЗУ 光存储器

ОИ обмен информацией 信息交换

ОИ обработка информации 信息加工、信息处理

ОИС ограничение исходящей связи 去话呼叫限制

ОИШ ответная информационная шина 应答信息总线

ОК оптический кабель 光缆

ОК операция команды 指令操作

ОК устройство общего контроля 公共控制设备

ОК общий канал 公共通路

ОКИ нулевой канальный интервал 零通道时隙

ОКПП определитель КПП 编码收发机识别器

ОКР опытно-конструкторские работы 设计试验工作

ОКС оптический кабель связи 通信光缆

ОКС общеканальная сигнализация (CCS) 公共信道信令

ОКС 7 общеканальная сигнализация № 7 (CCS7) 7 号信令,7 号共路信令

ОКУ общий канал управления 公共控制通道

ОЛ отбойная лампочка 话终指示灯

ОЛ общее логическое устройство 公共逻辑装置

ОЛТ оборудование линейного тракта 线路设备

ОЛТ оконечный линейный терминал 线路终端设备

ОМ оконечный мультиплексор (TM) 终端复用器

ОМС ограничение междугородной связи 国内长途电话限制

ОНС ограничение направлений исходящей связи 去话方向限制

ОНЧ очень низкая частота 甚低频

ООД оконечное оборудование данных (DTE) 数据终端设备

ООП основной оперативный показатель 基本操作指标

ООП объектно-ориентированный подход 面向目标方法

ООС отрицательная обратная связь 负反馈

ОП оконечный пункт 终端站

ОП сигнал обслуживания прерывания 中断服务信号

ОПМ одноплатная микро-ЭВМ 单板微型计算机

ОПП обходный промежуточный путь 中间旁路

ОПС опорная (городская) станция 母局

ОПС однополосный сигнал 单边带信号

ОПС охранно-пожарная система 安全－消防报警系统

ОПУ общее проверочное устройство 总检验器

ОПУС оборудование повременного учета соединений 连接按时计费设备

ОРМ оригинальный (домашний) регистр местоположения (HLR) 归属位置寄存器

ОС обратная связь 反馈

ОС операционная система 操作系统

ОС ответ станции 拨号音

ОС оконечная станция 端局,终端局

ОС сигнал отбоя 挂机信号

ОСБ одномерное случайное блуждание 单维随机移动

ОСД оборудование сети доступа 接入网设备

ОСРВ операционная система реального времени(RTOS) 实时操作系统

ОСТ отраслевой стандарт 部颁标准

ОСШ отношение «сигнал-шум» (SNR) 信噪比

ОТК отдел технического контроля 技术检验处(科)

ОТП отдел технической поддержки 技术支援处

ОТС оконечно-транзитная станция 终端转接站

ОТТ общие технические требования 技术总要求

ОУ объект управления(MO) 管理对象,控制对象

ОУ оконечное устройство 终端设备

ОУ операционный усилитель 运算放大器

ОУД оконечная установка данных 数据终端设备

ОФМ относительная фазовая модуляция 相对相位调制

ОЦК основной цифровой канал 主要数字通道

ОШ общая шина 公用总线,公共总线

ОЭР описание эксплуатационных работ 维护作业描述

ОЭС Отделение электросвязи 电信处

ОЭСР Организация экономического сотрудничества и развития (OECD) 经济合作与发展组织

П

п пико… 皮(可)(10^{-12})

П пейджер 呼机,BP 机

Па паскаль(Pa) 帕(斯卡)

ПА подвижный абонент 移动用户

ПА прямой абонент 直接用户

ПАВ поверхностная акустическая волна 表面声波

ПАК переменный амплитудный корректор 可变幅度均衡器

ПАЛ передача для АЛ 用户线用传输

ПАРБ портативный абонентский радиоблок 便携式用户无线单元

ПАС автоматическая передача соединения 接续自动转移

ПАС поисковая акустическая сигнализация 音响寻呼信令

ПАСУ память автоматизированной системы управления 自动化管理系统存储器

ПАТС пригородная АТС 市郊自动电话局

ПВ пороговый вентиль 阈值门

ПВ проводное вещание 有线广播

ПВ посылка вызовов 振铃、铃流发送

ПВв порт ввода,входной порт 输入端口

ПВВ процессор ввода-вывода 输入输出处理器

ПВК промежуточное выделение каналов 中间分路

ПВН прямой входящий набор(DDI) 直接拨入

ПВО передача вызова оператору, перевод вызова к оператору 呼叫转话务员

ПВОК прикрепляемый (к несущему тросу) волоконно-оптический кабель 固定光揽

ПВХ поливинилхлоридный 聚氯乙烯的

Пвыв порт вывода 输出端口

ПГИ последний групповой искатель 末级选组器

ПГИ подключатель группового искания 选组接入器

ПГО послегарантийное обслуживание 保修期后服务

ПД первичный документ 原始文件,原始文献

ПД передача данных 数据通信

ПД полупроводниковый диод 半导体二极管

ПДИ передача дискретной информации 离散信息传输

ПДКР пульт дистанционного контроля регенераторов 再生器远程控制台

ПДП прямой доступ к памяти 存储器直接访问

ПДУ пульт дистанционного управления 遥控器,遥控台,远距离控制台

ПЗ сигнал подтверждения захвата 抢占证实信号

ПЗ производственные запасы 生产储备

ПЗА переключение при занятости 遇忙呼叫前转

ПЗИ фоточувствительный прибор с зарядовой инъекцией 光敏电荷注入器件

ПЗС фоточувствительный прибор с зарядовой связью 光敏电荷耦合器件

ПЗУ постоянное запоминающее устройство (ROM) 只读存储器

ПЗУ полупроводниковое ЗУ 半导体存储器

ПЗУ промежуточное запоминающее устройство 中间存储器,缓冲存储器

ПИ передача информации 信息传输、信息传送

ПИ предварительный искатель, предварительное искание 预选器,预选择

ПИТ программируемый интервальный таймер 程控间隔计时器

ПК плоский кабель 扁平电缆

ПК подключающий комплект 接入电路

ПК полукомплект 半电路

ПК программный комплекс 程序系统

ПК0 основной полукомплект 主用半电路

ПК1 резервный полукомплект 备用半电路

ПКВ подключающий комплект входящих регистров 来话记发器接入电路

ПКДУ прибор контроля достоверности универсальный 通用可靠性检测仪

ПКИ подключающий комплект выходящий 去话接入电路

ПКП подключающий комплект подстанции 分局接入电路

ПКП периферийно-коммутационный процессор 外围转接处理机

ПКП пожарно-контрольный пункт 消防监控点

ПКР пьезокерамический резонатор 压电陶瓷谐振器

ПКУ подключающий комплект удалённый 远端接入电路

ПЛ промежуточная линия 中间线路

ПЛМ программируемая логическая матрица 可编程逻辑陈列

ПЛМД программно-логический метод диагностирования 逻辑程序诊断法

Пм погонный метр 直线米,延米

ПМ программный модуль 程序模块

ПНР пуско-наладочные работы 试运转工作,起动调试工作

ПО программное обеспечение, софт (SW) 软件

ПО пульт оператора 操作台,话务台,操作员控制台

ПОЗ процедура ответ-запроса 应答查询过程

ПОЗ процедура опроса о причинах

задержки выполнения работы 操作延迟原因查询过程

ПОМ передающий оптоэлектронный модуль 光电发送模块

ПОРТ панель оконечных регенеративных трансляций 终端再生转换板

ПП пакет программ 程序包

ПП периферийный процессор 外围处理机

ПП прямой путь 直路

ПП поляризованное приемное реле 极化接收继电器

ПП преобразователь протоколов 协议转换器

ПП подпрограмма 子程序

ППБС приемопередаточная базовая станция 收发基站

ППВ путь последнего выбора 最终选择路径

ППВК параллельное промежуточное выделение каналов 并行中间分路

ППВТ приемник посылок вызывного тока 振铃接收器

ППД полупостоянные данные 半永久数据

ППЗУ перепрограммируемое постоянное запоминающее устройство, программируемая постоянная память (ROM) 可编程只读存储器

ППИ программируемый периферийный интерфейс 可编程外围接口

ППЛ полупроводниковый лазер 半导体激光器

ППМ пульт проверки маркеров 标志检验台

ППМ периферийное программируемое устройство маркировки 外围可编程作标记设备

ППН преобразователь постоянного напряжения 直流电压变换器

ППП пакет прикладных программ 应用程序包

ППП полупроводниковый прибор 半导体器件

ППП проблемно-ориентированная прикладная программа 面向问题的应用软件

ППП профиль показателя преломления 折射指数分布图

ППР пульт проверки регистров 寄存器检验台

ППС программируемый сигнальный микропроцессор 可编程信号微处理器

ППСО пульт проверки согласующего оборудования 匹配装置检测台

ППУ приемопередающее устройство 收发机,收发设备

ППФ помехоподавляющий фильтр 干扰抑制滤波器

ППЭ приёмопередающий элемент 收发单元

ПР параллельная работа 并行工作、并行操作

ПР перфоратор результатов 结果穿孔机

Пр приемное реле 接收继电器

ПР промрегистр 中间寄存器

ПР промышленный робот 工业机器人

Прд, ПРД передатчик, трансмиттер 发送器,传送器

ПРМ приёмник многочастотный 多频接收器

ПРОМ приемный оптоэлектронный модуль 光电接收模块

ПРСЛ пульт проверки комплектов РСЛ 中继继电器电路检验台

ПРТ подключение третьей стороны к разговору 第三方接入

ПС подстанция 分局

ПС предаварийный сигнал 故障前信号

ПСИ приемосдаточные испытания 交接试验

ПСИГ панель сигнализации 信令板

ПСК координатная подстанция 纵横制分局

ПСК приемник сигнального канала 信号通路接收器

ПСК программные средства контроля 控制软件

ПСО передача соединения оператору 接续转话务员

ПСС пульт служебной связи 业务通信台

ПСТД подсистема технического диагностирования 技术诊断子系统

ПСУ приёмник сигналов управления 控制信号接收器

ПТА плата таксофона 公用电话收费

ПТБ правила технической безопасности 技术安全规程

ПТН приемник тонального набора 音频收号器

ПТЭ правила технической эксплуатации 技术操作规程

ПУ переходное устройство 转换装置

ПУ пункт управления(КР) 控制点

ПУ приемное устройство 接收器，接收设备

ПУ передающее устройство, устройство передачи 传输设备

ПУ пробное устройство 试验装置

ПУ программное управление 程序控制、程控

ПУ приемное устройство 接收设备

ПУС последовательность управляющих сигналов 控制信号序列

ПУУ периферийное управляющее устройство 外围控制设备

ПУЭ правила устройства электроустановок 电气装置设备规程

пФ пикофарада 皮法(拉)，微微法(拉)

ПФ переключатель фиксаторов 钳位器开关

ПФ полосовой фильтр 带通滤波器

ПФ преобразование Фурье 傅里叶交换

ПХ переходная характеристика 过渡特性(曲线)

ПЦИ плезиосинхронная цифровая иерархия (PDH) 准同步数字序列

ПЦК первичный цифровой канал (DS1) 初级数字通道

ПЦСП первичная цифровая система передачи 基群数字传输系统

ПЦТС полный цветной телевизионный сигнал 全色电视信号

ПЧ программные часы 程序时钟，程序计时器

ПЧ промежуточная частота 中频，中间频率(IF)

ПШК пульт проверки шнуровых комплектов 绳路检验台

ПЭ пороговый элемент 阈值元件

ПЭВМ персональная электронно-вычислительная машина, персональный компьютер 个人电子计算机，个人计算机(PC)

ПЭГ первичный эталонный генератор (PRC) 一级基准时钟

ПЭУ передающее электронное устройство 电子传输设备

ПЭЭФ пьезоэлектрический эффект 压电效应

п/я почтовый ящик 信箱，邮箱

Р

Р распределитель 分配程序

РА регистр адреса 地址寄存器

РАКС распределитель АКС 交换机代码分析程序分配器

РАО роосийское акционерное общество 俄罗斯股份公司

РАП регистр адреса памяти 存储器地址寄存器

РАТС районная АТС 区自动电话局

РВ радиовещание 无线电广播，广播

РВИ распределитель временных интервалов 时隙分配器

PBO распределение вызовов по очереди, установление очереди вызовов (QUE) 呼叫排队

PBC радиовещательная станция 广播电台

PΓ рабочая группа 工作组

РгИнф регистр информации 信息寄存器

РгПер передающий регистр 发送寄存器

РгПР приемный регистр 接收寄存器

РгПС регистр предыдущего состояния 前一状态寄存器

РгСК регистр сканирования 扫描寄存器

РгУБС регистр управления блоком сканирования 扫描单元控制寄存器

РгУС регистр управляющего слова 控制(命令)字寄存器

РД руководящий документ 指导文件

рег регистр 寄存器,记发器

РИ регистровое искание 寄存器选择,记发器选择

РИА регистр исполнительного адреса 执行地址寄存器

РИА ступень регистрового искания абонентских регистров 用户寄存器选择极

РИВ ступень регистрового искания входящих регистров 来话寄存器选择极

РИК распределитель импульсного канала 通道(电路)脉冲分配器

РИП Радиоизмерительный прибор 无线电测量仪表

РИПТ регулируемый источник переменного тока 交流可调电源

РК регистр команд 指令寄存器

РК распределительная коробка 分线盒,配电箱

РКО регистр кода операций 操作码寄存器

РКП радиоконтрольный пункт 无线监控站

РЛС радиолокационная станция 雷达站、雷达

РМ рабочее место 座席,工作场所

РМВ реальный (истинный) масштаб времени, реальное время 实时

РМК регистр микрокоманд 微指令寄存器

РМТС ручная междугородная телефонная станция 人工长途电话局

РНИ разнонаправленный интерфейс 方向不同的接口

РОН регистр общего назначения 通用寄存器

РОП регистр операций 操作寄存器

РОС решающая обратная связь 判决反馈

РОСС российское оборудование средств связи 俄罗斯通信设备

РОЦИТ региональный общественный центр Интернет-технологий 互联网技术地区社会活动中心

РП регистр признака 标记寄存器,特征寄存器

РП сигнал разрешения прерывания 中断允许信号

РП рычажный переключатель 叉簧

РПЗ регистр с плавающей запятой 浮点寄存器

РПЗУ репрограммируемое постоянное запоминающее устройство 可重编程只读存储器

РПМ регистр переносов мантисс 尾数进位寄存器

РПО распределитель перемены очередности 次序改变分配器

РПУ релейное передающее устройство 中继传送设备,继电器发送设备

РР регистр ступени распределения вызовов по коммутаторам 交换台呼叫排队记录器

РРЛ радиорелейная линия 无线中继线路

PPC радиорелейная станция 微波中继站,无线中继站

PPC радиоретрансляционная станция 无线转发站,无线转播台

PPCП радиорелейная система передачи 无线中继传输系统

PC регистр сдвига 移位寄存器

PCA регистр следующего адреса 下一地址寄存器

PCЛ реле соединительных линий (TRR) 中继继电器

PCЛВ реле СЛ входящих 来话中继继电器

PCЛГ реле СЛ городских 市话中继继电器

PCЛИ реле СЛ исходящих 去话中继继电器

PCЛИ-В индуктивный релейный комплект СЛ входящих (TRRI－1) 感应式来话中继继电器电路

PCЛИ-И индуктивный релейный комплект СЛ исходящих (TRRI－0) 感应式去话中继继电器电路

PCЛМ реле СЛ междугородных 长途中继继电器

PCЛМП реле СЛ междугородной передачи 长途传输中继继电器

PCЛО реле СЛ общее (TRRC) 普通中继继电器

PCЛТ реле СЛ- транслятор (TRRT) 中继继电器－转发器

PCC региональное содружество по связи 地区通信联合体

PCУ распределенная система управления 分布式控制系统

PT комплект реле таксофонов 投币电话继电器电路

PT реле торможения 制动继电器

PTЛ резистор-транзисторная логика 电阻－晶体管逻辑

PTK роботизированный технологический комплект 机器人工艺电路

PTM руководящий технический материал 指导性技术文件

PTП ремонтно-технический пункт 技术维修站

PTПЦ радиотелепередающий центр 无线电视广播中心

PTC районная телефонная сеть 区话网

PTC российская телекоммуникационная сеть 俄罗斯电信网

PУ распределительное устройство 分配器

PУ регенерационный усилитель 再生放大器

PУ регистр управления 控制寄存器

PУ регулятор уровней 电平调节器

PУ решающий усилитель 运算放大器

PУC регистр управляющего слова 控制(命令)字寄存器

PУC районный узел связи 区通信中心站,区通信汇接局

РусТелКом акционерная русская телефонная компания 俄罗斯电话股份公司

PЦ расчетный центр 计费中心

р. ц. районный центр 区中心

PШ распределительный шкаф 配电柜

PЩ распределительный щит 配电盘

PЭA радиоэлектронная аппаратура 无线电电子仪表

PЭC реле электромагнитное слаботочное 弱电流电磁继电器

PЭC радиоэмиссионная станция 无线电发射台

C

C сканер 扫描器

C селектор 选择级

CA сетевой адаптер (NA) 网络适配器

CAK сельский AK 农话用户电路

САК подсистема автоматизированного контроля 自动控制子系统

Сан ПиН санитарные правила и нормы 卫生规范与标准

САП система автоматизации проектирования 计算机辅助设计系统

САП система автоматического поиска 自动检索系统

САПР система автоматического проектирования, система автоматизации проектных работ 自动化设计系统

САР система автоматического регулирования 自动调节系统

САТС сельская АТС 农话交换机

САУ система автоматического управления 自动控制系统

СБ сигнал сброса 清除(复位)信号

СБ узел сборки 采集点

СБИС сверхбольшая интегральная схема(VLSI) 超大规模集成电路

СБС сотовая базовая станция 移动通信基站

СБС подсистема базовых станций 基站子系统

СВ средние волны 中波

СВБР среднее время безотказной работы(MTBF) 平均无故障时间

СВР схема выборки регистров 寄存器选择电路

СВТ средства вычислительной техники 计算技术设备

СВУ счетно-вычислительное устройство 计算机,计算装置

СВУ сигнально-вызывное устройство 信号呼叫设备

СВЧ сверхвысокая частота 微波

СГ стойка генерального оборудования 主设备机架

СГТ комплект стыка с цифровым групповым трактом ИКМ 30 PCM 30 数字集群系统对接电路

СД сеть доступа 接入网

СДНФ совершенная дизъюнктивная нормальная форма 完全析取范式

СДП стойка передачи дистанционного питания 远端供电传输机架

СЗ сигнал «Занято» 忙音

СЗИТЦ Северо-Западный информационно-технический центр 西北信息技术中心

СИ смешивающий искатель 混合选择器

СИ системный интерфейс 系统接口

СИА сигнал индикации аварии(AIS) 告警指示信号

СИГ стойка индивидуально-групповая 单一和成组机架

СИД светоизлучающий диод (LED) 发光二极管

СИЗС справочно-информационная и заказная служба 信息查询和预约业务

СИС средняя интегральная схема 中规模集成电路

СИС структурно-информационная схема 信息结构图

СИФУ система импульсно-фазового управления 脉冲相位控制系统

СК сигнальный канал 信号传输通道

СК схема контроля 控制电路

СК счетчик команд 指令计数器

СК служебный комплект 业务电路

СК селективный канал 选择通道

СКЗИ система криптографической защиты информации 信息密码保护系统

СКК сеть коммутации каналов 电路交换网

СКНФ совершенная конъюнктивная нормальная форма 完全合取范式

СКП сеть коммутации пакетов 分组交换网

СКПП блок связи с КПП 与编码收发器通信单元

СКПТВ сеть коллективного приема телевидения 电视集体收视网

СКС структурированная кабельная система 结构化电缆系统

СЛ соединительная линия（CL） 中继线

СЛ сигнальная лампа 信号灯

СЛД суперлюминесцентный диод 超发光二极管

СЛМ входящие СЛ междугородной связи（TCL） 长途入中继线

см сантиметр 厘米，公分

СМ системная магистраль 系统主干

СМВ сантиметровые волны 厘米波

СМД статический метод диагностирования 静态诊断法

СМИ средства массовой информации 大众媒体

СМИС СВЧ—монолитная интегральная схема 微波单片集成电路

СМО система массового обслуживания 群业务系统

СМР строительно-монтажные работы 建筑安装工程

СМТО система материально-технического обеспечения 器材供应系统，物资技术保证系统

СН сокращенный номер 缩位号

СНА сокращенный набор 缩位拨号

СНИ сонаправленный интерфейс 同向接口

СНиП строительные нормы и правила 建筑标准与法规

СНТВ система непосредственного телевизионного вещания 直接电视广播系统

СОД система обработки данных（DPS） 数据处理系统

СОЖ смазочно-охлаждающая жидкость 润滑冷却液

СОЗУ сверхоперативное запоминающее устройство 超高速操作存储器

СОИ система обработки информации 信息处理系统

СОИ система отображения информации 信息显示系统

СОП сигнализация оптическая поисковая 光寻呼信号

СОРМ система оперативно-розыскных мероприятий（SOSM） 侦查作业措施系统

СОС синхронная оптическая сеть（SONET） 同步光纤网

СОТСБИ банк информации о сертифицированном телекоммуникационном оборудовании и лицензиях на предоставление услуг 入网电信设备和服务许可证信息库

СП сервисная программа 服务程序

СП сигнал переноса 进位信号

СП сигнальная панель 信号盘，信号板

СП система передачи 传输系统

СП статистический показатель 统计指标

СП система памяти 存储系统

СПБИ сеть передачи банковской информации 银行信息传输网

СПД система передачи данных 数据通信系统

СПДОП сеть передачи данных общего пользования（PDN） 公用数据网

СПК система показателей качества 质量指标体系

СПН стабилизатор постоянного напряжения 直流电压稳压器

СПО система программного обеспечения 软件体系

СПОСС Союз производителей и операторов связи 通信设备生产厂家和运营商联合会

СППЗУ стираемое программируемое постоянное запоминающее устройство（EPROM） 可擦可编程只读存储器

СППОСС Союз производителей и потребителей оборудования и средств связи 通信设备生产厂家和用户联盟

СПР система подвижной радиосвязи

移动通信系统

СПРД система персонального радиодоступа 个人无线接入系统

СПРС система персональной радиосвязи 个人无线通信系统

СПРС сеть подвижной радиотелефонной связи 移动无线电话通信网

СПС сельская первичная сеть 农村初级网

СПУ сельско-пригородный узел 农村-市郊汇接局

СПУС система повременного учета соединений 接续按时计费系统

СР система регулирования 调节系统

СР узел сравнения 比较点

СРВ ступень распределения вызовов (для справочных служб) (查询台用)呼叫排队机

СРЧ сигнал разрешения чтения 允许读出信号

СС служебная связь 业务通信

СС списковая структура 表格结构

СС статическая система 静态系统

СС структура системы 系统结构

СС схема сравнения 比较结构

ССД система сбора данных 数据采集系统

ССКТБ специальное строительно-конструкторское технологическое бюро 特殊建筑设计工艺局

ССМ местная сетевая станция 本地网站

ССН система синхронизации несущей 载波同步系统

ССПР система сухопутной подвижной радиосвязи 陆地移动通信系统

ССПС сотовая система подвижной связи 蜂窝移动通信系统

ССС система спутниковой связи 卫星通信系统

ССС сотовая сеть связи 蜂窝通信网

ССЭ Сектор стандартизации телекоммуникаций(TSS) 远程通信标准化组织

СТ струйное течение 射流

СТОА служба технического обслуживания абонентов 用户技术服务中心

СТП стандарт предприятия 企业标准

СТС сельская телефонная сеть 农话网

СУ сетевой узел 网络节点

СУ сигнал управления 控制信号

СУ согласующее устройство 匹配装置

СУБД система управления базами данных 数据库管理系统

СУВ Сигналы управления и взаимодействия 管理和交互信号

СУВК специальный управляющий вычислительный комплекс 专用后管理模块

СУД система управления данными (DMS) 数据管理系统

СУМ специализированная управляющая машина 专用控制机

СУПК сетевой узел с полупостоянной коммутацией 半永久交换网络节点

СУРБД система управления реляционной базой данных(RDBMS) 关系数据库管理系统

СФД статическое функциональное диагностирование 统计功能诊断

СФЛ блок стыка с комплектами, работающими по физическим линиям 实线电路对接单元

СФО статическая фазовая ошибка 静态相位误差

СХ сигнал синхронизации 同步信号

СЦИ синхронная цифровая иерархия (SDH) 同步数字序列

СЦС сверхцикловой синхросигнал 复帧同步信号

СЦТ блок стыка с цифровыми трактами 与数字通路对接单元

СЧ средняя частота 中频

Сч счетчик 计数器、计算员
СчЦ счетчик циклов 帧计数器
СШ состояние шлейфа 环路状态

Т

Т тиккер 断续器,断续装置
Т таймер 计时器,定时器,时钟
ТА телефонный аппарат 电话机,话机
ТА терминальный адаптер 终端适配器
ТАРБ терминальный абонентский радиоблок 终端用户无线单元
ТАС табло аварийной сигнализации 报警盘
ТБ и ОТ техника безопасности и охрана труда 技术安全和劳动保护
ТВ телевидение(TV) 电视
ТВВЧ телевидение высокой четкости (HDTV) 高清晰度电视
ТВП таблица векторов прерывания (HDTV) 中断向量表
ТВУ таблица внешних устройств 外部设备表
ТД телеобработка данных 远程数据处理
ТД тестовое диагностирование 试验诊断
ТД технологическая документация 技术文件、工艺文件
ТД туннельный диод 隧道二极管
ТИ тактовый интервал 时钟时隙
ТИ тактовый импульс 时钟脉冲
ТИС торговая Интернет-система 互联网商务系统
ТК технический комитет 技术委员会
ТКЕ температурный коэффициент емкости 电容温度系数
ТКИ температурный коэффициент индуктивности 电感温度系数
ТКС температурный коэффициент сопротивления 电阻温度系数
ТКУ телекоммуникационный узел 电信汇接局
ТКЧ температурный коэффициент частоты 频率温度系数
ТМ терминальный мультиплексор 终端复用器
ТМТ телекоммуникация-медиа-технология 电信－媒体－技术
ТМЦ товарно-материальные ценности 商品物资财产
ТО Термообработка 热处理
ТО Техническое описание 技术说明
ТО техоболуживание, техническое обслуживание(MAINT) 维护,技术服务
ТО точный отсчет 精确读数
ТП технический проект 技术设计
ТП технологический процесс 工艺过程
ТПМ типовая программа и методы (P&M) 标准大纲(计划)和方法
ТПР тонкопленочный резистор 薄膜电阻
ТРС токораспределительная сеть 配电网
ТС транзитная станция 转接局、中转局
ТС телефонная станция 电话局
ТС телесигнализация 远程信号
ТС технический сигнал 技术信号
ТС техническое состояние, технические ситуации 技术状态
ТС торговая система 贸易系统
ТСА блок телефонных спаренных абонентов 电话成对用户单元
ТСЭ технические средства электросвязи 电信技术设备
ТТ телетайп 电传打字机
ТТ технические требования 技术要求
ТТ технические требования к системе технических средств по обеспечению функций СОРМ на сетях подвижной

радиотелефонной связи 在移动无线电话通信网上的 SOSM 功能保证技术手段系统技术规范

ТТК ЗАО «Транс Телеком» «Trans Telecom»对内股份公司

ТТК технические требования к каналам обмета информацией между СОРМ и имитатором ПУ для сетей подвижной радиотелефонной связи 用于移动无线电话通信网的 SOSM 和 CP 模拟器之间信息交换信道技术规范

ТТЛ транзисторно-транзисторная логика(TTL) 晶体管 - 晶体管逻辑电路

ТТЛШ ТТ логика с диодами Шотки 肖特基二级管的晶体管 - 晶体管逻辑电路

ТТС телефонно-телеграфная станция 电话电报局

ТУ технические условия 技术条件，技术规程

ТУ телефонный узел 电话汇接局

ТУ транспортное устройство 传输设备

ТУМ твердотельный усилитель мощности 固态功率放大器

ТФ телефонограмма 话传电报

ТФБ типовой функциональный блок 标准功能部件

ТФН таблица функций неисправности 故障功能表

ТФОП, ТФСОП телефонная сеть общего пользования (PSTN) 公用电话网

ТЦК третичный цифровой канал 三级数字通道

ТЦК телефонный центр коммутации 电话交换中心

ТЦМС-22 территориальный центр международных связей и телевидения № 22 长途通信和电视地区中心-22

ТЧ тональная частота 音频

ТШ токораспределительный шкаф 配电柜

ТЭ техническая эксплуатация 技术维护、技术操作、技术管理

ТЭЗ типовой элемент замены 标准替换件

ТЭО технико-экономическое обоснование 技术经济论证、可行性论证

ТЭП технико-экономические показатели 技术经济指标

ТЭР технико-экономический расчет 技术经济核算

У

УА управляющий автомат 自动控制机

УАБ удаленный абонентский блок 远端用户单元

УАК узел автоматической коммутации 自动交换汇接局

УАК устройство автоматического контроля(ASN) 自动监控装置

УАМ удаленный абонентский мультиплексор 远端用户多路复用器

УАПП универсальный асинхронный приёмопередатчик 通用异步收发机

УАР устройство автоматического регулирования 自动调节设备

УАТС учрежденческая АТС (PBX) 机关用交换机

УАУ универсальное арифметическое устройство 通用运算器

УБ управляющий блок 控制部件，控制程序块

УБВ усилитель с бегущей волной 行波放大器

УБД управленческий банк данных (MDB) 管理数据库

УБП устройство бесперебойного питания 连续供电装置

УВ управление вызовами 呼叫控制

УВв устройство ввода 输入设备

УВВ устройство ввода-вывода (информации) 输入输出设备

УВВК устройство ввода-вывода команд 指令输入输出设备

УВЗС устройство выпрямительного заряда и содержания 整流充电和保持装置

УВК управляющий вычислительный комплекс(ВАМ) 后管理模块,后台

УВМ управляющая вычислительная машина 控制计算机

УВМС узел входящего междугородного сообщения 长途来话汇接局

УВС узел входящего сообщения 来话汇接局

УВС управляющая вычислительная система 控制计算系统

УВСК координатный узел входящей связи 纵横制来话汇接局

УВСКЭ квазиэлектронный узел входящего сообщения 准电子来话汇接局

УВСШ узел входящего сообщения шаговый 步进制来话汇接局

УВТС узел ведомственных телефонных станций 专用交换机汇接局

УВТС узел ведомственной телефонной связи 专用电话通信汇接局

УВУ управление внешними устройствами 外部设备控制

УВУ устройство выбора усиления 放大选择设备

УВХ устройство выборки-хранения 存取装置

УВЧ усилитель высокой частоты 高频放大器

УВЧ ультравысокая частота 超高频

УВыв устройство вывода 输出设备

УГПК устройство гарантированного питания концентраторов 集线器保障供电装置

УГПЭ устройство гарантированного питания электронных систем коммутации и связи 交换和通信电子系统保障供电装置

УГСН управление госсвязьнадзора 国家通信检察局

УДУ устройство дистанционного управления 遥控设备

у. е. условная единица 标准单位,约定单位

УЗО устройство защиты от ошибок 抗误码设备

УЗПИ устройство запроса и приема информации 信息请求和接收装置

УЗСЛ узел заказно-соединительных линий 长途出中继汇接局

УИ устройство индикации 显示设备,显示器

УИВС узел исходящего и входящего сообщений 去话来话汇接局

УИВСЭ электронный узел исходящего и входящего сообщений 去话来话电子汇接局

УИП управление инвестиционной политики 投资政策司

УИС узел исходящего сообщения 去话汇接局

УИС-0 узел исходящего сообщения нулевых пучков СЛ 中继零次群去话汇接局

УИСК координатный узел исходящего сообщения 纵横制去话汇接局

УИСМ узел исходящего междугородного сообщения 长途去话汇接局

УИСЭ электронный узел исходящей связи 电子去话汇接局

УИТ устройство индикации тока 电流显示装置

УИФ управление информатизации 信息化司

УК управляющий контроллер 管理控制器

УК управляющий комплект 控制电路

УКБН устройство контроля напряжения батареи 电池电压控制装置

УКВ ультракороткая волна 超短波

УКЗ указательный сигнал 提示音

УКИ устройство контроля информации 信息检验装置

УКП управление коммутационным полем 交换网络控制

УЛ лицензионное управление 许可证管理

УМПН установочно-монтажные и пуско-наладочные работы 安装调试和试生产

УНЧ усилитель низкой частоты 低频放大器

УО управляющее оборудование 控制设备

УО устройство обработки 处理设备

УО устройство объединения информационных и служебных сигналов 信息业务信号联合设备

УООИ устройство оптической обработки информации 光信息处理装置

УОП установка на ожидание с предупреждением 呼叫等待的提示

УОС узел обходной связи 迂回通信接点

УОШ узел объединения шин 总线连接点

УП узел печатный 印制部件

УП управляющая память 控制存储器

УП управляющий пульт 控制台

УП уровень приоритета 优先级

УП усилительный пункт 增音站

УПАТС учрежденческо-производственная АТС, частная сеть с выходом в общую сеть (PABX) 自动用户小交换机,私用自动交换分机

УПБЭС управление подвижной беспроводной электросвязи 移动无线电信管理局

УПД устройство подготовки данных 数据准备设备

УПРТС управленческо-производственная районная телефонная станция 区电话小交换机

УПС универсальная персональная связь (UPT) 通用个人通信

УПС устройство преобразования сигнала 信号变换装置

УПС управление почтовой связи 邮政通信司

УПТ усилитель постоянного тока 直流放大器

УПТС управленческая телефонная станция 用户小交换机

УПЧ усилитель промежуточной частоты 中频放大器

УР усилитель регенерации 再生放大器

УР устройство разделения информационных и служебных сигналов 信息业务信号分离设备

УРС узловая радиорелейная станция 微波中继枢纽站

УРТС Управление радиотелевидения и спутниковой связи 广播电视和卫星通信局

УС узловая станция, тандемная станция, узел (Tm) 汇接局

УС указатель стека 栈指针

УС устойчивость системы 系统稳定性

УС устройство сопряжения 接口设备

УСВА устройство связи ветки A 支路A通信设备

УСВВ устройство связи ветки B 支路B通信设备

УСЗУ устройство сопряжения с ЗУ 与存储器连接设备

УСИ узкий селекторный импульс 窄选择脉冲

УСМ специальное устройство связи периферийного процессора с машиной 外围处理机与机器通信的专用装置

УСО универсальное сервисное обслуживание 通用服务维护

УСО устройство связи с объектом 目标通信装置

УСП узел сельско-пригородной связи, сельско-пригородный узел 农村-市郊通信汇接局

УСП устройство связи с периферией 与外围通信的装置

УСС узел спецслужб, узел специальных служб 特种业务汇接局

УСЦ устройство согласования цифр СЛ 数字中继匹配设备

УТО управляющее телефонное оборудование 控制电话设备

УТС учрежденческая телефонная станция (PBX) 用户小交换机,用户级交换机

УУ указатель уровня 电平指示器

УУ устройство управления, управляющее устройство 控制设备

УУМ управляющее устройство модуля 模块控制设备

УУНП устройство учета для начисления платы 计费设备

УФ усилитель фототоков 光电放大器

УЦИ устройство цифровой индикации 数显系统

УЧМ узкополосная частотная модуляция 窄带调频

УЭ управляющий элемент 控制元件

УЭ усилительный элемент 放大元件

УЭПС установка электропитания связи 通信电源装置

УЭС управление электросвязи 电信管理局,电信司

УЭС узел электросвязи 电信汇接局

Ф

Ф Фарада 法(拉)

ФАК фазоамплитудная конверсия 相幅转换、相位幅度转换

ФАПЧ фазовая автоподстройка частоты 频率相位自动微调

ФБ функциональный блок 功能块

ФВЧ фильтр верхних частот 高频滤波器、高通滤波器

ФГУП федеративное государственное унитарное предприятие 联邦国有单一制企业

ФД фазовое дрожание 相位抖动

ФД файл данных 数据文件,数据文卷

ФД фотодетектор 光电检测器

ФД фотодиод 光电二极管

ФД фотодетектор 光电检测器

ФД функциональное диагностирование 功能诊断

ФИМ Фазово-импульсная модуляция 脉冲相位调制,脉位调制

ФКЦБ Федеративная комиссия по рынку ценных бумаг 联邦有价证券市场委员会

ФМ фазовая модуляция 调相

ФМС социальный медицинский фонд 社会医疗基金

ФНЧ фильтр нижних частот 低频滤波器,低通滤波器

ФОМС фонд обязательного медицинского страхования 强制医疗保险基金

ФПО функциональное программное обеспечение 功能软件

ФППЗ фоточувствительный прибор с переносом заряда 光敏电荷转移器件

ФР функция распределения 配电功能

ФРМ фазоразностная модуляция 相差调制器

ФСБ Федеративный совет безопасности 联邦安全委员会

ФСС фонд социального страхования 社会保险基金

ФУЗ функциональное управление затратами 费用的功能管理

ФЦ фиксатор цифры 数字钳位器

ФЦО абонентское цифровое окончание 用户数字终端

ФЧХ Фазочастотная характеристика 相位频率特性

ФЭУ отоэлектронный умножитель 光电倍增器

ФЭЭ фотоэлектрический эффект 光电效应

Х

Хенд-овер передача соединения 接续转移

х-ка характеристика 特性(曲线),特征,性能

х. х. холостой ход 空转,空载

Ц

ЦАЛ цифровая абонентская линия 数字用户线

ЦАП цифро-аналоговый преобразователь 数模变换器

ЦАС цифровая абонентская сеть 数字用户网

ЦАС 1 система цифровой абонентской сигнализации № 1(DSS1) 1号数字用户信令系统

ЦАС 2 система цифровой абонентской сигнализации № 2 (DSS2) 2号数字用户信令系统

ЦАТС-А оконечная станция 端局

ЦАТС-В опорная станция 母局

ЦВК цифровой вычислительный комплекс 全套数字计算设备

ЦВМ цифровая вычислительная машина 数字计算机

ЦГИ интерфейс с центральным тактовым генератором 集中式时钟接口

ЦДА цифровой дифференциальный анализатор 数字微分分析仪

Центрекс виртуальный абонентский коммутатор (Centrex,CTX) 虚拟用户交换机、集中用户小交换机

ЦЗЛ центральная заводская лаборатория 工厂中心实验室

ЦКП цифровое коммутационное поле 数字接续网络

ЦКП центр коммутации подвижной связи (MSC) 移动交换中心

ЦКПС цифровая коммутационная подстанция 数字交换分局

ЦКУ цифровое устройство кроссового соединения (DXC) 数字交叉连接设备

ЦКЭ цифровой коммутационный элемент 数字交换元件

ЦМД цилиндрический магнитный домен 磁泡

ЦМЗ цифровой модуль задержки 数字延迟模块

ЦМТС центральная междугородная телефонная станция 中央长途电话台

ЦНИИС центральный научно-технический институт связи (ZNIIC) 中央邮电(科学)研究所

ЦОД центр обработки данных 数据处理中心

ЦП центральный процессор (CPU) 中央处理机

ЦПИ код с чередованием полярности импульсов 脉冲极性交替码

ЦПО центр программного обеспечения 软件中心

ЦПП центр производства программ 程序生成中心

ЦПр центральный процессор 中央处理器

ЦПУ цифровое программное управление 数控,数字程序控制

ЦР центр ремонта 维修中心

ЦРВ цифровое радиовещание 数字式无线电广播

ЦРРЛ цифровая радиорелейная линия 数字无线中继线路

ЦС центральная станция 中心局

ЦС цикловой синхросигнал 帧同步信号

ЦСИС, ЦСИО цифровая сеть с интеграцией служб (ISDN) 综合业务数字网

ЦСЛ цифровая соединительная линия (DT) 数字中继线

ЦСМС цифровая система межстанционной связи 局间通信数字系统

ЦСП процессор обработки цифровых сигналов (DSP) 数字信号处理机，数字信号处理器

ЦСП цифровая система передачи 数字传输系统

ЦСП центр сопровождения программ 程序维护中心

ЦСПАЛ цифровая система передачи для АЛ 用户线用数字传输系统

ЦТА цифровой телефонный аппарат 数字话机

ЦТО цифровое табло 数字显示盘

ЦТЭ центр технической эксплуатации 技术维护中心

ЦУ центр управления 控制中心

ЦУУ центральное управляющее устройство 中央控制设备

ЦФ цифровой фильтр 数字滤波器

ЦФА цифровой факсимильный аппарат 数字传真机

Ч

ЧАС чтение в операционный регистр по абсолютному смещению 读绝对位移操作寄存器

ЧВ сигнал чтения из внешних устройств 外部设备读出信号

ЧИМ частотно-импульсная модуляция 频率脉冲调制

ЧКХ частотно-контрастная характеристика 频率－对比度特性

ЧМ частотная модуляция (FM), частотно-модуляционный 调频(的)

ЧМГ частотно-модулируемый генератор 调频振荡器

ЧМС человек-машинная система 人机系统

ЧНН час наибольшей нагрузки 最忙小时

ЧП сигнал чтения из памяти 存储器读出信号

ЧП чрезвычайное происшествие 非常事件

ЧПИ код с чередованием полярности импульсов 脉冲极性交替码

ЧПП частотный приемопередатчик 频率收发机

ЧРК частотное разделение каналов, частотное мультиплексирование (FDM) 频分复用

ЧС чрезвычайная ситуация 紧急情况，非常情况

ЧТ считывание, чтение 读出，读数

ЧЦК четвертичный цифровой канал 4 进制数字通道

Ш

ШГ шумовой генератор 噪声发生器

ШИМ широтно-импульсная модуляция 脉宽调制

ШК шнуровой комплект 绳路

ШМД шина с маркерным доступом 指点标存取总线

ШПС шумоподобный сигнал 类噪音信号

ШСД шина со случайным доступом 随机存取总线

ШСК широкополосная система коммутации 宽带交换系统

ШСУ шина сигнала управления 控制信号总线

ШТО широкополосное терминальное оборудование (B-TE) 宽带终端设备

Щ

ЩБ щит батарейный 电池配电板

ЩВРА щит вводно-распределительный автоматизированный 自动化进线配电盘

ЩДУ щит дальнего управления 远程控制盘

ЩПТ щит переменного тока 交流配电板

ЩРЗ щит рядовой защиты 配线保护架

Э

ЭАП электронно-акустический преобразователь 电－声变换器

ЭАР электронный абонентский регистр 电子用户寄存器

ЭАТС электронная АТС 电子交换机

ЭВ электрон-вольт 电子伏

ЭВМ электронная вычислительная машина 电子计算机

ЭВП экранированная витая пара（STP） 屏蔽双绞线

ЭДИ электронный датчик импульсов 脉冲电子传感器

ЭЖ эксплуатационный журнал 维护日志

ЭК электронный контакт 电子接点

ЭК электронный ключ 电子开关

ЭК электронная коммерция 电子商务(业)

ЭЛТ электронно-лучевая трубка 阴极射线管

ЭМ элемент менеджер（EM） 基本管理程序

ЭМ экранное меню 屏幕菜单

ЭМВОС эталонная модель взаимосвязи(взаимодействия) открытых систем(OSRM) 开放系统互连基准模型

ЭМС электромагнитная совместимость（EMC） 电磁兼容性

ЭО эксплуатационная операция 维护操作

ЭОП Электронно-оптический преобразователь 光电转换器

ЭП элемент памяти 存储元件

ЭПМ электрическая пишущая машина 电动打字机

ЭПУ устройство электропитания, электропитающая установка（PD） 电源装置

ЭР эксплуатационная работа 维护作业

Эрл эрланг（ERL, erl） 厄朗

ЭРЭ электронный радиоэлемент 无线电电子元件

ЭСЛ эмиттерно-связанная логика（ECL） 射极耦合逻辑

ЭСППЗУ электрически стираемое программируемое постоянное запоминающее устройство（EEPROM） 电可擦可编程只读存储器

ЭТСК электронная АТС комбинированная 混合电子交换机

ЭТТ эксплуатационно-технические требования 操作技术要求

ЭУ электронный усилитель 电子放大器

ЭУСС электронный цифровой узел спецслужб 特种服务电子数字汇接局

ЭЦАИ электронный цифровой автоинформатор 电子数字答录机

ЭЦВМ электронная цифровая вычислительная машина 电子数字计算机

ЭЦП эксплуатационный центр программирования 编程维护中心

ЭЦСР электронное цифровое оборудование ступени распределения 数字电子排队设备

Я

ЯВК ячейка выбора канала 通道选择单元

ЯОД язык определения данных 数据定义语言

ЯОМ ячейка оптического модема 光调制解调器单元

ЯУС ячейка устройства сопряжения 接口设备单元

«0» логический нуль 逻辑"0"状态

«1» логическая единица 逻辑"1"状态

0 активное состояние 接通状态

1 пассивное состояние 未接通状态

1ВСК сигнализация по одному выделенному каналу,1-битовая сигнализация по выделенному каналу（CAS 1） 1位信令码元的随路信令

IГИ первый групповой искатель 第一选组器

1ГИМ первый групповой искатель междугородный 长途第一选组器

2ВСК сигнализация по двум выделенным сигнальным каналам,2-витовая сигнализация по выделенному каналу（CAS 2） 2位信令码元的随路信令

IIГИ второй групповой искатель 第二选组器

附录3　电话新业务和特服业务名称汉俄对照表

1. 新业务（俄文前打“＊”为俄罗斯兼有的增值业务，打“＊＊”为C&C08交换机可提供的标准新业务）

按密码呼出	＊исходящая связь по паролю
按名单召集式会议电话	＊＊конференц-связь по списку
按预约接通用户	соединение с абонентом по предварительному заказу
被叫集中付费(800)	периодическая оплата вызываемым абонентом(800)
被叫拍叉转移	＊＊переадресация（перенос）вызова нажатием на рычаг или нажатием кнопки R
部分来话限制	＊＊запрет некоторых видов входящей связи
传真邮箱	fax mail
大众信息业务(900)	служба массовой информации（900）
代答服务	＊＊услуга перехвата
带提醒的遇忙用户插入	подключение к занятому абоненту с предупреждением о вмешательстве
带有密码的请勿打扰	«Не беспокоить» с паролем
等待回呼、等待被叫用户空闲、遇忙用户呼叫完成服务、线路空闲立即再拨打	＊＊ожидание с обратным вызовом, установка на ожидание освобождения вызываемого абонента, услуга завершения вызовов к занятым абонентам, перезвонить по освобождении линии
点击拨号	набор щелчком
点击发传真	передача факса щелчком
点击反向发传真	обратная передача факса щелчком
电话邮箱	phone mail
高保真电话业务	телефонная служба с высокой верностью
个人通信业务(700)	служба персональной связи（700）
公司卡号(电话卡)业务	услуга корпоративных карт
广告业务	услуга рекламы
号码通、号码转移、移机不改号、NP业务	переносимость номера, услуга NP
号码限呼	запрет вызова по некоторым телефонным номерам
呼出限制、出局限制	＊＊запрет исходящей связи, запрет некоторых видов исходящей связи
呼叫保持	вызов на удержании
呼叫代答、指定代答	ответ на вызов（call pick-up）
呼叫等待(通知)	＊＊вызов на ожидании, вызов с ожиданием, уведомление о поступлении нового вызова（CW）
呼叫转移	переадресация вызова типа «Follow me»

话务员监听	контрольное прослушивание оператора
话务员强插	принудительное включение оператора
会议电话	* * конференцсвязь
叫醒服务、闹钟服务、预约呼叫	* * побудка, автоматическая побудка, будильник, вызов абонента по заказу
接续转其它用户	передача соединения другому абоненту
局间遇忙回叫	межстанционный обратный вызов при занятости
来话转话务员	передача входящего вызова оператору
来话转其它终端用户机用户(地址变更)	передача входящего вызова к другому оконечному абонентскому устройству
立即热线	немедленная «горячая» линия
秘书服务	услуга секретаря
秘书台服务	услуга пульта секретаря
密码服务	* * услуга пароля
密码呼出、密码呼叫	* * вызов по паролю, исходящая связь по паролю
拍叉召集式会议电话	конференц-связь с последовательным набором участников
请勿打扰、临时禁止来电、临时限止来电、电话暂停服务	* * «Не беспокоить», временный запрет входящей связи, временное ограничение входящей связи, телефонная пауза
区别振铃、双声鸟	отличительный (различный) вызывной сигнал
区域无线漫游	трансрайонный радиороуминг
取消所有补充服务、删除所有增值业务	* * отмена всех дополнительных услуг, снятие всех дополнительных услуг
去话提示	* * подсказка при исходящей связи
缺席服务、来话转答录机	* * услуга «абонент отсутствует», передача входящего вызова на автоинформатор
热线服务	* * «горячая» линия, прямой вызов
三方通话	* * трехсторонний разговор
输入(更改)或取消个人密码	ввод (замена) или отмена личного кода-пароля
缩位拨号	* * сокращенный набор
通话保持状态查询第三方	наведение справки во время разговора
同组代答	ответ на вызов, входящий по одной группе Centrex
无条件前转	*, * * безусловная переадресация вызова (CFU)
无线寻呼	поисковая сигнализация
无应答呼叫传送	перенос вызова при отсутствии ответа
无应答前转	*, * * переадресация при отсутствии ответа (CF-

	NR)
校园卡系统(201)	система вузовских абонентских карт (201)
虚拟网业务(600)	служба виртуальной связи (600)
虚拟专用网	виртуальная частная сеть (VPN)
寻呼信令	вызывная сигнализация
延迟清除	* * сброс с задержкой, разъединение с задержкой
一号通	one call
一线双号	twin talk
异地呼叫无条件转移	дистанционная безусловная переадресация вызова
异地呼叫无应答转移	дистанционная переадресация вызова при отсутствии ответа
异地呼叫遇忙转移	дистанционная переадресация вызова при занятости
音频业务	тональная служба
用户锁定(除紧急呼叫和长途来话呼叫外)	* * запрет исходящей и входящей связи(кроме связи с экстренными службами и междугородной входящей связи)
用户子地址	дополнительная адресация (SUB)
语音信箱业务	служба речевого почтового ящика
预付费电话卡(预付费服务)	телефонная карта с предоплатой(услуга предоплаты)
预约呼叫(自动叫醒)	вызов абонента по заказу (автоматическая побудка)
遇忙呼叫前转	* * переадресация вызова при занятости (CFB)
遇忙寄存呼叫	* * повторный вызов без набора номера
远端话机转接	переадресация с удаленного аппарата
召集式电话会议呼叫	* * конференц-связь с последовательным сбором участников
指定中继电路呼出	исходящая связь по назначенному соединительному комплекту
主叫号码显示(识别)	* * отображение (идентификация) вызывающего номера CID)
主叫号码显示(识别)限制	* * запрет отображения (идентификации) вызывающего номера (CIDR)
主叫号码显示限制取消	отмена запрета отображения (идентификации) вызывающего номера
主叫用户姓名显示	отображение имени вызывающего абонента
追查恶意呼叫	* * трассировка злонамеренных вызовов
LST 免费服务	* * бесплатная услуга LST

2. 特服业务(打“＊”指俄罗斯特服台设置的业务,001～089 指俄罗斯特服台非标业务)

＊01(火警)	пожарная помощь,пожарная охрана
＊02(匪警)	милиция
＊03(急救)	скорая помощь,скорая медицинская помощь
＊04(煤气事故)	аварийная служба газопровода,аварийная служба газовой сети
＊06(电报)	телеграф
＊07(长话局预约查询台)	заказно-справочная служба МТС
＊08(市话网电话维修中心)	централизованная служба ремонта телефонов ГТС
＊09(市话网电话用户查号)	справочная служба о номерах телефонов абонентов ГТС
＊003(药房管理台、药房问讯处)	служба аптекоуправления,справочная аптекоуправления
＊004(长途汽车运输问讯处)	справочная междугородного автобусного сообщения
＊006(机场问讯处)	справочная аэрофлота
＊008(电话维修中心)	централизованная служба ремонта телефонов
＊009(按不完整数据的市话网查号台)	справочная служба ГТС о номерах телефонов ГТС по неполным данным
＊051(备用)	резерв
＊052(内务局服务部)	служба УВД
＊053(通信服务索赔查询)	справочная служба по претензиям за услуги связи
＊055(预订各种交通票)	заказ билетов на различные виды транспорта
＊058(预订出租车)	заказ такси
＊059(殡仪馆信息)	информация похоронного бюро
＊062(城市信息)	горсправка
＊064(公用电话维修中心)	централизованная служба ремонта таксофонов
＊066(用电话接收电报)	прием телеграмм по телефону
＊069(通信服务问讯台、邮电部服务问讯台)	справочная служба по услугам связи, справочная служба об услугах Минсвязи
＊086(生活服务预订)	заказная служба бытового обслуживания
＊100(报时台)	служба «Время»,служба времени
000(日常生活服务的信息查询和预约)	справочно-информационная и заказная служба бытового обслуживания
001(“天气”自动化信息服务、天气预报台)	автоинформационная служба (АИС) «Погода», служба пагоды

002(交警检查机构信息、交警检查机构信息服务)	информация ГАИ, Служба информации ГАИ
004(结算索赔查询台)	справочная служба по претензиям к расчетам
005(各类交通查询台)	справочная служба различных видов транспорта
006(交友台)	служба знакомства
007 (水运站问讯处)	справочная речного вокзала
007(宗教节日信息)	информация о религиозных праздниках
050 (委托办理处)	бюро поручений
050(交易所新闻、货币汇率、中奖揭晓等)	биржевые новости, курсы валют, результаты лотерей и т. п.
051 (非常事件紧急救护)	служба экстренной помощи при ЧС
052(保卫预约)	заказная служба охраны
054(市内务局问讯处)	справочная ГУВД
054(预订长途汽车票)	заказ билетов междугородного автобусного сообщения
056(市政公用设施调度台)	диспетчерская коммунальная служба города
057 (预订内河航运船票)	заказ билетов на суда речного пароходства
060(报时台)	служба «Время», служба времени
061(地址台、居民住址)	адресное бюро, адреса жителей
062(商业新闻)	бизнес-новости
063 (法律咨询)	юридическая справка
063(医疗咨询)	медицинские консультации
064(市煤气服务问讯处)	справочная об услугах службы Горгаза
065(居民就业服务)	служба занятости населения
067(司法信息)	юридическая информация
068(教学咨询信息)	учебно-консультационные справки
068(就业安置信息)	информация по устройству на работу
069 (交友台)	служба знакомства
070 (长途自动电话局、长途电话局信息查询台)	информационно-справочная служба АМТС (МТС)
070(无线电修理点)	ремонт радиоточек
071(长途电话局预约台)	заказная служба МТС
072(长途自动电话局、长途电话局问讯处)	справочная служба АМТС (МТС)
079 (长途通信预约查询)	заказная и справочная служба
080-081(市府和区府公众服务接待室)	служба общественных приемных администраций города и районов
081 (维修电视机)	ремонт телевизоров

083（医疗问讯和咨询）	медицинская справочная и консультации
086（交易会、展览会、拍卖等信息）	информация о ярмарках, выставках, распродажах и т. д.
087（园艺师、菜园主、住别墅者、猎人、钓鱼者等信息查询和预约台）	справочно-информационная и заказная служба для садоводов, огородников, дачников, охотников, рыболовов и т. д.
088（合作社问讯处）	справочная о кооперативах
088（“房地产”信息查询和预约台）	информационно-справочная и заказная служба «Недвижимость»
089（家政、农业、农产品收购等问题咨询）	консультации по вопросам домоводства, сельского хозяйства, приема сельскохозяйственных продуктов и т. п.
09（市话网机关用户电话查号台）	справочная служба ГТС о номерах телефонов абонентов учрежденческого сектора
112（集中测试系统）	система централизованного тестирования
114（电话查号台）	служба справки о номерах телефонов
117（报时台）	служба «Время», служба времени
121（天气自动化信息服务、天气预报）	автоинформационная служба（АИС）«Погода», служба пагоды
160（综合信息查询业务系统）	система интегрированных справочно-информационных служб
170（话费查询系统）	система запроса о счете за телефонные разговоры
180（用户投诉接受系统）	система приема жалоб от абонентов
189（服务订单确认系统）	система подтверждения заказа услуг

后　记

本人一直从事科技外事工作。退休后曾应聘在华为公司工作了近8年。其间在电信领域（固定网、移动网、光传输、综合接入网、新一代网络、智能网、支撑网以及全系列路由器、会议电视等），我翻译、审校和收集了有关的汉俄电信词汇，最近对其进行了补充、修改和整理，供读者阅读和翻译时参考。由于本词汇专业性较强，本人水平又有限，词汇中难免有译得不妥和错误之处，欢迎批评指正。

北京邮电大学原科技处处长（高级工程师）沈庆钟对本词汇进行了审校，特此深表谢意。华为公司老同事宋传伟多次向我提供了新电信词汇和电信资料的俄文参考译稿，老朋友龚惠平（原中国驻俄罗斯使馆公使衔科技参赞）也向我提供了电信领域近期出现的一些汉俄对照新词汇，在此一并表示感谢。

电信技术发展日新月异，产品瞬息万变，对近年来该领域出现的很多新词汇，我虽尽力做了些增补，但难免挂一漏万，请大家补充。

原中国驻俄罗斯使馆科技参赞、资深翻译家
沈庆鉴
2014 年于北京